国家科学技术学术著作出版基金资助出版

新生物学丛书

系统生物学

雷锦志 易 鸣 杨 凌 刘 锐 祁 宏 编著

科 学 出 版 社

北 京

内 容 简 介

　　系统生物学是综合了生物、数学、物理和信息技术等在内的交叉学科，所涉及学科众多、内容复杂。本书从生物学和数学建模与分析计算交叉的角度出发，结合作者近年的研究工作和国内外一些新的研究进展，介绍了系统生物学这门学科的基本概念、方法和研究思路。内容涵盖生物化学反应的数学描述、基因表达过程的随机模拟、基因调控的数学模型及其在生物钟和钙振荡动力学分析的应用、芽殖酵母细胞命运抉择动力学模型、信号分子浓度梯度形成的数学模型、干细胞增殖动力学的数学模型及其在造血系统动力学中的应用、复杂生物过程的关键点检测、霍奇金-赫胥黎方程、能量函数与生物大分子识别。所涉及的数学方法包括随机模拟、常微分方程模型、时滞微分方程模型、反应-扩散方程模型、分岔分析、数据分析等。

　　本书可供生物、医学、数学、物理、化学、生物信息学、生物物理学等方向的学生、教师和相关研究人员参考。

图书在版编目(CIP)数据

系统生物学/雷锦志等编著. —北京：科学出版社，2024.2
(新生物学丛书)
ISBN 978-7-03-077449-1

Ⅰ. ①系… Ⅱ. ①雷… Ⅲ. ①系统生物学 Ⅳ. ①Q111

中国国家版本馆 CIP 数据核字 (2024) 第 007178 号

责任编辑：罗　静　赵小林　范培培/责任校对：严　娜
责任印制：赵　博/封面设计：刘新新

科学出版社 出版
北京东黄城根北街 16 号
邮政编码：100717
http://www.sciencep.com
中煤（北京）印务有限公司印刷
科学出版社发行　　各地新华书店经销
*
2024 年 2 月第 一 版　　开本：720×1092 1/16
2024 年 9 月第二次印刷　　印张：24 1/2
字数：580 000
定价：218.00 元
(如有印装质量问题，我社负责调换)

"新生物学丛书"丛书序

当前，一场新的生物学革命正在展开。为此，美国国家科学院研究理事会于 2009 年发布了一份战略研究报告，提出一个"新生物学"（New Biology）时代即将来临。这个"新生物学"，一方面是生物学内部各种分支学科的重组与融合，另一方面是化学、物理、信息科学、材料科学等众多非生命学科与生物学的紧密交叉与整合。

在这样一个全球生命科学发展变革的时代，我国的生命科学研究也正在高速发展，并进入了一个充满机遇和挑战的黄金期。在这个时期，将会产生许多具有影响力、推动力的科研成果。因此，有必要通过系统性集成和出版相关主题的国内外优秀图书，为后人留下一笔宝贵的"新生物学"时代精神财富。

科学出版社联合国内一批有志于推进生命科学发展的专家与学者，联合打造了一个 21 世纪中国生命科学的传播平台——"新生物学丛书"。希望通过这套丛书的出版，记录生命科学的进步，传递对生物技术发展的梦想。

"新生物学丛书"下设三个子系列：科学风向标，着重收集科学发展战略和态势分析报告，为科学管理者和科研人员展示科学的最新动向；科学百家园，重点收录国内外专家与学者的科研专著，为专业工作者提供新思想和新方法；科学新视窗，主要发表高级科普著作，为不同领域的研究人员和科学爱好者普及生命科学的前沿知识。

如果说科学出版社是一个"支点"，这套丛书就像一根"杠杆"，那么读者就能够借助这根"杠杆"成为撬动"地球"的人。编委会相信，不同类型的读者都能够从这套丛书中得到新的知识信息，获得思考与启迪。

"新生物学丛书"专家委员会

主　任：蒲慕明

副主任：吴家睿

2012 年 3 月

前　言

在我刚刚进入系统生物学研究领域时，编写了一本《系统生物学》，并于 2010 年由上海科学技术出版社出版。当时编写此书的初衷是整理自己所学习的内容，同时也是为在清华大学开设系统生物学选修课编写教材。当时作为初学者，对很多问题的理解还比较粗浅，书稿内容难免有一些不足。许多同事在使用这本书作为教材的过程中，也发现了许多问题，提出了很多宝贵的意见和建议。同时，从出版至今的 10 余年间，系统生物学研究经历了飞速的发展，其研究范围、内容和方法等都已经大大拓宽。因此，非常有必要对其内容进行修订，同时增加新的内容。这项工作从 2019 年开始启动，本来计划 1~2 年可以完成，但是由于种种原因，包括工作的调动、新冠疫情的暴发等，当然还有个人的精力有限，写书的过程远远超出了我的预期，直至今日终于完稿。

系统生物学是正在快速发展的学科，对其给出明确的定义是很困难的。生命系统是复杂的多尺度动态系统，对这样一个复杂系统的深入了解不能仅仅局限于某一个学科领域的思维方式，而是需要多种思维方式的交流与碰撞，这也是系统生物学的发展历程。从事系统生物学研究的学者来自生物学、数学、物理学、信息技术等不同学科，每个学科都有其自己的思维方式，因此不同学科背景的学者对系统生物学有不同的理解。不同学科的思维方式各有特点，生物学思维通常会更加关注细节和差异性；物理学思维喜欢统一性，倾向于以简单的基本规律来解释不同的现象；数学思维注重逻辑和演绎；信息技术的思维通常注重于实际操作性和过程控制。不同的思维方式相互融通，在系统生物学研究中是不可缺少的。这种相互融通正是系统生物学研究的魅力所在，在这里你可以看到针对相同的生物学问题从不同学科角度的思考和理解。

系统生物学学科具有交叉和综合的性质，故要通过一本书包括所有内容是不可能做到的。本书主要从数学的角度来介绍系统生物学研究的基本方法和研究思路。许多时候，数学被认为是一门高度抽象的学科，似乎不太容易跟生物学研究中的应用建立关联。当然，这样的看法应该不包括以数据为研究对象的概率论和统计学。事实上，正是数学的抽象为其广泛的实际应用建立了基础。数学的应用表现在两个方面，一方面是经过严格数学训练所形成的逻辑思维方式的应用，主要体现在对现象背后逻辑关系的推断和深邃的洞察能力，这样的能力使我们能够根据实验中不同孤立现象的发现来推断背后的可能原因，对现象背后的机制提出大胆的假设和推断。例如，根据实验中的双稳态现象推断背后存在的正反馈调控关系，根据生物振荡现象推断存在负反馈调控和反馈延迟效应等。另一方面，数学的抽象能力使得我们能够对不同现象背后的共同机制提出统一的数学模型，通过统一的方法和理论进行定量研究，并探寻表面上差异极大的现象背后的共性特征。例如，各种生物振荡背后的霍普夫分岔理论、生物过程状态突变的临界点理论、细胞多稳态变化与细胞命运抉择的动力学分岔理论、描述各种生长发育现象的细胞增殖动力学模型等。数学的这种抽象与整合能力使我们可以在不同现象的研究中相互类比和融会贯通，为我们更好地理解生物学中不同复杂现象背后的机制提供了强有力的思维方式和工具。正如癌生物学家罗伯特·温伯格 (R. Weinberg) 提出："数学公式是否可以帮助我们更好地理解复杂生物系统。"希望本书能够为回答类似的温伯格之问提供一些基础的知识和素材。

在本书中，为了更全面地介绍一些新的内容，特别是国内学者的相关研究工作，我特邀请近年来非常活跃的同行共同撰写本书，他们是中国地质大学（武汉）易鸣教授、苏州大学杨凌教授、华南理工大学刘锐教授和山西大学祁宏教授。他们的加入大大丰富了本书的内容，从原来的 6 章增加到目前的 11 章，新增加的内容包括第 4、5、6、9、11 章，其余内容为在原来的基础上进行修订而成。具体的内容介绍如下。

第 1 章介绍生物化学反应的数学描述。这一章中所介绍的相关数学描述方法是后面建立细胞内信号通路和基因调控网络动力学模型的数学基础。

第 2 章介绍基因表达过程的随机模拟。不仅介绍启动子的活化与转录、翻译过程等基本基因表达过程的随机动力学模型，还介绍了包含复杂调控元件和启动子状态多步变化的随机动力学模型。这一章主要侧重于与基因表达调控有关的随机动力学建模方法。根据这些方法可以建立更复杂的基因表达过程的随机模型。同时也需注意到实际的基因表达调控比该章所描述的过程要复杂得多，因此在阅读本书时不应该把该章所介绍的过程当成基因表达动力学过程的实际情况，而是要更加关注该章所介绍的数学建模和分析方法。

第 3 章介绍基因调控的数学模型，包括双稳态、状态切换、生物振荡等。主要介绍基本的基因调控的数学建模和分析方法，所选用的调控网络关系都是比较简单的。选择比较简单的调控关系是为了能够通过一些简单关系把数学模型技巧介绍清楚，而关于更复杂的调控关系的数学建模方法和分析技巧可以参考第 5、6 章。第 1 章 ∼ 第 3 章由雷锦志完成。

第 4 章介绍生物钟的相关机制和数学模型，包括关于生物钟的分子调控机制及其数学模型、小鼠跑轮实验、基于顺式作用元件的生物钟模型等，同时讨论了不同生物钟中的相位反应曲线和奇异性与失同步问题。该章由杨凌和雷锦志完成。

第 5 章介绍钙振荡的动力学模型和动力学分析，包括钙信号系统、钙振荡模型的基本框架和几个具体的钙振荡模型。该章由祁宏完成。

第 6 章是关于芽殖酵母细胞命运抉择的动力学模型，主要介绍关于芽殖酵母细胞命运抉择的分子调控网络及其命运抉择机制。该章由易鸣完成。

第 7 章介绍关于在胚胎发育过程中起重要作用的信号分子浓度梯度形成的数学模型，包括反应扩散方程的建立和几个信号分子浓度梯度形成的数学模型的建立及其鲁棒性的讨论。该章由雷锦志完成。

第 8 章介绍关于干细胞增殖的数学模型及其在造血系统动力学中的应用。组织的生长发育和癌症发生等都可以归结为干细胞的增殖动力学，这一章首先介绍一般的干细胞增殖数学模型和动力学分析方法，然后介绍用于描述包含细胞异质性和可塑性的一般数学模型框架，最后以动态血液病为例介绍干细胞增殖模型在造血系统动力学研究中的应用。该章由雷锦志完成。

第 9 章介绍关于复杂生物过程的关键节点检测理论——动态网络标志物理论。这一章从复杂生物过程和复杂疾病的临界现象和复杂疾病发生过程的三个状态开始进行讨论，引进动态网络标志物的概念及其应用。该章由刘锐完成。

第 10 章介绍描述神经细胞中动作电位动力学过程的霍奇金-赫胥黎方程。霍奇金-赫胥黎方程的建立是在生命科学研究中实验与数学方法相结合最成功的典范之一。这一章回顾霍奇金 (A. L. Hodgkin) 和赫胥黎 (A. F. Huxley) 的部分工作，沿着两位大师揭开细胞兴奋性之谜的道路，从实验与理论相结合的视角介绍建立霍奇金-赫胥黎方程的过程。该章由雷锦志完成。

第 11 章与前面以模型驱动为主的内容不同，主要是以数据驱动为主的内容，介绍基于能量函数构造进行生物大分子结构识别与预测的方法。介绍了关于蛋白质结构预测、microRNA 预测的能量函数模型及其应用。该章由易鸣完成。

本书可以作为生物学、应用数学、生物信息学等专业的教材，以引导学生了解系统生物学的数学建模方法和研究思路，从而更好地进入相关的前沿交叉学科领域。本书涉及的内容比较广，各章节的内容相对独立，建议读者根据实际需要进行阅读，对不熟悉的数学内容可以先暂时接受其结果，而需要理解详细过程时可以参考相关的文献。

本书由雷锦志负责总体策划，不同作者根据内容分工共同完成，初稿由易鸣进行统编，最后由雷锦志进行统一审校，祁宏对全书的部分插图进行重新绘制。

本书在撰写和出版的过程中，五位作者所在单位给予了大力支持和帮助，在此深表感谢。作者在从事研究和撰写本书的过程中也得到许多同行的支持和帮助，特别是孙之荣、陈洛南、周天寿、邹秀芬、林伟、李铁军、靳祯、刘锋、张磊、兰岳恒、王瑞琦、张小鹏、葛颢等教授，借此机会表示衷心感谢。所有作者的研究生在使用本书初稿进行学习和讨论的过程中提出了很多修改意见，在书稿撰写的过程中得到天津工业大学生物数学团队裴永珍、刘胜强、吕云飞、梁西银、程红玉、高仙立等老师的大力帮助，中国地质大学（武汉）的六位硕士研究生刘慧霞、代士琪、余晨希、涂雅晴、付文菲、杨云飞参与了书稿初始的编排，华中农业大学邓海游副教授参与了部分后续的文字润色工作，在此一并感谢！

最后，我衷心感谢家人给予的长期支持和理解。本人在书稿撰写过程中因工作调动，频繁往返于北京和天津两地而对家庭照顾不周。如果没有家人的支持，这本书是不可能顺利完成的。

本书的出版得到了天津工业大学引进人才启动经费、天津工业大学一流学科建设经费、国家科学技术学术著作出版基金、国家自然科学基金（批准号：11831015，12331018）的资助，特此致谢！

由于作者水平有限，不足之处在所难免，热诚期待广大同行和读者批评指正。

雷锦志

2023 年 12 月 18 日

目　　录

第 1 章　生物化学反应的数学描述

系统生物学从分子、细胞、组织等不同尺度范围研究生命行为的运转规律和动力学过程 (图 1.1)。在分子尺度上，细胞内的分子相互作用对细胞的行为、表型发生、响应机制等起重要作用，对其相互作用和响应的动力学过程进行定量描述构成系统生物学非常重要的研究内容。这些分子行为包括小分子相互作用、蛋白质-蛋白质相互作用、蛋白质-DNA 相互作用等，构成生命行为的最基本动力学过程。例如，表观遗传修饰的过程包含了小分子与组蛋白或 DNA 的相互作用，基因表达这一基本的生命过程包括染色体的结构变化、调控蛋白与 DNA 的相互作用、RNA 聚合酶与 DNA 片段的结合与解离、RNA 的合成、氨基酸的组装等生物化学反应过程。在分子尺度上，生物化学反应是所有这些分子相互作用最基本的表现方式，其动力学行为可以通过统一的数学形式进行描述。本章将介绍生物化学反应的数学描述方法。本章所涉及的数学内容比较抽象，不熟悉相关内容的读者可以只了解不同数学描述的形式，而忽略细节的推导过程。

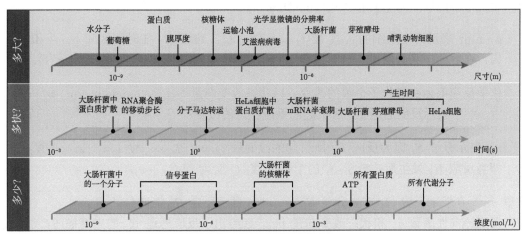

图 1.1　有用的生物学相关数据

图片根据文献 [1] 重绘

显著的随机性是生物体内的生物化学反应与普通化学反应的重要区别之一，因此必须采用随机性模型进行定量描述。对于一般的化学反应动力学，参加反应的分子数量非常多 (约 10^{23})，通常会表现出确定性的行为，因此使用常微分方程模型就可以得到很准确的描述。然而，对于生物体内所发生的生物化学反应，通常反应所涉及的分子个数是很少的，表现出明显的随机性，这时通过确定性的常微分方程模型进行描述通常是不恰当的。例如，在基因表达过程中，同一基因的拷贝数通常只有 $1 \sim 2$ 个，而对应的 mRNA 分子的数目通常也只有几十个到几百个。在蛋白质相互作用中，作为反应物的同一种蛋白质的个数也不过几千个，远远小于普通化学反应的分子个数的量级。另外，生物体内发生化学反应所需的时间都比较长。例如，基因的转录过程可能需要几十秒才能完成。因为分子的个数少而且反应速度比较慢，发生化学反应的随机性就非常明显。这些随机性主要是由两方面的原因造成，一方面是反应物碰撞后才可能发生反应。而当分子个数很少 (浓度很低) 时，反应物的碰撞概率是非常小的。另一方面是热力学涨落。即使参加反应的反应物碰撞在一起后，也需要有足够大的活化能才能发生相应的反应。而活化能受热涨落的影响，具有显著的随机性。因此，随机过程是描述生物化学反应的重要数学手段。

1.1 生物化学反应系统

考虑一个包含 $N(\geqslant 1)$ 种分子 $\{S_1, S_2, \cdots, S_N\}$ 的化学反应系统。假设系统的温度恒定，所有分子充分混合在一个体积 (记为 V) 固定的容器中，并且所有反应一旦发生都可以在瞬间完成。则系统的状态随反应的发生而动态变化。这一节介绍描述这一动态变化过程的数学模型。

以 $\boldsymbol{X}(t) = (X_1(t), X_2(t), \cdots, X_N(t))$ 表示系统在时刻 t 的状态，其中 $X_i(t)$ 表示系统中分子 S_i 在时刻 t 的个数。因为每个化学反应实际发生的时刻和所发生的反应是随机的，受热涨落的影响，系统的状态 $\boldsymbol{X}(t)$ 是一个随机过程。

假设所考虑的系统共有 $M(\geqslant 1)$ 个基本反应通道 $\{R_1, R_2, \cdots, R_M\}$。每个反应通道 R_j 对应于一个趋向性函数 (propensity function) a_j，定义为

$a_j(\boldsymbol{x})\mathrm{d}t$ 表示给定系统的状态 $\boldsymbol{X}(t) = \boldsymbol{x}$ 时，反应通道 R_j 在时间区间 $[t, t+\mathrm{d}t)$ 内，在容器中某处发生一次的概率 (注意，这里取 $\mathrm{d}t$ 充分小，使 $a_j(\boldsymbol{x})\mathrm{d}t < 1$)。

每次化学反应都会引起分子个数的改变。以状态改变向量 (state-change vector) $\boldsymbol{v}_j = (v_{j1}, v_{j2}, \cdots, v_{jN})$ 表示反应通道 R_j 所引起的系统状态的改变：

v_{ji} 表示分子 S_i 因为反应 R_j 所引起的改变量 $(j = 1, 2, \cdots, M; i = 1, 2, \cdots, N)$，即当反应 R_j 发生后，分子 S_i 的个数由 $X_i(t)$ 变为 $X_i(t) + v_{ji}$。

这里 $v_{ji} > 0$ 表示反应 R_j 产生分子 S_i，$v_{ji} < 0$ 表示反应 R_j 消耗分子 S_i。

反应趋向性函数 a_j 和状态改变向量 $\boldsymbol{v}_j$ 一起给出了反应通道 R_j 的完整描述。根据这一数学描述，可以建立数学模型用于描述所研究的生物化学反应系统的动态过程。

一般地，状态改变向量 $\boldsymbol{v}_j$ 可以通过化学反应本身得到，如对于我们所熟悉的氢气燃烧生成水的化学反应

$$O_2 + 2H_2 \longrightarrow 2H_2O.$$

每次反应消耗一个氧分子，两个氢分子，生成两个水分子。对这样的系统，包含 O_2、H_2、H_2O 三种分子，因此系统的状态变量为 $\boldsymbol{X} = (X_1, X_2, X_3)$，而上面反应通道所对应的状态改变向量是 $\boldsymbol{v} = (-1, -2, 2)$。

反应趋向性函数 a_j 的准确描述比较困难，一般情况下只能得到近似的函数表达式。函数 a_j 通常包括两部分的乘积：所有参加反应的反应物按照所需的分子数量碰撞在一起的概率乘以反应物克服化学势能量势垒发生化学反应的概率。前一部分可以通过组合的方法

得到，而后一部分由参加反应的反应物发生相应反应需要克服的化学势所定义。例如，对于上面的水生成的反应，如果系统中有 x_1 个氧分子和 x_2 个氢分子，并假设这些分子充分混合。则一个氧分子和两个氢分子碰撞在一起的概率与从系统中任意取三个分子，组合为一个氧分子和两个氢分子的组合数 [即 $x_1x_2(x_2-1)/2$] 成正比。而当两个氢分子和一个氧分子发生碰撞后，若要发生化学反应生成水分子，还需要断开原有的共价键和产生新的共价键。这一过程需要克服一定的能量势垒。假设所需要克服的能量势垒为 $\Delta\mu$，则克服能量势垒发生化学反应的概率与 $e^{-\Delta\mu/(k_BT)}$ 成正比（图 1.2），这里 k_B 为玻尔兹曼 (Boltzmann) 常数，T 表示绝对温度。这两部分的乘积给出了由系统状态定义的该反应所对应的反应趋向性函数 $a_j(\boldsymbol{x}) = cx_1x_2(x_2-1)/2$，其中 c 为常数，通常与温度和容器的体积有关。当系统的温度随时间变化时，系数 c 也是时变的。一般地，反应趋向性函数 $a_j(\boldsymbol{x})$ 可以按以下形式定义：

$$a_j(\boldsymbol{x}) = c_jh_j(\boldsymbol{x}), \tag{1.1}$$

其中 c_j 是反应通道 R_j 的化学反应常数，函数 $h_j(\boldsymbol{x})$ 表示在状态 $\boldsymbol{X}(t) = \boldsymbol{x}$ 并充分混合时，反应物按反应通道 R_j 所需的比例进行组合的可能的组合数。

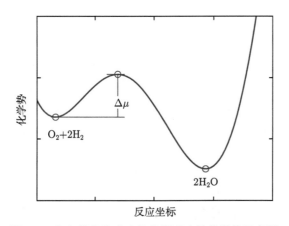

图 1.2 氢气燃烧生成水的化学反应的化学势示意图

对于一般的化学反应系统

$$R_j : m_{j1}S_1 + m_{j2}S_2 + \cdots + m_{jN}S_N \longrightarrow n_{j1}S_1 + n_{j2}S_2 + \cdots + n_{jN}S_N$$
$$(j = 1, 2, \cdots, M), \tag{1.2}$$

相应的状态改变向量和反应趋向性函数的定义如下：

$$v_{ji} = n_{ji} - m_{ji}, \quad a_j(\boldsymbol{x}) \propto \prod_{k=1}^{N} \mathrm{C}_{x_k}^{m_{jk}}, \tag{1.3}$$

其中

$$\mathrm{C}_{x_k}^{m_{jk}} = \frac{x_k!}{m_{jk}!(x_k - m_{jk})!}$$

表示从 x_k 个 S_k 分子中随机选取 m_{j_k} 个分子的可能的组合数。如果对任意的 k 和 j，都有 $x_k \gg m_{j_k}$，即系统中的分子数量远远大于发生反应所需的分子数，则可以近似地取

$$a_j(\boldsymbol{x}) = c_j \prod_{k=1}^{N} x_k^{m_{j_k}}. \tag{1.4}$$

这里的常数 c_j 只能通过实验方法或者量子化学计算方法来确定。对于很多复杂的生物化学反应，确定对应的化学反应常数还是非常困难的。需要注意的是，在这里以分子个数表示系统的状态，如果以浓度或者摩尔数表示系统的状态，化学反应常数需要做相应的修正。

对于生物化学反应系统，时刻都可能有反应发生，因此系统状态的改变是一个复杂的动态过程。下面首先引入该过程的最基本和最本质的数学描述——化学主方程 (chemical master equation，CME)，然后在不同假设条件下分别引入化学速率方程 (chemical rate equation，CRE)、化学朗之万方程 (chemical Langevin equation，CLE) 和福克尔-普朗克方程 (Fokker-Planck equation，FPE)。

1.2　化学主方程

1.2.1　方程的建立

生物化学反应是一个随机过程。在任一时刻，系统的状态决定了该系统下一时刻发生某个化学反应的概率，而每个化学反应的发生又改变了系统的状态。因此，从数学上可以把生物化学反应看作系统状态随时间变化的连续时间马尔可夫过程 (Markov process)。

在开始介绍化学主方程以前，先简单介绍一个重要的概率论术语的注记。在不同学科交流的过程中，经常会遇到同一个术语在不同学科中的含义不一致的情况，对交叉学科发展中的学术交流造成很大障碍。在这些术语中，最容易引起混淆的是"分布函数"(distribution function) 这个概念。在很多应用学科中，分布函数的概念通常会被理解为某个变量的分布，即某个随机变量取得某个值的概率。而在概率论中，分布函数的概念是指累计概率函数 (cumulative probability function)，也就是说某个随机变量取值为小于或者等于某个值的概率。而在数学概念中，表示某个变量取某个值的概率的术语为概率密度函数 (probability density function)，或者通常简称为密度函数 (density function)。为了理解两种函数的区别，图 1.3 给出了正态分布的概率密度函数和分布函数的图像。在本书中，概率密度函数和分布函数会混合使用，读者需要注意根据上下文来具体理解分布函数的实际含义。

对于随机过程 $\boldsymbol{X}(t)$，通常无法准确描述系统在每个确定时刻的状态，因此要考虑描述系统在任意时刻处于某个状态的概率随时间的变化。为此，假设系统在时刻 t_0 的状态为 $\boldsymbol{X}(t_0) = \boldsymbol{x}_0$，定义条件概率密度函数 $P(\boldsymbol{x}, t | \boldsymbol{x}_0, t_0)$ 是系统在 t 时刻状态为 $\boldsymbol{X}(t) = \boldsymbol{x}$ 的概率，即

$$P(\boldsymbol{x}, t | \boldsymbol{x}_0, t_0) = \text{Prob}\{\boldsymbol{X}(t) = \boldsymbol{x}, \text{ 如果 } \boldsymbol{X}(t_0) = \boldsymbol{x}_0\}. \tag{1.5}$$

为了理解概率密度函数这一概念，假设有许多独立的相同的反应系统 (也称为系综)，每个反应系统都包含相同数量的分子，并且体积、温度和初始状态都相同，但是随着时间的演变，这些系统变得各不相同。在时刻 t，这些系统的状态 (分子的个数) 可以是任意值。根

据数学中的大数定律，当系综中系统的个数足够多的时候，可以用处于某个状态的系统个数的比例 (频率) 近似为该状态的概率。因此，概率密度函数 $P(\boldsymbol{x}, t | \boldsymbol{x}_0, t_0)$ 表示在时刻 t 状态为 $\boldsymbol{x}$ 的系统的个数所占的比例。

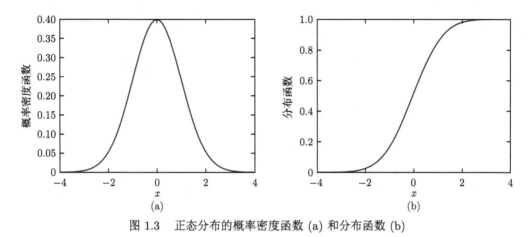

图 1.3　正态分布的概率密度函数 (a) 和分布函数 (b)

如果已知系统在时刻 t_0 的状态和任意时刻的概率密度函数 $P(\boldsymbol{x}, t | \boldsymbol{x}_0, t_0)$，则可以得到整个反应系统在任意时刻的统计性质。例如，系统的状态在任何时刻 t 的平均值 (期望) 由

$$\langle \boldsymbol{X} \rangle = \sum_{\boldsymbol{x} \in \Omega} \boldsymbol{x} P(\boldsymbol{x}, t | \boldsymbol{x}_0, t_0)$$

给出，其中 Ω 为系统的所有可能状态的集合，通常也称为样本空间。需要特别指出的是，在实验中所看到的通常是系统的统计性质，而不是单独某个样本的行为。

下面来推导 $P(\boldsymbol{x}, t | \boldsymbol{x}_0, t_0)$ 随时间演化所满足的方程。

对给定的初始状态 $(\boldsymbol{x}_0, t_0)$，可以把概率密度的变化看作 $(\boldsymbol{x}, t)$ 空间中的概率流。下面来推导这个概率流随时间的演化方程。首先取 $\mathrm{d}t$ 充分小，使得在时间 $\mathrm{d}t$ 内发生两次或者更多次化学反应的概率可以忽略。则在 $\mathrm{d}t$ 时间区间内，系统的概率密度函数的改变量主要是由发生 (一次) 化学反应而导致系统状态改变引起的。因此，函数 $P(\boldsymbol{x}, t | \boldsymbol{x}_0, t_0)$ 随时间的变化可以通过下面关系来刻画：

$$P(\boldsymbol{x}, t + \mathrm{d}t | \boldsymbol{x}_0, t_0) - P(\boldsymbol{x}, t | \boldsymbol{x}_0, t_0) = 概率流在(t, t+\mathrm{d}t)内流入(\boldsymbol{x}, t+\mathrm{d}t)$$

$$- 概率流在(t, t+\mathrm{d}t)内从(\boldsymbol{x}, t)流出.$$

注意到，状态为 $\boldsymbol{x}$ 的概率的增加是由以下反应引起的：某个系统在 t 时刻的状态为 $(\boldsymbol{x} - \boldsymbol{v}_j)$，并且在 $(t, t+\mathrm{d}t)$ 时间区间内发生了一次反应 R_j，使得系统的状态在 $(t+\mathrm{d}t)$ 时刻就变成 $\boldsymbol{x} - \boldsymbol{v}_j + \boldsymbol{v}_j = \boldsymbol{x}$。由前面给出的反应趋向性函数和状态改变向量的定义，在时刻 t 系统的状态为 $(\boldsymbol{x} - \boldsymbol{v}_j)$ 的概率为 $P(\boldsymbol{x} - \boldsymbol{v}_j, t | \boldsymbol{x}_0, t_0)$，而状态为 $(\boldsymbol{x} - \boldsymbol{v}_j)$ 的系统在时间 $\mathrm{d}t$ 内发生 (一次) 反应 R_j 的概率为 $a_j(\boldsymbol{x} - \boldsymbol{v}_j)\mathrm{d}t$。因此，在 t 时刻状态为 $(\boldsymbol{x} - \boldsymbol{v}_j)$ 的系统在 $(t, t+\mathrm{d}t)$ 时间区间内发生一次反应 R_j 引起概率 $P(\boldsymbol{x}, t | \boldsymbol{x}_0, t_0)$ 的增量为 $P(\boldsymbol{x}, t | \boldsymbol{x}_0, t_0) a_j(\boldsymbol{x} - \boldsymbol{v}_j)\mathrm{d}t$。所有这样的反应 R_j 都可以使概率增加，由此把所有反应对应的增量相加可以得到

$$概率流在(t, t + \mathrm{d}t)内流入(\boldsymbol{x}, t) = \sum_{j=1}^{M} P(\boldsymbol{x} - \boldsymbol{v}_j, t | \boldsymbol{x}_0, t_0) a_j(\boldsymbol{x} - \boldsymbol{v}_j) \mathrm{d}t.$$

类似地,状态为 $\boldsymbol{x}$ 的概率的减少,是因为在 t 时刻的状态为 $\boldsymbol{x}$ 的系统在 t 到 $t + \mathrm{d}t$ 时间内发生了一次反应 [如反应 R_j,则发生概率为 $a_j(\boldsymbol{x})\mathrm{d}t$],此时系统在 $t + \mathrm{d}t$ 时刻发生了改变 (如变成 $\boldsymbol{x} + \boldsymbol{v}_j$)。这样一次反应引起的概率 $P(\boldsymbol{x}, t | \boldsymbol{x}_0, t_0)$ 的减少为 $P(\boldsymbol{x}, t | \boldsymbol{x}_0, t_0) a_j(\boldsymbol{x})\mathrm{d}t$。所有可能的反应 R_j 都可以让系统的状态为 $\boldsymbol{x}$ 的概率减少,由此可以得到

$$概率流在(t, t + \mathrm{d}t)内从(\boldsymbol{x}, t)流出 = P(\boldsymbol{x}, t | \boldsymbol{x}_0, t_0) \sum_{j=1}^{M} a_j(\boldsymbol{x}) \mathrm{d}t.$$

这样,得到下面关系:

$$P(\boldsymbol{x}, t + \mathrm{d}t | \boldsymbol{x}_0, t_0) - P(\boldsymbol{x}, t | \boldsymbol{x}_0, t_0) = \sum_{j=1}^{M} P(\boldsymbol{x} - \boldsymbol{v}_j, t | \boldsymbol{x}_0, t_0) a_j(\boldsymbol{x} - \boldsymbol{v}_j) \mathrm{d}t$$
$$- P(\boldsymbol{x}, t | \boldsymbol{x}_0, t_0) \sum_{j=1}^{M} a_j(\boldsymbol{x}) \mathrm{d}t.$$

两边除以 $\mathrm{d}t$,并令 $\mathrm{d}t \to 0$,就得到化学主方程

$$\frac{\partial}{\partial t} P(\boldsymbol{x}, t | \boldsymbol{x}_0, t_0) = \sum_{j=1}^{M} \left[a_j(\boldsymbol{x} - \boldsymbol{v}_j) P(\boldsymbol{x} - \boldsymbol{v}_j, t | \boldsymbol{x}_0, t_0) - a_j(\boldsymbol{x}) P(\boldsymbol{x}, t | \boldsymbol{x}_0, t_0) \right]. \quad (1.6)$$

化学主方程描述了给定初始状态 $\boldsymbol{X}(t_0) = \boldsymbol{x}_0$ 的条件下,系统状态的概率密度函数随时间演变的过程。有时,我们不需要设定初始条件,则可以把上面的方程写为

$$\frac{\partial}{\partial t} P(\boldsymbol{x}, t) = \sum_{j=1}^{M} \left[a_j(\boldsymbol{x} - \boldsymbol{v}_j) P(\boldsymbol{x} - \boldsymbol{v}_j, t) - a_j(\boldsymbol{x}) P(\boldsymbol{x}, t) \right]. \quad (1.7)$$

1.2.2　化学主方程的性质

方程 (1.6) 从本质上反映了所研究的化学反应系统的状态随时间演变的统计性质。如果可以求解出函数 $P(\boldsymbol{x}, t | \boldsymbol{x}_0, t_0)$,则可以完整地刻画随机过程 $\boldsymbol{X}(t)$。事实上,方程 (1.6) 是一组线性方程组。如果省略初始状态 $(\boldsymbol{x}_0, t_0)$,并且记 $P(\boldsymbol{x}, t)$ 为 $P_{\boldsymbol{x}}(t)$,其中 $\boldsymbol{x}$ 的取值范围为系统所有可能的状态的集合,记为 $\boldsymbol{x} \in \Omega$,则方程 (1.6) 可以改写为线性常微分方程组的形式

$$\frac{\mathrm{d}P_{\boldsymbol{x}}(t)}{\mathrm{d}t} = \sum_{j=1}^{M} \left[a_j(\boldsymbol{x} - \boldsymbol{v}_j) P_{\boldsymbol{x} - \boldsymbol{v}_j}(t) - a_j(\boldsymbol{x}) P_{\boldsymbol{x}}(t) \right] \quad (\boldsymbol{x} \in \Omega). \quad (1.8)$$

注意到如果反应趋向性函数 a_j 不依赖于时间 t,则方程 (1.8) 是一组常系数线性微分方程组。因此,常系数线性微分方程组的研究方法和结果都可以用于研究化学主方程 (1.8)。特别地,令 $\boldsymbol{A}$ 表示系数矩阵,即

$$\boldsymbol{A}_{\boldsymbol{x},\boldsymbol{x}-\boldsymbol{v}_j} = a_j(\boldsymbol{x}-\boldsymbol{v}_j), \quad \boldsymbol{A}_{\boldsymbol{x},\boldsymbol{x}} = -\sum_{j=1}^{M} a_j(\boldsymbol{x}), \quad \forall \boldsymbol{x} \in \Omega,$$

则以上方程组可以改写为

$$\frac{\mathrm{d}P_{\boldsymbol{x}}(t)}{\mathrm{d}t} = \boldsymbol{A}P_{\boldsymbol{x}}(t), \quad \boldsymbol{x} \in \Omega. \tag{1.9}$$

有时也称矩阵 $\boldsymbol{A}$ 为状态转移矩阵。

在这里主要关心方程 (1.9) 作为概率密度函数的解，即满足条件

$$P_{\boldsymbol{x}}(t) \geqslant 0, \quad \sum_{\boldsymbol{x} \in \Omega} P_{\boldsymbol{x}}(t) = 1, \quad \forall t > 0 \tag{1.10}$$

的解。事实上，由方程 (1.8)，有

$$\frac{\mathrm{d}}{\mathrm{d}t} \sum_{\boldsymbol{x} \in \Omega} P_{\boldsymbol{x}}(t) = \sum_{\boldsymbol{x} \in \Omega} \sum_{j=1}^{M} \left[a_j(\boldsymbol{x}-\boldsymbol{v}_j)P_{\boldsymbol{x}-\boldsymbol{v}_j}(t) - a_j(\boldsymbol{x})P_{\boldsymbol{x}}(t) \right] = 0.$$

所以方程的解总是满足 $\sum_{\boldsymbol{x} \in \Omega} P_{\boldsymbol{x}}(t)$ 为常数，也就是说方程 (1.10) 中的第二个条件只要对初值满足，则对任意 t 都满足。另外，根据条件 (1.10) 容易得到 $P_{\boldsymbol{x}}(t) \leqslant 1$ 对任意 $t > 0$ 都成立，即解总是有界的。

如果 Ω 是有限集，则方程 (1.9) 的解可以表示为

$$P_{\boldsymbol{x}}(t) = e^{\boldsymbol{A}(t-t_0)}P_{\boldsymbol{x}}(t_0) \quad (t > t_0), \tag{1.11}$$

其中初值 $P_{\boldsymbol{x}}(t_0)$ 满足条件 (1.10)。特别地，如果 $\boldsymbol{X}(t_0) = \boldsymbol{x}_0$，则有

$$P_{\boldsymbol{x}}(t_0) = \delta_{\boldsymbol{x},\boldsymbol{x}_0} = \begin{cases} 0, & \boldsymbol{x} \neq \boldsymbol{x}_0, \\ 1, & \boldsymbol{x} = \boldsymbol{x}_0. \end{cases}$$

由通解 (1.11) 容易看到，如果初值满足条件 (1.10)，则方程 (1.9) 的解在任何时刻均满足 (1.10)。

根据线性代数中著名的若尔当标准形定理，对于有限阶矩阵 $\boldsymbol{A}$，存在一个非奇异矩阵 $\boldsymbol{Q}$，使 $\boldsymbol{Q}^{-1}\boldsymbol{A}\boldsymbol{Q} = \boldsymbol{J}$ 为若尔当标准形，即 $\boldsymbol{J}$ 为下面的分块对角矩阵

$$\boldsymbol{J} = \mathrm{diag}(\boldsymbol{J}_1, \boldsymbol{J}_2, \cdots, \boldsymbol{J}_s) := \begin{pmatrix} \boldsymbol{J}_1 & 0 & \cdots & 0 \\ 0 & \boldsymbol{J}_2 & \cdots & 0 \\ \vdots & \vdots & \ddots & \vdots \\ 0 & 0 & \cdots & \boldsymbol{J}_s \end{pmatrix},$$

其中

$$
\boldsymbol{J}_k = \begin{pmatrix}
\lambda_k & 1 & 0 & \cdots & 0 \\
0 & \lambda_k & 1 & \cdots & 0 \\
0 & 0 & \lambda_k & \cdots & 0 \\
\vdots & \vdots & \vdots & \ddots & \vdots \\
0 & 0 & 0 & \cdots & \lambda_k
\end{pmatrix}
$$

为 $n_k \times n_k$ 矩阵。这里 λ_k 是矩阵 $\boldsymbol{A}$ 的特征值，重数为 n_k。因为 $\boldsymbol{A} = \boldsymbol{Q}\boldsymbol{J}\boldsymbol{Q}^{-1}$，所以

$$
e^{\boldsymbol{A}(t-t_0)} = \boldsymbol{Q}e^{\boldsymbol{J}(t-t_0)}\boldsymbol{Q}^{-1} = \boldsymbol{Q}\mathrm{diag}(e^{\boldsymbol{J}_1(t-t_0)}, e^{\boldsymbol{J}_2(t-t_0)}, \cdots, e^{\boldsymbol{J}_s(t-t_0)})\boldsymbol{Q}^{-1}.
$$

可以验证，指数矩阵 $e^{\boldsymbol{J}_k t}$ 以下面形式给出

$$
e^{\boldsymbol{J}_k t} = e^{\lambda_k t}\begin{pmatrix}
1 & t & \cdots & t^{n_k-1}/(n_k-1)! \\
0 & 1 & \cdots & t^{n_k-2}/(n_k-2)! \\
\vdots & \vdots & \ddots & \vdots \\
0 & 0 & \cdots & 1
\end{pmatrix}.
$$

方程 (1.9)的通解可以表示为

$$
P_{\boldsymbol{x}}(t) = \boldsymbol{Q}\mathrm{diag}(e^{\boldsymbol{J}_1(t-t_0)}, e^{\boldsymbol{J}_2(t-t_0)}, \cdots, e^{\boldsymbol{J}_s(t-t_0)})\boldsymbol{Q}^{-1}P_{\boldsymbol{x}}(t_0). \tag{1.12}
$$

由方程的通解 (1.12) 可以得到很有意思的推论。首先，通解 (1.12) 对任意满足条件 (1.10) 的初始条件都成立，并且所得到的解 $P_{\boldsymbol{x}}(t)$ 对任意 $t \geqslant t_0$ 都必须是有界的。为满足此条件，$\boldsymbol{A}$ 的特征值必须不能有正实部，并且 0 特征值的重数不能大于 1 (因为矩阵 $\boldsymbol{A}$ 的所有行线性相关, 很容易可以证明 $\boldsymbol{A}$ 一定有 0 特征值)。事实上，矩阵 $\boldsymbol{A}$ 是一类特殊的矩阵，即符号对称矩阵，非对角线的元素都是非负的，而对角线元素都是非正的。这类矩阵是梅兹内 (Metzler) 矩阵或者 M 矩阵的例子，已经得到广泛的研究[2,3]。可以证明，这种类型的矩阵没有正实部的特征值，也没有纯虚数的特征值[4]。因此方程 (1.9)的解收敛到 0 特征值所对应的特征向量，即系统的平稳分布。

在方程 (1.9) 中，令方程的右边等于零，并结合条件 (1.10)，就可以求出系统的平稳分布

$$
\bar{P}_{\boldsymbol{x}} = \lim_{t \to \infty} P_{\boldsymbol{x}}(t).
$$

这个平稳分布对于研究系统的长时间行为是很重要的。根据上面的讨论，当 Ω 是有限集时，矩阵 $\boldsymbol{A}$ 是有限阶的，相应的平稳分布是唯一的。但是，上面的结论是否能推广到 Ω 是无穷集的情况，还需要进一步的研究。

通常，状态空间 Ω 的维数是非常高的。例如，假设所研究的系统有 100 种分子 ($N = 100$)，每种分子的状态有两种可能 [$X_i(t) = 0$ 或 1]，则系统的总状态数为 2^{100}，上述化学主方程是阶数为 2^{100} 的线性微分方程组。因此，尽管可以形式上给出化学主方程的精确解，但一般来说，对该系统进行研究是不可能的。即使是数值解也不可能。需要提出一些简化的模型来进行研究。

1.2.3　吉莱斯皮算法

对于复杂的生化反应系统，一般很难通过解析方法求解系统状态的概率密度函数随时间的演化。然而，如果可以通过随机模拟算法产生足够多的样本轨道，也即一个系综 (Ensemble) $\boldsymbol{X}^\sigma(t|\boldsymbol{x}_0, t_0)$ $(\sigma \in \Sigma)$，则可以通过简单的数学统计得到概率密度函数的演化过程。例如，在每个时刻 t，系综的分布由

$$P(\boldsymbol{x}, t|\boldsymbol{x}_0, t_0) = \mathrm{Prop}\{\boldsymbol{X}^\sigma(t|\boldsymbol{x}_0, t_0) = \boldsymbol{x}, \sigma \in \Sigma\}$$

给出。当系统的样本轨道个数充分多时，通过上述方法可以得到概率分布函数的充分逼近。下面的吉莱斯皮 (Gillespie) 算法 [也称随机模拟算法 (stochastic simulation algorithm, SSA)] 是产生样本轨道的常用方法[5]。

吉莱斯皮算法的主要目的是通过依次模拟每个可能发生的化学反应来产生样本轨道，以达到模拟系统状态变化的目的。吉莱斯皮算法的每次模拟可以产生一个样本轨道，通过多次独立的重复运行则可以产生多个样本轨道 (系综)。该算法的主要想法如下：如果在时刻 t 系统的状态为 $\boldsymbol{x}$，下一次反应在时刻 $t + \tau$ 发生，并且所发生的反应是第 μ 个反应通道 R_μ，那么系统的状态在 $(t, t + \tau)$ 时间区间内是 $\boldsymbol{x}$，而在 $t + \tau$ 时刻变为 $\boldsymbol{x} + \boldsymbol{v}_\mu$。因此，在随机模拟计算中只需要根据当前时刻的状态 $\boldsymbol{X}(t) = \boldsymbol{x}$ 计算出下一个反应发生的时间 $t + \tau$ 和相应的反应通道 R_μ，就可以得到系统的状态随时间的变化，即一个样本轨道。为实现这个基本的想法，关键是需要根据当前时刻的系统状态确定下一次反应在时间区间 $(t + \tau, t + \tau + \mathrm{d}\tau)$ 内发生，并且所发生的是反应通道 R_μ 的概率 $P(\tau, \mu; \boldsymbol{x})\mathrm{d}\tau$。

定义反应概率密度函数 $P(\tau, \mu; \boldsymbol{x})$ 为 (参考图 1.4)

$$\begin{aligned}P(\tau, \mu; \boldsymbol{x})\mathrm{d}\tau = &\text{ 给定时刻 } t \text{系统的状态 } \boldsymbol{X}(t) = \boldsymbol{x},\\&\text{系统中的下一个反应在无穷小时间区间}\\&(t + \tau, t + \tau + \mathrm{d}\tau)\text{内发生,}\\&\text{并且发生的是反应通道 } R_\mu \text{的概率.}\end{aligned}$$

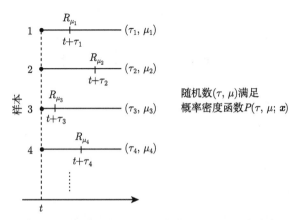

图 1.4　反应概率密度函数 $P(\tau, \mu; \boldsymbol{x})$ 定义的图示

上述过程包含了两个独立的事件，分别是在时间区间 $(t, t+\tau)$ 内没有反应，因此在时刻 $t+\tau$，系统的状态仍然是 $\boldsymbol{X}(t+\tau) = \boldsymbol{x}$，以及在时间区间 $(t+\tau, t+\tau+\mathrm{d}\tau)$ 内发生一次反应 R_μ。根据概率的乘法法则，$P(\tau, \mu; \boldsymbol{x})\mathrm{d}\tau$ 是下面两项的乘积：概率 $P_0(\tau; \boldsymbol{x})$ 和 $a_\mu(\boldsymbol{x})\mathrm{d}\tau$，其中 $P_0(\tau; \boldsymbol{x})$ 表示给定系统的状态 $\boldsymbol{X}(t) = \boldsymbol{x}$，在时间区间 $(t, t+\tau)$ 内没有发生任何反应的概率，$a_\mu(\boldsymbol{x})\mathrm{d}\tau$ 表示反应 R_μ 在时间区间 $(t+\tau, t+\tau+\mathrm{d}\tau)$ 内发生的概率，即有关系

$$P(\tau, \mu; \boldsymbol{x})\mathrm{d}\tau = P_0(\tau; \boldsymbol{x}) \cdot a_\mu(\boldsymbol{x})\mathrm{d}\tau. \tag{1.13}$$

为得到 $P_0(\tau; \boldsymbol{x})$ 的表达式，固定 $\boldsymbol{x}$ 而把 $P_0(\tau; \boldsymbol{x})$ 看作 τ 的函数。首先，因为在 t 时刻没有发生反应的概率为 1，所以有 $P_0(0; \boldsymbol{x}) = 1$。

令 $P_0(\tau'; \boldsymbol{x})$ 表示在 $(t, t+\tau')$ 时间区间内没有发生反应的概率，则由概率的乘法法则，系统在 $(t, t+\tau'+\mathrm{d}\tau')$ 内没有发生反应的概率 $P_0(\tau'+\mathrm{d}\tau'; \boldsymbol{x})$ 等于 $P_0(\tau'; \boldsymbol{x})$ 乘以当系统状态为 $\boldsymbol{X} = \boldsymbol{x}$ 时，在 $(t+\tau', t+\tau'+\mathrm{d}\tau')$ 时间内不发生反应的概率。根据反应趋向性函数的定义，容易看到，在时间区间 $(t+\tau', t+\tau'+\mathrm{d}\tau')$ 内发生一次或以上反应的概率为 $\sum_{\nu=1}^{M} a_\nu(\boldsymbol{x})\mathrm{d}\tau' + o(\mathrm{d}\tau')$，其中 $o(\mathrm{d}\tau')$ 表示 $\mathrm{d}\tau'$ 的无穷小量。所以，不发生反应的概率为

$$1 - \sum_{\nu=1}^{M} a_\nu(\boldsymbol{x})\mathrm{d}\tau' + o(\mathrm{d}\tau').$$

因此，可以得到下面关系

$$P_0(\tau'+\mathrm{d}\tau'; \boldsymbol{x}) = P_0(\tau'; \boldsymbol{x}) \cdot \left(1 - \sum_{\nu=1}^{M} a_\nu(\boldsymbol{x})\mathrm{d}\tau' + o(\mathrm{d}\tau')\right).$$

由此可以得到 $P_0(\tau'; \boldsymbol{x})$ 满足的微分方程

$$\frac{\partial P_0(\tau'; \boldsymbol{x})}{\partial \tau'} = -\sum_{\mu=1}^{M} a_\mu(\boldsymbol{x})P_0(\tau'; \boldsymbol{x}), \quad P_0(0; \boldsymbol{x}) = 1. \tag{1.14}$$

求解方程 (1.14) 可以得到

$$P_0(\tau; \boldsymbol{x}) = \exp\left(-\sum_{\nu=1}^{M} a_\nu(\boldsymbol{x})\tau\right).$$

令 $a_0(\boldsymbol{x}) = \sum_{\nu=1}^{M} a_\nu(\boldsymbol{x})$，则由方程 (1.13) 可以得到 (τ, μ) 所满足的概率密度函数 $P(\tau, \mu; \boldsymbol{x})$，为

$$P(\tau, \mu; \boldsymbol{x}) = \begin{cases} a_\mu(\boldsymbol{x})e^{-a_0(\boldsymbol{x})\tau}, & \text{若 } 0 \leqslant \tau < \infty \text{ 且 } \mu = 1, 2, \cdots, M, \\ 0, & \text{其他情况}. \end{cases} \tag{1.15}$$

根据上面给出的定义，$P(\tau, \mu; \boldsymbol{x})$ 表示当系统在时刻 t 的状态为 $\boldsymbol{x}$ 时，系统的下一次反应在时刻 $t+\tau$ 发生，并且所发生的反应是第 μ 个反应的概率。

根据上面的分析, 可以得到下面的吉莱斯皮算法:

(1) 初始化 $\boldsymbol{X}(0) = \boldsymbol{x}_0$, 并令初始时刻 $t = 0$ (这里假设 $t_0 = 0$);

(2) 计算 $a_\nu = a_\nu(\boldsymbol{x})(\nu = 1, 2, \cdots, M)$, 并令 $a_0 = \sum\limits_{\nu=1}^{M} a_\nu$;

(3) 产生一组随机数 (τ, μ), 其分布满足如方程 (1.15) 所给出的概率密度函数

$$P(\tau, \mu) = \begin{cases} a_\mu e^{-a_0 \tau}, & \text{若 } 0 \leqslant \tau < \infty \text{ 且 } \mu = 1, 2, \cdots, M, \\ 0, & \text{其他情况}; \end{cases}$$

(4) 令 $t = t + \tau$, 并根据反应通道 R_μ 更新分子个数, 即 $X_i \to X_i + v_{\mu i}$;

(5) 转到第 2 步或者结束模拟过程.

这里的随机数 (τ, μ) 可以按照以下过程产生. 首先产生 $[0, 1]$ 上的平均分布的随机数 r_1 和 r_2. 令

$$\tau = (1/a_0) \ln(1/r_1),$$

然后取 μ 为满足条件

$$\sum_{\nu=1}^{\mu-1} a_\nu < r_2 a_0 \leqslant \sum_{\nu=1}^{\mu} a_\nu$$

的整数, 则 (τ, μ) 为满足分布 (1.15) 的随机数[5].

使用吉莱斯皮算法可以模拟系统的长时间行为. 但是因为该算法需要模拟每一步反应, 在计算的过程中时间步长 τ 通常很小, 所以对大的系统, 效率并不高. 近年来, 有很多研究工作建立了快速的吉莱斯皮算法以对复杂生物化学系统进行数值模拟. 1.4.3 节介绍的 Tau-跳跃 (Tau-Leap) 算法可以在一定条件下加速吉莱斯皮算法.

1.3　化学速率方程

1.3.1　方程的建立

通过上面所建立的化学主方程可以研究系统状态的概率密度函数随时间的演化过程. 但是在很多时候, 特别是当系统的随机性并不重要时, 通常并不需要知道概率密度函数的演化过程, 而只需要知道系统的统计平均的演化过程.

若 $\boldsymbol{X}(t_0) = \boldsymbol{x}_0$, 则系统状态在时刻 $t \geqslant t_0$ 的平均值为

$$\langle \boldsymbol{X}(t|\boldsymbol{x}_0, t_0) \rangle = \sum_{\boldsymbol{x} \in \Omega} \boldsymbol{x} P(\boldsymbol{x}, t|\boldsymbol{x}_0, t_0).$$

为简单起见, 通常省略初始条件, 而记 $\langle \boldsymbol{X}(t) \rangle = (\langle X_1(t) \rangle, \langle X_2(t) \rangle, \cdots, \langle X_N(t) \rangle)$ 和 $P(\boldsymbol{x}, t) = P(\boldsymbol{x}, t|\boldsymbol{x}_0, t_0)$. 为分析方便, 可以把函数 P 的定义域拓宽到全空间 $\mathbb{Z}^N \times [t_0, +\infty)$, 其中当 $\boldsymbol{x} \notin \Omega$ 时, 定义 $P(\boldsymbol{x}, t) \equiv 0$. 则上面的求和可以拓宽到全空间 $\mathbb{Z}^N$, 即

$$\langle \boldsymbol{X}(t) \rangle = \sum_{\boldsymbol{x} \in \mathbb{Z}^N} \boldsymbol{x} P(\boldsymbol{x}, t). \tag{1.16}$$

由上面统计平均的定义和条件(1.10), 容易看到

$$\sum_{\boldsymbol{x}\in\mathbb{Z}^N}(\boldsymbol{x}-\langle\boldsymbol{X}(t)\rangle)P(\boldsymbol{x},t)=0. \tag{1.17}$$

由化学主方程 (1.6)，两边乘以 $\boldsymbol{x}$，再对 $\boldsymbol{x}$ 求和，可以得到

$$\begin{aligned}
\frac{\partial}{\partial t}\sum_{\boldsymbol{x}\in\mathbb{Z}^N}\boldsymbol{x}P(\boldsymbol{x},t)&=\sum_{\boldsymbol{x}\in\mathbb{Z}^N}\sum_{j=1}^M(\boldsymbol{x}a_j(\boldsymbol{x}-\boldsymbol{v}_j)P(\boldsymbol{x}-\boldsymbol{v}_j,t)-\boldsymbol{x}a_j(\boldsymbol{x})P(\boldsymbol{x},t))\\
&=\sum_{j=1}^M\sum_{\boldsymbol{x}\in\mathbb{Z}^N}\boldsymbol{x}a_j(\boldsymbol{x}-\boldsymbol{v}_j)P(\boldsymbol{x}-\boldsymbol{v}_j,t)-\sum_{j=1}^M\sum_{\boldsymbol{x}\in\mathbb{Z}^N}\boldsymbol{x}a_j(\boldsymbol{x})P(\boldsymbol{x},t)\\
&=\sum_{j=1}^M\sum_{\boldsymbol{x}\in\mathbb{Z}^N}(\boldsymbol{x}+\boldsymbol{v}_j)a_j(\boldsymbol{x})P(\boldsymbol{x},t)-\sum_{j=1}^M\sum_{\boldsymbol{x}\in\mathbb{Z}^N}\boldsymbol{x}a_j(\boldsymbol{x})P(\boldsymbol{x},t)\\
&=\sum_{j=1}^M\boldsymbol{v}_j\sum_{\boldsymbol{x}\in\mathbb{Z}^N}a_j(\boldsymbol{x})P(\boldsymbol{x},t).
\end{aligned}$$

因此得到系统的系综平均所满足的动力学方程

$$\frac{\mathrm{d}\langle X_i\rangle}{\mathrm{d}t}=\sum_{j=1}^M v_{ji}\langle a_j(\boldsymbol{X})\rangle\quad(i=1,2,\cdots,N), \tag{1.18}$$

其中

$$\langle a_j(\boldsymbol{X})\rangle=\sum_{\boldsymbol{x}\in\mathbb{Z}^N}a_j(\boldsymbol{x})P(\boldsymbol{x},t)$$

为反应趋向性函数的系综平均。

需要指出的是，方程 (1.18) 一般是不封闭的。例如，如果 $a_j(\boldsymbol{X})=kX_1^2$ 是非线性函数，则 $\langle a_j(\boldsymbol{X})\rangle=k\langle X_1^2\rangle$，包含新的变量 $\langle X_1^2\rangle$（该变量没有出现在方程的左边）。由此，对于方程 (1.18)，不能直接进行研究，需要附加的方程或者条件进行简化或者方程的封闭化处理。

对于方程 (1.18)，如果可以接受近似的关系

$$\langle a_j(\boldsymbol{X})\rangle\approx a_j(\langle\boldsymbol{X}\rangle),\quad j=1,2,\cdots,N, \tag{1.19}$$

则上面的方程可以变成封闭的形式。此时的方程 (1.18) 可以写成常微分方程组的形式（这里记 x_i 为 $\langle X_i\rangle$）

$$\frac{\mathrm{d}x_i}{\mathrm{d}t}=\sum_{j=1}^M v_{ji}a_j(\boldsymbol{x})\quad(i=1,2,\cdots,N). \tag{1.20}$$

此时对应的方程一般是非线性常微分方程。形如 (1.20) 的方程就是化学速率方程 (chemical rate equation，CRE)，是最常用的描述化学动力学的方程。

对于近似关系 (1.19)，最简单的情况是当所有的生物化学反应都是一阶反应时，函数 $a_j(\boldsymbol{X})$ 都是线性函数。此时关系 $\langle a_j(\boldsymbol{X})\rangle=a_j(\langle\boldsymbol{X}\rangle)$ 是严格成立的。此外，当系统的随机性

可以忽略时，关系 (1.19)近似成立，也可以通过常微分方程模型近似描述系统的动力学行为。这也是普通的化学动力学中的常微分方程模型的来源。然而，对于描述生命过程的许多生物化学反应来说，上述的近似条件并不成立，因此在使用化学速率方程时应该要小心。

化学速率方程是常微分方程组，方程的阶数和分子种类的个数 (N) 相同，一般比较便于通过数值方法进行研究。但是，同时也应该注意到对于高阶反应，趋向性函数 $a_j(\boldsymbol{X})$ 是非线性函数，此时的反应速率方程 (1.20) 并不等价于系统的平均状态所满足的系综平均动力学方程 (1.18)。由此可以看到，对于很多化学反应，化学速率方程和化学主方程并不等价。这个问题也称为所谓的凯泽尔悖论 (Keizer paradox)。因此，对于高阶反应，常微分方程模型 (1.20) 的结果的解释需要特别小心。当系统的随机性非常小时，可以认为 (1.19) 近似成立，此时化学速率方程可以反映系统的平均状态的动力学行为。这个就是我们在应用化学速率方程时的基本前提。

在反应速率方程中，通常使用反应物的浓度而不是分子数作为变量。为此，定义 $z_i = \langle X_i \rangle / V$ 为分子 S_i 的平均浓度，则系统的状态可以表示为 $\boldsymbol{z} = (z_1, z_2, \cdots, z_N)$。此时上面的化学速率方程可以表示为

$$\frac{\mathrm{d}z_i}{\mathrm{d}t} = \sum_{j=1}^{M} v_{ji}\tilde{a}_j(\boldsymbol{z}) \quad (i=1,2,\cdots,N), \tag{1.21}$$

其中

$$\tilde{a}_j(\boldsymbol{z}) = \frac{a_j(V(\boldsymbol{z}))}{V}.$$

这里的函数 $\tilde{a}_j$ 与反应趋向性函数 a_j 有相同的形式，但是依赖于系统的体积 V。例如，如果 a_j 是形如 (1.4) 的多项式形式，则

$$\tilde{a}_j(\boldsymbol{z}) = c_j V^{-1} \prod_{k=1}^{N} (Vz_k)^{m_{jk}} = k_j \prod_{k=1}^{N} z_k^{m_{jk}}, \quad k_j = c_j V^{|\boldsymbol{m}_j|-1},$$

这里，已经把速率常数 c_j 替换为反应速率常数 k_j。通过上面的关系，就可以把系统的体积 (如细胞的体积) 作为参数考虑到方程中。

在上面推导化学速率方程时，假定系统的随机性比较小。下面来定量推导表征系统随机性的量-协方差-随时间的变化规律，并由此推导关联系统随机性的涨落项与耗散项的涨落耗散定理 (fluctuation dissipation theorem，FDT)[6]。

1.3.2 涨落耗散定理

为了刻画系统的随机性，定义系统的协方差矩阵 $\boldsymbol{\sigma} = (\sigma_{ik})$ 为

$$\sigma_{ik}(t) = \langle (X_i(t) - \langle X_i(t) \rangle)(X_k(t) - \langle X_k(t) \rangle) \rangle \tag{1.22}$$

$$(1 \leqslant i, k \leqslant N).$$

下面来推导 $\sigma_{ik}(t)$ 满足的方程。

首先由概率密度函数 $P(\boldsymbol{x}, t)$，可以把上面的协方差表示为

$$\sigma_{ik}(t) = \sum_{\boldsymbol{x} \in \mathbb{Z}^N} (x_i - \langle X_i(t) \rangle)(x_k - \langle X_k(t) \rangle) P(\boldsymbol{x}, t).$$

注意到 $\langle X_i(t) \rangle$ 满足化学速率方程 (1.18)，$P(\boldsymbol{x}, t)$ 满足化学主方程 (1.6)。因此由方程 (1.18) 和 (1.6) 可以推导出 σ_{ik} 满足的方程，有

$$\begin{aligned}
\frac{\mathrm{d}\sigma_{ik}}{\mathrm{d}t} &= \sum_{\boldsymbol{x} \in \mathbb{Z}^N} \left(-\frac{\mathrm{d}\langle X_i \rangle}{\mathrm{d}t}\right)(x_k - \langle X_k \rangle) P(\boldsymbol{x}, t) + \sum_{\boldsymbol{x} \in \mathbb{Z}^N} \left(-\frac{\mathrm{d}\langle X_k \rangle}{\mathrm{d}t}\right)(x_i - \langle X_i \rangle) P(\boldsymbol{x}, t) \\
&\quad + \sum_{\boldsymbol{x} \in \mathbb{Z}^N} (x_i - \langle X_i \rangle)(x_k - \langle X_k \rangle)\frac{\partial}{\partial t} P(\boldsymbol{x}, t) \\
&= \left(-\frac{\mathrm{d}\langle X_i \rangle}{\mathrm{d}t}\right) \sum_{\boldsymbol{x} \in \mathbb{Z}^N} (x_k - \langle X_k \rangle) P(\boldsymbol{x}, t) + \left(-\frac{\mathrm{d}\langle X_k \rangle}{\mathrm{d}t}\right) \sum_{\boldsymbol{x} \in \mathbb{Z}^N} (x_i - \langle X_i \rangle) P(\boldsymbol{x}, t) \\
&\quad + \sum_{\boldsymbol{x} \in \mathbb{Z}^N} (x_i - \langle X_i \rangle)(x_k - \langle X_k \rangle)\frac{\partial}{\partial t} P(\boldsymbol{x}, t).
\end{aligned}$$

根据方程 (1.17)，

$$\sum_{\boldsymbol{x} \in \mathbb{Z}^N} (x_k - \langle X_k \rangle) P(\boldsymbol{x}, t) = \sum_{\boldsymbol{x} \in \mathbb{Z}^N} (x_i - \langle X_i \rangle) P(\boldsymbol{x}, t) = 0.$$

因此，有

$$\frac{\mathrm{d}\sigma_{ik}}{\mathrm{d}t} = \sum_{\boldsymbol{x} \in \mathbb{Z}^N} (x_i - \langle X_i \rangle)(x_k - \langle X_k \rangle)\frac{\partial}{\partial t} P(\boldsymbol{x}, t).$$

最后由化学主方程 (1.6)，可以得到

$$\begin{aligned}
\frac{\mathrm{d}\sigma_{ik}}{\mathrm{d}t} &= \sum_{\boldsymbol{x} \in \mathbb{Z}^N} (x_i - \langle X_i \rangle)(x_k - \langle X_k \rangle) \sum_{j=1}^{M} [a_j(\boldsymbol{x} - \boldsymbol{v}_j) P(\boldsymbol{x} - \boldsymbol{v}_j, t) - a_j(\boldsymbol{x}) P(\boldsymbol{x}, t)] \\
&= \sum_{j=1}^{M} \sum_{\boldsymbol{x} \in \mathbb{Z}^N} (x_i - \langle X_i \rangle)(x_k - \langle X_k \rangle) a_j(\boldsymbol{x} - \boldsymbol{v}_j) P(\boldsymbol{x} - \boldsymbol{v}_j, t) \\
&\quad - \sum_{j=1}^{M} \sum_{\boldsymbol{x} \in \mathbb{Z}^N} (x_i - \langle X_i \rangle)(x_k - \langle X_k \rangle) a_j(\boldsymbol{x}) P(\boldsymbol{x}, t) \\
&= \sum_{j=1}^{M} \sum_{\boldsymbol{x} \in \mathbb{Z}^N} (x_i + v_{ji} - \langle X_i \rangle)(x_k + v_{jk} - \langle X_k \rangle) a_j(\boldsymbol{x}) P(\boldsymbol{x}, t) \\
&\quad - \sum_{j=1}^{M} \sum_{\boldsymbol{x} \in \mathbb{Z}^N} (x_i - \langle X_i \rangle)(x_k - \langle X_k \rangle) a_j(\boldsymbol{x}) P(\boldsymbol{x}, t)
\end{aligned}$$

$$= \sum_{\boldsymbol{x} \in \mathbb{Z}^N} \left(A_i(\boldsymbol{x})(x_k - \langle X_k \rangle) + A_k(\boldsymbol{x})(x_i - \langle X_i \rangle) \right) P(\boldsymbol{x}, t) + \sum_{\boldsymbol{x} \in \mathbb{Z}^N} B_{ik}(\boldsymbol{x}) P(\boldsymbol{x}, t),$$

这里

$$A_i(\boldsymbol{x}) = \sum_{j=1}^{M} v_{ji} a_j(\boldsymbol{x}), \quad B_{ik}(\boldsymbol{x}) = \sum_{j=1}^{M} v_{ji} v_{jk} a_j(\boldsymbol{x}). \tag{1.23}$$

这样，得到了 $\sigma_{ik}(t)$ 所满足的方程：

$$\frac{\mathrm{d}\sigma_{ik}}{\mathrm{d}t} = \sum_{\boldsymbol{x} \in \mathbb{Z}^N} \left[A_i(\boldsymbol{x})(x_k - \langle X_k \rangle) + A_k(\boldsymbol{x})(x_i - \langle X_i \rangle) \right] P(\boldsymbol{x}, t)$$

$$+ \sum_{\boldsymbol{x} \in \mathbb{Z}^N} B_{ik}(\boldsymbol{x}) P(\boldsymbol{x}, t), \tag{1.24}$$

或者，根据系综平均的定义

$$\langle A_i(\boldsymbol{X})(X_k - \langle X_k \rangle) \rangle = \sum_{\boldsymbol{x} \in \mathbb{Z}^N} A_i(\boldsymbol{x})(x_k - \langle X_k \rangle) P(\boldsymbol{x}, t),$$

$$\langle B_{ik}(\boldsymbol{X}) \rangle = \sum_{\boldsymbol{x} \in \mathbb{Z}^N} B_{ik}(\boldsymbol{x}) P(\boldsymbol{x}, t),$$

有关于 $\sigma_{ik}(t)$ 的方程

$$\frac{\mathrm{d}\sigma_{ik}}{\mathrm{d}t} = \langle A_i(\boldsymbol{X})(X_k - \langle X_k \rangle) \rangle + \langle A_k(\boldsymbol{X})(X_i - \langle X_i \rangle) \rangle + \langle B_{ik}(\boldsymbol{X}) \rangle. \tag{1.25}$$

一般地，与方程 (1.18) 一样，方程(1.25) 也是不封闭的。然而，如果系统中所有反应都是一阶反应，则函数 $a_j(\boldsymbol{x})$ 都是线性函数。此时方程 (1.25) 的右端可以表示为形如 $\langle X_i \rangle$ 的一次项和形如 $\langle X_i X_k \rangle$ 的二次项的线性组合。在这种特殊情况下，方程 (1.18) 与 (1.25) 一起组成封闭的方程组。受此启发，下面我们在弱随机性的条件下推导在平衡态附近系统的协方差矩阵所满足的方程，由此可以得到涨落耗散定理。

当系统达到平衡态并且随机性很小时，即假设当 $x_i - \langle X_i \rangle$ 很小时才有 $P(\boldsymbol{x}, t)$ 不等于零，则可以把方程 (1.24) 中的 $A_i(\boldsymbol{x})$ 和 $B_{ik}(\boldsymbol{x})$ 在 $\boldsymbol{x} = \langle \boldsymbol{X} \rangle$ 附近展开成泰勒级数：

$$A_i(\boldsymbol{x}) = A_i(\langle \boldsymbol{X} \rangle) + \sum_{l=1}^{N} \frac{\partial A_i(\langle \boldsymbol{X} \rangle)}{\partial x_l}(x_l - \langle X_l \rangle) + \cdots,$$

$$A_k(\boldsymbol{x}) = A_k(\langle \boldsymbol{X} \rangle) + \sum_{l=1}^{N} \frac{\partial A_k(\langle \boldsymbol{X} \rangle)}{\partial x_l}(x_l - \langle X_l \rangle) + \cdots,$$

$$B_{ik}(\boldsymbol{x}) = B_{ik}(\langle \boldsymbol{X} \rangle) + \sum_{l=1}^{N} \frac{\partial B_{ik}(\langle \boldsymbol{X} \rangle)}{\partial x_l}(x_l - \langle X_l \rangle) + \cdots.$$

代入方程 (1.24)，并且注意到关系 (1.17)，可以得到方程

$$\frac{\mathrm{d}\sigma_{ik}}{\mathrm{d}t} = \sum_{l=1}^{N} \left[\frac{\partial A_i(\langle \boldsymbol{X} \rangle)}{\partial x_l} \sigma_{lk} + \frac{\partial A_k(\langle \boldsymbol{X} \rangle)}{\partial x_l} \sigma_{il} \right] + B_{ik}(\langle \boldsymbol{X} \rangle). \tag{1.26}$$

定义矩阵

$$\boldsymbol{\sigma} = (\sigma_{ik}), \quad \boldsymbol{A} = \left(\frac{\partial A_i}{\partial x_l} \right) \bigg|_{\boldsymbol{x} = \langle \boldsymbol{X} \rangle}, \quad \boldsymbol{B} = (B_{ik})|_{\boldsymbol{x} = \langle \boldsymbol{X} \rangle},$$

上面方程 (1.24) 可以简写为

$$\frac{\mathrm{d}\boldsymbol{\sigma}}{\mathrm{d}t} = (\boldsymbol{A}\boldsymbol{\sigma} + \boldsymbol{\sigma}\boldsymbol{A}^{\mathrm{T}}) + \boldsymbol{B}. \tag{1.27}$$

方程 (1.27) 给出了在近平衡态时系统的协方差的近似演化方程。

在上面的推导过程中，矩阵 $\boldsymbol{A}$ 和 $\boldsymbol{B}$ 有重要的物理意义，在后面推导生化系统的福克尔-普朗克方程 (Fokker-Planck equation) 时还会遇到。事实上，矩阵 $\boldsymbol{A}$ 就是化学速率方程 (1.20) 在平衡态附近的线性近似的系数矩阵。对于稳定的平衡态，这个系数矩阵的特征值都具有负实部，表示系统的耗散性。矩阵 $\boldsymbol{B}$ 通常与系统的涨落 (或者随机性) 有直接关系，是系统的涨落项。

当系统达到平衡态时，有 $\mathrm{d}\boldsymbol{\sigma}/\mathrm{d}t = 0$，即有关系

$$\boldsymbol{B} = -\boldsymbol{A}\boldsymbol{\sigma} - \boldsymbol{\sigma}\boldsymbol{A}^{\mathrm{T}}. \tag{1.28}$$

这个关系给出了在平衡态时，系统中分子数的涨落与耗散系数之间的关系，也称为涨落耗散定理。

另外，如果知道系统在平衡态时的平均状态，可以通过求解关于 $\boldsymbol{\sigma}$ 的线性方程组 (1.28) 得到平衡态时的协方差矩阵 $\boldsymbol{\sigma}$。一个重要的结论是协方差矩阵 $\boldsymbol{\sigma}$ 永远不恒为零，即生物化学反应中的随机性是无法消除的。这是因为

$$B_{ii}(\boldsymbol{x}) = \sum_{j=1}^{M} v_{ji}^2 a_j(\boldsymbol{x}) \geqslant 0 \quad (\forall i = 1, 2, \cdots, N).$$

除非 $a_j(\boldsymbol{x}) = 0 \, (\forall j)$，即系统达到绝对静止状态，所有的反应的趋向性都为零时才有 $B_{ii}(\boldsymbol{x}) = 0$，否则至少有一个 i，使得 $B_{ii}(\boldsymbol{x}) > 0$。因此，由方程 (1.28) 可以看到矩阵 $\boldsymbol{\sigma}$ 一定是非零的。更加细致的计算还可以看到矩阵 $\boldsymbol{B}$ 的值越大则意味着协方差越大，即系统的随机性越大。由此可以看到系统状态的随机波动总是存在的。这样的随机性是系统的内蕴性质，是无法消除的，也称为内部噪声。后面还将会遇到外部噪声。

1.4　化学朗之万方程

1.4.1　方程的建立

根据前面的讨论可以看到，化学主方程是描述生物化学反应最根本的方程，根据生物化学反应系统最本质的关系描述系统的动力学行为。但是，该方程不方便于进一步地分析和模拟，通常需要引进不同的假设进行模型简化。例如，当随机性忽略时可以近似为化学速率方程以便于计算，对于一些简单的系统，也可以进行分析。但是化学速率方程无法描述系统的随机性行为。本节介绍由吉莱斯皮 (Gillespie) 引入的化学朗之万方程 (即数学上

的随机微分方程, stochastic differential equation)[7], 通过此方程, 可以较好地描述单个样本轨道的随机行为。

假设在时刻 t, 系统的状态为 $\boldsymbol{X}(t) = \boldsymbol{x}$。令 $K_j(\boldsymbol{x}, \tau)$ $(\tau > 0)$ 表示反应 R_j 在下个时间区间 $[t, t+\tau)$ 内发生的次数。因为每次这样的反应都使分子 S_i 的个数增加 v_{ji}, 系统中分子 S_i 在时刻 $t+\tau$ 的个数为 (图 1.5)

$$X_i(t+\tau) = x_i + \sum_{j=1}^{M} K_j(\boldsymbol{x}, \tau) v_{ji} \quad (i = 1, 2, \cdots, N), \tag{1.29}$$

这里, $K_j(\boldsymbol{x}, \tau)$ 是随机变量, 因此 $X_i(t+\tau)$ 也是随机变量。理论上, 要得到随机过程 $X_i(t+\tau)$ (这里 t 是固定的, τ 是变量) 的精确描述, 需要通过求解化学主方程得到 $K_j(\boldsymbol{x}, \tau)$。然而, 在下面的条件下可以通过随机微分方程给出很好的近似。

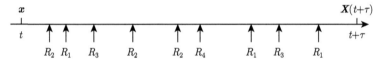

图 1.5　化学反应系统在时间区间 $(t, t+\tau)$ 所发生反应的示意图, 系统的状态从 $\boldsymbol{x}$ 变为 $\boldsymbol{X}(t+\tau)$

条件一　假设在时间区间 $[t, t+\tau)$ 内, 系统状态的改变量相对于状态本身只是微小的改变。由此可以近似认为在时间区间 $[t, t+\tau)$ 内所有反应所对应的趋向性函数 $a_j(\boldsymbol{X})$ 的值几乎不改变:

$$a_j(\boldsymbol{X}(t')) \approx a_j(\boldsymbol{x}), \quad \forall t' \in [t, t+\tau), \quad \forall 1 \leqslant j \leqslant M. \tag{1.30}$$

通常每次反应都只使某种分子的个数增加或减少 1。所以当系统的反应物的分子数远远大于 1 时, 只要取 τ 充分小, 条件一是容易满足的。

根据条件一, 假设在时间区间 $[t, t+\tau)$ 内发生的所有反应都不改变系统的趋向性函数。因此, 反应 R_j 在时间区间 $[t, t+\tau)$ 内的任意无穷小时间段 $\mathrm{d}t$ 内发生一次的概率可以认为是相互独立的。根据反应趋向性函数的定义, 这个概率等于 $a_j(\boldsymbol{x})\mathrm{d}t$。而变量 $K_j(\boldsymbol{x}, \tau)$ 就等于这些独立的事件 (发生化学反应 R_j) 在时间 τ 内发生的次数。根据泊松分布的定义, $K_j(\boldsymbol{x}, \tau)$ 满足独立的强度为 $a_j(\boldsymbol{x})$ 的泊松分布, 记为 $\mathcal{P}_j(a_j(\boldsymbol{x}), \tau)$, 即

$$\mathcal{P}(a, t) = \begin{array}{l} \text{当某个事件在任意无穷小时间区间 } \mathrm{d}t \text{ 内发生的概率为 } a \times \mathrm{d}t \\ \text{时, 在长度为 } t \text{ 的时间区间内事件发生的次数.} \end{array}$$

下面来求解 $\mathcal{P}(a, t)$ 的概率密度函数, 即 $\mathcal{P}(a, t)$ 等于 n (整数) 的概率 $Q(n; a, t)$。

首先证明 $Q(0; a, t) = e^{-at}$, 即在时间 $(0, t)$ 内不发生反应的概率为 e^{-at}。在初始时刻 $t = 0$ 时反应不发生, 即 $Q(0; a, 0) = 1$。在时间 $(0, t+\mathrm{d}t)$ 内反应不发生这一事实可以分解为两个独立的事实, 分别是在时间 $(0, t)$ 内反应不发生和在时间 $(t, t+\mathrm{d}t)$ 内反应不发生。根据概率的乘法法则, 可以得到关系

$$Q(0; a, t+\mathrm{d}t) = Q(0; a, t) \times (1 - a\mathrm{d}t),$$

其中 $(1 - a\mathrm{d}t)$ 表示在 $\mathrm{d}t$ 时间内不发生反应的概率。两边同时减 $Q(0; a, t)$ 并除以 $\mathrm{d}t$，然后令 $\mathrm{d}t \to 0$，可以得到方程

$$\frac{\partial Q(0; a, t)}{\partial t} = -at, \quad Q(0; a, 0) = 1.$$

由此可以求解出 $Q(0; a, t) = e^{-at}$。

下面通过数学归纳法求解 $Q(n; a, t)$。对任意 $n \geqslant 1$，可以把时间 t 内发生 n 次反应这一事件分解成下面三个事件：在 $t' < t$ 时间内发生 $(n-1)$ 次反应，概率为 $Q(n-1, a, t')$；在 t' 到 $t' + \mathrm{d}t'$ 时间内发生一次反应，概率为 $a\mathrm{d}t'$；在 $t' + \mathrm{d}t'$ 到 t 内不发生反应，概率为 $Q(0; a, t - t' - \mathrm{d}t') \approx Q(0; a, t - t')$。因此，根据概率的乘法法则和加法法则，可以得到关系

$$Q(n; a, t) = \int_0^t Q(n-1; a, t') \times a\mathrm{d}t' \times Q(0; a, t - t').$$

当 $n = 0$ 时，已知

$$Q(0; a, t) = e^{-at} = \frac{e^{-at}(at)^n}{n!}.$$

假设

$$Q(n-1; a, t) = \frac{e^{-at}(at)^{n-1}}{(n-1)!},$$

则

$$\begin{aligned}
Q(n; a, t) &= \int_0^t \frac{e^{-at'}(at')^{n-1}}{(n-1)!} \times a\mathrm{d}t' \times e^{-a(t-t')} \\
&= e^{-at} \int_0^t \frac{(at')^{n-1}}{(n-1)!} a\mathrm{d}t' \\
&= e^{-at} \left. \frac{(at')^n}{n!} \right|_0^t \\
&= \frac{e^{-at}(at)^n}{n!}.
\end{aligned}$$

根据数学归纳法可以得到一般的公式

$$Q(n; a, t) = \frac{e^{-at}(at)^n}{n!} \quad (n = 0, 1, 2, \cdots).$$

现在，利用概率密度函数可以计算随机变量 $\mathcal{P}(a, t)$ 的均值和方差，分别为

$$\langle \mathcal{P}(a, t) \rangle = \sum_{n=0}^{+\infty} n Q(n; a, t) = at$$

和

$$\mathrm{var}(\mathcal{P}(a, t)) = \sum_{n=0}^{+\infty} (n - at)^2 Q(n; a, t) = at.$$

通过上面的分析，随机变量 $K_j(\boldsymbol{x},\tau)$ 是满足均值和方差都是 $a_j(\boldsymbol{x})\tau$ 的泊松分布。因此，利用泊松分布的随机变量 $\mathcal{P}(a,\tau)$，在条件一成立时，可以把方程 (1.29) 改写为

$$X_i(t+\tau) = x_i + \sum_{j=1}^{M} v_{ji}\mathcal{P}_j(a_j(\boldsymbol{x}),\tau) \quad (i=1,2,\cdots,N), \tag{1.31}$$

这里的泊松分布 $\mathcal{P}_j$ 对不同的 j 是独立的。

条件二 时间区间 τ 充分大，使得在时间区间 $[t,t+\tau]$ 内发生反应次数的期望值远大于 1，即

$$a_j(\boldsymbol{x})\tau \gg 1, \quad \forall 1 \leqslant j \leqslant M. \tag{1.32}$$

很显然，条件二和条件一是矛盾的，可能会出现这样的情况：两个条件无法同时满足。在这种情况下，这里所讨论的模型并不合适。但是，在某些情况下，这两个条件是可以同时满足的。例如，当发生反应的系统中每种分子的个数都足够大时，函数 $a_j(\boldsymbol{x})$ 是大数，就可以选取合适的 τ，使得条件一是满足的，并且关系 (1.32) 也成立。

应用斯特林 (Stirling) 公式[①]可以证明当 $at \gg 1$ 时

$$Q(n;a,t) = \frac{e^{-at}(at)^n}{n!} \approx (2\pi at)^{-1/2}\exp\left(-\frac{(n-at)^2}{2at}\right). \tag{1.33}$$

证明过程如下。当 n 远离 at 时，$Q(n;a,t)$ 很快趋向于零。因此只需要考虑 $n \sim at \gg 1$ 的情况。此时

$$\ln\frac{e^{-at}(at)^n}{n!} = -at + n\ln at - \ln n!$$

$$= -at + n\ln at - n\ln n + n + o(n)$$

$$= n - at - n\ln(1+\frac{n-at}{at}) + o(n)$$

$$\approx n - at - n\left(\frac{n-at}{at} - \frac{1}{2}\left(\frac{n-at}{at}\right)^2\right) + o(n)$$

$$= -\frac{(n-at)^2}{2at}\frac{2at-n}{at} + o(n)$$

$$\approx -\frac{(n-at)^2}{2at} + o(n),$$

最后一步用到了近似 $n \sim at$。所以，有

$$\frac{e^{-at}(at)^n}{n!} = C\exp\left(-\frac{(n-at)^2}{2at}\right),$$

系数 $C = (2\pi at)^{-1/2}$ 由归一化条件可以得到。

---

① 斯特林公式: $\ln n! = n\ln n - n + o(n)$。

根据 (1.33)，当 $at \gg 1$ 时，$Q(n; a, t)$ 近似于均值和方差均为 at 的正态分布的概率密度。因此，当 $at \gg 1$ 时，随机变量 $\mathcal{P}(a, t)$ 可以由具有相同的均值和方差的正态分布的随机变量来近似：

$$\mathcal{P}(a, t) \approx \mathcal{N}(at, at), \quad at \gg 1. \tag{1.34}$$

这里 $\mathcal{N}(m, \sigma^2)$ 表示均值为 m，方差为 σ^2 的正态分布。

这样，当条件一和条件二同时满足时，可以通过独立正态分布的随机数 $\mathcal{N}_j(a_j(\boldsymbol{x}), t)$ 把方程 (1.31) 近似改写为

$$X_i(t + \tau) = x_i + \sum_{j=1}^{M} v_{ji} \mathcal{N}_j(a_j(\boldsymbol{x})\tau, a_j(\boldsymbol{x})\tau) \quad (i = 1, 2, \cdots, N). \tag{1.35}$$

注意到在这里已经把整数值的具有泊松分布的随机变量用具有正态分布的连续随机变量近似。这里，M 个正态分布的随机变量是相互独立的。这是因为我们假定所有的泊松分布的随机变量 $\mathcal{P}_j$ 都是相互独立的。

利用正态分布随机数的简单关系

$$\mathcal{N}(m, \sigma^2) = m + \sigma \mathcal{N}(0, 1),$$

可以把方程 (1.35) 改写为以下形式：

$$X_i(t + \tau) = x_i + \sum_{j=1}^{M} v_{ji} a_j(\boldsymbol{x})\tau + \sum_{j=1}^{M} v_{ji} (a_j(\boldsymbol{x})\tau)^{1/2} \mathcal{N}_j(0, 1)$$

$$(i = 1, 2, \cdots, N). \tag{1.36}$$

这里的标准正态分布随机数 $\mathcal{N}_j(0, 1)$ 都是相互独立的。

下面，记 τ 为 $\mathrm{d}t$。另外，以白噪声 $\xi_j(t)$ 记 t 时刻的满足独立正态分布 $\mathcal{N}_j(0, 1)$ 的随机变量。这里，白噪声为满足关系

$$\langle \xi_j(t) \rangle = 0, \quad \langle \xi_i(t)\xi_j(t') \rangle = \delta_{ij}\delta(t - t'), \quad \forall 1 \leqslant i, j \leqslant M, \forall t$$

的随机变量，并记 $X_i(t + \tau) = x_i(t + \tau), X_i(t) = x_i$，则方程 (1.36) 可改写为

$$X_i(t + \mathrm{d}t) = X_i(t) + \sum_{j=1}^{M} v_{ji} a_j(\boldsymbol{X}(t))\mathrm{d}t$$

$$+ \sum_{j=1}^{M} v_{ji} a_j^{1/2}(\boldsymbol{X}(t))\xi_j(t)(\mathrm{d}t)^{1/2}$$

$$(j = 1, 2, \cdots, N). \tag{1.37}$$

引进随机过程 W_j，使得

$$\mathrm{d}W_j = W_j(t + \mathrm{d}t) - W_j(t) = \xi_j(t)(\mathrm{d}t)^{1/2}.$$

这里的过程 W_j 也称为维纳过程 (Wiener process)。通过维纳过程，可以把上面方程改写为

$$\mathrm{d}X_i = \sum_{j=1}^{M} v_{ji} a_j(\boldsymbol{X}) \mathrm{d}t + \sum_{j=1}^{M} v_{ji} a_j^{1/2}(\boldsymbol{X}) \mathrm{d}W_j \quad (i = 1, 2, \cdots, N), \tag{1.38}$$

这里 $\mathrm{d}X_i = X_i(t + \mathrm{d}t) - X_i(t)$。这个就是化学朗之万方程 (chemical Langevin equation, CLE)。在有些文献中，也把方程 (1.38) 表示为如下形式：

$$\frac{\mathrm{d}X_i}{\mathrm{d}t} = \sum_{j=1}^{M} v_{ji} a_j(\boldsymbol{X}) + \sum_{j=1}^{M} v_{ji} a_j^{1/2}(\boldsymbol{X}) \xi_j(t) \quad (i = 1, 2, \cdots, N), \tag{1.39}$$

其中 $\xi_j(t)$ 如前面所定义，是标准高斯白噪声。从前面的推导过程可以看到，这种表示方法在数学意义上并不严格，因为函数 $X_i(t)$ 是随机过程，对时间 t 的一阶导数不存在。因此如果读者遇到形如 (1.39) 的方程，应该按照方程 (1.38) 来理解。

根据上面所给出的化学朗之万方程，对给定的初始状态求解该方程组，可以得到样本轨道 $\boldsymbol{X}(t)$。通过对样本轨道的系综进行统计分析可以得到系统状态的概率密度 $P(\boldsymbol{x}, t|\boldsymbol{x}_0, t_0)$ 随时间的演化和其他所感兴趣的统计性质。

在推导化学朗之万方程时，一方面要求系统在时间间隔为 τ 的区间内系统状态的改变可以忽略 (条件一)，另一方面要求系统在微元时间 τ 内发生反应的次数足够多 (条件二)。显然地，当 τ 充分小时，条件一总是可以满足的。例如，当 $a_j(\boldsymbol{X})\tau \ll 1$ 时，在 τ 时间内发生一次反应的概率很小，条件一显然是满足的，但是此时条件二显然不能同时满足。因此为了同时满足上面的两个条件，每个反应都必须很快，而且每次反应后系统的状态改变相对于系统的状态都必须很小。为此，一般需要 $a_j(\boldsymbol{X}(t)) \gg 1$ 和 $\boldsymbol{X}(t) \gg \boldsymbol{v}_j \, (\forall j)$ 在大部分时间内都满足。根据 $a_j(\boldsymbol{X})$ 的一般表达式 (1.4)，当参加反应的每种分子的分子数量都很大时，上述条件是近似成立的。

1.4.2 随机积分的简单讨论

化学朗之万方程是一组随机微分方程组。根据随机微分方程的基础理论，化学朗之万方程的解是指满足以下积分关系的随机过程 $\{X_i(t)\}$：对任意 $i = 1, 2, \cdots, N$，

$$X_i(t) = X_i(0) + \sum_{j=1}^{M} \int_0^t v_{ji} a_j(\boldsymbol{X}(s)) \mathrm{d}s + \sum_{j=1}^{M} \int_0^t v_{ji} a_j^{1/2}(\boldsymbol{X}(s)) \mathrm{d}W_j(s). \tag{1.40}$$

这里第一组积分为普通的黎曼积分，而第二组积分是随机积分。两种积分都可以按照黎曼和的形式定义，但是随机积分和黎曼积分的重要区别是积分值与黎曼和中的被积函数在剖分区间中的取值点有关。因此，根据不同的约定，随机积分可以取不同的值。目前比较常用的随机积分有两种，分别是伊藤 (Itô) 积分和斯特拉托诺维奇 (Stratonovich) 积分。在伊藤积分中，被积函数取剖分区间的左端点，而在斯特拉托诺维奇积分中，被积函数取剖分区间的中间值点。两种不同的积分可以描述不同的物理过程。在这里的化学朗之万方程中，随机项描述内部噪声引起的随机行为，一般采用伊藤积分的形式。在后面还会介绍到因为

外部噪声引起的随机行为，在那里需要采用斯特拉托诺维奇积分的形式。关于随机微分方程的简单介绍和数值算法请参考附录 B。

在朗之万方程 (1.38) 中，维纳过程满足

$$\langle \mathrm{d}W_j \rangle = 0 \quad (j = 1, 2, \cdots, M). \tag{1.41}$$

并且，根据随机积分的伊藤解释，有关系

$$\langle a_j(\boldsymbol{X})^{1/2}\mathrm{d}W_j \rangle = 0 \quad (j = 1, 2, \cdots, M).$$

因此，对方程(1.38) 两边取系综平均，又得到了如方程 (1.18) 所给出的系综平均的动力学方程

$$\frac{\mathrm{d}\langle X_i \rangle}{\mathrm{d}t} = \sum_{j=1}^{M} v_{ji}\langle a_j(\boldsymbol{X}) \rangle \quad (i = 1, 2, \cdots, N). \tag{1.42}$$

这一结果也间接验证了对化学朗之万方程中随机积分的伊藤解释的合理性。事实上，通过化学朗之万方程还可以得到前面由化学主方程所得到的协方差矩阵的演化方程 (1.25) 和平衡态时的涨落耗散定理。详细的推导过程这里不介绍，感兴趣的读者可以参考文献 [8] 或思考题 1.3。这些结果表明即使在推导化学朗之万方程的两个条件不能同时满足时，如果只关心系统的平均动力学行为和系统随机性的二阶矩，也可以采用化学朗之万方程来研究生化反应系统。但是，这里也应该注意到方程 (1.42) 是不封闭的，对 $\langle a_j(\boldsymbol{X}) \rangle$ 的解释依赖于在什么意义下取期望，例如，是在化学主方程 (1.6) 的意义下还是在化学朗之万方程 (1.38) 的意义下取期望。

1.4.3 Tau-跳跃算法

在上面的讨论中可以看到条件二是为了可以把方程(1.31) 中的泊松分布近似表示为正态分布。如果不考虑条件二，而对于适当选取的 τ，系统的动态过程总是可以表示为下面的随机过程

$$X_i(t+\tau) = x_i + \sum_{j=1}^{M} v_{ji}\mathcal{P}_j(a_j(\boldsymbol{x}), \tau) \quad (i = 1, 2, \cdots, N). \tag{1.43}$$

如果在每一步都可以选取适当的 τ 使得方程 (1.35) 近似成立，则在每一步按泊松分布 $\mathcal{P}_j(a_j(\boldsymbol{x}), \tau)$ 产生随机数 K_j，然后定义系统状态的递增量

$$\boldsymbol{\lambda} = \sum_{j=1}^{M} K_j \boldsymbol{v}_j. \tag{1.44}$$

最后更新时间 $t+\tau$，并把状态更新为 $\boldsymbol{x} + \boldsymbol{\lambda}$ 即可模拟系统的演化。这就是 Tau-跳跃算法 (Tau-Leap 算法) 的基本思路。

Tau-跳跃算法和吉莱斯皮算法最大的区别是这里不需要模拟每次化学反应事件，而是在时间上采取跳跃式的递增过程。如果每次跳跃的时间步长 τ 比下次反应事件发生的时间间隔大，则可以大大加快吉莱斯皮算法的效率。在使用 Tau-跳跃算法时，最关键的是选取

合适的时间 τ，使得条件一 (也称为是跳跃条件) 是满足的。为此，需要对给定的 τ 检验反应趋向性函数的差 $|a_j(\boldsymbol{x}+\boldsymbol{\lambda})-a_j(\boldsymbol{x})|$ $(j=1,2,\cdots,M)$。如对每个 j，上述的差都是小量，则对应的 τ 是可以接受的。对 τ 从小到大进行检验，一直到找到符合条件的最大的 τ，就可以作为算法的跳跃时间。但是，上述方法的计算量太大，并不适用。可以采用下面的预跳跃的方法来直接确定最大的跳跃时间。

如果 τ 满足跳跃条件，则每个反应通道在 τ 时间内发生的次数 K_j 的平均值为 $\langle\mathcal{P}(a_j(\boldsymbol{x}),\tau)\rangle=a_j(\boldsymbol{x})\tau$。因此，在时间 $[t,t+\tau)$ 内系统状态增量的平均值为

$$\bar{\boldsymbol{\lambda}} \equiv \bar{\boldsymbol{\lambda}}(\boldsymbol{x},\tau) = \sum_{j=1}^{M}(a_j(\boldsymbol{x})\tau)\boldsymbol{v}_j = \tau\boldsymbol{\xi}(\boldsymbol{x}),$$

其中

$$\boldsymbol{\xi}(\boldsymbol{x}) = \sum_{j=1}^{M}a_j(\boldsymbol{x})\boldsymbol{v}_j$$

为单位时间状态改变量的期望值。这样，把反应倾向的差的期望近似表示为 $|a_j(\boldsymbol{x}+\bar{\boldsymbol{\lambda}})-a_j(\boldsymbol{x})|$。如果这个差与所有反应的倾向性的总和的比是小量，即有 ε $(0<\varepsilon\ll1)$，使得

$$|a_j(\boldsymbol{x}+\bar{\boldsymbol{\lambda}})-a_j(\boldsymbol{x})| \leqslant \varepsilon a_0(\boldsymbol{x}) \quad (j=1,2,\cdots,M), \tag{1.45}$$

其中 $a_0(\boldsymbol{x})=\sum_{j=1}^{M}a_j(\boldsymbol{x})$，则认为跳跃条件是满足的。下面来推导为满足跳跃条件所需要的时间 τ 的最大值。

由一阶泰勒展开，方程(1.45) 的左边的差可以表示为

$$a_j(\boldsymbol{x}+\bar{\boldsymbol{\lambda}})-a_j(\boldsymbol{x}) \approx \bar{\boldsymbol{\lambda}}\cdot\nabla a_j(\boldsymbol{x}) = \sum_{i=1}^{N}\tau\xi_i(\boldsymbol{x})\frac{\partial a_j(\boldsymbol{x})}{\partial x_i}.$$

定义

$$b_{ji}(\boldsymbol{x}) = \frac{\partial a_j(\boldsymbol{x})}{\partial x_i} \quad (j=1,2,\cdots,M; i=1,2,\cdots,N),$$

则条件 (1.45) 可以近似为关系

$$\tau\left|\sum_{i=1}^{N}\xi_i(\boldsymbol{x})b_{ji}(\boldsymbol{x})\right| \leqslant \varepsilon a_0(\boldsymbol{x}) \quad (j=1,2,\cdots,M). \tag{1.46}$$

因此

$$\tau \leqslant \varepsilon a_0(\boldsymbol{x})\Big/\left|\sum_{i=1}^{N}\xi_i(\boldsymbol{x})b_{ji}(\boldsymbol{x})\right| \quad (j=1,2,\cdots,M).$$

于是可以取跳跃时间 τ 为

$$\tau = \min_{j\in\{1,2,\cdots,M\}}\left\{\varepsilon a_0(\boldsymbol{x})\Big/\left|\sum_{i=1}^{N}\xi_i(\boldsymbol{x})b_{ji}(\boldsymbol{x})\right|\right\}. \tag{1.47}$$

注意到在 1.2 节介绍的吉莱斯皮算法中, 每步反应的时间间隔大约为 $1/a_0(\boldsymbol{x})$。因此,如果通过方程 (1.47) 给出的 τ 满足 $\tau \gg 1/a_0(\boldsymbol{x})$, 则可以达到加速的效果。相反, 如果 $\tau \sim 1/a_0(\boldsymbol{x})$, 则应该使用吉莱斯皮算法。

在上面介绍的 Tau-跳跃算法中, 假定跳跃条件保证了反应趋向性函数在时间区间 $[t, t+\tau)$ 内基本不改变, 而且取在 t 时刻的值 $a_j(\boldsymbol{x})$ 作为反应通道 R_j 所对应的反应趋向性函数。但是在实际情况中, 该函数总是会改变的。如果把反应趋向性函数取为中间时刻的函数值, 则可以得到一定程度上的修正。这就是所谓的估计-中值 Tau-跳跃方法。

估计-中值 Tau-跳跃方法: 对给定的跳跃时间 τ (满足跳跃条件), 计算在时间 $[t, t+\tau)$ 内状态改变量的期望 $\bar{\boldsymbol{\lambda}} = \tau \sum_j a_j(\boldsymbol{x}) \boldsymbol{v}_j$。然后令 $\boldsymbol{x}' = \boldsymbol{x} + \bar{\boldsymbol{\lambda}}/2$, 对每个 $j = 1, 2, \cdots, M$, 产生一个满足泊松分布 $\mathcal{P}(a_j(\boldsymbol{x}'), \tau)$ 的随机数 K_j。计算状态改变量 $\boldsymbol{\lambda} = \sum_j K_j \boldsymbol{v}_j$, 令 $t + \tau$ 为新的时间, 并且把状态更新为 $\boldsymbol{x} + \boldsymbol{\lambda}$。

在采用 Tau-跳跃算法时, 可能会出现负分子数量的问题, 需要引起注意。在 Tau-跳跃算法中, 每次系统状态更新的形式为 $\boldsymbol{x} + \sum_j K_j \boldsymbol{v}_j$, 这里 K_j 为泊松分布的随机数, $\boldsymbol{v}_j$ 是状态改变向量。注意到泊松分布的随机数是可以取很大的值的, 而状态改变向量的分量可以取负值。这样, 就有可能出现系统状态中某个分量为负数的情况。这当然是不合理的, 因为分子的数量不可能为负。所以, 有很多关于跳跃算法的改进方法旨在避免负数的出现, 例如, 采用有限的二项分布代替泊松分布, 或者把反应分为两部分, 分别是产生分子的反应和消耗分子的反应, 然后分别以不同的方式进行处理。详细的介绍请参考文献 [9,10]。

1.5 福克尔-普朗克方程

在化学主方程中, 系统的状态变量 $\boldsymbol{x}$ 的取值是离散的。如果系统中每种分子的分子个数充分大, 在任何时刻 t, 系统的状态都满足条件 $\boldsymbol{x}(t) \gg \boldsymbol{v}_j \ (\forall j)$, 则可以把系统状态变量连续化, 可以得到关于函数 $P(\boldsymbol{x}, t)$ 的偏微分方程, 即下面介绍的福克尔-普朗克方程。

在化学主方程中, 假设 $\boldsymbol{x} \gg \boldsymbol{v}_j$, 则可以近似地把状态变量 $\boldsymbol{x}$ 连续化。把方程 (1.6) 的右边展开成 $\boldsymbol{x}$ 的泰勒级数, 可以得到 (这里省略初始条件)

$$
\begin{aligned}
\frac{\partial}{\partial t} P(\boldsymbol{x}, t) = & \sum_{j=1}^{M} \left[a_j(\boldsymbol{x}) P(\boldsymbol{x}, t) - \sum_{i=1}^{N} \frac{\partial}{\partial x_i} a_j(\boldsymbol{x}) P(\boldsymbol{x}, t) v_{ji} \right. \\
& \left. + \frac{1}{2} \sum_{1 \leqslant i, k \leqslant N} \frac{\partial^2}{\partial x_i \partial x_k} a_j(\boldsymbol{x}) P(\boldsymbol{x}, t) v_{ji} v_{jk} \right] \\
& - \sum_{j=1}^{M} a_j(\boldsymbol{x}) P(\boldsymbol{x}, t) + \cdots,
\end{aligned}
$$

其中忽略了 v_{ji} 的高阶项。如前面方程 (1.23) 所定义, 令

$$
A_i(\boldsymbol{x}) = \sum_{j=1}^{M} v_{ji} a_j(\boldsymbol{x}), \quad B_{ik}(\boldsymbol{x}) = \sum_{j=1}^{M} v_{ji} v_{jk} a_j(\boldsymbol{x}), \tag{1.48}
$$

则可以得到关于 $P(\boldsymbol{x},t)$ 的偏微分方程

$$\frac{\partial}{\partial t}P(\boldsymbol{x},t) = -\sum_{i=1}^{N}\frac{\partial}{\partial x_i}A_i(\boldsymbol{x})P(\boldsymbol{x},t) + \frac{1}{2}\sum_{1\leqslant i,k\leqslant N}\frac{\partial^2}{\partial x_i\partial x_k}B_{ik}(\boldsymbol{x})P(\boldsymbol{x},t). \tag{1.49}$$

这个就是福克尔-普朗克方程。从上面的推导可以看到, 福克尔-普朗克方程是当分子个数很大时对化学主方程的近似。

在方程 (1.49) 中, 函数 $A_i(\boldsymbol{x})$ 的含义是清楚的, 其统计平均 $\langle A_i(\boldsymbol{x})\rangle$ 就是系统状态平均的动力学方程 (1.42) 的右端项, 也称为系统的趋向性部分 (trend)。趋向性部分表示化学反应系统的确定性部分对系统状态的概率密度函数的推动作用, 也称为耗散项。

在前面已经提到, $B_{ik}(\boldsymbol{x})$ 越大系统的随机性就越大。还可以从另外的角度来理解 $B_{ik}(\boldsymbol{x})$ 的含义。为此, 考虑最简单的情况: 假设 $A_i(\boldsymbol{x})=0$, 并且 $B_{ik}(\boldsymbol{x})=D\delta_{ik}$, 则方程 (1.49) 变为扩散方程

$$\frac{\partial P(\boldsymbol{x},t)}{\partial t} = \frac{D}{2}\sum_{i=1}^{N}\frac{\partial^2 P(\boldsymbol{x},t)}{\partial x_i^2}, \tag{1.50}$$

这里的系数 D 是扩散系数。因此, 可以把 $B_{ik}(\boldsymbol{x})$ 理解成概率密度函数的扩散系数, 也称为涨落项, 表示因为系统的随机性引起系统状态围绕平均状态的波动。

上面通过化学主方程推导出了福克尔-普朗克方程。福克尔-普朗克方程还可以由化学朗之万方程 (随机微分方程) 推导出来, 详细的推导过程请参考附录 B。

1.6　反应速率随时间变化的生化反应系统

在前面介绍的各个方程中都假定常数的反应速率, 即反应趋向性函数是不依赖于时间的。而在实际问题中, 这一假定并不总是合理的, 因此需要考虑时变反应速率的情况。在下面两种情况下需要考虑时变的反应速率: ① 参加生化反应的系统环境 (如溶液环境、温度、催化剂或者酶的浓度等) 受到外部控制时; ② 反应速率随机波动对系统的动力学行为产生重要影响时。其中第一种情况是确定的, 对其建模比较容易, 只需要把趋向性函数写成显式依赖于时间 t 的, 即 $a_j(\boldsymbol{x},t)$。而趋向性函数对时间 t 的依赖性需要根据实际的外部控制过程定义。第二种情况是随机的。下面主要研究这种带有外部随机因素的生化反应系统的模型建立。

首先, 如果反应速率本身是随机的, 系统在任意时刻状态的精细刻画除各种分子的个数以外, 还应该包括反应速率的确定数值, 即 $(\boldsymbol{X},\boldsymbol{C})$, 其中 $\boldsymbol{C}$ 表示所有反应速率组成的向量。因此, 类似于前面所介绍的化学主方程, 为了描述这个系统的演化, 需要建立关于概率密度函数 $P(\boldsymbol{x},\boldsymbol{c},t;\boldsymbol{x}_0,\boldsymbol{c}_0,t_0)$ 的演化方程。由于反应速率变化的复杂性, 这个方程的建立和研究都很困难。这里并不打算介绍该方程的建立和研究。

这里, 从化学朗之万方程出发来建立反应速率随机波动的情况下生化反应系统的广义化学朗之万方程。首先回顾一下化学朗之万方程

$$\mathrm{d}X_i = \sum_{j=1}^{M}v_{ji}a_j(\boldsymbol{X})\mathrm{d}t + \sum_{j=1}^{M}v_{ji}a_j^{1/2}(\boldsymbol{X})\mathrm{d}W_j \quad (i=1,2,\cdots,N), \tag{1.51}$$

并且这里的随机项 $\mathrm{d}W_j$ 采用伊藤积分解释。

1.6.1 外部噪声干扰下的反应速率

现在，假设所研究的生物化学系统包含反应速率 $c = \{c_1, c_2, \cdots, c_K\}$，如果这些反应速率都受到外部因素的干扰，则不再是常数，而是依赖于时间 t 的，即有形式 $\{c_1(t), c_2(t), \cdots, c_K(t)\}$。下面首先讨论单个反应速率 $c(t)$ 的情况。

在 1.1 节的讨论中已经看到反应速率通常与 $e^{-\Delta\mu/(k_B T)}$ 成正比，其中 $\Delta\mu$ 为反应需要克服的化学势垒，k_B 为玻尔兹曼常数，T 为温度。通常地，外部噪声可以影响化学势垒 $\Delta\mu$ 或者温度 T。因此，在外部噪声下，反应速率 $c(t)$ 通常可以取形如

$$c(t) = ke^{-\Delta\mu(t)/(k_B T(t))}$$

的函数。当外部噪声的影响很小时，近似有

$$\Delta\mu(t) \approx \Delta\bar{\mu} + \delta\mu(t), \quad T(t) \approx \bar{T} + \delta T(t),$$

其中 $|\delta\mu(t)| \ll |\Delta\bar{\mu}|$，$|\delta T(t)| \ll |\bar{T}|$。因此，反应速率

$$c(t) = ke^{-\Delta\mu(t)/(k_B T(t))} \approx ke^{-\Delta\bar{\mu}/(k_B\bar{T})} \times e^{(\Delta\bar{\mu}\delta T(t)/\bar{T} - \delta\mu(t))/(k_B\bar{T})}.$$

记 $\tilde{\eta}(t) = \Delta\bar{\mu}\delta T(t)/\bar{T} - \delta\mu(t)$，并令

$$\bar{c} = ke^{(-\Delta\bar{\mu}/(k_B\bar{T})}\langle e^{\tilde{\eta}(t)/(k_B\bar{T})}\rangle$$

表示平均反应速率，则外部噪声干扰下的反应速率可以表示为

$$c(t) = \bar{c}\frac{e^{\tilde{\eta}(t)/(k_B\bar{T})}}{\langle e^{\tilde{\eta}(t)/(k_B\bar{T})}\rangle}. \tag{1.52}$$

方程 (1.52) 给出了外部噪声干扰下反应速率的一般形式。如果 $\tilde{\eta}(t)$ 是高斯分布的噪声，则反应速率是对数正态分布 (log-normal distribution) 的。这个形式不便于分析和计算，而在弱噪声近似下可以简化成下面熟知的加性随机扰动的形式。

如果 $\tilde{\eta}(t)/(k_B\bar{T}) \ll 1$，则有以下近似关系：

$$e^{\tilde{\eta}(t)/(k_B\bar{T})} \approx 1 + \tilde{\eta}(t)/(k_B\bar{T}), \quad \langle e^{\tilde{\eta}(t)/(k_B\bar{T})}\rangle \approx 1.$$

因此，可以把反应速率 (1.52) 改写为

$$c(t) = \bar{c} + \frac{\bar{c}}{k_B\bar{T}}\tilde{\eta}(t). \tag{1.53}$$

如果 $\tilde{\eta}(t)$ 是独立高斯过程，则随机干扰项满足

$$\left\langle \frac{\bar{c}}{k_B\bar{T}}\tilde{\eta}(t)\right\rangle = 0,$$

$$\left\langle \frac{\bar{c}}{k_{\mathrm{B}}\bar{T}}\tilde{\eta}(t) \times \frac{\bar{c}}{k_{\mathrm{B}}\bar{T}}\tilde{\eta}(t') \right\rangle = \frac{\bar{c}^2}{(k_{\mathrm{B}}\bar{T})^2}\langle \tilde{\eta}(t)^2 \rangle \delta(t-t'),$$

这里的 δ 函数定义为

$$\delta(t) = \begin{cases} 1, & t = 0, \\ 0, & t \neq 0. \end{cases}$$

为方便记，令 $\eta(t)$ 表示标准高斯白噪声，满足

$$\langle \eta(t) \rangle = 0, \quad \langle \eta(t)\eta(t') \rangle = \delta(t-t').$$

令

$$\sigma = \frac{\bar{c}}{k_{\mathrm{B}}\bar{T}}\sqrt{\langle \tilde{\eta}(t)^2 \rangle}$$

表示随机干扰的强度，则可以把反应速率 (1.53) 表示为以下熟知的加性随机干扰的形式

$$c(t) = \bar{c} + \sigma\eta(t). \tag{1.54}$$

需要注意的是，形式 (1.54) 只有当随机干扰很小的时候才适用，当随机干扰比较大时，还是应该把反应速率表示为对数正态分布随机数 (1.52) 的形式。按照 (1.52) 的方式表示的反应速率是恒正的，而按照 (1.54) 的近似方式则有非零的概率可以为负数，这与实际情况不相符。在实际计算中，如果出现反应速率为小于零的情况，可以按照零值处理。

1.6.2　推广的化学朗之万方程

现在考虑系统 (1.51)，假设每个趋向性函数 $a_j(\boldsymbol{X})$ 都依赖于反应速率 $\boldsymbol{c} = \{c_1, c_2, \cdots, c_K\}$。在外部噪声的干扰下，这些反应速率近似为

$$c_k(t) = \bar{c}_k + \sigma_k\eta_k(t) \quad (k = 1, 2, \cdots, K),$$

其中 $\eta_k(t)$ 为独立标准高斯白噪声，满足

$$\langle \eta_k(t) \rangle = 0, \quad \langle \eta_k(t)\eta_l(t') \rangle = \delta_{kl}\delta(t-t') \quad (\forall k, l). \tag{1.55}$$

相应地，把反应趋向性函数展开到扰动项的线性近似

$$a_j(\boldsymbol{X}) = a_j(\boldsymbol{X})|_{\boldsymbol{c}=\bar{\boldsymbol{c}}} + \sum_{k=1}^{K} \sigma_k \left. \frac{\partial a_j(\boldsymbol{X})}{\partial c_k} \right|_{\boldsymbol{c}=\bar{\boldsymbol{c}}} \eta_k(t) + \cdots.$$

把上述线性近似代入方程 (1.51)，省略高阶项和形如 $\eta_k\mathrm{d}W_j$ 的交叉项，并定义

$$b_{ki}(\boldsymbol{X}) = \sum_{j=1}^{M} v_{ji} \left. \frac{\partial a_j(\boldsymbol{X})}{\partial c_k} \right|_{\boldsymbol{c}=\bar{\boldsymbol{c}}}$$

和维纳过程 N_k，使得

$$\mathrm{d}N_k = \eta_k(t)\mathrm{d}t \quad (k = 1, 2, \cdots, K).$$

则由化学朗之万方程 (1.51) 得到以下近似方程

$$dX_i = \sum_{j=1}^{M} v_{ji} a_j(\boldsymbol{X})dt + \sum_{j=1}^{M} v_{ji} a_j^{1/2}(\boldsymbol{X})dW_j$$

$$+ \sum_{k=1}^{K} \sigma_k b_{ki}(\boldsymbol{X})dN_k$$

$$(i = 1, 2, \cdots, N). \tag{1.56}$$

其中 $a_j(\boldsymbol{X}) = a_j(\boldsymbol{X})|_{\boldsymbol{c}=\bar{\boldsymbol{c}}}$ 表示平均趋向性函数。

1.6.3 伊藤积分与斯特拉托诺维奇积分

方程 (1.56) 给出了同时包含内部噪声和外部噪声的化学朗之万方程。这里的内部噪声和外部噪声分别以维纳过程 W_j 和 N_k 表示。正如在 1.4 节的讨论，对这些随机过程可以采用伊藤积分或者斯特拉托诺维奇积分的解释。目前还没有严格的理论来区分这两种随机积分的物理含义。在前面的讨论中已经指出，一般采用伊藤积分来描述内部噪声，而使用斯特拉托诺维奇积分来描述外部噪声 (例如，参考文献 [6])。在这里也采用这样的约定。有时为了区分这两种积分，分别采用记号 "·" 表示伊藤积分，而用记号 "∘" 表示斯特拉托诺维奇积分，则可以把方程 (1.56) 按照上面的约定改写为

$$dX_i = \sum_{j=1}^{M} v_{ji} a_j(\boldsymbol{X})dt + \sum_{j=1}^{M} v_{ji} a_j^{1/2}(\boldsymbol{X}) \cdot dW_j$$

$$+ \sum_{k=1}^{K} \sigma_k b_{ki}(\boldsymbol{X}) \circ dN_k$$

$$(i = 1, 2, \cdots, N). \tag{1.57}$$

在下面的分析中，为方便起见，通过一个简单的变换以统一使用伊藤积分。

在数学上，形如

$$dX = a(t, X)dt + b(t, X) \circ dW$$

的斯特拉托诺维奇意义下的随机微分方程等价于形如

$$dX = \left(a(t, X) + \frac{1}{2}b(t, X)\frac{\partial b(t, X)}{\partial X} \right) dt + b(t, X) \cdot dW$$

的伊藤意义下的随机微分方程 (例如，参考文献 [11] 或 [12])。这一关系也可以推广到方程组的情况。

对于上面的方程 (1.57)，令

$$d_{ki}(\boldsymbol{X}) = \frac{1}{2}\sum_{j=1}^{N} \frac{\partial b_{ki}(\boldsymbol{X})}{\partial X_j} b_{kj}(\boldsymbol{X}),$$

则方程 (1.57) 等价于以下的随机微分方程

$$\mathrm{d}X_i = \left(\sum_{j=1}^{M} v_{ji} a_j(\boldsymbol{X}) + \sum_{k=1}^{K} \sigma_k^2 d_{ki}(\boldsymbol{X}) \right) \mathrm{d}t$$

$$+ \sum_{j=1}^{M} v_{ji} a_j^{1/2}(\boldsymbol{X}) \mathrm{d}W_j + \sum_{k=1}^{K} \sigma_k b_{ki}(\boldsymbol{X}) \mathrm{d}N_k$$

$$(i = 1, 2, \cdots, N). \tag{1.58}$$

这里所有的随机积分均已经采用伊藤积分解释，因此省略记号 "·"。

现在推导出了可以同时描述内部噪声和外部噪声的化学朗之万方程 (1.58)。如果忽略内部噪声，则可以令 $\mathrm{d}W_j = 0$，得到下面表示只有外部噪声情况的随机微分方程

$$\mathrm{d}X_i = \left(\sum_{j=1}^{M} v_{ji} a_j(X) + \sum_{k=1}^{K} \sigma_k^2 b_{ki}(X) \right) \mathrm{d}t$$

$$+ \sum_{k=1}^{K} \sigma_k b_{ki}(X) \mathrm{d}N_k$$

$$(i = 1, 2, \cdots, N). \tag{1.59}$$

对方程 (1.59) 两边取平均，可以得到系统平均的动力学方程

$$\frac{\mathrm{d}X_i}{\mathrm{d}t} = \sum_{j=1}^{M} v_{ji} \langle a_j(X) \rangle + \sum_{k=1}^{K} \sigma_k^2 \langle b_{ki}(X) \rangle \quad (i = 1, 2, \cdots, N). \tag{1.60}$$

注意到方程 (1.60) 的右端依赖于外部噪声的强度系数 σ_k。一个重要推论是：外部噪声可以改变系统平均的动力学方程。这个现象现在已经开始引起一些学者的重视[8,13]。

在上面的推导过程中可以看到，为了描述生化系统的随机性，并不是简单地在描述系统的平均行为的化学速率方程 (1.20) 的右端添加加性的随机项，而是需要根据外部噪声的性质和根源确定适当的模型方程。这一点在我们对实际问题进行研究时应当注意。

1.6.4　有色噪声

最后还需要注意，在这里所介绍的模型中，通常假设外部噪声 $\eta(t)$ 是白噪声，即没有时间相关性。但是在实际问题中，很多情况下需要考虑有色噪声，也就是具有时间相关性的随机干扰。这时，随机项 $\eta(t)$ 满足以下相关关系：

$$\langle \eta(t) \rangle = 0, \quad \langle \eta(t)\eta(t') \rangle = e^{-|t-t'|/\tau},$$

其中 τ 为自相关时间。在这种情况下，不能用上面所介绍的随机微分方程模型来描述外部噪声的干扰。很多时候，为方便起见，当 $\tau > 0$ 时，可以用以下随机微分方程所定义的奥恩斯坦-乌伦贝克过程 (Ornstein-Uhlenbeck process)

$$\mathrm{d}\eta = -(\eta/\tau)\mathrm{d}t + \sqrt{2/\tau}\,\mathrm{d}W \tag{1.61}$$

来描述满足自相关时间为 τ 的有色噪声。

1.7 本章小结

本章介绍了生物化学反应的几种基本的数学描述方法，包括化学主方程、化学速率方程、化学朗之万方程和福克尔-普朗克方程等。这些方程的主要形式和关系如下：

- 化学主方程描述概率密度函数 $P(\boldsymbol{x}, t)$ 随时间的演化

$$\frac{\partial P(\boldsymbol{x}, t)}{\partial t} = \sum_{j=1}^{M} \left(a_j(\boldsymbol{x} - \boldsymbol{v}_j) P(\boldsymbol{x} - \boldsymbol{v}_j, t) - a_j(\boldsymbol{x}) P(\boldsymbol{x}, t) \right). \tag{1.62}$$

- 对化学主方程取系综平均，则得到系综平均的动力学方程

$$\frac{\mathrm{d}\langle X_i \rangle}{\mathrm{d}t} = \sum_{j=1}^{M} v_{ji} \langle a_j(\boldsymbol{X}) \rangle \quad (i = 1, 2, \cdots, N). \tag{1.63}$$

对一阶反应系统或者当随机性很小时，满足关系

$$\langle a_j(\boldsymbol{X}) \rangle \approx a_j(\langle \boldsymbol{X} \rangle) \quad (j = 1, 2, \cdots, N),$$

则上述方程可以近似为化学速率方程

$$\frac{\mathrm{d}x_i}{\mathrm{d}t} = \sum_{j=1}^{M} v_{ji} a_j(\boldsymbol{x}) \quad (i = 1, 2, \cdots, N). \tag{1.64}$$

- 在一定条件下，作为随机过程的样本轨道可以由以下化学朗之万方程描述：

$$\mathrm{d}X_i = \sum_{j=1}^{M} v_{ji} a_j(\boldsymbol{X}) \mathrm{d}t + \sum_{j=1}^{M} v_{ji} a_j^{1/2}(\boldsymbol{X}) \mathrm{d}W_j \quad (i = 1, 2, \cdots, N). \tag{1.65}$$

- 在化学主方程中，把状态变量连续化，可以得到福克尔-普朗克方程

$$\frac{\partial}{\partial t} P(\boldsymbol{x}, t) = -\sum_{i=1}^{N} \frac{\partial}{\partial x_i} A_i(\boldsymbol{x}) P(\boldsymbol{x}, t) + \frac{1}{2} \sum_{1 \leqslant i, k \leqslant N} \frac{\partial^2}{\partial x_i \partial x_k} B_{ik}(\boldsymbol{x}) P(\boldsymbol{x}, t). \tag{1.66}$$

这些数学描述方法各有优缺点，例如，化学主方程是描述生物化学反应的最本质和准确的数学模型，但是因为维数灾难，一般很难精确求解，即使是数值计算也会面临存储困难的问题。另外，使用化学主方程建立数学模型时，需要知道所有基本反应的细节，而这对复杂的反应系统是不可能的。因此，在实际应用中，除了少数简单系统，一般并不采用化学主方程的模型建立方法。化学速率方程是常微分方程模型，建模过程比较简单，分析和数值求解也相对容易。但是，采用化学速率方程不能刻画反应中的随机性质，因此，当反应中涉及的分子个数比较少或者需要强调随机性质时，一般不采用此类模型。化学朗之万方程兼有上述两类方程的优点，在建模时有时为了突出随机性质，通常也会采用化学朗

之万方程的形式。另外，为了描述外部噪声对系统的干扰，一般地需要根据外部噪声本身的特点和根源确定适当的模型方程。

总之，在建立生物化学反应的数学模型时，需要根据具体问题的特点和所关心的问题选择合适的数学描述方法，有时还需要几种模型的综合运用。

补充阅读材料

(1) van Kampen N G. Stochastic Process in Physics and Chemistry. Amsterdam: North-Holland, 1992.

(2) Gillespie D T. Exact stochastic simulation of coupled chemical reactions. J Phys Chem, 1977, 81: 2340-2361.

(3) Gillespie D T. The chemical Langevin equation. J Chem Phys, 2000, 113: 297-306.

(4) Gillespie D T. Stochastic simulation of chemical kinetics. Annu Rev Phys Chem, 2007, 58: 35-55.

(5) Higham D J. An algorithmic introduction to numerical simulation of stochastic differential equations. SIAM Rev, 2008, 43: 525-546.

(6) Higham D J. Modeling and simulating chemical reactions. SIAM Rev, 2008, 50: 347-368.

思　考　题

1.1 令 $A = (a_{ij})_{n \times n}$ 为符号对称矩阵，满足

$$a_{ij} \geqslant 0 \ (i \neq j), \quad a_{ii} \leqslant 0,$$

试证明

(a) A 的特征值都具有非负实部；

(b) A 没有纯虚数的特征值；

(c) A 如果存在零特征值，其重数不超过 1。

1.2 考虑以下自催化的反应

$$A + X \underset{k_{-1}}{\overset{k_1}{\rightleftharpoons}} 2X, \quad X \xrightarrow{k_2} C. \tag{1}$$

假设系统中分子 A 和 C 的个数保持不变。

(a) 以分子 X 的数量作为系统的状态变量，试列出反应 (1) 对应的化学主方程，并求解定态分布。

(b) 令 $k_1 = k_{-1} = k_2 = 0.05$，并设分子 A 的个数为 $a = 100$。试编写程序，使用吉莱斯皮算法模拟反应 (1) 的演化，并且通过对系综进行统计分析求解状态的分布随时间的演化 $P(x, t)$。比较当 t 充分大时数值计算的结果和上面的理论定态分布。

(c) 根据 (a) 的化学主方程列出系统的系综平均 $\langle X \rangle$ 满足的动力学方程。通过 (b) 的计算结果验证该方程的正确性。

(d) 列出反应 (1) 对应的化学速率方程。求解该方程，并且比较所得到的解和 (b) 的数值模拟的结果。

(e) 使用 Tau-跳跃算法模拟反应 (1)，并比较你得到的结果和通过吉莱斯皮算法得到的结果。

(f) 试选取不同的参数值，重复上面的计算。

(g) 通过上面计算，请讨论所得到的结论。

1.3 考虑化学朗之万方程

$$\mathrm{d}X_i = \sum_{j=1}^{M} v_{ji} a_j(\boldsymbol{X})\mathrm{d}t + \sum_{j=1}^{M} v_{ji} v_{ji} a_j^{1/2}(\boldsymbol{X})\mathrm{d}W_j \quad (i=1,2,\cdots,N).$$

令

$$\sigma_{ij}(t) = \langle (X_i - \langle X_i(t)\rangle)(X_j - \langle X_j(t)\rangle)\rangle.$$

试证明 $\sigma_{ij}(t)$ 满足方程

$$\frac{\mathrm{d}\sigma_{ij}}{\mathrm{d}t} = \sum_{k=1}^{N} \langle A_{ik}(\boldsymbol{X})\sigma_{kj} + \sigma_{ik} A_{jk}(\boldsymbol{X})\rangle + \langle B_{ij}(\boldsymbol{X})\rangle,$$

其中

$$A_{ij}(\boldsymbol{X}) = \frac{\partial}{\partial X_j} \sum_{k=1}^{M} v_{ki} a_k(\boldsymbol{X}), \quad B_{ij}(\boldsymbol{X}) = \sum_{k=1}^{M} v_{ki} v_{kj} a_k(\boldsymbol{X}).$$

提示：使用伊藤公式，参见附录 B 的公式 (B.8)。

第 2 章　基因表达过程的随机模拟

基因表达 (gene expression) 是生命系统最基本的过程，是指遗传物质所携带的信息从 DNA 传递到蛋白质的过程。遗传信息通过转录从 DNA 传递到信使 RNA (mRNA)，然后从 mRNA 翻译成为蛋白质是这个过程的基本中心法则。基因表达的过程受很多因素的调控，包含非常复杂的分子调控相互作用和染色体结构的变化。同一生命体内相同的基因并不是在每个细胞都可以表达出等量的蛋白质。基因表达过程的调控对于不同基因表达的时空变化是非常重要的。基因表达的过程伴随着 mRNA 和蛋白质的不断合成与降解。从动力学的角度看，这一过程中 mRNA 和蛋白质的数量随机变化，是典型的随机过程。基因表达过程中的分子调控作用连同 mRNA 和蛋白质的产生与分解的过程可以看作一个生物化学反应系统，可以采用第1章所介绍的生物化学反应系统的随机动力学模型进行相应的数学描述。

2.1　遗传信息的传递与基因表达

基因表达是遗传信息从 DNA 传递到蛋白质的过程。分子生物学已经建立了细胞内遗传信息传递过程明确的路线图：染色体中 DNA 的核酸序列承载着遗传信息；DNA 作为 RNA 分子的模板，通过转录过程把遗传信息转录到 RNA 分子上，形成 mRNA；核糖体把保存于 mRNA 分子中的信息依据遗传密码翻译成氨基酸的序列，即蛋白质。1958 年，弗朗西斯·克里克 (Francis Crick) 提出将遗传信息的传递途径称为中心法则 (central dogma) (图 2.1)，即遗传信息通过 DNA 以自我为模板进行复制，以 DNA 为模板的 RNA 的合成，即转录 (transcription)，以及以 RNA 为模板的蛋白质的合成，即翻译 (translation)。在这一中心法则中，蛋白质不能作为 RNA 的模板已经经受了时间的验证，而 RNA 有时确实可以作为互补的 DNA 的模板而通过逆转录过程将 RNA 的信息写入 DNA。在这个信息传递的过程中，并不是 DNA 中的所有信息都可以作为模板表现为所合成的蛋白质。在 DNA 中只有某些片段，现在称为基因 (gene) 的信息可以以蛋白质的方式表达出来。而承载基因的遗传信息以 DNA 作为模板转录成为 RNA，然后以 RNA 为模板翻译成为蛋白质的过程就是基因表达 (gene expression) 的过程。

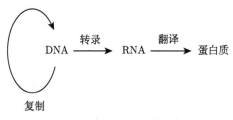

图 2.1　中心法则

在数字世界中,信息是通过 0 和 1 的二元组序列进行编码的。在生命世界中也采用类似的方式,采用包含 4 种脱氧核糖核酸碱基的方式进行编码。这 4 种碱基分别是腺嘌呤 (adenine,A)、鸟嘌呤 (guanine,G)、胞嘧啶 (cytosine,C) 和胸腺嘧啶 (thymine,T)。不同的碱基通过磷酸二酯键依次连接构成一个由 4 个字母 (A、T、C、G) 组成的脱氧核糖核酸链 (deoxyribonucleic acid chain)。这样的单链分子是不稳定的。为了形成稳定的分子结构,两条互补的脱氧核糖核酸链通过严格的配对原则 (A 对 T,C 对 G) 通过氢键连接构成稳定的双螺旋结构,即双链脱氧核糖核酸链 (double-stranded deoxyribonucleic acid),简称为 DNA。DNA 中碱基的不同排列顺序使其能够承载海量的信息。DNA 是很长的链状分子。为了把这样的长链分子装入细胞狭小的空间中,包括组蛋白 (histone) 等蛋白质参与 DNA 的组装,形成具有紧密结构的染色体 (chromosome)。这种紧密结构一方面使得细胞可以携带作为信息承载体的 DNA,另一方面,紧密结构也起到了保护 DNA 和维持遗传信息稳定性的作用。同时,在读取信息的过程中通常会伴随染色体结构变化的复杂过程,因此染色体的表观遗传修饰和空间结构的变化对基因表达等遗传信息传递的过程起重要作用。DNA 序列中编码功能 RNA 或者蛋白质的核苷酸序列片段称为基因 (gene)。基因支持着生命的基本构造和性质,储存着生命的种族、血型、肤色、形态等信息。而其他的 DNA 序列,有些直接以自身结构发挥作用,有些则参与调控遗传信息的表达。特别地,在结构基因的两侧包含有不编码的 DNA 片段,参与基因表达的调控,这类调控元件包括启动子 (promoter)、操纵子 (operon)、增强子 (enhancer)、沉默子 (silencer) 等。

所有生命体的细胞按照基本结构可以分为两类,分别是原核细胞 (prokaryote cell) 和真核细胞 (eukaryote cell),因为结构的差异使得它们的转录和翻译过程都有比较大的区别。原核细胞没有以核膜为界的细胞核,也没有核仁,遗传物质集中在一个没有明确界限的低电子密集区,即拟核 (nucleoid)。DNA 为裸露的环状分子,通常没有结合蛋白质,环的直径约为 2.5nm,周长约几十纳米。原核生物 (prokaryote) 是由原核细胞构成的,均为单细胞生物,包括细菌、支原体、立克次氏体、衣原体。由于原核细胞没有染色体结构,而且 DNA 和用于合成蛋白质的核糖体 (ribosome) 之间没有明确的核膜分割,其基因转录和翻译过程相对简单一些。真核细胞包含被核膜包围的细胞核,细胞核内包含有染色质、核液和核仁。在细胞核内,DNA 与组蛋白等蛋白质共同组成染色体结构,在核内可以看到核仁。真核生物 (eukaryote) 包括大量的单细胞生物或原生生物及全部多细胞生物。由于真核生物有结构复杂的染色体,并且负责蛋白质合成的核糖体位于细胞质中,通过核膜与 DNA 严格分开,因此转录和翻译过程比原核细胞要更加复杂。

原核细胞和真核细胞中转录的基本过程类似,起始于 RNA 聚合酶 (RNA polymerase) 与 DNA 中控制转录过程开始的 DNA 片段,即启动子 (promoter) 相结合。启动子是 DNA 上与 RNA 聚合酶特异性识别结合和启动转录的 DNA 序列,具有方向性,位于转录起始位点的上游。启动子-聚合酶复合体形成以后,RNA 聚合酶结构发生变化,并促使以 DNA 为模板的 RNA 合成过程以启动转录过程,也就是转录 (transcription) 过程的开始。然而,转录的开始并非一蹴而就的,而是涉及很复杂的生物化学反应过程[14]。原核细胞的基因结构多数以操纵子的形式存在,即完成同类功能的多个基因聚集在一起,处于同一个启动子的调控之下,下游同时具有一个终止子 (terminator)。在转录起始点 −35 和 −10 附近的核苷酸序列都有 RNA 聚合酶识别的信号。RNA 聚合酶首先与 −35 附近的序列结合,然后才与 −10 的信号结合。RNA 聚合酶一旦与 −10 附近的序列结合,就可以开始转录过程。而对于真核细胞,RNA 聚合酶与 DNA 的结合通常需要许多调控因子和 DNA 片段的加入以形成复杂的复合体及动态的染色体结构的变构过程。其次,当转录开始以后,最开始 RNA 聚合酶与 DNA 的结合并不稳定,很容易从 DNA 上解离出来。因此,最开始阶段 RNA 聚合酶与 DNA 之间会频繁地结合和解离,同时会形成一些小的 RNA 片段。这个过程持续一定的时间,直到能够形成一定长度 RNA 并且使 RNA 聚合酶与 DNA 可以较稳定地相结合,然后开始进入持续的转录延伸阶段。在延伸阶段,RNA 聚合酶要经过进一步的构象变化,以完成更多的任务。它解开前方的 DNA,并使后方的 DNA 重新复性,在移动的同时逐步分开正在延长的 RNA 链与模板的配对;同时还执行校正的功能。一旦 RNA 聚合酶转录了整个基因,它将受终止子的作用而停止转录并且释放 RNA 产物。终止子序列是在它们被转录之后才会影响聚合酶,也就是说,它们是以 RNA 而不是 DNA 起作用的。

　　从 mRNA 翻译产生蛋白质主要是通过核糖体进行的。核糖体是一种高度复杂的细胞器,主要由核糖体 RNA (rRNA) 和数十种不同的核糖体蛋白 (ribosomal protein) 组成。核糖体蛋白和 rRNA 被排列成两个不同大小的核糖体亚基,通常称为核糖体的大亚基和小亚基。核糖体的大亚基和小亚基相互配合共同在蛋白质合成过程中将 mRNA 的信息转化为多肽链。

　　原核细胞中的核糖体与 DNA 之间没有核膜的隔离,原核生物的基因没有内含子,从 DNA 序列转录成 RNA 以后马上就可以参与翻译的过程。因此,转录与翻译过程可以同时进行。

　　在真核生物细胞中,初始转录产物 (即前 mRNA, pre-mRNA) 并不能直接编码蛋白质的氨基酸序列。因为很多基因是嵌合的:由一段段编码区组成,而编码区之间被另外一段段非编码区隔开了。编码区称为外显子 (exon),它们之间的非编码区称为内含子 (intron)。初始转录产物不仅包含外显子,也包含内含子 (图 2.2)。在进行下一步的任务前,需要从 pre-mRNA 中除去内含子。这个过程也称为 RNA 剪接 (RNA splicing)。这个过程将 pre-mRNA 转化为成熟的 RNA。此外,RNA 的编辑也是加工 RNA 序列的一种方法。一旦完成加工,mRNA 会包装好并从细胞核转运到细胞质用于翻译。这一过程称为 mRNA 的转运。

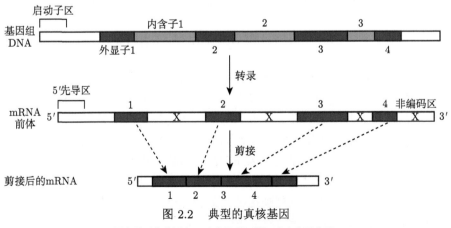

图 2.2　典型的真核基因

图中所示的基因有 4 个外显子,被 3 个内含子分开

基因表达的最后一个过程是翻译 (translation)，即根据隐藏在 mRNA 的核苷酸序列中的遗传信息产生蛋白质氨基酸序列。翻译过程远比转录过程复杂。其中最核心的概念是遗传密码，即 mRNA 中的 3 个连续的碱基决定一个氨基酸。通过这样的密码，按顺序读取 mRNA 的碱基序列，就可以得到对应的氨基酸序列。这一过程是通过转运 RNA (tRNA) 来实现的。tRNA 可以识别 3 个连续的核苷酸，可以通过转运对应的氨基酸以合成氨基酸的序列。最后，新合成的氨基酸序列经过一系列的修饰和折叠的过程后，就可以形成具有生物学功能的蛋白质了。

并非所有细胞的全部基因总在不断地表达。实际上，生命之所以如此复杂和有趣正是因为细胞在不同时间、不同空间以不同的组合表达不同的基因。多细胞生命的发育为这种所谓的"差异基因表达"提供了典型的例子。所有这些差异的关键在于基因表达过程的调控。研究基因表达调控过程的目的之一是了解一个复杂基因调控网络是如何工作以达到控制产物蛋白质的浓度，以实现不同的生物学功能的。对基因表达过程的调控是现阶段分子生物学研究的重要课题。基因表达的调控主要表现在以下几个方面。

(1) 转录水平上的调控，主要包括染色体的展开和复原，启动子的激活与抑制和转录过程的终止等。

(2) mRNA 加工水平上的调控，主要包括 mRNA 的加工和修饰 (例如，通过 microRNA 的修饰) 等。

(3) 翻译水平上的调控，主要包括翻译过程的开始与结束，新合成的蛋白质的折叠与修饰等。

其中，转录和翻译过程的调控是最常见的。关于基因调控网络的内容和数学模型将主要在后面介绍，本章主要介绍单基因表达和调控的数学描述。

基因表达是复杂的过程，其中包含很多蛋白质-蛋白质、蛋白质-DNA和酶的作用等。这一过程的详细机制还不是很清楚，因此还很难列出详细的数学模型。但是，基因表达的基本过程——中心法则是清楚的。下面主要介绍中心法则的数学建模，主要讨论基因表达过程中的随机性。需要注意的是，基因表达调控的过程涉及非常复杂的分子相互作用过程，这一调控过程的很多细节尚不清楚。在这里无法对这一过程进行详细刻画，因此本书中的内容并不是基因表达过程的精确描述，而仅仅是介绍相关的数学建模方法，读者可以通过对这些方法的理解，推广应用于更一般的基因表达调控过程的数学建模研究中。

2.2　基因表达的内蕴随机性

在第1章介绍了生物化学反应的数学描述，我们看到当参加反应的分子个数很少的时候，系统因为随机涨落引起的随机性比较大，是不可忽略的。基因表达过程本质上就是一系列生化反应的过程。基因表达还是典型的稀少分子的生化反应系统。这是因为参加反应的分子个数通常是很少的。例如，对于单基因的表达，DNA 的片段只有一个，可以是激活或失活的状态。而每段基因所转录出来的 mRNA 的数量也并不多，只有几十个。对于分子数量如此少的系统，在反应过程中因为随机涨落引起的基因表达的内蕴随机性是很明显的，而且是无法消除的。为了定量刻画这种内蕴随机性，在本节中通过化学主方程来定量推导由这种内蕴随机性所引起的蛋白质数量的涨落。

2.2.1 模型的建立

单个基因表达的基本步骤如图 2.3 所示。这一过程包括一系列的生物化学反应：启动子的失活与激活状态之间的转变，DNA 转录生成为 mRNA，mRNA 翻译成蛋白质，mRNA 和蛋白质的降解。这个系统包括下面 6 个反应通道，分别是失活的启动子被激活 (R_1)、激活的启动子的失活 (R_2)、DNA 转录生成 mRNA (R_3)、mRNA 的降解 (R_4)、mRNA 翻译成为蛋白质 (R_5)、蛋白质的降解 (R_6)。在这里仅考虑了基因表达过程中启动子的状态变化、转录、翻译这样的基本过程，而忽略其他中间过程和复杂的调控步骤。另外，还忽略了失活基因的转录过程。

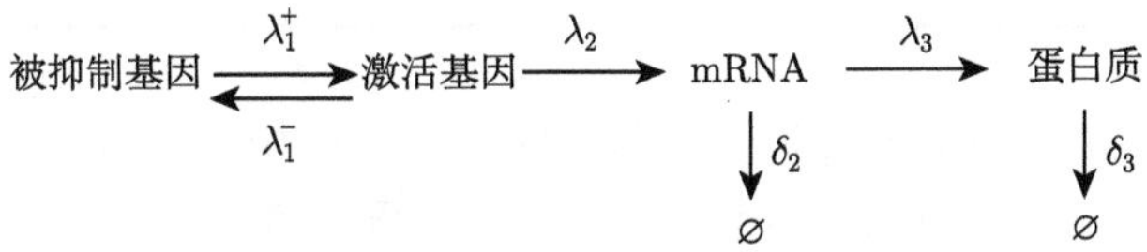

图 2.3　单基因表达模型

每一步表示相关的生物化学反应，分别包括启动子的激活与失活、mRNA 和蛋白质的产生与降解

令 X_1、X_2、X_3 分别表示激活的启动子 (也称为是激活的基因)、mRNA 和蛋白质的个数。并记 λ_1^- 和 λ_1^+ 分别为启动子的失活和激活速率，λ_2 和 λ_3 分别为转录和翻译的速率常数，δ_2 和 δ_3 分别为 mRNA 和蛋白质降解的速率常数。所有这些参数的单位都是 s^{-1}。假设该基因的拷贝数为 n，则失活的启动子的个数为 $(n-X_1)$。表 2.1 列出了所有反应通道所对应的趋向性函数 $a_j(\boldsymbol{X})$ 和状态改变向量 $\boldsymbol{v}_j$。根据这些函数和向量，可以写出相应的化学主方程

$$
\begin{aligned}
\frac{\partial P(X_1, X_2, X_3, t)}{\partial t} =& \lambda_1^+(n - X_1 + 1)P(X_1 - 1, X_2, X_3, t) \\
& - \lambda_1^+(n - X_1)P(X_1, X_2, X_3, t) \\
& + \lambda_1^-(X_1 + 1)P(X_1 + 1, X_2, X_3, t) \\
& - \lambda_1^- X_1 P(X_1, X_2, X_3, t) \\
& + \lambda_2 X_1 P(X_1, X_2 - 1, X_3, t) \\
& - \lambda_2 X_1 P(X_1, X_2, X_3, t) \\
& + \delta_2(X_2 + 1)P(X_1, X_2 + 1, X_3, t) \\
& - \delta_2 X_2 P(X_1, X_2, X_3, t) \\
& + \lambda_3 X_2 P(X_1, X_2, X_3 - 1, t) \\
& - \lambda_3 X_2 P(X_1, X_2, X_3, t) \\
& + \delta_3(X_3 + 1)P(X_1, X_2, X_3 + 1, t) \\
& - \delta_3 X_3 P(X_1, X_2, X_3, t)
\end{aligned}
$$

$$(0 \leqslant X_1 \leqslant n, X_2, X_3 \geqslant 0). \tag{2.1}$$

表 2.1　基因表达的生物化学反应及相应的趋向性函数和状态改变向量

反应通道 (j)	趋向性函数 $[a_j(\boldsymbol{X})]$	状态改变向量 ($\boldsymbol{v}_j$)
1	$\lambda_1^+(n - X_1)$	$(1, 0, 0)$
2	$\lambda_1^- X_1$	$(-1, 0, 0)$
3	$\lambda_2 X_1$	$(0, 1, 0)$
4	$\delta_2 X_2$	$(0, -1, 0)$
5	$\lambda_3 X_2$	$(0, 0, 1)$
6	$\delta_3 X_3$	$(0, 0, -1)$

　　即使对于图 2.3 这样的简单过程，精确求解上面的化学主方程也是很困难的。在这里不打算严格求解方程 (2.1)，而是直接推导关于蛋白质数量涨落的方程 (在简化的情况下，可以严格求解上述方程，参考文献 [15])。假设所有的反应速率为常数，可以使用吉莱斯皮算法对上面的基因表达过程进行随机模拟，计算结果见图 2.4。

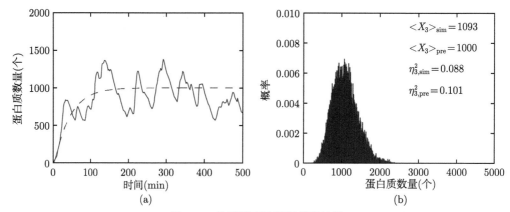

图 2.4　单基因表达随机模拟结果

(a) 蛋白质的数量随时间的变化。虚线表示由平均值所满足的方程 (2.2) 所给出的解。(b) 蛋白质数量的分布。蛋白质数量的平均值和相对变差 (包括数值模拟和理论计算的结果) 在图中给出。在这里的计算模拟中，选取与细菌中基因表达相对应的反应速率常数 [13,16]：$\lambda_1^+ = 0.005\text{s}^{-1}$，$\lambda_1^- = 0.03\text{s}^{-1}$，$\lambda_2 = 0.07\text{s}^{-1}$，$\delta_2 = 0.005\text{s}^{-1}$，$\lambda_3 = 0.2\text{s}^{-1}$，$\delta_3 = 0.0004\text{s}^{-1}$，并且取 $n = 1$

2.2.2　统计平衡态

　　首先来分析基因表达的统计平衡态。为此，定义

$$\langle X_i(t) \rangle = \sum_{X_1=0}^{n} \sum_{X_2=0}^{+\infty} \sum_{X_3=0}^{+\infty} X_i P(X_1, X_2, X_3, t) \quad (i = 1, 2, 3)$$

分别表示被激活的基因、mRNA 和蛋白质分子的个数在时刻 t 的平均值。这里的系综平均可以有两种解释。如果研究大量细胞所组成的系综，则 $\langle X_i \rangle$ 表示所有这些细胞中相应分子个数在给定时刻的平均值。如果研究一个单一的细胞，则 $\langle X_i \rangle$ 表示这个细胞的相应分子个数的长时间 (通常远远大于该分子寿命) 平均。在下面的讨论中均表示前一种含义。

由化学主方程 (2.1)，可以得出这些平均值满足的方程

$$
\begin{aligned}
\frac{\mathrm{d}\langle X_1\rangle}{\mathrm{d}t} &= \lambda_1^+(n - \langle X_1\rangle) - \lambda_1^-\langle X_1\rangle, \\
\frac{\mathrm{d}\langle X_2\rangle}{\mathrm{d}t} &= \lambda_2\langle X_1\rangle - \delta_2\langle X_2\rangle, \\
\frac{\mathrm{d}\langle X_3\rangle}{\mathrm{d}t} &= \lambda_3\langle X_2\rangle - \delta_3\langle X_3\rangle.
\end{aligned}
\tag{2.2}
$$

图 2.4(a) 的虚线表示对应于方程 (2.2) 的解 $\langle X_3(t)\rangle$。

容易由方程 (2.2) 求解出平衡态时系统的激活基因、mRNA 和蛋白质分子的平均数量

$$
\langle X_1\rangle = g_1 n, \quad \langle X_2\rangle = g_2\langle X_1\rangle, \quad \langle X_3\rangle = g_2\langle X_2\rangle,
\tag{2.3}
$$

其中

$$
g_1 = \frac{\lambda_1^+}{\lambda_1^+ + \lambda_1^-}, \quad g_2 = \frac{\lambda_2}{\delta_2}, \quad g_3 = \frac{\lambda_3}{\delta_3},
$$

这里 g_1 表示单个基因的激活效率；g_2 表示每个激活基因可以产生的 mRNA 的数量，称为转录效率 (transcriptional efficiency)；g_3 表示每个 mRNA 可以产生的蛋白质分子的个数，称为翻译效率 (translational efficiency)。

2.2.3　静态涨落

为了研究基因表达的内蕴随机性，定义协方差矩阵 $\boldsymbol{\sigma} = (\sigma_{ik})$ 为

$$
\sigma_{ik} = \langle (X_i - \langle X_i\rangle)(X_k - \langle X_k\rangle)\rangle \quad (i, k = 1, 2, 3),
$$

则 σ_{33} 给出了蛋白质数量的随机涨落。由 1.3 节给出的近平衡态时协方差矩阵满足的方程 (1.27)，有

$$
\frac{\mathrm{d}\boldsymbol{\sigma}}{\mathrm{d}t} = (\boldsymbol{A}\boldsymbol{\sigma} + \boldsymbol{\sigma}\boldsymbol{A}^{\mathrm{T}}) + \boldsymbol{B},
\tag{2.4}
$$

其中矩阵 $\boldsymbol{A} = (A_{ij})$ 和 $\boldsymbol{B} = (B_{ij})$ 由

$$
A_{ij} = \sum_{l=1}^{6} v_{li} \left.\frac{\partial a_l(\boldsymbol{X})}{\partial X_j}\right|_{\boldsymbol{X}=\langle\boldsymbol{X}\rangle}, \quad B_{ij} = \sum_{l=1}^{6} v_{li} v_{lj} a_l(\langle\boldsymbol{X}\rangle)
$$

给出，这里 $\langle\boldsymbol{X}\rangle$ 表示平衡态的值。由表 2.1，我们有

$$
\boldsymbol{A} = \begin{bmatrix} -\delta_1 & 0 & 0 \\ \lambda_2 & -\delta_2 & 0 \\ 0 & \lambda_3 & -\delta_3 \end{bmatrix}, \quad \boldsymbol{B} = \begin{bmatrix} 2\lambda_1^-\langle X_1\rangle & 0 & 0 \\ 0 & 2\delta_2\langle X_2\rangle & 0 \\ 0 & 0 & 2\delta_3\langle X_3\rangle \end{bmatrix},
$$

其中 $\delta_1 = \lambda_1^+ + \lambda_1^-$。

在统计平衡态时，协方差矩阵 $\boldsymbol{\sigma}$ 满足

$$\boldsymbol{A}\boldsymbol{\sigma} + \boldsymbol{\sigma}\boldsymbol{A}^{\mathrm{T}} + \boldsymbol{B} = \boldsymbol{0}. \tag{2.5}$$

把方程 (2.5) 按分量展开，即

$$-2\delta_1\sigma_{11} + 2\lambda_1^-\langle X_1\rangle = 0,$$

$$\lambda_2\sigma_{11} - (\delta_1 + \delta_2)\sigma_{12} = 0,$$

$$\lambda_3\sigma_{12} - (\delta_1 + \delta_3)\sigma_{13} = 0,$$

$$2\lambda_2\sigma_{12} - 2\delta_2\sigma_{22} + 2\delta_2\langle X_2\rangle = 0,$$

$$\lambda_2\sigma_{13} + \lambda_3\sigma_{22} - (\delta_2 + \delta_3)\sigma_{23} = 0,$$

$$2\lambda_3\delta_{23} - 2\delta_3\sigma_{33} + 2\delta_3\langle X_3\rangle = 0.$$

求解上述方程，可以依次得到协方差矩阵 $\boldsymbol{\sigma}$ 的分量如下：

$$\sigma_{11} = \frac{\lambda_1^-}{\delta_1}\langle X_1\rangle,$$

$$\sigma_{12} = \frac{\lambda_2}{\delta_1 + \delta_2}\sigma_{11},$$

$$\sigma_{13} = \frac{\lambda_3}{\delta_1 + \delta_3}\sigma_{12},$$

$$\sigma_{22} = \langle X_2\rangle + g_2\sigma_{12},$$

$$\sigma_{23} = \frac{\lambda_2}{\delta_2 + \delta_3}\sigma_{13} + \frac{\lambda_3}{\delta_2 + \delta_3}\sigma_{22},$$

$$\sigma_{33} = \langle X_3\rangle + g_3\sigma_{23}.$$

在实验上，通常用统计平衡态时系统的变差相对于平均值的平方来描述系统的随机性，也称为静态涨落 (stationary fluctuation)。为此，定义系统的静态涨落为

$$\eta_{ij} = \frac{\sigma_{ij}}{\langle X_i\rangle\langle X_j\rangle} \quad (i, j = 1, 2, 3).$$

通常记 $\eta_i^2 = \eta_{ii}$，并称 η_i 为相应的变差系数 (coefficient of variance，CV)。变差系数是无量纲系数，因此可以作为不同系统比较的标量。

根据上面求解出来的协方差矩阵，可以得到基因表达内蕴随机性的静态涨落如下：

$$\eta_1^2 = \frac{\sigma_{11}}{\langle X_1\rangle^2} = \frac{1 - g_1}{\langle X_1\rangle}, \tag{2.6}$$

$$\eta_2^2 = \frac{\sigma_{22}}{\langle X_2\rangle^2} = \frac{1}{\langle X_2\rangle} + \frac{\tau_1}{\tau_1 + \tau_2}\frac{1 - g_1}{\langle X_1\rangle}, \tag{2.7}$$

$$\eta_3^2 = \frac{\sigma_{33}}{\langle X_3 \rangle^2} = \frac{1}{\langle X_3 \rangle} + \frac{\tau_2}{\tau_3 + \tau_2} \left(\frac{1}{\langle X_2 \rangle} + \frac{\tau_1}{\tau_1 + \tau_2} \frac{1 - g_1}{\langle X_1 \rangle} \right)$$
$$+ \frac{1 - g_1}{\langle X_1 \rangle} \frac{\tau_1}{\tau_1 + \tau_2} \frac{\tau_2}{\tau_2 + \tau_3} \frac{\tau_1 \tau_3 / \tau_2}{\tau_1 + \tau_3}. \tag{2.8}$$

其中 $\tau_i = 1/\delta_i (i = 1, 2, 3)$ 分别表示激活基因、mRNA 和蛋白质分子的平均存活时间。

由式 (2.6) 可知在统计平衡态时激活状态的基因个数的静态涨落与平均激活数成反比。

由式 (2.7) 可知在统计平衡态时 mRNA 个数的涨落由两部分组成：mRNA 本身的产生和降解过程的内蕴随机性所引起的涨落，与 mRNA 分子数的平均值成反比；因为激活基因个数的随机分布带来的涨落，等于激活基因个数的静态涨落乘以激活基因的相对寿命。

由式 (2.8) 可知，在统计平衡态时的蛋白质分子个数的涨落由三部分组成：蛋白质本身的产生和降解的内蕴随机性引起的涨落，与蛋白质分子数的平均值成反比；因为 mRNA 数量的涨落所带来的随机性，等于 mRNA 个数的随机涨落乘以 mRNA 的相对寿命；因为激活基因个数的涨落所带来的随机性，等于激活基因个数的静态涨落乘以与平均分子寿命有关的因子。

通过上面的分析，基因表达所产生的蛋白质分子个数的静态涨落只与平均分子数和相关分子 (激活基因、mRNA 或者蛋白质) 的平均存活时间有关，而与转录或者翻译的反应速率无关。并且，静态涨落通常与分子数成反比，因此一般的低表达基因的内蕴随机性比高表达基因的内蕴随机性大。

2.2.4　内蕴随机效应

通过上面分析的结果，如果基因的激活或者失活过程相对 mRNA 和蛋白质的平均存活时间很长，则 $\tau_1 \gg \tau_2, \tau_3$，由此可以得到

$$\eta_3^2 \approx \frac{1}{\langle X_3 \rangle} + \frac{\tau_2}{\tau_3 + \tau_2} \frac{1}{\langle X_2 \rangle} + \frac{1 - g_1}{\langle X_1 \rangle}. \tag{2.9}$$

可以看到，对于单拷贝基因 $(n = 1)$，如果激活效率比较低，则蛋白质数量的静态涨落很大 [图 2.5(a)]。这是因为启动子或者长时间是失活状态，或者长时间是激活状态。这种情况也称为转录爆发 (transcriptional bursting)。

如果基因的激活和失活过程相对于 mRNA 和蛋白质的平均存活时间很短，则 $\tau_1 \ll \tau_2, \tau_3$，此时由激活基因个数的涨落引起的蛋白质数量的涨落可以忽略，可以得到

$$\eta_3^2 \approx \frac{1}{\langle X_3 \rangle} + \frac{\tau_2}{\tau_3 + \tau_2} \frac{1}{\langle X_2 \rangle}. \tag{2.10}$$

当 mRNA 和蛋白质分子的数量比较大时，相应的静态涨落 η_3^2 很小。这时可以忽略表达过程的内蕴随机性，化学速率方程 (2.2) 可以很好地描述蛋白质数量随时间的变化 [图 2.5(b)]。另外，如果在基因表达过程中翻译效率很大，则细胞中每个 mRNA 可以产生的蛋白质数量比较多。因此，为了表达出同样数量的蛋白质，只需要少量的 mRNA，即 $\langle X_2 \rangle$ 比较小就可以。在这种情况下，蛋白质数量的涨落主要由 mRNA 数量的涨落引起。特别地，蛋白

质数量的静态涨落随着翻译效率的增加而增加，这一点通过把式 (2.10) 改写为

$$\eta_3^2 \approx \frac{1}{\langle X_3 \rangle} + \frac{\tau_2}{\tau_3 + \tau_2} \frac{g_3}{\langle X_3 \rangle} \tag{2.11}$$

可以很容易看到，这种现象也称为翻译爆发 (translational bursting)。在下面的讨论中我们将会看到，在有外部噪声存在的条件下，降低翻译效率也会导致翻译爆发。

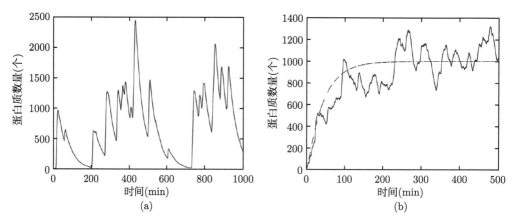

图 2.5　启动子状态转换的速率影响蛋白质数量的涨落

(a) 启动子的动力学过程比较慢 ($\lambda_1^+ = 0.0005\text{s}^{-1}$，$\lambda_1^- = 0.003\text{s}^{-1}$)；(b) 启动子的动力学过程比较快 ($\lambda_1^+ = 0.5\text{s}^{-1}$，$\lambda_1^- = 3\text{s}^{-1}$)。虚线为化学速率方程给出的解

2.2.5　转录水平的分布

上面通过计算得到基因表达在统计平衡态的平均水平和静态涨落。在这一节中介绍通过生成函数 (generating function) 方法推导转录水平分布的解析表达式。

在这里，假设启动子总是激活的 ($X_1 \equiv 1$)，只考虑 mRNA 和蛋白质分子的数量。此时，化学主方程 (2.1) 可以改写为

$$
\begin{aligned}
\frac{\partial P_{m,n}(t)}{\partial t} = {} & \lambda_2(P_{m-1,n}(t) - P_{m,n}(t)) + \delta_2((m+1)P_{m+1,n}(t) - mP_{m,n}(t)) \\
& + \lambda_3(mP_{m,n-1}(t) - mP_{m,n}(t)) \\
& + \delta_3((n+1)P_{m,n+1}(t) - nP_{m,n}(t)),
\end{aligned}
\tag{2.12}
$$

这里记 m 为 mRNA 的数量，n 为蛋白质分子的数量，$P_{m,n}(t)$ 为在 t 时刻取值为 (m,n) 的概率。

由函数序列 $P_{m,n}(t)$ 定义生成函数 $F(z', z, t)$ 为

$$F(z', z, t) = \sum_{m,n} P_{m,n}(t) z'^m z^n, \tag{2.13}$$

这里的求和取遍所有 $m, n \geqslant 0$。从式 (2.13)，可以得到以下偏导数

$$\frac{\partial F}{\partial z'} = \sum_{m,n} mP_{m,n}(t) z'^{m-1} z^n,$$

$$\frac{\partial F}{\partial z} = \sum_{m,n} n P_{m,n}(t) z'^m z^{n-1}.$$

因此，由式 (2.12) 可以得到

$$\frac{\partial F}{\partial t} = \sum_{m,n} \frac{\partial P_{m,n}(t)}{\partial t} z'^m z^n$$

$$= \sum_{m,n} z'^m z^n \big[\lambda_2(P_{m-1,n} - P_{m,n}) + \lambda_3(m P_{m,n-1} - m P_{m,n})$$

$$+ \delta_2((m+1)P_{m+1,n} - m P_{m,n}) + \delta_3((n+1)P_{m,n+1} - n P_{m,n}) \big]$$

$$= \lambda_2 \left(\sum_{m,n} P_{m-1,n} z'^m z^n - \sum_{m,n} P_{m,n} z'^m z^n \right)$$

$$+ \lambda_3 \left(\sum_{m,n} m P_{m,n-1} z'^m z^n - \sum_{m,n} m P_{m,n} z'^m z^n \right)$$

$$+ \delta_2 \left(\sum_{m,n} (m+1)P_{m+1,n} z'^m z^n - \sum_{m,n} m P_{m,n} z'^m z^n \right)$$

$$+ \delta_3 \left(\sum_{m,n} (n+1)P_{m,n+1} z'^m z^n - \sum_{m,n} n P_{m,n} z'^m z^n \right)$$

$$= \lambda_2(z'-1) \sum_{m,n} P_{m,n} z'^m z^n + \lambda_3(z-1)z' \sum_{m,n} m P_{m,n} z'^{m-1} z^n$$

$$+ \delta_2(1-z') \sum_{m,n} m P_{m,n} z'^{m-1} z^n + \delta_3(1-z) \sum_{m,n} n P_{m,n} z'^m z^{n-1}$$

$$= \lambda_2(z'-1)F + \lambda_3 z'(z-1)\frac{\partial F}{\partial z'} + \delta_2(1-z')\frac{\partial F}{\partial z'} + \delta_3(1-z)\frac{\partial F}{\partial z}.$$

因此，可以得到方程

$$\frac{\partial F}{\partial t} - (\lambda_3 z'(z-1) + \delta_2(1-z'))\frac{\partial F}{\partial z'} - \delta_3(1-z)\frac{\partial F}{\partial z} = \lambda_2(z'-1)F.$$

令 $v = z-1$, $u = z'-1$ 和 $\tau = \delta_3 t$, $a = \frac{\lambda_2}{\delta_3}$, $b = \frac{\lambda_3}{\delta_2}$, $\gamma = \frac{\delta_2}{\delta_3}$, 可以得到关于生成函数 $F(u,v,\tau)$ 的一阶偏微分方程

$$\frac{\partial F}{\partial \tau} - \gamma[bv(1+u)-u]\frac{\partial F}{\partial u} + v\frac{\partial F}{\partial v} = auF. \tag{2.14}$$

方程 (2.14) 的边界条件是

$$F(0,0,\tau) = \sum_{m,n} P_{m,n}(\tau) \equiv 1, \quad \forall \tau \geqslant 0. \tag{2.15}$$

因此，为了得到分布 $P_{m,n}$ 的解析表达式，首先根据边界条件 (2.15) 求解方程 (2.14)，然后对所得到的分布函数 $F(z',z,t)$ 通过泰勒展开式得到分布 $P_{m,n}(t)$ 的解析表达式。

现在来通过特征线法 (method of characteristics) 求解方程 (2.14)。

方程 (2.14) 的特征线可以表示为拉格朗日-沙比方程 (Lagrange-Charpit equation) 的不变曲线[17]

$$\frac{\mathrm{d}\tau}{1} = \frac{\mathrm{d}u}{-\gamma(bv(1+u)-u)} = \frac{\mathrm{d}v}{v} = \frac{\mathrm{d}F}{auF}. \tag{2.16}$$

取 τ 为这条曲线的独立参数，则上述方程可以表示为函数 $u(\tau)$、$v(\tau)$ 和 $F(\tau)$ 的常微分方程组：

$$\begin{cases} \dfrac{\mathrm{d}v}{\mathrm{d}\tau} = v, \\[2mm] \dfrac{\mathrm{d}u}{\mathrm{d}\tau} = -\gamma(bv(1+u)-u), \\[2mm] \dfrac{\mathrm{d}F}{\mathrm{d}\tau} = auF. \end{cases} \tag{2.17}$$

一般地，假设初始条件

$$u = u_0, \quad v = v_0, \quad F = F_0, \quad t = 0 \ (\tau = 0), \tag{2.18}$$

可以求解方程 (2.17) 得到

$$u = u(\tau, u_0, v_0, F_0), \quad v = v(\tau, u_0, v_0, F_0), \quad F = F(\tau, u_0, v_0, F_0).$$

则生成函数 $F(u,v,\tau)$ 可以通过上面的解和边界条件 (2.15) 并消去 u_0、v_0 和 F_0 得到。

给定初始条件 (2.18)，可以得到方程 (2.17) 的解

$$\begin{cases} v = v_0 e^{\tau}, \\[2mm] u(v) = e^{-\gamma b v} v^{\gamma} \left[e^{\gamma b v_0} v_0^{-\gamma} u_0 - b\gamma \int_{v_0}^{v} e^{\gamma b v'} v'^{-\gamma} \mathrm{d}v' \right], \\[2mm] F(v) = F_0 e^{a \int_{v_0}^{v} \frac{u(v')}{v'} \mathrm{d}v'}. \end{cases} \tag{2.19}$$

通常难以通过方程 (2.19) 得到函数 $F(u,v,\tau)$ 的显式表达式。然而，如果假设蛋白质比 mRNA 稳定得多，即 $\gamma \gg 1$ ($\delta_2 \gg \delta_3$)，则可以得到上述表达式简单的近似形式。

当 $\gamma \gg 1$ 时，有

$$\frac{1}{\gamma}\frac{\mathrm{d}u}{\mathrm{d}v} = -\left(\left(b-\frac{1}{v}\right)u + b\right),$$

由此由拟平衡态假设可以得到

$$u(v) \approx \frac{bv}{1 - bv}.$$

因此，有

$$\frac{\mathrm{d}F}{\mathrm{d}v} = \frac{ab}{1 - bv}F, \quad F(v_0) = F_0. \tag{2.20}$$

求解该方程得到

$$F = F_0 \left[\frac{1 - bv_0}{1 - bv} \right]^a.$$

最后，根据条件

$$v = v_0 e^\tau, \quad F|_{v=0} = 1,$$

即 $F_0 = 1$，消去 v_0 和 F_0，可以得到表达式

$$F = \left[\frac{1 - bve^{-\tau}}{1 - bv} \right]^a$$

或

$$F(z', z, \tau) = \left[\frac{1 + be^{-\tau} - bze^{-\tau}}{1 + b - bz} \right]^a. \tag{2.21}$$

由式 (2.21)，当 $\gamma \gg 1$ 时，生成函数 F 与 z' 是独立的。这是因为当 γ 比较大时，mRNA 和蛋白质数量的联合分布的主要峰值位于 $m = 0 : P_{m,n} \approx P_{0,n}$，所以，$F$ 仅仅是 z 和 τ 的函数。特别地，分布 $P_n(\tau)$ ($= P_{0,n}(\tau)$) 可以由 F 关于 z 的泰勒展开给出[15]

$$\begin{aligned}
P_n(\tau) &= \frac{1}{n!} \frac{\partial^n F}{\partial z^n} \bigg|_{z=0} \\
&= \frac{\Gamma(a+n)}{\Gamma(n+1)\Gamma(a)} \left(\frac{b}{1+b} \right)^n \left(\frac{1+be^{-\tau}}{1+b} \right)^a {}_2F_1 \left(-n, -a, 1-a-n; \frac{1+b}{e^\tau + b} \right).
\end{aligned}$$

这里，${}_2F_1(a, b, c; z)$ 是超几何函数，$\Gamma(\cdot)$ 表示伽马函数 (gamma function)。

在平衡态时 ($\tau \gg 1$)，得到静态分布可以表示为负二项分布 (negative binomial distribution)

$$P_n = \frac{\Gamma(a+n)}{\Gamma(n+1)\Gamma(a)} \left(\frac{b}{1+b} \right)^n \left(\frac{1}{1+b} \right)^a, \tag{2.22}$$

而当 n 很大时，分布 (2.22) 可以近似为伽马分布 (gamma distribution)[15]

$$P_n \to \frac{n^{a-1}e^{-n/b}}{b^a \Gamma(a)}. \tag{2.23}$$

上面所得到的分布给出了描述基因表达过程的动力学参数与蛋白质数量的静态分布之间的直接关系。特别地，参数 a 和 b 决定了分布 P_n 的函数曲线。当 a 比较小时，概率的峰值出现在 $n = 0$ 处，而当 a 比较大时，概率的峰值出现在接近蛋白质数量平均值的位置 (图 2.6)。

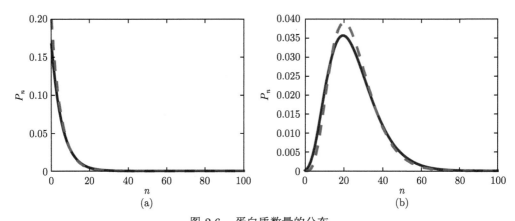

图 2.6   蛋白质数量的分布

可以分别由负二项分布 (方程 (2.22)) (实线) 和伽马分布 (方程 (2.23)) (虚线) 表示。(a) $a = 1$，$b = 5$；
(b) $a = 5$，$b = 5$

2.3   基因表达中的外部噪声

在 2.2 节，假定所有反应的速率都不随时间改变，通过化学主方程介绍了基因表达的内蕴随机性。这种随机性主要来源于系统本身的热涨落，是所有生物化学系统的内蕴性质，不可能通过控制外部环境降低或者消除，因此也称为内部噪声。然而，没有一个基因是可以独立存在的。在生命系统中，每个基因的表达都受其他蛋白质的调控。而这些蛋白质本身又是基因表达过程的产物，其数量也是随机变化的。这些上游蛋白质数量的随机变化会引起基因表达过程中反应速率的随机变化。另外，微环境的随机波动也会引起这些反应速率的随机变化。所有这些因素都会引起基因表达的随机行为。和内部噪声不一样，如果能够精确测量 (尽管并不可能实现) 所有反应速率随时间的变化，这样的随机性在模型中是可以消除的。这样的噪声也称为外部噪声。值得注意的是，所谓内部噪声和外部噪声的定义是相对的。例如，如果我们所研究的系统是包括上游基因的网络，那么由上游基因表达的随机性所引起的噪声是所研究的基因调控网络的内部噪声。在这一节应用 1.6 节介绍的关于反应速率随时间变化的生物化学反应系统的建模方法，使用推广的化学朗之万方程研究基因表达中外部噪声的影响。

2.3.1   模型的建立

在有外部噪声干扰时，反应速率本身是随机变化的，使用化学主方程来描述系统的行为并不合适。这是因为此时对系统的状态空间的完备描述除了需要知道系统中各种分子的个数，还需要知道反应速率的状态，而这是不可能的。在这里，使用推广的化学朗之万方程来同时描述系统的内部噪声和外部噪声。

由 1.4.1 节给出的化学朗之万方程，2.2 节的基因表达过程所对应的化学朗之万方程为

$$dX_1 = (\lambda_1^+(n - X_1) - \lambda_1 X_1)dt$$

$$+ \sqrt{\lambda_1^+(n - X_1)}dW_1 - \sqrt{\lambda_1^- X_1}dW_2, \tag{2.24}$$

$$dX_2 = (\lambda_2 X_1 - \delta_2 X_2)dt + \sqrt{\lambda_2 X_1}dW_3 - \sqrt{\delta_2 X_2}dW_4, \tag{2.25}$$

$$dX_3 = (\lambda_3 X_2 - \delta_3 X_3)dt + \sqrt{\lambda_3 X_2}dW_5 - \sqrt{\delta_3 X_3}dW_6, \tag{2.26}$$

其中 $W_i(i = 1, 2, \cdots, 6)$ 为相互独立的维纳过程。需要注意的是，当基因的拷贝数 n 很小的时候，例如，在很多情况下 $n = 1$，推导化学朗之万方程的条件是不满足的。因此通过直接求解上述的化学朗之万方程来研究系统蛋白质数量随时间的演化可能是不合适的。但是，根据在 1.4.1 节中的讨论，化学朗之万方程可以得到与化学主方程相同的平均动力学方程和涨落耗散定理。因此，对于这里主要研究蛋白质数量的涨落，是可以使用朗之万方程的。

下面考虑存在外部噪声的情况。根据 1.6 节的讨论，如果在上面的化学朗之万方程中的某个参数，例如，λ_1^+ 是随机变化的，可以用下面满足对数正态分布的随机过程来描述：

$$\lambda_1^+(t) = \lambda_1^+ \times \frac{e^{f_{\lambda_1^+} \eta_{\lambda_1^+}(t)/\lambda_1^+}}{\langle e^{f_{\lambda_1^+} \eta_{\lambda_1^+}(t)/\lambda_1^+} \rangle}, \tag{2.27}$$

在这里为了避免符号的烦琐，还以 λ_1^+ 记 $\lambda_1^+(t)$ 的统计平均，并设为常数。这里 $f_{\lambda_1^+} > 0$ 为常数，表示外部噪声的强度，$\eta_{\lambda_1^+}(t)$ 为标准白噪声。把方程 (2.24)~(2.26) 中的系数以式 (2.27) 代入，就得到了同时描述内部噪声和 λ_1^+ 受到外部噪声干扰的随机微分方程。对其他参数的随机干扰也可以用同样的方法来描述。

在式 (2.27) 中，如果外部噪声很弱，即 $f_{\lambda_1^+}$ 很小，则有

$$e^{f_{\lambda_1^+} \eta_{\lambda_1^+}(t)/\lambda_1^+} \approx 1 + f_{\lambda_1^+}\eta_{\lambda_1^+}(t)/\lambda_1^+, \quad \left\langle e^{f_{\lambda_1^+} \eta_{\lambda_1^+}(t)/\lambda_1^+} \right\rangle \approx 1.$$

因此，近似有

$$\lambda_1^+(t) = \lambda_1^+ + f_{\lambda_1^+}\eta_{\lambda_1^+}(t). \tag{2.28}$$

类似地，对其他参数的随机扰动做同样的处理，得到以下反应速率：

$$\lambda_1^-(t) = \lambda_1^- + f_{\lambda_1^-}\eta_{\lambda_1^-}(t), \tag{2.29}$$

$$\lambda_2(t) = \lambda_2 + f_{\lambda_2}\eta_{\lambda_2}(t), \tag{2.30}$$

$$\delta_2(t) = \delta_2 + f_{\delta_2}\eta_{\delta_2}(t), \tag{2.31}$$

$$\lambda_3(t) = \lambda_3 + f_{\lambda_3}\eta_{\lambda_3}(t), \tag{2.32}$$

$$\delta_3(t) = \delta_3 + f_{\delta_3}\eta_{\delta_3}(t), \tag{2.33}$$

这里 f_i $(i = \lambda_1^+, \lambda_1^-, \lambda_2, \delta_2, \lambda_3, \delta_3)$ 分别表示相应的外部噪声的强度。

把式 (2.28)~(2.33) 代入式 (2.24)~(2.26)，并且展开到扰动项的一阶项，忽略扰动项与维纳过程 dW_i 的交叉项，有方程

$$dX_1 = (\lambda_1^+(n - X_1) - \lambda_1^- X_1)dt$$
$$+ \sqrt{\lambda_1^+(n - X_1)}dW_1 - \sqrt{\lambda_1^- X_1}dW_2$$

$$+ f_{\lambda_1^+}(n - X_1)\eta_{\lambda_1^+}(t)\mathrm{d}t - f_{\lambda_1^-}X_1\eta_{\lambda_1^-}(t)\mathrm{d}t,$$

$$\mathrm{d}X_2 = (\lambda_2 X_1 - \delta_2 X_2)\mathrm{d}t + \sqrt{\lambda_2 X_1}\mathrm{d}W_3 - \sqrt{\delta_2 X_2}\mathrm{d}W_4$$

$$+ f_{\lambda_2}X_1\eta_{\lambda_2}(t)\mathrm{d}t - f_{\delta_2}X_2\eta_{\delta_2}(t)\mathrm{d}t,$$

$$\mathrm{d}X_3 = (\lambda_3 X_2 - \delta_3 X_3)\mathrm{d}t + \sqrt{\lambda_3 X_2}\mathrm{d}W_5 - \sqrt{\delta_3 X_3}\mathrm{d}W_6$$

$$+ f_{\lambda_3}X_2\eta_{\lambda_3}(t)\mathrm{d}t - f_{\delta_3}X_3\eta_{\delta_3}(t)\mathrm{d}t.$$

引入维纳过程 $N_i(i = 1, 2, \cdots, 6)$,使

$$\mathrm{d}N_1 = \eta_{\lambda_1^+}(t)\mathrm{d}t, \quad \mathrm{d}N_2 = \eta_{\lambda_1^-}(t)\mathrm{d}t, \quad \mathrm{d}N_3 = \eta_{\lambda_2}(t)\mathrm{d}t,$$

$$\mathrm{d}N_4 = \eta_{\delta_2}(t)\mathrm{d}t, \quad \mathrm{d}N_5 = \eta_{\lambda_3}(t)\mathrm{d}t, \quad \mathrm{d}N_6 = \eta_{\delta_3}(t)\mathrm{d}t.$$

则可以得到下面的随机微分方程组

$$\mathrm{d}X_1 = (\lambda_1^+(n - X_1) - \lambda_1^- X_1)\mathrm{d}t \tag{2.34}$$

$$+ \sqrt{\lambda_1^+(n - X_1)}\mathrm{d}W_1 - \sqrt{\lambda_1^- X_1}\mathrm{d}W_2$$

$$+ f_{\lambda_1^+}(n - X_1)\mathrm{d}N_1 - f_{\lambda_1^-}X_1\mathrm{d}N_2,$$

$$\mathrm{d}X_2 = (\lambda_2 X_1 - \delta_2 X_2)\mathrm{d}t + \sqrt{\lambda_2 X_1}\mathrm{d}W_3 - \sqrt{\delta_2 X_2}\mathrm{d}W_4 \tag{2.35}$$

$$+ f_{\lambda_2}X_1\mathrm{d}N_3 - f_{\delta_2}X_2\mathrm{d}N_4,$$

$$\mathrm{d}X_3 = (\lambda_3 X_2 - \delta_3 X_3)\mathrm{d}t + \sqrt{\lambda_3 X_2}\mathrm{d}W_5 - \sqrt{\delta_3 X_3}\mathrm{d}W_6 \tag{2.36}$$

$$+ f_{\lambda_3}X_2\mathrm{d}N_5 - f_{\delta_3}X_3\mathrm{d}N_6.$$

这就是推广的化学朗之万方程,可以同时描述基因表达中的内部噪声和外部噪声共存的情况。

在方程 (2.34)~(2.36) 中,共有 12 项随机扰动项,分别对应于内部噪声 (W_i) 和外部噪声 (N_i)。在 1.6 节的讨论中,分别对这两种噪声采用不同的随机积分,采用伊藤积分来描述内部噪声,而使用斯特拉托诺维奇积分来描述外部噪声[6]。在这里也采用同样的策略。为分析方便,需要做个简单的变换,以统一使用伊藤积分。为此,引进

$$\lambda_{1,\mathrm{obs}}^+ = \lambda_1^+ - \frac{1}{2}f_{\lambda_1^+}^2, \quad \lambda_{1,\mathrm{obs}}^- = \lambda_1^- - \frac{1}{2}f_{\lambda_1^-}^2,$$

$$\delta_{2,\mathrm{obs}} = \delta_2 - \frac{1}{2}f_{\delta_2}^2, \quad \delta_{3,\mathrm{obs}} = \delta_3 - \frac{1}{2}f_{\delta_3}^2,$$

分别表示可观测反应速率常数。将上面的方程按照统一使用伊藤积分假设改写为 [见附录 B 的方程 (B.6)]

$$\mathrm{d}X_1 = (\lambda_{1,\mathrm{obs}}^+(n - X_1) - \lambda_{1,\mathrm{obs}}^- X_1)\mathrm{d}t$$

$$+ \sqrt{\lambda_1^+(n - X_1)}\mathrm{d}W_1 - \sqrt{\lambda_1^- X_1}\mathrm{d}W_2$$

$$+ f_{\lambda_1^+}(n - X_1)\mathrm{d}N_1 - f_{\lambda_1^-} X_1 \mathrm{d}N_2, \tag{2.37}$$

$$\mathrm{d}X_2 = (\lambda_2 X_1 - \delta_{2,\mathrm{obs}} X_2)\mathrm{d}t + \sqrt{\lambda_2 X_1}\mathrm{d}W_3 - \sqrt{\delta_2 X_2}\mathrm{d}W_4$$

$$+ f_{\lambda_2} X_1 \mathrm{d}N_3 - f_{\delta_2} X_2 \mathrm{d}N_4, \tag{2.38}$$

$$\mathrm{d}X_3 = (\lambda_3 X_2 - \delta_{3,\mathrm{obs}} X_3)\mathrm{d}t + \sqrt{\lambda_3 X_2}\mathrm{d}W_5 - \sqrt{\delta_3 X_3}\mathrm{d}W_6$$

$$+ f_{\lambda_3} X_2 \mathrm{d}N_5 - f_{\delta_3} X_3 \mathrm{d}N_6. \tag{2.39}$$

这里注意到可观测反应速率常数与外部干扰强度有关，这是因为在外部噪声的干扰下，实际看到的基因的平均激活/失活速率和 mRNA 与蛋白质的平均降解速率均比实际速率小。在数学意义上，这一效果的原因是我们对外部噪声采用斯特拉托诺维奇积分的解释。在下面的分析中，方程 (2.37)~(2.39) 中的随机项都按照伊藤积分来理解。

在这里需要特别指出的是，上面的讨论只对弱噪声的情况才有效，即总是假定

$$f_c < \sqrt{2c} \quad (c = \lambda_1^+, \lambda_1^-, \delta_2, \delta_3)$$

以保证上面所定义的可观测反应速率常数是正的。对于强噪声的情况需要另外处理，这里从略。

2.3.2　统计平衡态

对方程 (2.37)~(2.39) 两边取系综平均，得到平均分子数 $\langle X_i \rangle$ 满足的方程

$$\frac{\mathrm{d}\langle X_1 \rangle}{\mathrm{d}t} = \lambda_{1,\mathrm{obs}}^+ (n - \langle X_1 \rangle) - \lambda_{1,\mathrm{obs}}^- \langle X_1 \rangle, \tag{2.40}$$

$$\frac{\mathrm{d}\langle X_2 \rangle}{\mathrm{d}t} = \lambda_2 \langle X_1 \rangle - \delta_{2,\mathrm{obs}} \langle X_2 \rangle, \tag{2.41}$$

$$\frac{\mathrm{d}\langle X_3 \rangle}{\mathrm{d}t} = \lambda_3 \langle X_2 \rangle - \delta_{3,\mathrm{obs}} \langle X_3 \rangle. \tag{2.42}$$

由此可以得到平衡态时系统状态的平均值

$$\langle X_1 \rangle = g_1 n, \quad \langle X_2 \rangle = g_2 \langle X_1 \rangle, \quad \langle X_3 \rangle = g_3 \langle X_2 \rangle, \tag{2.43}$$

其中

$$g_1 = \frac{\lambda_{1,\mathrm{obs}}^+}{\lambda_{1,\mathrm{obs}}^+ + \lambda_{1,\mathrm{obs}}^-}, \quad g_2 = \frac{\lambda_2}{\delta_{2,\mathrm{obs}}}, \quad g_3 = \frac{\lambda_3}{\delta_{3,\mathrm{obs}}} \tag{2.44}$$

分别表示可观测激活效率、转录效率和翻译效率。

比较平衡态 (2.43) 和 (2.3)，可以看到在外部噪声干扰下，相同基因的表达量因为外部噪声的干扰而发生改变。这一点在对基因表达过程的数值模拟研究中也发现了[13]。这一结果也验证了对外部噪声的斯特拉托诺维奇解释的合理性。特别地，对蛋白质的分解 (一般

通过蛋白质降解酶进行) 的随机干扰通常会提高基因的表达水平。而对基因激活 (一般通过启动子蛋白进行) 速率的随机干扰会降低基因的表达水平。但是两种效应的显著程度是不一样的。这些效应对于噪声诱导的细胞状态切换有特殊意义 (见后面 3.3 节的讨论)。

2.3.3 静态涨落

现在来分析外部噪声干扰下基因表达过程的蛋白质数量的静态涨落。为此，首先引进一些记号。记

$$\delta_{1,\mathrm{obs}} = \lambda^+_{1,\mathrm{obs}} + \lambda^-_{1,\mathrm{obs}},$$

定义外部噪声的强度为

$$
\begin{aligned}
&\zeta_{\lambda_1^+} = f^2_{\lambda_1^+}/\lambda^+_{1,\mathrm{obs}}, \quad \zeta_{\lambda_1^-} = f^2_{\lambda_1^-}/\lambda_{1,\mathrm{obs}}, \\
&\zeta_{\lambda_2} = f^2_{\lambda_2}/\lambda_2, \qquad \zeta_{\delta_2} = f^2_{\delta_2}/\delta_{2,\mathrm{obs}}, \\
&\zeta_{\lambda_3} = f^2_{\lambda_3}/\lambda_3, \qquad \zeta_{\delta_3} = f^2_{\delta_3}/\delta_{3,\mathrm{obs}}.
\end{aligned}
\tag{2.45}
$$

记

$$\zeta_{\delta_1} = \frac{f^2_{\lambda_1^+} + f^2_{\lambda_1^-}}{\lambda_1^+ + \lambda_1^-} = g_1 \zeta_{\lambda_1^+} + (1 - g_1)\zeta_{\lambda_1^-}.$$

定义影响因子

$$k_i = \frac{1}{1 - (1/2)\zeta_{\delta_i}} \quad (i = 1, 2, 3),$$

表示分子稳定性的随机干扰对静态涨落的影响。

下面将会看到，噪声强度对于系统的静态涨落是很关键的。在实验中，通常以法诺因子 (Fano factor) 来表示随机扰动的噪声强度。这里法诺因子的定义为

$$F_c = \frac{f^2_c}{c} \quad (c = \lambda_1^+, \lambda_1^-, \lambda_2, \delta_2, \lambda_3, \delta_3). \tag{2.46}$$

通过简单的变化可以看到，上面所定义的噪声强度可以由法诺因子表示为

$$
\begin{aligned}
&\zeta_{\lambda_1^+} = \frac{F_{\lambda_1^+}}{1 - \frac{1}{2}F_{\lambda_1^+}}, \quad \zeta_{\lambda_1^-} = \frac{F_{\lambda_1^-}}{1 - \frac{1}{2}F_{\lambda_1^-}}, \\
\\
&\zeta_{\lambda_2} = F_{\lambda_2}, \quad \zeta_{\delta_2} = \frac{F_{\delta_2}}{1 - \frac{1}{2}F_{\delta_2}}, \\
\\
&\zeta_{\lambda_3} = F_{\lambda_3}, \quad \zeta_{\delta_3} = \frac{F_{\delta_3}}{1 - \frac{1}{2}F_{\delta_3}}.
\end{aligned}
\tag{2.47}
$$

定义系统的静态涨落为当系统达到统计平衡态时的统计量

$$\eta_{ij} = \frac{\langle (X_i - \langle X_i \rangle)(X_j - \langle X_j \rangle) \rangle}{\langle X_i \rangle \langle X_j \rangle} \quad (i, j = 1, 2, 3). \tag{2.48}$$

通过冗长而烦琐的运算 (详细过程参考文献 [8])，可以证明在弱噪声条件下，系统的静态涨落为

$$\eta_1^2 = k_1 \frac{\lambda_{1,\text{obs}}^-}{\delta_{1,\text{obs}}}\left[\frac{1}{\langle X_1\rangle} + \frac{1}{2}\left(\frac{\zeta_{\lambda_1^+}}{g_1} + \zeta_{\lambda_1^-}\right) + \frac{1}{4}\frac{\zeta_{\lambda_1^+} + \zeta_{\lambda_1^-}}{\langle X_1\rangle}\right], \tag{2.49}$$

$$\eta_2^2 = k_2\left[\frac{1}{\langle X_2\rangle} + \frac{1}{2}\left(\frac{\zeta_{\lambda_2}}{g_2}(1+\eta_1^2) + \zeta_{\delta_2}\right) + \frac{1}{4}\frac{\zeta_{\delta_2}}{\langle X_2\rangle} + \eta_{12}\right], \tag{2.50}$$

$$\eta_3^2 = k_3\left[\frac{1}{\langle X_3\rangle} + \frac{1}{2}\left(\frac{\zeta_{\lambda_3}}{g_3}(1+\eta_2^2) + \zeta_{\delta_3}\right) + \frac{1}{4}\frac{\zeta_{\delta_3}}{\langle X_3\rangle} + \eta_{23}\right]. \tag{2.51}$$

和

$$\eta_{12} = \frac{\tau_1}{\tau_1 + \tau_2}\eta_1^2, \tag{2.52}$$

$$\eta_{23} = \frac{\tau_1\tau_3/\tau_2}{\tau_1 + \tau_3}\frac{\tau_1}{\tau_1 + \tau_2}\frac{\tau_2}{\tau_2 + \tau_3}\eta_1^2 + \frac{\tau_2}{\tau_2 + \tau_3}\eta_2^2, \tag{2.53}$$

这里 $\eta_i^2 = \eta_{ii}$，并且

$$\tau_i = 1/\delta_{i,\text{obs}} \quad (i = 1, 2, 3)$$

分别为各种分子的可观测平均寿命。图 2.7 给出了理论结果与数值模拟结果的比较。

2.3.4　外部噪声对基因表达的影响

下面根据上面的理论结果来分析外部噪声对基因表达随机性的影响。

首先来看只有外部噪声的情况。为此，把方程 (2.37)~(2.39) 中的 dW_i 设为零，则可以得到只有外部噪声时系统的静态涨落

$$\eta_{\text{ext},1}^2 = k_1 \frac{\lambda_{1,\text{obs}}^-}{\delta_{1,\text{obs}}}\frac{1}{2}\left(\frac{\zeta_{\lambda_1^+}}{g_1} + \zeta_{\lambda_1^-}\right), \tag{2.54}$$

$$\eta_{\text{ext},2}^2 = k_2\left[\frac{1}{2}\left(\frac{\zeta_{\lambda_2}}{g_2}(1+\eta_{\text{etx},1}^2) + \zeta_{\delta_2}\right) + \frac{\tau_1}{\tau_1 + \tau_2}\eta_{\text{etx},1}^2\right], \tag{2.55}$$

$$\eta_{\text{ext},3}^2 = k_3\Bigg[\frac{1}{2}\left(\frac{\zeta_{\lambda_3}}{g_3}(1+\eta_{\text{ext},2}^2) + \zeta_{\delta_3}\right)$$

$$+ \frac{\tau_1\tau_3/\tau_2}{\tau_1 + \tau_3}\frac{\tau_1}{\tau_1 + \tau_2}\frac{\tau_2}{\tau_2 + \tau_3}\eta_{\text{ext},1}^2 + \frac{\tau_2}{\tau_2 + \tau_3}\eta_{\text{ext},2}^2\Bigg]. \tag{2.56}$$

由式 (2.54)~(2.55) 可以看到，和内蕴随机性类似，外部噪声对静态涨落的影响也可以区分为直接的涨落和因为上游分子数的涨落所引起的间接涨落。例如，在蛋白质数量的涨落公式 (2.56) 中，除了与 η_{λ_3} 和 ζ_{δ_3} 成正比的直接涨落项，还包含由上游的激活基因数的随机性和 mRNA 数量的随机性引起的间接涨落项，分别与 $\eta_{\text{ext},1}^2$ 和 $\eta_{\text{ext},2}^2$ 成正比。并且，这些间接涨落项都与转录和翻译时间因子有关。另外，mRNA 数量的随机涨落和翻译效率波动之间的相关性也会增加蛋白质数量的涨落，通过项 $(1/2)(\zeta_{\lambda_3}/g_3)\eta_{\text{ext},2}^2$ 给出。最后，与内蕴随机性最重要的区别是这些静态涨落都正比于影响因子 k_i。当噪声强度 ζ_{δ_i} 比较大时

(接近 2)，影响因子可以变得很大，即基因表达水平的涨落非常显著。这一结果表明在基因调控中，为了控制基因表达的随机性，控制 mRNA 和蛋白质的分解速率的随机性是非常重要的。

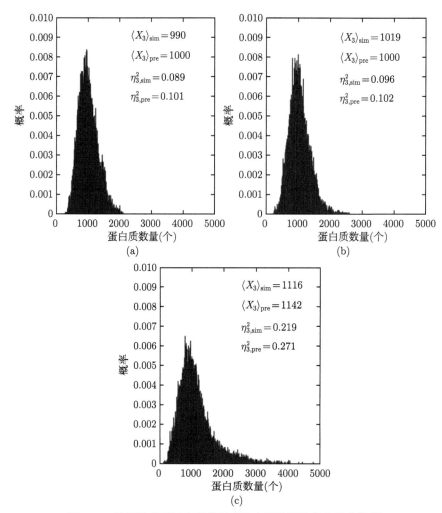

图 2.7   外部噪声可以改变基因表达水平的平均值和静态涨落

三种情况分别对应于：(a) 只有内部噪声；(b) 包含内部噪声和对蛋白质合成速率 λ_3 的随机扰动；(c) 包含内部噪声和对蛋白质降解率 δ_3 的随机扰动的情况。在每个情况下都假设随机扰动的法诺因子为 0.25

当内部噪声和外部噪声共存时，系统的静态涨落由式 (2.49)~(2.51) 给出。可以看到，除了分别由外部噪声和内部噪声引起的涨落，还有两种噪声的相关性所引起的涨落。这种相关性主要是由内部噪声引起的分子数量的涨落和分解率的随机干扰之间的相关性引起的。在蛋白质数量的涨落公式 (2.51) 中，这一项由 $(1/4)(\zeta_{\delta_3}/\langle X_3\rangle)$ 给出。

在实验中，可以通过控制翻译效率来控制基因表达的随机性[18]。在上面关于内部噪声的讨论中可以看到，在只有内蕴随机性的情况下，高翻译效率的基因的表达有可能出现翻译爆发，即对于相同表达水平的基因，翻译效率越高蛋白质数量的涨落越大。这是因为翻译效率越高的基因所需要的 mRNA 的数量就越少，所以由内部噪声引起的涨落就越大。下面还会看到，当翻译过程本身受到外部噪声的干扰时（$\zeta_{\lambda_3} > 0$），由式 (2.51) 可以看到，当 g_3 很小时，蛋白质数量的涨落也可以很大，即低翻译效率的基因表达也有可能出现翻译爆发。这是因为对于低翻译效率的基因，为了表达相同数量的蛋白质，需要的 mRNA 数量比较大。但是因为外部噪声对每个 mRNA 分子的翻译过程的影响是相同的，所以总的影响水平就会变得显著。故一定有最优的翻译效率，使得在此效率下蛋白质数量的涨落最小。

把式 (2.50) 代入式 (2.51)，并且令 $\langle X_2 \rangle = \langle X_3 \rangle / g_3$，然后令涨落 η_3^2 对翻译效率 g_3 的导数为零，则可以求出 η_3^2 达到极小值的条件：

$$g_3 = C\sqrt{\zeta_{\lambda_3}\langle X_3 \rangle}, \tag{2.57}$$

其中 C 是与噪声强度 ζ_{λ_3} 和平均蛋白质数量 $\langle X_3 \rangle$ 独立的常数。由关系 (2.57) 可以看到，为了使基因所表达的蛋白质数量的涨落达到极小，当对蛋白质的合成速率的随机扰动较小时，翻译效率应该比较大；反之，当对蛋白质的合成速率的随机扰动较大时，翻译效率应该比较小 (图 2.8)。这个结果也表明外部噪声有可能带来与内部噪声完全不一样的结果。为了降低基因表达水平的随机涨落，需要根据外部噪声的强度对翻译效率进行有效控制。

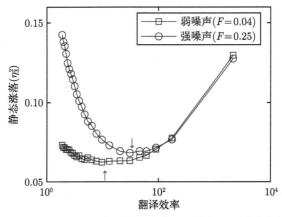

图 2.8　在不同噪声强度的条件下静态涨落与翻译效率的关系

箭头所指为静态涨落达到最小时所对应的翻译效率

2.4　真核细胞基因表达的随机性

2.4.1　随机模拟模型

真核细胞的 DNA 序列包含复杂的调控元件，这些调控元件与转录因子和调控蛋白之间的相互作用形成复杂的结构变化调控转录的起始和延伸过程[14]。图 2.9 给出了真核细胞基因表达的一个简单模型，模型中包括转录调控复合体的组装、染色体结构的变化、TATA 盒结合蛋白 (TATA box-binding protein，TBP) 与 DNA 的结合与解离、mRNA 的合成等[19]。这个模型假设在转录的起始阶段启动子的状态可以在不同的状态之间随机转变。在这里，假设启动子可以有 3 种不同的复合体状态 (PC_1、PC_2、PC_3) 和两种抑制状态 (RC_1 和 RC_2)。转录的延伸和蛋白质的翻译过程通过 mRNA 和蛋白质产生的单步合成过程来模拟，同时考虑了 mRNA 和蛋白质的随机降解。

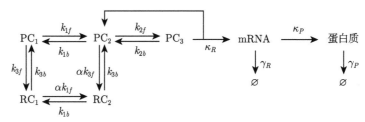

图 2.9   真核细胞基因表达的简单模型

状态 PC$_1$、PC$_2$ 和 PC$_3$ 分别表示启动子的失活 (沉默) 状态，与 TBP 和不同转录因子结合的中间状态，以及转录机器已经组装完成的预转录状态。转录开始后，启动子的状态从预转录状态 PC$_3$ 返回中间状态 PC$_2$，然后准备开始重新转录。状态 RC$_1$ 和 RC$_2$ 表示启动子不同的抑制状态。因子 α 用于表示抑制状态 RC$_1$ 状态和中间状态 PC$_2$ 中 DNA 结合位点与调控蛋白结合常数的变化系数。根据文献 [19] 重绘

这个模型可以通过吉莱斯皮算法进行随机模拟[19]。在这里，系统的状态通过向量 $\boldsymbol{X} = (X_1, X_2, \cdots, X_7)$ 表示，这里的 7 个变量 X_i 分别为 7 种启动子状态或者分子的数量变化 (表 2.2)。一共有 14 个反应通道，对应的反应趋向性函数如表 2.3 所示。

表 2.2   真核细胞基因表达随机模型的动力学变量

变量	符号	描述
X_1	PC$_1$	失活或者沉默启动子 (没有与 RNA 聚合酶结合)
X_2	PC$_2$	启动子的中间状态，与转录因子 ⅡA (TFⅡA) 结合，
		与 TBP 和其他辅助蛋白结合 (为与 RNA 聚合酶结合做好准备)
X_3	PC$_3$	启动子与 RNA 聚合酶结合的预转录状态
X_4	RC$_1$	启动子与抑制蛋白结合 (无法与 RNA 聚合酶结合)
X_5	RC$_2$	启动子与抑制蛋白结合的中间状态 (无法与 RNA 聚合酶结合)
X_6	mRNA	mRNA 的数量
X_7	蛋白质	蛋白质的数量

表 2.3   反应通道的趋向性函数

反应通道 (i)	R_i	$a_i(\boldsymbol{X})$	$v_{i,j}$
1	$X_1 \to X_2$	$k_{1f} X_1$	$v_{1,1} = -1, v_{1,2} = 1$
2	$X_2 \to X_1$	$k_{1b} X_2$	$v_{2,1} = 1, v_{2,2} = -1$
3	$X_2 \to X_3$	$k_{2f} X_2$	$v_{3,2} = -1, v_{3,3} = 1$
4	$X_3 \to X_2$	$k_{2b} X_3$	$v_{4,2} = 1, v_{4,3} = -1$
5	$X_1 \to X_4$	$k_{3f} X_1$	$v_{5,1} = -1, v_{5,4} = 1$
6	$X_4 \to X_1$	$k_{3b} X_4$	$v_{6,1} = 1, v_{6,4} = -1$
7	$X_4 \to X_5$	$\alpha k_{1f} X_4$	$v_{7,4} = -1, v_{7,5} = 1$
8	$X_5 \to X_4$	$k_{1b} X_5$	$v_{8,4} = 1, v_{8,5} = -1$
9	$X_2 \to X_5$	$\alpha k_{3f} X_2$	$v_{9,2} = -1, v_{9,5} = 1$
10	$X_5 \to X_2$	$k_{3b} X_5$	$v_{10,2} = 1, v_{10,5} = -1$
11	$X_3 \to X_6 + X_2$	$\kappa_R X_3$	$v_{11,2} = 1, v_{11,3} = -1, v_{11,6} = 1$
12	$X_6 \to \phi$	$\gamma_R X_6$	$v_{12,6} = -1$
13	$X_6 \to X_7 + X_6$	$\kappa_P X_6$	$v_{13,7} = 1$
14	$X_7 \to \phi$	$\gamma_P X_7$	$v_{14,7} = -1$

图 2.10 给出上述模型在酵母中的具体实例和根据表 2.3 所给出的反应趋向性函数的随机模拟结果。在这个模型中，脱水四环素 (anhydrotetracycline，ATc) 和半乳糖 (galactose，

GAL) 共同作用诱导基因表达 (由报告基因 $yEGFP$ 显示表达水平)[图 2.10(a)]。半乳糖通过调控染色体结构变化或者募集 TBP 促进转录，反应速率 k_{1f} 和 k_{1b} 都依赖于半乳糖 (GAL) 的浓度。脱水四环素 (ATc) 与抑制子 (TetR) 结合调控转录过程，因此 k_{3f} 是 ATc 浓度的减函数。表达水平和 ATc 与半乳糖浓度的依赖关系如图 2.10(b) 所示。在不同情况下基因表达产生蛋白质数量的分布如图 2.10(c) 所示。

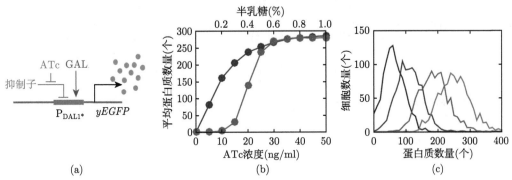

图 2.10　酵母中 GAL1 启动子的转录调控 (彩图请扫封底二维码)

(a) 脱水四环素 (ATc) 和半乳糖 (GAL) 共同作用调控报告基因 $yEGFP$ 的表达。半乳糖通过调控染色体结构变化或者募集 TBP 促进转录。脱水四环素与抑制子 (TetR) 结合调控转录过程。(b) 计算模拟得到的蛋白质数量 P_{GAL1*} 对半乳糖诱导条件 (0.8%) ATc 的剂量依赖性，以及 ATc 诱导条件 (40ng/ml，蓝色) 下半乳糖浓度的剂量依赖性。(c) 计算模拟得到的蛋白质数量的分布，这里的诱导条件是 0.8% 的半乳糖和 40ng/ml 的 ATc。不同颜色的曲线 (从黑色到绿色) 代表时间从开始诱导到诱导后期。参数取自文献 [19]：$\kappa_R = 1$, $\kappa_P = 5$, $\gamma_R = 1$, $\gamma_P = 0.0125$, $k_{2f} = 50$, $k_{2b} = 10$, $k_{3b} = 10$, $\alpha = 0.025$, 以及 $k_{1f} = 0.02 + 0.2 \times \text{GAL}$, $k_{1b} = 0.07/\text{GAL} + 0.007/\text{GAL} + 0.1 \times \text{GAL} + 0.01$, $k_{3f} = 200 \times (n_{\text{repressor}})^2 / (1 + c_I^4 \times \text{ATc}^4)^2$, $n_{\text{repressor}} = 1$, $c_I = 0.1\text{ng/ml}$

2.4.2 转录水平分布的解析表达式

现在通过生成函数方法得到上面模型中转录水平 (mRNA 数量) 静态分布的解析表达式。这里所介绍的方法可以用于得到类似的包含复杂染色体状态变化的转录水平的静态分布，更详细的讨论请参考文献 [20-22]。

在图 2.9 的模型中，启动子只能位于 5 种状态 PC_i ($i = 1, 2, 3$) 或 RC_i ($i = 1, 2$) 中的一个，而且没有从蛋白质到转录过程的反馈控制。因此，这里只考虑 mRNA 数量的分布。令 $P_k(m, t)$ 表示在 t 时刻当启动子位于状态 k 时 mRNA 的数量为 m 的概率 ($k = 1, 2, \cdots, 5$，分别对应于 X_k)。根据表 2.3 中所给出的反应趋向性函数，得到化学主方程

$$\frac{\mathrm{d}P_1(m, t)}{\mathrm{d}t} = -(k_{1f} + k_{3f})P_1(m, t) + k_{1b}P_2(m, t) + k_{3b}P_4(m, t)$$
$$+ \gamma_R(\mathbb{E} - \mathbb{I})[mP_1(m, t)],$$

$$\frac{\mathrm{d}P_2(m, t)}{\mathrm{d}t} = -(k_{2f} + k_{1b} + \alpha k_{3f})P_2(m, t)$$
$$+ k_{2b}P_3(m, t) + k_{1f}P_1(m, t) + k_{3b}P_5(m, t)$$
$$+ \kappa_R\mathbb{E}^{-1}[P_3(m, t)] + \gamma_R(\mathbb{E} - \mathbb{I})[mP_2(m, t)],$$

$$\frac{\mathrm{d}P_3(m,t)}{\mathrm{d}t} = -k_{2b}P_3(m,t) + k_{2f}P_2(m,t) - \kappa_R P_3(m,t) \tag{2.58}$$
$$+ \gamma_R(\mathbb{E}-\mathbb{I})[mP_3(m,t)],$$
$$\frac{\mathrm{d}P_4(m,t)}{\mathrm{d}t} = -(k_{3b}+\alpha k_{1f})P_4(m,t) + k_{3f}P_1(m,t) + k_{1b}P_5(m,t)$$
$$+ \gamma_R(\mathbb{E}-\mathbb{I})[mP_4(m,t)],$$
$$\frac{\mathrm{d}P_5(m,t)}{\mathrm{d}t} = -(k_{3b}+k_{1b})P_5(m,t) + \alpha k_{3f}P_2(m,t) + \alpha k_{1f}P_4(m,t)$$
$$+ \gamma_R(\mathbb{E}-\mathbb{I})[mP_5(m,t)],$$

式中，$\mathbb{I}$ 表示单位算子，$\mathbb{E}$ 和 $\mathbb{E}^{-1}$ 表示递进算子，即对任意函数 f 和整数 n，有 $\mathbb{E}[f(n)] = f(n+1)$，$\mathbb{E}^{-1}[f(n)] = f(n-1)$。

引进生成函数

$$G_k(z,t) = \sum_{m=0}^{\infty} z^m P_k(m,t) \quad (k=1,2,\cdots,5),$$

化学主方程 (2.58) 可以变换为以下的偏微分方程:

$$\frac{\partial G_1(z,t)}{\partial t} = -(k_{1f}+k_{3f})G_1(z,t) + k_{1b}G_2(z,t) + k_{3b}G_4(z,t)$$
$$+ \gamma_R(1-z)\frac{\partial G_1(z,t)}{\partial z},$$
$$\frac{\partial G_2(z,t)}{\partial t} = -(k_{2f}+k_{1b}+\alpha k_{3f})G_2(z,t) + k_{2b}G_3(z,t) + k_{1f}G_1(z,t)$$
$$+ k_{3b}G_5(z,t) + \kappa_R z G_3(z,t) + \gamma_R(1-z)\frac{\partial G_2(z,t)}{\partial z},$$
$$\frac{\partial G_3(z,t)}{\partial t} = -k_{2b}G_3(z,t) + k_{2f}G_2(z,t)$$
$$- \kappa_R G_3(z,t) + \gamma_R(1-z)\frac{\partial G_3(z,t)}{\partial z},$$
$$\frac{\partial G_4(z,t)}{\partial t} = -(k_{3b}+\alpha k_{1f})G_4(z,t) + k_{3f}G_1(z,t) + k_{1b}G_5(z,t)$$
$$+ \gamma_R(1-z)\frac{\partial G_4(z,t)}{\partial z},$$
$$\frac{\partial G_5(z,t)}{\partial t} = -(k_{3b}+k_{1b})G_5(z,t) + \alpha k_{3f}G_2(z,t) + \alpha k_{1f}G_4(z,t)$$
$$+ \gamma_R(1-z)\frac{\partial G_5(z,t)}{\partial z}. \tag{2.59}$$

下面主要寻求上面方程的稳态解，即满足 $\partial G_k(z,t)/\partial t = 0$ 的解。为此，考虑以下的常微

分方程组:

$$sG_1'(s) = -(f_1 + f_3)G_1(s) + b_1 G_2(s) + b_3 G_4(s),$$

$$sG_2'(s) = f_1 G_1(s) - (f_2 + b_1 + \alpha f_3)G_2(s) + b_2 G_3(s)$$

$$+ b_3 G_5(s) + (s + \kappa)G_3(s), \tag{2.60}$$

$$sG_3'(s) = f_2 G_2(s) - b_2 G_3(s) - G_3(s),$$

$$sG_4'(s) = f_3 G_1(s) - (b_3 + \alpha f_1)G_4(s) + b_1 G_5(s),$$

$$sG_5'(s) = \alpha f_3 G_2(s) + \alpha f_1 G_4(s) - (b_1 + b_3)G_5(s),$$

这里函数 G_k 的变量取为 $s = \kappa(z-1)$, 其中 $\kappa = \dfrac{\kappa_R}{\gamma_R}$ 和 $G_k'(s) = \dfrac{\mathrm{d}G_k(s)}{\mathrm{d}s}$, 并且

$$b_i = \frac{k_{ib}}{\gamma_R}, \quad f_i = \frac{k_{if}}{\gamma_R}, \quad i = 1, 2, 3.$$

令

$$G(s) = \sum_{k=1}^{5} G_k(s)$$

为平衡态情况下的生成函数。如果能从方程 (2.60) 中求解函数 $G_k(s)$ 并得到生成函数 $G(s)$, 则平衡态时的 mRNA 数量的分布 $P(m)$ 可以表示为

$$P(m) = \frac{\kappa^m}{m!} \frac{\mathrm{d}^m G(s)}{\mathrm{d}s^m}\bigg|_{s=0} = \frac{1}{m!} \frac{\mathrm{d}^m G(z)}{\mathrm{d}z^m}\bigg|_{z=1}. \tag{2.61}$$

令 $\boldsymbol{G}(s) = (G_1(s), G_2(s), \cdots, G_5(s))^{\mathrm{T}}$ 和

$$\boldsymbol{A} = \begin{bmatrix} -(f_1 + f_3) & b_1 & 0 & b_3 & 0 \\ f_1 & -(f_2 + b_1 + \alpha f_3) & b_2 + \kappa & 0 & b_3 \\ 0 & f_2 & -b_2 & 0 & 0 \\ f_3 & 0 & 0 & -(b_3 + \alpha f_1) & b_1 \\ 0 & \alpha f_3 & 0 & \alpha f_1 & -(b_1 + b_3) \end{bmatrix},$$

$$\boldsymbol{J} = \begin{bmatrix} 0 & 0 & 0 & 0 & 0 \\ 0 & 0 & 1 & 0 & 0 \\ 0 & 0 & -1 & 0 & 0 \\ 0 & 0 & 0 & 0 & 0 \\ 0 & 0 & 0 & 0 & 0 \end{bmatrix},$$

则方程 (2.60) 可表示为

$$s\boldsymbol{G}'(s) = \boldsymbol{A}\boldsymbol{G}(s) + s\boldsymbol{J}\boldsymbol{G}(s). \tag{2.62}$$

记 $\boldsymbol{G}(s)$ 的泰勒展开为

$$\boldsymbol{G}(s) = \sum_{m=0}^{\infty} s^m \boldsymbol{u}_m.$$

把上述展开式代入方程 (2.62)，得到

$$\boldsymbol{A}\boldsymbol{u}_0 = \boldsymbol{0}, \quad (\boldsymbol{A} - m\boldsymbol{I})\boldsymbol{u}_m = -\boldsymbol{J}\boldsymbol{u}_{m-1} \quad (m \geqslant 1),$$

其中 $\boldsymbol{I}$ 是单位矩阵。因此，为求解上述方程，需 $(\boldsymbol{A} - m\boldsymbol{I})$ 对任意 $m \geqslant 1$ 是可逆矩阵，并且对给定的 $\boldsymbol{u}_0$，系数 $\boldsymbol{u}_m$ 可以通过以下的迭代方式给出

$$\boldsymbol{u}_m = -(\boldsymbol{A} - m\boldsymbol{I})^{-1}\boldsymbol{J}\boldsymbol{u}_{m-1},$$
$$= (-1)^m \prod_{j=1}^{m} (\boldsymbol{A} - j\boldsymbol{I})^{-1}\boldsymbol{J}\boldsymbol{u}_0, \quad m = 1, 2, \cdots. \tag{2.63}$$

由式 (2.61)，mRNA 数量的分布表示为

$$P(m) = \kappa^m \langle \boldsymbol{e}, \boldsymbol{u}_m \rangle, \quad \boldsymbol{e} = (1,1,1,1,1). \tag{2.64}$$

系数 $\boldsymbol{u}_0$ 需满足归一化条件，即

$$1 = \sum_{m=0}^{\infty} P(m) = \sum_{m=0}^{\infty} \kappa^m \langle \boldsymbol{e}, \boldsymbol{u}_m \rangle = \langle \boldsymbol{e}, \boldsymbol{u}_0 \rangle + \sum_{m=1}^{\infty} \kappa^m \langle \boldsymbol{e}, (-1)^m \prod_{j=1}^{m} (\boldsymbol{A} - j\boldsymbol{I})^{-1}\boldsymbol{J}\boldsymbol{u}_0 \rangle.$$

因此，写

$$\boldsymbol{Q} = \boldsymbol{I} + \sum_{m=1}^{\infty} (-\kappa)^m \prod_{j=1}^{m} (\boldsymbol{A} - j\boldsymbol{I})^{-1}\boldsymbol{J},$$

系数 $\boldsymbol{u}_0$ 可以通过求解下面方程得到

$$\begin{cases} \boldsymbol{A}\boldsymbol{u}_0 = \boldsymbol{0}, \\ \langle \boldsymbol{e}, \boldsymbol{Q}\boldsymbol{u}_0 \rangle = 1. \end{cases} \tag{2.65}$$

最后，关于转录水平的静态分布可以通过求解方程 (2.65) 并通过迭代的公式计算 (2.63) 和 (2.64) 进而得到 $P(m)$。

这里给出了含有复杂启动子状态变化情况下求解转录水平分布解析表达式的方法，更多的应用例子可以参考文献 [22]。该方法的计算过程比较烦琐，在具体应用时还应该结合具体情况进行适当简化，以得到既简单又能够描述本质关系的简化表达式。

2.5 本 章 小 结

基因表达是最基本的分子生物学过程之一，也是遗传信息传递过程中最关键的一环。基因表达包含非常复杂的生物化学反应，表现出明显的随机性，通过基因表达所产生的 mRNA

和蛋白质的数量是随机变化的。基因表达的随机性的来源包括内部噪声和外部噪声两部分。内部噪声可以通过化学主方程来描述。而外部噪声可以通过对化学朗之万方程中的反应速率常数引入随机干扰的方式来描述。内部噪声引起的表达水平的涨落和分子数的倒数成正比。分子数越大则涨落越小。外部噪声对基因表达的随机涨落的影响是多方面的。对 mRNA 和蛋白质稳定性的控制是降低表达水平的随机涨落的重要手段。通过干预 mRNA 的翻译过程可以控制基因表达的随机性，但是这种效果与外部噪声的强度有关。

　　本章通过推广的化学朗之万方程研究了基因表达中蛋白质数量的涨落与外部噪声的关系。然而，这些结果只能在外部噪声强度比较弱的时候才有效。当外部噪声强度比较大时，这些结果并不可靠。另外，在模型建立的过程中假定外部噪声是白噪声。而在生命系统中，这一假设一般是不满足的。事实上，在生命系统的复杂基因调控网络中，噪声一般来源于上游基因表达产物的随机性，通常并不是白噪声，而是有非零的时间相关性，即有色噪声。对于含有非白噪声扰动下的随机过程的数学描述和相关性质的研究还是随机分析领域的难题。

补充阅读材料

(1) Orphanides G, Reinberg D. A unified theory of gene expression. Cell, 2002, 108: 439-451.
(2) Smolen P, Baxter D A, Byrne J H. Mathematical modeling of gene networks. Neuron, 2000, 26: 567-580.
(3) Kærn M, Elston T C, Blake W J, Collins J J. Stochasticity in gene expression: From theories to phenotypes. Nat Rev Genet, 2005, 6: 451-464.
(4) Paulsson J. Models of stochastic gene expression. Phys Life Rev, 2005, 2: 157-175.
(5) Elowitz M B, Levine A J, Siggia E D, Swain P S. Stochastic gene expression in a single cell. Science, 2002, 297: 1183-1186.
(6) Swain P S, Elowitz M B, Siggia E D. Intrinsic and extrinsic contributions to stochasticity in gene expression. Proc Natl Acad Sci USA, 2002, 99: 12795-12800.
(7) Lei J. Stochasticity in single gene expression with both intrinsic noise and fluctuation in kinetic parameters. J Theor Biol, 2009, 256: 485-492.
(8) Shahrezaei V, Ollivier J, Swain P S. Colored extrinsic fluctuations and stochastic gene expression. Mol Syst Biol, 2008, 4: 196.
(9) Shahrezaei V, Swain P S. Analytical distributions for stochastic gene expression. Proc Natl Acad Sci USA, 2008, 105: 17256-17261.
(10) 周天寿. 基因表达调控系统的定量分析. 北京: 科学出版社, 2019.
(11) 王耀来, 刘锋. 转录机器: 绳上舞者. 物理学报, 2020, 69(24): 248702.

思　考　题

2.1 白念珠菌 (*Candida albicans*) 是人体皮肤的常见细菌。白念珠菌的菌落有两种表现形式，分别为 White 型和 Opaque 型。研究发现基因 *wor1* (white-opaque regulator 1) 是白念珠菌控制 White 型到 Opaque 型状态切换的关键基因。并且，已经知道基因 *wor1* 所表达出来的蛋白质 Wor1 可以结合到它自身的启动子上激活该基因的表达，形成正反馈，即

$$D + \text{Wor1} \rightleftharpoons D^*,$$

其中 D 表示失活状态的基因，D^* 表示激活状态的基因。请回答下面问题：

(a) 试列出 *wor1* 基因表达出蛋白质，并且控制其自身启动子活性的主要化学反应。

(b) 根据上述反应，列出相应的化学主方程。选取适当的参数进行数值模拟，计算在平衡态时 Wor1 蛋白数量的分布、平均值和涨落。

(c) 如果翻译速率有随机扰动，试采用广义朗之万方程列出上述基因表达过程在外部噪声干扰下的动力学方程。

(d) 用数值方法求解 (c) 所得到的动力学方程，比较在外部噪声干扰下蛋白质数量的分布、平均值与涨落，并且和没有随机干扰下的情况进行比较。

(e) 在系统的平衡态附近对 (c) 得到的广义朗之万方程做线性展开，仿照本章的方法，试写出蛋白质数量的涨落与参数的关系。

(f) 试比较 (e) 所得到的公式与没有正反馈的情况，即基因的激活率不依赖于所表达出的蛋白质的数量，试阐述你所得到的结果。

第 3 章　基因调控的数学模型

第 2 章介绍了单个基因表达的数学描述。然而，只了解单个基因的活动是远远不够的，所有基因的活动都处于复杂的基因调控网络 (gene regulatory network，GRN) 中，受到包含蛋白质、非编码 RNA、小分子等各种调控分子的控制。在细胞内不同基因表达的产物 (蛋白质) 进一步调控其他基因的表达形成复杂的基因调控网络，所有基因置身于这样一个复杂的调控网络中，表现出复杂的动力学行为。基因在生物体内不同细胞中的受控表达，以表现出转录组有序的时空变化，对于生物体的生长发育至关重要。了解基因调控网络的工作机制并通过数学模型对复杂基因调控网络的动力学过程进行定量和定性研究是系统生物学的重要任务之一。

基因调控的现象首先由法国生物学家雅克·莫诺 (Jacques Monod)、弗朗索瓦·雅各布 (François Jacob) 和美国微生物学家阿瑟·帕迪 (Arthur Pardee) 共同发现[23]。他们发现在大肠杆菌中，指导乳糖代谢的基因模块表达只有当糖原由葡萄糖转换为乳糖时才会被启动。模块中的某个基因将指定某个转运蛋白协助乳糖进入细菌细胞，另一个基因会编码乳糖分解所需的酶，此外还有一个基因编码将乳糖分解产物进行再分解的酶。这种基因调控的模式如同功能电路的启动与关闭，仿佛受到某个共同的阀芯或者主控开关的操纵。因此莫诺将这类基因称为操纵子 (operon)。莫诺认为，只有在基因调控的基础上，细胞才得以在时间和空间上实现自己独特的功能。莫诺和雅各布总结道："基因组不仅包含有一系列生命蓝图 (基因)，它还是一种协调机制……同时也是一种控制执行的手段。"[24]

在原核细胞中，编码多个功能相关的蛋白质的基因通常位于基因组中相邻的位置并形成一个操纵子模块。这些基因的表达通过同一个启动子进行调控，形成多顺反子转录 (polycistronic transcript)。在这种情况下，一个启动子同时操作多个基因，这是因为这些基因或者同时需要，或者都不需要。在真核细胞中，基因转录的调要要更加复杂一些，基因的表达调控需要许多信号分子的协作作用完成，通过调控蛋白与 DNA 中的增强子 (enhancer) 或者沉默子 (silencer) 等调控元件复杂的相互作用来调节染色体的结构变化，以及形成启动转录过程的复合体来开始转录过程。转录因子 (transcription factor) 是一类特殊的调控蛋白，可以与基因 5′ 端上游特定序列专一性结合，从而保证目的基因以特定的强度在特定的时间与空间表达。转录因子的结构通常包含三个结构域，分别是 DNA 结合区 (DNA-binding domain，DBD)，信号感受区 (signal-sensing domain，SSD) 和转录调控区 (transcription regulation domain)，而转录调控区包括转录激活区 (transcription activation domain，TAD) 和转录抑制区 (transcription repression domain，TRD)。DNA 结合区与特定的 DNA 片段结合调控基因的表达，信号感受区可以感受其他分子信号以上调或者下调基因表达强度，转录调控区与其他蛋白质相结合形成共调控因子调控基因的表达。在基因调控的过程中，转录因子可以独立或者与其他蛋白质一起形成复合体以促进或者阻止特定的基因对 RNA 聚合酶的募集。

基因的表达过程是从 DNA 与 RNA 聚合酶的结合开始的。DNA 的启动子是最初结合 RNA 聚合酶的 DNA 序列 (在很多情况下是与转录因子一起结合的)。在基因表达的初始阶段，DNA 双链在启动子附近解开，RNA 聚合酶结合到启动子上，形成封闭式的聚合酶-启动子的复合体。随后，聚合酶-启动子复合体发生结构变化，转变为开放复合体，以使起始过程继续进行。这时转录起始点的 DNA 片段是解链的，聚合酶定位在启动子处开始转录，以 DNA 作为模板合成 RNA。一旦 RNA 聚合酶已经和 DNA 结合并稳定地生成一小段 RNA，转录便进入延伸阶段。在延伸阶段，RNA 聚合酶除了催化 RNA 的合成，还解开前方的 DNA，并且使后方的 DNA 重新复性。当 RNA 聚合酶转录了整个基因 (或整组基因)，它遇到终止信号，停止下来并释放 RNA 产物。这样就完成了转录的过程。

调控蛋白按照其功能可以分为两类：正调控蛋白 (激活子，activator) 与负调控蛋白 (阻抑物，repressor)。在没有调控蛋白时，RNA 聚合酶只是微弱地结合在启动子上，并且自动地经由封闭复合体到开放复合体的转变从而启动转录。这一过程启动基因的组成型表达 (constitutive expression)，或称为本底水平 (basal level) 表达 [图 3.1(a)]。当阻抑物结合到 DNA 上与聚合酶的结合位点重叠的片段上时，阻碍聚合酶与启动子的结合，并阻止转录的开始，基因失活 [图 3.1(b)]。在 DNA 序列上抑制子的结合位点称为操纵子。当然，抑制表达也可以以其他方式实现。

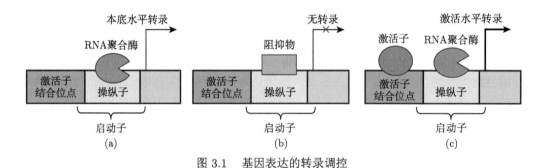

图 3.1   基因表达的转录调控

(a) 在激活子和阻抑物都不存在的时候，RNA 聚合酶偶尔会自动与启动子结合并启动本底水平的转录；(b) 阻抑物与操纵子序列结合阻碍了 RNA 聚合酶的结合从而抑制转录；(c) 激活子募集 RNA 聚合酶诱导高水平的转录

激活子通过协助 RNA 聚合酶与启动子的结合而激活该启动子并开始转录。这一过程通常由如下步骤实现：激活子以一个表面结合到 DNA 序列在启动子附近的位点，同时以另一个表面与 RNA 聚合酶相互作用，将聚合酶带到启动子附近，协助 RNA 聚合酶与启动子的结合，激活转录过程 [图 3.1(c)]。这一机制常被称为募集 (recruitment)。通过这种机制，激活子的主要作用只是将 RNA 聚合酶带到启动子附近，而当 RNA 聚合酶与启动子相结合，就可以自动地使封闭复合体变构为开放复合体并开始转录。调控蛋白通过与 DNA 的调控元件和 RNA 聚合酶相互作用控制基因的表达。除对基因转录的起始阶段的调控以外，基因表达的调控还包括转录延伸、RNA 剪切、翻译过程的调控等，不同的分子参与不同层次的调控作用 (详细叙述请参考文献 [25])。

除了上述阻抑物和激活子在转录过程的调控，有些激活子还可以通过刺激 RNA 聚合酶的变构过程和调控 RNA 聚合酶与启动子结合后的转录过程来调控基因的表达。基因表达的调控机制还包括远程激活和 DNA 环化、抗终止作用等。这里不再一一详细叙述。感兴趣的读者可以参考分子生物学方面的专门教材。

本章将首先介绍在数学建模中常用的基本数学方法，然后通过几个典型的基因调控网络，介绍相关的基因调控网络数学建模方法，以及探讨基因之间的相互调控以操纵细胞的基本行为，包括双稳态、状态切换、生物振荡等的基本机制。

3.1　数 学 基 础

在介绍基因调控网络的数学模型以前，这里先介绍建立数学模型时常用的数学基础，包括快慢尺度分析方法和米氏函数或者希尔函数。

一般地，我们所研究的基因调控网络是很复杂的，所建立的数学模型难以进行分析和计算。在研究的过程中通常需要根据实际需要进行简化。由于生物体内发生的生化反应类别繁多，各种反应所需的时间差异很大，在分析和建模的过程中，通过快慢尺度的分析可以帮助我们按不同的时间尺度对模型进行简化。

本节还将介绍一类在描述调控关系时常用的函数——米氏函数 (Michaelis-Menten function) 和希尔函数 (Hill function)。这类函数通常用于描述酶催化作用下的产物和底物之间的关系。在很多调控关系中，我们只知道某种调控关系的定性性质，而并不了解确切的函数形式，尽管有时候也没有必要完全了解。在这种情况下，米氏函数或希尔函数可被用来近似描述这种调控关系。

最后介绍计算非均匀采样数据周期的常用办法——洛姆周期图 (Lomb periodogram) 方法。

3.1.1　尺度分析

系统生物学的研究对象包括从分子构型变化到细胞行为的不同尺度的生物过程。这些过程所涉及的时间尺度的跨度很大，从几毫秒到几小时。例如，蛋白质构型的变化是蛋白质的相互作用或者蛋白质-DNA 作用的前提。这一过程通常很快，一般只需要几毫秒就可以完成。而蛋白质的合成过程需要几十秒到几分钟。细胞分裂等行为持续的时间可以长达几个小时甚至更长的时间[26]。对于生命过程的数学建模，我们首先需要有明确的目标，明确所要研究的对象和所感兴趣的时间尺度，对合适的时间尺度上的反应进行建模。例如，在研究细胞行为时不必关心蛋白质构型的变化。就好像研究宏观经济学时没有必要关心单个个体的行为一样。这样，需要根据不同化学反应的时间尺度对模型进行简化。这里介绍的尺度分析方法是常用的简化模型的手段。

3.1.1.1　模型的建立

在这里以一个离子通道的打开和关闭过程来介绍尺度分析的方法。离子通道通常是很大的跨膜蛋白，蛋白质分子中包含跨膜的 α-螺旋结构，形成一个通道可以供离子进行跨膜运输，而通道的打开和关闭过程受到细胞内外环境的影响。例如，考虑一个简单的离子通道，在缺省的情况下是关闭的。而当细胞的膜电位突然改变时，离子通道受到电刺激会突然发生构型变化并打开通道，离子从细胞外进入细胞内，产生离子电流。然后，离子通道可以再缓慢关闭，最后恢复原状。

　　这里研究如图 3.2 所示的钙离子通道模型。细胞外的钙离子浓度 (2mmol/L) 比细胞内的钙离子浓度 (0.1μmol/L) 高。当离子通道受到电压刺激后，迅速打开。这样，细胞外的钙离子迅速进入细胞内。但是由于钙离子在细胞内的扩散比较慢，因此在打开的离子通道的细胞内一侧会形成一个高浓度的缓冲区域 (200~500μmol/L)。这个过程大概在几微秒的时间内形成。在这里，钙离子缓慢扩散的主要原因是钙离子与不易扩散的缓冲物结合。在离子通道附近形成的高浓度钙离子区域会导致钙离子直接结合到离子通道上，从而使离子通道失去活性，无法形成钙离子电流。

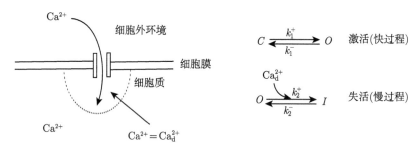

图 3.2　钙离子通道模型的机制示意图 (左) 和离子通道状态变化的快慢过程 (右)

图中 $\mathrm{Ca_d^{2+}}$ 表示高浓度缓冲区的钙离子；k_1^+、k_1^-、k_2^+、k_2^- 表示反应速率常数

　　为描述离子通道变化的动态过程，以 C、O、I 分别表示离子通道的三种状态：关闭、打开和失活。整个过程分为两步：第一步是离子通道由关闭到打开，是快过程；第二步是离子通道由打开到失活，是慢过程。离子通道的失活是细胞内形成高浓度钙离子区域的结果，因此离子通道首先要打开，然后才可能失活。

　　运用第 1 章介绍的化学速率方程，上面的过程可以用以下的常微分方程模型来描述。在细胞膜上有很多钙离子通道，假设这些通道的状态转变过程是相同的，并且相互独立。令 x_C、x_O、x_I 分别表示细胞膜上不同状态的钙离子通道所占的比例，则有下面方程

$$\frac{\mathrm{d}x_C}{\mathrm{d}t} = -V_1, \tag{3.1}$$

$$\frac{\mathrm{d}x_O}{\mathrm{d}t} = V_1 - V_2, \tag{3.2}$$

并且 $x_I = 1 - x_C - x_O$。这里

$$V_1 = k_1^+ x_C - k_1^- x_O,$$

$$V_2 = k_2^+ [\mathrm{Ca_d^{2+}}] x_O - k_2^- (1 - x_C - x_O),$$

分别表示激活和失活过程所引起的通道数量的变化。这里 $[\mathrm{Ca_d^{2+}}]$ 表示高钙离子浓度区域内钙离子的浓度，假定与离子通道的状态无关。

　　上述方程是线性常系数微分方程，可以精确求解。图 3.3 给出了数值模拟的结果。根据数值模拟的结果可以看到当膜电位突然改变以后，离子电流首先迅速增加，然后缓慢减少，与实验结果吻合[27]。下面用尺度分析的方法分别对离子通道的快速打开过程和慢速失活过程建立简化模型，由此得到电流的近似表达式。

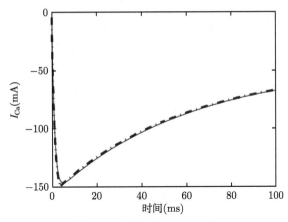

图 3.3　钙离子通道的电流

图中实线表示根据原始模型(3.1)∼(3.2)的数值模拟结果，虚线表示根据简化模型的数值模拟结果。这里采用下面参数：$k_1^+ = 0.7\text{ms}^{-1}$，$k_1^- = 0.2\text{ms}^{-1}$，$k_2^+ = 0.05(\text{mmol/L})^{-1} \cdot \text{ms}^{-1}$，$k_2^- = 0.005\text{ms}^{-1}$，$[\text{Ca}_d^{2+}] = 0.3\text{mmol/L}$。电流通过公式 $I_{\text{Ca}} = gx_O(V - V_{\text{Ca}})$ 给出，其中 $g = 5\text{nS}$，$V = 20\text{mV}$，$V_{\text{Ca}} = 60\text{mV}$

3.1.1.2　快慢尺度分析

为了分析通道的打开和关闭状态的切换如何在膜电位的刺激下快速达到平衡，首先忽略膜电位突然改变后通道的失活过程 (令 $V_2 = 0$)。这是因为在最开始阶段，所有通道都是关闭的，而通道的失活过程只能在打开以后才能进行，所以在最初的时刻可以忽略。由于在开始时刻所有通道都是关闭的 ($x_C(0) = 1$)，可以假设在初始时刻有 $x_I = 0$ 和 $x_C + x_O = 1$。由此可以把方程 (3.2) 近似写为

$$\frac{\mathrm{d}x_O}{\mathrm{d}t} = -\left(x_O - \frac{1}{1 + K_1}\right)/\tau_{\text{act}}, \quad x_O(0) = 1.$$

这里 $K_1 = k_1^-/k_1^+$ 为离子通道打开关闭过程的平衡常数，$\tau_{\text{act}} = 1/(k_1^+ + k_1^-)$ 表示激活时间常数。求解上述方程可以得到在初始阶段打开状态的离子通道的比例为

$$x_O(t) = \frac{1}{1 + K_1}(1 - e^{-t/\tau_{\text{act}}}). \tag{3.3}$$

由式 (3.3) 可以看到平衡常数 K_1 和时间常数 τ_{act} 的含义。当时间 t 趋向于无穷大时，离子通道的打开比例趋向于最大值 $\dfrac{1}{1 + K_1}$，而当时间 $t = \tau_{\text{act}}$ 时，离子通道打开的比例达到最大值的 $(1 - e^{-1})$ 倍。

在离子通道被激活以后，因为通道的开启关闭过程相对于通道的失活是快过程 (大概几毫秒，这里的 "快" 是相对于系统中的其他行为，并不是绝对的)，所以可以近似认为离子通道在关闭和开启状态之间的切换可以很快达到平衡，即 $V_1 \approx 0$。这种方法也称为准静态假设 (quasi-steady-state assumption, QSSA)。这样总是有近似的关系

$$x_C = (k_1^-/k_1^+)x_O = K_1 x_O. \tag{3.4}$$

需要注意的是，在这里不能在方程 (3.1)∼(3.2) 中简单地假设 $V_1 = 0$。这是因为尽管离子通道的快速打开关闭过程 ($V_1 \approx 0$) 蕴含关系(3.4)，即 x_C 与 x_O 成正比，但并不意味着处

于关闭状态的离子通道数是不变的，即 $\dfrac{\mathrm{d}x_C}{\mathrm{d}t} = 0$。事实上，当离子通道的打开关闭过程很快时，更加有意义的是处于状态 C 和 O 的离子通道的总数，这个总数随时间的变化是慢变过程。

令 $y = x_C + x_O$，则有

$$\frac{\mathrm{d}y}{\mathrm{d}t} = -V_2. \tag{3.5}$$

通过关系(3.4)，可以得到

$$x_O = \frac{1}{1+K_1}y, \quad x_C = \frac{K_1}{1+K_1}y. \tag{3.6}$$

因此，有

$$\frac{\mathrm{d}y}{\mathrm{d}t} = k_2^-(1-y) - \frac{k_2[\mathrm{Ca_d^{2+}}]}{1+K_1}y. \tag{3.7}$$

令

$$\tau([\mathrm{Ca_d^{2+}}]) = \frac{1+K_1}{k_2^+[\mathrm{Ca_d^{2+}}] + k_2^-(K_1+1)}, \tag{3.8}$$

$$y_\infty([\mathrm{Ca_d^{2+}}]) = k_2^- \tau([\mathrm{Ca_d^{2+}}]), \tag{3.9}$$

则可以得到下面方程

$$\frac{\mathrm{d}y}{\mathrm{d}t} = (y_\infty([\mathrm{Ca_d^{2+}}]) - y)/\tau([\mathrm{Ca_d^{2+}}]). \tag{3.10}$$

可以看到，这里 $y_\infty([\mathrm{Ca_d^{2+}}])$ 是平衡态时 y 的值，$\tau([\mathrm{Ca_d^{2+}}])$ 是趋向平衡态所需的时间常数。

根据上面的分析，方程 (3.10) 的适用范围是离子通道被激活以后。为求解方程 (3.10)，关键是定义合适的初值条件。在这里假定第一步的过程是快过程，方程(3.10) 的初始条件必须要考虑到开始阶段 C 状态和 O 状态的平衡。在施加电压的瞬间，系统的初始状态是 $x_C(0) = 1$。经过初始的快速激活过程以后 (部分离子通道被打开)，部分通道的状态由 C 变为 O (但是还来不及失活)，因此有 $y = x_C + x_O = 1$。这样，可以定义方程 (3.10) 的初始条件为

$$y(0) = 1. \tag{3.11}$$

由此，求解方程(3.10)可以得到

$$y(t) = y_\infty([\mathrm{Ca_d^{2+}}]) + (1 - y_\infty([\mathrm{Ca_d^{2+}}]))e^{-t/\tau([\mathrm{Ca_d^{2+}}])}.$$

打开状态的离子通道的比例为

$$x_O(t) = \frac{1}{1+K_1}\left(y_\infty([\mathrm{Ca_d^{2+}}]) + (1 - y_\infty([\mathrm{Ca_d^{2+}}]))e^{-t/\tau([\mathrm{Ca_d^{2+}}])}\right). \tag{3.12}$$

由式 (3.3) 和式 (3.12) 分别得到钙离子电流在不同的时间区间的近似表达式。图 3.3 给出了完整模型和上面的近似公式给出的结果。可以看到，这里得到的近似解能够给出与

完整模型非常接近的解。同时也看到，近似解给出的电流的最大值比完整模型稍高一些，这是因为在初值条件 (3.11) 中假设开始阶段没有失活的通道，与完整模型的结果稍有差别。在电流的指数衰减区域，近似解给出了非常好的结果。这是因为快过程的时间尺度 (大约 1ms) 比失活过程的时间尺度 (大约 45ms) 快得多，所以对快反应过程采用准静态假设可以得到相当好的近似。

3.1.1.3　渐进分析

上面使用准静态假设分析了钙离子通道的离子电流随时间的变化过程。可以看到，通过准静态假设可以把模型简化，得到近似的解析解。在这里介绍另外一种方法——渐进分析。渐进分析方法的要点是根据系统的特点定义不同的时间尺度，然后根据不同的时间尺度 (相当于观察者的时间尺度) 对系统进行尺度重整。

在上面的钙离子通道的例子中，有两个时间尺度，分别对应于通道的激活时间 $\tau_{act} = 1/(k_1^+ + k_1^-)$ 和失活时间 $\tau([Ca_d^{2+}])$。下面根据不同的时间尺度对系统进行无量纲分析。在这里，x_C、x_O 和 x_I 已经是无量纲的变量，因此只需要对时间进行无量纲分析。

首先，考虑通道激活以后的慢变过程。为此可以使用慢时间尺度对时间进行无量纲化，即把 $\tau([Ca_d^{2+}])$ 看作单位时间。由于离子通道的失活时间主要由失活过程的反应常数 $k_2^+[Ca_d^{2+}]$ 和 k_2^- 确定，因此可以取 $\tau([Ca_d^{2+}]) \sim 1/k_2^-$。为方便起见，采用 $1/k_2^-$ 对时间进行无量纲化处理，使用 $\hat{t} = k_2^- t$ 作为无量纲化时间变量。这样，方程 (3.1)~(3.2) 可以改写为

$$\epsilon \frac{dx_C}{d\hat{t}} = -\frac{k_1^+}{k_1^-}x_C + x_O, \tag{3.13}$$

$$\epsilon \frac{dx_O}{d\hat{t}} = \frac{k_1^+}{k_1^-}x_C - x_O - \epsilon\frac{k_2^+}{k_2^-}[Ca_d^{2+}]x_O + \epsilon(1 - x_C - x_O), \tag{3.14}$$

其中 $\epsilon = k_2^-/k_1^-$ 是小参数。

注意到这里的 ϵ 是小参数，因此如果式 (3.13) 的右边不是小量，则 $\frac{dx_C}{d\hat{t}}$ 一定很大，即 x_C 是快速变化的，这与我们考虑的是慢变过程矛盾。因此，当 $\epsilon \to 0$ 时，一定有

$$-\frac{k_1^+}{k_1^-}x_C + x_O = 0,$$

即得到关系 (3.6)。另外，把方程 (3.13) 和 (3.14) 相加，并且消去 ϵ，就得到不依赖于 ϵ 的方程

$$\frac{d(x_C + x_O)}{d\hat{t}} = -\frac{k_2^+}{k_2^-}[Ca_d^{2+}]x_O + (1 - x_C - x_O), \tag{3.15}$$

即前面的方程 (3.7)。这样，当 $\epsilon \to 0$ 时，又可以得到关系 (3.6) 和方程 (3.7)。由此可以得到在慢时间尺度下的简化系统。

对于快时间尺度的分析是类似的。定义无量纲化的时间 $\tilde{t} = k_1^- t$，得到方程

$$\frac{dx_C}{d\tilde{t}} = -\frac{k_1^+}{k_1^-}x_C + x_O, \tag{3.16}$$

$$\frac{\mathrm{d}(x_C + x_O)}{\mathrm{d}\tilde{t}} = \epsilon \left(-\frac{k_2^+}{k_2^-}[\mathrm{Ca_d^{2+}}]x_O + (1 - x_C - x_O) \right). \tag{3.17}$$

在极限 $\epsilon \to 0$ 下，由方程 (3.17) 得到

$$\frac{\mathrm{d}(x_C + x_O)}{\mathrm{d}\tilde{t}} = 0.$$

因此在离子通道开始激活的很短时间段内 $x_C + x_O = 1$，并且 $x_C(t)$ 满足方程

$$\frac{\mathrm{d}x_C}{\mathrm{d}\tilde{t}} = -\frac{k_1^+}{k_1^-}x_C + 1 - x_C.$$

这样，通过渐进分析方法又得到了前面由尺度分析得到的简化方程。

最后，应该强调的是，在使用尺度分析的方法对方程进行简化时，因为这些简化方程都是近似的，其正确性只能通过与实验结果的比较来确定。

3.1.1.4 准静态假设与拟平衡假设

在上面例子的计算中，对快速过程的准静态假设起关键作用。在经典热力学中，准静态假设通常用于描述拟平衡热力学过程，即假设所有热力学过程均为准静态过程，在准静态过程中要求过程的任意瞬间系统均无限小地偏离平衡，并随时可以恢复平衡。

考虑下面的生物化学反应过程

$$A \underset{k_{-1}}{\overset{k_1}{\rightleftharpoons}} B,$$

表示所考虑的某种分子可以在两种状态 A 和 B 之间来回切换。首先忽略分子的产生和分解过程，假设分子处于 A 和 B 两种状态的总量不变。令 f_A 和 f_B 分别表示分子处于 A 状态和 B 状态的比例，则

$$f_A + f_B = 1.$$

此时，可以写出 f_B 满足的方程

$$\frac{\mathrm{d}f_B}{\mathrm{d}t} = k_1(1 - f_B) - k_{-1}f_B.$$

设 $f_B(0) = f_0$，并求解上述方程，可以得到

$$f_B(t) = f_{B,\infty} + (f_0 - f_{B,\infty})e^{-(k_1+k_{-1})t}, \quad f_{B,\infty} = \frac{k_1}{k_1 + k_{-1}}.$$

当 $(k_1 + k_{-1})t \gg 1$，即 $t \gg \dfrac{1}{k_1 + k_{-1}}$ 时，近似有

$$f_B(t) \approx f_{B,\infty} = \frac{k_1}{k_1 + k_{-1}}.$$

并且,

$$f_A(t) \approx \frac{k_{-1}}{k_1 + k_{-1}}.$$

由上面的分析可以得到,当分子在 A 和 B 两种状态之间来回变化的速度很快时,即 $k_1 + k_{-1}$ 很大时,分子处于两种状态的比例基本维持在

$$\frac{f_A}{f_B} = \frac{k_{-1}}{k_1}. \tag{3.18}$$

这里 $K = k_{-1}/k_1$ 通常称为平衡常数。

在上面的推导过程中假设分子的总量是常数,也就是说分子处于 A 和 B 两种状态的总量不变。对于开放系统,分子的总量是变化的。但是如果分子总数量的变化速度比分子状态的切换速度慢得多,也就是说分子的总量在时间尺度 $1/(k_1 + k_{-1})$ 内只有微小的变化,那么关系 (3.18) 在分子总数基本不发生变化的很短时间内仍然成立,这就是准静态近似的数学基础。通常称 $1/(k_1 + k_{-1})$ 为平衡时间。此时,令 A 和 B 分别表示状态 A 和状态 B 的量,而 C 表示分子的总量(可以随时间慢速变化),则关系

$$A = \frac{K}{1+K}C, \quad B = \frac{1}{1+K}C \tag{3.19}$$

近似成立。

下面介绍另外一种常用的假设,即拟平衡假设 (quasi-equilibrium assumption, QEA)。

考虑反应过程

$$\xrightarrow{k_1} A \xrightarrow{k_2}$$

表示分子 A 以速率 k_1 产生,并以分解率 k_2 被清除。则分子 A 的浓度变化满足方程

$$\frac{\mathrm{d}A}{\mathrm{d}t} = k_1 - k_2 A. \tag{3.20}$$

令初始条件 $A(0) = A_0$,并求解上面方程,得到

$$A(t) = A_\infty + (A_0 - A_\infty)e^{-k_2 t}, \quad A_\infty = k_1/k_2.$$

类似于前面的讨论,当 $k_2 t \gg 1$,即 $t \gg 1/k_2$ 时,近似有 $A \approx A_\infty$,即分子 A 的浓度可以近似为平衡态的浓度 A_∞,即可以近似认为方程 (3.20) 达到平衡态

$$\frac{\mathrm{d}A}{\mathrm{d}t} = 0.$$

这就是拟平衡假设。这里的 $1/k_2$ 通常表示分子 A 的平均寿命。

准静态假设和拟平衡假设都是系统生物学建模过程中经常采用的近似方法,在这里进行详细介绍。简单来说,准静态假设通常用于生化反应中的快速状态切换过程,而拟平衡假设用于平均寿命很短的分子浓度变化。当这些过程处于开放系统中依赖于其他分子的浓度变化时(通常更慢的尺度),都可以近似认为是准平衡的过程。

3.1.2 米氏函数和希尔函数

这一节通过几个例子介绍两个重要的常用函数，即米氏函数和希尔函数[28]。

在对基因调控网络进行建模的过程中，通常需要考虑蛋白质与 DNA 的作用、蛋白质之间的作用、酶催化作用和磷酸化作用等。这些相互作用的情况通常比较复杂，细节的反应过程不清楚。因此，在建模的时候不可能如前面介绍的对生物化学系统的建模那样完全模拟所有的反应。事实上在很多情况下也没有必要这么做。另外，这些作用通常会改变反应物的性态。例如，DNA 序列中基因的启动子的活性或者蛋白质的活性等，而整个基因调控网络的总体性质通常只依赖于这些反应物活性的定性改变，而不敏感依赖于细节的定量行为。因此，常常需要用简单的函数来描述这类反应的总体效果。米氏函数和希尔函数就是两类常用的描述这些效果的函数。事实上，米氏函数是希尔函数的特例。

3.1.2.1 米氏函数

在这里通过简单的酶催化反应来介绍米氏函数。假设底物 (S) 与酶分子 (E) 结合形成复合体 (ES)，然后复合体分解，释放有活性的产物 (P) 和酶分子 (E)。这个过程可以用下面的化学反应过程描述：

$$S + E \underset{k_1^-}{\overset{k_1^+}{\rightleftharpoons}} ES \xrightarrow{k_2} EP \xrightarrow{k_3} P + E.$$

根据第 1 章所介绍的生物化学反应的数学模型方法，各种分子浓度随时间的变化可以用下面的化学速率方程描述：

$$\begin{cases} \dfrac{d[S]}{dt} = -k_1^+[S][E] + k_1^-[ES], \\[2mm] \dfrac{d[ES]}{dt} = k_1^+[S][E] - k_1^-[ES] - k_2[ES], \\[2mm] \dfrac{d[EP]}{dt} = k_2[ES] - k_3[EP], \\[2mm] \dfrac{d[P]}{dt} = k_3[EP], \end{cases} \tag{3.21}$$

在这里以中括号 [·] 表示分子的浓度 (这一约定在描述生化反应方程时是通用的，以后不再重复声明)。由于溶液中酶的总量是不变的，因此

$$[E] + [ES] + [EP] = E_{\text{total}} \tag{3.22}$$

是常数。假设酶催化的过程是很快的，即 $k_2, k_3 \gg k_1^+, k_1^-$。因此，由拟平衡假设可以近似认为对于给定的底物浓度 [S]，酶-底物复合体的浓度 [ES] 和 [EP] 很快达到平衡态，即

$$0 = \frac{d[ES]}{dt} = k_1^+[S][E] - k_1^-[ES] - k_2[ES] \tag{3.23}$$

和

$$0 = \frac{\mathrm{d}[\mathrm{EP}]}{\mathrm{d}t} = k_2[\mathrm{ES}] - k_3[\mathrm{EP}]. \tag{3.24}$$

由式 (3.23) 和式 (3.24) 可以得到

$$[\mathrm{ES}] = \frac{k_3}{k_2}[\mathrm{EP}], \quad [\mathrm{E}] = \frac{k_1^- + k_2}{k_1^+[\mathrm{S}]} \cdot \frac{k_3}{k_2}[\mathrm{EP}].$$

代入守恒关系 (3.22)，可以求解出

$$[\mathrm{EP}] = \frac{(C/k_3)[\mathrm{S}]}{K + [\mathrm{S}]}\mathrm{E}_{\mathrm{total}},$$

其中

$$C = \frac{k_2 k_3}{k_2 + k_3}, \quad K = \frac{k_1^- + k_2}{k_1^+(1 + k_2/k_3)}.$$

由式 (3.21)，由底物 S 转化为产物 P 的产生率近似为

$$k_3[\mathrm{EP}] = \frac{C[\mathrm{S}]}{K + [\mathrm{S}]}\mathrm{E}_{\mathrm{total}}. \tag{3.25}$$

式 (3.25) 给出了在酶催化反应中产物的产生率与底物浓度 [S] 之间的关系。由式 (3.25) 可以看到，当底物的浓度充分大时，产物的产生率达到最大值 $v_{\max} = C\mathrm{E}_{\mathrm{total}}$，与酶的总浓度成正比。而当底物的浓度 [S] 等于 K 时，对应的产生率达到最大产生率的 50%。因此，K 对应于酶的活性达到 50% 时所需的底物浓度 (图 3.4)。在有些文献中，K 也称为半数最大有效浓度 (half maximal effective concentration，EC_{50})。

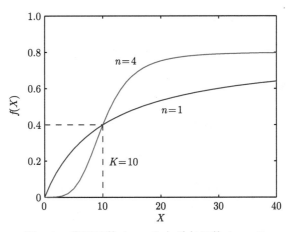

图 3.4　米氏函数 ($n = 1$) 与希尔函数 ($n = 4$)

　　形如 (3.25) 的函数就称为米氏函数，是由德国生物化学家米凯利斯 (Leonor Michaelis) 和加拿大物理学家门顿 (Maud Menten) 在研究转化酵素的酶催化机制的动力学中发现的[29]。在酶催化反应中，米氏函数描述了产物的产生率和底物浓度之间的关系。

3.1.2.2 希尔函数

在上面酶催化反应的例子中，每个酶分子可以结合一个底物分子。如果一个酶分子有多个结合位点，可以同时结合多个底物分子，则上面的化学反应过程变为

$$n\mathrm{S} + \mathrm{E} \underset{k_1^+}{\overset{k_1^-}{\rightleftharpoons}} \mathrm{ES}_n \xrightarrow{k_2} \mathrm{EP}_n \xrightarrow{k_3} n\mathrm{P} + \mathrm{E},$$

这里假设所有 n 个底物分子或者同时与酶分子结合，或者同时从酶分子中解离，忽略酶分子只有部分位点与底物分子结合的中间过程。上述过程的动力学方程为

$$\begin{cases} \dfrac{\mathrm{d}[\mathrm{S}]}{\mathrm{d}t} = -nk_1^+[\mathrm{S}]^n[\mathrm{E}] + nk_1^-[\mathrm{ES}_n], \\[2mm] \dfrac{\mathrm{d}[\mathrm{ES}_n]}{\mathrm{d}t} = k_1^+[\mathrm{S}]^n[\mathrm{E}] - k_1^-[\mathrm{ES}_n] - k_2[\mathrm{ES}_n], \\[2mm] \dfrac{\mathrm{d}[\mathrm{EP}_n]}{\mathrm{d}t} = k_2[\mathrm{ES}_n] - k_3[\mathrm{EP}_n], \\[2mm] \dfrac{\mathrm{d}[\mathrm{P}]}{\mathrm{d}t} = nk_3[\mathrm{EP}_n]. \end{cases} \tag{3.26}$$

在这里假定底物分子的数量很大，因此在反应趋向性函数中用 $[\mathrm{S}]^n$ 代替式 (1.3) 中的组合项 $\mathrm{C}_{[\mathrm{S}]}^n$。

类似于前面的假设，对 $[\mathrm{ES}_n]$ 和 $[\mathrm{EP}_n]$ 的变化过程使用拟平衡假设，近似地有关系

$$\frac{\mathrm{d}[\mathrm{ES}_n]}{\mathrm{d}t} = \frac{\mathrm{d}[\mathrm{EP}_n]}{\mathrm{d}t} = 0.$$

由这一假设和酶分子总量不变的守恒关系

$$[\mathrm{E}] + [\mathrm{ES}_n] + [\mathrm{EP}_n] = E_{\text{total}}, \tag{3.27}$$

可以求解出在平衡态时的浓度 $[\mathrm{EP}_n]$：

$$[\mathrm{EP}_n] = \frac{(C/nk_3)[\mathrm{S}]^n}{K^n + [\mathrm{S}]^n} E_{\text{total}},$$

这里

$$C = \frac{nk_2k_3}{k_2 + k_3}, \quad K^n = \frac{k_1^- + k_2}{k_1^+(1 + k_2/k_3)}.$$

因此，产物 P 的产生率近似为

$$nk_3[\mathrm{EP}_n] = \frac{C[\mathrm{S}]^n}{K^n + [\mathrm{S}]^n} E_{\text{total}}. \tag{3.28}$$

这里系数 C 和 K 的含义和前面相同。

函数 (3.28) 给出了在酶结合多个底物分子的情况下, 产物的生产率和底物与酶的浓度的关系。形如 (3.28) 的函数称为希尔函数。这里的系数 n 通常称为希尔系数。希尔系数等于 1 的情况就退化成米氏函数。希尔系数大于 1 的情况通常称为合作的 (cooperative)。这时, 当底物的浓度很低时, 产物的产生率很小, 而随着底物的浓度增加到超过一定阈值, 产生率突然增大。产生这种结果的原因是随着底物浓度的增加而产生的合作效应。

图 3.4 给出了米氏函数和希尔函数的图像。可以看到希尔函数在 $X = K$ 处有明显的拐点。这里的函数都是单调增的。类似地, 也可以定义单调减的米氏函数和希尔函数, 分别为

$$f(X) = \frac{CK}{K + X} \tag{3.29}$$

和

$$f(X) = \frac{CK^n}{K^n + X^n}. \tag{3.30}$$

3.1.2.3 基因表达的转录调控的例子

上面的例子表明在考虑酶催化的情况下, 产物的产生率与底物浓度的关系可以由希尔函数 (或者米氏函数) 来描述。在这些例子中, 底物与酶结合后, 可以快速转化为产物, 即后面的转化过程是快过程。下面考虑另外一种情况, 即基因表达的转录调控的例子。在这种情况下, 调控蛋白与基因的启动子 (或者操纵子) 结合, 激活 (或者抑制) 基因的表达。

在转录调控的过程中, 根据启动子的活化状态和 mRNA 的生成与降解过程, 可以由下面的化学反应来简化表示

$$\text{D} + n\text{X} \underset{k_1^-}{\overset{k_1^+}{\rightleftharpoons}} \text{D}^*, \quad \text{D} \xrightarrow{k_2} \text{R}, \quad \text{D}^* \xrightarrow{k_3} \text{R}, \quad \text{R} \xrightarrow{k_4} \varnothing.$$

这里 D 表示自由 (调控蛋白没有跟 DNA 相互作用) 的启动子状态, D^* 表示调控元件与调控蛋白 (这里是 n 个蛋白质分子) 相结合以后的启动子状态, R 表示转录得到的 mRNA。转录系数 k_2 和 k_3 分别表示该基因的启动子处于自由状态和与蛋白质 X 结合状态时的表达率。如果 $k_2 < k_3$, 则蛋白质 X 激活基因 D 的表达; 反之, 则蛋白质 X 抑制基因的表达。系数 k_4 表示 mRNA 的降解率。

上面的过程可以用化学速率方程描述如下:

$$\begin{cases} \dfrac{\mathrm{d}[\text{D}]}{\mathrm{d}t} = -k_1^+[\text{D}]X^n + k_1^-[\text{D}^*], \\[2mm] \dfrac{\mathrm{d}[\text{D}^*]}{\mathrm{d}t} = k_1^+[\text{D}]X^n - k_1^-[\text{D}^*], \\[2mm] \dfrac{\mathrm{d}[\text{R}]}{\mathrm{d}t} = k_2[\text{D}] + k_3[\text{D}^*] - k_4[\text{R}], \end{cases} \tag{3.31}$$

这里假定蛋白质 X 的数量足够大, 因此忽略与启动子的结合所引起的调控蛋白的数量变化, 而假设调控蛋白的数量是常数。

相对于转录过程，假设蛋白质与 DNA 序列的结合与解离过程是快速反应过程，可以认为很快达到平衡。因此由拟平衡假设有

$$\frac{d[D]}{dt} = \frac{d[D^*]}{dt} = 0.$$

另外，启动子状态的总量为常数 1，即

$$[D] + [D^*] = 1.$$

因此，由式 (3.31) 的前两个方程可以得到

$$[D] = \frac{K^n}{K^n + X^n}, \quad [D^*] = \frac{X^n}{K^n + X^n},$$

其中 $K^n = k_1^- / k_1^+$。因此，当 $k_2 < k_3$ 时，即调控蛋白促进基因的表达，令 $\rho = k_2/k_3 (< 1)$，mRNA 的转录速率为

$$k_2[D] + k_3[D^*] = k_3 \left(\rho + (1-\rho) \frac{X^n}{K^n + X^n} \right), \tag{3.32}$$

而当 $k_3 < k_2$ 时，即调控蛋白抑制基因的表达，令 $\rho = k_3/k_2 (< 1)$，mRNA 的转录速率为

$$k_2[D] + k_3[D^*] = k_2 \left(\rho + (1-\rho) \frac{K^n}{K^n + X^n} \right). \tag{3.33}$$

如果 $\rho = 0$，则函数 (3.32) 或 (3.33) 就是前面介绍的希尔函数。这里的生成率 (3.32) 和 (3.33) 是广义形式的希尔函数，给出了在基因调控的情况下 mRNA 转录率和调控蛋白浓度之间的关系。由函数(3.32) 和 (3.33) 可以看出，最大转录速率为 $k_{\max} = \max\{k_2, k_3\}$，最小转录速率为 $\rho k_{\max}$。当 $X = 0$ 时对应于本底表达水平，当 $X = K$ 时，转录速率为 $(1 + \rho)k_{\max}/2$。和前面希尔函数的情况一样，这里的参数 K 也称为 EC_{50}。

在这里分别通过酶催化反应和蛋白质-DNA 相互作用为例子推导了希尔函数。可以看到，这里所给出的广义希尔函数具有一定的广泛代表性，可以用于描述分子间的促进或者抑制作用。在第 8 章中将会看到，这些函数还可以用于描述细胞增殖率对调控因子或者细胞数量的依赖关系。然而，需要强调的是，在对具体问题进行建模的时候不应该局限于这里给出的函数形式，而是需要根据具体问题进行具体分析，选取适当的函数来描述所研究的基因调控网络。

3.1.3 洛姆周期图

在处理实验数据时，经常需要通过时间序列数据判断是否存在周期振荡，并且在周期振荡的情况下计算相应的周期。但是，因为生命科学实验条件的限制，在很多情况下所得到的时间序列数据是很不完备的，误差很大，而且采样时间非常不均匀。在这种情况下，通过普通的傅里叶分析方法很难得到准确的振荡周期。在这里介绍常用的处理不均匀采样数据的洛姆周期图方法。这种方法最早是用来处理天文观测数据的，现在用来处理各种时间序列。在这里只介绍洛姆周期图的计算方法，详细的讨论请参考文献 [30]。

令 $\{(t_j, x_j)\}_{j=1}^N$ 为实验得到的时间序列, 其中 x_j 为在时刻 t_j 的测量数据. 该序列对应的洛姆周期图可以按下面的过程计算. 首先, 计算测量数据的平均值和方差:

$$\bar{x} = \frac{1}{N} \sum_{j=1}^N x_j, \quad \sigma^2 = \frac{1}{N-1} \sum_{j=1}^N (x_j - \bar{x})^2. \tag{3.34}$$

然后, 对给定的周期 T, 对应的洛姆周期图 $P(T)$ 定义为

$$P(T) = \frac{1}{\sigma^2} \left\{ \frac{\left[\sum_{j=1}^N (x_j - \bar{x}) \sin 2\pi(t_j - \tau)/T \right]^2}{\sum_{j=1}^N \sin^2 2\pi(t_j - \tau)/T} \right. \tag{3.35}$$

$$\left. + \frac{\left[\sum_{j=1}^N (x_j - \bar{x}) \cos 2\pi(t_j - \tau)/T \right]^2}{\sum_{j=1}^N \cos^2 2\pi(t_j - \tau)/T} \right\},$$

其中常数 τ 由下面关于 T 的方程的解定义:

$$\tan\left(\frac{4\pi\tau}{T} \right) = \frac{\sum_{j=1}^N \sin(4\pi t_j/T)}{\sum_{j=1}^N \cos(4\pi t_j/T)}. \tag{3.36}$$

周期图 $P(T)$ 的数值给出了测量数据是周期为 T 的权重, $P(T)$ 越大, 周期为 T 的可能性越大. 通常对于给定的数据, 因为预先不知道这些数据是否是周期的, 更不知道确切的周期值, 所以通常需要对预先给定的 $\{T_i\}$ 的序列进行检验, 通过上面的公式计算出相应的周期图 $\{P(T_i)\}$, 并且选择周期图最大的值所对应的数值 $T = T^*$ 作为对应数据的周期.

按上面的方法确定周期 T 后, 周期振荡的相位 ϕ 和振幅 A 可以通过正弦函数对数据进行拟合来求出

$$x_j = A \sin\left(\frac{2\pi t_j}{T} + \phi \right), \quad j = 1, 2, \cdots, N.$$

根据上面的过程可以确定数据的周期, 但问题是我们所研究的数据的周期为 T 这一结论有多么可靠, 也就是如何刻画其显著性水平? 通常地, 如果测量一个严格的周期数据序列, 所得到的数据是周期数据和随机扰动的叠加. 因此, 为了定量刻画周期图的峰值的显著性水平, 可以检验这样的原假设 (又称为零假设)

H_0: 数据点是独立的高斯随机数.

在这个原假设前提下，可以证明如果 T 是随机选取的正实数，则如式 (3.35) 所定义的洛姆周期图 $P(T)$ 是满足均值为 1 的指数分布的随机数[31]。也就是说 $P(T)$ 的取值在 z 和 $z + \mathrm{d}z$ 之间的概率是 $\exp(-z)\mathrm{d}z$，即 $Z = P(T)$ 的概率密度函数 $p_Z(z)$ 满足

$$p_Z(z)\mathrm{d}z = \mathrm{Prob}(z < Z < z + \mathrm{d}z) = \exp(-z)\mathrm{d}z.$$

因此相应的分布函数为

$$F_Z(z) = \mathrm{Prob}(Z < z) = \int_0^z p_Z(z)\mathrm{d}z = 1 - \exp(-z).$$

对给定的时间序列，如果随机地检查 M 个独立的周期值 $T_i(i = 1, 2, \cdots, M)$，则在这些 T_i 值所对应的周期谱 $P(T_i)$ 中存在大于 z 的周期谱的概率为

$$\mathrm{Prob}(Z_{\max} > z) = 1 - (1 - e^{-z})^M \quad (Z_{\max} = \max_i P(T_i)).$$

因此，对给定的 $z > 0$,

$$p = \mathrm{Prob}(Z_{\max} > z) = 1 - (1 - e^{-z})^M$$

表示在所检验的 M 个周期值中，存在周期是对应的周期图大于 z 的显著性水平 (significant level)。反之，给定显著水平 p，相应的洛姆周期图的临界值为

$$z = -\ln(1 - (1 - p)^{1/M}). \tag{3.37}$$

如果 $\max_i P(T_i) > z$，则以显著性水平 p 否定原假设 H_0，即数据点不是随机的。如果数据点确实是周期数据和随机干扰的叠加，则以越小的显著性水平否定原假设，数据点为周期的置信水平就越大。

根据上面的讨论，为了确定给定时间序列的周期性的显著性，可以首先计算一系列预估计的周期值的洛姆周期图 $\{P(T_i)\}$。然后对给定的显著性水平 p，按照式 (3.37) 计算临界值 z。如果前面所得到的周期图的最大值大于 z，即 $\max_i P(T_i) > z$，则认为所研究的时间序列以显著性水平 p 是周期的，并且周期 T 为对应于周期谱序列 $\{P(T_i)\}$ 的最大值的周期值。在计算中，通常可以取显著性水平 $p = 0.05, 0.01, 0.001$ 等，显著性水平越小则周期性可能性越大。例如，在图 8.7 将分别给出一名白细胞减少症患者的血细胞浓度随时间变化的数据和相应的洛姆周期图，相应的周期为大约 20 天。

3.2 正反馈调控与双稳态

双稳态 (bistability) 是细胞行为的常见现象，主要表现为在一定条件下可以出现细胞的两种表现型共存的现象。对很多单细胞生物，如细菌，这种性质是很重要的。为了适应恶劣的生存环境，这些生物经常需要根据环境的变化选取合适的表现形式,这也是实现不同的状态之间切换的基础。通常将双稳态的存在和基因网络中存在的正反馈调控联系起来。但是存在正反馈并不一定蕴含双稳态。这一节将通过一个简单的来自大肠杆菌 (*Escherichia coli*) 中参与乳糖代谢的基因——乳糖操纵子 (lac operon) 基因调控的例子，来讨论实现双稳态的条件。这一节的内容主要来自文献 [32]。关于乳糖操纵子的基础知识可以参考文献 [25]。

3.2.1　乳糖操纵子

乳糖操纵子包含三个结构基因——*lacZ*、*lacY* 和 *lacA*，它们在大肠杆菌基因组中紧邻排列 (图 3.5)。乳糖操纵子的启动子位于 *lacZ* 的 5′ 端，指导三个基因共同转录成为一条 mRNA，该 mRNA 包含多个基因，也称为多顺反子信使 (polycistronic messenger) RNA。这一 mRNA 经翻译后产生三种蛋白质。其中 *lacZ* 基因编码 β-半乳糖苷酶 (β-galactosidase)，这种酶可以将乳糖切割成半乳糖和葡萄糖，后两种糖均可用作细菌的能源。*lacY* 基因编码乳糖通透酶 (lactose permease)，这种酶插入细胞膜后可以将乳糖和其他类似分子转运到细胞内，其中包括非代谢的乳糖类分子硫代甲基半乳糖苷 (thio-methylgalactoside，TMG)。而 *lacA* 基因编码硫代半乳糖苷转乙酰酶，它可以消除同时被 *lacY* 转移到细胞内的硫代半乳糖苷对细胞造成的毒性。

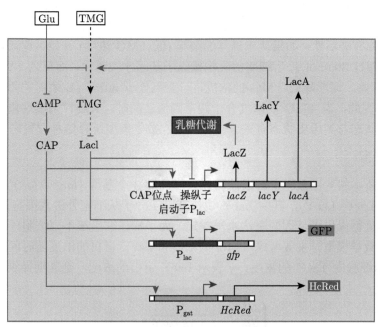

图 3.5　乳糖操纵子基因的调控网络

修改自文献 [32]

有两种调控蛋白参与了乳糖操纵子的表达调控：一种是激活子 CAP，另一种是阻抑物，称为 Lac 阻抑物 (Lac repressor)。Lac 阻抑物由 *lacI* 基因编码，这一基因位于其他 *lac* 基因的附近，但其转录过程却是由其自身的启动子启动的。CAP 是分解代谢活化蛋白 (catabolite activator protein) 的缩写，也称为 CRP (cAMP 受体蛋白，cAMP receptor protein)。编码 CAP 的基因位于细菌染色体的其他位点，不与 *lac* 基因连锁。调控蛋白通过响应环境信号并将其传递给 *lac* 基因。CAP 被 cAMP 所激活，当葡萄糖浓度高的时候，

cAMP 的浓度降低。CAP 只有在没有葡萄糖的时候才结合 DNA 并激活 *lac* 基因。被 LacY 转移到细胞内的 TMG 可以结合到 LacI 上并抑制其活性 (图 3.5)。

图 3.5 给出了乳糖操纵子基因的调控网络的示意图。在这里，乳糖抑制 *lacI* 阻抑物，而该阻抑物抑制 *lac* 操纵子基因的表达，从而抑制诱导乳糖通透酶 LacY 的合成。这样，乳糖操纵子基因表达的蛋白质 LacY 把 TMG 转移到细胞内，降低阻抑物蛋白 LacI 的活性，构成正反馈环路调控自身的表达。在实验中为了检测乳糖操纵子基因的活性，通过在细菌中克隆并植入带有相同启动子序列的 *gfp* 基因。这样，*gfp* 基因编码的绿色荧光蛋白 GFP 的含量 (可以通过荧光的强度来测量) 可以作为乳糖操纵子基因启动子的活性的标志物。同样，通过克隆带有半乳糖醇 (galactitol, gat) 启动子的编码红色荧光蛋白 HcRed 的基因，可以测量 CAP 蛋白的活性。这里的激活子 CAP 可以激活启动子 gat，而阻抑物 LacI 对启动子 gat 没有作用 (图 3.5)。

在实验中，可以通过测量单个细胞在不同的葡萄糖和 TMG 浓度的培养液中的响应来研究不同的葡萄糖和 TMG 浓度对乳糖操纵子基因表达的调控。

实验发现，在没有葡萄糖的时候，乳糖操纵子基因在低 TMG 浓度 ($< 3\mu\text{mol/L}$) 的情况下不被诱导 (低表达水平)，而在高 TMG 浓度 ($> 30\mu\text{mol/L}$) 的情况下可以被诱导 (高表达水平)。而且这一现象与细胞的历史状态无关。然而，当 TMG 的浓度在两个阈值之间时，细胞的响应有滞后性：如果从未诱导的细胞 (低 TMG 浓度) 开始，逐渐增加 TMG 的浓度，一直到超过 $30\mu\text{mol/L}$ 后细胞的乳糖操纵子基因才被诱导。而反之，从诱导细胞 (高 TMG 浓度) 开始，逐渐降低 TMG 的浓度，一直到低于 $3\mu\text{mol/L}$ 才能关闭乳糖操纵子基因的表达[32]。因此，当 TMG 的浓度介于两个阈值之间时，大肠杆菌表现出明显的双稳态行为，细胞的状态与其历史状态有关。下面来建立数学模型解释这种双稳态产生的原因。

3.2.2 数学模型

如图 3.5 所示的乳糖操纵子基因的调控系统包括 3 个基因 (*lacZ*、*lacY*、*lacA*)，3 种分子 (TMG、LacI、LacY)，其中 LacY 调控 TMG 分子从细胞外进入细胞内的转运过程。细胞的状态由乳糖操纵子基因的表达水平决定。为了描述细胞在不同细胞外 TMG 浓度下的形态，建立数学模型时主要考虑 TMG 的浓度和 LacY 蛋白的浓度随时间的演化。

令 x 表示细胞内 TMG 的浓度，y 表示 LacY 蛋白的浓度，则乳糖操纵子系统可以由下面方程描述

$$\begin{cases} \dfrac{R}{R_T} = \dfrac{1}{1 + (x/x_0)^n}, \\ \tau_x \dfrac{\mathrm{d}x}{\mathrm{d}t} = \beta y - x, \\ \tau_y \dfrac{\mathrm{d}y}{\mathrm{d}t} = \alpha \dfrac{1}{1 + R/R_0} - y, \end{cases} \tag{3.38}$$

这里 R 表示具活性的 LacI 蛋白的浓度，R_T 表示总的 LacI 浓度。活性 LacI 的浓度通过希尔函数依赖于细胞内 TMG 的浓度。这里 n 为希尔系数，x_0 表示 LacI 的激活率达到半数最大值时所需的 TMG 的浓度。蛋白质 LacY 的产生率由关于 R 的米氏函数描述，最大产生率为 α，而当 $R = R_T$ 时达到最小产生率 α/ρ，其中 $\rho = 1 + R_T/R_0$，表示 LacI 与

操纵子结合控制乳糖基因表达的能力。这里 R_0 是常数，对应于 LacY 的产生率等于 $\alpha/2$ 时所需的活性 LacI 的浓度。τ_y 表示 LacY 的平均存活时间，即分解 LacY 所对应的时间常数。细胞吸收 TMG 的速率与 LacY 的浓度成正比，比例系数为 β。同样地，τ_x 表示分解 TMG 所对应的时间常数。在这些参数中，因为浓度的单位可以任意选取 (只有相对值是真正感兴趣的)，所以可以通过选定合适的单位而假定 $x_0 = 1$。

在这里所建立的数学模型中，并没有包含系统中的所有分子，而是通过尽可能简单的模型来刻画细胞的状态。

3.2.3　平衡态分析

为了研究细胞的状态对细胞外 TMG 浓度的依赖关系，现在来求解方程 (3.38) 的平衡态。令方程中关于时间 t 的导数等于零，可以得到平衡态满足的代数方程

$$y = \alpha \frac{1 + (\beta y)^n}{\rho + (\beta y)^n}. \tag{3.39}$$

这里参数 ρ、α 和 β (都是大于零的实数) 都依赖于外部输入信号葡萄糖和 TMG 的浓度。

在下面的讨论中，记方程 (3.39) 的右边为 $v(y)$。为了理解 $v(y)$ 的含义，令 $\mathrm{d}x/\mathrm{d}t = 0$，则由式 (3.38) 近似有 $x = \beta y$。代入关于 y 的方程，可以看到函数 $v(y)$ 对应于平衡态时 LacY 的产生率。

如果 $\rho < 1$，则 $v(y)$ 是减函数，方程 (3.39) 只能有一个正根，不可能出现双稳态。因此只有当 $\rho > 1$ 时，LacY 的产生率是关于其浓度的增函数，即存在正反馈的时候，才可能出现双稳态。在这里所研究的乳糖操纵子基因的情况，有 $\rho = 1 + R_T/R_0 > 1$，这是因为 LacY 通过 TMG 降低 LacI 的活性，而 LacI 抑制 LacY 的表达形成正反馈回路。

在方程 (3.39) 中，如果 $n = 1$，则对任意的参数 ρ、α 和 β，方程 (3.39) 只有一个正根，因此也不可能出现双稳态。故根据实验所看到的双稳态，必须有 $n > 1$，即 TMG 对 LacI 的活性的抑制存在协作行为。有实验表明，这里的希尔系数 n 可以近似取 2。

令 $n = 2$，则当这些参数变化时，方程 (3.39) 可以有一个、两个或者三个正实数解，分别对应于原系统的平衡状态时的荧光强度。特别地，方程 (3.39) 有两个解的时候对应于临界状态，把系统有一个解和有三个解两种情况分开。下面来求解这种临界情况。

把方程 (3.39) 展开，得到以下三次方程

$$y^3 - \alpha y^2 + (\rho/\beta^2)y - (\alpha/\beta^2) = 0. \tag{3.40}$$

在临界状态下，该方程有两个正实根，则一定有一个根是重根，设为 a，而记另外一个根为 θa $(\theta > 0)$。因此，通过方程的根，该方程的左边可以写成如下形式：

$$(y - a)(y - a)(y - \theta a) = y^3 - (2 + \theta)ay^2 + (1 + 2\theta)a^2 y - \theta a^3 = 0. \tag{3.41}$$

其中 θ 为大于零的参数。比较式 (3.40) 和式 (3.41) 中 y 的同次幂系数，可以得到参数满足的关系

$$\begin{cases} \rho = (1 + 2\theta)(1 + 2/\theta), \\ \alpha\beta = (2 + \theta)^{3/2}/\theta^{1/2}. \end{cases} \tag{3.42}$$

当 θ 从 0 到 $+\infty$ 改变时，由式 (3.42) 描述的 $(\rho, \alpha\beta)$ 平面上的曲线给出了双稳态所对应的参数范围的边界。图 3.6 给出了双稳态所对应的参数区域。在系统达到稳态时，LacY 的浓度与细胞外 TMG 的浓度的关系也在图中给出。

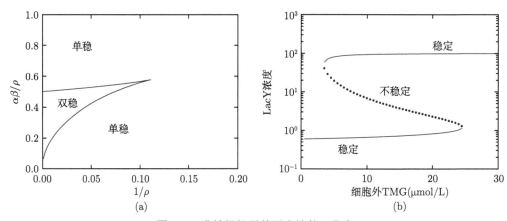

图 3.6   乳糖操纵子基因表达的双稳态

(a) 乳糖操纵子的基因调控网络的双稳态参数区域。(b) 稳态时蛋白 LacY 浓度 (对应于绿色荧光蛋白 GFP 的浓度) 与细胞外 TMG 的浓度的关系。这里参数 $\alpha = 100$, $\rho = 167$, 并且参数 β 由细胞外 TMG 的浓度 T 通过下面关系决定：$\beta = 0.123 \times T^{0.6}$。在这里，参数 α、β、ρ 和细胞外 Glu 的浓度 G 和 TMG 的浓度 T 的关系可以通过下面方法得到：通过调节 Glu 和 TMG 的浓度，使系统处于临界状态，则方程的参数满足关系 (3.42)，加上平衡态条件下的等式 (3.39) 和关系 $\beta = y/x$，得到依赖于三个参数的三个方程。根据实验测量的浓度 x 和 y，可以确定三个参数的值 (依赖于 G 和 T)[32]

图 3.6 的形式通常称为分岔图 (bifurcation diagram)。分岔 (bifurcation) 现象经常出现在动力系统研究中，是指系统参数 (分岔参数) 小而连续的变化，结果造成系统本质或拓扑结构的突然改变。这类系统本质或者拓扑结构的变化通常包括静态解个数的变化、静态解稳定性的变化、稳定周期解的出现和消失等。分岔会出现在连续系统 (以常微分方程、时滞微分方程或偏微分方程来描述) 或是离散系统 (以映射来描述) 的动力系统中。关于分岔理论的内容丰富，而且对于理解生物过程的复杂性和多样性非常重要。在本书中不打算详细展开讨论，感兴趣的读者可以参考相关的文献，如 [33,34]。

分岔图是表现分岔结果的常用形式，这里的图 3.6(a) 描述了当参数取不同的值时系统的平衡解的个数对参数的依赖关系。在这个图中给出了两个参数的取值范围和解的个数随参数变化的关系，但是没有给出解的具体数值，通常也称为双参数分岔图。图 3.6(b) 是单参数分岔图，给出了平衡解的值随其中一个参数 (在这里是细胞外 TMG 的浓度 T) 变化时的依赖关系。在单参数分岔图中，通常以实线表示稳定的平衡点，而以虚线 (或者点线) 表示不稳定的平衡点。在进行分岔分析时，通常无法同时分析很多个参数，单参数或者双参数分析是最常见的形式。在这种情况下，通常需要选择合适的参数进行分析 (称为分岔参数)，而保持其余参数的值不变。分岔图中的曲线 (或者点) 可以通过理论计算或者数值求解方程得到。

由图 3.6(b) 可以看到，存在细胞外 TMG 浓度的两个临界值 T_1 和 $T_2(T_1 < T_2)$，当 $T < T_1$ 时，系统只有低水平的 LacY 表达。而当 $T > T_2$ 时，系统只有高水平的 LacY 表达。当 $T_1 < T < T_2$ 时，系统有三个平衡状态。然而，并不是所有的平衡状态都可以在实验中观察到。只有那些稳定的状态才可以在实验中看到。下面来分析这些平衡态的稳定性。

令 (x^*, y^*) 表示平衡态。为了分析该平衡态的稳定性，令

$$x = \tilde{x} + x^*, \quad y = \tilde{y} + y^*$$

代入方程 (3.38)，并且展开到关于 $\tilde{x}, \tilde{y}$ 的一阶近似，可以得到 $(\tilde{x}, \tilde{y})$ 满足的线性近似方程

$$\begin{cases} \tau_x \dfrac{\mathrm{d}\tilde{x}}{\mathrm{d}t} = -\tilde{x} + \beta \tilde{y}, \\ \tau_y \dfrac{\mathrm{d}\tilde{y}}{\mathrm{d}t} = a\tilde{x} - \tilde{y}, \end{cases} \tag{3.43}$$

其中

$$a = \frac{\partial}{\partial x}\left(\frac{\alpha}{1 + R/R_0}\right)\bigg|_{x=x^*} = \frac{\partial}{\partial x}\left(\frac{\alpha(1+x^n)}{\rho + x^n}\right)\bigg|_{x=x^*}.$$

根据常微分方程的稳定性理论 (参考附录 A)，平衡点是稳定的当且仅当方程 (3.43) 的系数矩阵的所有特征值都具有负实部。很容易求出方程 (3.43) 的系数矩阵的特征值为

$$\lambda_{1,2} = -1 \pm \sqrt{a\beta}.$$

因此，当 $a\beta < 1$ 时，对应的平衡点是稳定的，而当 $a\beta > 1$ 时，平衡点是不稳定的。由方程 (3.39) 可以看到，系统的平衡点的 x^* 满足方程

$$\frac{x}{\beta} - \frac{\alpha(1+x^n)}{\rho + x^n} = 0,$$

即函数

$$f(x) := \frac{\alpha\beta(1+x^n)}{\rho + x^n} - x$$

的根。因此，稳定性条件 $a\beta < 1$ 等价于 $f'(x^*) < 0$。当 $T_1 < T < T_2$ 时，方程 $f(x) = 0$ 有 3 个正根，并且由 $f(x)$ 的函数图像可以看到 (图 3.7)，对应于最大和最小的 x^* 的平衡态都是稳定的，而取中间值的平衡态是不稳定的。因此，当 $T_1 < T < T_2$ 时，系统有两个稳定的状态，即双稳态。

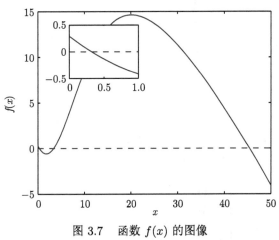

图 3.7　函数 $f(x)$ 的图像

小图显示 $0 < x < 1$ 的函数图像

这里讨论了一个简单的实现双稳态的基因调控网络的例子——乳糖操纵子的表达调控。可以看到，为了实现双稳态，系统中需要有正反馈和协作性。另外，只有双稳态和协作性还不足以保证双稳态的存在，系统的参数还需要在某个合适的范围内。下面继续讨论具有双稳态的例子。双稳态的一个有趣现象是在一定条件下，细胞可以在两种稳定状态之间切换。下一节将讨论这种切换得以实现的条件和相关的基本问题。

3.3 噪声与细胞状态的切换

状态切换是基因调控的一种常见现象，表现为细胞的状态可以从一种稳定状态很快地切换到另外一种稳定状态。这种现象对很多生命体，特别是低等单细胞生命，为适应环境变化而迅速做出响应是特别重要的。在上一节中可以看到，对于有正反馈和协作的基因调控网络，系统可以表现出双稳态。然而，这样还不能实现让系统在两种状态之间切换。要实现状态的切换，还需要一种机制使稳定的状态失稳。随机噪声通常是这种失稳的原因。在很多实际例子中，如细菌的形态或状态的切换是随机发生的。这种随机的切换现象与后面将要介绍的有规律的节律振荡有明显区别。这一点需要特别注意。

3.3.1 乳糖操纵子基因的状态切换

在上一节所讨论的乳糖操纵子的例子中，当参数 α、β 和 ρ 都是常数时，从给定的初始状态出发，系统的状态收敛到某个确定的平衡态。如果存在外部噪声，使得这些参数变成依赖于时间的随机过程。那么，当参数处于临界值附近时，外部噪声的干扰可以造成稳定状态的瞬间失稳。此时，如果系统的响应足够快，则在一定条件下系统可以迅速从一个状态切换到另外一个状态，从而出现状态的切换。

根据在 1.6 节中的讨论，为了模拟对某个参数，如 α 的随机扰动，通常可以在方程中做下面的替换：

$$\alpha \to \alpha\eta(t), \tag{3.44}$$

其中扰动项 $\eta(t)$ 具有形式 $\eta(t) = e^{\sigma\xi(t)}/\langle e^{\sigma\xi(t)}\rangle$，这里 $\xi(t)$ 为标准白噪声，σ 为大于零的常数，表示随机扰动的强度。这里的扰动项 $\eta(t)$ 是随机过程，在任意时刻的取值是均值为 1 的对数正态分布的随机变量。形式 (3.44) 一般不容易分析，而当 σ 较小时，可以近似为 $\eta(t) \approx 1 + \sigma\xi(t)$，因此可以以更加简单的形式

$$\alpha \to \alpha(1 + \sigma\xi(t))$$

表示上面的随机扰动。

下面考虑外部噪声对乳糖操纵子基因的本底表达水平的随机干扰。由上面的讨论，可以在方程 (3.38) 中以 $\alpha\eta(t)$ 代替 α，即

$$\begin{cases} \tau_x \dfrac{\mathrm{d}x}{\mathrm{d}t} = \beta y - x, \\ \tau_y \dfrac{\mathrm{d}y}{\mathrm{d}t} = \alpha\eta(t)\dfrac{1 + (x/x_0)^n}{\rho + (x/x_0)^n} - y. \end{cases} \tag{3.45}$$

通过数值求解上述方程来研究外部噪声是否可以诱导表达水平的切换。首先模拟单个细胞。为此，对任意给定的一组参数，从给定的初始状态 (高表达状态 $y = 100$，$x = 100\beta$ 或者低表达状态 $y = 1$，$x = \beta$) 开始，求解方程 (3.45) 直到 $t = 10$，然后查看系统的状态在 $t = 10$ 时 LacY 蛋白的水平 y。然后重复这个计算过程。在计算过程中每次计算随机扰动的随机数种子是不同的，就可以模拟大量细胞的行为，就像在实验中同时观察很多细胞一样。则所有计算结果的状态在某一时刻的分布体现了系统的统计性质。图 3.8 给出了计算模拟的结果。这里每组给定的参数 (细胞外 TMG 的浓度) 对应于 100 个细胞。图 3.8 给出这些细胞在 $t = 10$ 时的 LacY 蛋白浓度。从这些结果可以看到，在一定条件下外部噪声确实可以诱导基因表达状态的切换。但是在这里的模拟中取 $\sigma = 2$，对应的随机干扰 $\eta(t)$ 的方差为

$$\langle \eta^2(t) \rangle \approx 28.$$

由此可以看到为了诱导状态的切换，需要很强的随机干扰，并且系统的参数很接近临界值。即使在这种情况下，也只能实现单向的切换。通过数值模拟还发现要想通过同一组参数实现双向的状态切换通常需要很强的噪声，并且参数的选择是很特殊的。这在实际情况中是不太现实的。因此在很多实际情况中，通常有其他机制来保证这种双向切换得以实现[35]。

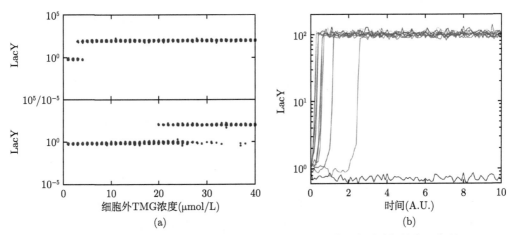

图 3.8　外部噪声诱导的乳糖操纵子基因表达状态的切换 (彩图请扫封底二维码)

这里取 100 个细胞，对不同的参数 (细胞外 TMG 浓度)，分别以低表达状态 (下) 或者高表达状态 (上) 为初始值对每个细胞求解方程 (3.45) 直到 $t = 10$。(a) 给出这 100 个细胞 (对每个参数) 在 $t = 10$ 时的状态。(b) 当 $T = 25\mu mol/L$ 时 10 个样本细胞的状态随时间的变化。这里取 $\sigma = 2$，$\tau_x = \tau_y = 50$，其他参数由图 3.6 所给出

3.3.2　λ 噬菌体阻抑物基因的表达调控

在上一节关于乳糖操纵子基因的例子中，正反馈调控网络保证了双稳态的存在，以及外部噪声对基因表达率的干扰诱导系统状态在稳态之间的切换。这一节将介绍 λ 噬菌体的阻抑物基因表达调控的反应通路，同时存在正反馈和负反馈调控。在一定条件下，该反应通路也可以定义系统状态的双稳态，并且在外部噪声干扰下可以诱导状态的切换。

细菌噬菌体 λ 是一种感染大肠杆菌的病毒。它一旦感染细菌，就会以两种方式繁殖：裂解或溶原生长。裂解生长的噬菌体通过细菌复制自身的 DNA，并合成新的外壳蛋白。这些组分共同形成新的噬菌体颗粒，通过宿主细胞的裂解释放出来。溶原现象是一种选择性繁

殖途径，它把噬菌体 DNA 整合进入细胞染色体，然后通过细菌基因组的正常组分在每次细胞分裂时主动复制。溶原性细菌在正常情况下非常稳定，但当细胞的 DNA 遭受破坏时噬菌体就会有效地转向裂解生长。这种从溶原生长到裂解生长的转变称为溶原性诱导[25]。

λ 噬菌体有 50kb 的基因组和大约 50 个基因，其中大多数基因编码外壳蛋白、参与 DNA 复制的蛋白、重组蛋白和裂解蛋白。而参与这些基因的表达调控的 DNA 序列包括两个基因 (cI 和 cro) 和三个启动子 (P_R、P_L 和 P_{RM})。所有其他噬菌体基因 (除去一个小基因外) 都在该区之外，并且其转录直接或间接地由 P_R 和 P_L (分别表示右向和左向启动子) 所调控。P_{RM} 是维持阻抑物蛋白的启动子，只转录 cI 基因。当 P_R 和 P_L 持续开放并且 P_{RM} 关闭时，细菌处于裂解生长周期。而当 P_R 和 P_L 关闭并且 P_{RM} 打开时，细菌处于溶原生长周期。这些启动子的活性受 6 个操纵子的调控，其中 3 个位点位于左控制区，另外 3 个位点位于右控制区，调控蛋白以不同的亲和力识别这些位点。两侧作用位点的序列相似，结合模式也相似。例如，右侧操纵子的 3 个位点分别是 OR1、OR2 和 OR3。其中 OR1 与启动子 P_R 重叠，OR3 与 P_{RM} 重叠[25]。

cI 基因编码 λ 阻抑物蛋白。λ 阻抑物是具有两个结构域的蛋白质。N 端结构域可以和 DNA 结合。两个 λ 阻抑物单体可以通过 C 端结构域结合成二聚体。每一个二聚体可以识别一段 17bp 的 DNA 序列，与 DNA 结合以调控基因的表达。λ 阻抑物既可以激活也可以抑制转录。当 λ 阻抑物结合到与启动子有重叠区的位点 (如右侧控制区的 OR1 或者 OR3) 并排斥 RNA 聚合酶时起抑制作用。另外，当 λ 阻抑物结合到两个启动子中间的结合位点时起募集作用，作为激活子提高转录水平。cro 基因编码控制阻抑物和其他基因的 Cro 蛋白，这种蛋白质只抑制转录。这些蛋白质与作用位点结合的亲和力是有区别的。例如，在右侧控制区，λ 阻抑物结合 OR1 是它结合 OR2 的亲和力的 10 倍，而结合 OR3 的亲和力与和 OR2 结合的亲和力相同。Cro 蛋白则相反，它结合 OR3 的亲和力最强，而结合 OR1 和 OR2 则需要 10 倍的浓度。

λ 阻抑物协同结合 DNA。这是因为 λ 阻抑物的 C 端结构域不仅提供二聚体的接触位点，还介导二聚体之间的相互作用形成四聚体。这样，当位点 OR1 结合了 λ 阻抑物二聚体后，这个二聚体可以协助其他的 λ 阻抑物二聚体结合到位点 OR2 上，而 OR3 不被结合。

这一节通过一个简化的模型，介绍 λ 噬菌体的 λ 阻抑物的反馈调控环路。在这里，λ 阻抑物的启动子包括三个作用位点，分别是 OR1、OR2 和 OR3。现在先假设 OR1 位点失效 (如通过点置换)。另外两个作用位点的动力学行为如下所述。基因 cI 编码阻抑物蛋白 (CI)，这些阻抑物变成二聚物，然后结合到它们自身基因的启动子上控制自身的表达。在这里研究的系统中，这些二聚物可以结合到位点 OR2 或 OR3 上，但是效果是不一样的。结合到 OR2 上可以增强基因的转录，并且屏蔽位点 OR3 的作用，而如果结合到 OR3 上，就会抑制基因的表达。图 3.9 给出了 λ 阻抑物的作用通路[36]。该反应通路可以用下面的常微分方程模型来描述。

3.3.2.1　模型的建立

这里介绍的基因调控关系的化学反应可以分为两类：快反应和慢反应。快反应包括分子的结合与分解，相应的反应时间常数大约为几秒钟。因此，相对于慢反应 (反应常数大约为几分钟或者更长)，可以认为快反应总是处于拟平衡态。令 X、X_2 和 D 分别表示阻抑物

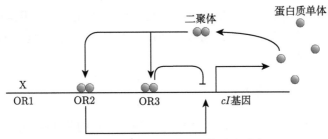

图 3.9 λ 阻抑物的启动子的反应通路

基因 *cI* 编码阻抑物蛋白 (CI)，这些阻抑物形成二聚体后结合到它们自己的启动子上控制它们自身的表达。当 λ 阻抑物结合到 OR2 上时，可以作为激活子提高 *cI* 基因的转录水平，并且屏蔽位点 OR3 的作用，而如果 λ 阻抑物结合到 OR3 上时，则会抑制 *cI* 基因的表达。"X" 表示 OR1 位点失效

单体、阻抑物二聚物 CI_2 和自由的 DNA 启动子的浓度，相应的化学反应可以表达为

$$
\begin{aligned}
2X &\underset{k_{-1}}{\overset{k_1}{\rightleftharpoons}} X_2, \\
D + X_2 &\underset{k_{-2}}{\overset{k_2}{\rightleftharpoons}} DX_2, \\
D + X_2 &\underset{k_{-3}}{\overset{k_3}{\rightleftharpoons}} DX_2^*, \\
DX_2 + X_2 &\underset{k_{-4}}{\overset{k_4}{\rightleftharpoons}} DX_2X_2.
\end{aligned}
\tag{3.46}
$$

这里 DX_2 和 DX_2^* 分别表示启动子的位点 OR2 和 OR3 上结合有二聚体 CI_2 的情况，DX_2X_2 表示两个位点同时结合二聚体 CI_2，k_i 和 k_{-i} 表示反应速率常数。在下面的讨论中，定义 $K_i = k_i/k_{-i}(i = 1, 2, 3, 4)$ 为相应的平衡常数，并且记 $K_3 = \sigma_1 K_2$ 和 $K_4 = \sigma_2 K_2$，其中 σ_1 和 σ_2 分别表示复合体 CI_2-OR3 和 CI_2-OR2-OR3 相对于 CI_2-OR2 的结合强度。在很多时候，反应速率常数是很难测量的，而平衡常数可以通过平衡态时参加反应的反应物的浓度关系确定。

相对于上面的分子结合和解离的快速过程，mRNA 的转录和降解与蛋白质的合成一般是慢过程。只有当启动子的位点 OR2 结合到二聚体上时，基因的表达才被激活，可以表达出蛋白质。假设平均每个被激活的启动子可以表达 n 个蛋白质，则蛋白质的产生和降解可以用下面的生化反应方程式表示

$$
\begin{aligned}
DX_2 &\xrightarrow{k_t} DX_2 + nX, \\
X &\xrightarrow{k_d} \varnothing,
\end{aligned}
\tag{3.47}
$$

需要注意的是，这些反应都是单向的。

令 $X = [X], Y = [X_2], D = [D], U = [DX_2], V = [DX_2^*], Z = [DX_2X_2]$ 分别表示各种反应物的浓度，则描述阻抑物的浓度变化的方程为

$$
\frac{\mathrm{d}X}{\mathrm{d}T} = -2k_1 X^2 + 2k_{-1} Y + nk_t U - k_d X + r.
\tag{3.48}
$$

参数 r 表示蛋白质 CI 的本底产生率，即在没有转录调控因子时基因 *cI* 的表达率。

方程 (3.48) 是不封闭的。为了把 Y 和 U 表示为 X 的函数，应用拟平衡假设。考虑到式 (3.46) 中的反应都是快反应过程，假设这些反应很快达到拟平衡态，即正向反应速率与反向反应速率相等，则有关系

$$k_1 X^2 = k_{-1} Y, \quad k_2 DY = k_{-2} U, \quad k_3 DY = k_{-3} V, \quad k_4 UY = k_{-4} Z.$$

求解上述关系，可以得到 Y、U 和 D 对 CI 蛋白浓度 X 的依赖关系：

$$
\begin{aligned}
Y &= K_1 X^2, \\
U &= K_2 DY = K_1 K_2 DX^2, \\
V &= \sigma_1 K_2 DY = \sigma_1 K_1 K_2 DX^2, \\
Z &= \sigma_2 K_2 UY = \sigma_2 (K_1 K_2)^2 DX^4.
\end{aligned}
\tag{3.49}
$$

另外，DNA 启动子的总量是常数，记其浓度为 D_T，即

$$D_T = D + U + V + Z = D(1 + (1 + \sigma_1) K_1 K_2 X^2 + \sigma_2 K_1^2 K_2^2 X^4). \tag{3.50}$$

由式 (3.49)和式(3.50)，可以把 Y 和 U 表示成 X 的函数

$$Y = K_1 X^2,$$

$$D = \frac{K_1 K_2 X^2}{1 + (1 + \sigma_1) K_1 K_2 X^2 + \sigma_2 K_1^2 K_2^2 X^4}.$$

代入式 (3.48)，得到下面描述 CI 蛋白浓度变化的常微分方程 (这里注意到关系 $K_1 = k_1/k_{-1}$)：

$$\frac{\mathrm{d}X}{\mathrm{d}T} = \frac{n k_t K_1 K_2 D_T X^2}{1 + (1 + \sigma_1) K_1 K_2 X^2 + \sigma_2 K_1^2 K_2^2 X^4} - k_d X + r. \tag{3.51}$$

方程 (3.51) 可以描述系统中 CI 蛋白浓度的变化。这个方程包含 9 个参数。但是，其中有些参数是成对出现的。在进行进一步的分析之前，对方程 (3.51) 进行无量纲化处理，以减少方程的参数。

对数学模型进行分析时，无量纲化是很关键的一步。这是因为在生命科学的研究中，通常需要比较不同的实验对同一种或者类似个体的实验结果。然而，不同的实验差别通常很大。这些差别通常是系统性的，和实验过程中的环境等因素有关。例如，一个常见的差别是不同的实验过程中用药量的区别。因此，在比较不同的实验结果时，直接比较实验数据是没有意义的，而通常只有相对数值才有意义。也就是对某些观察量进行归一化处理。这一过程就是无量纲化的数学处理。另外，无量纲化的过程通过引入浓度和时间等观察量的基准水平来对实验观察量进行归一化处理。无量纲化过程中基准量的选取是最为关键的一步，关系到对问题的理解和无量纲化以后是否可以在适当的尺度范围内简化系统和反映系统的本质关系。然而，这些基准量的引入过程并没有统一的标准，在很多情况下可以有多种，每一种选择都是"数学上正确的"，但是有一种是最好的。因此，在处理实际问题过程中需要根据实际研究对象和所关心的问题来选取最合适的基准。经过无量纲化处理以后

的方程所包含的系统参数都必须是无量纲的, 其参数的个数通常比原始系统的参数个数少。而这些参数一般都有非常明确的含义, 是真正可以用来刻画系统特性的参数。

这里分别以 M 和 T 表示浓度和时间的量纲 (即单位), 则所有表示分子浓度的量纲都是 M。此外, σ_1、σ_2 是无量纲参数, 其他参数的量纲如下面所给出:

$$[K_1] = [K_2] = M^{-1}, \ [k_t] = T^{-1}, \ [k_d] = T^{-1}, \ [r] = MT^{-1}. \tag{3.52}$$

由此可以看到 $(\sqrt{K_1 K_2})^{-1}$ 具有浓度的量纲 M, 而 k_d^{-1} 具有时间的量纲 T。分别采用 $(\sqrt{K_1 K_2})^{-1}$ 和 k_d^{-1} 作为浓度和时间的度量。引进新的无量纲变量 $x = X/(\sqrt{K_1 K_2})^{-1}$ 和 $t = T/k_d^{-1}$, 则可以把式 (3.51) 表示为下面的无量纲化方程

$$\frac{\mathrm{d}x}{\mathrm{d}t} = \frac{\alpha x^2}{1 + (1 + \sigma_1)x^2 + \sigma_2 x^4} - x + \gamma. \tag{3.53}$$

其中 α 和 γ 为无量纲化参数

$$\alpha = n k_t D_T \sqrt{K_1 K_2}/k_d, \quad \gamma = r \sqrt{K_1 K_2}/k_d. \tag{3.54}$$

在方程 (3.53) 中, 参数 α 表示 λ 阻抑物基因的自调控能力, 即通过其反馈调控所能达到的蛋白质最大产生率和基准产生率之间的比值, 参数 γ 表示本底表达水平。参数 $\sigma_i(i = 1, 2)$ 的含义前面已经介绍了, 是复合物之间的相对结合强度。这两个参数比较容易测量。有实验表明, 可以取 $\sigma_1 \approx 1$ 和 $\sigma_2 \approx 5$。因此在方程 (3.53) 中, α 和 γ 是 λ 阻抑物基因的反应通道的主要调控参数。下面详细分析这两个参数对系统的平衡态的影响。

3.3.2.2　平衡态分析

为了研究方程 (3.53) 的平衡态与参数的关系, 令

$$f(x) = \frac{\alpha x^2}{1 + (1 + \sigma_1)x^2 + \sigma_2 x^4} + \gamma,$$

则系统的平衡态由方程

$$f(x) = x, \tag{3.55}$$

即代数方程

$$\alpha x^2 + (\gamma - x)[1 + (1 + \sigma_1)x^2 + \sigma_2 x^4] = 0 \tag{3.56}$$

的解给出。

方程 (3.56) 是五次代数方程, 一般不能根式求解。通过数值计算, 可以看到对给定的 γ, 存在两个临界值 α_1、$\alpha_2(\alpha_1 < \alpha_2)$, 使得当 $\alpha < \alpha_1$ 或者 $\alpha > \alpha_2$ 时, 只有一个平衡态, 而且是稳定的; 当 $\alpha_1 < \alpha < \alpha_2$ 时, 有三个平衡态, 其中 x 取中间值的平衡态是不稳定的, 其他两个平衡态是稳定的; 而当 $\alpha = \alpha_1$ 或者 $\alpha = \alpha_2$ 时, 有两个平衡态 (图 3.10)。图 3.10(c) 给出了临界值 α_1、α_2 与 γ 的关系。这些临界参数把 γ-α 平面划分为两个区域, 分别对应于系统只有单稳态和具有双稳态两种情况。特别地, 当 $\gamma = 0.05$ 和 $3.2 < \alpha < 5.1$

时，系统具有高 CI 蛋白或低 CI 蛋白浓度两种稳定状态，分别对应于 λ 噬菌体的溶原生长和裂解生长两种繁殖方式。

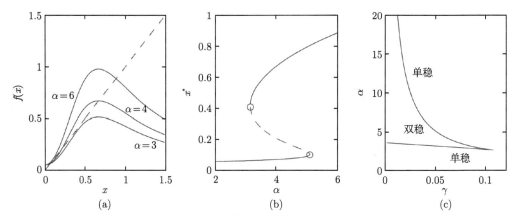

图 3.10　λ 阻抑物基因反应通路的分岔图

(a) 函数 $f(x)$ (实线) 和 x (虚线) 的图像。这里 $\gamma = 0.05$，α 从上到下分别取 6.0、4.0 和 3.0。(b) 系统的定态 (x^*) 与参数 α 的关系。实线表示对应的平衡点是稳定的，虚线表示对应的平衡点是不稳定的，圆圈 "$\circ$" 对应于鞍结点分岔。(c) γ-α 平面分岔图。这里的取无量纲化参数为 $\sigma_1 = 1$，$\sigma_2 = 5$

在系统存在双稳态的区域，外部噪声的干扰有可能诱导系统在不同稳定状态之间的切换。下面来考虑外部噪声对系统行为的影响。

3.3.2.3　随机扰动与状态切换

在上面的分析中，如果 $\sigma_1 = 1$、$\sigma_2 = 5$ 和 $\gamma = 0.05$，则系统在 $3.2 < \alpha < 5.1$ 时表现出高 CI 蛋白或者低 CI 蛋白浓度两个稳态共存的情况。在这里来研究当 $3.2 < \alpha < 5.1$，并且 CI 蛋白的本底表达水平或者合成过程受到外部噪声干扰时细菌在两种状态的切换现象。

如果本底表达水平受到外部噪声的干扰，则可以在方程 (3.51) 中把本底表达水平 r 替换为 $r\eta(t)$，其中 $\eta(t)$ 为随机过程，在任一时刻的值满足对数正态分布 ($\eta(t) = e^{\sigma\xi(t)}/\langle e^{\sigma\xi(t)} \rangle$)。相应地，由式 (3.54)，无量纲化参数 γ 在扰动下变成 $\gamma\eta(t)$。因此，随机扰动下的无量纲化方程变为下面的随机微分方程

$$\frac{\mathrm{d}x}{\mathrm{d}t} = \frac{\alpha x^2}{1 + (1 + \sigma_1)x^2 + \sigma_2 x^4} - x + \gamma\eta(t). \tag{3.57}$$

类似地，如果考虑外部噪声对蛋白质合成过程的干扰，则把 k_t 替换为形如 $k_t\eta(t)$ 的随机过程。相应地，无量纲化参数 α 变为 $\alpha\eta(t)$，对应的无量纲化方程为

$$\frac{\mathrm{d}x}{\mathrm{d}t} = \frac{\alpha\eta(t)x^2}{1 + (1 + \sigma_1)x^2 + \sigma_2 x^4} - x + \gamma x. \tag{3.58}$$

对给定的参数和初始条件求解方程 (3.57) 或者 (3.58)，可以确定系统是否会发生状态切换现象。令 $3.2 < \alpha < 5.1$ 和噪声强度 $0 < \sigma < 1.0$，其他参数如图 3.10 所给出，图 3.11 给出分别对本底表达水平和蛋白质合成速率的随机干扰时，系统分别从不同的初始状态出发，可以发生状态切换所对应的参数 (α, σ) 的值。由数值计算可以看到，分别在这两种情

况下，当系统的参数和随机干扰的强度符合合适的关系时，系统的状态可以从一种稳定状态切换到另外一种状态 (图 3.11)。从图 3.11 可以看到，如果本底表达水平受到外部噪声的干扰，可以产生从低 CI 蛋白浓度到高 CI 蛋白浓度的切换，但是不容易产生从高 CI 蛋白浓度到低 CI 蛋白浓度的切换。当蛋白质的合成速率受到外部噪声的干扰时，双向的切换都可以发生，但是对应的平均表达率 α 所取值的范围不同。在这种情况下也不容易产生双向的连贯切换，除非蛋白质的产生率取特殊的值 ($\alpha \approx 4.1$)，并且外部扰动的强度比较大 ($\sigma > 0.7$)。

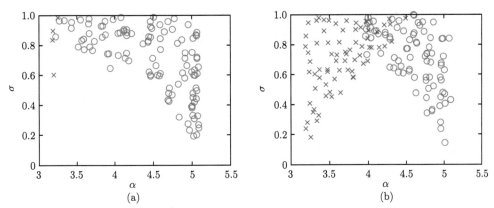

图 3.11 λ 阻抑物基因反应通路在外部噪声干扰下可以产生状态切换

图中的点表示产生状态切换所对应的参数 (α, σ) 的值。这里分别模拟了对本底表达水平的随机扰动 (a) 和对蛋白质合成速率的随机扰动 (b) 的情况。在不同的扰动情况下，产生切换所需要的扰动强度 σ 和参数 α 值如图中所给出。这里红色 "$\times$" 表示从高 CI 蛋白浓度到低 CI 蛋白浓度的切换，绿色 "$\circ$" 表示从低 CI 蛋白浓度到高 CI 蛋白浓度的切换。其他参数的值如图 3.10 所示

需要特别注意的是，在通过无量纲化方程研究不同的反应常数受到随机干扰系统的行为时，需要根据研究对象选择合适的无量纲化变量。例如，如果要研究蛋白质的降解率 k_d 受到外部噪声影响的情况，则不能在无量纲化方程 (3.53) 中简单地以随机干扰项 $\eta(t)$ 代替归一化的降解率 1。这是因为在方程 (3.51) 中如果外部噪声把蛋白质的降解率 k_d 变为 $k_d\eta(t)$，则在对方程进行无量纲化处理的过程中，不能简单地以 $t = Tk_d$ 作为无量纲化的时间变量。所以，为了研究外部噪声对蛋白质降解率的干扰，需要选择新的时间度量对系统进行无量纲化处理。例如，可以选取 $t = T(r\sqrt{K_1K_2})$ 作为新的无量纲时间变量。

3.3.2.4 外部噪声干扰下的状态切换频率

前面定性研究了在外部噪声影响下系统的状态切换行为。状态切换行为的发生一般是很快的，在实验上很难观测到。而状态切换的频率是可以通过长时间的观测来测量的。这一节在简单的情况下来推导状态切换的频率[6]。

在上面 λ 阻抑物基因的反应通路中，这里以外部噪声对蛋白质的本底表达水平的干扰为例子来推导系统状态切换的频率与随机干扰项的关系。其他的情况可以类似地处理，但数学过程更加复杂，这里略去。

首先，为了分析的简化，只考虑弱噪声干扰的情况。此时可以把 $\eta(t)$ 近似表示为 $1 + \sigma\xi(t)$，其中 $\xi(t)$ 为白噪声。这样可以把方程 (3.57) 改写为

$$\frac{\mathrm{d}x}{\mathrm{d}t} = g(x) + \sigma\gamma\xi(t), \tag{3.59}$$

其中

$$g(x) = f(x) - \gamma x.$$

或者采用随机微分方程的记号

$$\mathrm{d}x = g(x)\mathrm{d}t + \sigma\gamma\mathrm{d}W_t, \tag{3.60}$$

其中 W_t 为标准维纳过程。

令 $P(x,t)$ 表示上述方程的解状态在时刻 t 的概率密度, 则 $P(x,t)$ 满足福克尔-普朗克方程 (推导过程请参考附录 B)

$$\frac{\partial P}{\partial t} + \frac{\partial}{\partial x}\left(g(x)P - \frac{1}{2}\frac{\partial}{\partial x}((\sigma\gamma)^2 P)\right) = 0, \quad \int_0^\infty P(x,t)\mathrm{d}x \equiv 1. \tag{3.61}$$

令 $\frac{\partial P}{\partial t} = 0$ 并求解上面方程, 得到平衡态时系统状态的分布

$$P_{\mathrm{ss}}(x) = C\exp\left[2\int_0^x g(s)\mathrm{d}s/(\sigma\gamma)^2\right], \tag{3.62}$$

其中 C 为归一化常数, 使 $P_{\mathrm{ss}}(x)$ 满足

$$\int_0^\infty P_{\mathrm{ss}}(x)\mathrm{d}x = 1.$$

为了理解上面所得到的平衡分布的含义, 引入能量函数 $\phi(x)$ (图 3.12) 使

$$\phi(x) = -\int_1^x g(s)\mathrm{d}s.$$

注意到外部随机干扰通常来源于上游反应的随机热涨落, 其强度与温度成正比。温度越高, 随机性越大。因此可以不妨令 $(\sigma\gamma)^2 \approx 2k_{\mathrm{B}}T$, 其中 k_{B} 为玻尔兹曼常数。则可以把上面的平衡态分布记为玻尔兹曼分布的形式

$$P_{\mathrm{ss}}(x) = Ce^{-\phi(x)/k_{\mathrm{B}}T}.$$

系统在平衡态时概率极大的状态是满足 $P_{\mathrm{ss}}'(x) = 0$ 的状态, 即对应于能量的极小值的状态。容易求出对应的状态满足方程

$$g(x) = 0, \tag{3.63}$$

即对应于原未受扰动系统的平衡态。注意到求解方程 (3.63) 时, 除了可以得到极大概率的状态, 还可以得到极小概率的状态, 即能量 $\phi(x)$ 取得极大值时的状态。这个状态在随机干扰下是不稳定的。从图 3.12可以看到, 系统在两个稳定的状态 $x = a$ 和 $x = c$ 之间切换时需要经过能量极大值的状态 $x = b$。这个状态也称为系统的转换态 (transition state)。

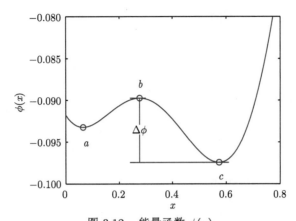

图 3.12　能量函数 $\phi(x)$

这里 $x = a$ 和 $x = c$ 为能量的极小状态 (稳定态), $x = b$ 为转换态

下面来推导在平衡态时系统的状态从一个稳定态切换到另外一个稳定态的频率。考虑上面讨论的系统 (3.60)。在一定条件下有两个稳定平衡态, 分别对应于统计平衡态时的概率密度的极大值。分别记这两个状态为 $x = a$ 和 $x = c$。为研究从状态 c 切换到状态 a 的频率, 首先考虑系统从状态 c 到状态 a 的平均逃逸时间 τ_{ac}, 而 $1/\tau_{ac}$ 就是从状态 c 切换到状态 a 的频率。

令 $\tau_a(x)$ 表示从状态 x 开始, 系统到达状态 a 的平均到达时间, 则 $\tau_{ac} = \tau_a(c)$。下面来推导 $\tau_a(x)$ 所满足的方程。

在初始时刻, 系统的状态为 x, 经过 Δt 时间, 系统的状态到达 $x(\Delta t)$, 则有关系

$$\tau_a(x) - \Delta t = \langle \tau_a(x(\Delta t)) \rangle. \tag{3.64}$$

根据随机微分方程 (3.60), 当 Δt 很小时, 状态的变化过程可以表示为

$$x(\Delta t) = x + g(x)\Delta t + \sigma\gamma\Delta W_t,$$

其中

$$\Delta W_t = W_{t+\Delta t} - W_t.$$

把 $\langle \tau_a(x(\Delta t)) \rangle$ 在 $\Delta t = 0$ 附近作泰勒展开, 有

$$\begin{aligned}
\langle \tau_a(x(\Delta t)) \rangle = {} & \tau_a(x) + \langle \tau_a'(x)(g(x)\Delta t + \sigma\gamma\Delta W_t) \rangle \\
& + \frac{1}{2}\langle \tau_a''(x)(g(x)\Delta t + \sigma\gamma\Delta W_t)^2 \rangle + \cdots \\
= {} & \tau_a(x) + g(x)\tau_a'(x)\Delta t + \frac{1}{2}\langle \tau_a''(x)(\sigma\gamma)^2(\Delta W_t)^2 \rangle + \text{H.O.T.}
\end{aligned}$$

这里 H.O.T. 表示 Δt 的高阶项。因为 $\langle (\Delta W_t)^2 \rangle = \Delta t$, 由式 (3.64) 可以得到

$$-\Delta t = g(x)\tau_a'(x)\Delta t + \frac{1}{2}(\sigma\gamma)^2\tau_a''(x)\Delta t + \text{H.O.T.}$$

令 $\Delta t \to 0$，则得到关于 $\tau_a(x)$ 的微分方程

$$\frac{1}{2}(\sigma\gamma)^2\tau_a''(x) + g(x)\tau_a'(x) = -1. \tag{3.65}$$

容易看到，$\tau_a(x)$ 满足边界条件

$$\tau_a(a) = 0, \quad \left.\frac{\mathrm{d}\tau_a(x)}{\mathrm{d}x}\right|_{x=+\infty} = 0. \tag{3.66}$$

求解方程 (3.65)~(3.66)，可以得到

$$\tau_a(x) = \frac{2}{(\sigma\gamma)^2}\int_a^x e^{2\phi(x')/(\sigma\gamma)^2}\mathrm{d}x'\int_{x'}^{+\infty} e^{-2\phi(x'')/(\sigma\gamma)^2}\mathrm{d}x'', \tag{3.67}$$

其中 $\phi(x)$ 为前面定义的能量函数。因此，从 c 到 a 的逃逸时间为

$$\tau_{ac} = \frac{2}{(\sigma\gamma)^2}\int_a^c e^{2\phi(x')/(\sigma\gamma)^2}\mathrm{d}x'\int_{x'}^{+\infty} e^{-2\phi(x'')/(\sigma\gamma)^2}\mathrm{d}x''. \tag{3.68}$$

逃逸时间由式 (3.68) 给出，但是这个式子一般不容易通过积分得到。下面在简单的情况下给出初步的估计。

首先，假设所讨论的系统具有双稳态的性质 (图 3.12)，即有 3 个平衡态

$$\phi'(a) = \phi'(b) = \phi'(c) = 0,$$

其中状态 a 和 c 是稳定的，状态 b 是不稳定的，即

$$\phi''(a) > 0, \quad \phi''(b) < 0, \quad \phi''(c) > 0.$$

则在式 (3.68) 的积分中，在区间 $a < x' < x'' < +\infty$ 上，能量函数 $\phi(x'')$ 在 $x'' = c$ 处取得极小值，所以对第二个积分的贡献主要来自 $x'' = c$ 附近。因此，在第二个积分中，在 $x'' = c$ 的附近对 $\phi(x'')$ 作泰勒展开

$$\phi(x'') \approx \phi(c) + \frac{1}{2}\phi''(c)(x''-c)^2,$$

则可以把第二个积分近似为

$$\int_{-\infty}^{+\infty}\exp\left[-\frac{2}{(\sigma\gamma)^2}(\phi(c)+\frac{1}{2}\phi''(c)(x''-c)^2)\right]\mathrm{d}x'' = \sqrt{\frac{\pi(\sigma\gamma)^2}{\phi''(c)}}e^{-2\phi(c)/(\sigma\gamma)^2}.$$

类似地，在积分区间 $a < x < c$ 中，把第一个积分近似为

$$\int_{-\infty}^{+\infty}\exp\left[\frac{2}{(\sigma\gamma)^2}(\phi(b)-\frac{1}{2}|\phi''(b)|(x'-b)^2)\right]\mathrm{d}x' = \sqrt{\frac{\pi(\sigma\gamma)^2}{|\phi''(b)|}}e^{2\phi(b)/(\sigma\gamma)^2}.$$

由此可以得到逃逸时间

$$\tau_{ac} = \frac{2\pi}{\sqrt{\phi''(c)|\phi''(b)|}} \exp\left[\frac{2(\phi(b) - \phi(c))}{(\sigma\gamma)^2}\right]. \tag{3.69}$$

这里的逃逸时间依赖于系统从平衡态 $x = c$ 跨过转换态 $x = b$ 需要克服的能量势垒 $\Delta\phi = \phi(b) - \phi(c)$，以及能量函数在这两个状态处的弯曲程度 $\phi''(c)$ 和 $|\phi''(b)|$。因子 $|\phi''(b)|^{-1/2}$ 表示系统较难通过一个平坦的能量势垒进行切换，而因子 $|\phi''(c)|^{-1/2}$ 表示能量函数在初始状态处越平坦，相应的切换越不容易发生切换。事实上，能量函数越平坦表示对应的系统在该能量附近可以取的状态越多，也就是熵越大。因此，可以把上面的能量函数的二阶导数看作系统在该状态下所对应的熵。因子 $\Delta\phi$ 表示能量势垒越高越不容易发生状态切换。

令 $\omega_c = \sqrt{\phi''(c)}$ 和 $\omega_b = \sqrt{|\phi''(b)|}$，可以得到切换频率

$$\frac{1}{\tau_{ac}} = \frac{\omega_c \omega_b}{2\pi} \exp\left[-\frac{\Delta\phi}{(\sigma\gamma^2/2)}\right]. \tag{3.70}$$

类似地，从状态 $x = a$ 到 $x = c$ 切换的频率为

$$\frac{1}{\tau_{ca}} = \frac{\omega_a \omega_b}{2\pi} \exp\left[-\frac{\phi(b) - \phi(a)}{(\sigma\gamma^2/2)}\right]. \tag{3.71}$$

因此，双向切换频率之间的比例为

$$\frac{\tau_{ca}}{\tau_{ac}} = e^{-(\phi(a) - \phi(c))/(\sigma\gamma)^2} \sqrt{\frac{\phi''(c)}{\phi''(a)}}. \tag{3.72}$$

该比值给出了两个状态之间的相对稳定性。

由式 (3.70)~(3.71) 可以看到，切换频率敏感依赖于能量势垒 $\phi(b) - \phi(a)$ 或 $\phi(b) - \phi(c)$ 与噪声强度 σ 的比值。由式 (3.72) 可以看到，两个状态 $x = a$ 和 $x = c$ 之间的能量差是决定切换频率比值的重要因子。如果要发生连贯切换，则从 a 到 c 的切换频率与反向的切换频率相当，即 $\tau_{ac}/\tau_{ca} \approx 1$。相应地，应该有能量关系 $\phi(a) \approx \phi(c)$。从式 (3.72) 中还可以看到，如果外部噪声比较小，即 σ 很小，则频率的比值非常敏感，依赖于能量的差 $\phi(a) - \phi(c)$，即系统的参数。在此条件下不容易发生连贯切换。因此，通过外部噪声诱导状态的连贯切换一般需要比较强的噪声干扰。

3.3.3　内部噪声诱导的状态切换

在前面已经介绍了两个外部噪声诱导状态切换的例子。在这些例子中，协作的正反馈可以在一定条件下产生双稳态，外部噪声的干扰可以使其中的一个稳态随机地失去稳定性，切换到另一个稳定状态，实现状态的切换。在这一节介绍一个通过内部噪声诱导状态切换的例子。

这里介绍两个基因相互抑制形成的正反馈通路。这个虚构的反应通路如图 3.13 所示。两种蛋白质 A 和 B 相互抑制形成正反馈回路。蛋白质 A 与基因 B 的启动子结合，抑制

B 蛋白的表达，而蛋白质 B 与基因 A 的启动子结合，抑制 A 蛋白的表达。这个过程可以用下面的反应方程式表示：

$$
\begin{aligned}
&\mathrm{A} + \mathrm{D_B} \underset{\alpha_1}{\overset{\alpha_0}{\rightleftharpoons}} \mathrm{D_B^*}, \\
&\mathrm{B} + \mathrm{D_A} \underset{\alpha_1}{\overset{\alpha_0}{\rightleftharpoons}} \mathrm{D_A^*}, \\
&\mathrm{D_A} \xrightarrow{g_A} \mathrm{A}, \\
&\mathrm{D_B} \xrightarrow{g_B} \mathrm{B},
\end{aligned}
\tag{3.73}
$$

其中 $\mathrm{D_A}$ 和 $\mathrm{D_B}$ 分别表示自由的蛋白质 A 和 B 的启动子，$\mathrm{D_A^*}$ 和 $\mathrm{D_B^*}$ 分别是与蛋白质 B 和 A 结合后失去被抑制的基因。这里假设两种蛋白质与 DNA 序列的结合率和解离率是相同的。这个通路形成正反馈回路，但是没有协作性，因此没有双稳态，但是在内部噪声的作用下，可以诱导类似状态切换的行为[37]。

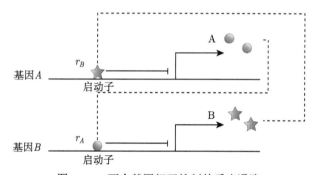

图 3.13　两个基因相互抑制的反应通路

蛋白质 A 与基因 B 的启动子结合，抑制 B 蛋白的表达，而蛋白质 B 与基因 A 的启动子结合，抑制 A 蛋白的表达

这个反应通路可以由下面的化学速率方程描述。以 A 和 B 分别表示蛋白质 A 和 B 的浓度，r_B 和 r_A 分别表示与蛋白质 B 结合的基因 A 的启动子的平均浓度和与蛋白质 A 结合的基因 B 的启动子的平均浓度。在这里假定每个基因都是单拷贝的，因此 $0 \leqslant r_A, r_B \leqslant 1$，并且 $(1 - r_B)$ 和 $(1 - r_A)$ 表示自由的启动子的平均浓度。忽略 mRNA 的转录过程，而是把转录和翻译过程统一看作蛋白质的合成。则上述过程可以由以下的化学速率方程近似地描述：

$$
\begin{aligned}
\frac{\mathrm{d}A}{\mathrm{d}t} &= g_A(1 - r_B) - d_A A - \alpha_0 A(1 - r_A) + \alpha_1 r_A, \\
\frac{\mathrm{d}B}{\mathrm{d}t} &= g_B(1 - r_A) - d_B B - \alpha_0 B(1 - r_B) + \alpha_1 r_B, \\
\frac{\mathrm{d}r_A}{\mathrm{d}t} &= \alpha_0 A(1 - r_A) - \alpha_1 r_A, \\
\frac{\mathrm{d}r_B}{\mathrm{d}t} &= \alpha_0 B(1 - r_B) - \alpha_1 r_B,
\end{aligned}
\tag{3.74}
$$

这里 $g_X(X = A, B)$ 为蛋白质 A 或 B 的最大产生率，d_X 是相应的降解率。参数 α_0 表示蛋白质与启动子的结合率，α_1 表示解离率。

容易看到，上面的常微分方程组 (3.74) 只有一个平衡点，并且是稳定的。例如，当 $g_A = g_B = g$ 和 $d_A = d_B = d$ 时，并定义 $k = \alpha_0/\alpha_1$ 表示蛋白质与 DNA 序列结合的平衡

常数，则系统的平衡点由

$$A = B = \frac{\sqrt{1 + 4kg/d} - 1}{2k} \tag{3.75}$$

给出。因此，如果采用常微分方程的描述，由图 3.13 所示的反应通路只有一个稳定平衡态，不可能出现双稳态和随机干扰下的状态切换。

为了考虑内部噪声对系统的动力学行为的影响，使用吉莱斯皮算法模拟系统的随机行为，并且计算达到平衡态时的系统的概率密度函数。

令 N_A 和 N_B 分别表示 A 蛋白和 B 蛋白的个数，r_A 和 r_B 分别表示与 A 蛋白和 B 蛋白结合的启动子的个数。容易有 $N_X = 0, 1, 2, \cdots, r_X = 0, 1$。系统的状态由 (N_A, N_B, r_A, r_B) 给出，反应 (3.73) 对应的趋向性函数和状态改变向量如表 3.1 所给出。

表 3.1　图 3.13 对应的反应趋向性函数和状态改变向量

反应通道 (j)	反应趋向性函数 ($a_j(\boldsymbol{X})$)	状态改变向量 ($\boldsymbol{v}_j$)
1	$\alpha_0 N_A(1 - r_A)$	$(-1, 0, 1, 0)$
2	$\alpha_1 r_A$	$(1, 0, -1, 0)$
3	$\alpha_0 N_B(1 - r_B)$	$(0, -1, 0, 1)$
4	$\alpha_1 r_B$	$(0, 1, 0, -1)$
5	$g_A(1 - r_A)$	$(1, 0, 0, 0)$
6	$d_A N_A$	$(-1, 0, 0, 0)$
7	$g_B(1 - r_B)$	$(0, 1, 0, 0)$
8	$d_B N_B$	$(0, -1, 0, 0)$

根据表 3.1 给出的反应趋向性函数和状态改变向量，可以由吉莱斯皮算法模拟蛋白质数量的随机变化。图 3.14 给出了吉莱斯皮模拟结果。由图 3.14 可以看到，对不同的参数，系统的动力学过程表现出不一样的行为。当平衡常数 $k = \alpha_0/\alpha_1$ 很小时，蛋白质数量在平均数附近波动，而当平衡常数 k 很大时，蛋白质数量在高和低两种状态之间来回切换，表现出明显的状态切换现象。由这个计算结果可以看到在一定条件下，内部噪声可以诱导状态的切换。

为了探讨内部噪声诱导状态切换的产生机制，分别在不同的参数情况下计算系统中蛋白质数量 (N_A, N_B) 的概率密度分布。可以根据吉莱斯皮模拟的结果统计得到概率密度分布函数 $P(N_A, N_B, r_A, r_B)$，然后根据下面的公式计算 $P(N_A, N_B)$：

$$P(N_A, N_B) = \sum_{r_A, r_B} P(N_A, N_B, r_A, r_B).$$

计算表明平衡常数 k 是影响概率密度函数 $P(N_A, N_B)$ 的定性性质的重要参数。根据参数 k 的定义，如果蛋白质与 DNA 很容易结合，则蛋白质之间的抑制作用较强，对应的参数 k 较大。反之，如果蛋白质与 DNA 不容易结合，则蛋白质之间的抑制作用较弱，对应的参数 k 较小。事实上，通过改变 α_0 和 α_1 并保持 k 的取值不变进行计算模拟，可以看到概率密度函数 $P(N_A, N_B)$ 只与 k 有关，即与 α_0 和 α_1 的比值有关，而与 α_0 和 α_1 的绝对数值无关。在这里，分别考察弱抑制作用 ($k = 0.005$) 和强抑制作用 ($k = 50$) 的情况。在两种情况下的概率密度函数如图 3.15 所示。由图 3.15 可以看到，在弱抑制作用的情况下，函数 $P(N_A, N_B)$ 只有一个极大值点，对应于 $N_A = N_B$ 的状态，即由化学动力学方程 (3.74) 所描述的系综平均的动力学过程的平衡点。然而，当抑制作用足够强时，函数 $P(N_A, N_B)$ 有三个极大值点。除了上面的对应于系综平均的动力学过程的平衡态，还有另外两个状态，分别对应于蛋白 A 占优和蛋白 B 占优的状态。这一结果表明，如果抑制作用足够强，一种蛋白质可以完全抑制另外一种蛋白质的表达，从而出现一种蛋白质严格占优的系统状态。但是因为随机性，数量占优的蛋白质也会因为噪声的影响而使表达率降低，则另外一种蛋白质的表达率就相应增加，从而很快地从一种状态切换到另外一种状态。这就是内部噪声诱导状态切换的机制。

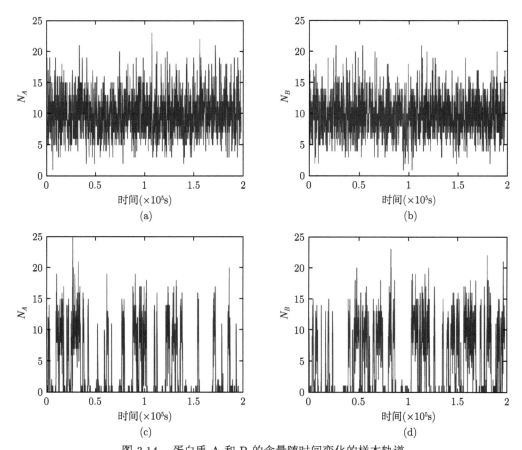

图 3.14   蛋白质 A 和 B 的含量随时间变化的样本轨道

这里分别给出弱抑制条件 [(a)、(b)] 和强抑制条件 [(c)、(d)] 下的样本轨道。这里的参数取为 $g_A = g_B = 0.05$，$d_A = d_B = 0.005$，并且在弱抑制 ($k = 0.005$) 条件下令 $\alpha_0 = 0.005$，$\alpha_1 = 1.0$，强抑制 ($k = 50$) 条件下令 $\alpha_0 = 1.0$，$\alpha_1 = 0.02$

通过这里的例子看到在有些情况下，对同一个系统分别通过常微分方程模型与随机模型得到的定性结果是不一致的。特别是当系统中存在高阶反应时，因为方程中的非线性项的影响，常微分方程模型有时候会给出完全错误的结果。例如，由图 3.16 给出的系综平均动力学行为可以看到，这里的方程 (3.74) 只有当抑制作用比较弱时才表示系统的平均分子数的动力学过程，当抑制作用比较强时，由方程 (3.74) 的解所得到的平衡态时的平均分子数远远低于由随机模拟得到的结果。

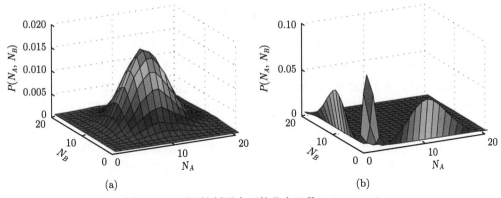

(a)　　　　　　　　　　　　　　　　　(b)

图 3.15　　不同抑制强度下的分布函数 $P(N_A, N_B)$

这里分别给出了弱抑制 ($\alpha_0 = 0.005$, $\alpha_1 = 1.0$, $k = 0.005$) (a) 和强抑制 ($\alpha_0 = 1.0$, $\alpha_1 = 0.02$, $k = 50$) (b) 条件下的分布函数。在强抑制的条件下，分布函数有三个极大值点，分别对应于蛋白 A 占优，蛋白 B 占优和相互抑制的状态。根据文献 [37] 重绘

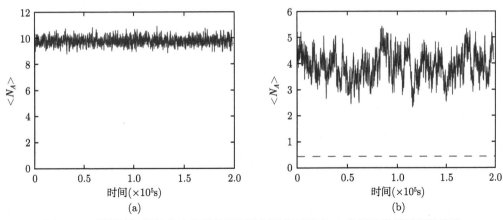

(a)　　　　　　　　　　　　　　　　　(b)

图 3.16　　根据随机模拟方法得到的不同抑制强度下蛋白 A 的平均数随时间的演化

(a) 弱抑制 ($k = 0.005$) 的条件下；(b) 强抑制 ($k = 50$) 的条件下。这里的参数由式 (3.14) 给出。虚线表示根据式(3.75) 给出的平衡态的平均分子数

3.4　负反馈调控和生物振荡

上一节介绍了状态切换的反应通路。存在正反馈的反应通路在外部或者内部噪声的影响下可以产生状态的切换现象。从上面的例子可以看到，由随机干扰引起的状态切换具有明显的随机性，系统在某一个稳定状态的生存时间是随机的，状态切换的发生时间也是随机的。生命系统中还存在一种重要的规则动力学行为——周期振荡。这些周期振荡组成了生命系统内大大小小的生物钟，包括细胞周期、器官的周期性的活性变化、以 24h 为周期的节律振荡等。这一节将介绍几个生物振荡的反应通路，第 4 章和第 5 章将分别介绍两种重要的生物振荡的例子——生物钟和钙振荡。和状态切换不一样，负反馈是产生生物振荡的必要条件。

3.4.1　阿特金森振子

3.4.1.1　模型描述

阿特金森 (Atkinson) 振子是人造的基因调控网络，包含正反馈和负反馈通路[38]。阿特金森振子的主要调控关系如图 3.17 所示。该模型包含两段基因，分别是 $gInG$ 和 $lacI$，以及它们对应的启动子 gInAp2 和 gInKp。基因 $gInG$ 编码蛋白 NRI，蛋白 NRI 被磷酸化以后，结合到基因 $gInG$ 的增强子上，提高启动子 gInAp2 的活性。被磷酸化的 NRI 还可以结合到启动子 gInKp 的增强子上，促进 $lacI$ 的表达。基因 $lacI$ 编码蛋白 LacI。蛋白 LacI 可以结合到启动子 gInAp2 的操纵子结合位点 O* 上，抑制基因 $gInG$ 的表达。这样，基因 $gInG$ 表达的蛋白 NRI 激活其抑制子 LacI 的表达，形成负反馈回路。实验发现上面的模型确实可以看到周期振荡的现象。下面建立数学模型来分析上述的调控机制。

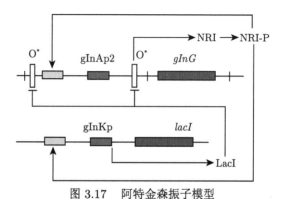

图 3.17　阿特金森振子模型

基因 $gInG$ 编码蛋白 NRI，蛋白 NRI 被磷酸化以后，结合到基因 $gInG$ 的增强子上，增加启动子 gInAp2 的活性。被磷酸化的 NRI 还可以结合到启动子 gInKp 的增强子上，促进 $lacI$ 的表达。基因 $lacI$ 编码蛋白 LacI。蛋白 LacI 可以结合到启动子 gInAp2 的操纵子结合位点 O* 上，抑制基因 $gInG$ 的表达。根据文献 [38] 重绘

3.4.1.2　数学模型

令 [lacI]、[LacI] 分别表示基因 $lacI$ 所转录的 mRNA 和表达的蛋白 LacI 的浓度，[nri]、[NRI] 分别为基因 $gInG$ 转录的 mRNA 和表达的蛋白 NRI 的浓度，并记磷酸化后的蛋白 NRI 的浓度为 [NRI-P]，则上述模型可用下面的常微分方程模型描述：

$$
\begin{aligned}
\frac{\mathrm{d}[\text{lacI}]}{\mathrm{d}t} &= f_1([\text{NRI-P}]) - \delta_1[\text{lacI}], \\
\frac{\mathrm{d}[\text{LacI}]}{\mathrm{d}t} &= \lambda_2[\text{lacI}] - \delta_2[\text{LacI}], \\
\frac{\mathrm{d}[\text{nri}]}{\mathrm{d}t} &= f_2([\text{NRI-P}])f_3([\text{LacI}]) - \delta_3[\text{nri}], \\
\frac{\mathrm{d}[\text{NRI}]}{\mathrm{d}t} &= \lambda_4[\text{nri}] - \delta_4[\text{NRI}] - k_1[\text{NRI}] + k_{-1}[\text{NRI-P}], \\
\frac{\mathrm{d}[\text{NRI-P}]}{\mathrm{d}t} &= k_1[\text{NRI}] - k_{-1}[\text{NRI-P}] - \delta_5[\text{NRI-P}].
\end{aligned}
\tag{3.76}
$$

这里 λ_i 表示 mRNA 翻译成蛋白质的反应速率常数, δ_i 表示分子的降解和稀释的速率常数, k_1 和 k_{-1} 分别表示 NRI 的磷酸化和去磷酸化的反应速率常数. 函数 f_i 表示蛋白质对基因活性的调控, 分别通过希尔函数定义如下:

$$f_1([\text{NRI-P}]) = \alpha_{1,0} + \alpha_{1,1}\frac{([\text{NRI-P}]/K_1)^{n_1}}{1 + ([\text{NRI-P}]/K_1)^{n_1}},$$

$$f_2([\text{NRI-P}]) = \alpha_{2,0} + \alpha_{2,1}\frac{([\text{NRI-P}]/K_2)^{n_2}}{1 + ([\text{NRI-P}]/K_2)^{n_2}},$$

$$f_3([\text{LacI}]) = \alpha_{3,1}\frac{1}{1 + ([\text{LacI}]/K_3)^{n_3}}.$$

在这里, 蛋白 NRI 和 LacI 对基因 *glnG* 的表达调控函数是乘法的关系, 这是因为在这里蛋白 NRI 和 LacI 的结合位点是相互独立的, 所以它们的调控关系是相乘的关系.

　　注意到磷酸化过程相对于基因的表达过程是快反应过程. 为了进一步简化方程, 分析产生生物振荡的机制, 对磷酸化过程使用拟平衡假设. 为此, 假设

$$\text{d}[\text{NRI-P}]/\text{d}t = k_1[\text{NRI}] - k_{-1}[\text{NRI-P}] - \delta_5[\text{NRI-P}] \approx 0,$$

可以得到关系

$$[\text{NRI-P}] = k_{\text{eq}}[\text{NRI}], \quad k_{\text{eq}} = \frac{k_1}{k_{-1} + \delta_5}. \tag{3.77}$$

把上面关系代入方程 (3.76), 得到与基因 *lacI* 和 *glnG* 对应的 mRNA 和蛋白质浓度的演化方程.

　　为了进一步简化方程, 还需要进行无量纲化处理. 根据调控函数 $f_3([\text{LacI}])$ 的定义, 相应的 $[\text{LacI}]$ 的 EC_{50} 浓度为 K_3. 因此, 可以选取 K_3 作为 $[\text{LacI}]$ 的度量, 即认为

$$[\text{LacI}] \sim K_3. \tag{3.78}$$

这里的 $\sim$ 表示两个量是同一个量级的. 类似地, 根据调控函数 $f_1([\text{NRI-P}])$ 的定义, 可以认为

$$[\text{NRI-P}] \sim K_1.$$

又由式 (3.77), 可以看到关系

$$[\text{NRI}] \sim K_1/k_{\text{eq}}. \tag{3.79}$$

根据式 (3.77)~(3.79), 并令方程 (3.76) 中 $\text{d}[\text{LacI}]/\text{d}t = 0$ 和 $\text{d}[\text{NRI}]/\text{d}t = 0$, 可以求出在平衡态时

$$[\text{lacI}] \sim \delta_2 K_3/\lambda_2, \quad [\text{nri}] \sim (\delta_4 + \delta_5 k_{\text{eq}})(K_1/k_{\text{eq}})/\lambda_4. \tag{3.80}$$

　　根据上面的讨论, 引入下面的无量纲化变量:

$$x_1 = \frac{[\text{lacI}]}{\delta_2 K_3/\lambda_2}, \quad x_2 = \frac{[\text{LacI}]}{K_3},$$

$$x_3 = \frac{[\text{nri}]}{(\delta_4 + \delta_5 k_{\text{eq}})(K_1/k_{\text{eq}})/\lambda_4}, \quad x_4 = \frac{[\text{NRI}]}{K_1/k_{\text{eq}}}, \quad \tilde{t} = \delta_2 t. \tag{3.81}$$

在这里，选取蛋白 LacI 的平均存活时间作为时间度量。这里需要注意的是，引入无量纲化的方法有很多，但是基本的想法是一致的，即首先要定义合适的度量。这里给出的只是其中一种方案，读者可以自己尝试不同的无量纲化过程。

根据上面给出的无量纲化变量可以写出无量纲化方程。定义无量纲化参数

$$\beta_1 = \frac{\delta_1}{\delta_2}, \quad \beta_3 = \frac{\delta_3}{\delta_2}, \quad \beta_4 = \frac{(\delta_4 + \delta_5 k_{\text{eq}})}{\delta_2},$$

$$\alpha_1 = \frac{\alpha_{1,1}}{\alpha_{1,0}}, \quad \alpha_2 = \frac{\alpha_{2,1}}{\alpha_{2,0}}, \quad a = \frac{K_2}{K_1},$$

$$\lambda_1 = \frac{\alpha_{1,0}\lambda_2}{\delta_1\delta_2 K_3}, \quad \lambda_3 = \frac{\lambda_4 k_{\text{eq}}\alpha_{2,0}\alpha_{3,1}}{\delta_3(\delta_4 + \delta_5 k_{\text{eq}})K_1},$$

则可以把上面的模型方程简化为下面的无量纲化方程 (这里还以 t 记无量纲化时间)

$$\begin{aligned}
\frac{\mathrm{d}x_1}{\mathrm{d}t} &= \beta_1 \left[\lambda_1 \left(1 + \alpha_1 \frac{x_4^{n_1}}{1 + x_4^{n_1}} \right) - x_1 \right], \\
\frac{\mathrm{d}x_2}{\mathrm{d}t} &= x_1 - x_2, \\
\frac{\mathrm{d}x_3}{\mathrm{d}t} &= \beta_3 \left[\lambda_3 \left(1 + \alpha_2 \frac{(x_4/a)^{n_2}}{1 + (x_4/a)^{n_2}} \right) \frac{1}{1 + x_2^{n_3}} - x_3 \right], \\
\frac{\mathrm{d}x_4}{\mathrm{d}t} &= \beta_4(x_3 - x_4).
\end{aligned} \tag{3.82}$$

根据方程 (3.82) 选取合适的参数进行数值模拟，看到在一定条件下确实可以得到实验所看到的蛋白质数量周期振荡的现象 (图 3.18)。

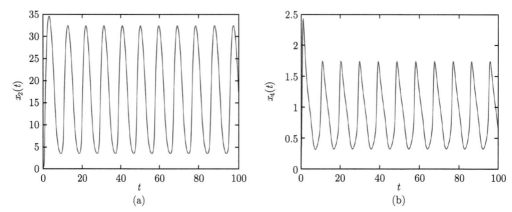

图 3.18   阿特金森振子的计算模拟结果

取无量纲或参数为：$\beta_1 = \beta_3 = 30.0$, $\beta_4 = 1.0$, $\lambda_1 = \lambda_3 = 2.0$, $\alpha_1 = \alpha_2 = 20.0$, $\alpha_3 = 1.0$, $a = 1.0$, $n_1 = 4$, $n_2 = 5$, $n_3 = 1$, 初值为 $x_i(0) = 0.0$

3.4.1.3   周期解的存在性

为了分析上面模型存在周期振荡的条件，把上述方程进一步简化为平面系统。这里 mRNA 的转录都是快反应过程，因此在上面方程中可以对转录过程使用拟平衡假设，近

似认为

$$\mathrm{d}x_1/\mathrm{d}t = \mathrm{d}x_3/\mathrm{d}t = 0.$$

由此，可以把方程 (3.82) 进一步简化成二阶平面系统

$$\begin{aligned}
\frac{\mathrm{d}x_2}{\mathrm{d}t} &= \lambda_1 \left(1 + \alpha_1 \frac{x_4^{n_1}}{1 + x_4^{n_1}} \right) - x_2, \\
\frac{\mathrm{d}x_4}{\mathrm{d}t} &= \lambda_3 \left(1 + \alpha_2 \frac{(x_4/a)^{n_2}}{1 + (x_4/a)^{n_2}} \right) \frac{1}{1 + x_2^{n_3}} - x_4.
\end{aligned} \tag{3.83}$$

为方便起见，下面取 $n_3 = 1$ 对上面系统进行分析。

首先，分别令 $\mathrm{d}x_2/\mathrm{d}t = 0$ 和 $\mathrm{d}x_4/\mathrm{d}t = 0$，可以得到 x_2-x_4 平面内的两条曲线：

$$x_2 \text{ 零斜率线}： x_2 = \lambda_1 \left(1 + \alpha_1 \frac{x_4^{n_1}}{1 + x_4^{n_1}} \right)$$

和

$$x_4 \text{ 零斜率线}： x_2 = \frac{\lambda_3}{x_4} \left(1 + \alpha_2 \frac{(x_4/a)^{n_2}}{1 + (x_4/a)^{n_2}} \right) - 1.$$

方程 (3.83) 的解 $x_2(t)$ 和 $x_4(t)$ 的斜率分别在这两条曲线上为零。两条曲线的交点给出了系统的平衡点。容易看到，x_2 零斜率线关于 x_4 是单调增的，而 x_4 零斜率线当 x_4 趋向于 0 时是趋向于无穷的，当 x_4 趋向于无穷时是趋向于 0 的。因此该系统至少有一个正平衡点。根据系统参数的不同，该系统还可以有两个或者三个平衡点 [图 3.19(a)]。

最令人感兴趣的是方程 (3.83) 只有一个平衡点的情况。这是因为在方程 (3.83) 中，当 $x_2 = 0$ 时，$\mathrm{d}x_2/\mathrm{d}t > 0$，而当 $x_4 = 0$ 时，$\mathrm{d}x_4/\mathrm{d}t > 0$，所有方程 (3.83) 的初始状态是正的解总是正的。另外，当 x_2 或者 x_4 很大时，方程的右端是小于零的，因此方程 (3.83) 的解总是有界的。这种情况下，如果二阶平面系统只有一个平衡点，并且这个平衡点是不稳定的，则一定有稳定的非平凡的周期解，即在数值模拟中所看到的周期振荡 (详细讨论见附录 A)。

这里主要关心系统的性质对参数 a 和 α_2 的依赖关系。这两个参数都与磷酸化的 NRI 蛋白对 *lacI* 和 *gInG* 这两个基因的调控关系有关，其中 a 表示两种调控关系的有效浓度的比值，α_2 表示当 NRI 对自身的正调控的强度，α_2 越大则调控关系越强。令 $0 < \alpha_2 < 100$，$0 < a < 3$，固定其他参数，图 3.19 给出了系统的平衡解与 (α_2, a) 的依赖关系。从图 3.19 可以看到，当 α_2 较小 $(\alpha_2 < 22)$，即正调控关系相对较弱时，系统只有一个平衡点。并且当 a 取合适的值 $(a \approx 1)$ 时，该平衡点是不稳定的，存在稳定的周期解。这里的条件 $a \approx 1$ 表示 $K_1 \approx K_2$，即 NRI 对两个基因的表达同时起作用。由上面的分析可以看到，当正调控较弱，并且负反馈调控也起适当的作用时，可以诱导出稳定的周期振荡。

通过对平衡点的稳定性分析，可以定量地计算出存在周期解的参数区域。令 (x_2^*, x_4^*) 为系统的平衡点，则该系统在平衡点处的线性化矩阵的秩为

$$\mathrm{tr} = \frac{\partial}{\partial x_2} \left[\lambda_1 \left(1 + \alpha_1 \frac{x_4^{n_1}}{1 + x_4^{n_1}} \right) - x_2 \right] \Bigg|_{(x_2^*, x_4^*)}$$

$$+ \frac{\partial}{\partial x_4} \left[\lambda_3 \left(1 + \alpha_2 \frac{(x_4/a)^{n_2}}{1 + (x_4/a)^{n_2}} \right) \frac{1}{1 + x_2^{n_3}} - x_4 \right] \Bigg|_{(x_2^*, x_4^*)}$$

$$= -2 + n_2 \frac{\lambda_3 \alpha_2}{a} \frac{(x_4^*/a)^{n_2-1}}{1 + (x_4^*/a)^{n_2}} \frac{1}{1 + x_2^{*n_3}}$$

$$= -2 + n_2 \left(1 - \frac{\lambda_3}{x_4^*(1 + x_2^{*n_3})} \right).$$

当 $\mathrm{tr} > 0$ 时，对应的平衡点是不稳定的 (参考附录 A)。注意到 tr 通过平衡解 (x_2^*, x_4^*) 依赖于 a 和 α_2。因此由条件 $\mathrm{tr} > 0$ 可以得到存在不稳定平衡点的参数区域 [图 3.19(b)]。由上面分析可以看到，当 $(\alpha_2, a) = (20, 1.0)$ 时，对应的系统只有一个平衡点，而且是不稳定的，因此该系统有稳定的周期解。

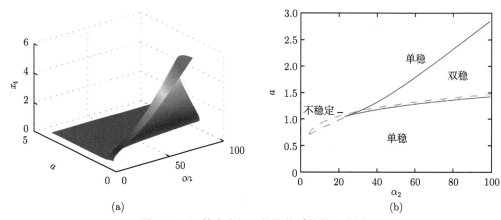

(a)   (b)

图 3.19   阿特金森振子的简化系统的分岔图

(a) 平衡态时 x_4 的值与参数 α_2 与 a 的关系。(b) 在 α_2-a 平面内给出的简化系统的分岔图。这里虚线所示区域表示对应于平衡点 (如果有不止一个平衡点，指 x_4 取值最小值的那个平衡点) 是不稳定的参数区域。这里其他参数由图 3.18给出

根据分岔图 [图 3.19(b)] 还可以看到，系统的动力学行为是依赖于参数选取的，同样的调控网络在不同的系统参数下可以表现出不同的系统行为，可以出现周期振荡、单稳态，或者双稳态等。例如，如果取 $\alpha_1 = \alpha_2 = 60$, a 的取值在临界值 $a = 1$ 附近，可以得到如实验所看到的衰减振荡解 (图 3.20)。

3.4.2   随机激励振子

上一节介绍了系统的平衡态失去稳定性而产生周期振荡的例子。在这一节介绍另外一种常见的产生周期振荡的机制，即随机激励的振子。在这种振荡现象中，系统存在近临界状态的唯一稳定平衡点。在随机激励下，该平衡点可以失去稳定性而偏离平衡态。但是因为系统的耗散性，系统在远离平衡态后回复到原来的稳定平衡态，从而产生振荡。

3.4.2.1   模型的描述和建立

这里介绍的随机激励振子的模型是一个假想模型，如图 3.21 所示[39]。这个模型包含两个基因，即表达激活子蛋白 A 和阻抑物蛋白 R。激活子蛋白 A 可以与基因 A 和基因 R 的启动子上的活化位点结合，提高相应基因的转录效率。阻抑物蛋白 R 与蛋白 A 结合成

为复合物，把蛋白 A 分离出去。这样，当蛋白 R 大量表达时，可以把激活子蛋白分离，抑制蛋白 A 和 R 的表达，因此，蛋白 R 实际上起抑制作用。

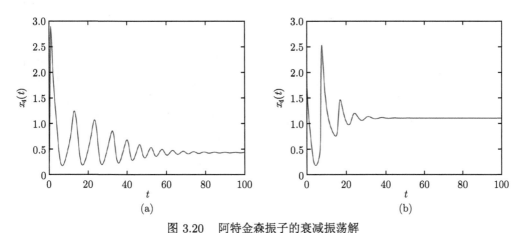

图 3.20　阿特金森振子的衰减振荡解

这里 $\alpha_1 = \alpha_2 = 60$，并且分别取 $a = 1.109$ (a) 和 $a = 0.957$(b)。其他参数由图 3.18给出

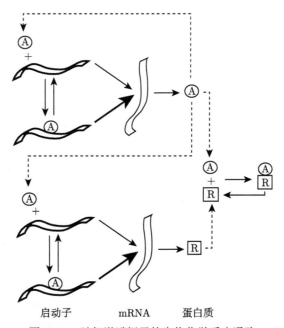

启动子　　　　　mRNA　　　蛋白质

图 3.21　随机激励振子的生物化学反应通路

蛋白 A 可以与基因 A 和基因 R 的启动子上的活化位点结合，提高相应基因的转录效率。而蛋白 R 与蛋白 A 结合成为复合物，从而把蛋白 A 分离出去。这样，当蛋白 R 大量表达时，可以分离蛋白 A，从而抑制蛋白 A 和 R 的表达。

根据文献 [39] 重绘

　　上面的反应通路可以分别通过吉莱斯皮算法进行随机模拟和使用化学速率方程进行描述。根据反应通路的所有反应：蛋白质与 DNA 的结合与分离、mRNA 的转录、由 mRNA 翻译成为蛋白质和 mRNA 与蛋白质的分解等，可以通过吉莱斯皮算法模拟系统状态的动力学行为。这里忽略这些反应的细节，图 3.22 给出了一个样本轨道的动力学过程。

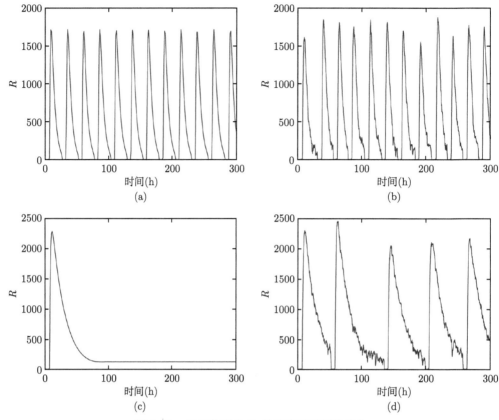

图 3.22   阻抑物蛋白 R 的浓度随时间的演化

(a) 和 (c) 根据确定性模型 (3.84) 的模拟结果。(b) 和 (d) 根据吉莱斯皮算法的随机模拟结果。参数为 $\alpha_A = 50\mathrm{h}^{-1}$, $\alpha'_A = 500\mathrm{h}^{-1}$, $\alpha_R = 0.01\mathrm{h}^{-1}$, $\alpha'_R = 50\mathrm{h}^{-1}$, $\beta_A = 40\mathrm{h}^{-1}$, $\beta_R = 5\mathrm{h}^{-1}$, $\delta_{M_A} = 10\mathrm{h}^{-1}$, $\delta_{M_R} = 0.5\mathrm{h}^{-1}$, $\delta_A = 1\mathrm{h}^{-1}$, $\gamma_A = 1\mathrm{mol}^{-1}\mathrm{h}^{-1}$, $\gamma_R = 1\mathrm{mol}^{-1}\mathrm{h}^{-1}$, $\gamma_C = 2\mathrm{mol}^{-1}\mathrm{h}^{-1}$, $\theta_A = 50\mathrm{h}^{-1}$, $\theta_R = 100\mathrm{h}^{-1}$。图 (a) 和 (b) 取 $\delta_R = 0.05\mathrm{h}^{-1}$；图 (c) 和 (d) 取 $\delta_R = 0.2\mathrm{h}^{-1}$。初始条件：$D_A = D_R = 1$, $D'_A = D_R = M_A = M_R = A = R = C = 0$，因为基因是单拷贝的，所以满足条件 $D_A + D'_A = 1$ 和 $D_R + D'_R = 1$。根据文献 [39] 重绘

下面来建立化学速率方程。令 D'_A 和 D_A 分别表示激活子基因 A 与蛋白 A 结合和没有与蛋白 A 结合的基因的浓度。考虑到每个基因只有一个拷贝的情况，这里的 D'_A 和 D_A 也表示在一段时间之内该基因处于相应状态的时间的比例，下面的记号也同样理解。类似地，D'_R 和 D_R 分别表示阻抑物基因 R 与蛋白 A 和没有与蛋白 A 结合的基因的浓度。M_A 和 M_R 分别表示激活子 A 和阻抑物 R 所对应的 mRNA 的浓度，A 和 R 分别表示激活子和阻抑物蛋白的个数，C 表示激活子和抑制子蛋白复合体的浓度。上面的反应通路可以通过化学动力学方程描述如下：

$$\mathrm{d}D_A/\mathrm{d}t = \theta_A D'_A - \gamma_A D_A A,$$

$$\mathrm{d}D_R/\mathrm{d}t = \theta_R D'_R - \gamma_R D_R A,$$

$$\mathrm{d}D'_A/\mathrm{d}t = \gamma_A D_A A - \theta_A D'_A,$$

$$\mathrm{d}D'_R/\mathrm{d}t = \gamma_R D_R A - \theta_R D'_R,$$

$$\mathrm{d}M_A/\mathrm{d}t = \alpha'_A D'_A + \alpha_A D_A - \delta_{M_A} M_A, \tag{3.84}$$

$$\mathrm{d}A/\mathrm{d}t = \beta_A M_A + \theta_A D'_A + \theta_R D'_R$$
$$- A(\gamma_A D_A + \gamma_R D_R + \gamma_C R + \delta_A),$$

$$\mathrm{d}M_R/\mathrm{d}t = \alpha'_R D'_R + \alpha_R D_R - \delta_{M_R} M_R,$$

$$\mathrm{d}R/\mathrm{d}t = \beta_R M_R - \gamma_C A R + \delta_A C - \delta_R R,$$

$$\mathrm{d}C/\mathrm{d}t = \gamma_C A R - \delta_A C.$$

在这里常数 α 和 α' 分别表示本底的和被激发后的转录效率, β 表示翻译效率, δ 表示降解率, γ 表示与其他分子结合的反应速率, θ 为相应的解离率。这里把细胞的体积归一化为 1 (通过选取合适的长度单位), 因此上面的浓度也可以理解为系统平均的分子个数。注意到这里假设激活子和阻抑物的复合体分离的过程伴随着激活子 A 的降解, 并且释放出阻抑物 R, 因此参数 δ_A 在方程中出现两次。

选取合适的参数, 对上面的模型进行数值模拟, 可以看到在一定的参数范围内, 该模型存在周期振荡解 [图 3.22(a)]。比较图 3.22(a)、(b) 的计算结果, 在一定条件下, 随机模拟和确定性模型所给出的结果具有相同的定性行为, 即都表现为周期振荡, 而且周期和振幅从数量上大致一致。因此, 对于这样的动力学行为, 可以通过确定性模型来对上述反应通路进行分析。另外, 从图 3.22(c)、(d) 的结果可以看到, 对某些参数, 确定性模型和随机动力学模型的结果并不一致。当 δ_R 比较大时, 上面的确定性模型给出的计算结果表明该系统有唯一的稳定平衡点, 没有非平凡周期解。而随机模拟的结果显示此时的系统可以存在振荡的解。由下面的分析可知, 这种振荡解的产生机制就是随机激励的振子。

3.4.2.2　模型分析

方程 (3.84) 是 9 阶常微分方程组, 不便于分析。为研究上述振荡现象的形成机制, 下面将把系统简化。和前面研究的例子一样, 先把反应通路所涉及的化学反应按照快反应和慢反应过程分别处理, 并且对快反应过程使用拟平衡假设来简化方程。

在这里所考虑的系统中, 启动子的状态改变 (激活子 A 与基因的激活子位点的结合和解离) 是快反应过程 ($\theta_A = 50\mathrm{h}^{-1}$, $\theta_R = 100\mathrm{h}^{-1}$)。基因的转录过程也是快反应过程 ($\alpha_A = 50\mathrm{h}^{-1}$, $\alpha'_A = 500\mathrm{h}^{-1}$, $\alpha_R = 0.01\mathrm{h}^{-1}$, $\alpha'_R = 50\mathrm{h}^{-1}$)。因此, 可以把这些过程近似看作拟平衡的, 把激活的启动子的个数和 mRNA 的个数近似看作常数, 即在方程 (3.84)中令

$$\frac{\mathrm{d}D_A}{\mathrm{d}t} = \frac{\mathrm{d}D_R}{\mathrm{d}t} = \frac{\mathrm{d}D'_A}{\mathrm{d}t} = \frac{\mathrm{d}D'_R}{\mathrm{d}t} = \frac{\mathrm{d}M_A}{\mathrm{d}t} = \frac{\mathrm{d}M_R}{\mathrm{d}t} = 0.$$

由这些拟平衡假设可以把 D_A、D_R、D'_A、D'_R、M_A 和 M_R 通过蛋白 A 的浓度表示出来:

$$D_A = \frac{\theta_A}{\theta_A + \gamma_A A}, \quad D_R = \frac{\theta_R}{\theta_R + \gamma_R A},$$

$$D'_A = \frac{\gamma_A A}{\theta_A + \gamma_A A}, \quad D'_R = \frac{\gamma_R A}{\theta_R + \gamma_R A}, \tag{3.85}$$

$$M_A = \frac{1}{\delta_{M_A}} \frac{\alpha'_A \gamma_A A + \alpha_A \theta_A}{\theta_A + \gamma_A A}, \quad M_R = \frac{1}{\delta_{M_R}} \frac{\alpha'_R \gamma_R A + \alpha_R \theta_R}{\theta_R + \gamma_R A}.$$

另外，由于蛋白 A 与激活子位点的结合是很快的过程，也可以认为蛋白 A 的浓度很快可以达到平衡，即

$$\frac{\mathrm{d}A}{\mathrm{d}t} = \beta_A M_A + \theta_A D'_A + \theta_R D'_R - A(\gamma_A D_A + \gamma_R D_R + \gamma_C R + \delta_A) = 0.$$

由此和上面的关系 (3.85) 可以得到关于 A 和 R 的代数方程

$$A = \frac{\beta_A}{\gamma_C R + \delta_A} \frac{1}{\delta_{M_A}} \frac{\alpha'_A \gamma_A + \alpha_A \theta_A}{\theta_A + \gamma_A A}. \tag{3.86}$$

求解方程 (3.86)，把 A 表示成 R 的函数

$$A = \tilde{A}(R) = \frac{1}{2}(\alpha'_A \rho(R) - K_d) + \frac{1}{2}\sqrt{(\alpha'_A \rho(R) - K_d)^2 + 4\alpha_A \rho(R) K_d}, \tag{3.87}$$

其中

$$\rho(R) = \frac{\beta_A}{\delta_{M_A}(\gamma_C R + \delta_A)}, \quad K_d = \theta_A/\gamma_A.$$

最后，把式 (3.85)~(3.87) 代入式(3.84)，得到两个慢变量 R 和 C 的二阶动力学系统

$$\begin{cases} \dfrac{\mathrm{d}R}{\mathrm{d}t} = \dfrac{\beta_R}{\delta_{M_R}} \dfrac{\alpha_R \theta_R + \alpha'_R \gamma_R \tilde{A}(R)}{\theta_R + \gamma_R \tilde{A}(R)} - \gamma_C \tilde{A}(R)R + \delta_A C - \delta_R R, \\ \dfrac{\mathrm{d}C}{\mathrm{d}t} = \gamma_C \tilde{A}(R)R - \delta_A C. \end{cases} \tag{3.88}$$

为了验证这里所得到的简化模型的合理性，采用前面数值模拟的参数求解方程 (3.88)，结果如图 3.23 所示。可以看到，简化方程的解与原来的完整系统的解的定性行为是一致的，除了每个周期振荡的振幅和周期略有差别。因此，有理由相信这个简化方程有助于了解周期振荡产生的内部机制。

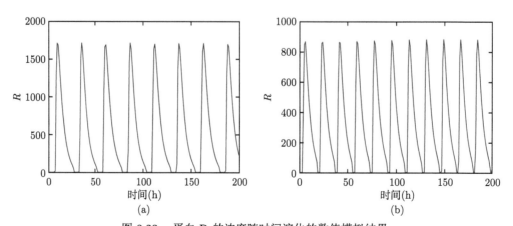

图 3.23　蛋白 R 的浓度随时间演化的数值模拟结果

(a) 根据完整系统 (3.84) 的模拟结果；(b) 根据简化系统 (3.88) 的模拟结果。参数由图 3.22 给出

方程 (3.88) 是一个二阶自治系统。可以使用普通常微分方程定性分析的方法对上面的简化系统进行分析。首先容易看到系统的不动点由下面条件给出:

$$\frac{\mathrm{d}R}{\mathrm{d}t} = \frac{\mathrm{d}C}{\mathrm{d}t} = 0,$$

即由方程组

$$R = \frac{\beta_R}{\delta_R \delta_{M_R}} \frac{\alpha_R \theta_R + \alpha'_R \gamma_R \tilde{A}(R)}{\theta_R + \gamma_R \tilde{A}(R)}, \tag{3.89}$$

$$C = \frac{\gamma_C}{\delta_A} \tilde{A}(R) R \tag{3.90}$$

的解给出。

由 $\tilde{A}$ 的定义 (3.87) 容易看到 $\tilde{A}$ 关于 $\rho(R)$ 是单调增的, 而 $\rho(R)$ 关于 R 是单调减的, 因此函数 $\tilde{A}(R)$ 是单调减的。故方程 (3.89) 的右边是减函数, 方程 (3.89) 有唯一正解, 记为 R^*。由此可以得到上面简化系统的唯一的平衡点 (R^*, C^*), 其中 $C^* = (\gamma_C/\delta_A) \tilde{A}(R^*) R^*$。

为了分析平衡点 (R^*, C^*) 的稳定性, 类似上一节的分析方法, 首先计算系统在平衡点处的线性化矩阵的秩。由简单的计算可以得到秩

$$\mathrm{tr} = \frac{\partial \tilde{A}(R^*)}{\partial R} \left[\frac{\beta_R}{\delta_{M_R}} \frac{(\alpha'_R - \alpha_R) \theta_R \gamma_R}{(\theta_R + \gamma_R \tilde{A}(R))^2} - \gamma_C R^* \right] - (\gamma_C \tilde{A}(R^*) + \delta_R + \delta_A).$$

当 $\mathrm{tr} > 0$ 时相应的平衡点是不稳定的。在上面的数值计算所使用的参数情况下, 有 $(R^*, C^*) = (66.7491, 363.47)$, 并且 $\mathrm{tr} = 0.81 > 0$, 因此对应的平衡点是不稳定的, 系统存在稳定周期解。

根据条件 $\mathrm{tr} > 0$, 还可以得到保证系统存在稳定周期解的参数范围。在这里主要关心蛋白 R 的降解率 δ_R 对系统的影响。由于蛋白 R 对系统的抑制作用是引起周期振荡的重要原因, 因此蛋白 R 的稳定性对系统的行为比较关键。把 tr 看作 δ_R 的函数 (注意到这里 R^* 也是依赖于 δ_R 的), 而保持其他参数不变。通过简单的数值计算可以看到存在临界值 $\delta_R^* = 0.12$, 使得当 $\delta_R < \delta_R^*$ 时, 相应的平衡点是不稳定的, 系统存在非平凡的稳定周期解。而当 $\delta_R > \delta_R^*$ 时, 系统的平衡点是稳定的 [图 3.24(a)]。由此可以看到, 当蛋白 R 比较稳定时 (相应地, 降解率比较小), 系统存在周期解。类似地, 还可以考虑系统的动力学行为和其他参数的依赖关系。图 3.24(b) 给出了存在稳定周期解时蛋白质与 DNA 序列结合的解离率 θ_A 和 θ_R 的取值范围。特别地, 系统的定性性质的鲁棒性是很好的, 即在当 θ_A 和 θ_R 发生变化时, 有比较大的参数范围可以保证稳定周期解的存在。

上面分析了确定性系统存在周期解的条件, 下面来分析通过随机激励产生周期振荡的机制。主要结果是当系统的参数取值在临界点附近时, 有可能通过随机的激励产生周期振荡。为了理解这一机制, 首先来分析系统 (3.88) 的向量场。这里只考虑平衡点是稳定的情况。图 3.25 给出系统当方程的平衡点稳定时对应的常微分方程模型 (3.88) 的解的相轨线在 C-R 平面上的投影。可以看到, 从任意初始状态开始的相轨线都收敛到系统的唯一平衡点。当系统的参数在临界值附近 (但是还保证平衡点是稳定的) 时, 在远离平衡点的区域,

系统的动力学行为与周期解类似，即大幅度的振荡行为 (但是并非周期振荡)。在平衡点附近，方程的解收敛到平衡点。但是因为参数在临界值附近，在随机干扰下，方程的解很容易离开平衡点的吸引域，迅速偏离平衡点，直到到达 C 零斜线 (如图 3.25 中的虚线所示)，然后再收敛到平衡点。这样，随机扰动就激发了一次周期振荡过程。当这种激发过程不断发生，就产生了随机激励的振荡行为。这就是随机激励振子的动力学机制 (图 3.25)。在这种情况下，确定性模型和随机模型所给出的基因调控网络的动力学行为的定性结果是不一样的，如图 3.22 所示。

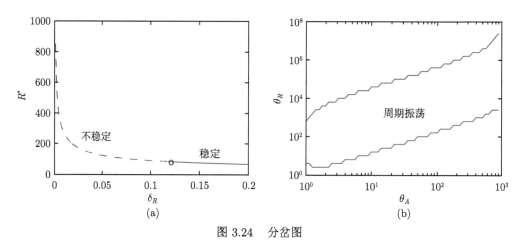

图 3.24　分岔图

(a) 平衡态对应的 R^* 的值和稳定性与参数 δ_R 的关系，这里 "o" 标出临界值 $\delta_R = 0.12$。(b) 在 θ_A-θ_R 平面存在稳定周期解的参数区域 ($\mathrm{tr} > 0$)。这里其他参数由图 3.22 给出

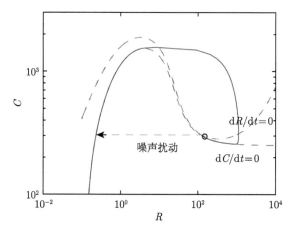

图 3.25　参数取临界值时解曲线在 C-R 平面的投影

这里的灰色虚线分别表示 R 零斜线和 C 零斜线。黑色虚线表示在随机干扰下系统远离平衡态，导致激励振荡

3.4.3　带时滞的负反馈调控

在前面的例子中看到，在产生生物振荡的调控网络中通常都存在负反馈调控。但是，应该注意到仅仅是负反馈调控并不一定能诱导出生物振荡。最简单的负反馈调控系统是分子 X 对自身的产生率直接产生负调控 [图 3.26(a)]。如果通过普通的常微分方程模型描述分

子 X 的数量变化,可以把分子 X 浓度变化的动力学表示为

$$\frac{\mathrm{d}x}{\mathrm{d}t} = f(x) - \delta x$$

的形式,其中非线性函数 $f(x)$ 表示负调控机制对产生率的影响。但是,因为一阶自治常微分方程不存在非平凡周期解,该系统不可能存在周期振荡现象。而如果分子 X 对自己的产生率的调控是间接的 [图 3.26(b)],通过前面的例子已经看到,在一定条件下,如系统的唯一平衡点失去稳定性时,是可以产生周期振荡解的。

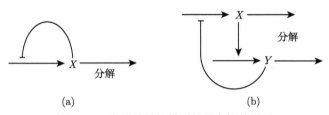

图 3.26　负反馈调控模型的两个简单例子

3.4.3.1　时滞微分方程模型的建立

由上面的简单例子可以看到,负反馈调控网络中的中间过程的长度对周期振荡的产生是有影响的。事实上,在基因调控网络中,直接的调控是很少见的,因为每个分子在产生后,都需要经过一系列的变形、修饰等过程才可以对包括自己在内的分子的产生或者降解进行调控。这些中间过程通常非常复杂,很难在模型建立的过程中给出完整的描述。另外,在很多情况下也不需要对这些过程进行详细的描述 (例如,第 4 章关于节律振荡的例子)。此时,可以采用时滞微分方程,通过时滞的引入来抽象地描述这些中间过程。

一般地,可以采用下面形式的方程来描述一个简单的负反馈调控过程

$$\frac{\mathrm{d}X}{\mathrm{d}t} = \frac{a}{1 + (Z/K)^p} - bX, \tag{3.91}$$

其中 $Z(t)$ 表示有效调控分子在时刻 t 的浓度,依赖于 X 在以前时刻的含量。例如,最简单的依赖关系是

$$Z(t) = X(t - \tau),$$

这里 τ 为常数,表示离散的时间延迟。在很多情况下,中间过程所需要的时间不是确定的数值,而是具有一定分布的随机数,则 $Z(t)$ 可以表示为分布时滞的形式

$$Z(t) = \int_{-\infty}^{t} X(s) G_c^n(t - s)\mathrm{d}s \tag{3.92}$$

其中 $G_c^n(s)$ 表示中间过程所需时间为 s 的概率密度,通常取泊松分布的形式

$$G_c^n(s) = \frac{c^{n+1}}{n!} s^n e^{-cs}. \tag{3.93}$$

容易验证，泊松分布的概率密度函数 (3.93) 在 $s = n/c$ 处取得最大值。如果 n 和 c 都增加，而保持 n/c 不变，则概率密度 $G_c^n(s)$ 趋向于 δ 函数 $\delta(s - n/c)$(图 3.27)。这时分布时滞 (3.92) 趋向于具有时滞 $\tau = n/c$ 的离散时滞 $Z(t - \tau)$。

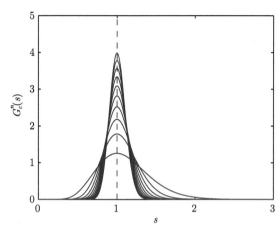

图 3.27　函数 $G_c^n(s)$ 的图像

这里不同的曲线 (从下到上) 依次对应于 $n = 10, 20, \cdots, 100$，并且 $n/c = 1$

如果把中间过程看作分子 X 的状态改变过程，则在上面的函数 $G_c^n(s)$ 中，参数 n 表示分子 X 的中间过程的状态数，而 c 表示分子状态在这些中间态之间转移的速率常数。把所有的中间过程都列举出来，就得到一个链状的反应过程 (图 3.28).

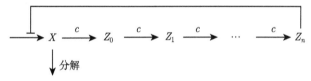

图 3.28　线性链状负反馈环路

引入一系列变量

$$Z_j(t) = \int_{-\infty}^{t} X(s) G_c^j(t - s) \mathrm{d}s, \quad j = 0, 1, \cdots, n$$

表示这些中间状态的含量。这里的 $Z_n(t)$ 就是前面给出的 $Z(t)$。对这些量进行微分，可以得到

$$\frac{\mathrm{d}Z_j}{\mathrm{d}t} = X(t)G_c^j(0) + \int_{-\infty}^{t} X(s)\frac{\mathrm{d}}{\mathrm{d}t}G_c^j(t - s)\mathrm{d}s, \quad j = 0, 1, \cdots, n.$$

由于 $G_c^0(0) = c$ 和 $G_c^j(0) = 0 \ (j = 1, 2, \cdots, n)$，并且考虑到关系

$$\frac{\mathrm{d}}{\mathrm{d}s}G_c^j(s) = c(G_c^{j-1}(s) - G_c^j(s)),$$

可以得到

$$\frac{\mathrm{d}Z_0}{\mathrm{d}t} = cX(t) + \int_{-\infty}^{t} X(s)(-cG_c^0(t-s))\mathrm{d}s,$$

$$\frac{\mathrm{d}Z_j}{\mathrm{d}t} = \int_{-\infty}^{t} X(s)[cG_c^{j-1}(t-s) - cG_c^{j}(t-s)]\mathrm{d}s, \quad j = 1, 2, \cdots, n.$$

这样，连同方程 (3.91)，可以把上述过程表示成常微分方程组

$$\frac{\mathrm{d}X}{\mathrm{d}t} = \frac{a}{1 + (Z_n/K)^p} - bX, \tag{3.94}$$

$$\frac{\mathrm{d}Z_0}{\mathrm{d}t} = c(X - Z_0), \tag{3.95}$$

$$\frac{\mathrm{d}Z_j}{\mathrm{d}t} = c(Z_{j-1} - Z_j) \quad (j = 1, 2, \cdots, n). \tag{3.96}$$

这样就建立了对线性链状反馈系统 (图 3.28) 的时滞方程描述和常微分方程描述之间的联系。如果状态间的转移速度很快，大约需要的时间为 $1/c$，则关于 Z_j 近似为拟平衡的，即关于时间的导数近似为零。此时，有

$$Z_0(t) = X(t - 1/c), \; Z_j(t) = Z_{j-1}(t - 1/c) \quad (j = 1, 2, \cdots, n).$$

因此，近似有 $Z_n(t) = X(t - n/c)$。令时滞 $\tau = n/c$，近似有 $Z(t) = Z_n(t) = Z(t - \tau)$，因此重新得到了时滞微分方程 (3.91)。从上面的简单分析可以看到，采用时滞方程的描述方法来简化中间的状态变化过程在数学上是合理的。

3.4.3.2　时滞微分方程平衡解的稳定性

下面来简单介绍时滞微分方程 (3.91) 的平衡解稳定性的分析方法，详细的讨论请参考时滞微分方程方面的专著，如参考文献 [40]。这里只看离散时滞的情况。首先，令 $x = X/K$ 表示无量纲化的分子浓度，$\delta = bK/a$ 表示无量纲化的降解率，并且引入无量纲化的时间 $t = at/K$（为方便计，下面还以 t 表示无量纲化的时间），则可以把式 (3.91) 改写为下面的无量纲化时滞常微分方程

$$\frac{\mathrm{d}x}{\mathrm{d}t} = \frac{1}{1 + x_\tau^p} - \delta x, \quad x_\tau = x(t - \tau). \tag{3.97}$$

方程 (3.97) 有唯一的平衡解 x^*，满足代数方程 $\delta x(x^p + 1) - 1 = 0$。

为分析平衡解的稳定性，对方程在该平衡解附近作泰勒展开，令 $y(t) = x(t) - x^*$，则 y 满足

$$\frac{\mathrm{d}y}{\mathrm{d}t} = -\phi y(t - \tau) - \delta y(t) + 高阶项, \quad \phi = \frac{px^{*p-1}}{(1 + x^{*p})^2}. \tag{3.98}$$

在这里 $\phi > 0$，$\delta > 0$。求解方程 (3.98) 的形如 $y(t) = y_0 e^{\lambda t}$ 的解，近似到最低阶项，可以得到 λ 满足的方程

$$\lambda + \delta = -\phi e^{-\lambda \tau}. \tag{3.99}$$

方程 (3.99) 也称为式 (3.98) 的特征方程。根据时滞微分方程的稳定性理论，如果特征方程 (3.99) 的所有解都具有负实部，则零解是稳定的[40]。很显然，零解的稳定性只与参数 (δ, ϕ) 和时滞 τ 有关。

容易看到，当 $\tau = 0$ 时，只有当 $\delta + \phi > 0$ 时，方程 (3.98) 的零解是稳定的。当 $\tau > 0$ 时，方程 (3.99) 是超越方程，不能直接求解。下面假设 $\delta + \phi > 0$，求解临界时滞 τ_{crit}。当 $\tau = \tau_{\text{crit}}$ 时，系统平衡态的稳定性发生变化，即出现霍普夫 (Hopf) 分岔。

对给定的 (δ, ϕ)，特征方程 (3.99) 的特征值是连续依赖于时滞 τ 的。因此，当 $\delta + \phi > 0$ 并且 $\tau = 0$ 时，特征方程的所有根都具有负实部，即分布在复平面的左半平面。当时滞 τ 逐渐增大时，这些特征根在复平面内连续变化。临界时滞对应于存在某个特征根穿过纯虚轴时，即有纯虚特征根的情况。因此，只需要求解特征方程 (3.99) 存在纯虚特征根的条件。

假设特征方程有纯虚根 $\lambda = \pm i\omega$ (这里 ω 为正实数)，代入方程 (3.99)，并分离实部和虚部，可以得到

$$\delta = -\phi \cos(\omega\tau), \ \omega = \phi \sin(\omega\tau). \tag{3.100}$$

由此容易得到

$$\omega^2 = \phi^2 - \delta^2.$$

如果 $\phi^2 < \delta^2$，则方程 (3.100) 没有正实数解 ω，也就是说临界时滞 $\tau_{\text{crit}} = +\infty$。当 $\phi^2 > \delta^2$ 时，容易有

$$\omega = \sqrt{\phi^2 - \delta^2} = \delta\sqrt{[p/(1 + (x^*)^{-p})]^2 - 1}, \tag{3.101}$$

并且临界时滞为

$$\tau_{\text{crit}} = \frac{\cos^{-1}(-\delta/\phi)}{\omega} = \frac{\cos^{-1}(-[1 + (x^*)^{-p}]/p)}{\delta\sqrt{[p/(1 + (x^*)^{-p})]^2 - 1}}. \tag{3.102}$$

当 $\tau = \tau_{\text{crit}}$ 时，线性化方程 (3.98) 存在周期解 $y(t) = y_0 e^{\pm i\omega t}$，对应的周期为 $2\pi/\omega$。因此，上面也给出了临界时滞附近周期解的振荡周期的估计式 (图 3.29)。但是需要注意

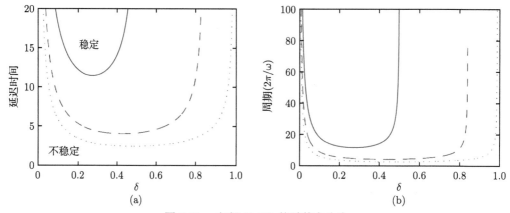

图 3.29　方程 (3.97) 的霍普夫分岔

这里分别给出了临界时滞 (a) 和临界情况下周期解的周期 (b) 与参数 δ 的关系。三条曲线分别对应于 $p = 2$ (实线)，$p = 3$ (虚线) 和 $p = 4$ (点线)。根据文献 [27] 的图 9.10 重绘

的是，当系统的参数远离临界状态时，系统振荡解的振荡周期与参数的关系还是未知的。从式 (3.101) 和 (3.102) 还可以看到，只有当 $|\phi| > \delta$ 时才可能出现霍普夫分岔。此时有 $-1 < -(1 + (x^*)^{-p})/p < 0$，因此函数 arccos 是有定义的，并且取值大于 $\pi/2$。所以要得到霍普夫分岔，即产生周期振荡解，必须要 $\tau > \tau_{\text{crit}} > \pi/(2\omega)$。这个结果也说明为了产生稳定的周期振荡，在负反馈调控过程中的中间过程是必要的。

3.5　本 章 小 结

细胞中数目繁多的基因之间的相互调控是控制细胞的复杂行为和表现形态的重要组成部分。基因调控网络的辨识和对其动力学行为的研究是系统生物学的主要研究对象之一。本章介绍了组成基因调控网络的几个基本结构和相关动力学行为，包括正反馈与双稳态、状态的切换、负反馈与生物振荡等。这些都是构成复杂行为的基本要素。通过组成复杂调控网络的基因之间的作用和调控模块的嵌套，可以实现复杂的动力学过程，使细胞对外界环境的变化产生合适的响应。

在这一章中，看到有合作的正反馈可以产生双稳态现象，并且在噪声的干扰下可以造成细胞状态的切换，即细胞的状态从一种稳定状态切换到另外一种稳定状态。但是，这种机制对于产生连贯的随机切换有一定的局限性。这是因为一方面系统状态的稳定性要求噪声足够小，另一方面需要强大的噪声使稳定状态随机性地失稳，以产生状态的切换。这两种要求是矛盾的，一般不容易同时满足。与连贯切换类似的动力学行为是周期振荡。在产生周期振荡的基因调控网络中通常需要负反馈回路，并且在这些负反馈回路中一般需要较长的中间过程。在有些情况下，对临界的稳定状态的随机激励也可以产生振荡。这种情况和随机扰动下的连贯切换现象类似。

因为实验数据的误差一般比较大，通过实验数据通常很难区分连贯切换、随机激励的振荡和规则的周期振荡。所以根据实验结果构建基因调控网络的时候通常还需要参考其他相关的生物学事实，例如，蛋白质之间的相互关系和蛋白质与 DNA 的相互调控关系等。为了区分不同的振荡模式，通常需要根据实验数据计算振荡的周期。如果数据的采样点是均匀的，一般可以通过简单的傅里叶分析就可以得到周期。但是，在很多生物学实验中，由于条件的限制，对数据的采样是不均匀的。在这种情况下，可以采用洛姆周期图方法来计算振荡的周期。

补充阅读材料

(1) Hasty J, Pradines J, Dolnik M, Collins J J. Noise-based switches and amplifiers for gene expression. Proc Natl Acad Sci USA, 2000, 97: 2075-2080.

(2) Gardner T S, Cantor C R, Collins J J. Construction of a genetic toggle switch in *Escherichia coli*. Nature, 2000, 403: 339-342.

(3) Tian T, Burrage K. Stochastic models for regulatory networks of the genetic toggle switch. Proc Natl Acad Sci USA, 2006, 103: 8372-8377.

(4) Lipshtat A, Loinger A, Balaban N Q, Biham O. Genetic toggle switch without cooperative binding. Phys Rev Lett, 2006, 96: 188101.

(5) Atkinson M R, Savageau M A, Myers J T, Ninfa A J. Development of genetic circuitry exhibiting toggle switch or oscillatory behavior in *Escherichia coli*. Cell, 2003, 113: 597-607.

(6) Vilar J M G, Kueh H Y, Barkai N, Leibler S. Mechanisms of noise-resistance in genetic oscillators. Proc Natl Acad Sci USA, 2002, 99: 5988-5992.

(7) Gonze D, Bernard S, Waltermann C, Kramer A, Herzel H. Spontaneous synchronization of coupled circadian oscillators. Biophys J, 2005, 89: 120-129.

(8) Lewis J. Autoinhibition with transcriptional delay: a simple mechanism for the zebrafish somitogenesis oscillator. Curr Biol, 2003, 13: 1398-1408.

思　考　题

3.1 考虑如图 3.30 所示的基因调控网络。这里有两个基因，分别表达蛋白 X 和蛋白 Y。这些蛋白质都可以形成二聚体 X_2 和 Y_2，或者合成为复合体 XY。复合体 X_2、Y_2 和 XY 都可以结合到蛋白 X 的基因的激活子位点 D_1 上，促进该基因的表达。而二聚体 X_2 也可以结合到蛋白 Y 的基因的激活子位点 D_2 上，促进该基因的表达。所有激活子位点都只能同时结合最多一个分子。所有复合体和蛋白质的单体一样，都可以被蛋白酶降解。试回答下面问题。

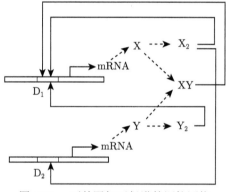

图 3.30　两基因相互促进的调控网络

(a) 试列出上述过程的所有反应。

(b) 假设所有基因的本底表达率为 $0.0005s^{-1}$，mRNA 翻译成蛋白质的反应速率为 $0.2s^{-1}$。mRNA 的降解率为 $0.0004s^{-1}$，蛋白质单体的降解率为 $0.004s^{-1}$。蛋白质单体合成为二聚体的反应速率为 $0.1 \sim 1.0mol^{-1}s^{-1}$，二聚体的解离率为 $0.01 \sim 0.1s^{-1}$。二聚体通常比单体稳定，其降解率为 $10^{-5} \sim 10^{-4}s^{-1}$。基因的激活子位点与蛋白质二聚体的结合率为 $0.005s^{-1}$，解离率为 $0.3s^{-1}$。激活子与蛋白质结合后明显提高基因的表达率，假设可以提高 $10^2 \sim 10^4$ 倍，并且激活子位点 D_1 与二聚体 X_2 或者 Y_2 结合时，其促进作用比与 XY 结合时要明显得多。试根据上面假设选取一组参数，根据 (a) 所列出的反应，通过吉莱斯皮算法对上面的过程进行模拟。试采用不同的参数进行计算，叙述你所发现的结果。是否可以找到参数，使上面系统可以表现出双稳态现象，状态的切换现象，或者连贯的切换。

(c) 假设除 mRNA 的数量变化以外的所有反应都达到拟平衡，试列出简化的常微分方程模型。并且根据在 (b) 中选取的参数，对简化后的模型求解，比较模拟的结果。

(d) 对 (c) 所得到的简化模型进行分析，试探讨该模型存在双稳态或者周期解的条件。

(e) 讨论上面的模型是否可以在外部噪声的干扰下产生随机激励的振荡，如果可以，列出可能的条件。

第 4 章　生物钟的数学模型

在地球上，伴随着日出日落，大多数物种呈现出大约 24h 周期活动的性态，例如，植物叶片白天张开夜晚垂下、人类白天活动夜间睡眠等。生物体的这种周期活动，被称为昼夜节律 (circadian rhythm)，亦称生物钟 (24h 节律) 系统。早在公元 4 世纪，在亚历山大大帝手下服务的船长安德罗斯申尼斯 (Androsthnenes) 知道罗望子树树叶的运动有昼夜差别。意大利生理学家圣托里奥 (Santorio Santorio) 前后 30 年记录自己从早到晚的摄食量、排泄量和体重变化，发现也有昼夜规律。

关于这种昼夜节律，科学家曾经有一个争论：这种现象到底是被日出日落牵引的后果，还是生物体内部力量驱动的？支持日出日落牵引的证据似乎很显然，主要生物体都与当地日出日落同步，尽管各地的日出时间不同。而法国天文学家雅克·道拓思-迪马伦 (Jean Jacques Ortous de Mairan) (猎户座大星云中 M43 星云的名字为迪马伦星云，就是他发现并以他名字命名的) 在 1729 年做了关于生物节律第一个探索性的实验。他把含羞草放在不见光的黑暗箱子里一段时间，含羞草仍然能像在外面那样，在白天叶片张开，而在夜晚叶片合拢。这个实验说明节律是内在的。另外人们熟知的向日葵朝向太阳，并非每天太阳先出来、向日葵后转向，而是向日葵先朝向，而后才有太阳出现。这也意味着这种转向是生物体内自有的。实际上生物体放到太空，节律仍然存在。

因此，昼夜节律是生物体内部力量驱动的，阳光则起相位牵引和同步作用。这种生物体内控制昼夜节律的无形"时钟"，被称为生物钟 (circadian clock)。生物钟广泛存在于生物体内，从简单的蓝细菌 (cyanobacteria) 到多细胞的人，地球上除了部分古细菌，大多数生物都有昼夜节律，许多器官活动也表现出有规律的昼夜节律现象。生物钟对生命体的活动及生理功能都有非常重要的作用。

本章介绍生物钟的分子机制和相关的数学模型，通过各种节律相关的动力学模型构建与分析，阐述节律产生和调控的机制。产生节律振荡的分子调控网络可以非常复杂，在这里并不打算介绍整个复杂的调控网络，而是通过一些简单的系统介绍相关的数学模型方法和基本结论。感兴趣的读者可以进一步参考相关文献 [41-43]。

4.1　分子调控机制

地球上大多数生物为了适应日出日落，都进化出了昼夜节律。但不同的生物体，由多种不同的分子机制来实现昼夜节律，甚至同一生物体的不同细胞，实现昼夜节律的机制也可能不同。现在已经证实能产生 24h 节律振荡的信号调控通路包括：转录调控、翻译后调控、氧化还原反应、糖酵解反应。已知大部分真核生物，从脉孢菌[44] 到果蝇[45] 到哺乳动物 (包括小鼠[46]、人类)，主要是通过转录调控方式来实现昼夜节律的。

揭示生物钟的奥妙吸引了许多生物学家的研究兴趣。1984 年，美国波士顿迪斯大学的杰弗里·霍尔 (Jeffrey C. Hall) 和迈克尔·罗斯巴殊 (Michael Rosbash)，以及洛克菲勒大学的迈克尔·杨 (Michael Young) 团队各自独立地从果蝇体内克隆 (分离和提取) 出了周期 (period) 基因 (简称 per 基因)，并且把这个基因编码出的蛋白质称为 PER 蛋白。他们发现，在夜晚 PER 蛋白会在果蝇体内积累，到了白天又会被分解。由此，PER 蛋白会在不同时段有不同的浓度，以 24h 为周期增加和减少，与昼夜节律惊人的一致。为了解释 PER 蛋白的周期振荡现象，霍尔和罗斯巴殊提出了一个假说，认为 PER 蛋白可以让 per 基因失去活性，形成一个抑制性的反馈机制，并因此形成 per 基因连续而循环的 24h 节律。

1994 年，迈克尔·杨发现了第二个节律基因，称为 tim 基因 (timeless)，tim 基因可以编码 Tim 蛋白，后者可以与 PER 蛋白相互结合，共同起作用，形成生物节律。迈克尔·杨在实验中发现，TIM 蛋白会结合到 PER 蛋白上，然后一起进入细胞核，并且在那里抑制 per 基因的转录活性。

上述研究揭示了细胞中 PER 蛋白水平周期性上升和下降的机制，但是还是没有解释为何这种周期是 24h。后来，迈克尔·杨又发现了一个生物钟基因，称为 DBT 基因。这个基因编码 DBT 蛋白，又可延迟 PER 蛋白的积累，让 PER 蛋白增加和减少的周期固定在 24h 左右。杰弗里·霍尔、迈克尔·罗斯巴殊、迈克尔·杨三位生物学家杰出的工作揭开了生物钟的内在调控原理，因此获得了 2017 年诺贝尔生理学或医学奖。

图 4.1(a) 显示了果蝇生物钟的调控过程。早晨，时钟基因被二聚体 CLK (表示 CLOCK 蛋白) 和 CYC (表示 CYCLE 蛋白) 激活，导致 per 和 tim 的 mRNA 浓度开始上升。PER 蛋白在没有 TIM 蛋白时是不稳定的 (易降解)，而有 TIM 蛋白时两者构成二聚体，是稳定的。PER/TIM 二聚体是核运输的标靶，一旦它们被运进核内 (约在黄昏的 3h 中)，就会抑制 CLK/CYC 的活性，从而关闭 per 和 tim 的 mRNA 的合成。在夜间，PER 和 TIM 蛋白加速磷酸化，导致降解。当它们稀释后，CLK/CYC 二聚体重新活化，周期再次开始。这种 PER/TIM 复合物绑定到 per 与 tim 基因的调控区域，抑制自身的转录的调控方式为负反馈调控。

1994 年，在美国芝加哥北郊西北大学工作的日裔科学家高桥 (Joseph S. Takahashi) 用老鼠做实验，发现了哺乳动物的生物钟基因，比较完整地解释了人和动物的生物钟，也比较清楚地说明，人和动物的生物钟是由 CLOCK 基因和蛋白、PER 基因和蛋白、TIM 基因和蛋白、DBT 基因和蛋白这 4 种基因和蛋白共同作用，形成了动物和人 24h 的生物钟。

而对于没有细胞核的细胞，也有方法来实现 24h 节律振荡。生物学家发现蓝细菌的生物钟的运作可以主要靠翻译后蛋白的磷酸化/去磷酸化，而不是常见的转录调控来完成[47]。蓝细菌的生物钟的核心成分是 KaiA、KaiB 和 KaiC 蛋白，其中 KaiC 是其中的关键。KaiC 有多种磷酸化状态，KaiA 和 KaiB 参与调控 KaiC 的磷酸化/去磷酸化过程。图 4.1(b) 给出这个调控过程的示意图，KaiC 有两个磷酸化位点 S 和 T，对应于 4 种磷酸化状态：U 表示未磷酸化态；T 表示 T 位被磷酸化且 S 位未被磷酸化；S 表示 S 位被磷酸化且 T 位未被磷酸化；ST 表示 S 与 T 位都被磷酸化。KaiA 蛋白可以促进 U → T，T → ST，以及 S → ST 的磷酸化过程，并抑制 ST → S 的磷酸化过程。而 S 态的 KaiC 通过 KaiB 蛋白抑制 KaiA 蛋白的活性。这里 S 态的 KaiC 抑制 KaiA 蛋白，而 KaiA 抑制 ST → S 的磷酸化过程, 是一个负反馈回路。这个磷酸化/去磷酸化负反馈回路驱动了蓝细菌的生物钟振荡。

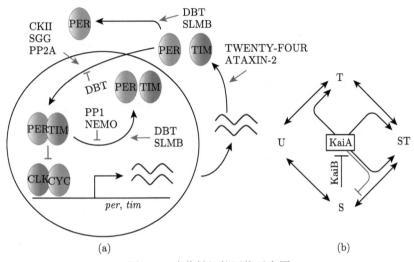

图 4.1　生物钟调控网络示意图

(a) 果蝇生物钟的调控过程, 是一个转录调控为主的负反馈环; (b) 蓝细菌的生物钟的运作主要靠翻译后蛋白的磷酸化/去磷酸化实现负反馈, 而不是常见的转录调控。图 (a) 根据参考文献 [45] 重绘, 图 (b) 根据参考文献 [47] 重绘

　　除了上述两种情况, 生物学家还发现在古细菌中可以通过氧化还原反应实现 24h 节律[48]。另外, 哺乳动物的红细胞由于没有细胞核, 不能通过转录调控来实现昼夜节律, 但它们可以通过糖酵解过程来实现 24h 振荡[49]。

　　一件非常有趣的事情是: 尽管有多种不同的分子机制来实现昼夜节律, 但在目前已经研究清楚的调控通路, 如脉孢菌、果蝇、哺乳动物的转录调控途径及蓝细菌的翻译后调控途径 (磷酸化/去磷酸化), 都是通过负反馈方式调控的。这与第 3 章关于生物振荡的基本机制是一致的。这里其实提出了一个重要的问题: 在漫长的进化与适应过程中, 生物体为什么总是选择负反馈这种调控回路来实现昼夜节律振荡? 或许可以通过计算搜索各种调控模块[50] 产生振荡的能力来尝试说明这个问题。

4.2　理解实验结果——小鼠跑轮实验

　　真正理解实验数据是构建好的数学模型的关键。生物钟系统中, 最常见的数据是通过模式生物的行为数据来获取其核心生物钟参数。用以研究生物钟的模式动物主要有小鼠、大鼠、斑马鱼、脉孢菌等。下面以小鼠跑轮实验为例 [图 4.2(a)], 介绍如何通过其行为数据来获取其核心生物钟参数。

　　一般小鼠跑轮是在两种情况下: 黑暗/光照切换情况或纯黑暗环境。通常在论文中采用白色条带表示光照期, 黑色条带表示黑暗期。例如, 图 4.2 中前 8 天是 12h 光照/12h 黑暗, 通常用来牵引、同步小鼠体内生物钟到达一个稳态。而后 20 天则是纯黑暗环境, 用来显示在没有外部牵引时, 小鼠体内生物钟的情况。图中的黑点表示小鼠跑轮的活动量, 黑点越粗代表活动量越大, 而没有黑点处代表小鼠在这段时间没有活动。图像的纵坐标是天,横坐标是小时，通常是每行 48h，约 2 个周期。其中上一行的后 24h 与下一行的前 24h 是重复的。之所以要在一行里画 48h，是为了完整地表现数据的峰、谷等情况，避免被切断到两行而影响观察。

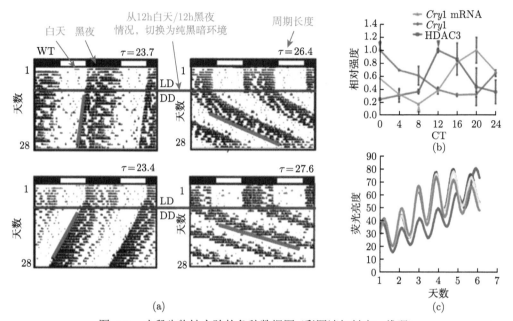

图 4.2　小鼠生物钟实验的各种数据图 (彩图请扫封底二维码)
(a) 小鼠跑轮活动量；(b) 分子 (蛋白质或 mRNA) 表达量；(c) 蛋白的荧光亮度。
LD 表示 12h 白天/12h 黑夜环境，DD 表示纯黑暗环境

如果小鼠活动周期恰好是 24h，则纵向看每天活动的起始点在差不多同一时间，即活动起始点构成的线是垂直的。在图 4.2(a) 的 4 幅图中，前面 8 天在光线牵引下，每天活动的起始点确实在差不多同一时间。如果小鼠活动周期短于 24h，则活动的起始点每天都在提前，起始点构成线的斜率大于 0。例如，野生小鼠 (WT) 在纯黑暗环境中的活动周期是 23.7h，起始点构成线 (红线) 的斜率大于 0。如果小鼠活动周期长于 24h，则活动的起始点每天都在延后，起始点构成线的斜率小于 0。例如，图 4.2(a) 右下格中小鼠在纯黑暗环境中的活动周期是 27.6h，起始点构成线 (红线) 的斜率小于 0。

除了获取周期长短，还能从跑轮图中知道活动的开始 (onset)、结束 (offset) 相位等其他生物钟参数。另外，从跑轮图也能看出活动模式 (反映核心生物钟) 的改变，例如，下文将会阐述生物钟规律性的丧失 (奇异性) 现象等。

除了行为数据，研究生物钟还常常使用细胞内 mRNA 或蛋白质表达量变化来显示。对小鼠而言，通常是先把很多小鼠的生物钟同步 (利用几个周期的黑暗/光照切换来牵引)，然后每隔几个小时杀 n 只小鼠，取小鼠的组织测量 mRNA 或蛋白质浓度。图 4.2(b) 显示了在一个节律周期过程中几个基因的 mRNA 和蛋白质浓度 (这里采用相对数值)，图中的横坐标表示生物钟时间 (circadian time，CT)，其中的误差项表示 n 只小鼠表达量的方差。

上述实验方法的优点是数据可信度比较高，缺点是要使用很多小鼠，并且数据还很稀疏。因此生物学家还设法直接在细胞系 (U2OS) 上测量生物钟蛋白 (如 PER1) 的荧光亮

度。通常是先把一群细胞同步 (如使用药物地塞米松)，然后测量荧光亮度 [图 4.2(c)]。这种数据可以用来判断周期长度，但是由于细胞状态和寿命的关系，常常有逐步变高或衰减的趋势，不适合用来判断振幅。

4.3 分子调控的生物钟模型

4.3.1 古德温振子

在第 3 章的讨论中已经看到，负反馈调控是产生振荡的必要条件。而且在现有的调控通路明确的模型中，生物钟振荡都是通过负反馈方式驱动的。1965 年，布莱恩·古德温 (Brain Goodwin) 用一个简单的模型来解释细菌中周期性的蛋白质合成现象[51]。在这个模型中，假定有 N 种催化酶 $X_1, X_2, \cdots, X_n$，其中，X_{i-1} 促进 X_i $(i = 2, \cdots, n)$，而最后一个 X_n 抑制 X_1，形成如图 3.28 所示的链状负反馈环路。

在 3.4.3 节的介绍中可以看到，这个负反馈环路对应的方程为

$$\frac{\mathrm{d}X_1}{\mathrm{d}t} = \frac{v_0}{1 + (X_n/K)^p} - k_1 X_1,$$

$$\frac{\mathrm{d}X_i}{\mathrm{d}t} = v_{i-1} X_{i-1} - k_i X_i, \quad i = 2, \cdots, n.$$

其中，$k_i X_i$ 可以看作在 "追赶" $v_{i-1} X_{i-1}$，但 X_1 例外，它 "追赶" X_n 的倒数 (因此，X_n 对 X_1 的影响是反向的)。这个系统被证明，当 $n \geqslant 3$ 可以产生振荡。特别地，当 $n = 3$ 时，上述方程可以简化为下面的古德温振子 (Goodwin oscillator) 模型

$$\frac{\mathrm{d}X}{\mathrm{d}t} = \frac{v_0}{1 + (Z/K)^p} - k_1 X,$$

$$\frac{\mathrm{d}Y}{\mathrm{d}t} = v_1 X - k_2 Y,$$

$$\frac{\mathrm{d}Z}{\mathrm{d}t} = v_2 Y - k_3 Z.$$

当 $p = 8$，$n = 3$ 时上述模型存在周期振荡解。

4.3.2 节律振荡的时滞微分方程模型

在 3.4.3 节的讨论中已经看到如古德温振子的线性链状负反馈环路模型可以简化成为时滞微分方程模型。在这里介绍一个基于时滞微分方程简单节律振荡的数学模型。该模型可以看作很多生物振荡的产生机制的抽象和简化情况。

根据霍尔和罗斯巴殊最初提出的对时钟基因 *per* 的假设，节律调控的一般模型如图 4.3(a) 所示。这里，参与节律调控的蛋白质被表达出来以后，经过一系列的反应，包括磷酸化、生成多聚体和蛋白质转运等过程，最后变成被激活的形式，参与调控与节律有关的基因的表达。另外，这些被激活的蛋白质会被转运到细胞核内，抑制其自身基因的表达，形成负反馈调控回路。此外，因为蛋白质的传输和生化反应等都需要时间，有时候还是相当

长的时间，所以这个负反馈的环路存在时间上的滞后。图 4.3(b) 给出了相应的简化后的示意图。这里主要的变化量是 mRNA 和被激活的蛋白质的浓度。其中，从 mRNA 到蛋白质的过程有时间的延滞，并且是非线性的关系。这里的非线性关系通常表示多聚体的产生等过程。这里假设激活蛋白对 mRNA 产生的负调控是快速的过程，没有延迟。这个调控关系可以通过一个非线性函数，通常是希尔函数来描述。

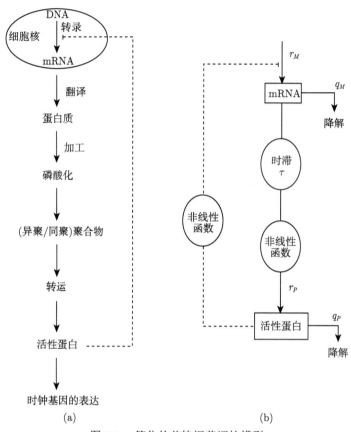

图 4.3 简化的节律振荡调控模型

(a) 节律振荡的分子机制的基本生物学过程示意图。这些过程包括控制蛋白质对自己表达的抑制 (可以在转录或者翻译阶段)，以及蛋白质被表达后的修饰、磷酸化、转运、聚合作用等过程，变成被激活的蛋白质。图中活性蛋白表示被激活的有效蛋白。这些有效蛋白可以抑制其自身的表达和调控控制节律振荡的相关基因的表达。(b) 模型 (a) 的简化描述。这里强调蛋白质的表达后修饰过程的时滞 (τ) 和非线性。另外，有效蛋白对其自身的抑制效应也是非线性的。在模型中还需要考虑 mRNA 和蛋白质的降解。这里假设 mRNA 和蛋白质的产生率为 (r_M, r_P)，其降解率记为 (q_M, q_P)。根据文献 [52] 重绘

令 M 表示 mRNA 的浓度，P 表示被修饰后具活性的蛋白质的浓度，则上面的模型可以通过下面时滞微分方程来描述：

$$\begin{cases} \dfrac{\mathrm{d}M}{\mathrm{d}t} = \dfrac{r_M}{1 + (P/K)^n} - q_M M, \\ \dfrac{\mathrm{d}P}{\mathrm{d}t} = r_P M_\tau^m - q_P P, \end{cases} \qquad M_\tau(t) = M(t - \tau). \tag{4.1}$$

在这里以希尔函数表示被激活的蛋白质对其自身表达 (mRNA 的产生) 的调控，而以 m 次

幂表示被激活的蛋白质和 mRNA 浓度之间的关系，其中包括表达后修饰、磷酸化和聚合物产生等过程。注意到在这些过程中，表达后修饰和磷酸化等过程通常是一阶反应，而聚合物的产生过程是高阶反应，因此采用 m 次幂的近似表达是有一定道理的。在这里时滞 τ 的引入是建立简化模型的常用方法。实际上，该时滞过程包含很多生物过程。但是，在建立简化模型的过程中，通常不需要了解这些生物过程的细节，而是把这些过程看作一个黑箱子来考虑，只关心输入和输出之间的关系。在这里，输入是 mRNA，而输出是被激活的蛋白质。这些生物过程在黑箱子里面所经过的时间是 τ。

选取适当的参数使用 XPPAUT 软件求解上述方程，可以得到周期为 24h 的节律振荡，如图 4.4 所示。

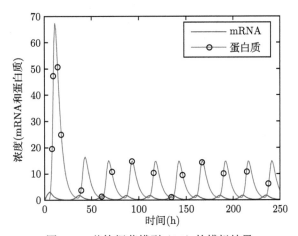

图 4.4 节律振荡模型 (4.1) 的模拟结果

参数值为：$r_M = 1.0\mathrm{h}^{-1}$，$r_P = 1.0\mathrm{h}^{-1}$，$q_M = 0.21\mathrm{h}^{-1}$，$q_P = 0.21\mathrm{h}^{-1}$，$n = 2.0$，$m = 3.0$，$\tau = 4.0\mathrm{h}$，$K = 1$

容易看到，方程 (4.1) 只有一个平衡解。和常微分方程模型的情况类似，如果这个唯一的平衡解是不稳定的，则可以产生稳定的周期解。因此，为了得到产生节律振荡的参数条件，首先分析平衡点的稳定性对参数的依赖关系。

先对方程作无量纲化处理。由 (4.1) 的希尔函数，反馈控制的蛋白质的 EC_{50} 浓度为 K，因此选取 K 为活性蛋白浓度的参考度量。在平衡态时，由 (4.1) 的第一个方程，可以得到

$$M = \frac{r_M}{q_M} \frac{1}{1 + (P/K)^n} \sim \frac{r_M}{q_M},$$

因此令 r_M/q_M 作为 M 的参考度量。这样，得到下面的无量纲化变量

$$x = M/(r_M/q_M), \quad y = P/K, \quad \tilde{t} = q_M t.$$

在这里取 mRNA 的衰减时间为时间度量，得到了下面的无量纲化方程

$$\begin{cases} x' = \dfrac{1}{1 + y^n} - x, \\ y' = r x_{\tau_c}^m - \delta y, \end{cases} \tag{4.2}$$

这里 $'$ 表示 $\dfrac{\mathrm{d}}{\mathrm{d}\tilde{t}}$，相应的无量纲化参数为

$$r = (1/K)(r_P/q_M)(r_M/q_M)^m, \quad \delta = q_P/q_M, \quad \tau_c = q_M\tau.$$

方程 (4.2) 的唯一的平衡点 (x^*, y^*) 由下面代数方程的解给出

$$x^* = 1/(1 + y^{*n}), \quad y^* = (r/\delta)x^{*m}.$$

为得到平衡点的稳定性，在平衡点处把方程 (4.2) 线性化

$$\begin{cases} \tilde{x}' = -\tilde{x} - a\tilde{y}, \\ \tilde{y}' = -\delta\tilde{y} + b\tilde{x}(t - \tau_c), \end{cases} \tag{4.3}$$

其中

$$a = \frac{ny^{*(n-1)}}{(1 + y^{*n})^2}, \quad b = mrx^{*(m-1)}$$

都大于零。为了分析线性方程 (4.3) 的零解的稳定性，假设该方程具有形如

$$\tilde{x} = c_1 e^{\lambda t}, \quad \tilde{y} = c_2 e^{\lambda t} \quad (c_1, c_2 \neq 0)$$

的解。代入方程后可以得到关于系数 (c_1, c_2) 的线性齐次方程组

$$\begin{bmatrix} 1 + \lambda & a \\ -be^{\tau_c\lambda} & \delta + \lambda \end{bmatrix} \begin{bmatrix} c_1 \\ c_2 \end{bmatrix} = \begin{bmatrix} 0 \\ 0 \end{bmatrix}. \tag{4.4}$$

方程 (4.4) 有非零解 (c_1, c_2) 的充分必要条件是系数矩阵的行列式为零。由此可以得到 λ 满足的特征方程

$$f(\lambda) = (1 + \lambda)(\delta + \lambda) + abe^{-\tau_c\lambda} = 0. \tag{4.5}$$

可以证明下面的结论：系统 (4.3) 的零解是稳定的当且仅当特征方程 (4.5) 的所有 (复) 根都具有负实部。

尽管有了上面的判据，特征方程 (4.5) 是超越方程，求解所有的特征值是不可能的。因此，对给定的一组参数，不可能通过计算所有特征根的实部来判断零解的稳定性。类似于 3.4.3 节的讨论，可以假设方程 (4.5) 有纯虚根 $\lambda = i\omega$，由此得到特征方程的临界条件，并确定保证零解稳定的参数范围。

首先当 $\tau_c = 0$ (没有时滞) 时，特征方程 (4.5) 的根为

$$\lambda_{1,2} = \frac{-(\delta + 1) \pm \sqrt{(\delta + 1)^2 - 4(\delta + ab)}}{2},$$

都具有负实部。因此，在没有时滞或者时滞很小时，系统的 (唯一的) 平衡解是稳定的，不存在稳定的周期解。

当 $\tau_c > 0$ 时, 设方程 (4.5) 有纯虚根 $\lambda = i\omega$。把 $\lambda = i\omega$ 代入方程 (4.5), 并把 $f(i\omega)$ 的实部和虚部分开, 则方程 $f(i\omega) = 0$ 等价于

$$\begin{cases} ab\cos\tau_c\omega = \omega^2 - \delta, \\ ab\sin\tau_c\omega = (1+\delta)\omega. \end{cases}$$

由此可以得到对给定的 $\delta > 0$, ab 和 τ_c 满足关系

$$(ab)^2 = \omega^4 + (1+\delta^2)\omega^2 + \delta^2 \tag{4.6}$$

和

$$(\omega^2 - \delta)\tan\tau_c\omega = (1+\delta)\omega. \tag{4.7}$$

对给定的参数 δ, 当 ω 改变时, 方程 (4.6)~(4.7) 给出了 (ab)-τ_c 平面上的曲线, 该曲线把平面分成两个区域, 分别对应于平衡点的稳定区域和不稳定区域, 如图 4.5(a) 所示。在这里, 包含 $\tau_c = 0$ 的参数区域对应于平衡点是稳定的区域。需要注意的是, 对给定的参数 δ、ω, 方程 (4.6)~(4.7) 有无穷多组解, 例如, 如果 (ab, τ_c) 是其中的一组解, 则 $(ab, \tau_c + \pi/\omega)$ 也是该方程组的一组解。因此, 方程 (4.6)~(4.7) 的解实际上给出 (ab)-τ_c 平面上无穷多条曲线。但是, 这些曲线只是对应于特征方程存在纯虚的特征值的情况, 并不一定是作为平衡点稳定性的分界线。在这里, 只有 τ_c 最小的那一个分支才对应于平衡点稳定性的分界线, 即发生霍普夫分岔。

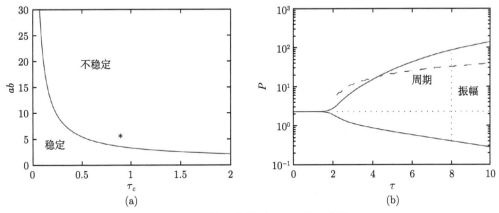

图 4.5　节律振荡模型 (4.1) 的分岔图

(a) 在 (ab)-τ_c 平面上分别对应于平衡点稳定和不稳定的区域。星号 ($*$) 对应于上面的数值模拟 (图 4.4) 所采用的参数所对应的无量纲化参数 ab 和 τ_c。(b) 系统的动力学行为与时滞 τ 的关系。在平衡点是稳定时, 给出了平衡状态对应的蛋白质浓度 (与 τ 无关)。当平衡点不稳定时, 系统存在稳定的非常数周期解, 这里给出了这个周期解的最大值和最小值。另外, 周期解的周期也在图中给出 (虚线)。这里的参数同图 4.4, 特别地, 有 $\delta = 1$

在线性化系统 (4.3) 的零解不稳定时, 系统 (4.2) 存在稳定的非平凡周期解。图 4.5(b) 给出了周期解的振幅和周期与参数 τ 的依赖关系。从这些数值计算的结果可以看到, 周期振荡的振幅和周期都随时滞的增加而增加, 但是振荡周期与时滞的依赖性并不明显。

4.3.3 戈贝特模型

通过上面的模型可以看到，负反馈调控在一定的条件下可以产生振荡动力学。那么到底导致生物体内昼夜节律振荡的生化反应的细节是什么？生物学家通过长时间的研究，到1995年左右基本搞清楚了果蝇生物钟的调控回路。根据图 4.1(a) 所示的果蝇生物钟的调控过程，PER 蛋白被表达以后，在细胞质中与 TIM 蛋白结合形成复合物，进入细胞核中抑制 *per* 基因和 *tim* 基因的表达，形成负反馈回路以调控 PER 蛋白浓度的周期变化。

1995 年，比利时化学家阿尔伯特·戈贝特 (Albert Goldbeter) 提出一个基于上述过程的简化版数学模型[53]，它的思想类似于前面古德温在 1965 年提出来的细菌周期性蛋白合成模型。

假设 PER 蛋白有三个磷酸化态：P_0、P_1、P_2，三种状态之间可以来回切换：

$$P_0 \rightleftharpoons P_1 \rightleftharpoons P_2,$$

其中 P_2 可以进入核内，记为 P_N。P_N (核内 PER) 可以抑制 *per* 基因转录的 mRNA。这个过程其实是通过抑制 CLK/CYC 的活性，从而关闭 *per* 和 *tim* 的 mRNA 的合成来实现的，在这里被简略了。戈贝特提出如图 4.6 所示的简化调控回路。

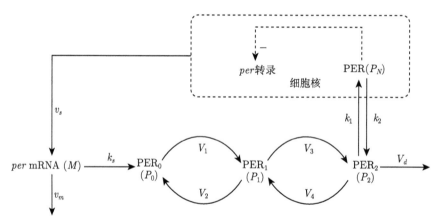

图 4.6　果蝇生物钟的调控回路 (图片源自参考文献 [53])

per 基因在细胞核内转录产生 mRNA，mRNA 被转运到细胞质中，翻译产生 PER 蛋白。PER 蛋白被二级磷酸化后，与 TIM 蛋白相结合并进入细胞核调控 *per* 基因的表达

基于上述调控关系图，可以得到下面的数学模型

$$\frac{\mathrm{d}M}{\mathrm{d}t} = v_s \frac{1}{1 + (P_N/K_I)^4} - v_m \frac{M}{K_m + M},$$

$$\frac{\mathrm{d}P_0}{\mathrm{d}t} = k_s M - V_1 \frac{P_0}{K_1 + P_0} + V_2 \frac{P_1}{K_2 + P_1},$$

$$\frac{\mathrm{d}P_1}{\mathrm{d}t} = V_1 \frac{P_0}{K_1 + P_0} - V_2 \frac{P_1}{K_2 + P_1} - V_3 \frac{P_1}{K_3 + P_1} + V_4 \frac{P_2}{K_4 + P_2},$$

$$\frac{\mathrm{d}P_2}{\mathrm{d}t} = V_3 \frac{P_1}{K_3 + P_1} - V_4 \frac{P_2}{K_4 + P_2} - k_1 P_2 + k_2 P_N - v_d \frac{P_2}{K_d + P_2},$$

$$\frac{\mathrm{d}P_N}{\mathrm{d}t} = k_1 P_2 - k_2 P_N.$$

这里 M 表示 *per* 基因的 mRNA 的浓度, 其变化率 $\mathrm{d}M/\mathrm{d}t$ 包含两个部分 (图中标记为 v_s 与 v_m 的两个箭头): 首先是转录合成 mRNA 的 v_s 箭头, 其速率受到进入细胞核的 PER 蛋白 (以 P_N 表示其浓度) 的抑制, 所以假设与 P_N^4 呈一种反比关系; 而 M 的降解速率 (v_m 箭头, 表示减少, 因此是减去, 是负项) 依赖于 M 自身, 并假设是按酶催化方式进行的, 所以写成米氏函数的方式 ($v_m M/(K_m + M)$)。

方程中的 P_0 表示由 mRNA 翻译得到的 PER 蛋白的浓度, 其变化率 $\mathrm{d}P_0/\mathrm{d}t$ 包含三个部分 (图中标记为 k_s 与 V_1、V_2 的三个箭头): 首先是翻译合成 PER 蛋白的 k_s 箭头, 其速率正比于 M 的浓度; 而由 P_1 (PER 蛋白的另一种磷酸化形式) 转化而来的 V_2 箭头部分, 生成速率依赖于 P_1 自身, 并假设是按酶催化方式进行的, 写成米氏函数的形式 ($V_2 P_1/(K_2 + P_1)$); 而转化为 P_1 的 V_1 箭头部分, 减少速率依赖于 P_0 自身, 也假设是按酶催化方式进行的, 写成米氏函数的形式 ($V_1 P_0/(K_1 + P_0)$)。

方程中 P_1 指 PER 蛋白的另一种磷酸化形式的浓度, 其变化率 $\mathrm{d}P_1/\mathrm{d}t$ 包含四个部分 (图中标记为 V_1、V_2 与 V_3、V_4 的四个箭头), 可以类似地按照米氏函数的形式给出。

类似地, P_2 指 PER 蛋白的第二种磷酸化形式的浓度, 其变化率 $\mathrm{d}P_2/\mathrm{d}t$ 包含四个部分 (图中标记为 V_3、V_4 与 k_1、k_2 的四个箭头), 可以类似地按照米氏函数的形式和线性交换率给出。

方程中 P_N 指进入细胞核后的 PER 蛋白的浓度, 其变化率 $\mathrm{d}P_N/\mathrm{d}t$ 主要是与细胞质中的 P_2 (PER 蛋白的第二种磷酸化形式) 进行交换: 从细胞质中进入的项正比于细胞质中 P_2 浓度, 设比例系数为 k_2; 而离开细胞核的项则正比于 P_N 的浓度, 设比例系数为 k_1。因此有总的变化率: $k_1 P_2 - k_2 P_N$。

对给定的参数求解上述系统, 可以得到 24h 周期的振荡解 (图 4.7)。这个模型首次基于细胞内的生化反应, 再现了生物钟振荡。模型表明, 生物钟振荡是主要是由负反馈回路驱动的稳定极限环。

尽管这是关于生物钟振荡的基于具体信号调控通路的简化模型, 但它包含了生物钟模型的基本特征, 在此做一些说明。

(1) **细胞核问题**　模型中有一个关于细胞核内外物质交换的小瑕疵。实际上, 细胞核内外等量交换的不是浓度而是物质的量。由于细胞核与细胞质体积的不同, 相同量的物质在两个区域的浓度是不一样的。例如, 细胞核与细胞质体积比为 1:4, 则细胞质内转移出若干质量导致降低 1 份浓度, 这些质量的移入将会使细胞核内增加 4 份浓度。所以, 如果假设细胞核与细胞质的体积分别为 V_N 与 V_C, 则最后一个关于核内蛋白质浓度的等式需要修改为

$$\frac{\mathrm{d}P_N}{\mathrm{d}t} = \frac{V_C}{V_N}\left(k_1 P_2 - k_2 P_N\right).$$

有趣的是, 尽管有这样的瑕疵, 却并不影响模型所得到的定性结果。很重要的一点是通过一个简单的模型可以理解这样的负反馈机制是可以产出 24h 周期节律振荡的。

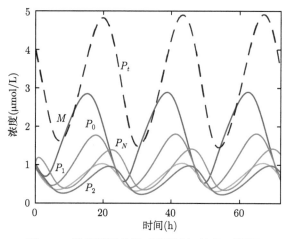

图 4.7　数值模拟结果 (彩图请扫封底二维码)

参数为：$v_s = 0.76\mu mol/(L{\cdot}h)$，$v_m = 0.65\mu mol/(L{\cdot}h)$，$v_d = 0.95\mu mol/(L{\cdot}h)$，$V_1 = 3.2\mu mol/(L{\cdot}h)$，
$V_2 = 1.58\mu mol/(L{\cdot}h)$，$V_3 = 5\mu mol/(L{\cdot}h)$，$V_4 = 2.5\mu mol/(L{\cdot}h)$，$k_s = 0.38h^{-1}$，$k_1 = 1.9h^{-1}$，$k_2 = 1.3h^{-1}$，
$K_1 = K_2 = K_3 = K_4 = 2\mu mol/Lh$，$K_I = 1\mu mol/Lh$，$K_m = 0.5\mu mol/Lh$，$K_d = 0.2\mu mol/Lh$。这里
$P_t = P_0 + P_1 + P_2 + P_N$ 表示 PER 蛋白的总量。根据文献 [53] 重绘

(2) **负反馈问题**　从戈贝特提出这个模型之后，大部分关于生物钟振荡模型都基于真实的负反馈调控回路。在此之前，人们往往使用简单的唯象的正规型模型来研究生物钟[54]。例如，常用模型为

$$\begin{cases} \dfrac{\mathrm{d}r}{\mathrm{d}t} = ar^2\left(1 - r^2\right), \\ \dfrac{\mathrm{d}\theta}{\mathrm{d}t} = 1. \end{cases}$$

这个正规型模型的缺点是看不到明确的负反馈机制，但它胜在简洁。

(3) **霍普夫分岔与看不见的不稳定点**　在生物学问题中，人们能够观察到的往往是稳定态，例如，稳定不动点 (恒定的稳态) 和稳定的周期振荡。但实际上，在生物钟重置过程中起决定作用的往往是看不见的不稳定点。无论是古德温振子模型还是上述的戈贝特模型，在稳定的周期轨中间，都有一个不稳定的不动点。这类振荡都可以看作沿某个参数通过霍普夫分岔产生的稳定极限环，内部有一个不稳定的不动点。当系统状态受到外部环境影响发生重置时 (如调时差、奇异性现象等)，决定后续状态发展的往往是系统状态与不动点的关系。这一点将在 4.5 节详述。

4.3.4　生物钟基因的二聚化与水解模型

上面介绍了关于 *per* 基因自反馈调控的简化模型。这里讨论控制果蝇节律振荡的生物钟基因形成的基因调控网络模型 (图 4.8)。在这个模型中，时钟基因所表达的蛋白 PER 和 TIM 形成稳定的聚合物，调控它们自身的表达。PER 单体可以迅速被磷酸化并且通过蛋白酶 DBT 水解，而 PER/TIM 二聚体比较稳定，不容易被降解。因此，当 PER 的数量比较少时，不容易形成二聚体，很快通过 DBT 降解。而当 PER 的浓度比较高时，形成稳定的二聚体，不容易被 DBT 降解。这样，PER 的降解率与其数量之间满足非线性的关系。这里二聚物的作用相当于对 PER 的数量有一个正反馈调控。PER 二聚体进一步与蛋白质

TIM 结合形成聚合物。然后，这个聚合物被传输到细胞核内，抑制这两个基因的表达，形成负反馈回路。

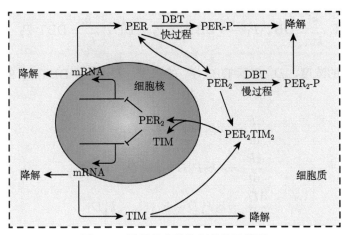

图 4.8　果蝇的节律控制的分子模型

这里蛋白 PER 和 TIM 都可以在细胞质中合成和降解，或者可以形成相对稳定的聚合物。这些聚合物进入细胞核内部，抑制 *per* 和 *tim* 这两个基因的 mRNA 的转录。这里还假设 PER 单体可以很快地被磷酸化并且被蛋白酶 DBT 降解。而二聚物较稳定，不那么容易被 DBT 所降解。根据文献 [55] 重绘

　　上面的机制可以用常微分方程模型描述如下。为此，首先作一些简化。PER 和 TIM 这两种蛋白所起的作用是类似的，并且在细胞内的变化也大概是同步的。因此可以把它们看作统一的时钟基因蛋白。另外，在这里假定细胞核与细胞质内聚合物的浓度很快达到平衡，而不区分分子在细胞核内外分布的差别。这样，可以把上面的模型简化为三个变量，分别是 mRNA 的浓度 M、单体的浓度 P_1 和二聚体的浓度 P_2。

　　由图 4.8 所示的基因调控网络可以通过下面的常微分方程来描述：

$$\frac{\mathrm{d}M}{\mathrm{d}t} = \frac{v_m}{1 + (P_2/P_{\mathrm{crit}})^2} - k_m M, \tag{4.8}$$

$$\frac{\mathrm{d}P_1}{\mathrm{d}t} = v_p M - 2k_a P_1^2 + 2k_d P_2 - \frac{k_{p1} P_1}{J_p + P_1 + rP_2} - k_{p3} P_1, \tag{4.9}$$

$$\frac{\mathrm{d}P_2}{\mathrm{d}t} = k_a P_1^2 - k_d P_2 - \frac{k_{p2} P_2}{J_p + P_1 + rP_2} - k_{p3} P_2. \tag{4.10}$$

这里假设聚合物对时钟基因表达的影响是有合作效应的，希尔系数为 2，相应的 EC_{50} 浓度为 P_{crit}。假设单体和复合体都可以和 DBT 结合并且降解，但是单体的降解率比复合体的降解率大得多，即

$$k_{p1} \gg k_{p2}. \tag{4.11}$$

单体结合成复合体的速率常数为 k_a，复合体分解的速率常数为 k_d。单体与聚合体除了通过和 DBT 结合降解，还有自己的慢降解过程 (假设单体和复合体的慢降解系数是相同的，都是 k_{p3})。在这里，方程 (4.9) 和 (4.10) 中的米氏函数

$$\frac{k_{p1} P_1}{J_p + P_1 + rP_2}, \quad \frac{k_{p2} P_2}{J_p + P_1 + rP_2} \tag{4.12}$$

分别表示单体和复合体通过 DBT 水解的反应速率。下面由拟平衡假设来推导这两个函数。

假设蛋白质的单体和二聚体与 DBT 结合并且被降解。该过程可以如下面所给出：

$$P_1 + \text{DBT} \underset{k_{-1}}{\overset{k_1}{\rightleftharpoons}} \text{DBT-}P_1 \overset{k_1'}{\longrightarrow} \text{DBT}, \quad P_2 + \text{DBT} \underset{k_{-2}}{\overset{k_2}{\rightleftharpoons}} \text{DBT-}P_2 \overset{k_2'}{\longrightarrow} \text{DBT}.$$

令 D 表示 DBT 的浓度，D_1 表示 DBT-P_1 的浓度，D_2 表示 DBT-P_2 的浓度，则有化学速率方程

$$\frac{\mathrm{d}P_1}{\mathrm{d}t} = -k_1 P_1 D + k_{-1} D_1, \tag{4.13}$$

$$\frac{\mathrm{d}P_2}{\mathrm{d}t} = -k_2 P_2 D + k_{-2} D_2, \tag{4.14}$$

$$\frac{\mathrm{d}D_1}{\mathrm{d}t} = k_1 P_1 D - k_{-1} D_1 - k_1' D_1, \tag{4.15}$$

$$\frac{\mathrm{d}D_2}{\mathrm{d}t} = k_2 P_2 D - k_{-2} D_2 - k_2' D_2. \tag{4.16}$$

这里，蛋白酶 DBT 以三种状态存在，分别为自由的状态、与单体结合和与二聚体结合，它们的总浓度是不变的，即

$$D_T = D + D_1 + D_2$$

为常数。假定单体和复合体结合 DBT 并水解释放 DBT 的过程很快，复合物 DBT-P_1 和 DBT-P_2 的浓度达到拟平衡态。由拟平衡假设有

$$\frac{\mathrm{d}D_1}{\mathrm{d}t} = \frac{\mathrm{d}D_2}{\mathrm{d}t} = 0.$$

由上面假设可以得到

$$D = \frac{D_T}{1 + k_{\text{eq},1} P_1 + k_{\text{eq},2} P_2}, \quad D_1 = k_{\text{eq},1} P_1 D, \quad D_2 = k_{\text{eq},2} P_2 D,$$

其中

$$k_{\text{eq},1} = \frac{k_1}{k_{-1} + k_1'}, \quad k_{\text{eq},2} = \frac{k_2}{k_{-2} + k_2'}.$$

这样，上面描述水解过程的方程组可以简化为

$$\frac{\mathrm{d}P_1}{\mathrm{d}t} = -\frac{D_T k_1' P_1}{1/k_{\text{eq},1} + P_1 + (k_{\text{eq},2}/k_{\text{eq},1})P_2}, \tag{4.17}$$

$$\frac{\mathrm{d}P_2}{\mathrm{d}t} = -\frac{D_T k_2' (k_{\text{eq},2}/k_{\text{eq},1})P_1}{1/k_{\text{eq},1} + P_1 + (k_{\text{eq},2}/k_{\text{eq},1})P_2}. \tag{4.18}$$

方程 (4.17) 和方程 (4.18) 的右端分别给出了单体的复合体通过 DBT 水解的反应速率，即函数 (4.12)。通过比较这些函数，可以得到参数之间的对应关系

$$k_{p1} = D_T k_1', \quad k_{p2} = D_T k_2'(k_{\text{eq},2}/k_{\text{eq},1}),$$

$$J_p = 1/k_{\mathrm{eq},1}, \quad r = k_{\mathrm{eq},2}/k_{\mathrm{eq},1}.$$

由上面的参数关系可以看到模型中的条件 (4.11) 等价于

$$k_1' k_{\mathrm{eq},1} \gg k_2' k_{\mathrm{eq},2},$$

即

$$\frac{k_1 k_1'}{k_{-1} + k_1'} \gg \frac{k_2 k_2'}{k_{-2} + k_2'}.$$

当 $k_1 \gg k_2$ 并且 $k_{-1} \ll k_1'$, $k_{-2} \ll k_2'$ 时，也就是说单体比较容易和 DBT 结合，并且不管是单体还是二聚体，与 DBT 结合以后的复合物都很容易水解时，条件 (4.11) 是满足的。这就证明了推导水解速率 (4.12) 时采用的拟平衡假设与模型假设的一致性。

选取合适的参数，对上述模型方程 (4.8)~(4.10) 数值求解，可以看到在条件 (4.11) 下确实存在周期为 24h 的节律振荡 [图 4.9(a)]。下面来分析产生节律振荡的条件。

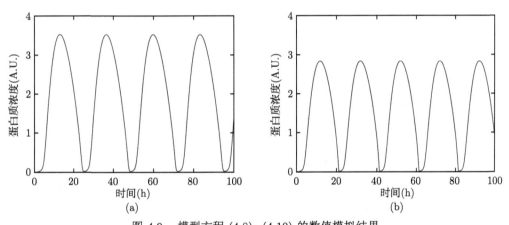

图 4.9　模型方程 (4.8)~(4.10) 的数值模拟结果

(a) 完整模型 (4.8)~(4.10)；(b) 简化模型 (4.20)~(4.21)。这里的参数为 $v_m = 1$, $k_m = 0.1$, $v_p = 0.5$, $k_{p1} = 10$, $k_{p2} = 0.03$, $k_{p3} = 0.1$, $P_{\mathrm{crit}} = 0.1$, $J_p = 0.05$, $r = 1.2$, $k_a = 800$, $k_d = 4$

为了分析的方便，先把模型进一步简化。聚合反应相对于基因的表达是快速化学反应过程 (k_a 和 k_d 都很大)。这时可以假设反应 $2P_1 \rightleftarrows P_2$ 很快达到平衡。由聚合反应的拟平衡假设可以得到关系

$$k_1 P_1^2 = k_d P_2,$$

即

$$P_2 = K_{\mathrm{eq}} P_1^2, \quad K_{\mathrm{eq}} = k_a/k_b.$$

令 $P_T = P_1 + 2P_2$ 为总的蛋白质浓度。注意这里的因子 2，表示每个二聚体贡献两个蛋白质分子。可以由 P_T 表示 P_1 和 P_2。记 $P_1 = q P_T$，则有

$$q = \frac{2}{1 + \sqrt{1 + 8 K_{\mathrm{eq}} P_T}}, \tag{4.19}$$

并且 $P_2 = \dfrac{1}{2}(1-q)P_T$。

现在，可以把方程组 (4.8)~(4.10) 简化为下面的二阶微分方程组

$$\frac{\mathrm{d}M}{\mathrm{d}t} = \frac{v_m}{1 + (P_T(1-q)/(2P_{\mathrm{crit}}))^2} - k_m M, \tag{4.20}$$

$$\frac{\mathrm{d}P_T}{\mathrm{d}t} = v_p M - \frac{k_{p2}(\alpha q P_T + P_T)}{J_p + q P_T + (r/2)(1-q)P_T} - k_{p3}P_T. \tag{4.21}$$

这里 q 通过函数 (4.19) 依赖于 P_T，并且 $\alpha = (k_{p1} - k_{p2})/k_{p2}$。图 4.9(b) 给出了该简化系统的数值结果。通过与原来的完整模型的数值结果比较可以看到这里的简化处理是合理的。

下面对上述系统进行定性分析。为此，令

$$f(P_T) = \frac{v_m}{1 + (P_T(1-q)/(2P_{\mathrm{crit}}))^2},$$

$$g(P_T) = \frac{k_{p2}(\alpha q P_T + P_T)}{J_p + q P_T + (r/2)(1-q)P_T} + k_{p3}P_T.$$

则方程 (4.20)~(4.21) 的平衡点由方程

$$k_m M = f(P_T), \quad v_p M = g(P_T)$$

的解给出，即两条曲线 $M = f(P_T)/k_m$ 和 $M = g(P_T)/v_p$ 的交点。图 4.10(b) 给出了这两条曲线，分别表示 M 零斜线和 P_T 零斜线。可以看到，这个系统只有一个正平衡点。

令 (M^*, P^*) 为方程 (4.20)~(4.21) 的平衡点，则在平衡点处的线性化矩阵为

$$\boldsymbol{A} = \left[\begin{array}{cc} -k_m & -f'(P^*) \\ v_p & -g'(P^*) \end{array}\right].$$

容易看到，当 $-\mathrm{tr}(\boldsymbol{A}) = k_m + g'(P^*) < 0$，即

$$g'(P^*) < -k_m \tag{4.22}$$

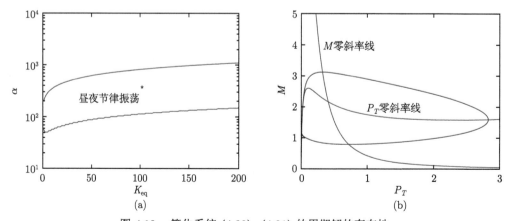

图 4.10　简化系统 (4.20)~(4.21) 的周期解的存在性

(a) 在 k_{p1}-K_{eq} 平面保证系统存在稳定周期解的参数区域；(b) 简化系统的周期解在相平面图的投影。星号 * 表示 $(K_{\mathrm{eq}}, \alpha) = (100, 333)$，其他参数由图 4.9 给出

时 (参考附录 A), 矩阵 $\boldsymbol{A}$ 的特征值都具有正实部, 即平衡点是不稳定的。条件 (4.22) 即 P_T 零斜线 $M = g(P_T)/v_p$ 在平衡点处的切线斜率比较小 (小于 $-k_m/v_p$)。这时方程有稳定的周期解, 该周期解对应于 $M\text{-}P_T$ 平面上的极限环, 如图 4.10(b) 所示。

不等式 (4.22) 给出了平衡点不稳定, 即系统存在稳定周期解的充分必要条件。根据条件 (4.22) 和 $g'(P^*)$ 与参数的依赖关系, 可以得到保证这里讨论的 per/tim 基因调控关系存在稳定周期解的参数区域。在这里的讨论中, 条件 (4.11)——单体的降解率比复合体的降解率大得多——对于保证稳定周期解的存在性是很重要的。条件 (4.11) 等价于在方程 (4.21) 中的 $\alpha \gg 1$。为了验证这一条件的重要性, 考察 $g'(P^*)$ 对 α 和平衡常数 K_{eq} 的依赖关系。图 4.10(a) 给出了在 $K_{\mathrm{eq}}\text{-}\alpha$ 平面保证节律振荡的存在性的参数范围。从图 4.10(a) 可以看到, α 的取值对于节律振荡解的存在性是关键的, 而 K_{eq} 的取值对系统的定性行为的影响并不显著。当 $100 < \alpha < 1000$ 时, 系统存在稳定的节律振荡解。这一结果说明假设 (4.11), 即 $\alpha \gg 1$ 对于周期解的存在是必要的, 但是应该保证 $\alpha < 1000$。当 $(K_{\mathrm{eq}}, k_{p1}) = (100, 333)$ 时, 周期解在相平面内的投影如图 4.10(b) 所示。

在对节律振荡的研究中, 周期解的周期和参数的关系是人们感兴趣的问题。这是因为大部分的节律振荡的周期都具有非常好的鲁棒性, 即 24h。每个人都有经验, 因为熬夜扰乱了自身的生物钟以后, 经过休息后会很快恢复正常的生活节律。然而, 保证这些节律周期的鲁棒性的分子机制目前还不是很清楚。在数学理论方面, 系统周期解的周期与参数的依赖关系是非常复杂的, 目前还没有可行的分析方法。在很多情况下只能通过数值模拟来研究周期对参数的依赖性。在这里所介绍的例子中, 通过数值模拟可以发现, 参数 K_{eq} 对周期振荡的周期影响不大。振荡周期对 k_{p1} 较敏感, k_{p1} 越大, 则周期越大[55][图 4.11(a)]。图 4.11(b) 给出了当参数 k_{p1} 取不同的值时, 系统的周期解对应的蛋白质浓度的动力学行为。从这些数值结果可以看到, 参数 k_{p1} 主要影响的是低蛋白浓度的时间长度。这是因为 k_{p1} 越大, 蛋白质越容易通过 DBT 水解。这样, 就需要更长的时间才能积累足够的蛋白二聚体, 以产生周期的节律振荡。

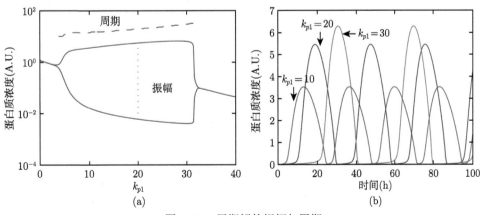

图 4.11　周期解的振幅与周期

(a) 根据方程 (4.8)~(4.10) 的计算模拟得到的周期解的振幅和周期与参数 k_{p1} 的依赖关系; (b) 当 k_{p1} 分别取 10、20、30 时, 蛋白质浓度与时间的关系。其他参数和前面一致

4.4 基于顺式作用元件的生物钟模型

绝大多数的生物钟数学模型是基于蛋白质与基因之间的相互关系 (促进或抑制) 来建模的。例如，图 4.6 所示的调控图，显示进入细胞核的 PER 蛋白 (P_N) 抑制 *per* 基因 mRNA (M) 的合成。因此 *per* mRNA 的合成项被写成与 P_n^4 呈反比的关系。这种模型最常见，不只在生物钟系统，还出现在大量描述生物调控通路的模型中，在这里不再赘述。

但是，生物钟系统有其自身的特点。大多数生物钟基因的调控区域包含 DNA 序列中的 E-box (CACGTG) 或 E′-box (CACGTT)，D-box (TTA[T/C]G TAA) 及 RRE ([A/T]A[A/T]NT[A/G]GGTCA) 中的某几个顺式作用元件 (简称顺式元件)，这些顺式作用元件都属于增强子[56]。顺式作用元件是指对基因转录有调控作用的 DNA 序列，该序列只调控与其自身处于同一个 DNA 分子上的基因。顺式作用元件只有与对应的反式作用因子结合才能起到作用。而 E/E′-box、D-box 及 RRE 的反式作用因子也都是时钟蛋白。因此，与其对大量的调控基因进行建模，不如对少量顺式作用元件因子建模更简洁，也更接近底层本质。例如，在文献 [41] 中建立了包含 5 种蛋白质 30 多个变量的详细模型，其中每种蛋白质的合成都是由 E-box 与 RRE 两种顺式作用元件控制，本质上是一个顺式作用元件决定的模型。

顺式作用元件只调控与其自身处于同一个 DNA 分子上的基因，并且只有与对应的反式作用因子结合才能起到作用。若反式作用因子促进转录，那么它与顺式作用元件的结合会使得顺式作用元件激活；反过来，当它从顺式作用元件上脱离时，顺式作用元件失活。反之，若反式作用因子抑制转录，那么它与顺式作用元件的结合使得顺式作用元件失活；反过来，当它从顺式作用元件上脱离时，顺式作用元件激活。每个顺式作用元件可以有两种状态：活性状态和非活性状态。只有当顺式作用元件处于活性状态的时候，才可以促进基因的转录。并且，顺式作用元件的状态并不是一成不变的，活性与非活性状态之间可以通过与反式作用因子的作用互相转化。如图 4.12(a) 所示，k^+ 表示顺式作用元件由非活性状态向活性状态转化的速度，而 k^- 则表示由活性状态向非活性状态转化的速度。k^+ 和 k^- 的大小与相应的反式作用因子浓度有关。

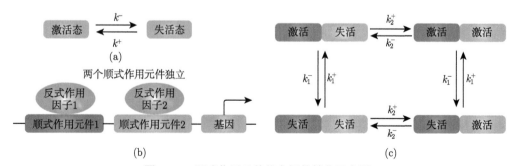

图 4.12 顺式作用元件状态间的转化示意图

(a) 单个顺式作用元件的状态转移；(b) 两个独立的顺式作用元件转录调控示意图；(c) 单个独立顺式作用元件的状态转移

用常微分方程来描述图 4.12(a) 中的状态转化，P^a 表示顺式作用元件活性状态的概率，

则 $1-P^a$ 为其非活性状态的概率，可以得到如下表达式：

$$\frac{\mathrm{d}P^a}{\mathrm{d}t} = k^+(1-P^a) - k^-P^a.$$

由于在生物钟里顺式作用元件在不同状态间的相互转化时间远小于生物钟周期，因此可以将该微分方程进行准静态近似，得到

$$k^+(1-P^a) - k^-P^a = 0,$$

即

$$P^a = \frac{k^+}{k^+ + k^-}.$$

当基因被两个顺式作用元件同时调控，且两个顺式作用元件在调控区域内互相分开较远时，这两个元件可以同时和各自对应的反式作用因子结合 [图 4.12(b)]。

分别记顺式作用元件 1、顺式作用元件 2 处于活性状态的概率为 P_1^a 和 P_2^a。以 k_1^+ 和 k_2^+ 分别表示它们从非活性状态向活性状态转化的速度，而以 k_1^- 和 k_2^- 表示相应的逆反应速度。则由 P^a 表达式，各顺式作用元件活性状态的概率有如下关系：

$$P_1^a = \frac{k_1^+}{k_1^+ + k_1^-}, \quad P_2^a = \frac{k_2^+}{k_2^+ + k_2^-}.$$

在基因被两个相互独立的顺式作用元件调控的情况下，如图 4.12(b) 所示，由于调控基因的顺式作用元件是相互分开的，因此该基因的调控区域有如图 4.12(c) 所示的 4 种状态和转化关系。

图 4.12(c) 中的红色框代表顺式作用元件 1，橙色框代表顺式作用元件 2。用 X_{00} 表示两个顺式作用元件都是非活性状态的概率，X_{10} 表示顺式作用元件 1 是活性状态且顺式作用元件 2 是非活性状态的概率，X_{01} 表示顺式作用元件 1 是非活性状态且顺式作用元件 2 是活性状态的概率，X_{11} 则表示两个顺式作用元件都是活性状态的概率。根据调控区域里 4 种状态间的转化关系，可以通过微分方程建立转录调控的数学模型：

$$\frac{\mathrm{d}X_{00}}{\mathrm{d}t} = k_1^- X_{10} - k_1^+ X_{00} + k_2^- X_{01} - k_2^+ X_{00},$$

$$\frac{\mathrm{d}X_{10}}{\mathrm{d}t} = k_1^+ X_{00} - k_1^- X_{10} + k_2^- X_{11} - k_2^+ X_{10},$$

$$\frac{\mathrm{d}X_{01}}{\mathrm{d}t} = k_1^- X_{11} - k_1^+ X_{01} + k_2^+ X_{00} - k_2^- X_{01},$$

$$\frac{\mathrm{d}X_{11}}{\mathrm{d}t} = k_1^+ X_{01} - k_1^- X_{11} + k_2^+ X_{10} - k_2^- X_{11},$$

$$X_{00} + X_{10} + X_{01} + X_{11} = 1.$$

由于顺式作用元件间的状态转化时间相对于整个生物钟周期很短，可以对该过程进行准静态近似，得到

$$X_{00} = \frac{k_1^- k_2^-}{(k_1^+ + k_1^-)(k_2^+ + k_2^-)} = (1-P_1^a)(1-P_2^a),$$

$$X_{10} = \frac{k_1^+ k_2^-}{(k_1^+ + k_1^-)(k_2^+ + k_2^-)} = P_1^a(1 - P_2^a),$$

$$X_{01} = \frac{k_1^- k_2^+}{(k_1^+ + k_1^-)(k_2^+ + k_2^-)} = (1 - P_1^a)P_2^a,$$

$$X_{11} = \frac{k_1^+ k_2^+}{(k_1^+ + k_1^-)(k_2^+ + k_2^-)} = P_1^a P_2^a.$$

该基因的总转录效率或 mRNA 浓度可以表示为调控区域所有状态下的转录效率总和，即

$$[\mathrm{mRNA}] = K_{10}X_{10} + K_{01}X_{01} + K_{11}X_{11} + K_{00}X_{00},$$

其中 K_{10}、K_{01}、K_{11}、K_{00} 为对应的调控区域相应状态下的转录系数。由于两个顺式作用元件都是非活性状态时转录效率为 0，因此 $K_{00} = 0$。此外，两个顺式作用元件对基因转录的调控相互独立，因此转录系数满足 $K_{11} = K_{10} + K_{01}$。最后，mRNA 的浓度表达式变为

$$[\mathrm{mRNA}] = K_{10}P_1^a(1 - P_2^a) + K_{01}P_2^a(1 - P_1^a) + K_{11}P_1^a P_2^a$$
$$= K_{10}P_1^a + K_{01}P_2^a.$$

从上式可以看到，当基因被两个独立的顺式作用元件调控时，基因的 mRNA 浓度可以表示为这两个顺式作用元件调控的转录效率之和。

下面以一个简化的生物钟系统为例，讨论基于顺式作用元件的生物钟数学建模[57]。在这个简化的生物钟系统里，只考虑 $Cry1$ 基因对自己的负反馈调控，以及 $Cry1$ 和 $Rev\text{-}erb\alpha$ 之间的正反馈调控。最终的简化系统如图 4.13 所示，$Cry1$ 的转录同时受到 PLBS 和 RRE 的调控，转录翻译后的 CRY1 蛋白经过一系列的生化过程后结合到 $Cry1$ 的 PLBS 上，从而抑制自己的转录。这里的 PLBS 是指 E-box 与 D-box 的综合，由于 E-box 与 D-box 相互重叠，因此将它们看作一个整体，在这里并不考虑 D-box 受到的周期调控，而是简略看作一个顺式作用元件。在实际情况中，PER 蛋白和 CRY1 蛋白通常是以复合蛋白的形式起到抑制转录的作用。虽然在简化的系统中只有 CRY1 蛋白，但是由于 CRY1 蛋白和 PER

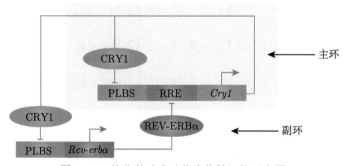

图 4.13　简化的哺乳动物生物钟调控示意图

$Cry1$ 的转录同时受到 PLBS 和 RRE 的调控，转录翻译后的 CRY1 蛋白经过一系列的生化过程后结合到 $Cry1$ 的 PLBS 上，从而抑制自己的转录，形成主环。另外，CRY1 蛋白复合物还通过抑制 $Rev\text{-}erb\alpha$ 基因的 PLBS 活性，减少 $Rev\text{-}erb\alpha$ 的转录。$Rev\text{-}erb\alpha$ 翻译后经过一段时间，结合到 $Cry1$ 基因的 RRE 上，抑制 $Cry1$ 的转录，形成一个副环

蛋白在生物钟主环中都是抑制转录蛋白，因此，在这里可以认为两个 CRY1 蛋白形成的复合物抑制了 PLBS 的活性。另外，CRY1 蛋白复合物还通过抑制 *Rev-erbα* 基因的 PLBS 活性，减少 *Rev-erbα* 的转录。*Rev-erbα* 翻译后经过一段时间，结合到 *Cry1* 基因的 RRE 上，抑制了 *Cry1* 的转录，如图 4.13 所示。

在该简化模型中 *Cry1* 同时受到 PLBS 和 RRE 两个作用元件的调控，这两个顺式作用元件在调控区域内互相分开较远，可以同时与各自对应的反式作用因子 CRY1 和 REV-ERBα 相结合。

首先讨论顺式作用元件 PLBS 和 RRE 活性状态概率的表达式。PLBS 有两种状态，分别是被 CRY1 复合物结合的失活状态，以及不被结合的活性状态。活性状态的 PLBS 可以通过结合 CRY1 蛋白的复合物变成失活状态，反过来，失活状态的 PLBS 也可以通过脱离 CRY1 蛋白复合物重新激活，这两种状态之间的转换如下式所示

$$\text{PLBS}_{\text{active}} \xrightleftharpoons[K_2]{K_1[\text{CRY1}](t-\tau_P)^2} \text{PLBS}_{\text{inactive}},$$

其中，[CRY1] 表示的是 *Cry1* 基因转录翻译后的蛋白质浓度，即细胞质内的 CRY1 蛋白浓度。由于细胞质内的 CRY1 蛋白需要经过一系列的蛋白质修饰及转移、入核等生化过程以后才能以二聚物的形式结合到 PLBS 上，因此有一个时间延迟 τ_p（单位为 h），表示这段过程所花费的时间，称为翻译后时间延迟。这里的平方项则表示是两个 CRY1 蛋白形成的复合物。系数 K_1、K_2 分别表示复合物的结合和解离系数。根据上面的反应可以得到微分方程

$$\frac{\text{d}[\text{PLBS}_{\text{active}}]}{\text{d}t} = -K_1[\text{CRY1}]_{\tau_P}^2[\text{PLBS}_{\text{active}}] + K_2[\text{PLBS}_{\text{inactive}}], \tag{4.23}$$

其中下标表示时滞，即 $[\text{CRY1}]_{\tau_P} = [\text{CRY1}](t-\tau_P)$。这里 $[\text{PLBS}_{\text{active}}]$ 和 $[\text{PLBS}_{\text{inactive}}]$ 满足关系

$$[\text{PLBS}_{\text{active}}] + [\text{PLBS}_{\text{inactive}}] = 1.$$

由于 PLBS 的活性状态转移这一过程对于整个生物钟周期而言时间很短，因此可以对该过程进行准静态近似

$$\frac{\text{d}[\text{PLBS}_{\text{active}}]}{\text{d}t} = 0,$$

由此得到

$$-K_1[\text{CRY1}]_{\tau_P}^2[\text{PLBS}_{\text{active}}] + K_2[\text{PLBS}_{\text{inactive}}] = 0.$$

于是，PLBS 活性状态概率的表达式，简称为 PLBS 的活性，可以表示为

$$[\text{PLBS}_{\text{active}}] = \frac{K_2}{K_2 + K_1[\text{CRY1}]_{\tau_P}^2}. \tag{4.24}$$

注意到前面得到的单个顺式作用元件的活性表达式为 $P^a = \dfrac{k^+}{k^+ + k^-}$。与式 (4.24) 进行比较，并注意到，$k^+ = K_2$，可以得到 $k^- = K_1[\text{CRY1}]_{\tau_P}^2$，这是因为在生物钟里，活性 PLBS 向非活性 PLBS 转移的速率与 CRY1 蛋白二聚物的浓度成正比。

类似地，还可以求得 RRE 的活性状态概率，简称为 RRE 的活性。RRE 有两种状态，分别是被 REV-ERBα 结合的失活状态，以及不被结合的活性状态。状态间的转换关系如下式所示：

$$\mathrm{RRE}_{\mathrm{active}} \underset{K_4}{\overset{K_3[\mathrm{REV}]}{\rightleftharpoons}} \mathrm{RRE}_{\mathrm{inactive}},$$

其中 [REV] 表示结合在 RRE 序列上的 REV-ERBα 蛋白的浓度，K_3、K_4 分别表示 REV-ERBα 和 RRE 的结合系数和解离系数。由此可以得到微分方程

$$\frac{\mathrm{d}[\mathrm{RRE}_{\mathrm{active}}]}{\mathrm{d}t} = -K_3[\mathrm{REV}][\mathrm{RRE}_{\mathrm{active}}] + K_4[\mathrm{RRE}_{\mathrm{inactive}}], \tag{4.25}$$

这里 $[\mathrm{RRE}_{\mathrm{active}}]$ 和 $[\mathrm{RRE}_{\mathrm{inactive}}]$ 满足

$$[\mathrm{RRE}_{\mathrm{active}}] + [\mathrm{RRE}_{\mathrm{inactive}}] = 1.$$

由于 *Rev-erbα* 的转录只由 PLBS 驱动，*Rev-erbα* 的 mRNA 可以表示为 PLBS 活性状态概率的倍数。此外，由于从 mRNA 到蛋白质的翻译时间的延迟，因此可以引进第二个时滞 τ' (单位为 h) 表示这个延迟效果，结合在 RRE 上的 REV-ERBα 蛋白的浓度也可以看作在此时间 τ' 以前的 *Rev-erbα* mRNA 的倍数。因此，结合在 RRE 上的 REV-ERBα 蛋白的浓度正比于时间 τ' 以前 PLBS 的活性状态概率，比例系数记为 k。微分方程 (4.25) 变为

$$\frac{\mathrm{d}[\mathrm{RRE}_{\mathrm{active}}]}{\mathrm{d}t} = -K_3'[\mathrm{PLBS}_{\mathrm{active}}]_{\tau'}[\mathrm{RRE}_{\mathrm{active}}] + K_4[\mathrm{RRE}_{\mathrm{inactive}}], \tag{4.26}$$

其中 $K_3' = kK_3$。同前面一样，这里的下标 τ' 表示时滞。同样地，对 RRE 活性状态的转化过程进行准静态近似 $\frac{\mathrm{d}[\mathrm{RRE}_{\mathrm{active}}]}{\mathrm{d}t} = 0$，即

$$-K_3'[\mathrm{PLBS}_{\mathrm{active}}]_{\tau'}[\mathrm{RRE}_{\mathrm{active}}] + K_4[\mathrm{RRE}_{\mathrm{inactive}}] = 0,$$

得到 RRE 的活性状态概率

$$[\mathrm{RRE}_{\mathrm{active}}] = \frac{K_4}{K_4 + K_3'[\mathrm{PLBS}_{\mathrm{active}}]_{\tau'}}.$$

结合前面 $[\mathrm{PLBS}_{\mathrm{active}}]$ 的表达式 (4.24)，上式可以进一步表示为

$$[\mathrm{RRE}_{\mathrm{active}}] = \frac{K_4}{K_4 + K_3' \times \dfrac{K_2}{K_2 + K_1[\mathrm{CRY1}]_{\tau_P + \tau'}^2}}. \tag{4.27}$$

上文提到，在 *Cry1* 基因中 PLBS 与 RRE 相距较远，它们介导转录的作用是相互独立的。因此可以把 *Cry1* 的 mRNA 表示为 PLBS 活性概率和 RRE 活性概率的线性组合

$$[\mathrm{mRNA}] = k_P[\mathrm{PLBS}_{\mathrm{activie}}] + k_R[\mathrm{RRE}_{\mathrm{active}}],$$

其中，k_P 和 k_R 分别表示 PLBS 和 RRE 的转录系数。细胞质内 CRY1 的浓度变化可以用以下微分方程表示

$$\frac{\mathrm{d}[\mathrm{CRY1}]}{\mathrm{d}t} = k_s[\mathrm{mRNA}] - k_d[\mathrm{CRY1}]. \tag{4.28}$$

其中 k_s 表示 $Cry1$ mRNA 的翻译速率常数，k_d 表示 CRY1 蛋白的降解速率常数。

最终，整个系统可以整理为一个一维时滞微分方程：

$$\frac{\mathrm{d}[\mathrm{CRY1}]}{\mathrm{d}t} = k_s k_P \frac{K_2}{K_2 + K_1[\mathrm{CRY1}]_{\tau_P}^2}$$

$$+ k_s k_R \frac{K_4}{K_4 + K_3' \times \dfrac{K_2}{K_2 + K_1[\mathrm{CRY1}]_{\tau_P + \tau'}^2}} - k_d[\mathrm{CRY1}]. \tag{4.29}$$

令 $X = [\mathrm{CRY1}]$，$K_P = k_s k_P$，$K_R = k_s k_R$，$k_1 = K_1/K_2$，$k_2 = K_3'/K_4$，$\tau_1 = \tau_P$，$\tau_2 = \tau_P + \tau'$，则可以把上面方程写为

$$\frac{\mathrm{d}X}{\mathrm{d}t} = K_P \frac{1}{1 + k_1 X_{\tau_1}^2} + K_R \frac{1 + k_1 X_{\tau_2}^2}{1 + k_2 + k_1 X_{\tau_2}^2} - k_d X. \tag{4.30}$$

这里所有参数都大于零。

这个简化模型是通过描述 $Cry1$ mRNA 的翻译过程建立的，其中关键是对两个顺式作用元件 PLBS (E-box 与 D-box 的混杂) 与 RRE 的活性建模。这样的建模更接近调控的底层本质，因此与实验结果更加吻合[57]。

下面介绍根据上述简化模型所得到的结果和与实验结果的比较。这部分内容主要参考文献 [57]。

图 4.14 和图 4.15 给出了上述简化模型的模拟结果与相应的实验对比结果。在图 4.14(a) 中，系统只有负反馈调控回路。在这种情况下，由于 $Cry1$ mRNA 只受到 PLBS 的调控，而 PLBS 被结合的 CRY1 蛋白所抑制。当结合在 PLBS 上的 CRY1 蛋白浓度最低时，PLBS

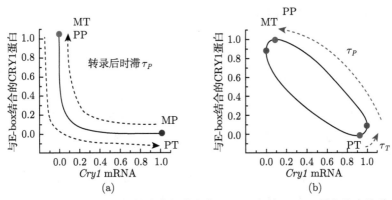

图 4.14　$Cry1$ mRNA 的浓度与结合在 PLBS 上的 CRY1 蛋白浓度关系

(a) 代表只有一个负反馈主环的系统；(b) 代表包含了负反馈主环与 Rev-$erb\alpha/Cry1$ 副环的系统。图中 PP 和 PT 分别代表结合在 PLBS 上的 CRY1 蛋白浓度的最高点和最低点。MP 和 MT 分别代表 $Cry1$ mRNA 浓度的最高点和最低点。为了方便对比，图中的模拟结果都被标准化到区间 [0, 1] 中。根据文献 [57] 重绘

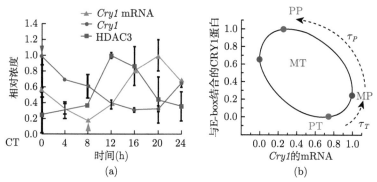

图 4.15   野生型小鼠的生物钟 (彩图请扫封底二维码)

(a) 在野生型小鼠 (WT) 中, $Cry1$ mRNA、$Cry1$ 的 E-box 上结合的 CRY1 蛋白, 以及 RRE 上结合的 HDAC3 蛋白在 24h 里的表达强度, 图中的横坐标 CT(circadian time) 表示生物体主观的时间, CT0 是指主观白天开始的时间, CT12 是指主观夜晚开始的时间。在小鼠的生物钟研究里, CT0 是小鼠在持续黑暗条件下开始活动的时间, 通常是指早上 8 时。(b) 野生型小鼠中 $Cry1$ mRNA 的浓度与结合在 E-box 上的 CRY1 蛋白浓度经过拟合后的关系。根据文献 [57] 重绘

调控的转录效率达到最高, 从而 $Cry1$ mRNA 的浓度也是最高的。因此 $Cry1$ mRNA 的最高点 (mRNA peak, 点 MP) 与 PLBS 上的 CRY1 蛋白的最低点 (protein trough, 点 PT) 重合。对称地, $Cry1$ mRNA 的最低点 (mRNA trough, 点 MT) 与 PLBS 上的 CRY1 蛋白的最高点 (protein peak, 点 PP) 也重合。此外, 由于 $Cry1$ mRNA 变为结合到 PLBS 上的 CRY1 蛋白需要时间 τ_P, 因此 $Cry1$ mRNA 的最高点 (MP) 到 PLBS 上的 CRY1 蛋白的最高点 (PP) 的时间为 τ_P, 从而 PLBS 上的 CRY1 蛋白的最低点 (PT) 到最高点 (PP) 的时间也为 τ_P。

当系统引入了 $Rev\text{-}erb\alpha/Cry1$ 这一正反馈副环后, $Cry1$ 基因同时受到了 PLBS 和 RRE 的调控, 因此 $Cry1$ mRNA 浓度与结合在 PLBS 上的 CRY1 蛋白浓度关系发生了变化, 如图 4.14(b) 所示, $Cry1$ mRNA 的最高点 (MP) 与 PLBS 上的 CRY1 蛋白浓度最低点 (PT) 分开了。因此 PLBS 上的 CRY1 蛋白的最低点 (PT) 到最高点 (PP) 的时间被分成了两个部分: 点 PT 到点 MP 的转录调控时间 τ_T, 以及点 MP 到 PP 的转录后时间。由于 MP 到 PP 的时间是固定的 τ_P, 因此点 PT 到点 MP 的转录调控时间就是 $Rev\text{-}erb\alpha/Cry1$ 这一正反馈副环对生物钟周期的贡献。

为了验证 $Rev\text{-}erb\alpha/Cry1$ 副环这一贡献, 图 4.15(a) 展示了野生型小鼠 24h 内 $Cry1$ mRNA 的表达量、$Cry1$ 的 E-box 上结合的 CRY1 蛋白浓度, 以及与 $Cry1$ 的 RRE 上结合的 HDAC3 蛋白浓度。图 4.15(a) 中每一个点代表一个时间点获得的数据。HDAC3 被认为与 REV-ERBα 合作抑制 RRE 的活性, 因此结合在 RRE 上的 HDAC3 的浓度与 RRE 的活性是反相位的。从图中可以看到, $Cry1$ mRNA (绿线) 最低值所对应的时间处于 CRY1 蛋白浓度 (蓝线) 和 HDAC3 浓度 (红线) 最高点对应的时间之间。该实验结果表明, $Cry1$ mRNA 的表达相位是 E-box 和 RRE 的共同作用结果。利用最小二乘法将 $Cry1$ mRNA 和 CRY1 蛋白的实验数据拟合成三角函数 (其中 $Cry1$ mRNA 的拟合结果为 $0.5423 + 0.3998\sin\left(\dfrac{\pi}{12}(t - 13.16842)\right)$, CRY1 蛋白的拟合结果为 $0.54035 + 0.27066\sin\left(\dfrac{\pi}{12}(t + 2.97)\right)$, 并标准化到区间 $[0,1]$ 中。图 4.15(b) 展示了 $Cry1$ mRNA 与

结合在 E-box 上的 CRY1 蛋白的浓度关系。同模型模拟结果一样，$Cry1$ mRNA 浓度的最高点 (MP) 与 CRY1 蛋白的最低点 (PT) 不重合。因此，模型的计算结果和实验结果都显示，$Rev\text{-}erb\alpha/Cry1$ 这一正反馈副环主要通过改变 $Cry1$ mRNA 的相位来对生物钟周期产生贡献。

　　基于顺式作用元件这种底层的建模方法，文献 [57] 中呈现了一个更完整的哺乳动物生物钟数学模型，并得到了两个关于生物钟周期的模型预测结果：① PLBS 活性和 RRE 活性的振幅的比值与生物钟周期负相关；② 比例调控周期的方式有利于生物钟周期的鲁棒性。图 4.16 展示了第一个预测的模拟和实验对比结果。数值模拟的结果如图 4.16(a)~(c) 所示。图 4.16(a) 显示生物钟周期随着比值 $\dfrac{\text{Amp}_{\text{PLBS}}}{\text{Amp}_{\text{RRE}}}$ 的增加而减少。并且，单独的 PLBS 活性的振幅 [图 4.16(b)] 或者是 RRE 活性的振幅 [图 4.16(c)] 与生物钟周期之间都没有明显的关系。

　　图 4.16(d)~(g) 显示了 11 种基因型的小鼠中的相关实验数据。11 种基因型的小鼠包括野生型小鼠和 10 种突变型小鼠，这些突变的小鼠都被认为时钟蛋白翻译后的调控与野生型相比变化不大。小鼠的生物钟周期比较容易测得，可以直接通过分析每种基因型的小鼠在持续黑暗的情况下的行为活动得到。PLBS 活性的振幅和 RRE 活性的振幅无法在小鼠里直接测得。但是由于 $per1$ 是由 PLBS (即 E-box 与 D-box 的综合) 调控的，因此 $per1$ mRNA 的振幅可以反映 PLBS 活性的振幅。同样地，由于 $Bmal1$ mRNA 是由 RRE 单独驱动的，$Bmal1$ mRNA 的振幅可以反映 RRE 活性的振幅 [图 4.16(d)]。图 4.16(e) 中的

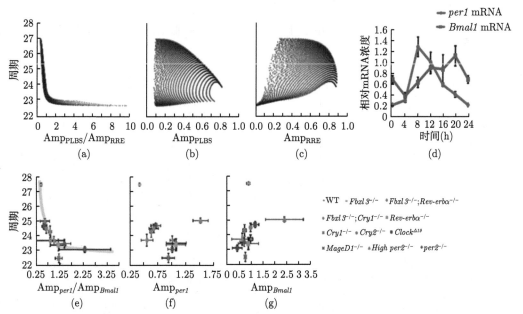

图 4.16　生物钟模型模拟结果与实验结果验证生物钟周期的转录调控方式 (彩图请扫封底二维码)

(a) 数值模拟得到的生物钟周期与 PLBS 和 RRE 活性的振幅比的关系。(b) 数值模拟得到的生物钟周期与 PLBS 活性的振幅的关系。(c) 数值模拟得到的生物钟周期与 RRE 活性的振幅的关系。(d) $per2$ 敲除的小鼠中，$per1$ mRNA 与 $Bmal1$ mRNA 在 24h 里的表达情况。(e) 11 种基因型小鼠中生物钟周期与 $per1$ mRNA、$Bmal1$ mRNA 振幅比的关系。每个点所代表的基因型标注在图的右侧，黄色曲线代表周期变化的趋势。(f) 11 种基因型小鼠中生物钟周期与 $per1$ mRNA 振幅的关系。(g) 11 种基因型小鼠中生物钟周期与 $Bmal1$ mRNA 振幅的关系。根据文献 [57] 重绘

一个点代表一种基因型的小鼠。由图 4.16(d)~(g) 可以看到，生物钟周期与 *per1* mRNA、*Bmal1* mRNA 的振幅比 $\left(\dfrac{\mathrm{Amp}_{per1}}{\mathrm{Amp}_{Bmal1}}\right)$ 呈现了明显的单调关系，这与模型预测的结果一致 [图 4.16(a)]。同样符合预测结果的是，单独的 *per1* mRNA 的振幅 [图 4.16(f)] 或者是 *Bmal1* mRNA 的振幅 [图 4.16(g)] 与生物钟周期都没有明显的关系。这样，实验数据便验证了 *Rev-erbα/Cry1* 这一副环与负反馈主环相互协作通过比例调控的方式影响生物钟周期的规律，即生物钟周期随着 PLBS 和 RRE 活性的振幅比 (或负反馈主环与正反馈副环的振荡强度比) 的增加而减小。

图 4.17 则显示了第二个预测的模拟和实验对比结果。模拟结果显示，由于 *Rev-erbα/Cry1* 这一副环与负反馈主环相互耦合，PLBS 活性振幅和 RRE 活性振幅之间具有连锁效应，生物钟的周期并不容易改变。如图 4.17(a) 所示，图中的横坐标表示改变 PLBS 上的抑制效应所导致的 PLBS 活性振幅相对于野生型 (WT) 情况下的改变比例，纵坐标表示 RRE 活性振幅相对于野生型情况下的改变比例。从该模拟结果可以看到，当改变 PLBS 上的抑制强度时，PLBS 活性振幅的变化几乎以相同的比例传递给 RRE 的活性振幅 (黑线)。反过来，当 RRE 上的抑制效应改变时 [图 4.17(b)]，所导致的 RRE 的活性振幅的变化也会部分地传递给 PLBS 活性振幅 (黑线)。图 4.17(c) 中的 z 轴代表生物钟周期，x 和 y 轴分别代表 PLBS 和 RRE 上的抑制强度，蓝色的曲面则表示在不同抑制强度下的生物钟周期。图 4.17(c) 显示，在野生型情况下，单独地改变 PLBS 的活性 (黄线)，或是单独地改变 RRE 的活性 (紫线)，生物钟周期的变化都不明显。因此，*Rev-erbα/Cry1* 和主环之间的这种比例调控周期的方式，有利于生物钟周期的鲁棒性。

图 4.17(c) 中的结果还显示，虽然单独地改变 PLBS 或 RRE 上的抑制强度不能明显

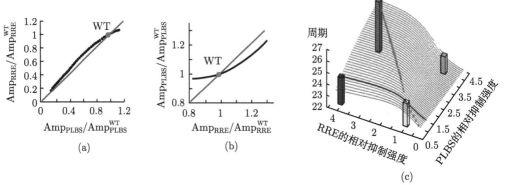

图 4.17　PLBS 活性振幅和 RRE 活性振幅之间的连锁效应 (彩图请扫封底二维码)

(a) 改变 PLBS 上的抑制强度时，PLBS 活性振幅与 RRE 活性振幅的变化情况 (黑线)。横坐标表示 PLBS 活性振幅相对于野生型 (WT) 情况下的改变比例，纵坐标则表示 RRE 活性振幅相对于野生型情况下的改变比例。蓝色的点表示野生型情况下的模拟结果，红线代表假设的 PLBS 活性振幅和 RRE 活性振幅之间 1:1 的传递关系。$\mathrm{Amp}_{\mathrm{PLBS}}^{\mathrm{WT}}$ 和 $\mathrm{Amp}_{\mathrm{RRE}}^{\mathrm{WT}}$ 分别代表野生型情况下 PLBS 活性振幅和 RRE 活性振幅。(b) 改变 RRE 上的抑制强度 (β) 时，RRE 活性振幅与 PLBS 活性振幅的变化情况。横坐标表示 RRE 活性振幅的改变比例，纵坐标则表示 PLBS 活性振幅的改变比例。(c) 在对 PLBS 和 RRE 不同的抑制强度下，生物钟的周期变化。黄色条柱代表野生型情况下的生物钟周期。黄线代表在野生型情况下，单独改变 PLBS 上的抑制强度。紫线代表单独改变 RRE 上的抑制强度。红线表示同时改变 PLBS 和 RRE 上所受的抑制强度。根据文献 [57] 重绘

地改变周期, 但是同时增强 PLBS 和 RRE 上的抑制强度时, 生物钟的周期会明显延长。图 4.18(a) 显示了相应的实验验证结果, 该图展示了 4 种情况下的 U2OS 细胞 (骨肉瘤细胞) 中的 *Bmal1* mRNA 的荧光亮度, 其中黄线代表没有任何过表达蛋白的细胞, 蓝线代表单独过表达 CRY1 蛋白的细胞, 紫色代表单独过表达 REV-ERBα 蛋白的细胞, 红线则表示同时过表达 CRY1 蛋白和 REV-ERBα 蛋白的细胞。未过表达蛋白的 U2OS 细胞的生物钟周期大约是 22.6h (黄色条柱)。单独过表达 CRY1 蛋白的细胞生物钟周期大约是 22.46h (蓝色条柱)。单独过表达 REV-ERBα 蛋白的细胞生物钟周期大约是 22.3h (紫色条柱)。因此, 单独地抑制 PLBS 活性或是 RRE 活性, 生物钟周期都没有明显的改变。但是, 当 U2OS 细胞中同时过表达 CRY1 蛋白和 REV-ERBα 蛋白时, 细胞的生物钟周期延长到了 23.43h (红色条柱)。实验结果 [图 4.18(b)] 与图 4.17(c) 中的数值模拟预测结果一致。

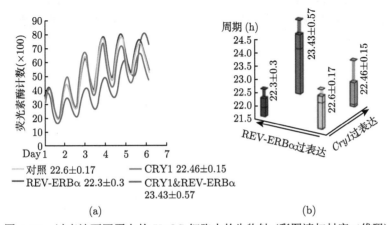

图 4.18 过表达不同蛋白的 U2OS 细胞内的生物钟 (彩图请扫封底二维码)

黄色代表没有任何过表达蛋白的细胞, 蓝色代表 CRY1 蛋白过表达的细胞, 紫色代表 REV-ERBα 蛋白过表达的细胞, 红色代表 CRY1 和 REV-ERBα 蛋白都过表达的细胞。(a) 过表达不同蛋白的细胞内的 *Bmal1* 表达情况;(b) 过表达不同蛋白的细胞产生的生物钟周期。x 轴和 y 轴分别表示 REV-ERBα 和 CRY1 过表达。根据文献 [57] 重绘

4.5 相位反应曲线

从 20 世纪 30 年代起人们就开始认识到光照可以设定生物钟的相位, 由一个以一天为周期的对不同时间点的光脉冲产生相位变化的反应曲线, 称为相位反应曲线 (phase response curve, PRC)。

人们对于 "光可以设定生物钟的相位" 最直观的认识是调时差。为了说明光可以重新设定生物钟的相位与振幅, 考虑最简单的模型

$$\begin{cases} \dfrac{\mathrm{d}r}{\mathrm{d}t} = ar^2(1 - r^2), \\ \dfrac{\mathrm{d}\theta}{\mathrm{d}t} = 1, \end{cases}$$

其中 (r, θ) 是 (x, y) 坐标系的极坐标表示, 而 x 可以看作 *per* mRNA 的含量, y 可以看作 PER 蛋白的含量, 两者构成负反馈关系。这样的系统可以构成极限环 [图 4.19(a) 中的黑

色环]。通常情况下，系统沿着这个极限环的附近逆时针运行。如果系统状态不在极限环上，也会被慢慢吸引到极限环附近并逆时针运行。其中辐角代表生物钟的相位。值得注意的是，极限环中间那个点是不稳定的，因此在生物学上是观察不到的。但这个看不见的不稳定点，在决定系统的相位及系统对外部刺激的反应过程中起着关键作用。

光照通常可以增加 mRNA 的合成，相当于向 x 轴正方向推动状态变化。如果假定光照很强并且瞬时完成，其作用近似为向右水平推动状态变化。图 4.19(a) 中的 6 个点 ①、②、③、④、⑤、⑥ 代表在不同相位上给予刺激得到的不同结果。在 ① 点进行光照，相位角逆时针转动，与原系统逆时针演化同方向，因此相位提前了。同时系统状态被推到极限环之外，振幅会增加。类似地，在 ② 点进行光照，相位角没有转动，相位不变但振幅会增加；在 ③ 点进行光照，相位角顺时针转动，相位延迟且振幅会增加。④、⑤、⑥ 也可以进行类似判断。如果以刺激时间点为横坐标，刺激后的相位改变量为纵坐标，可以得到图 4.19(b) 的相位反应曲线。需注意在这里相位提前用负值的相位提前量表示。

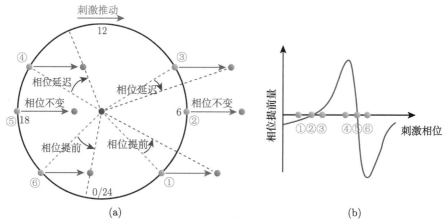

图 4.19   光照重新设定生物钟的相位与振幅 (彩图请扫封底二维码)
(a) 在不同时间点给予光照的后果：相位与振幅都可能发生变化；(b) 相位反应曲线

图 4.19 反映了生物钟系统相位被光照改变的原理。在实验中，也可以通过小鼠跑轮实验来测试相位反应曲线。图 4.20 显示了来自实验的两种不同类型的相位反应曲线。其中，1 型 PRC 是在刺激较弱的情况下，如图 4.21(a) 中的情况。刺激推动 18 点钟的状态移动，但相位未改变。因此可以看到，越接近于 18 点钟的状态，相位改变越小 (趋近于 0)。

但是当刺激强度变强以后，刺激推动 18 点钟的状态移动超过中心点，相位一下子改变 180° (0 型 PRC)。由图 4.21(b) 可以看到，越接近于 18 点钟的状态，相位改变越大 (趋近于正负 180°)。在 18 点钟上侧相位延迟，并且逐步趋近于延迟 180° (12h)，相反在 18 点钟下侧相位提前，并且逐步趋近于提前 180° (12h)，从而在 18 点钟附近造成了一个间断破缺。

从上面的示意图 [图 4.19(a)] 不难看出，光照不仅仅对相位产生影响，也对曲线的振幅产生影响。例如，在 ① 点进行光照，在相位提前的同时，系统状态被推到极限环之外，振幅会增加。因此，也可以画相应的振幅反应曲线 (amplitude response curve，ARC)。关于振幅反应曲线的讨论类似，在这里不再展开，感兴趣的读者可以查阅相关的文献。但这里有一个比较有趣的现象，读者可以先自行想象一下：在图 4.19(a) 中 ⑤ 点进行刺激，如果刺激强度正好将状态推动到中间的不稳定点，振幅会发生什么？在下一节将会讨论这个有趣的现象。

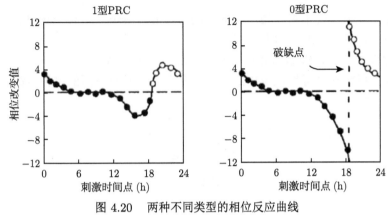

图 4.20   两种不同类型的相位反应曲线

图片源自文献 [58]

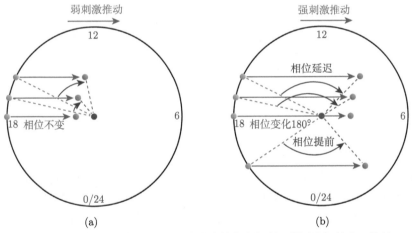

图 4.21   两种不同类型的相位反应曲线的产生机制 (彩图请扫封底二维码)

(a) 弱刺激推动；(b) 强刺激推动

4.6   奇异性与失同步

生物学家在各种生物体中观察到一个奇特的现象：在特定的相位给予特定强度的刺激，可以剧烈地压制振幅，并且振幅的"消失"可以维持一周甚至更长的时间。这种现象被称为奇异性现象。

图 4.22 是仓鼠在一定刺激下进入生物钟"消失"状态的实验结果。图中从上到下每一行代表了每一天的跑轮 (活动) 数据，其中灰色阴影部分代表无光照时间段，其他代表了有光照时间段。可以看到从上到下的前五天，仓鼠的活动 (黑点) 都集中在黑暗期，而在光照期只有零星活动。这代表仓鼠在这些天的活动有很规则的周期性，生物钟正常。在第五天

黑暗期的后 1/3 时间段给予强光照射 (红色块, 红色箭头), 然后第六天开始后移黑暗期 (蓝色箭头)。在接下来的 11 天里, 可以发现仓鼠的活动 (黑点) 不再集中在黑暗期, 而是散乱地分布在 24h 内, 说明这段时间内生物钟 "消失" 了, 也就是出现了奇异性现象。

奇异性现象不仅在仓鼠中出现, 在人类、小鼠、脉孢菌等物种中都有发现, 说明它是一种普遍存在的现象。关于奇异性现象的机制, 目前有所争论。有一些观点认为在脉孢菌的奇异性现象中, 每个单细胞的振幅减小起了关键作用[60], 而另外有观点则认为在小鼠上皮细胞的奇异性现象中, 细胞状态被推到不稳定点附近导致的失同步现象是关键因素[61]。实际上, 这两种机制在奇异性现象中或多或少存在, 可能在不同的物种、组织中重要性不一样。

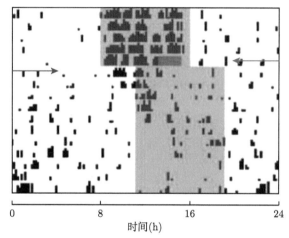

图 4.22   仓鼠活动的奇异性 (彩图请扫封底二维码)

图片源自文献 [59]

这里使用一个简单的脉孢菌模型来说明奇异性现象的发生机制[62]。这是一个三维系统, 包含 frq mRNA (M)、核外 FRQ 蛋白 (F_C)、核内 FRQ 蛋白 (F_N), I_{light} 是光输入项。该模型假设系统本身由一个典型的负反馈环调控, 即 M 的合成率由 F_N 负调控, 合成系数是 v_s, 而 M 的降解是一个酶催化过程, 可以写成米氏函数的方式 ($v_m M/(k_m + M)$)。光输入项 I_{light} 也促进 mRNA 合成。核外 FRQ 蛋白 (F_C) 的合成速率正比于 M 的量 (系数为 k_s), 降解也同样是酶催化过程 (系数为 v_d)。核外蛋白可以与核内蛋白 (F_N) 通过核膜进行交换 ($k_1 F_C - k_2 F_N$)。由上面的假设可以得到方程

$$\begin{cases} \dfrac{\mathrm{d}M}{\mathrm{d}t} = v_s \dfrac{K_I^n}{K_I^n + F_N^n} - v_m \dfrac{M}{k_m + M} + I_{\text{light}}, \\[3mm] \dfrac{\mathrm{d}F_C}{\mathrm{d}t} = k_s M - v_d \dfrac{F_C}{K_d + F_C} - k_1 F_C + k_2 F_N, \\[3mm] \dfrac{\mathrm{d}F_N}{\mathrm{d}t} = k_1 F_C - k_2 F_N. \end{cases} \qquad (4.31)$$

首先研究未加光照时的系统动力学, 此时 $I_{\text{light}} = 0$。尽管此时无法写出显式的定态解, 但当条件 $v_s > v_m$ 满足时, 可以证明此系统有唯一的定态解。

令系统中的三个变量的导数为零来求定态解，即 $\mathrm{d}M/\mathrm{d}t = \mathrm{d}F_C/\mathrm{d}t = \mathrm{d}F_N/\mathrm{d}t = 0$。由 $\mathrm{d}M/\mathrm{d}t = 0$，可以直接解得

$$M = \frac{k_m}{1 - \dfrac{v_s}{v_m}\dfrac{K_I^n}{K_I^n + F_N^n}} - k_m.$$

注意，在这个式子中，当 $v_s > v_m$ 时，M 关于 F_N 是单调递减的，把这个式子记为 $M = f(F_N)$。

而由 $\mathrm{d}F_N/\mathrm{d}t = 0$，显然可以得到

$$F_C = (k_1/k_2)F_N.$$

把它代入 $\mathrm{d}F_C/\mathrm{d}t = 0$ 对应式子，可得

$$M = \frac{v_d}{k_s}\frac{(k_1/k_2)F_N}{K_d + (k_1/k_2)F_N}.$$

注意，在这个式子里，M 关于 F_N 是单调递增的，把这个式子记为 $M = h(F_N)$。

定态解显然应该同时满足 $\mathrm{d}M/\mathrm{d}t = 0$，$\mathrm{d}F_C/\mathrm{d}t = 0$，$\mathrm{d}F_N/\mathrm{d}t = 0$，从而应该同时满足上面两个关于 M 与 F_N 的式子

$$M = f(F_N), \quad M = h(F_N).$$

首先，

$$f(0) = \frac{k_m}{1 - \dfrac{v_s}{v_m}} - k_m = \frac{(v_s/v_m)}{1 - (v_s/v_m)}k_m > 0, \quad f(\infty) = 0,$$

而 f 是单调递减函数。其次，$h(0) = 0$，$h(\infty) = v_d/k_s$，且 h 是单调递增函数。由于在这两个式子中，f 单调递减，h 单调递增，并且 $f(0) > h(0)$，$f(\infty) < h(\infty)$，两个函数在 $[0, +\infty)$ 内有且只有唯一的交点。也就是说系统有且只有唯一的不动点。

根据文献 [62] 所给的模型参数值 $v_s = 1.6\mathrm{nmol}/(\mathrm{L}\cdot\mathrm{h})$，$v_m = 0.505\mathrm{nmol}/(\mathrm{L}\cdot\mathrm{h})$，$v_d = 1.4\mathrm{nmol}/(\mathrm{L}\cdot\mathrm{h})$，$k_s = 0.5\mathrm{h}^{-1}$，$k_1 = 0.5\mathrm{h}^{-1}$，$k_2 = 0.6\mathrm{h}^{-1}$，$k_m = 0.5\mathrm{nmol}/\mathrm{L}$，$K_I = 1\mathrm{nmol}/\mathrm{L}$，$K_d = 0.13\mathrm{nmol}/\mathrm{L}$，$n = 4$。此时，唯一的不动点近似为 $M = 3.9796$，$F_C = 0.8867$，$F_N = 0.4771$。在此点的雅可比矩阵为

$$\boldsymbol{A} = \begin{bmatrix} -0.0258 & 0 & -0.9667 \\ 0.5000 & -0.5515 & 0.6000 \\ 0 & 0.5000 & -0.6000 \end{bmatrix}.$$

其特征值为 $\lambda_1 = -12\,783$，$\lambda_{2,3} = 0.0505 \pm 0.4326\mathrm{i}$。这个结果表明，这个不动点是一个鞍点，其中 λ_1 为稳定特征值，对应于一维稳定流形，$\lambda_{2,3}$ 为一组虚根，对应于二维不稳定流形。

　　计算模拟显示，系统有一个稳定极限环 (红色闭环) 与一个不稳定鞍点，如图 4.23(a) 所示。这个鞍点有一个二维不稳定流形与一维稳定流形 (黄色曲线)。如果系统状态不在极限环上，也会逐渐被吸引到极限环附近。

　　下面来考虑有光照刺激的情况。生物体表现出来的节律性行为，并不是由单个细胞决定的，而是一群细胞的综合输出。例如，小鼠的活动/睡眠节律是由小鼠下丘脑处的视交叉上核 (SCN) 中数万个细胞共同决定的。脉孢菌的孢子释放节律，也是由一群细胞的状态共同决定的。因此有必要考虑细胞间的同步对于奇异性的影响。实际上大部分情况下，两个状态略有不同步的细胞被刺激后，它们的相位改变也是类似的，因此刺激后两者的相位也只有略微不同。但是在特定的相位给予特定强度的刺激，可能会有奇特的后果。图 4.23(b) 显示了两个状态略有不同步的细胞，在 15s 激光照射下被推到不稳定鞍点的稳定流形 (红色曲线) 附近的情况。由于 15s 非常短，细胞状态 (绿色、蓝色直线) 的改变近似于直线移动。这种特殊情况下，绿色的细胞状态被推到稳定流形左面，而红色的细胞状态被推到稳

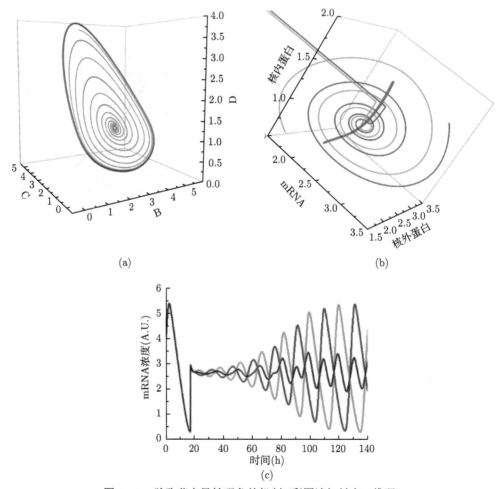

(a)   (b)

(c)

图 4.23　脉孢菌奇异性现象的机制 (彩图请扫封底二维码)

(a) 没有光照时系统相图；(b) 两个相位略有差异的细胞被光照推动到不稳定点的稳定流形附近，光照消失后各自以不同的相位回归极限环的过程；(c) 两个细胞状态的时间曲线 (蓝、绿)，以及它们的综合作用 (黑)。图片源自文献 [62]

定流形右面。尽管两者在相空间里距离很近，但它们与稳定流形的相对位置决定它们此时的相位差近乎 180°。所以当光照刺激消失后，它们就各自以当前位置为初值演化回归到极限环附近，但它们的相位差却一直保持近乎反相位 (假设同步机制暂时不足以改变它们)。

可以仔细观察它们的时间曲线 [图 4.23(c)]。一开始两条曲线 (绿色、蓝色) 只有细微差异，所以它们及它们的综合输出 (这里简单假设为它们的和) 几乎完全重合。在 20h 处给予 15s 的光照后，绿色、蓝色曲线开始分离为近乎反相位，但是大家的振幅都很小，因此它们的综合曲线 (黑色) 也维持非常小的振幅 (比绿色、蓝色更小)。然后绿色、蓝色曲线开始恢复各自的振幅，到 140h 处振幅已经基本复原。但是综合输出曲线的振幅却仍然只有原来的 1/4 左右。其原因就是两个细胞状态的相位差导致了振幅的相互抵消。

上面的例子虽然只有两个细胞，却很好地说明了奇异性现象产生的机制：在特定的相位给予特定强度的刺激，可以把一群状态不完全同步的细胞推动到系统的不稳定鞍点的稳定流形附近。这种推动方式一方面使每个细胞的振幅都变得很小，另一方面也使这群细胞环绕在稳定流形四周的 360° 范围，从而处于相互抵消的状态下。在这两个因素共同作用下，系统的综合振幅将会在相当长的一段时间内得不到恢复。至于两者哪个是主导因素，取决于物种或细胞的特点。从数学上讲，就是取决于单细胞振幅恢复速度的快慢及同步性的好坏等因素。

4.7　本章小结

生物节律，尤其是生物钟 (近 24h 节律) 是生物系统中最重要的周期振动之一。从现在已经明确的各种信号调控通路看，生物钟系统都是由负反馈环所驱动的，表现为生物钟基因的表达水平的周期振荡。从数学模型的角度看，在常微分方程模型中，生物钟系统都具有一个稳定的极限环与一个不稳定平衡点。人们观察到的周期性节律行为其实就是因为系统通常在这个稳定极限环附近运行。另外，由于生物钟系统的调控几乎都是由少数几个顺式作用元件决定的，因此数学建模时直接对顺式作用元件调控建模，可能比对基因调控建模更加底层和本质。

一个值得注意的地方是，系统中那个无法直接观察到的不稳定点，其实起着至关重要的作用。生物系统中一般能被观察到的都是稳定态，例如，稳定平衡点 (观察到稳定的值) 或稳定极限环 (观察到周期性节律性)，而不稳定点通常无法观察。但是在生物钟系统中，外刺激导致的相位重置，以及奇异性现象等，都是由系统的不稳定点决定的。通过数学模型的定性和定量分析，可以帮助人们更好地了解系统在不稳定平衡点附近的动力学行为。

补充阅读材料

(1) Reppert S M, Weaver D R. Coordination of circadian timing in mammals. Nature, 2002, 418: 935-941.

(2) Merrow M, Spoelstra K, Roenneberg T. The circadian cycle: daily rhythms from behaviour to genes. EMBO Reports, 2005, 6: 930-935.

(3) Scheper T, Klinkenberg D, Pennartz C, van Pelt J. A mathematical model for the intracellular circadian rhythm generator. J Neurosci, 1999, 19(1): 40-47.

(4) Tyson J J, Hong C I, Thron C D, Novak B. A simple model of circadian rhythms based on dimerization and proteolysis of PER and TIM. Biophys J, 1999, 77: 2411-2417.

(5) Gonze D, Halloy J, Goldbeter A. Robustness of circadian rhythms with respect to molecular noise. Proc Natl Acad Sci USA, 2002, 99: 673-678.

(6) Yan J, Shi G, Zhang Z, Wu X, Liu Z, Xing L, Qu Z, Dong Z, Yang L, Xu Y. An intensity ratio of interlocking loops determines circadian period length. Nucleic Acids Res, 2014, 42(16): 10278-10287.

思 考 题

4.1 假设某基因的调控区域中有两个顺式作用元件 (深色框代表顺式作用元件 1, 浅色框代表顺式作用元件 2), 且相互重叠, 因此同一时间只能有一个对应的反式作用因子结合在该调控区域上。这样一来, 该基因的调控区域只有 3 种状态, 并有如下图所示的转换关系:

请模仿两个相互独立的顺式作用元件调控的情况。

(a) 用 X_{00} 表示两个顺式作用元件都是非活性状态的概率, X_{10} 表示顺式作用元件 1 是活性状态且顺式作用元件 2 是非活性的状态的概率, X_{01} 表示顺式作用元件 1 是非活性状态且顺式作用元件 2 是活性状态的概率, 建立该调控系统的常微分方程数学模型。

(b) 若顺式作用元件 1、顺式作用元件 2 处于活性状态的概率分别表示为 P_1^a、P_2^a。假设转录过程是一个非常快的过程, 请使用准静态近似方法, 用 k_1^+、k_2^+、k_1^-、k_2^- 分别表示 P_1^a、P_2^a, 并推导调控区域各状态的发生概率。

(c) 若 K_{10}、K_{00}、K_{01} 分别对应图中调控区域状态的转录系数, 并设两个元件均在非活性状态时, 转录效率为 0 (即 $K_{00} = 0$), 请推导出该基因的 mRNA 含量表达式。

第 5 章　钙振荡动力学分析

细胞之间及细胞内部的通信皆依赖信号分子，钙离子 (Ca^{2+}) 正是一种从细菌到哺乳动物细胞都广泛存在的重要的信号分子。人体内含有大约 1400g 钙，其中大部分存在于骨骼和牙齿中，只有不到 10g 的钙循环于血液和细胞外液中。这部分游离钙虽然数量极少，却可以进入细胞中发挥极其重要的作用[63]。

与大部分的信号分子不同，Ca^{2+} 虽然为细胞存活所必需，但过高浓度的 Ca^{2+} 会导致细胞死亡。在生命之初，Ca^{2+} 调控受精及细胞分化的过程，随后它控制基因表达、能量代谢、分泌、肌肉收缩、学习记忆等几乎所有的生命活动过程，最后它调节包括细胞凋亡、细胞坏死，以及细胞自噬等各种形式的细胞死亡。因此对于细胞来说，Ca^{2+} 是一种生死攸关的信号分子[64,65]。钙离子浓度在生命活动过程中受控的动态变化对于维持细胞的正常功能非常重要。本章介绍关于钙振荡数学模型的建立和分析方法。

5.1　钙信号系统

钙信号作用的基本机制既有简单的一面，又有复杂的一面。其简单性体现在仅依靠细胞内 Ca^{2+} 浓度 ($[Ca^{2+}]$) 的提升便可控制细胞活动。细胞处于静息状态时，细胞质内的 $[Ca^{2+}]$ 约为 100nmol/L，而当细胞需要执行生理功能时 $[Ca^{2+}]$ 会迅速升高。钙信号的复杂性体现在它可调控多种细胞活动。这种复杂性来源于细胞是一个由多种 Ca^{2+} 通道、Ca^{2+} 泵、Ca^{2+} 转运体、Ca^{2+} 交换体和 Ca^{2+} 结合蛋白等组成的精密系统 (图 5.1)，这些组分控制着 Ca^{2+} 的流动过程，它们之间的不同组合产生了拥有各种不同时空动力学特性的钙信号。

内质网和线粒体作为细胞内重要的细胞器，在钙信号中起着极其重要的作用，这是因为钙信号系统中的很多成分都位于这两个细胞器上。当细胞处于静息状态时，细胞内的大部分 Ca^{2+} 储藏于内质网中，其浓度在 500µmol/L 左右甚至更高。当细胞受到刺激时，会通过磷酸肌醇途径产生三磷酸肌醇 (inositol trisphosphate，IP_3) 分子，诱导内质网膜上 IP_3 受体 (IP_3 receptor，IP_3R) 打开，大量 Ca^{2+} 从中释放出来，一部分进入细胞质中；另一部分经线粒体钙单向转运体 (mitochondrial calcium uniporter，MCU) 暂时进入线粒体内，随后又通过位于线粒体膜上的 Na^+-Ca^{2+} 交换体 (Na^+/Ca^{2+} exchanger，NCX) 排到细胞质中。细胞质中的 Ca^{2+} 可被位于内质网膜上的 Ca^{2+} 泵 (sarco/endo-plasmic reticulum Ca^{2+}-ATPase，SERCA) 重新泵回到内质网内。所以内质网可以被看作一个永久储存 Ca^{2+} 的钙库，而线粒体则是一个临时储存 Ca^{2+} 的钙库[68]。

Ca^{2+} 除了可通过上述途径进行交换，还可由位于细胞膜上的门控通道进入细胞质中，这些膜通道包括：电压门控通道 (voltage-operated channel)、钙库门控通道 (store-operated channel)、受体门控通道 (receptor-operated channel)、第二信使门控通道 (second messengeroperated channel)，进入到细胞质中的 Ca^{2+} 可被细胞膜上的 Ca^{2+} 泵 (plasma membrane Ca^{2+}-ATPase，PMCA) 泵出到细胞外。此外，由于内质网与细胞质之间存在巨大的浓度差，内质网内的 Ca^{2+} 可由漏钙通道 (leak calcium channel) 渗漏到细胞质。最后，细胞质、内质网与线粒体中存在大量的 Ca^{2+} 缓冲蛋白 (常称为 buffer)，它们可以吸附大量的游离 Ca^{2+}。

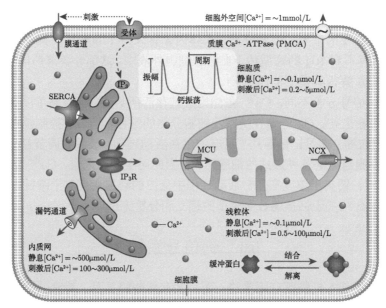

图 5.1   钙信号系统的主要成分 (彩图请扫封底二维码)

细胞外 $[Ca^{2+}]$ 约 1mmol/L，细胞内各区域的 $[Ca^{2+}]$ 在静息状态和受到刺激后会产生明显变化：内质网中将由约 500μmol/L 降低到 100~300μmol/L，细胞质中将由约 0.1μmol/L 升高到 0.2~5μmol/L，线粒体中将由约 0.1μmol/L 升高到 0.5~100μmol/L。位于细胞质中的大部分 Ca^{2+} 与缓冲蛋白处于动态结合和解离状态。Ca^{2+} 可从位于内质网的 IP_3R 和漏钙通道流入细胞质，再被 SERCA 泵入内质网。部分 Ca^{2+} 可经 MCU 进入线粒体，再由 NCX 流到细胞质。Ca^{2+} 还可通过位于细胞膜上的门控通道和钙泵在细胞内外之间交流。Ca^{2+} 进入 (红色箭头) 和离开 (蓝色箭头) 细胞质的过程形成钙振荡，它可拥有不同的振幅和周期。数据来源于文献 [66,67]

　　Ca^{2+} 在细胞内循环往复的流动便产生了钙振荡。对于细胞质来说，每次振荡的上升相由引起 $[Ca^{2+}]$ 升高的途径 (图 5.1 中红箭头) 所决定，而其下降相由导致 $[Ca^{2+}]$ 降低的途径 (图 5.1 中蓝箭头) 所决定。钙振荡幅度的大小为振幅，产生一次振荡所用的时间为周期。钙信号可通过钙振荡的振幅和周期来控制生理活动，通过振幅的高低对细胞信息进行编码的模式称为调幅模式，通过频率的快慢进行编码的模式称为调频模式。

5.2   钙振荡模型基本框架

5.2.1   钙振荡模型的通式

　　钙振荡的生理重要性使其长期成为生物领域的研究热点，振荡现象不仅在生物系统中广泛存在，而且是一种重要的非线性动力学行为，所以数理学家针对钙振荡建立了很多模型。由于不同的研究所关注的问题不尽相同，再加上研究问题时期生物背景信息有所差异，模型之间存在诸多不同之处。但可以根据 Ca^{2+} 流 (图 5.1中的红、蓝箭头) 的方向和大小写出钙振荡模型的通式：

$$\frac{\mathrm{d}C}{\mathrm{d}t} = J_{\mathrm{IPR}} + J_{\mathrm{leak}} - J_{\mathrm{serca}} + J_{\mathrm{NCX}} - J_{\mathrm{MCU}} + J_{\mathrm{in}} - J_{\mathrm{pm}} + J_{Bc}, \tag{5.1}$$

$$\frac{\mathrm{d}C_e}{\mathrm{d}t} = \gamma_e \left(J_{\mathrm{serca}} - J_{\mathrm{IPR}} - J_{\mathrm{leak}} \right) + J_{Be}, \tag{5.2}$$

$$\frac{\mathrm{d}C_m}{\mathrm{d}t} = \gamma_m \left(J_{\mathrm{MCU}} - J_{\mathrm{NCX}} \right) + J_{Bm}. \tag{5.3}$$

在该方程组中，C、C_e、C_m 分别表示细胞质、内质网、线粒体中游离的 $[\mathrm{Ca}^{2+}]$；γ_e、γ_m 分别表示细胞质与内质网、细胞质与线粒体的体积比；J_{IPR}、J_{leak}、J_{serca} 分别表示内质网与细胞质之间通过 IP$_3$R、漏钙通道、SERCA 交换的 Ca^{2+} 流，J_{NCX} 和 J_{MCU} 分别表示线粒体与细胞质之间通过 NCX 和 MCU 交换的 Ca^{2+} 流，J_{in} 和 J_{pm} 分别表示细胞外与细胞质之间通过细胞膜通道和 PMCA 交换的 Ca^{2+} 流；J_{Bi} 这三项是 Ca^{2+} 与缓冲蛋白解离的流，其中 $i = c, e, m$ 分别表示细胞质、内质网或线粒体 (注：缓冲蛋白在细胞器中也大量存在)。

对于缓冲蛋白，可用一个简单的化学方程描述其与 Ca^{2+} 的结合和解离：

$$\mathrm{C}_i + \mathrm{B}_i \underset{k_{\mathrm{off},i}}{\overset{k_{\mathrm{on},i}}{\rightleftharpoons}} \mathrm{CB}_i,$$

Ca^{2+} 与缓冲蛋白解离的流为

$$J_{Bi} = k_{\mathrm{off},i}[\mathrm{CB}]_i - k_{\mathrm{on},i}[\mathrm{C}]_i \left([\mathrm{B}]_{\mathrm{total},i} - [\mathrm{CB}]_i \right), \tag{5.4}$$

其中，$[\mathrm{B}]_{\mathrm{total},i}$ 和 $[\mathrm{CB}]_i$ 分别表示各区室中缓冲蛋白的总浓度，以及与 Ca^{2+} 结合的缓冲蛋白的浓度；$k_{\mathrm{on},i}$ 和 $k_{\mathrm{off},i}$ 分别指 Ca^{2+} 与缓冲蛋白的结合和解离常数。

在某些细胞中，IP$_3$ 的浓度 ($[\mathrm{IP}_3]$) 的变化也在钙振荡中发挥作用，其随时间的变化方程为

$$\frac{\mathrm{d}P}{\mathrm{d}t} = V_p - V_d, \tag{5.5}$$

其中 V_p 和 V_d 分别为 IP$_3$ 的生成和降解项。此外，IP$_3$R 不同状态之间的转换也在钙振荡中起重要作用，其开放态 (或激活态) 变化的微分方程为

$$\frac{\mathrm{d}O}{\mathrm{d}t} = V_a - V_i, \tag{5.6}$$

其中 V_a 和 V_i 分别表示 IP$_3$R 的激活和失活项。

5.2.2　钙信号系统各组分的表达式

IP$_3$R 通道释放 Ca^{2+} 是产生钙振荡的主要触发器。IP$_3$R 通道的开关不仅受 IP$_3$ 分子的调节，还受到其他分子的调节，其中最重要的一点是它受 Ca^{2+} 自身的调控[69]。此外，内

质网与细胞质之间存在巨大的 $[Ca^{2+}]$ 差异，这可以为 Ca^{2+} 由内质网流向细胞质提供驱动力。因此，通过 IP_3R 的 Ca^{2+} 流可表示为

$$J_{\mathrm{IPR}} = v_{\mathrm{IPR}} P_o \left(C_e - C \right), \tag{5.7}$$

其中，v_{IPR} 为 IP_3R 通道的最大流速；P_o 为 IP_3R 通道的开放概率，它与 IP_3 和 Ca^{2+} 等调节作用有关；$C_e - C$ 是内质网和细胞质之间的浓度差。

SERCA 钙泵是由 ATP 酶驱动的、可以逆浓度梯度转运 Ca^{2+} 的一种离子泵[70]，动力学上的证据及晶体结构证据表明 SERCA 泵入 Ca^{2+} 的速率可用希尔函数近似

$$J_{\mathrm{serca}} = \frac{v_{\mathrm{serca}} C^2}{K_{\mathrm{serca}}^2 + C^2}, \tag{5.8}$$

其中，v_{serca} 和 K_{serca} 分别代表 SERCA 钙泵的最大流量和激活常数。也有的模型还考虑内质网 $[Ca^{2+}]$ 对该过程的影响。

静息状态下的钙稳态取决于 SERCA 钙泵泵入 Ca^{2+} 和漏钙通道漏出 Ca^{2+} 的量[71]。很显然，漏钙通道的驱动力为内质网和细胞质之间的浓度差，所以

$$J_{\mathrm{leak}} = c_{\mathrm{leak}} \left(C_e - C \right), \tag{5.9}$$

这里的 c_{leak} 为 Ca^{2+} 漏流常量。

由于细胞膜上的门控通道缺乏细致的建模，相关模型常将受体门控通道选为代表考虑细胞外 Ca^{2+} 内流对钙振荡的影响。通常仅假设 Ca^{2+} 内流为一个简单的线性函数

$$J_{\mathrm{in}} = \alpha_1 + \alpha_2 S, \tag{5.10}$$

其中，α_1 表示本底流入；α_2 为比例系数；S 代表外界刺激水平。位于细胞膜上的 PMCA 钙泵与内质网膜上的 SERCA 钙泵性质相似，所以常采用与之类似的方式对其进行建模。

关于线粒体钙运输系统的研究较少，为避免内容重复，请参见 5.3.6 节。

5.2.3　钙振荡模型结果的解读

公式 (5.1)~(5.6) 构成了目前已发表的绝大多数钙振荡模型的基本框架，但是没有任何模型可以包含所有细节，研究者往往根据自己的研究目的选择其中的几项主要作用构建合适的模型。钙振荡的振幅和周期是模型中最常展示的两个结果。除此之外，通常还会利用分岔图展示振幅和稳态 (稳定的和不稳定的) 随系统某个控制参数全局变化的情况，对于振荡的参数也会给出周期随参数变化的情况。

为了研究系统的行为在不同刺激强度下的响应，可以改变刺激的强度 (如从小到大)，然后分别求解上面所建立的微分方程模型得到钙离子浓度随时间的变化。例如，根据改进的 Li-Rinzel 钙振荡模型[72] (模型的具体介绍见本章思考题) 进行分析，所得到的结果如图 5.2(a)~(c) 所示，当细胞受到的刺激强度较小或较大时，Ca^{2+} 随着时间变化会分别趋于低稳态或高稳态，只有中等强度的刺激才会使 Ca^{2+} 产生振荡行为。为了更加全面地看到系统响应随刺激强度增加的变化，可以通过分岔图的方式展示出来，即逐渐增加刺激的强度

计算系统的平衡解及其稳定性和稳态振荡解的上界和下界。图 5.2(d) 的分岔图从全局角度展示了不同刺激强度下 Ca^{2+} 相应的动力学行为,其中实线表示稳定平衡解,虚线表示不稳定平衡解,实心点代表振荡的极值。对于振荡行为,可以进一步计算稳态振荡解的周期。图 5.2(e) 显示在能产生振荡行为的刺激强度下钙振荡的周期变化情况。可以看到,随着刺激的增加,周期是逐渐减小的。需要指出的是,从数学理论角度来说,振荡的产生是由于系统发生了霍普夫分岔,稳态解的稳定性发生变化,出现不稳定的稳态解 [图 5.2(d) 中的虚线],另外系统也可能存在不稳定的振荡,其极值及周期分别用图 5.2(d) 和 (e) 中的空心圈表示。但是这些在实际情况中并不能被观察到,因此虽在图中画出但并不在本章讨论。

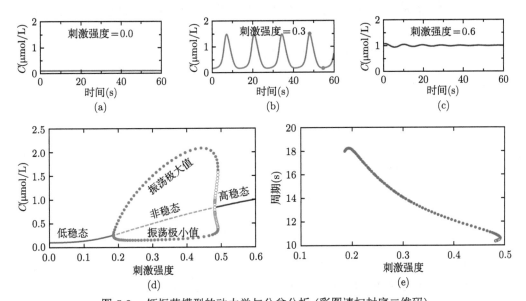

图 5.2　钙振荡模型的动力学与分岔分析 (彩图请扫封底二维码)

(a)~(c) 不同刺激强度下的 Ca^{2+} 浓度时间序列;(d) Ca^{2+} 浓度对刺激强度的分岔图;(e) Ca^{2+} 浓度在振荡区域内的振荡周期。C 表示 Ca^{2+} 浓度 (细胞质中的 Ca^{2+} 浓度)。模型参数参考文献 [72]

在下一节将会针对具体的钙振荡模型进行时间序列分析和分岔分析。本章的所有分岔图均采用 Oscill8 软件绘制,该软件的简要教程见附录 C (以双钙库模型为例)。

5.3　具体的钙振荡模型

由于钙振荡可由不同的生物学机制产生,研究者基于不同的机制构建了很多经典模型。例如,IP_3-Ca^{2+} 互作-线粒体摄钙模型 [73],基于钙致钙释放建立的双钙库模型 [74],基于 IP_3R 通道活性对 $[Ca^{2+}]$ 依赖的 S 型曲线 (即低浓度促进通道开放,而高浓度抑制通道开放) 构建的 IP_3R 动力学模型 [75],基于胞外 Ca^{2+} 内流构建的开放细胞模型 [76]。随后的很多模型是以这些经典模型为基础建立的。近年来,随着钙信号生物学知识的不断积累,对于钙振荡的理论研究也进入了更深层次,如 I 型钙振荡模型的动力学结构 [77],基于内质网和线粒体的耦合作用构建的钙微域模型 [78] 等。

5.3.1 IP_3-Ca^{2+} 互作-线粒体摄钙模型

20 世纪 80 年代后期, 随着钙振荡在各种细胞中的发现, 钙信号的生物学研究逐渐进入了鼎盛时期。从那时起, 钙振荡的理论研究就一直伴随着实验研究, 为理解和发现钙信号背后的生物学机制提供了深刻的见解。迈耶 (Meyer) 和斯特赖尔 (Stryer) 于 1988 年发表的 IP_3-Ca^{2+} 互作-线粒体摄钙模型属于早期钙振荡模型的典型代表[73]。该模型包含 4 个要素: IP_3 的合作效应、IP_3 与 Ca^{2+} 之间的正反馈、线粒体吸收 Ca^{2+}、SERCA 对内质网 Ca^{2+} 的补充作用 [图 5.3(a)]。

根据图 5.3(a) 所示的机制, 以 P 表示 IP_3 的浓度, C 表示细胞质中 Ca^{2+} 的量, C_m 表示线粒体中 Ca^{2+} 的量, 则可以列出 IP_3-Ca^{2+} 互作-线粒体摄钙模型的方程 (参考文献 [73])

$$\frac{\mathrm{d}P}{\mathrm{d}t} = c_4 R \frac{C}{C + K_3} - c_5 P, \tag{5.11}$$

$$\frac{\mathrm{d}C}{\mathrm{d}t} = c_1 \frac{P^3}{(K_1 + P)^3} C_e - (c_2 \frac{C^2}{(C + K_2)^2} - c_3 C_e^2)$$
$$- c_6((C/c_7)^{3.3} - 1), \tag{5.12}$$

$$\frac{\mathrm{d}C_m}{\mathrm{d}t} = c_6((C/c_7)^{3.3} - 1), \tag{5.13}$$

其中 C_e 表示内质网中 Ca^{2+} 的量, 满足恒等关系

$$C + C_e + C_m = 200\mu\text{mol/L},$$

其表示细胞质、内质网、线粒体中 Ca^{2+} 的总量守恒。式 (5.11) 表示 IP_3 的生成和降解过程, 其生成除了受外部刺激 (R) 影响, 还受 Ca^{2+} 的调控。式 (5.12) 中的第一项为 IP_3 诱导的、经 IP_3R 从内质网释放到细胞质的 Ca^{2+} 流; 第二项表示细胞质 Ca^{2+} 被 SERCA 泵入内质网的 Ca^{2+} 流, 其中的负项代表内质网的承载能力是有限的, 过多的 Ca^{2+} 会导致 SERCA 运输方向发生改变。式 (5.13), 也就是式 (5.12) 的第三项, 为线粒体上 MCU 对细胞质 Ca^{2+} 的吸收作用和 NCX 释放线粒体内 Ca^{2+} 的作用。

根据上面的模型, 从给定的初始条件出发依次增加刺激的强度 R, 图 5.3(b) 给出不同刺激强度下细胞质中 Ca^{2+} 的量随时间的变化情况。可以看出当刺激强度较小或较大时 Ca^{2+} 不振荡, 只有中等强度的刺激才会引发钙振荡。图 5.3(c) 给出的分岔图从全局角度展示了刺激强度大小对 Ca^{2+} 是否振荡及振荡振幅的影响, 可以看到在振荡区域内钙振荡的振幅变化很小。在这里注意到当刺激强度在 $R = 0.4$ 附近时系统表现出双稳态的现象, 即同时存在稳定的平衡态和稳定的周期振荡状态, 而中间还有一个不稳定的振荡状态。图 5.3(d) 进一步显示钙振荡的周期随刺激强度先增大后减小, 但减小部分占主要区域。综合图 5.3(b)~(d) 的结果, 可以发现 IP_3-Ca^{2+} 互作-线粒体摄钙模型属于典型的调频模式, 即当刺激强度改变时, 振荡的频率明显变化, 但是振幅保持相对稳定。

如果只考虑 IP_3 对 Ca^{2+} 释放的合作效应及 IP_3 与 Ca^{2+} 之间形成的正反馈回路, 系统只能展现出双稳行为, 但加入线粒体的作用后系统便能产生振荡; 这是因为系统在达到高稳态之后需要有一个抑制作用来使它重新返回低稳态。这种振荡机制也决定了钙振荡的

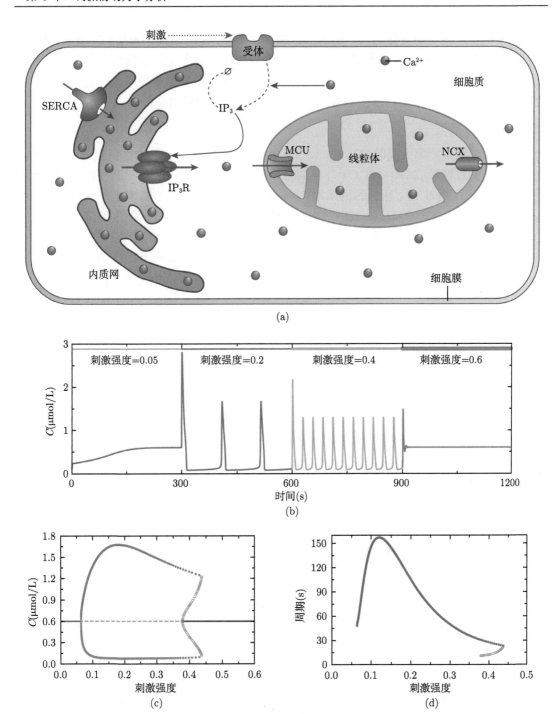

图 5.3　IP_3-Ca^{2+} 互作-线粒体摄钙模型 (彩图请扫封底二维码)

(a) IP_3-Ca^{2+} 互作-线粒体摄钙的机制示意图；(b) 不同刺激强度下的 Ca^{2+} 浓度时间序列；(c) Ca^{2+} 浓度对刺激强度的分岔图；(d) Ca^{2+} 浓度在振荡区域内的振荡周期。模型参数：$c_1 = 6.64s^{-1}$，$c_2 = 5\mu mol/(L \cdot s)$，$c_3 = 3.13 \times 10^{-5}(\mu mol/L)^{-1} \cdot s^{-1}$，$c_4 = 1\mu mol/(L \cdot s)$，$c_5 = 2s^{-1}$，$c_6 = 0.5\mu mol/(L \cdot s)$，$c_7 = 0.6\mu mol/L$，$K_1 = 0.1\mu mol/L$，$K_2 = 0.15\mu mol/L$，$K_3 = 1.0\mu mol/L$。$C$ 表示细胞质中 Ca^{2+} 的浓度 (参考方程 (5.12))。根据文献 [73] 重绘

振幅几乎恒定，而周期变化较大，SERCA 充盈内质网的能力是周期长短的重要决定因素。所以该模型揭示了 IP$_3$ 和 Ca^{2+} 的相互作用及线粒体摄钙是产生钙振荡的主要机制，并且指出了钙振荡在某些细胞中为调频模式的深层原因。该模型的主要缺陷之一是当刺激强度较小或较大时，[Ca^{2+}] 的稳态值相等 [图 5.3(c)]，这与实验观测不符。

5.3.2 双钙库模型

1990 年，理论学家戈贝特 (Goldbeter) 和杜邦 (Dupont) 与实验学家贝里奇 (Berridge) 合作，基于钙致钙释放 (即少量 Ca^{2+} 释放会导致更多 Ca^{2+} 释放) 的机制提出了双钙库模型[74]。双钙库是指对 IP$_3$ 敏感的钙库 (IP$_3$-sensitive Ca^{2+} store, IS) 和对 Ca^{2+} 敏感的钙库 (Ca^{2+}-sensitive Ca^{2+} store, CS)。他们把钙振荡的产生分为 4 个阶段 [图 5.4(a)]。

(1) IP$_3$ 形成阶段：外界刺激因子与细胞膜上的受体结合，使细胞产生 IP$_3$ 分子。

(2) IP$_3$ 诱导钙释放阶段：IP$_3$ 分子诱导 IS 上的 Ca^{2+} 释放通道打开 (v_1)，释放出的 Ca^{2+} 在细胞质内聚集，构成原发 Ca^{2+}；即使在无刺激状态下，也会有少量 Ca^{2+} 从细胞外漏入细胞质中 (v_0)。

(3) 钙致钙释放阶段：原发 Ca^{2+} 被位于 CS 上的钙泵泵入 CS 中 (v_2)，当 CS 中 Ca^{2+} 积累到一定量时，原发 Ca^{2+} 还可引发 CS 上的 Ca^{2+} 释放通道打开 (v_3)，释放出的 Ca^{2+} 是构成钙振荡 (也称钙尖峰) 上升相的主要因素；同时 CS 中的 Ca^{2+} 可漏出到细胞质中 (k_f)。

(4) 钙振荡恢复阶段：位于细胞膜上的钙泵将细胞质中的 Ca^{2+} 泵出细胞外 (k)，构成钙振荡的下降相。

双钙库模型有两点假设：① 细胞外 Ca^{2+} 的快速补充使 IS 中 Ca^{2+} 的量时刻保持恒定。② IS 释放 Ca^{2+} 的量与 IP$_3$ 分子浓度成正比，后者又与刺激强度 β 成正比。基于以上四阶段生物学过程和两点假设，戈贝特等建立了二维模型，分别用 C 和 Y 表示细胞质和 CS 中的 [Ca^{2+}]，其数学表达式为

$$\frac{\mathrm{d}C}{\mathrm{d}t} = v_0 + v_1\beta - v_2 + v_3 + k_f Y - kC, \tag{5.14}$$

$$\frac{\mathrm{d}Y}{\mathrm{d}t} = v_2 - v_3 - k_f Y, \tag{5.15}$$

其中

$$v_2 = V_{M2}\frac{C^n}{K_2^n + C^n}, \quad v_3 = V_{M3}\frac{Y^m}{K_R^m + Y^m}\frac{C^q}{K_A^q + C^q}.$$

这里 n 和 m 分别为 CS 吸收和释放 Ca^{2+} 的希尔系数，q 为钙致钙释放的希尔系数。在模型中假设希尔系数均大于 1，即有协作作用。

根据上面模型，从给定的初始条件出发依次增加刺激的强度 β，图 5.4(b) 给出不同刺激强度下细胞质中 [Ca^{2+}] 随时间的变化，可以看出只有中等强度的刺激才会引发钙振荡。图 5.4(c) 的分岔图显示当刺激强度较小或较大时 Ca^{2+} 分别处于低稳态或高稳态，并且在振荡区域内钙振荡的周期随刺激强度增大而减小 [图 5.4(d)]。

双钙库模型的缺陷在于细胞内并不单独存在 IS 和 CS 这两种钙库。该模型提出者于 1993 年将双钙库模型修正为单钙库模型，他们认为钙库上的 Ca^{2+} 释放通道既对 IP$_3$ 敏感

又对 Ca^{2+} 敏感 (注：该通道其实就是 IP_3R 通道)。单钙库模型和双钙库模型之间结果的差异很小，均能很好地揭示钙致钙释放这一重要机制在钙振荡中的关键作用。

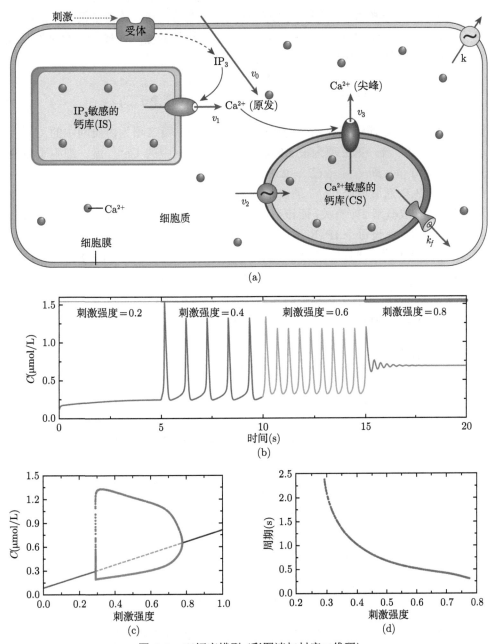

图 5.4　双钙库模型 (彩图请扫封底二维码)

(a) 双钙库模型的机制示意图；(b) 不同刺激强度下的 Ca^{2+} 浓度时间序列；(c) Ca^{2+} 浓度对刺激强度的分岔图；(d) Ca^{2+} 浓度在振荡区域内的振荡周期。模型参数：$m = n = 2$, $q = 4$, $v_0 = 1\mu mol/(L \cdot s)$, $v_1 = 7.3\mu mol/(L \cdot s)$, $k = 10s^{-1}$, $k_f = 1.0s^{-1}$, $V_{M2} = 65\mu mol/(L \cdot s)$, $V_{M3} = 500\mu mol/(L \cdot s)$, $K_2 = 1\mu mol/L$, $K_R = 2\mu mol/L$, $K_A = 0.9\mu mol/L$. C 表示细胞质中的 Ca^{2+} 浓度。根据文献 [74] 重绘

· 158 ·
系统生物学

5.3.3 IP$_3$R 动力学模型

以上两个模型均属于比较简单的唯象模型, 并未涉及 Ca^{2+} 释放通道的详细动力学。1992 年, 德·扬 (De Young) 和基泽 (Keizer) 基于实验上测量到的 IP$_3$R 通道活性对细胞质 [Ca^{2+}] 依赖的 S 型曲线 (即低浓度促进通道开放, 而高浓度抑制通道开放) 构建了 IP$_3$R 状态变化的详细动力学模型[75], 开启了复杂钙振荡模型的先河。该模型仅选择细胞质和内质网中的钙离子浓度变化为研究对象, 以 [IP$_3$] 作为模型的输入, 属于闭合细胞模型 [图 5.5(a) 左]。根据该模型, 细胞质 [Ca^{2+}] 的变化方程为

$$\frac{\mathrm{d}C}{\mathrm{d}t} = \frac{v_1 P_O (C_e - C)}{\gamma_e} + \frac{v_2 (C_e - C)}{\gamma_e} - \frac{v_3 C^2}{C^2 + k_3^2}, \tag{5.16}$$

其中第一项表示 IP$_3$R 通道释放到细胞质中的 Ca^{2+} 流, 第二项为内质网中的 Ca^{2+} 从漏钙通道渗漏的 Ca^{2+} 流, 第三项为被 SERCA 泵入内质网中的 Ca^{2+} 流。细胞质与内质网中 Ca^{2+} 的总量守恒, 即 $C + \gamma_e C_e = 2.0 \mu\text{mol/L}$。

在模型中 IP$_3$R 通道释放 Ca^{2+} 的流量除了与内质网和细胞质 Ca^{2+} 的浓度差 $(C_e - C)$ 有关, 还与它的开放概率 P_O 有关, 而该概率又由它所处的状态决定。因此接下来描述 IP$_3$R 通道的动力学变化。假设每个 IP$_3$R 通道有 3 个相同且独立的亚基, 每个亚基有一个 IP$_3$ 结合位点、一个激活 Ca^{2+} 结合位点和一个抑制 Ca^{2+} 结合位点。每个亚基的状态为 ijk, 其中 i 表示 IP$_3$ 结合位点, j 表示激活 Ca^{2+} 结合位点, k 表示抑制 Ca^{2+} 结合位点, $i, j, k = 0$ 或 1 (0 表示位点空闲, 1 表示位点被占据)。IP$_3$R 通道的状态变化如图 5.5(a) 右所示, 每个亚基有 8 种状态: 001、000、011、010、101、100、111 和 110, 它们所占比例的变化方程为

$$\begin{aligned}
\frac{\mathrm{d}x_{001}}{\mathrm{d}t} &= b_3 x_{101} + a_4 C x_{000} + b_5 x_{011} - (a_3 P + b_4 + a_5 C) x_{001}, \\[4pt]
\frac{\mathrm{d}x_{000}}{\mathrm{d}t} &= b_1 x_{100} + b_4 x_{001} + b_5 x_{010} - (a_1 P + a_4 C + a_5 C) x_{000}, \\[4pt]
\frac{\mathrm{d}x_{011}}{\mathrm{d}t} &= b_3 x_{111} + a_4 C x_{010} + a_5 C x_{001} - (a_3 P + b_4 + b_5) x_{011}, \\[4pt]
\frac{\mathrm{d}x_{010}}{\mathrm{d}t} &= b_1 x_{110} + b_4 x_{011} + a_5 C x_{000} - (a_1 P + a_4 C + b_5) x_{010}, \\[4pt]
\frac{\mathrm{d}x_{101}}{\mathrm{d}t} &= a_2 C x_{100} + a_3 P x_{001} + b_5 x_{111} - (b_2 + b_3 + a_5 C) x_{101}, \\[4pt]
\frac{\mathrm{d}x_{100}}{\mathrm{d}t} &= a_1 P x_{000} + b_2 x_{101} + b_5 x_{110} - (b_1 + a_2 C + a_5 C) x_{100}, \\[4pt]
\frac{\mathrm{d}x_{111}}{\mathrm{d}t} &= a_2 C x_{110} + a_3 P x_{011} + a_5 C x_{101} - (b_2 + b_3 + b_5) x_{111}, \\[4pt]
\frac{\mathrm{d}x_{110}}{\mathrm{d}t} &= a_1 P x_{010} + b_2 x_{111} + a_5 C x_{100} - (b_1 + a_2 C + b_5) x_{110},
\end{aligned} \tag{5.17}$$

其中, a_i 为结合速率常数, b_i 为解离速率常数, P 为表示 [IP$_3$] 的参数。假设只有当 3 个亚基都处于 110 态时, IP$_3$R 通道才处于开放状态, 则通道的开放概率为

$$P_O = x_{110}^3. \tag{5.18}$$

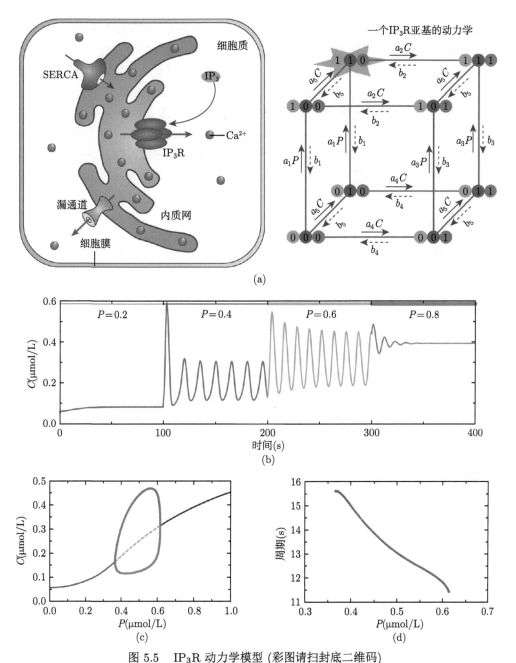

图 5.5　IP$_3$R 动力学模型 (彩图请扫封底二维码)

(a) IP$_3$R 动力学模型机制示意图；(b) 不同 [IP$_3$] (单位：μmol/L) 下的 Ca^{2+} 浓度时间序列；(c) Ca^{2+} 浓度对 [IP$_3$] 的分岔图；

(d) Ca^{2+} 浓度在振荡区域内的振荡周期。模型参数：$a_1 = 400$μmol/(L · s)，$a_2 = 0.2$(μmol/L)$^{-1}$s^{-1}，

$a_3 = 400$(μmol/L)$^{-1}$s^{-1}，$a_4 = 0.2$(μmol/L)$^{-1}$s^{-1}，$a_5 = 20$(μmol/L)$^{-1}$s^{-1}，$b_1 = 52$s^{-1}，$b_2 = 0.21$s^{-1}，$b_3 =$

377.36s^{-1}，$b_4 = 0.029$s^{-1}，$b_5 = 1.647$s^{-1}，$v_1 = 6$s^{-1}，$v_2 = 0.11$s^{-1}，$v_3 = 0.9$μmol/(L · s)，$\gamma_e = 5.4$，

$k_3 = 0.1$μmol/L

由方程 (5.16) 和 (5.17) 共同给出了在给定 [IP$_3$] 的情况下，Ca^{2+} 随时间变化的动力学方程。从给定的初始条件出发，改变参数 P 的值并求解方程可以得到 Ca^{2+} 对不同 [IP$_3$] 的响应情况。图 5.5(b) 为不同 [IP$_3$] 下 Ca^{2+} 随时间的变化，可以看出只有中等浓度的 IP$_3$

才会引发钙振荡。图 5.5(c) 的分岔图显示当 [IP₃] 较小或较大时 Ca²⁺ 分别处于低稳态或高稳态,在振荡区域内钙振荡的周期随 [IP₃] 增大而减小 [图 5.5(d)]。这一定性的结果与前面双钙库模型的结果类似。综合图 5.5(b)~(d) 的结果,可以发现钙振荡的振幅变化范围较大,但周期变化范围较小,因此 IP₃R 动力学模型属于典型的调幅模式。

IP₃R 动力学模型在只考虑单钙库 (即内质网) 且固定 [IP₃] 的条件下便可产生钙振荡,其潜在机制为低细胞质 [Ca²⁺] 可以激活 IP₃R 通道但高细胞质 [Ca²⁺] 会使 IP₃R 通道失活,这就意味着通过 Ca²⁺ 对 IP₃R 通道的调控作用即可产生钙振荡。该模型详细地描述了 IP₃R 这一最重要的 Ca²⁺ 释放通道的动力学行为,建模思维极其巧妙,得到了许多模型的借鉴。

5.3.4 开放细胞模型

非兴奋细胞的钙振荡主要依赖于内质网中 Ca²⁺ 的流入与流出,但是通过细胞膜的 Ca²⁺ 流也在其中发挥重要作用。2004 年,斯尼德 (Sneyd) 等构建了开放细胞模型 [图 5.6(a) 左],研究了细胞膜 Ca²⁺ 流对钙振荡的影响[76]。该模型中用 C_t 表示细胞内 Ca²⁺ 的总量,它由通过细胞膜通道进入细胞质的 Ca²⁺ 流和通过 PMCA 离开细胞质的 Ca²⁺ 流决定;细胞质内 Ca²⁺ 的量不仅与上述两项有关,还与内质网上由 IP₃R 通道释放到细胞质中的 Ca²⁺ 流,以及被 SERCA 泵入内质网的 Ca²⁺ 流有关。由此可以得到下面的动力学模型

$$\frac{\mathrm{d}C_t}{\mathrm{d}t} = \delta\left(J_{\mathrm{in}} - J_{\mathrm{pm}}\right), \tag{5.19}$$

$$\frac{\mathrm{d}C}{\mathrm{d}t} = J_{\mathrm{IPR}} - J_{\mathrm{serca}} + \delta\left(J_{\mathrm{in}} - J_{\mathrm{pm}}\right), \tag{5.20}$$

这里 δ 是一个无量纲参数,用于控制通过细胞膜和内质网 Ca²⁺ 流的相对大小但不影响细胞质内 Ca²⁺ 的稳态浓度。参数 δ 的值越小,表示 C_t 的变化越慢;当 δ 趋于 0 时,细胞不与外界交换 Ca²⁺,变为闭合细胞模型。

通过细胞膜通道进入细胞质的 Ca²⁺ 流是一个关于 [IP₃] 的线性方程

$$J_{\mathrm{in}} = \alpha_1 + \alpha_2 P. \tag{5.21}$$

这里以 P 表示 [IP₃]。通过 PMCA 和 SERCA 的 Ca²⁺ 流分别为

$$J_{\mathrm{pm}} = \frac{V_{\mathrm{pm}}C^2}{K_{\mathrm{pm}}^2 + C^2}, \tag{5.22}$$

$$J_{\mathrm{serca}} = \left(\frac{V_s C}{K_s + C}\right)\left(\frac{1}{C_e}\right), \tag{5.23}$$

其中 $C_e = \gamma_e(C_t - C)$,γ_e 为细胞质与内质网的体积比。

通过 IP₃R 通道释放到细胞质中的 Ca²⁺ 流除了与内质网和细胞质 Ca²⁺ 的浓度差 $(C_e - C)$ 有关外,还与它的开放概率有关。开放概率由 IP₃R 通道中 4 个 IP₃R 亚基所处的状态决定,每个 IP₃R 亚基有 6 种状态,分别为空态 (R)、开放态 (O)、激活态 (A)、关

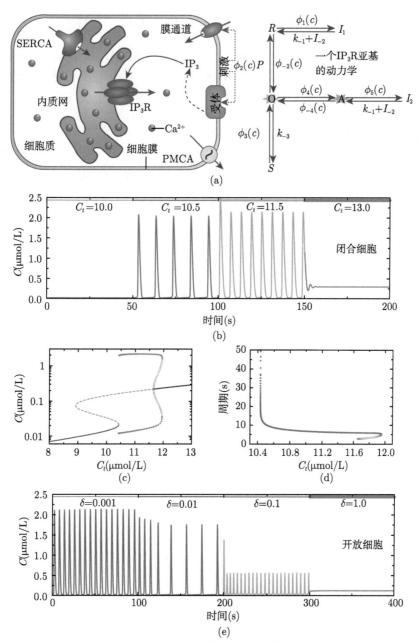

图 5.6　开放细胞模型 (彩图请扫封底二维码)

(a) 开放细胞模型机制示意图；(b) $\delta = 0$ 时不同 C_t 下的 Ca^{2+} 时间序列；(c) Ca^{2+} 浓度对 C_t 的分岔图；(d) Ca^{2+} 浓度在振荡区域内的振荡周期；(e) 不同 δ 下 Ca^{2+} 浓度的时间序列。模型参数：$p = 10\mu mol/L$，$k_1 = 0.64(\mu mol/L)^{-1}s^{-1}$，$k_2 = 37.4(\mu mol/L)^{-1}s^{-1}$，$k_3 = 0.11s^{-1}$，$k_4 = 4(\mu mol/L)^{-1}s^{-1}$，$k_{-1} = 0.04s^{-1}$，$k_{-2} = 1.4s^{-1}$，$k_{-3} = 29.8s^{-1}$，$k_{-4} = 0.54s^{-1}$，$L_1 = 0.12\mu mol/L$，$L_3 = 0.025\mu mol/L$，$L_5 = 54.7\mu mol/L$，$l_2 = 1.7s^{-1}$，$l_4 = 1.7(\mu mol/L)^{-1}s^{-1}$，$l_6 = 4707s^{-1}$，$l_{-2} = 0.8s^{-1}$，$l_{-4} = 2.5(\mu mol/L)^{-1}s^{-1}$，$l_{-6} = 11.4s^{-1}$，$V_{pm} = 28\mu mol/(L \cdot s)$，$K_{pm} = 0.42\mu mol/L$，$V_s = 120(\mu mol/L)^2 s^{-1}$，$K_s = 0.18\mu mol/L$，$\gamma_e = 5.4$，$\alpha_1 = 0.03\mu mol/(L \cdot s)$，$\alpha_2 = 0.4s^{-1}$，$k_f = 0.96s^{-1}$，$g_1 = 0.002s^{-1}$。详见文献 [79]

闭状态 (S) 和两个失活状态 $(I_1$ 和 $I_2)$。其中开放态 O 和激活态 A 对通道的开放都有贡献 [图 5.6(a) 右]，因此内质网上通过 IP$_3$R 通道的 Ca^{2+} 流表示为

$$J_{\text{IPR}} = \left(k_f(0.1[O] + 0.9[A])^4 + g_1\right)(C_e - C),\qquad(5.24)$$

其中 g_1 表示从内质网渗漏的常量系数 (注：类似于漏钙通道)。而 IP$_3$R 亚基的 6 种状态变化的动力学过程依赖于细胞质 Ca^{2+} 的浓度。关于数学模型的建立详见文献 [79]，这里仅列出其动力学方程:

$$\frac{\mathrm{d}[R]}{\mathrm{d}t} = \phi_{-2}(C)[O] - \phi_2(C)P[R] + (k_{-1} + l_{-2})[I_1] - \phi_1(C)[R],$$

$$\frac{\mathrm{d}[O]}{\mathrm{d}t} = \phi_2(C)P[R] - (\phi_{-2}(C) + \phi_4(C) + \phi_3(C))[O] + \phi_{-4}(C)[A] + k_{-3}[S],$$

$$\frac{\mathrm{d}[A]}{\mathrm{d}t} = \phi_4(C)[O] - \phi_{-4}(C)[A] - \phi_5(C)[A] + (k_{-1} + l_{-2})[I_2],$$

$$\frac{\mathrm{d}[I_1]}{\mathrm{d}t} = \phi_1(C)[R] - (k_{-1} + l_{-2})[I_1],$$

$$\frac{\mathrm{d}[I_2]}{\mathrm{d}t} = \phi_5(C)[A] - (k_{-1} + l_{-2})[I_2],\qquad(5.25)$$

其中

$$[R] + [O] + [A] + [S] + [I_1] + [I_2] = 1,$$

并且反应速率 ϕ_i 按下面的关系依赖于细胞质 Ca^{2+} 的浓度 C:

$$\phi_1(C) = \frac{(k_1L_1 + l_2)C}{L_1 + C(1 + L_1/L_3)},\qquad(5.26)$$

$$\phi_2(C) = \frac{k_2L_3 + l_4C}{L_3 + C(1 + L_3/L_1)},\qquad(5.27)$$

$$\phi_{-2}(C) = \frac{k_{-2} + l_{-4}C}{1 + C/L_5},\qquad(5.28)$$

$$\phi_3(C) = \frac{k_3L_5}{L_5 + C},\qquad(5.29)$$

$$\phi_4(C) = \frac{(k_4L_5 + l_6)C}{L_5 + C},\qquad(5.30)$$

$$\phi_{-4}(C) = \frac{L_1(k_{-4} + l_{-6})}{L_1 + C},\qquad(5.31)$$

$$\phi_5(C) = \frac{(k_1L_1 + l_2)C}{L_1 + C}.\qquad(5.32)$$

这里 $k_i\,(l_i)$ 和 $k_{-i}\,(l_{-i})$ 分别表示结合或解离速率常数，其中 i 表示泛指的方程中相应参数的下标，取值可以是 1、2、3、4、5、6 中的一个; $L_i = l_{-i}/l_i$ 表示解离常数，其具体含义见文献 [79]。

通过对上述方程求解可以得到在不同情况下发生钙振荡的条件。图 5.6(b) 给出当 $\delta = 0$，即闭合细胞模型时，不同的细胞内 Ca^{2+} 总量下 Ca^{2+} 随时间的变化情况，可以看出只有适量的 Ca^{2+} 总量才会引发钙振荡。也就是说，若把细胞与外界进行 Ca^{2+} 交流的途径屏蔽，细胞内 Ca^{2+} 总量太少或太多时均无法产生钙振荡。图 5.6(c) 的分岔图从全局的角度展示了这一信息，而图 5.6(d) 显示钙振荡的周期随细胞内 Ca^{2+} 总量增加而减小。当 $\delta > 0$，即对于允许细胞与外界进行交流的开放细胞模型，图 5.6(e) 给出了不同 δ 取值下 Ca^{2+} 随时间的变化情况，可以看出该参数不仅控制到达稳定振荡的速度，而且可以决定能否产生钙振荡。图 5.6(b)~(e) 的结果证明通过细胞膜的 Ca^{2+} 流对钙振荡的产生与否及振荡的振幅和周期都有显著影响。

开放细胞模型虽强调了细胞膜 Ca^{2+} 流在钙振荡中的重要作用，但其产生振荡的核心机制为细胞质 Ca^{2+} 激活 IP_3R 通道的速率要快于它使 IP_3R 通道失活的速率[79]，这导致 IP_3R 通道先激活而后失活，周期性地释放 Ca^{2+}，从而产生钙振荡。

5.3.5　I 型钙振荡模型

斯尼德等根据钙振荡的产生是否需要 IP_3 振荡将钙振荡分为两类：在恒定 $[IP_3]$ 下能产生的为 I 型钙振荡，需要 IP_3 振荡的为 II 型钙振荡。2017 年，斯尼德等针对 I 型钙振荡细胞构建了模型，发现不同细胞类型中存在一个通用的动力学结构，该结构可使钙振荡的周期在很广的范围内变化[77]。I 型钙振荡模型沿用了开放细胞模型的基本构架，但在 IP_3R 通道动力学的描述方面采用了完全不同的建模思路 [图 5.7(a) 左]。

I 型钙振荡模型包含 3 个微分方程：

$$\frac{dC}{dt} = J_{IPR} - J_{serca} + \delta\left(J_{in} - J_{pm}\right), \tag{5.33}$$

$$\frac{dC_e}{dt} = \gamma_e\left(J_{serca} - J_{IPR}\right), \tag{5.34}$$

$$\tau_h \frac{dh}{dt} = h_\infty - h. \tag{5.35}$$

这里 C 表示细胞质 Ca^{2+} 的浓度，C_e 表示内质网 Ca^{2+} 的浓度，h 表示 IP_3R 通道的开放概率。

方程 (5.33) 与方程 (5.20) 的意义相同，但有三项的表达式稍有不同。通过细胞膜上钙库门控通道进入细胞质的 Ca^{2+} 流是关于内质网 Ca^{2+} 浓度的希尔函数

$$J_{in} = \alpha_0 + \alpha_1 \frac{K_e^4}{K_e^4 + C_e^4}. \tag{5.36}$$

通过 SERCA 的 Ca^{2+} 流虽与公式 (5.23) 不同，但均表示与细胞质 Ca^{2+} 浓度正相关而与内质网 Ca^{2+} 浓度负相关

$$J_{serca} = \frac{V_p\left(C^2 - KC_e^2\right)}{C^2 + K_p^2}. \tag{5.37}$$

通过 IP_3R 通道释放到细胞质中的 Ca^{2+} 流依赖于 IP_3R 通道的开放概率，表示为

$$J_{IPR} = k_f \frac{\beta(C)}{\beta(C) + k_\beta(\beta(C) + \alpha(C))}\left(C_e - C\right), \tag{5.38}$$

其中中间项为开放概率，是由 IP_3R 模式模型简化和推导得到的，参数 α 和 β 表示 IP_3R 通道两种模式之间的转换速率，依赖于细胞质中的 Ca^{2+} 浓度。

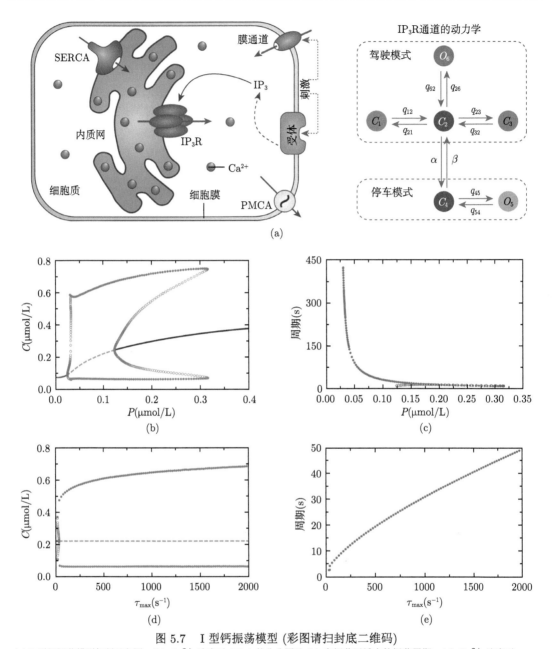

图 5.7　I 型钙振荡模型 (彩图请扫封底二维码)

(a) I 型钙振荡模型机制示意图；(b) Ca^{2+} 浓度对 [IP_3] 的分岔图及 (c) 在振荡区域内的振荡周期；(d) Ca^{2+} 浓度对 τ_{max} 的分岔图及 (e) 在振荡区域内的振荡周期。模型参数：$\delta = 1.5$，$\gamma_e = 5.5$，$K_e = 8\mu mol/L$，$K_p = 0.2\mu mol/L$，$K_c = 0.2\mu mol/L$，$K_h = 0.08\mu mol/L$，$K_\tau = 0.1\mu mol/L$，$\alpha_0 = 0.0027\mu mol/(L \cdot s)$，$\alpha_1 = 0.07\mu mol/(L \cdot s)$，$V_p = 0.9\mu mol/(L \cdot s)$，$K = 1.9 \times 10^{-5}$，$k_f = 10s^{-1}$，$k_\beta = 0.4$，$V_{pm} = 0.11\mu mol/(L \cdot s)$，$K_{pm} = 0.3\mu mol/L$

IP_3R 模式模型是基于最近的单通道数据而构建的，模型结构如图 5.7(a) 所示：包含驾驶 (Drive) 和停车 (Park) 两个模式，驾驶模式包含 3 个关闭状态 (C_1、C_2、C_3) 和一个开放状态 (O_6)，停车模式含一个关闭状态 (C_4) 和一个开放状态 (O_5)。当处于停车模式时，IP_3R 通道主要呈关闭态；当处于驾驶模式时，IP_3R 通道主要呈开放态。因为 IP_3R 通道处于 C_1、C_3、O_5 状态的概率很低，所以 I 型钙振荡模型中仅保留了三个状态 (O_6、C_2、C_4)。

以 α 和 β 表示两个模式之间的转换速率，它们依赖于 IP_3 的浓度 (p) 和细胞质中 Ca^{2+} 的浓度 (C)，并且是时变的：

$$
\begin{aligned}
\alpha(C) &= A(p)\left(1 - \bar{m}_\alpha(C)\bar{h}_\alpha(C)\right), \\
\beta(C) &= B(p)\bar{m}_\beta(C)h(t),
\end{aligned}
\tag{5.39}
$$

其中

$$
\begin{aligned}
1 - A(p) &= B(p) = \frac{p^2}{K_p^2 + p^2}, \\
\bar{m}_\alpha(C) &= \bar{m}_\beta(C) = \frac{C^4}{K_c^4 + C^4}, \\
\bar{h}_\alpha(C) &= h_\infty(C) = \frac{K_h^4}{K_h^4 + C^4}.
\end{aligned}
\tag{5.40}
$$

这里的 $h(t)$ 由方程 (5.35) 给出。该方程的推导由离子通道的开关过程给出 (参考第 10 章)，其中 h_∞ 由式 (5.40) 给出，时间尺度变量 τ_h 依赖于细胞质 Ca^{2+} 浓度

$$
\tau_h = \tau_{\max}\frac{K_\tau^4}{K_\tau^4 + C^4},
\tag{5.41}
$$

其是关于细胞质 Ca^{2+} 浓度的减函数。这里的参数 $\tau_{\max}$ 可以表示 IP_3R 通道的激活速率的最大值，在模型中是可调控参数。

通过改变不同的分岔参数求解上面的方程组，可以得到 I 型钙振荡模型所描述的动力学行为。图 5.7(b) 的分岔图显示随着外界输入信号的增加，IP_3 浓度逐渐增大时的系统响应情况。可以看到钙振荡先产生然后消失，并且可以出现稳态解和振荡解共存的双稳态现象。对于振荡解计算其相应的振荡周期，可以看到振荡周期随刺激的增加呈减小趋势 [图 5.7(c)]。可以看出随着刺激信号的增加，振幅的变化较小而周期的变化很大，所以 I 型钙振荡模型属于典型的调频模式。若以 IP_3R 通道的激活速率的最大值 $\tau_{\max}$ 作为分岔参数，结果显示钙振荡的振幅变化较小，但周期变化的范围很大，至少超过一个量级 [图 5.7(d)、(e)]，表明 $\tau_{\max}$ 可以作为存在于动力学结构内部的能够控制振荡周期的关键变量。

I 型钙振荡模型揭示了细胞可以通过改变动力学结构内部关键变量的速率来控制振荡周期，而该速率又可被钙离子激活 IP_3R 通道的速率所控制。I 型钙振荡模型产生振荡的核心机制为细胞质钙离子以时间依赖的方式调节 IP_3R 通道激活的速率，该调节过程先快后慢；从最终效果来看，与 IP_3R 动力学模型有异曲同工之处。

5.3.6　钙微域模型

虽然线粒体摄钙现象早在 1961 年就已经被发现，但其真正受到人们的重视是近年来实验上对钙微域的证实及 MCU 的分子鉴定之后。内质网与线粒体之间钙微域的存在是 MCU 摄钙的必要条件，这两个细胞器之间近距离的接触是钙微域形成的物理基础。在此基础上，可以基于生物实验发现，构建内质网与线粒体利用钙微域相互耦合的钙信号动力

学模型，对 IP$_3$R 通道与 MCU 的距离对细胞质钙信号的影响进行研究[78]。在这里介绍钙微域模型的建立和分岔分析结果。

钙微域模型是一个闭合的细胞模型 [图 5.8(a)]，包含 3 个区室：细胞质、内质网和线粒体。各区室中游离钙离子的动力学由区室间的钙流，以及各区室中钙离子与缓冲蛋白之间的钙流所决定。由此可以建立该模型的基本数学表达式

$$\frac{\mathrm{d}C}{\mathrm{d}t} = J_{\text{IPR}} + J_{\text{leak}} - J_{\text{serca}} + J_{\text{NCX}} - J_{\text{MCU}} + J_{Bc}, \tag{5.42}$$

$$\frac{\mathrm{d}C_e}{\mathrm{d}t} = \gamma_e \left(J_{\text{serca}} - J_{\text{IPR}} - J_{\text{leak}} \right) + J_{Be}, \tag{5.43}$$

$$\frac{\mathrm{d}C_m}{\mathrm{d}t} = \gamma_m \left(J_{\text{MCU}} - J_{\text{NCX}} \right) + J_{Bm}. \tag{5.44}$$

这 3 个微分方程中的每一项与方程 (5.1)~(5.3) 的意义完全相同，这里不再重复。

从内质网流入到细胞质中的 Ca^{2+} 流包括两项：IP$_3$R 通道释放和漏钙通道渗漏，其驱动力均为内质网与细胞质之间存在的浓度差

$$J_{\text{IPR}} + J_{\text{leak}} = (v_{\text{IPR}} P_O + c_{\text{leak}}) (C_e - C), \tag{5.45}$$

其中，v_{IPR} 为 IP$_3$R 通道的最大 Ca^{2+} 流量，c_{leak} 为 Ca^{2+} 漏流常量，P_O 为 IP$_3$R 通道开放的概率。IP$_3$R 通道是一个由 4 个相同且独立的 IP$_3$R 亚基组成的四聚体，每个亚基都由 IP$_3$ 和 Ca^{2+} 控制其激活或失活，它们的动力学由 Li-Rinzel 模型 (IP$_3$R 动力学模型的简化版本) 描述 (模型介绍见本章思考题)。假设 IP$_3$R 通道中至少有 3 个亚基处于激活态时通道便处于开放状态，得到 P_O 的表达式

$$P_O = s_{\text{act}}^4 + 4 s_{\text{act}}^3 (1 - s_{\text{act}}), \quad s_{\text{act}} = \frac{P}{P + d_1} \frac{C}{C + d_5} h, \tag{5.46}$$

其中，s_{act} 为处于激活态亚基的比例，P 表示 IP$_3$ 的浓度，h 代表 IP$_3$R 亚基中抑制 Ca^{2+} 结合位点的缓慢结合动力学，由下面的方程给出：

$$\frac{\mathrm{d}h}{\mathrm{d}t} = \alpha_h (1 - h) - \beta_h h, \tag{5.47}$$

其中

$$\alpha_h = a_2 d_2 \frac{P + d_1}{P + d_3}, \ \beta_h = a_2 C.$$

细胞质中的 Ca^{2+} 可以通过主动运输被 SERCA 重新泵入到内质网中，相应的流为

$$J_{\text{serca}} = \frac{v_{\text{SERCA}} C^2}{k_{\text{SERCA}}^2 + C^2}, \tag{5.48}$$

其中 v_{SERCA} 和 k_{SERCA} 分别代表 SERCA 的最大流量和激活常数。

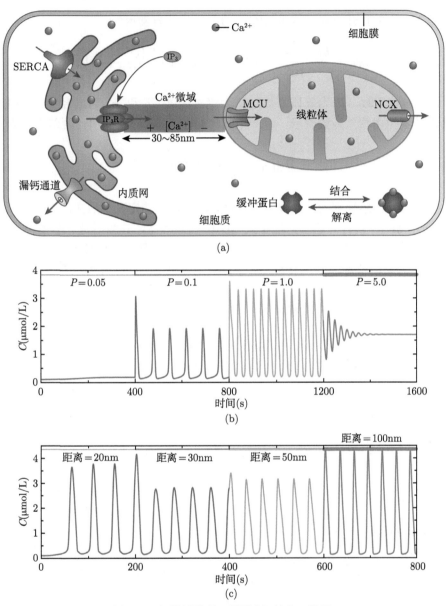

图 5.8　钙微域模型 (彩图请扫封底二维码)

(a) 钙微域模型机制示意图; (b) 当 IP$_3$R 与 MCU 距离为 45nm 时, 不同 [IP$_3$] (单位: μmol/L) 下的 Ca^{2+} 浓度时间序列; (c) 当 [IP$_3$] = 0.5μmol/L 时, 不同 IP$_3$R-MCU 距离 (单位: nm) 下的 Ca^{2+} 浓度时间序列。由于模型参数较多, 这里没有详细列出, 具体意义及参数取值参见文献 [78]

线粒体通过 MCU 摄钙主要由线粒体膜电位、MICU1 和微域 Ca^{2+} 三者控制, 通过 MCU 的 Ca^{2+} 流为

$$J_{\mathrm{MCU}} = v_{\mathrm{MCU}}\Delta\Phi R_{\mathrm{MICU}}P_{\mathrm{MCU},O}, \tag{5.49}$$

其中 v_{MCU} 表示通过 MCU 的最大流量, $\Delta\Phi$ 代表电压驱动力, R_{MICU} 为 MICU1 调控项,

$P_{\text{MCU},O}$ 为 MCU 的打开概率。这里 MCU 的电压驱动力表示为

$$\Delta\Phi = \frac{bF\left(\psi - \psi_0\right)}{RT} e^{\frac{bF\left(\psi - \psi_0\right)}{RT}} \sinh\left(\frac{bF\left(\psi - \psi_0\right)}{RT}\right), \tag{5.50}$$

其中 F 为法拉第常数，R 为气体常数，T 为绝对温度，b 和 ψ_0 为拟合参数。MICU1 对 MCU 活性的调控由希尔函数表示，有一个陡峭的激活常数 (k_{MICU})，希尔系数为 4，即

$$R_{\text{MICU}} = \frac{C_{\text{Mic}}^4}{k_{\text{MICU}}^4 + C_{\text{Mic}}^4}, \tag{5.51}$$

其中 C_{Mic} 为 MCU 感受到的钙微域中的 Ca^{2+} 浓度，具体定义见后文。

为了描述 MCU 的打开概率，注意到 MCU 为四聚体，其激活是一个依赖于 Ca^{2+} 的快速过程，失活则是一个依赖于 Ca^{2+} 的缓慢过程。假设每个 MCU 单体有两个 Ca^{2+} 结合位点，一个为激活位点，另一个为失活位点，则每个 MCU 单体可以有 4 种可能的状态：s_{00}、s_{10}、s_{01} 和 s_{11}。假设只要有 3 个以上 MCU 单体处于激活态 (s_{10}) 时 MCU 通道便处于开放状态，于是 MCU 的开放概率为

$$P_{\text{MCU},O} = \left(x_{10}\right)^4 + 4\left(x_{10}\right)^3\left(1 - x_{10}\right), \tag{5.52}$$

这里的 x_{ij} 表示一个单体处于状态 s_{ij} 的概率。控制 MCU 单体状态转化的动力学方程组为

$$\begin{aligned}
\frac{\mathrm{d}x_{00}}{\mathrm{d}t} &= \left(c_2 x_{01} - b_2 C_{\text{Mic}} x_{00}\right) - \left(b_1 C_{\text{Mic}} x_{00} - c_1 x_{10}\right), \\
\frac{\mathrm{d}x_{10}}{\mathrm{d}t} &= \left(b_1 C_{\text{Mic}} x_{00} - c_1 x_{10}\right) - \left(b_2 C_{\text{Mic}} x_{10} - c_2 x_{11}\right), \\
\frac{\mathrm{d}x_{11}}{\mathrm{d}t} &= \left(b_2 C_{\text{Mic}} x_{10} - c_2 x_{11}\right) - \left(c_1 x_{11} - b_1 C_{\text{Mic}} x_{01}\right),
\end{aligned} \tag{5.53}$$

且 $x_{00} + x_{01} + x_{10} + x_{11} = 1$。

线粒体内的 Ca^{2+} 主要经 NCX 排出到细胞质中。晶体结构实验揭示 NCX 使 3 个 Na^+ 进入线粒体的同时使 1 个 Ca^{2+} 排出到细胞质，因此相应的流可表示为

$$J_{\text{NCX}} = v_{\text{NCX}} \frac{[Na^+]^3}{k_{Na^+}^3 + [Na^+]^3} \frac{C_{\text{Mic}}}{k_{\text{NCX}} + C_{\text{Mic}}}, \tag{5.54}$$

其中 v_{NCX} 表示 NCX 的最大活性，$[Na^+]$ 表示细胞质内 Na^+ 的浓度，k_{Na} 和 k_{NCX} 都是 NCX 的激活常数。

IP$_3$R 通道在内质网膜上呈团簇分布，每个集团内含有数个 IP$_3$R 通道，它们释放的 Ca^{2+} 可当成从集团的中心点发出的一个电流。钙离子由于扩散作用会形成一个从该中心点到附近细胞质的浓度梯度，靠近释放点的钙离子浓度要远高于细胞质中钙离子的浓度，称为微域钙离子浓度，其表达式为

$$C_{\text{Mic}} = \frac{\delta}{4\pi r F D_{\text{c}}} e^{(-r/\lambda)} + C, \tag{5.55}$$

这里的 δ 表示由 IP$_3$R 通道集团释放钙离子产生的电流，r 表示 IP$_3$R 与 MCU 之间的距离，F 是法拉第常数，D_c 是钙离子的扩散系数，λ 是决定钙微域内钙离子浓度分布的陡峭分布的参数。电流 δ 由 IP$_3$R 通道的开放概率和通道的数量等决定，表示为

$$\delta = n_{IPR} P_O I_{sIPR}, \quad I_{sIPR} = S_{IPR}(C_e - C), \tag{5.56}$$

其中，P_O 是由式 (5.46) 决定的 IP$_3$R 通道的开放概率；n_{IPR} 表示一个通道集团内 IP$_3$R 通道的数目；I_{sIPR} 为单个 IP$_3$R 通道打开时产生的钙离子电流，它与内质网和细胞质之间的钙离子浓度差呈线性关系，比例系数为 S_{IPR}。参数 λ 主要由钙离子的扩散系数 D_c 和微域内缓冲蛋白的浓度 ([BP]$_{Mic}$) 给出，表示为

$$\lambda = \sqrt{D_c/(k_{onC_{yt}}[BP]_{Mic}K_d/(K_d + C))}, \tag{5.57}$$

由于钙微域模型的参数比较多，这里没有一一列出参数的含义，书中没有提及的参数具体含义见参考文献 [78]。

根据上面的模型和适当的参数求解方程，可以得到不同条件下的钙振荡行为。图 5.8(b) 为不同 [IP$_3$] 下细胞质钙离子浓度随时间的变化情况。可以看出，当 [IP$_3$] 较小或较大时不发生钙振荡；只有中等强度的 [IP$_3$] 才会引发钙振荡，其振幅与最新报道数据相符[67]。图 5.8(c) 的时间序列显示，当 IP$_3$R 通道与 MCU 之间的距离太近或太远时，钙离子浓度会显著高于生理值，只有恰当的距离才会产生合适振幅的钙振荡。

钙微域模型包括了钙信号系统中的绝大多数组分，其关于细胞各区室钙离子浓度的模拟结果均与实验结果相符[66,67]。该模型利用钙信号预测出 IP$_3$R 通道与 MCU 之间的最优工作距离为 $30 \sim 85$nm [图 5.8(a)]，去除线粒体膜间隙及 IP$_3$R 通道突出的长度，推算出内质网与线粒体之间的距离为 $10 \sim 65$nm。这一距离不仅与最新实验测量数据 $10 \sim 80$nm 高度吻合，并且包含由菲克定律和爱因斯坦扩散定律推导得出的理论最优距离 $12 \sim 24$nm[80]。因此，钙微域模型可为涉及内质网与线粒体距离方面的研究提供理论基础。

5.4　本 章 小 结

本章介绍了用于描述钙振荡现象的数学模型基本框架和几个具体的钙振荡模型。目前的钙振荡模型主要存在两方面缺陷：一是并未包含钙信号系统中所有的组分，如细胞膜上的门控通道、IP$_3$ 的生成过程等；二是大多数模型仅关注细胞质而忽略内质网和线粒体这两个重要钙库的作用，导致除了钙微域模型[78]，其余模型的模拟结果中内质网和线粒体中钙离子浓度远小于实际观测值。钙振荡模型若要与实验结果密切吻合，需要从建模机制到模拟结果均接近实际情况。

钙振荡的生物学研究起始于 20 世纪 80 年代，在其发展过程中理论学者进行了深入的研究，不断为其提供重要的见解，是生物实验结合理论模型研究的典型代表。除钙振荡之外，生物界还存在很多振荡现象，如昼夜节律、心脏跳动、细胞周期、糖酵解等。随着生物科学日益向定量化研究方向迈进，理论模型在生物学研究中的作用必将越来越重要，钙振荡模型可为以后的研究提供经验和思路。

<h1 style="text-align:center">补充阅读材料</h1>

(1) 李翔, 祁宏, 黄艳东, 帅建伟. 钙离子信号及细胞调控信号网络动力学. 中国科学: 物理学、力学、天文学, 2021, 51: 103-115.

(2) Meyer T, Stryer L. Molecular model for receptor-stimulated calcium spiking. Proc Natl Acad Sci USA, 1988, 85: 5051-5055.

(3) Goldbeter A, Dupont G, Berridge M J. Minimal model for signal-induced Ca^{2+} oscillaltions and for their frequency encoding through protein phosphorylation. Proc Natl Acad Sci USA, 1990, 87: 1461-1465.

(4) De Young G W, Keizer J. A single-pool inositol 1, 4, 5-trisphosphate-receptor-based model for agonist-stimulated oscillations in Ca^{2+} concentration. Proc Natl Acad Sci USA, 1992, 89: 9895-9899.

(5) Sneyd J, Tsaneva-Atanasova K, Yule D I, Thompson J L, Shuttleworth T J. Control of calcium oscillations by membrane fluxes. Proc Natl Acad Sci USA, 2004, 101: 1392-1396.

(6) Sneyd J, Han J M, Wang L, Chen J, Yang X, Tanimura A, Sanderson M J, Kirk V, Yule D I. On the dynamical structure of calcium oscillations. Proc Natl Acad Sci USA, 2017, 114: 1456-1461.

(7) Qi H, Li L, Shuai J. Optimal microdomain crosstalk between endoplasmic reticulum and mitochondria for Ca^{2+} oscillations. Scientific Reports, 2015, 2015: 7984.

(8) Snedy J, Dufour J F. A dynamic model of the type-2 inositol trisphosphate receptor. Proc Natl Acad Sci USA, 2002, 99: 2398-2403.

<h1 style="text-align:center">思　考　题</h1>

5.1 由德·扬 (De Young) 和基泽 (Keizer) 创建的 IP_3R 动力学模型 (也常被称为 De Young-Keizer 模型) 包含 9 个变量, Li 和 Rinzel 利用多时间尺度的思想将其简化为 3 变量模型。简化模型既保持原模型的主要特征, 又有效地减少了方程的数量, 有广泛的应用。因为 IP_3 和激活 Ca^{2+} 的结合相比于抑制 Ca^{2+} 的结合是快过程, 所以 IP_3R 的 8 个状态可分为两个组: 抑制 Ca^{2+} 位点空闲的组 (包括 000、010、110、100) 和抑制 Ca^{2+} 位点被占据的组 (包括 001、011、111、101), 而且组内 4 个态之间的转换可以用准稳态近似。经过一系列的数学推导, 就得到 Li-Rinzel 模型 (详见文献 [72]), 其方程形式为

$$\begin{cases} \dfrac{dC}{dt} = \dfrac{1}{\gamma_e}\left(v_1 m_\infty^3 h^3(C_e-C) + v_2(C_e-C)\right) - \dfrac{v_3 C^2}{C^2+k_3^2}, \\ \dfrac{dh}{dt} = \dfrac{h_\infty - h}{\tau_h}, \end{cases}$$

其中

$$m_\infty = \frac{P}{P+d_1}\frac{C}{C+d_5},$$
$$\tau_h = \frac{1}{a_2(Q_2+C)},$$
$$h_\infty = \frac{Q_2}{Q_2+C},$$

$$Q_2 = d_2 \frac{P + d_1}{P + d_3}.$$

其中 h 代表抑制 Ca^{2+} 位点空闲的组，$d_i = b_i/a_i$ 为解离常数，P 表示 Ca^{2+} 的浓度。由 De Young-Keizer 模型推导 Li-Rinzel 模型的过程可参考文献 [72]。

De Young-Keizer 模型及其简化版 Li-Rinzel 模型最主要的不足之处是钙振荡的振幅与最新实验数据相差较大。此不足之处可通过校正细胞内 Ca^{2+} 的总量及考虑 Ca^{2+} 缓冲蛋白的作用得到解决。采用参考文献 [81] 中的思路，得到方程

$$\begin{cases} \dfrac{\mathrm{d}C}{\mathrm{d}t} = f_c \left(v_1 m_\infty^3 h^3 (C_e - C) + v_2 (C_e - C) - \dfrac{v_3 C^2}{C^2 + k_3^2} \right), \\[2mm] \dfrac{\mathrm{d}h}{\mathrm{d}t} = \dfrac{h_\infty - h}{\tau_h} \end{cases}$$

其中

$$f_c = \left(1 + \frac{K_d [\mathrm{B}]_T}{(K_d + C)^2} \right),$$

$$C_e = \frac{C_T - C_{cT}}{\sigma},$$

$$C_T = 500\sigma + 10,$$

$$C_{cT} = C \left(1 + \frac{[\mathrm{B}]_T}{K_d + C} \right).$$

这里的 f_c 表示 Ca^{2+} 缓冲蛋白的作用，$[\mathrm{B}]_T$ 为细胞质内 Ca^{2+} 缓冲蛋白的总浓度，K_d 为缓冲蛋白的解离常数；C_T 和 C_{cT} 分别为细胞内和细胞质中总的 Ca^{2+} 浓度；σ 为内质网与细胞质的有效体积之比。给出以下参数：$[\mathrm{B}]_T = 200\mu mol/L$，$K_d = 1.92\mu mol/L$，$\sigma = 0.8$，$v_1 = 8s^{-1}$，$v_2 = 0.05s^{-1}$，$v_3 = 50s^{-1}$，$k_3 = 0.2\mu mol/L$，$d_1 = 0.13\mu mol/L$，$d_2 = 1.049\mu mol/L$，$d_3 = 0.9434\mu mol/L$，$d_5 = 0.2\mu mol/L$，$a_2 = 0.2\mu mol/(L \cdot s)$，请利用此模型得到图 5.2 中的时间序列图和分岔图。

第 6 章　芽殖酵母细胞命运抉择动力学模型

前面介绍了基因表达调控的动力学背景和基因表达调控的建模方法等相关知识。本章将结合芽殖酵母细胞在生长发育过程中的命运抉择这样一个具体问题介绍相关的数学建模和临界点分析方法，并利用统计物理学概念和原理来分析细胞命运抉择机制及其临界切换点。

细胞命运抉择是发育生物学中重要的概念，关系到人体发育和维持稳态的生理过程，同时也与癌症等疾病的发生有着密切的联系。在细胞的生命中，细胞命运选择是对于外部刺激和内部刺激做出的反应。为了适应环境的变化，细胞做出进入生命不同阶段的重要决定。在多细胞生物的发育过程中，前体细胞可以分化为不同的细胞类型，如肌肉细胞或血细胞。本章将基于芽殖酵母细胞命运抉择的生化反应调控网络，通过数学建模和动力学分析的方法来理解和探索细胞命运决定的机制，体会统计物理学原理在探索细胞命运抉择中的作用。

6.1　芽殖酵母细胞命运抉择的分子调控网络

一个生命体的生长发育离不开细胞不断地增殖、分化、生长，而细胞命运抉择在这些过程中起着至关重要的作用。在生命体内，细胞的分化、增殖、凋亡每时每刻都在发生。细胞是如何判断自己是否分裂产生一个新的细胞？细胞是如何进行灵敏而又鲁棒的命运抉择？在细胞命运抉择的临界点发生了什么标志性事件？这些都是让人感兴趣的问题。以芽殖酵母为模式生物，从实验和理论上研究酵母细胞命运抉择的行为和机制，可以为回答以上问题提供一些线索。芽殖酵母细胞是一种进行无性繁殖的单细胞真核生物，它以出芽方式进行分裂，分裂过程属于封闭式，即在细胞分裂时，细胞核核膜不解体。本章将通过数学模型研究芽殖酵母细胞在细胞周期和细胞交配这两种命运之间进行抉择的内在机制。

芽殖酵母的细胞周期是指细胞完成一轮分裂所需要的时间，通常把它划分为 4 个阶段：G_1 期 (DNA 合成前期)、S 期 (DNA 合成期)、G_2 期 (DNA 合成后期) 和 M 期 (分裂期)。在 G_1 期，细胞为下一次分裂做准备。在 S 期，DNA 经过复制变成四倍体。在 G_2 期，细胞为有丝分裂做准备。在 M 期，细胞从一个母细胞分裂成两个子细胞。细胞交配是两个芽殖酵母单细胞进行融合，因此必须将其限制在开始 DNA 复制之前的 G_1 期。芽殖酵母细胞的有丝分裂和交配的转化关键在于 G_1 期，所以这里将基于细胞在 G_1 期的分子调控网络进行建模分析。

关于芽殖酵母细胞命运抉择相关的核心分子调控网络如图 6.1所示，主要包括营养条件诱导的细胞周期子系统、信息素诱导的细胞交配子系统，以及两个子系统之间的相互作用，两个子系统通过 Cln1/2 和 Far1 相互抑制的模块连接起来。图 6.1 的左下角是关于芽殖酵母细胞的细胞周期子系统。真核细胞周期由一系列不同的生命活动组成，这些生命活动由调节蛋白通过网络机制协调。芽殖酵母细胞的细胞周期的确定由 G_1 周期蛋白 Cln3

开始，它与 CDK (周期依赖性蛋白质激酶) 结合后被激活，激活态的 Cln3 进入细胞核后，能够将转录抑制子 Whi5 磷酸化为 Whi5P，使本应与 Whi5 结合的 SBF(Cln1/2 的转录因子) 变成游离状态。磷酸化后的 Whi5P 出核，解离后的 SBF 被磷酸化为 SBFP，进一步激活 G_1 周期蛋白 Cln1/2 的表达。Cln1/2 能够与 CDK 结合，使其处于激活态并诱导细胞选择进入细胞周期命运。激活态的 Cln1/2 和 Cln3 能够进一步促进 Whi5 的磷酸化来激活 SBF，形成一个正反馈调节环路，同时激活态的 Cln1/2 还能够促进 Far1 的降解。

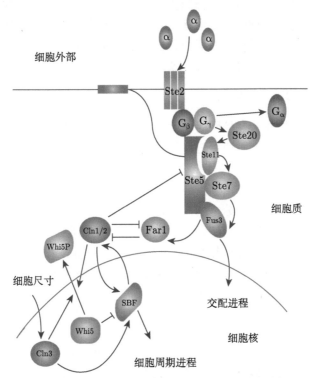

图 6.1　芽殖酵母细胞 G_1 期相关蛋白质相互作用和调控网络图

图片源自文献 [82]

　　图 6.1 的右上角部分是关于芽殖酵母细胞的细胞交配子系统，它是由丝裂原活化蛋白激酶 (MAPK) 级联构成的交配通路，其作用是在 DNA 复制前通过抑制 G_1 期的周期蛋白阻滞细胞周期[83]。芽殖酵母菌有两种类型，分别是 MATa 和 MATα，它们分别分泌 a 因子和 α 因子。这两种细胞可以互相接收对方的分泌因子，并激活交配通路。芽殖酵母细胞对于信息素的响应是一个复杂的过程。以 MATa 细胞为例，细胞膜上的受体 Ste2 与 α 因子结合，促进支架蛋白 Ste5 被吸附在细胞膜上，由于支架蛋白上结合有 Ste11、Ste7、Fus3，这将导致 Ste11 磷酸化 Ste7，然后 Ste7 磷酸化 Fus3，活化后的 Fus3 从 Ste5 上解离并进入细胞核，启动下游基因表达。这样，MAPK 级联反应被激活，细胞选择进入细胞交配命运。

　　上述两个子系统通过 Ste5、Far1、Cln1/2 之间的调控关系形成交叉对话耦合在一起。Far1 通过降解 Cln1/2，来抑制 Cln1/2。Cln1/2 通过降解 Far1，使得 Ste5 从细胞膜上解离，从而抑制交配通路。Ste5 在细胞交配过程中尤其重要，当 Cln1/2 的浓度很低时，Ste5

在信息素的作用下被募集在细胞膜上，为细胞的下一步融合做准备。如果 Cln1/2 的浓度很高，Ste5 会从细胞膜上脱离，阻断信号通路的正常进行。这些相互作用在细胞命运决定中扮演关键作用。

6.2 细胞命运抉择的动力学模型

上面介绍了芽殖酵母细胞命运抉择的蛋白质调控网络。一些有趣的问题包括：芽殖酵母细胞如何判断自己是进入细胞交配命运还是细胞分裂命运？细胞命运抉择的关键蛋白和关键调控因素是什么？如何对细胞命运抉择机制进行定量分析？本节将对芽殖酵母细胞命运抉择进行动力学分析，主要内容参考文献 [84]。

6.2.1 细胞命运抉择的确定性模型

芽殖酵母细胞命运抉择的调控网络由两个子系统组成，且两个子系统之间存在交叉对话，系统中的各个组分相互抑制或促进。这里将简要介绍如何基于细胞命运抉择调控网络图来建立确定性模型。

在建立动力学模型的过程中，通常在得到如图 6.1 所示的细胞组分相互作用关系后，需要借助生物学知识进一步确定组分之间的生化反应关系，从而绘制出如图 6.2 所示的生化反应网络。然后，根据网络中不同的反应类型，选择合适的反应原理 (如质量作用原理、酶促反应动力学方程及希尔方程等) 进行数学建模。根据上面的关系和第 1 章所介绍的生化反应系统数学建模方法便可利用常微分方程组建立一个确定性数学模型。下面先回顾一下利用生化反应原理进行建模的基本方法。

6.2.1.1 质量作用原理

质量作用原理是由瓦格 (Waage) 和古德贝格 (Guldberg) 于 1867 年提出的，用于描述分子间结合反应、蛋白质降解反应等。这一原理指出：化学反应速率与反应物的有效质量成正比。其中反应指的是单步反应，而有效质量实际是指浓度。例如，假设在封闭系统中有如下两个反应

$$A + A \underset{k_2}{\overset{k_1}{\rightleftharpoons}} B, \quad A + C \overset{k_3}{\longrightarrow} 2D$$

可以分别得到反应物与生成物的反应速率动力学方程：

$$\begin{aligned}
\frac{\mathrm{d}[A]}{\mathrm{d}t} &= -2k_1[A]^2 + 2k_2[B] - k_3[A][C], \\
\frac{\mathrm{d}[B]}{\mathrm{d}t} &= k_1[A]^2 - k_2[B], \\
\frac{\mathrm{d}[C]}{\mathrm{d}t} &= -k_3[A][C], \\
\frac{\mathrm{d}[D]}{\mathrm{d}t} &= 2k_3[A][C].
\end{aligned} \tag{6.1}$$

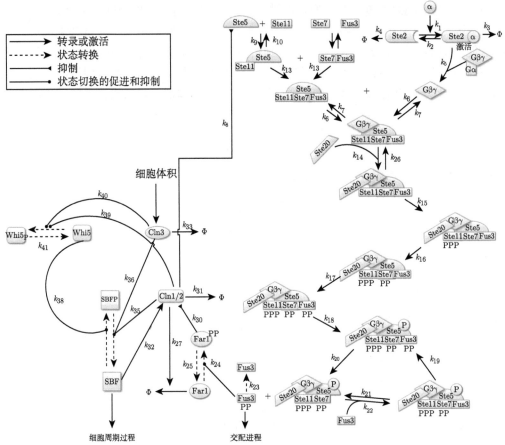

图 6.2　细胞周期选择和交配之间进行细胞命运抉择的生化反应关系

数学模型中考虑的所有组分和生化反应都包括在内。每个反应的箭头用该反应在模型中对应的反应速率标记。图片源自文献 [84]

在生物系统中，通常有多个反应同时进行，即同一种物质可能同时参加多个反应，并且它既可能是一种反应的生成物，同时可能是另一种反应的反应物。通过质量作用原理可以刻画一部分生化反应。但生物系统中，一些生化反应往往有酶的参与，所以还需要通过 3.1.2 节中所介绍的酶促反应动力学方程进行刻画。

6.2.1.2　酶促反应动力学方程

酶促反应动力学方程 (米氏方程) 可以用于刻画转录调控、翻译后调控等生化反应，可以叙述为：若底物 S 在催化效率为 k_2 的酶 E 作用下生成产物 P，即反应如下：

$$S + E \xrightarrow{k_2} E + P,$$

则产物 P 的动力学方程可以写为

$$\frac{\mathrm{d}[P]}{\mathrm{d}t} = k_2 \frac{[E_{\text{total}}]\,[S]}{K_m + [S]}, \tag{6.2}$$

其中 $[E_{\text{total}}]$ 为酶的总浓度，K_m 为米氏常数。这一方程的详细推导过程见 3.1.2 节。

在基因与蛋白质相互作用中，米氏方程通常有两种情形：第一种为自抑制情形，另一种为自促进情形。假设蛋白 X 可以结合到自身基因的调控序列中调控自己的表达，而且调控序列中只有一个结合位点，则可以通过米氏方程来表示自抑制和自促进的作用。根据 3.1.2 节中关于基因表达转录调控的例子，对于自抑制的情况，蛋白质含量的动力学方程可以表示为

$$\frac{\mathrm{d}[X]}{\mathrm{d}t} = \frac{\beta}{1+[X]/K} - d_X[X], \tag{6.3}$$

而自促进情况下的蛋白质含量的动力学方程可以表示为

$$\frac{\mathrm{d}[X]}{\mathrm{d}t} = \frac{\beta([X]/K)}{1+[X]/K} - d_X[X]. \tag{6.4}$$

这里 β 为最大产生率，K 为半最大有效浓度 (EC_{50})，d_X 表示蛋白 X 的降解率。

6.2.1.3 希尔方程

在实际情况中，大多数转录因子是由若干个相同的亚基 (或配体) 组成的，如二聚体、四聚体等，每个亚基均能够结合诱导子。当多个亚基结合到诱导子或诱导子结合数量达到一定数量时，基因活性才会消失 (抑制型) 或者基因才能达到高活性 (促进型)。在这种情况下，可以用希尔方程来表示其调控关系。此时，在抑制情况下的希尔方程为

$$\frac{\mathrm{d}[X]}{\mathrm{d}t} = \frac{\beta}{1+([X]/K)^n} - d_X[X]. \tag{6.5}$$

而在促进情形下的希尔方程为

$$\frac{\mathrm{d}[X]}{\mathrm{d}t} = \frac{\beta([X]/K)^n}{1+([X]/K)^n} - d_X[X], \tag{6.6}$$

这里 n 为希尔系数。特别地，当 $n = 1$ 时希尔方程就是米氏方程。详细的推导过程见 3.1.2 节。

6.2.1.4 细胞命运抉择的数学模型

现在回到细胞命运抉择的数学建模中。针对芽殖酵母细胞命运抉择调控网络中不同的生化反应类型选择不同的生化反应建模方法，便可以得出刻画该网络动力学行为的常微分方程组。这里不展示所有的微分方程，只以 Whi5、Cln1/2 及 SBF 为例进行说明。

在细胞不断生长的过程中，Whi5 被磷酸化并输出到细胞质中，Whi5P 在细胞质中的大量积累，会激活转录因子 SBF 在核中的释放，因此可诱导生成大量 Cln1/2。同时 Cln1/2 又会促进 Whi5 的磷酸化和快速出核。

根据质量作用原理，首先列出蛋白 Whi5 浓度因为磷酸化和去磷酸化过程随时间演化的方程

$$\frac{\mathrm{d}[\text{Whi5}]}{\mathrm{d}t} = -k_{39}[\text{Cln1/2}][\text{Whi5}] - k_{40}[\text{Cln3}][\text{Whi5}] + k_{41}[\text{Whi5P}], \tag{6.7}$$

这里 Whi5P 表示 Whi5 磷酸化后的产物，k_{39} 和 k_{40} 分别表示蛋白 Cln1/2 和 Cln3 对于 Whi5 磷酸化的促进作用，k_{41} 表示 Whi5P 因为去磷酸化变成 Whi5 的速率。

蛋白 Cln1/2 浓度的演化方程为

$$\frac{d[Cln1/2]}{dt} = k_{42} + \frac{k_{28}[Cln1/2]^2}{k_{29} + [Cln1/2]^2} + \frac{k_{32}[SBF]}{K_m + [SBF]}$$
$$- k_{30}[Far1_{pp}][Cln1/2] - k_{31}[Cln1/2], \tag{6.8}$$

其中 k_{42} 表示 Cln1/2 的产生速率，是一个随时间变化的函数，在模型中取为 $e^{0.06t}$，k_{28}、k_{29} 表示生成的 Cln1/2 对于自身的影响 (使用希尔方程)，k_{30} 表示 Fa1$_{pp}$ 促进 Cln1/2 蛋白降解的速率常数，k_{32} 表示转录因子 SBF 激活基因 Cln1/2 表达的转录速率，K_m 表示活化后的 SBFP (磷酸化的 SBF) 与未活化的 SBF 的总浓度，k_{31} 表示蛋白 Cln1/2 的降解速率。

关于蛋白 SBF 浓度的方程为

$$\frac{d[SBF]}{dt} = k_{35}[Cln1/2][SBFP] + k_{36}[Cln3][SBFP] - k_{38}[Whi5][SBF], \tag{6.9}$$

其中 k_{35}、k_{36} 分别表示蛋白 Cln1/2、Cln3 对于 SBFP 去磷酸化生成 SBF 的速率，k_{38} 表示蛋白 Whi5 对于蛋白 SBF 磷酸化的促进速率。注意到这里假设有关系

$$[SBF] + [SBFP] = [SBF]_{total},$$

表示 SBF 蛋白的总量为常数。

这里只列出上面几个方程来说明根据分子相互作用网络构建数学模型的方法，完整的模型方程包括一系列常微分方程所组成微分方程组，详细内容请参考文献 [84]。

6.2.2 启动临界点与细胞命运抉择的动力学机制

芽殖酵母细胞命运抉择各种组分之间存在着复杂的调控关系，如相互促进或者相互抑制。前面主要介绍了建模的方法，下面讨论芽殖酵母细胞命运抉择中启动点 (start point) 的数学定义。细胞为什么会选择在启动点做出命运抉择？它在动力学上有着怎样的含义？

6.2.2.1 启动点的生物背景

细胞周期过程中，细胞首先从静止状态的 G_1 期进入到 DNA 合成期，而 G_1 期的启动点是一个非常关键的检测点，决定了一个细胞是进入有丝分裂还是要进行细胞交配。细胞分裂是由一个细胞分裂产生两个细胞，而细胞交配是由两个细胞进行融合产生一个细胞，细胞交配和细胞分裂这两种状态不能同时发生。细胞失去交配能力并进入细胞周期的点称为启动点 (start point)。如果系统通过了临界的启动点，启动后状态通常会变成不可逆的。对于芽殖酵母细胞，生物学上把 Whi5P 出核出现的剧烈变化事件的某个时间节点定义为启动点。

6.2.2.2 启动点的定量检测

在这里只关注 G_1 期，在 $0 \sim 6$min 中设置步长为 0.1min 等间隔地加入 240nmol/L 的信息素，然后再记录 Whi5P 的出核比，得到关于信息素与蛋白 Whi5P 的剂量-响应曲线。根据上述的过程求解上面所建立的常微分方程模型。通常可以使用欧拉法对常微分方程组进行数值求解。

通过蛋白 Whi5P 的活性与信息素的添加时间之间的关系，得到了启动点在曲线上的度量。从图 6.3 中可以看出，随着信息素添加时间的增加，Whi5P 的出核百分比逐渐增加。在某个关键点 (图中虚线所示位置)，Whi5P 出核率迅速增加，响应曲线的曲率达到最大值。在数学上将这点定义为启动点，是两种不同细胞命运的分界线。在启动点之前，芽殖细胞处于细胞交配命运，在启动点之后，细胞处于细胞周期命运。细胞在启动点从交配停滞过渡到细胞周期。启动点的横坐标表示临界信息素加入时间，而纵坐标表示为在启动点时刻 Whi5P 的阈值。从图 6.3 中可以发现，Whi5P 的出核比的阈值为 51.56%，一旦 Whi5P 超过了这个阈值，大量的 Whi5P 将会进入到细胞质中，促进细胞进入细胞周期。由此得到了启动点在数学上的定量刻画。

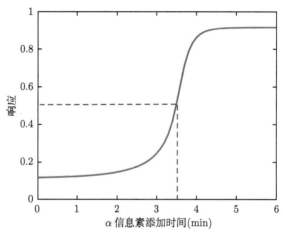

图 6.3　信息素添加时间与 Whi5P 出核率之间的关系

图片源自文献 [84]

6.2.2.3 稳定性与分岔分析

前面的研究已经说明了细胞会在启动点处决定两种不同的细胞命运，那这两种不同抉择背后的数学原理是什么呢？数学模型中参数的变化是如何影响细胞命运抉择的结果的？这些问题将在这一节做出说明。接下来将在确定性模型的基础上进行单参数分岔分析。

确定性模型的动力学是建立在 Cln1/2 和 Far1 相互抑制的基础上的，这种正反馈环可能出现双稳态的特征。在这里，双稳态可以被理解为细胞分裂与细胞交配之间的转换。通过进行数值模拟可以验证在细胞中这种双稳态性质是否真的存在。

基于模拟中的参数值，考察了两个不同时长的细胞行为。

- 长时间行为：如传统的分岔分析一样，细胞中各组分浓度的稳态值是在长时间后得到的。

• 短时间行为：由于细胞将在启动点选择细胞命运，因此应该在一个细胞周期内计算决定细胞命运的稳态值，这在生物上是一个合理的时间范围。

首先分析细胞的长时间行为，如图 6.4 所示。当在初始时刻 (0min) 非常迅速地添加信息素时，细胞先是短暂地保持低水平的 Whi5P (细胞交配命运)，经过一个完整的细胞周期后，迅速增加到高水平的 Whi5P (细胞周期命运)，这与实际的生物选择相反。当在稍晚时刻 (3.5min) 添加信息素时，也会出现同样高水平的 Whi5P，细胞同样会选择细胞周期命运。进一步进行系统的参数分岔分析，结果如图 6.5 所示。从图 6.5(a) 的单参数分岔分析可以看出，随着参数 k_{42} 的改变，Whi5P 的活性水平始终保持相同的浓度，理论模型只会出现对应于细胞周期命运的单稳态，这与图 6.4 的结果一致，当演化时间足够长时只有一个稳态，只能选择一种命运。但是在实际情况下，芽殖酵母细胞能够进行两种不同细胞命运的抉择，因此对应的理论模型应该具有双稳性。而上面的长时间演化模拟只观察到了体系的单稳态行为，与实际情况并不相符合。

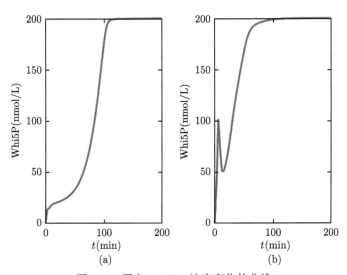

图 6.4　蛋白 Whi5P 浓度变化的曲线

分别在 (a) 0min 和 (b) 3.5min 时刻加入信息素时 Whi5P 浓度的随时演化，G_1 期的时长为 30min。图片源自文献 [84]

为了分析模型模拟结果与实际芽殖酵母行为不相符合的原因，注意到从数学上来看，这种长时间动力学行为是由于模型中假设 Cln1/2 和 Cln3 的产生率随时间指数增长所导致的 ($k_{42} = e^{0.06t}$，$k_{34} = 0.5e^{0.003t}$)。实际上，因为 G_1 周期时长大约为 30min，一旦细胞在 30min 左右做出了特定选择，后面的演化过程将与模型所讨论的命运抉择机制没有直接联系。

接下来分析细胞的短时间行为，从图 6.5(b) 中可以看出，当 Cln1/2 和 Cln3 的产生速率为常数时，不同的初始状态会导致两个不同的细胞命运，这就是生物过程的双稳态现象。为了确保即使在演化时间超过一个细胞周期的情况下，模型仍然具有双稳性，需要考虑到芽殖酵母细胞的生长过程达到一定条件以后会停止生长。因此在模型中添加 Cln1/2 和 Cln3 的重置机制，在 80~90min 时重置 Cln1/2 和 Cln3 蛋白的合成速率为 0。图 6.5(c) 展示了考虑到重置机制以后的结果，显示系统会表现出双稳态性质。

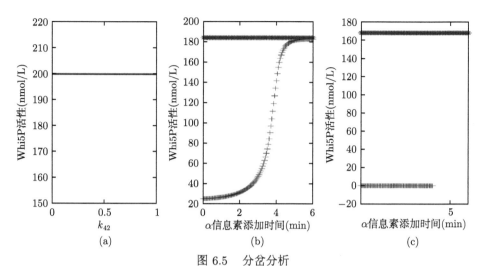

图 6.5 分岔分析

(a) 对原始模型的单参数分岔分析, 分岔参数为 k_{42}; (b) 如果稳态值通过 Whi5P 在 $30 \sim 40$min 的平均值计算, 给定输入值 k_{42} 和 k_{34}, 蛋白 Whi5P 稳态值的依赖曲线; (c) 如果稳态值在细胞周期之后计算, 给定 k_{42} 和 k_{34} 的值, Whi5P 稳态值的依赖曲线。这里, 模型中考虑了一个 Cln1/2 和 Cln3 的合成重置机制使得在系统演化很长时间后, 仍然能够看到双稳态。为此, 需要在 $80 \sim 90$min 时将 Cln1/2 和 Cln3 蛋白的合成速率设置为零。图片源自文献 [84]

为了探究芽殖酵母细胞中启动点的不可逆性, 需要对模型做出修改。首先, 为了描述启动点的不可逆性, 在进入细胞周期 30min 后, 将 Cln1/2 和 Cln3 的生成率固定为常数。例如, 设定 $k_{34} = 0.5$, 对 k_{42} 进行单参数分岔分析, 得到如图 6.6(a) 所示的分岔图。可以看到出现在负数范围内的双稳态, 这显然是不符合实际的。进一步, 考虑到 SBF 对 Cln1/2 的非线性调控关系, 将方程式 (6.8) 中的项 $\dfrac{k_{32}[\text{SBF}]}{K_m + [\text{SBF}]}$ 修改为 $\dfrac{k_{32}[\text{SBF}]^2}{K_m^2 + [\text{SBF}]^2}$, 即采用希尔系数 2。同样进行分岔分析, 结果如图 6.6(b) 所示, 可以看到出现了不可逆的双稳态。随着

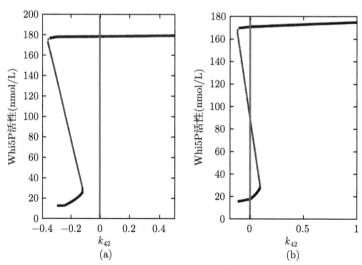

图 6.6 修正后模型的单参数分析

(a) 常数的 Cln1/2 和 Cln3 产物的产生率 (k_{42}、k_{34} 都为常量), 希尔系数为 1; (b) SBF 对 Cln1/2 转录调节的非线性性增加, 希尔系数为 2。图片源自文献 [84]

参数 k_{42} 的增加，细胞可以自由地从低稳态转换到高稳态，但反过来，随着 k_{42} 减小至 0，细胞始终处于高稳态。由此揭示了细胞周期启动点的单稳态 (长时间行为) 与双稳态 (短时间行为) 之间的联系。由此可以看到，在采用希尔方程进行生物系统的数学建模时，希尔系数的适当选择对于系统的定性行为有重要的影响。

这一节中基于模型中的正反馈环进行双稳态和分岔分析，说明启动点的双稳性和不可逆性。下一节进一步讨论变异株对启动点的影响。

6.2.2.4 变异株对启动点的影响

前面给出启动点在数学上的定义，以及对于启动点进行分岔分析和稳定性分析。那么在细胞命运的切换过程中，Ste5-8A 和 Far1-S87A 突变可能会对启动点产生怎样的影响呢？下面先对这两个概念进行简单介绍。Ste5-8A 突变是指缺少 CDK 磷酸化位点的等位基因 *Ste5*。相应地，通过在模型中将反应常数 k_8 设置为 0 表示这一突变，即不存在 Cln1/2 对支架蛋白 Ste5 的抑制作用，而只有在存在信息素的情况下，Ste5 才能被激活。Far1-S87A 突变是指缺失 CDK 磷酸化位点的 *Far1* 等位基因的突变体，相应地，在模型中将 Far1 调控网络中两个生化反应的反应速率 k_{27} 和 k_{24} 设置为 0。

对前面所建立的常微分方程组，将上述参数设置改变，由此得到了在 Ste5-8A 和 Far1-S87A 突变情况下，Whi5P 与信息素添加的剂量之间的关系[85]。从图 6.7 中可以看到，在 Ste5-8A 突变中，Whi5P 的出核比为 54.33%；在 Far1-S87A 突变中，Whi5P 的出核比需要达到 57.50%。与不发生突变的细胞相比，Ste5-8A 突变细胞的启动临界点没有发生改变，而 Far1-S87A 突变细胞的出核比更高。这是因为对于 Far1-S87A 突变细胞，细胞周期命运需要更多的蛋白 Whi5P 输出到细胞核中。

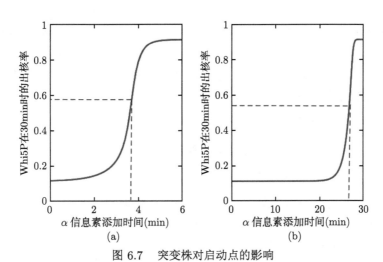

图 6.7 突变株对启动点的影响

信息素加入时间与 Whi5P 的出核比之间的关系: (a) Far1-S87A 突变; (b) Ste5-8A 突变。图片源自文献 [85]

6.2.3 网络熵及其与启动临界点的关系

这一节将在芽殖酵母细胞命运抉择确定性模型的基础上引入重要的统计量——网络熵。前面通过考察细胞内 Whi5P 的出核速率定义了启动点，但这些研究都是在微观层面上的，只考虑到了分子之间的相互作用及变化，还需要从宏观上提出一个可以描述整个系统状态的量，由此引入了统计物理中的 "熵" 这个概念。

6.2.3.1　熵和网络熵

熵 (entropy) 的概念是由德国物理学家克劳修斯 (Rudolf Julius Emanuel Glausius) 于 1865 年提出的。在希腊语中，熵 (希腊语：entropia) 意为 "内在"，即 "一个系统内在性质的改变"，公式中一般记为 S。克劳修斯将一个热力学系统中熵的改变定义为在一个可逆过程中，输入热量相对于温度的变化率，即

$$\mathrm{d}S = \left(\frac{\mathrm{d}Q}{T}\right)_{\text{reversible}},$$

其中 T 表示物质的绝对温度，$\mathrm{d}Q$ 为热传导过程中的输入热量，下标 reversible 表示可逆过程。1923 年，德国科学家普朗克 (Max Karl Ernst Ludwing Planck) 来中国讲学，将 entropy 这个词带入中国。我国物理学家胡刚复教授根据热温商之意把 "商" 字加火旁来意译 entropy 这个字，创造了 "熵" 字。

熵是描述复杂系统的宏观量，是构成体系的大量微观粒子集体表现出来的性质，谈论个别微观粒子的熵并无意义。1877 年，奥地利物理学家玻尔兹曼 (Ludwig Edward Boltzmann) 提出了熵的统计物理的解释，他证明了：系统的宏观物理性质可以认为是所有可能微观状态的等概率统计的平均值。玻尔兹曼提出一个系统的熵和所有微观状态的数目满足以下关系：

$$S = k_{\mathrm{B}} \ln \Omega, \tag{6.10}$$

这个公式被称为 "玻尔兹曼公式" (Boltzmann formula)，其中 k_{B} 是玻尔兹曼常数，Ω 则是系统宏观状态中所包含的微观状态总数。根据这个公式，可以把熵看作一个系统混乱程度的度量，一个系统越混乱，则微观状态越平均。根据热力学第二定律，在孤立系统中，体系与环境没有能量交换，体系总是自发地向混乱程度最大的方向变化，整个系统的熵值总是增加，这也就是熵增加原理。

可以严格证明，玻尔兹曼公式的另一等价表述形式是

$$S = -k_{\mathrm{B}} \sum_{i \in \mathcal{I}} p_i \ln p_i, \tag{6.11}$$

其中 $i \in \mathcal{I}$ 标记所有可能的微观态，p_i 表示微观态 i 出现的概率。

现在考虑上面关于细胞命运抉择的生化反应网络。在这个网络中有 $n = 14$ 种蛋白质，令 $x(i)$ 表示蛋白 i 的浓度，并以

$$P(i) = \frac{x(i)}{\sum_{j=1}^{n} x(j)}$$

表示蛋白 i 所占蛋白质总量的比例。则类比于熵的概念，可以定义该生化反应网络宏观系统状态的网络熵为[84]

$$E = -\sum_{i=1}^{n} P(i)\ln(P(i)). \tag{6.12}$$

注意到蛋白质的浓度是动态变化的,因此网络熵的概念给出了宏观状态随时间演变的度量。因为细胞的 G_1 期大概在 30min,这里只关注这 14 种蛋白质浓度演化至 30min 的情形,此时系统达到了平衡状态。

将"熵"的概念引入生化反应网络后,它成为联系分子微观态和系统宏观态的桥梁。网络熵能够反映该网络的一些本质特征,可以用来帮助人们更深入地理解细胞命运抉择的启动点。从进化生物学的观点来看,熵的变化意味着分子网络由于其适应能力而产生的结构和功能的演化。

根据网络熵的定义,可以比较细胞命运抉择的生化网络的熵和 Whi5P 的出核率在演变到 G_1 期结束 (大约 30min) 时的值对信息素加入时间和参数变化的依赖曲线,以寻找系统的网络熵和启动点之间的关系,结果如图 6.8 所示。

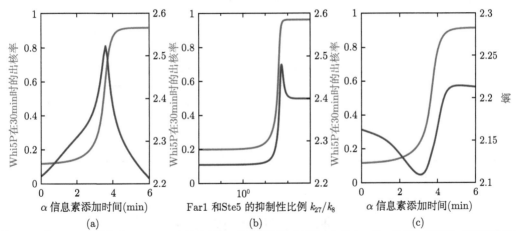

图 6.8　在 30min 时熵和 Whi5P 出核率随 α 信息素添加时间 (或者 k_{27}/k_8 比例) 的变化 (彩图请扫封底二维码)

(a) 野生型细胞中熵和 Whi5 出核率对信息素添加时间的依赖关系;(b) 对不同的比例 k_{27}/k_8,0 时刻用信息素处理的酵母细胞在 30min 时熵和 Whi5 出核率;(c) Ste5-8A 突变体中熵和 Whi5 出核率对信息素添加时间的依赖关系。在图中,红色曲线表示 Whi5 的出核率,蓝色曲线表示熵。图片源自文献 [84]

图 6.8(a) 表明,对于野生型细胞,当 Whi5P 的出核率曲线的斜率达到最大时,网络熵接近最大值。这表明当网络熵达到最大值时[86],细胞将到达启动点。这说明启动点是一个状态改变点,系统的能量在该点发生改变。在细胞命运抉择的背景下,该结果说明在启动切换点,对于细胞交配及有丝分裂之间的选择,酵母细胞在此点有最大的不确定性。然而对于信息素加入比较慢或加入比较快,酵母细胞命运抉择有偏好性,因此曲线两边的熵值低。从图 6.8(b) 中关于熵值和 Whi5P 出核率对 Far1 和 Ste5 的抑制性的比值 (k_{27}/k_8) 也可得出相同的结论。即从生物学知识出发定量分析得到的启动临界点与从统计物理知识出发得到的网络熵峰值位置一致。然而对于突变株,可以看到 Ste5-8A 突变体失去了自适应的能力,它在熵达到最小值的时刻达到启动点,如图 6.8(c) 所示。

6.2.3.2　熵峰的灵敏度

在上面看到网络熵的峰值点对应于细胞命运抉择的启动点。这一小节中将基于网络熵的性质进行进一步的分析，研究熵的峰值点对参数的敏感性[87]。在芽殖酵母细胞的模型中，如果微小的参数扰动就会导致熵峰点的巨大变化，那么网络熵的引入将没有意义，下面分析网络熵的峰值点对参数依赖的鲁棒性。

在模型中，对所有参数进行 10% ~ 30% 的扰动，相应的参数敏感性定义为

$$SS_M = \frac{|M(P + \Delta P) - M(P - \Delta P)|}{M(P)}, \tag{6.13}$$

其中 $M(P)$ 是与在参数 P 下的熵峰相关的一个量，ΔP 表示参数的一个小扰动。表 6.1 给出野生型细胞与熵峰相关的不同量相对于参数变化的敏感性，表中的 t_peak、t_Whi5P_cri、Whi5P_cri 和 Whi5P_peak 分别表示达到熵峰的时间、剂量-响应曲线的最大斜率处对应的时间、Whi5P 的临界比例和熵达到峰值时相应的 Whi5P 的比例。结果显示野生型细胞的启动切换点是在熵的峰值点附近，同时可以看到，对于 10% ~ 30% 的参数扰动，各个时间量的变化量基本在 10% 以内，这表明熵的峰值点对参数的扰动不敏感。因此，用网络熵的峰值刻画启动点具有很好的鲁棒性。

表 6.1　野生型细胞熵峰值点的敏感性分析

ΔP	10%	20%	30%
SS_{t_peak}	1.94%	3.88%	6.09%
$SS_{t\_Whi5P\_cri}$	1.71%	3.42%	6.84%
SS_{Whi5P_cri}	1.55%	4.11%	4.64%
SS_{Whi5P_peak}	12.56%	0.167%	0.245%

注：数据源自文献 [87]

6.3　细胞命运抉择的随机性模型

前面通过确定性模型提出了启动点的定义，并考虑了多个影响启动点的因素，从而了解到细胞启动点的双稳性，启动点与网络熵峰值点的一致性等多个性质。然而该模型中没有考虑噪声。噪声意味着随机性，分为外部噪声和内部噪声。在实际情况中，噪声对细胞生理活动的影响是不能忽视的。下面将在模型中加入噪声因素，通过芽殖酵母细胞命运抉择的随机性模型探讨噪声对于启动点的影响。这一节的内容主要参考文献 [88]。

6.3.1　随机性模型的建立

外部噪声的扰动会导致细胞个体的不同的初始状态，因此不同的细胞在进行细胞命运抉择时所依赖的信息素是不同的，服从一定的概率分布。在前文的模型中，所有细胞的初始状态都被看作一样的，类似于细胞群中细胞周期的初始同步性。为了考虑不同细胞间的差异性和随机性，可以考虑通过参数引入的外部随机性。此外，在前面的模型中生化反应系统固有的内部噪声也被忽视了。下面所介绍的模型将在确定性模型的基础上进一步考虑内外噪声，探讨细胞是如何在噪声环境中做出稳定而精确的细胞命运抉择。

　　首先基于芽殖酵母细胞命运抉择的核心调控元件建立一个简化的确定性数学模型，然后利用第 1 章所介绍的化学朗之万方程建立随机性模型，并研究噪声环境下的细胞命运选择问题。简化模型的分子网络如图 6.9 所示，该调控网络包括 Whi5、Cln1/2、Ste5、Far1 这 4 种核心调控蛋白。依据质量作用定理和酶促反应原理，该简化模型对应的常微分方程组为

$$\frac{\mathrm{d}[\mathrm{Ste5}]}{\mathrm{d}t} = -\alpha(t)[\mathrm{Ste5}] + k_1[\mathrm{Ste5}]_{\mathrm{mem}}[\mathrm{Cln1/2}], \tag{6.14}$$

$$\frac{\mathrm{d}[\mathrm{Ste5}]_{\mathrm{mem}}}{\mathrm{d}t} = \alpha(t)[\mathrm{Ste5}] - k_1[\mathrm{Ste5}]_{\mathrm{mem}}[\mathrm{Cln1/2}], \tag{6.15}$$

$$\frac{\mathrm{d}[\mathrm{Far1}]}{\mathrm{d}t} = k_2[\mathrm{Ste5}]_{\mathrm{mem}} - k_3[\mathrm{Cln1/2}][\mathrm{Far1}] - k_4[\mathrm{Far1}], \tag{6.16}$$

$$\frac{\mathrm{d}[\mathrm{Cln1/2}]}{\mathrm{d}t} = a_1 - k_5[\mathrm{Cln1/2}][\mathrm{Far1}] + \frac{k_6[\mathrm{Cln1/2}]^n}{k_7 + [\mathrm{Cln1/2}]^n}$$

$$\qquad\qquad - k_8[\mathrm{Cln1/2}] + k_{12}[\mathrm{Whi5P}], \tag{6.17}$$

$$\frac{\mathrm{d}[\mathrm{Whi5}]}{\mathrm{d}t} = -\frac{k_9[\mathrm{Whi5}][\mathrm{Cln1/2}]}{k_{10} + [\mathrm{Whi5}]} + k_{11}[\mathrm{Whi5P}], \tag{6.18}$$

$$\frac{\mathrm{d}[\mathrm{Whi5P}]}{\mathrm{d}t} = \frac{k_9[\mathrm{Whi5}][\mathrm{Cln1/2}]}{k_{10} + [\mathrm{Whi5}]} - k_{11}[\mathrm{Whi5P}]. \tag{6.19}$$

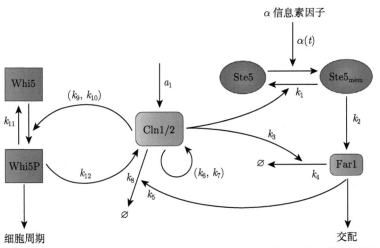

图 6.9　由 G_1 期细胞周期通路和信息素诱导的 MAPK 通路所建立的细胞命运抉择调控网络的简化模型
图片源自文献 [88]

　　对于该简化模型，选择合适的单位，假定 Ste5 和 Whi5 蛋白的总量归一化为 1，参数的初始值如表 6.2 所示。部分参数从生理范围取合理的值，部分是估计得来的，以确保该确定性模型不仅能重现芽殖酵母细胞命运抉择动力学行为，还能契合启动切换点的临界转变特性。

表 6.2   简化数学模型中的参数和所有成分的初始浓度

参数	取值	参数	取值
k_1	5.0620	k_8	18.4032
k_2	1.7729	k_9	0.8781
k_3	0.5000	k_{10}	1.0000
k_4	0.1620	k_{11}	0.1500
k_5	6.6699	k_{12}	12.4481
k_6	15.3643	$\alpha(t)$[a]	
k_7	1.0000	a_1	1.7185
成分	初始浓度	成分	初始浓度 [b]
Ste5	1.0000	Whi5	1.0000

a 函数 α 表示信息素的输入, 定义为

$$\alpha(t) = \begin{cases} 1.000, & t \leqslant t_{\text{added}}(\text{信息素输入}), \\ 0, & \text{其余情况} \end{cases}$$

b 这里没有列出的成分的初始浓度为 0

根据第 1 章的介绍, 化学朗之万方程可以由所有的生化反应通道给出。这里的常微分方程模型中采用了质量作用原理和酶促反应原理的假设, 然而对应的化学朗之万方程还是可以通过类似的形式类比得到。由此, 根据微分方程模型 (6.14)~(6.19), 可以得到化学朗之万方程表示的随机模型如下:

$$\frac{\mathrm{d}[\text{Ste5}]}{\mathrm{d}t} = -\alpha(t)[\text{Ste5}] + k_1[\text{Ste5}]_{\text{mem}}[\text{Cln1/2}]$$
$$- \frac{1}{\sqrt{V}}\sqrt{\alpha(t)[\text{Ste5}]}\zeta_1(t)$$
$$+ \frac{1}{\sqrt{V}}\sqrt{k_1[\text{Ste5}]_{\text{mem}}[\text{Cln1/2}]}\zeta_2(t), \tag{6.20}$$

$$\frac{\mathrm{d}[\text{Ste5}]_{\text{mem}}}{\mathrm{d}t} = \alpha(t)[\text{Ste5}] - k_1[\text{Ste5}]_{\text{mem}}[\text{Cln1/2}]$$
$$+ \frac{1}{\sqrt{V}}\sqrt{\alpha(t)[\text{Ste5}]}\zeta_1(t)$$
$$- \frac{1}{\sqrt{V}}\sqrt{k_1[\text{Ste5}]_{\text{mem}}[\text{Cln1/2}]}\zeta_2(t), \tag{6.21}$$

$$\frac{\mathrm{d}[\text{Far1}]}{\mathrm{d}t} = k_2[\text{Ste5}]_{\text{mem}} - k_3[\text{Cln1/2}][\text{Far1}] - k_4[\text{Far1}]$$
$$+ \frac{1}{\sqrt{V}}\sqrt{k_2[\text{Ste5}]_{\text{mem}}}\zeta_3(t) - \frac{1}{\sqrt{V}}\sqrt{k_3[\text{Cln1/2}][\text{Far1}]}\zeta_4(t)$$
$$- \frac{1}{\sqrt{V}}\sqrt{k_4[\text{Far1}]}\zeta_5(t), \tag{6.22}$$

$$\frac{\mathrm{d}[\text{Cln1/2}]}{\mathrm{d}t} = a_1 - k_5[\text{Cln1/2}][\text{Far1}] + \frac{k_6[\text{Cln1/2}]^n}{k_7 + [\text{Cln1/2}]^n} - k_8[\text{Cln1/2}]$$
$$+ k_{12}[\text{Whi5P}] + \frac{\sqrt{a_1}}{\sqrt{V}}\zeta_6(t) - \frac{1}{\sqrt{V}}\sqrt{k_5[\text{Cln1/2}][\text{Far1}]}\zeta_7(t)$$

$$+ \frac{1}{\sqrt{V}} \sqrt{\frac{k_6 [\text{Cln1/2}]^n}{k_7 + [\text{Cln1/2}]^n}} \zeta_8(t) - \frac{1}{V} \sqrt{k_8 [\text{Cln1/2}]} \zeta_9(t)$$

$$+ \frac{1}{\sqrt{V}} \sqrt{k_{12} [\text{Whi5P}]} \zeta_{12}(t), \tag{6.23}$$

$$\frac{\mathrm{d}[\text{Whi5}]}{\mathrm{d}t} = - \frac{k_9 [\text{Whi5}][\text{Cln1/2}]}{k_{10} + [\text{Whi5}]} + k_{11}[\text{Whi5P}]$$

$$- \frac{1}{\sqrt{V}} \sqrt{\frac{k_9 [\text{Whi5}][\text{Cln1/2}]}{k_{10} + [\text{Whi5}]}} \zeta_{11}(t)$$

$$+ \frac{1}{\sqrt{V}} \sqrt{k_{11} [\text{Whi5P}]} \zeta_{12}(t), \tag{6.24}$$

$$\frac{\mathrm{d}[\text{Whi5P}]}{\mathrm{d}t} = \frac{k_9 [\text{Whi5}][\text{Cln1/2}]}{k_{10} + [\text{Whi5}]} - k_{11}[\text{Whi5P}]$$

$$+ \frac{1}{\sqrt{V}} \sqrt{\frac{k_9 [\text{Whi5}][\text{Cln1/2}]}{k_{10} + [\text{Whi5}]}} \zeta_{11}(t)$$

$$- \frac{1}{\sqrt{V}} \sqrt{k_{11} [\text{Whi5P}]} \zeta_{12}(t), \tag{6.25}$$

这里 V 表示细胞体积，$\zeta_i(t)(i=1,2,\cdots,12)$ 是高斯白噪声，满足 $\langle \zeta_i(t) \rangle = 0$ 和 $\langle \zeta_i(t)\zeta_j(t') \rangle = \delta_{ij}\delta(t-t')$。在模型中，可以通过调整细胞体积 V 来调整内部噪声的强度。

上面的化学朗之万方程描述了系统在内部噪声下的动力学行为。当考虑外部噪声时，模型参数在外部噪声的干扰下随机取值。因此，在模型中通过假设每个模型参数取值于以缺省参数值为中心的正态分布随机数，以标准差 σ 表示噪声强度。

随机性模型中所用的参数与确定性模型中所用的一致。通过随机的初始值来模拟芽殖酵母细胞并记录 Whi5P 的出核量，以此能够得到建立在理论研究上的有关细胞命运抉择的分布直方图。经数值模拟可以验证，由简化的确定性模型和随机性模型得到的结果是与实验结果相吻合的[88]。下面基于上述随机性模型进行进一步分析。

6.3.2　冲量与细胞命运抉择

从物理图像来看，细胞的命运抉择类似于一个小球在一个双势阱中跳跃，小球从一个谷跨越势垒跳到另一个谷需要外界做功。而对功的量化计算需要已知力作用下小球的位移。对于细胞命运抉择的问题，无法直接用功的概念来研究细胞在两个不同命运之间的选择，然而可以借用物理学的概念进行类比。借助经典力学中的"冲量"概念，定义细胞命运抉择机制中启动点的驱动因素。根据经典力学，冲量为施加外力与时间间隔的乘积，它等于动量的变化量，冲量会引起质点机械运动的改变。在这里，类比物理的概念，定义 Cln1/2 蛋白作用的冲量为 Cln1/2 的浓度演变函数随时间的积累，其计算公式如下：

$$I(t_{\text{added}}) = \int_0^{30} [\text{Cln1/2}]_{t_{\text{added}}}(t)\mathrm{d}t, \tag{6.26}$$

其中 t_{added} 表示信息素的添加时间，$[\mathrm{Cln1/2}]_{t_{\mathrm{added}}}(t)$ 表示与信息素添加时间 t_{added} 所对应的方程解的 Cln1/2 蛋白的浓度演变函数。这个计算公式给出了 Cln1/2 蛋白作用冲量对信息素添加时间的依赖关系 (图 6.10)。

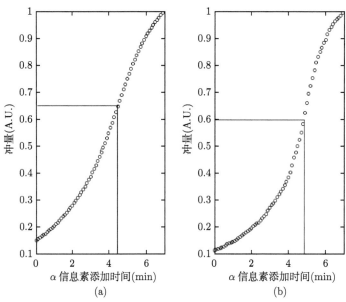

图 6.10   Cln1/2 蛋白的冲量与信息素添加时间之间的关系

(a) 确定性模型的计算结果；(b) 随机性模型的计算结果。图片源自文献 [88]

根据模型计算结果，图 6.10 给出了 Cln1/2 的冲量与 α 信息素添加时间 t_{added} 之间的关系。首先，根据确定性模型得到启动点的临界时间，即由 Whi5 蛋白的出核率与控制参数 t_{added} 的依赖曲线得到，临界时间对应于该曲线斜率最大点所对应 t_{added} 处。计算结果显示由确定性模型决定的启动点对应于临界时间为 $t_{\mathrm{added}} = 3.68\mathrm{min}$，而临界冲量点发生在时刻 $t_{\mathrm{added}} = 4.50\mathrm{min}$。然而，随机性模型的计算结果显示启动点和临界冲量点都发生在 $t_{\mathrm{added}} = 4.86\mathrm{min}$ 时刻。这个现象表明，内在噪声能够引起启动点和它的冲量的一致性，这也说明，当考虑到内在分子波动时，用冲量来决定细胞命运是合理的。

6.3.3   噪声对于细胞命运抉择精确性的影响

这一节介绍如何对细胞命运抉择的精确性进行定量分析。首先给出精确性的定义。通过计算模拟结果观察到，当超过 50% 的 Whi5 蛋白仍在细胞核内时添加信息素，细胞几乎总能被阻滞 (意味着选择细胞交配命运)，这被称为启动前点 (pre-start)。如果当超过 50% 的 Whi5 蛋白出核时添加信息素，细胞几乎总能在被阻滞前经历一个有丝分裂，这被称为启动后点 (post-start)。由此按如下式子定义细胞命运抉择的精确性：

$$\mathrm{Acc} = \frac{N_{M\text{-correct}} + N_{C\text{-correct}}}{\mathrm{Total}}, \tag{6.27}$$

其中，$N_{M\text{-correct}}$ 表示含有超过 50% 的 Whi5 蛋白仍在细胞核内时的细胞数量，根据临界指标，这些细胞将进入细胞融合状态；$N_{C\text{-correct}}$ 表示含有超过 50% 的 Whi5 蛋白出核的细胞数量，这些细胞进入细胞周期；Total 表示细胞总数。

外部噪声和内部噪声的线性相互作用保证了芽殖酵母细胞命运抉择的高精度。为了定量阐明外在噪声和内在噪声之间的关系，用精确性指标量化细胞命运抉择，从而计算不同噪声下的精确度，数值结果如图 6.11 所示。从图 6.11(a) 中可以看出，当内部噪声强度较小时 (即细胞体积较大)，可以看出随着外部噪声标准差的增加，细胞命运抉择的精确度先增加后减少。同时，当外部噪声较小时，也存在适中的内部噪声强度使得细胞命运抉择精确度达到最优。对每个固定的内部噪声 (即图中每一列)，挑选出精确度最大值大于 95% 的点，这些数据点中只考虑外部噪声强度最大的 3 个点。如果符合条件的点少于 3 个，则只挑选最大精确度对应的数据点，然后计算这些数值的平均值。图 6.11(a) 中每一列都可以计算对应的 3 个外部噪声强度的平均值，平均外部噪声强度值对应的点在图中用星号标记出来。基于结果的分析发现这些星号标记的点近似于一条斜率为 −0.1235 的直线上，线性回归分析显示对应的皮尔逊相关系数为 0.8076，这表明当外部噪声和内部噪声强度处于图示的直线附近时，适当的外部噪声和内部噪声可以提高芽殖酵母细胞命运抉择的精确度。图 6.11(a) 中的等高线如图 6.11(b) 所示，类似于直角的形式。图 6.11(b) 中的星状点表示每条等高线的近边缘点，这些点近似位于一条斜率为 1.0769 的直线上。可以看出，在该直线下方的参数区域，细胞命运抉择精度主要依赖于内部噪声，而在直线上方的参数区域，细胞命运抉择精度主要受外部噪声的控制。另外，两条直线的交点大约为 (−1.6394, −1.0366)，对应的细胞尺寸约为 1000，外部噪声标准差为 0.1，这两个数值也是生理学上合理的取值。这些结果表明野生型芽殖酵母细胞内部噪声和外部噪声的作用对细胞命运抉择的高精确性具有积极作用[88]。

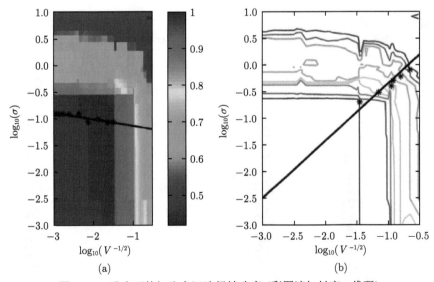

图 6.11 噪声下的细胞命运选择精确度 (彩图请扫封底二维码)

(a) 细胞命运选择精确度是外部噪声和内部噪声的函数，3 种最大外部噪声强度的平均值用星号标记，用线性回归得到直线 $y_1 = -1.2391 - 0.1235x$；(b) 图 (a) 精度函数的等高线，星号表示每条等高线的近似点，这些数据点与直线 $y_2 = 0.7288 + 1.0769x$ 很好地拟合，横坐标表示细胞尺寸均方根倒数取自然对数，表示内部噪声强度，纵坐标表示随机涨落的外部噪声标准差 σ 的自然对数值，表示外部噪声强度。图片源自文献 [88]

　　网络熵的波动范围与细胞命运有很强的相关性。文献 [89] 发现，网络熵随时间演化所表现出来的动态变化与细胞命运抉择相一致。下面将从 0min 到 30min 时间段内，对芽殖酵母细胞命运抉择体系熵值的时间变化进行追踪分析，其中每隔 0.01min 记录一个熵值 (用 E_Y 表示)，一共记录到 3000 个时间点及对应的 3000 个熵值。若一个时间点的熵值比下一个时间点的熵值大，则为熵减时间点，否则简称为熵增时间点。对基于化学朗之万方程建立的随机模型进行模拟，其中细胞体积为 1000，外部噪声标准差为 0.1。对于每个给定的芽殖酵母细胞 (对应于模型计算得到的每条随机模拟轨道)，记录 3000 个时间点中熵减的时间点数目。结果如图 6.12 所示，大约有 92.14% 的细胞具有 1500 个 (半数) 以上的熵减时间点。这说明细胞命运抉择可能是一个熵减少的过程。进一步讨论不同细胞命运与 $0 \sim 30$min 的整个时间段内熵值波动程度的关系。每一次随机模拟，即每一个酵母细胞熵值的波动程度，用如下式子进行定义

$$F_Y = \frac{\max(E_Y) - \min(E_Y)}{E_0},\qquad(6.28)$$

上述式子中 E_0 表示细胞 Y 在 0 时刻时的熵。公式 (6.28) 表示对每次模拟 30min 时，得到 3000 个时间点，熵值最大的时间点的熵值减去熵值最小的时间点的熵值再归一化处理。从图 6.12(b) 中，可以看出波动范围与细胞命运之间有很强的相关性。这一结果表明由于信息素的加入，选择交配命运细胞的熵减少。然而，选择细胞周期命运的细胞关闭了交配信号的输入，并经历了一个小的熵波动。这一结果与信息熵理论和负熵原理相一致。另外，这些结果说明细胞的命运在一定情况下是由 Cln1/2 刺激所决定的。

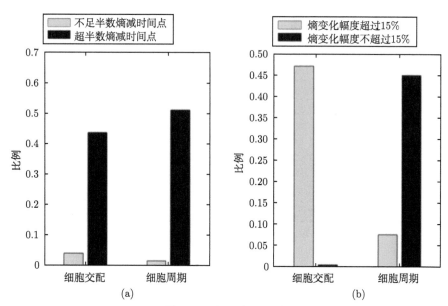

图 6.12　细胞命运和熵

(a) 细胞交配和细胞周期命运熵减少的比例；(b) 细胞交配和细胞周期命运熵幅度变化在 15% 以上和以下的比例。
图片源自文献 [88]

6.4　芽殖酵母细胞的 G_1/S 切换点与一致前馈环分析

前面对于芽殖酵母细胞命运抉择分子调控网络进行了数学建模,分析了启动点与细胞命运抉择之间的关系,对于启动点进行了稳定性和分岔分析,同时引入网络熵的概念来分析芽殖酵母细胞在启动点的性质,最后讨论了噪声对于细胞命运抉择精确性的影响。在这一小节中,将探讨另一个重要的细胞周期检测点,即 G_1/S 切换点[90]。因此在前面模型的基础上,增加考虑 3 种蛋白,即 Sic1、Clb5/6 和 Ste12。蛋白 Sic1 通过与 Clb5/6 快速结合而抑制其活性,只有当 Sic1 被降解时,Cln5/6 才能被激活。同时转录因子 Clb5/6 还能够促进 Whi5 的磷酸化。在细胞周期的子系统中,加入蛋白 Sic1 和 Clb5/6 将能够更好地分析芽殖酵母细胞的 G_1/S 切换点。在细胞交配通路的系统中,加入蛋白 Ste12 与 Far1、Fus3 形成了一个一致前馈环。模型中关于新增加的蛋白之间的关系,参考图 6.13。根据调控网络图可以建立相应的数学模型,关于模型的详细内容请参考文献 [90]。

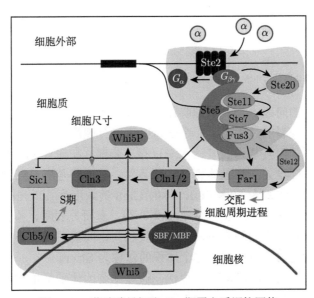

图 6.13　芽殖酵母细胞 G_1 期蛋白质调控网络

相比前面的分子信号网络,新增加 Clb5/6 与 Sic1 之间形成的双负反馈环,以及 Fus3、Ste12 及 Far1 之间形成的一致前馈环

6.4.1　G_1/S 切换点

当芽殖酵母细胞在启动临界点做出抉择进入细胞周期后,酵母细胞便来到了第二个抉择路口,需要对细胞什么时候开始进入 S 期并开始 DNA 的复制进行抉择,即 G_1/S 切换点区分。G_1/S 期,顾名思义,是 G_1 期和 S 期的分界点。如果进入 G_1/S 期过早,细胞还没准备好参与 DNA 复制的蛋白质,整个细胞的调控就会发生紊乱;如果细胞进入 G_1/S 期过晚,细胞则会浪费很多时间和能量。因此,G_1/S 切换点对于细胞命运抉择来说同样至关重要。在生物上,G_1/S 切换点与蛋白 Sic1 的降解和 Clb5/6 的高表达息息相关。在蛋白作用原理图 6.13 中,可以看到 Sic1 与 Clb5/6 两者之间相互抑制,在 G_1/S 点处应出现 Sic1 浓度的陡降和 Clb5/6 的陡升。因此,可以把 Sic1 的时间序列曲线与 Clb5/6 的时间

序列曲线的交点定义为 G_1/S 切换点。图 6.14 给出了根据模型计算所得到的在一个细胞周期过程中不同蛋白质含量的变化情况。由图 6.14(a) 可以看到细胞周期启动点发生在 G_1/S 切换点以前,这与前面所叙述的细胞需要启动点选择细胞周期命运之后才能进入 G_1/S 切换点是相符的。

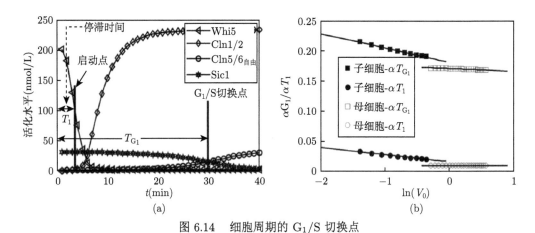

图 6.14   细胞周期的 G_1/S 切换点

(a) 细胞周期启动点与 G_1/S 切换点的定义;(b) 细胞周期从下一周期 (母细胞) 或出生 (子细胞) 开始到启动点、G_1/S 切换点所需时间与开始 (下一轮周期开始或出生) 体积的关系。图片源自文献 [90]

在细胞周期控制的问题中,关于细胞体积与细胞周期检查点的关系是重要的生物学问题。在芽殖酵母细胞分裂的过程中,一个酵母细胞会分裂产生一大一小两个子细胞,这两个子细胞不仅体积不同而且基因的表达水平也存在差异。在研究 G_1 期的细胞体积调控关系时,需要在模型中假设关于细胞体积的一些条件。基于芽殖酵母细胞周期的相关生物数据,设定母细胞的初始体积为 $30 \sim 70\mathrm{fl}$,体内 Cln3 的浓度为 100nmol/L,子细胞的初始体积为 $10 \sim 28\mathrm{fl}$,体内 Cln3 的浓度为 0nmol/L[91]。有研究表明,体积较小的细胞进入启动点所需的时间比体积较大的细胞所需的时间要长,这间接地表明细胞进入启动点需要一定的体积,即细胞周期的体积控制,这个体积通常称为 Sizer。

由于细胞的体积在初始阶段增长得很快,假设细胞的体积呈指数增长,则初始时细胞体积 V_0 和任意时刻的体积 $V(T)$ 具有如下关系:

$$\alpha \cdot T = \ln(V(T)) - \ln(V_0), \tag{6.29}$$

其中 α 表示细胞体积变化的速率,T 表示从细胞出生到任意时刻的间隔。令 T_1 及 T_{G_1} 分别表示细胞从出生 (或新一轮细胞开始) 到启动点与到 G_1/S 切换点的时间间隔。假设对细胞首先用信息素浸泡一段时间,从撤除信息素开始到进入 G_1/S 期的时间,称为阻滞期 T。以 V_1 和 V_{G_1} 分别表示细胞在启动点和 G_1/S 切换点的体积。参照前面的数值模拟结果,将 Whi5 的出核达到 50% 的时刻设定为启动点。同样的,通过蛋白 Sic1 与 Clb5/6 的浓度的交叉点定义为 G_1/S 切换点,则可以计算出相关的 T_{G_1} 与 V_{G_1}。由上述的公式,可以得到

$$\alpha \cdot T_1 = \ln(V_1) - \ln(V_0). \tag{6.30}$$

由上面的公式可以推断出，如果进入启动点需要达到一定的体积，即 Sizer，那么体积 V_1 是固定不变的。则有 αT_1 与 $\ln(V_0)$ 呈斜率为 -1 的线性关系。如果是由细胞从启动点到 G_1/S 切换点的时间间隔所决定，此时 T_1 是固定的，此时 αT_1 与 $\ln(V_0)$ 呈斜率为 0 的线性关系。因此，可以通过斜率的大小来考察细胞体积控制的关系。为了能够更精确地研究体积较小和体积较大的细胞的细胞尺寸控制关系，选取细胞体积的平均值 V_{mean} 进行量化，此时的公式改写为

$$\alpha \cdot T_1 = \ln\left(\frac{V_1}{V_{\mathrm{mean}}}\right) - \ln\left(\frac{V_0}{V_{\mathrm{mean}}}\right). \tag{6.31}$$

由图 6.14(b) 可以看到，子细胞在 T_1 阶段的斜率比母细胞的大，这说明子细胞比母细胞具有更强的体积控制。同时，在图中还发现子细胞与母细胞在 T_1 阶段和 T_{G_1} 阶段的直线斜率基本相等。这说明对于母细胞和子细胞而言，$\alpha(T_{G_1} - T_1)$ 基本上是一个定值，也就是说细胞从启动点到 G_1/S 切换点的时间段的长度几乎是固定的，这与实验结果相一致。

6.4.2 一致前馈的功能重要性分析

在分子调控网络中，反馈是指反应前后节点之间输入与输出关系，根据调控关系可以分为正反馈和负反馈两大类。正反馈是指在某个系统中，输入信号可以直接或者间接地促进输出信号的增强。正反馈环路通常在系统中起双稳作用，即系统可以通过耦合正反馈模块来产生两种稳定状态。负反馈则与正反馈的定义相反，输入信号会减弱输出信号。在分子调控网络中有一种重要的调控关系，称为一致前馈，是基于正负反馈作用形成的综合调控关系。对于 3 个节点 X、Y、Z 组成的调控环路，通过 X 和 Y 两个节点对 Z 进行调控，若节点 X 对于 Z 的直接调控关系与通过 Y 对 Z 的间接调控关系是一致的，则称为一致前馈。反之，如果节点 X 对 Z 直接调控关系和通过 Y 的间接调控关系是非一致的，则称为非一致前馈。图 6.15 给出了三节点调控关系中常见的一致前馈和非一致前馈环路。

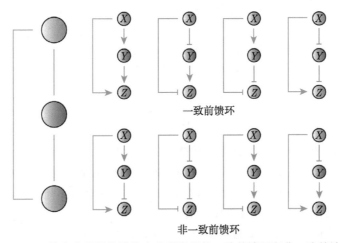

图 6.15 三节点分子调控模块中几类常见的一致前馈环和非一致前馈环

在芽殖酵母细胞的 G_1/S 切换点调控网络模型中,下面对于 Fus3-Far1-Ste12 一致前馈模块的性质和对于细胞命运抉择的影响进行分析。为了更好地进行比较分析,首先对原理图中的调控机制进行改造,分别改为正反馈调控 (PF 模块)、仅转录 Far1 调控 (TO 模块) 和仅磷酸化 Far1 调控 (PO 模块)。

对于 PF 模块,在原有模型的基础上增加蛋白 Ste12 对于 Fus3 和 α 因子产生的影响,对应的方程变为

$$
\begin{aligned}
\frac{\mathrm{d}[\mathrm{Ste2}]}{\mathrm{d}t} = & -k_1[\mathrm{Ste2}]\bigg(\bigg(0.1 + \frac{\rho_1[\mathrm{Fus3_{PP}}]^n}{K_1 + [\mathrm{Fus3_{PP}}]^n}\bigg) \\
& + \bigg(0.1 + \frac{\rho_2[\mathrm{Ste12_{PP}}]^n}{K_2 + [\mathrm{Ste12_{PP}}]^n}\bigg)\bigg)\alpha(t) \\
& + k_2[\mathrm{Ste2_{active}}] - \delta_1[\mathrm{Ste2}],
\end{aligned}
\tag{6.32}
$$

$$
\begin{aligned}
\frac{\mathrm{d}[\mathrm{Ste2_{active}}]}{\mathrm{d}t} = & \ k_1[\mathrm{Ste2}]\bigg(\bigg(0.1 + \frac{\rho_1[\mathrm{Fus3_{PP}}]^n}{K_1 + [\mathrm{Fus3_{PP}}]^n}\bigg) \\
& + \bigg(0.1 + \frac{\rho_2[\mathrm{Ste12_{PP}}]^n}{K_2 + [\mathrm{Ste12_{PP}}]^n}\bigg)\bigg)\alpha(t) \\
& - k_2[\mathrm{Ste2_{active}}] - \delta_1[\mathrm{Ste2}].
\end{aligned}
\tag{6.33}
$$

这里的下标 PP 都表示蛋白质的磷酸化。

对于 TO 模块,假定磷酸化蛋白 $\mathrm{Far1_{PP}}$ 全部处于激活状态,Fus3 对于 Far1 激活的促进作用消失。根据模块的改变,蛋白 Cln1/2 和 Far1 的浓度变化满足的常微分方程变为

$$
\begin{aligned}
\frac{\mathrm{d}[\mathrm{Cln1/2}]}{\mathrm{d}t} = & \ k_2 + \frac{k_3[\mathrm{SBFA}] + k_4[\mathrm{MBFP}]}{1 + K_3[\mathrm{SBFA}] + K_4[\mathrm{MBFP}]} \\
& - d_2[\mathrm{Far1}][\mathrm{Cln1/2}] - d_3[\mathrm{Cln1/2}],
\end{aligned}
\tag{6.34}
$$

$$
\frac{\mathrm{d}[\mathrm{Far1}]}{\mathrm{d}t} = k_{24} + k_{25}[\mathrm{Ste12_{PP}}] - d_5[\mathrm{Cln1/2}][\mathrm{Far1}] - d_9[\mathrm{Far1}].
\tag{6.35}
$$

对于 PO 模块,忽略蛋白 Ste12 促进 Far1 生成的作用,假定 Far1 的总量为定值 200nmol/L,因此改写关于 Far1 浓度变化的方程为

$$
\frac{\mathrm{d}[\mathrm{Far1}]}{\mathrm{d}t} = 0.
\tag{6.36}
$$

基于上述的 3 个模块,与原细胞命运抉择的数学模型模块一起,分别得到 4 组不同的常微分方程组。方程组的详细内容参考文献 [90]。根据模型方程,可以分别对 ① 对信息素与信息通路响应变化情况;② 与稳态时 MAPK 活性的关系;③ 与 Whi5P 活性的关系;④ 迟滞情况进行分析,结果如图 6.16 所示。

几类不同的反应模块及其动力学特征都体现在图 6.16(a) 中,分析结果如图 6.16(b)~(e)所示。图 6.16(b) 表示当 α 因子在 2min 时进入,4min 时撤掉后的 Cln3 和 $\mathrm{Far1_{act}}$ 浓度随时间变化的曲线。与其他模块进行对比,在 TO 模块图 6.16(b3) 中,当 α 因子加入时,

Far1$_{\mathrm{act}}$ 的浓度增加相对缓慢，当 α 因子去除时，Far1$_{\mathrm{act}}$ 浓度的下降也相对较缓慢。这说明 TO 模块不能使网络具有快速阻滞和快速可逆的特性。然而其他模块具有这样的性质。

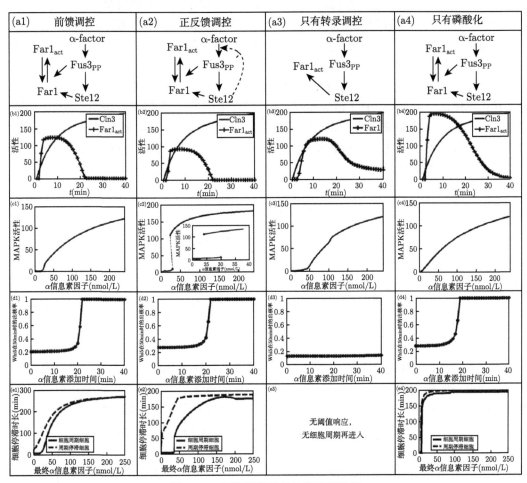

图 6.16　不同模块的结构和性能比较

(a) 4 种调节 Far1 活性的调控模块图；(b) 不同模块中对于交配信息素的响应图；(c) MAPK 活性与交配信息素之间的稳定关系；(d) 信息素添加时间与 Whi5P 活化的关系；(e) 不同模块下的迟滞实验结果 (TO 模块除外)。图片源自文献 [90]

此外，为了更好地研究不同条件下的 MAPK 活性 (以 Fus3$_{\mathrm{PP}}$ 浓度来测定) 对 α 因子的依赖性，对其方程进行分岔分析，实验结果见图 6.16(c)。通过比较，在 PF 模块即图 6.16(c2) 中，当 α 因子浓度在 25~30nmol/L 时，MAPK 的活性无法确定。这是正反馈使得这一范围的 α 因子产生了双稳态的响应，出现了一对多的输入和输出情况，容易造成细胞不能正确地做出抉择的情况，导致信息丢失。相关的生物实验研究表明，MAPK 通路的活性在细胞外信息素浓度的广泛范围内呈线性关系，因此 PF 模块的结果与实际情况不符。

接着，研究信息素加入时间与细胞命运抉择之间的关系。在这些细胞命运抉择曲线中，发现在 TO 模块图 6.16(d3) 中没有一个 Whi5P 阈值。因为 TO 模块中 G$_1$ 检查点和 G$_1$/S 检查点需要更长的时间，因此扩大了 α 因子添加时间的范围。但是，Whi5P 阈值在图中仍然没有出现，这说明 TO 模块并没有出现细胞命运抉择点，即细胞不存在两种命运。正是由于缺乏细胞命运抉择的能力，无论如何加入 α 因子，细胞仍处于交配停滞状态，这将会导致生物调节的混乱。然而，其他的模块具有明确的细胞命运抉择点。

最后，对于 4 个模块进行了迟滞实验，图 6.16(e) 显示的是不同实验结果。图 6.16(e4) 中，受刺激前和受刺激后的变化都不明显，这说明 PO 模块的迟滞效应不明显。这是由于模型假设在 PO 模块中 Far1 总量是固定的，说明迟滞效应与 Far1 累积相关。由于 TO 模块不具有细胞命运抉择的能力，因此没有迟滞效应。

对上述的 4 种模块进行了各种各样的全面分析，发现 PF 模块容易信息丢失，TO 模块不存在细胞命运抉择点，PO 模块没有迟滞效应。由此可以看到 Fus3-Far1-Ste12 前馈模块是这几种模块中性能最好的，能跟实验结果定性地吻合。实验结果表明，对于一致前馈模块进行改变，都会产生这样或者那样的缺陷，有理由认为 Fus3-Far1-Ste12 前馈模块是芽殖酵母细胞自然演化后得到的最优结构。

6.5　本章小结

本章以芽殖酵母细胞为例，介绍了如何基于数学建模、动力学分析及物理学概念对细胞的命运抉择进行定量研究。本章还介绍了芽殖酵母细胞的调控网络，阐明了细胞命运抉择的生化机制。利用质量作用原理、酶促反应原理和希尔方程建立起确定性模型，从而利用欧拉法等常微分方程数值解法求得模型的数值解，并通过相关的模拟和分析讨论芽殖酵母细胞命运抉择的机制。

本章的内容对于芽殖酵母细胞命运抉择的启动点提出明确的数学定义，即在添加信息素的情况下，依据 Whi5 蛋白在细胞质和细胞核之间的转运预测细胞命运，确保由模型得到的启动点与生物上的定义一致。接下来将网络熵的概念引入到模型中，分析启动点的稳定性，进一步在模型中加入噪声，得到包括内部噪声和外部噪声的随机性模型，并引进冲量的概念，探讨噪声对于细胞命运抉择精确性的影响。最后，为了研究芽殖酵母细胞 G_1/S 切换点，对模型进行了拓展，探讨了一致前馈在模型中的必要性。由于芽殖酵母细胞建模过程中用到了很多速率参数和常微分方程，本章中没有一一列举出来，感兴趣的读者可以参考相关的文献。

补充阅读材料

(1) Li Y, Yi M, Zou X. Identification of the molecular mechanisms for cell-fate selection in budding yeast through mathematical modeling. Biophys J, 2013, 104(10): 2282-2294.

(2) Li Y, Yi M, Zou X. The linear interplay of intrinsic and extrinsic noises ensures a high accuracy of cell fate selection in budding yeast. Sci Rep, 2014, 4: 5764.

(3) Li W, Yi M, Zou X. Mathematical modeling reveals the mechanisms of feedforward regulation in cell fate decisions in budding yeast. Quant Biol, 2015, 3(2): 55-68.

思　考　题

6.1 细胞命运抉择的不可逆性对于细胞有序执行生命进程十分重要，对于芽殖酵母细胞而言，意味着细胞周期起始检测点即启动点的不可逆性，请读者阅读本章内容，基于本章提到的芽殖酵母细胞

命运抉择调控网络 (图 6.1) 及相应的模型参数，完成如下 3 个与建模和动力学分析相关的任务，并体会细胞命运抉择不可逆的现象和潜在的机制。

(a) 基于常微分方程利用生化反应原理，建立芽殖酵母细胞命运抉择的数学模型，复现 Whi5、Cln1/2 等关键蛋白浓度随时间的演化图像。

(b) 以信息素的加入时间为分岔参数，做出以下两种情况下磷酸化的 Whi5，即 Whi5P 浓度变化的分岔图。第一种情形是稳态值在一个生理合理的时间内，如 30~40min 取平均值进行计算得到，试复现图 6.5(b) 出现的双稳态曲线；第二种情形是稳态值在系统演化较长时间后如 300min 后进行计算得到，如果系统要出现双稳需要对 Cln1/2 及 Cln3 的合成速率施加重置机制，是复现图 6.5(c) 出现的双稳态曲线。

(c) 以 Cln1/2 的合成率 k_{42} 为分岔参数，做出以下两种情况下磷酸化的 Whi5，即 Whi5P 浓度的分岔图。第一种情形是对原始模型进行模拟复现图 6.5(a)，并理解为什么系统演化足够长时间后系统只有一个稳态；然后考虑 Cln1/2 及 Cln3 合成速率的重置机制，假定 Cln3 的合成速率 $k_{34} = 0.5$ 为常数，复现分岔图 6.6(a)；进一步，按照本章描述，增加 SBF 对 Cln2 转录调节的非线性程度，复现分岔图 6.6(b)，并理解不可逆的双稳现象产生的机制。

第 7 章　信号分子浓度梯度形成的数学模型

前面几章介绍了基因调控网络的数学模型及分析方法。这些基因调控网络都是在单个细胞中，即空间局域发生的生物化学反应。而在生命体的组织器官的发育过程中，调控基因表达的信号分子有时会形成一定的浓度梯度以调控位于不同位置的细胞的基因表达过程，使这些细胞表现出不同的形态。在这一章中，首先介绍用于描述分子输运过程的数学工具——反应扩散方程，然后以在果蝇翅膀器官芽发育过程中起重要作用的形态发生素 (morphogen) 的浓度梯度的形成为例，介绍这类分子的浓度梯度形成的数学模型的建立和分析方法。

7.1　反应扩散方程的建立和模拟

扩散是分子输运的基本形式，尽管其具体过程可以通过不同的机制来实现。因此，反应扩散方程是描述这些过程的基本数学工具。这一节介绍有关反应扩散方程的基本形式和模型建立。本节内容主要参考文献 [27, 第 7 章]。

7.1.1　一维守恒律方程

守恒律是描述系统的量因为产生、降解和输运等因素随时空变化的基本方程。这里首先考虑空间是一维的例子，建立一维守恒律方程，然后可以简单推广到高维的情况。

假如有化学物质 C，分布在截面积为 $A(x)$ 的细长管中。以 $c(x,t)$ 表示物质 C 在时刻 t 在 x 处的单位面积的浓度，如图 7.1 所示。在沿管子的任意区域 R $(x_a < x < x_b)$ 内，物质 C 的总量的变化主要由空间的输运和局部的产生与消耗引起，因此可以把物质 C 的浓度在 R 中的变化率表示为

区域 R 内物质 C 含量的变化率 = 流入 R 的速率 − 流出 R 的速率

+ 物质 C 在 R 内的产生率

− 物质 C 在 R 内被分解消耗的速率.

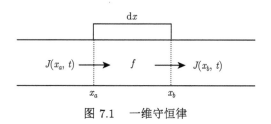

图 7.1　一维守恒律

在区间 $x_a < x < x_b$ 内，物质 C 的总量通过积分表示为

$$物质 \text{C} 在 [x_a, x_b] 的总量 = \int_{x_a}^{x_b} c(x, t) A(x) \mathrm{d}x.$$

假如物质 C 可以在管内自由运动，则其流进或者流出区域 R 都是通过区域的边界 $x = x_a$ 和 $x = x_b$ 实现的。令 $J(x, t)$ 为物质 C 在 t 时刻在边界 x 处从左到右的流速，则在时刻 t，物质流进区域 $x_a < x < x_b$ 的净流率为

$$物质 \text{C} 的净流率 = A(x_a) J(x_a, t) - A(x_b) J(x_b, t).$$

令 $f(x, t, c)$ 表示在时刻 t，当系统在 x 处物质 C 的浓度为 c 时在 x 处的单位体积单位时间内的净产生率 (产生率 − 消耗率)，则在区域 $x_a < x < x_b$ 内，物质 C 的净产生率为

$$物质 \text{C} 的净产生率 = \int_{x_a}^{x_b} f(x, t, c(x, t)) A(x) \mathrm{d}x.$$

现在，可以把上面关系表示为

$$\frac{\mathrm{d}}{\mathrm{d}t} \int_{x_a}^{x_b} c(x, t) A(x) \mathrm{d}x = A(x_a) J(x_a, t) - A(x_b) J(x_b, t) \\ + \int_{x_a}^{x_b} f(x, t, c(x, t)) A(x) \mathrm{d}x. \tag{7.1}$$

方程 (7.1) 就是积分形式的一维守恒律方程。特别地，如果截面积 A 与 x 无关，则可以在方程两边约去面积 A，得到方程

$$\frac{\mathrm{d}}{\mathrm{d}t} \int_{x_a}^{x_b} c(x, t) \mathrm{d}x = J(x_a, t) - J(x_b, t) + \int_{x_a}^{x_b} f(x, t, c(x, t)) \mathrm{d}x. \tag{7.2}$$

由牛顿-莱布尼茨公式，可以把净流率写成以下积分形式：

$$A(x_b) J(x_b, t) - A(x_a) J(x_a, t) = \int_{x_a}^{x_b} \frac{\partial}{\partial x} A(x) J(x, t) \mathrm{d}x.$$

则可以把方程 (7.1) 改写为

$$\frac{\partial}{\partial t} \int_{x_a}^{x_b} c(x, t) A(x) \mathrm{d}x = - \int_{x_a}^{x_b} \frac{\partial}{\partial x} A(x) J(x, t) \mathrm{d}x + \int_{x_a}^{x_b} f(x, t, c(x, t)) A(x) \mathrm{d}x. \tag{7.3}$$

如果函数 $c(x, t)$ 足够光滑，方程 (7.3) 中的微分和积分可以交换顺序，则可以把式 (7.3) 改写为

$$\int_{x_a}^{x_b} \left[\frac{\partial}{\partial t} A(x) c(x, t) + \frac{\partial}{\partial x} A(x) J(x, t) - A(x) f(x, t, c(x, t)) \right] \mathrm{d}x = 0. \tag{7.4}$$

因为积分方程 (7.4) 对任意的积分区域 $[x_a, x_b]$ 均成立，所以被积函数一定恒等于零，即有下面的微分形式的守恒律方程

$$\frac{\partial c}{\partial t} + \frac{1}{A(x)} \frac{\partial A(x)J}{\partial x} = f(x, t, c). \tag{7.5}$$

这里总假设 $A(x) > 0$ 对方程有效范围的 x 均成立。特别地，如果截面积 $A(x)$ 与 x 无关，则有

$$\frac{\partial c}{\partial t} + \frac{\partial J}{\partial x} = f(x, t, c). \tag{7.6}$$

在下面的讨论中，总是假设截面积为常数的情况。

7.1.2 流的不同形式

守恒律方程 (7.6) 包含两个未知函数 $J(x, t)$ 和 $c(x, t)$，不是封闭的。在实际应用时，通常需要根据不同的物理问题写出流 $J(x, t)$ 与浓度 $c(x, t)$ 之间的关系。这一关系通常不能根据基本物理原理推导出来，而是根据经验总结出来的。关于 $J(x, t)$ 和 $c(x, t)$ 的方程通常称为本构方程 (constitutive equation)。本构方程的建立在实际问题的数学建模中有很重要的作用，特别对一些比较复杂的问题，需要对问题本身的背景具有深刻的理解。这里介绍几种常见的本构方程的形式。

7.1.2.1 反应扩散方程

第一种常见的本构方程的形式是菲克定律 (Fick law)，即物质 C 从高浓度流向低浓度区域，并且速率正比于浓度的梯度。这种的扩散流的速率可以表示为

$$J(x, t) = -D \frac{\partial}{\partial x} c(x, t), \tag{7.7}$$

其中比例系数 D 为扩散系数，可以是常数或者是依赖于空间 x 的函数。这里的负号表示物质从高浓度区域流向低浓度区域，这是因为当浓度随 x 增加而降低时，偏导数 $\frac{\partial}{\partial x} c(x, t)$ 是小于零的。扩散系数 D 通常与物质 C 的大小和介质的性质有关。

通过菲克定律，守恒律方程可以写成反应扩散方程的形式

$$\frac{\partial c}{\partial t} - \frac{\partial}{\partial x} \left(D \frac{\partial c}{\partial x} \right) = f(x, t, c). \tag{7.8}$$

由菲克定律所描述的流通常是因为分子的布朗运动而造成的，是分子空间输运的最基本运动形式。对有些问题，扩散系数 D 依赖于浓度 c，故可以得到非线性反应扩散方程。

7.1.2.2 反应-平流方程与年龄结构模型

如果介质本身存在速度为 v 的沿 x 轴的宏观流动，则在时间 Δt 内，因为该宏观流的影响，在 $x_a - v\Delta t < x < x_a$ 内的物质 C 都会经过界面 $x = x_a$ 流进区域 $x_a < x$ 内。相

应地, 在时间 Δt 内流进该区域的物质 C 的量为 $Avc(x_a, t)\Delta t$ (假设 Δt 充分小, 使浓度 c 在 $x_a - v\Delta t < x < x_a$ 内与 x 无关)。由此可以得到由该宏观流引起的物质 C 的流函数为

$$J(x,t) = vc(x,t).$$

这个流也称为平流 (advection flux)。相应地, 守恒律方程为反应-平流方程

$$\frac{\partial c}{\partial t} + \frac{\partial (vc)}{\partial x} = f(x,t,c). \tag{7.9}$$

注意到时间的流逝引起的年龄增加也是属于上面的平流形式。这是因为时间的流逝自然引起年龄的增加, 由此可以建立常用于描述包含年龄结构的种群数量变化的数学模型。此时对应的流速为 $v = 1$。在年龄结构模型中, 通常以年龄 a 代替这里的空间变量 x, 而表示为

$$\frac{\partial c}{\partial t} + \frac{\partial c}{\partial a} = f(a,t,c). \tag{7.10}$$

7.1.2.3　反应平流-扩散方程

如果考虑到同时有平流和自由扩散两种流, 则有

$$J(x,t) = vc(x,t) - D\frac{\partial}{\partial x}c(x,t).$$

这时, 对应的守恒律方程变成下面的反应平流-扩散方程

$$\frac{\partial c}{\partial t} + \frac{\partial}{\partial x}\left(vc - D\frac{\partial c}{\partial x}\right) = f(x,t,c). \tag{7.11}$$

7.1.3　初边值条件

通过本构方程和守恒律方程, 得到了只包含一个未知函数的偏微分方程。但是, 这还不足以确定方程的解。我们还需要指定问题的初始条件和边界条件。初始条件一般通过实验数据给出在 $t = 0$ 时刻的物质浓度分布。边值条件一般通过具体问题的物理要求, 对于确定相应问题的解是非常重要的。不同的物理问题可以提出不一样的边界条件, 对应的解也会很不一样。和本构方程的建立一样, 对具体问题建立合适的边界条件是非常关键的。这里列举出几种常用的边界条件。

如果在边界 $x = x_a$ 处的浓度是可以控制的, 等于特定的函数 $g(t)$, 则对应的边值条件为

$$c(x_a, t) = g(t), \tag{7.12}$$

也称为狄利克雷 (Dirichlet) 边值条件 (也称边界条件)。如果在边界处的流是可以控制的, 则可以定义条件

$$-D\frac{\partial c}{\partial x}(x_a, t) = g(t), \tag{7.13}$$

也称为诺伊曼 (Neumann) 边值条件。如果在边界处的流与浓度是相关的,则是罗宾 (Robin) 边值条件

$$-D\frac{\partial c}{\partial x}(x_a, t) = g(t) - \alpha c(x_a, t). \tag{7.14}$$

对这些边界条件的讨论在这里从略,感兴趣的读者可以参考偏微分方程领域相关的专业文献。

7.1.4 高维守恒律方程

下面简单介绍高维守恒律方程。高维守恒律方程的推导过程与一维守恒律方程的推导过程类似。令 $c(x, y, z, t)$ 表示物质 C 在时刻 t 在空间位置 (x, y, z) 单位体积的浓度。则在空间体积 V 内物质 C 的总含量为

$$物质 \ C \ 的总含量 = \int_V c(x, y, z, t)\mathrm{d}V.$$

令 S 表示区域 V 的边界,以 $\boldsymbol{J}(x, y, z, t)$ 表示在边界 S 上物质流速率向量,边界上的外向法线方向为 $\boldsymbol{n}(x, y, z, t)$,则在时间 t 物质 C 流进区域 V 的净流率为

$$物质 \ C \ 的净流率 = -\int S\boldsymbol{J}(x, y, z, t) \cdot \boldsymbol{n}(x, y, z, t)\mathrm{d}A,$$

其中 $\mathrm{d}A$ 为面积微元。在这里,流 $\boldsymbol{J} = (J_x, J_y, J_z)$ 为向量,分量表示分别向三个方向 $x, y,$ z 的流速。令 $f(x, y, z, t, c)$ 表示物质的净产生率,则积分形式的守恒律方程为

$$\frac{\mathrm{d}}{\mathrm{d}t}\int_V c\mathrm{d}V = -\int_S \boldsymbol{J} \cdot \boldsymbol{n}\mathrm{d}A + \int_V f\mathrm{d}V. \tag{7.15}$$

根据多重积分的高斯公式,用体积分代替上面的面积分,得到下面积分形式的守恒律方程

$$\frac{\mathrm{d}}{\mathrm{d}t}\int_V c\mathrm{d}V = -\int_V \nabla \cdot \boldsymbol{J}\mathrm{d}V + \int_V f\mathrm{d}V, \tag{7.16}$$

其中 $\nabla = \left(\dfrac{\partial}{\partial x}, \dfrac{\partial}{\partial y}, \dfrac{\partial}{\partial z}\right)$ 为梯度算子。如果浓度函数 $c(x, y, z, t)$ 充分光滑,则可以把微分和积分运算交换顺序,得到下面微分形式的守恒律方程

$$\frac{\partial c}{\partial t} + \nabla \cdot \boldsymbol{J} = f. \tag{7.17}$$

在高维的情况下,菲克定律有形式

$$\boldsymbol{J}(x, y, z, t) = -D\nabla c(x, y, z, t).$$

由此可以得到高维的反应扩散方程

$$\frac{\partial c}{\partial t} - \nabla \cdot (D\nabla c) = f. \tag{7.18}$$

特别地，如果扩散系数是各向同性的，即 D 与空间位置无关，则

$$\nabla \cdot (D\nabla c) = D\nabla \cdot (\nabla c) = D\Delta c,$$

其中 Δ 为拉普拉斯算子，定义为

$$\Delta c = \frac{\partial^2 c}{\partial x^2} + \frac{\partial^2 c}{\partial y^2} + \frac{\partial^2 c}{\partial z^2}. \tag{7.19}$$

关于其他形式的流与相关的守恒律方程，以及初边值条件的讨论这里从略。

7.1.5　反应扩散方程的数值解

给定初边值条件后，可以通过数值方法求解上面所得到的守恒律方程。一般地，可以通过差分法或者有限元的方法求解这些问题。相关的内容请参考有关偏微分方程数值求解的专著。在这里通过一个简单的例子介绍一种最简单的有限差分方法。

考虑下面的反应扩散方程

$$\frac{\partial c}{\partial t} = D\frac{\partial^2 c}{\partial x^2} - f(c), \quad 0 < x < 1, \quad t > 0 \tag{7.20}$$

满足初值条件

$$c(x, 0) = 0$$

和边值条件

$$\frac{\partial c}{\partial t}(0, t) = -f(c(0, t)) + v, \quad c(1, t) = 0.$$

这个方程表示物质 C 在 $x = 0$ 处以速率 v 产生，而在整个区域内以速率 $f(c)$ 被消耗，并且在 $x = 1$ 处有一个吸收壁。

为了求解上面方程，可以把空间剖分成 $n + 1$ 份：$0 = x_0 < x_1 < \cdots < x_n = 1$，其中 $x_i = i\Delta x$ 和 $\Delta x = 1/n$。并且令 $c_i(t) = c(x_i, t)$ $(0 \leqslant i \leqslant n)$ 表示在 i 点处的浓度随时间的变化。

注意到关系

$$c(x + \Delta x, t) = c(x, t) + \Delta x\frac{\partial c}{\partial x} + \frac{1}{2}(\Delta x)^2\frac{\partial^2 c}{\partial x^2} + \cdots,$$

$$c(x - \Delta x, t) = c(x, t) - \Delta x\frac{\partial c}{\partial x} + \frac{1}{2}(\Delta x)^2\frac{\partial^2 c}{\partial x^2} + \cdots,$$

因此，近似到二阶微分，有

$$c(x + \Delta x, t) + c(x - \Delta x, t) = 2c(x, t) + (\Delta x)^2\frac{\partial^2 c}{\partial x^2}.$$

由此可以得到差分格式表示的二阶微分

$$\frac{\partial^2 c(x, t)}{\partial x^2} = \frac{c(x + \Delta x, t) - 2c(x, t) + c(x - \Delta x, t)}{(\Delta x)^2}.$$

这样，可以把上面的边值问题改写为下面的常微分方程组

$$
\begin{cases}
\dfrac{\mathrm{d}c_0}{\mathrm{d}t} = -f(c_0) + v, \\[2mm]
\dfrac{\mathrm{d}c_i}{\mathrm{d}t} = \dfrac{D}{(\Delta x)^2}(c_{i+1} - 2c_i + c_{i-1}) - f(c_i) \quad (1 \leqslant i \leqslant n-1), \\[2mm]
c_n = 0, \\[1mm]
c_i(0) = 0 \quad (0 \leqslant i \leqslant n),
\end{cases}
\tag{7.21}
$$

使用普通的差分法求解上面的常微分方程组，就可以求解反应扩散方程 (7.20)。例如，可以使用 XPPAUT 软件求解上述常微分方程组 (参考附录 C)，相关的例子见 7.3 节中对形态发生素的浓度梯度的讨论。

需要特别注意的是，由方程 (7.21) 给出的空间差分格式是显式格式。这种计算格式便于编程，但是计算稳定性受到限制，是条件稳定的。在对方程 (7.21) 使用差分格式进行模拟时，时间步长 Δt 与空间步长 Δx 之间应该满足一定的条件。一般地，只有在时间步长比较小时的计算结果才是可靠的。因此，这种格式适合计算规模比较小的问题。对于需要大规模的计算，应该采用稳定性更好的隐式差分格式。相关的内容请读者参考偏微分方程数值解方面的有关专著。

7.2 形态发生素与胚胎的发育

7.2.1 形态发生素

胚胎的发育过程可以说是生命的奇迹。生命体从单个细胞 (受精卵) 开始，经过不断分裂、分化、生长和凋亡，生长发育成为具有各种器官组织的有机生命体。基因调控在这一奇迹的实现过程中起着至关重要的作用。一个核心的问题是，同一个生命体的所有细胞所包含的遗传信息都是一样的，都来源于同一个受精卵。那么这些具有相同遗传信息的细胞在生物体内是如何分化成上百种诸如骨骼细胞、肌肉细胞、表皮细胞、血细胞和神经细胞等不同类型的细胞的呢？而这些细胞在发育的过程中又是如何在合适的时间出现在合适的位置的呢？形态发生素是发育生物学中的重要概念，对于胚胎发育的过程中定位细胞在胚胎中的相对位置和指导细胞的发育命运都起着至关重要的作用[92-94]。1969 年，英国发育生物学家刘易斯·沃尔珀特 (Lewis Wolpert) 提出发育生物学中很重要的位置信息理论 (position information theory)，指出在胚胎发育的过程中细胞可以通过信号分子的浓度定位自己在胚胎中的位置，并且指导细胞在发育过程中进一步的命运选择和器官模态形成。在随后的研究中，生物学家逐渐确认了一类称为形态发生素的信号分子在发育过程中对于确定细胞的位置起非常重要的作用。

形态发生素是一类特殊的分子 (通常是一些蛋白质)。在胚胎发育的过程中，这些分子 (也称为配体) 在胚胎的某个局部地方被合成并释放出来，然后通过一定的机制被输运到远离这些分子的产生源。那些远离信号源的细胞可以通过受体与这些信号分子结合，产生信号启动细胞内的信号转导通路，影响细胞内目标蛋白的表达。通常，形态发生素的浓度随着与信号源距离的增加而衰减。处于远端的细胞通过它们所接收到的信号强度 (通常与形

态发生素的分子浓度有关) 感知自己和信号源的距离。而细胞内目标蛋白的表达水平受这些信号强度的影响。这样，不同位置的细胞根据形态发生素的浓度在该细胞位置的水平而做出不同的响应，指导细胞按特定的方式发育 (图 7.2)。有实验表明，细胞对形态发生素的响应只与有多少受体与形态发生素结合有关，而与未与形态发生素结合的受体浓度无关[94,95]。

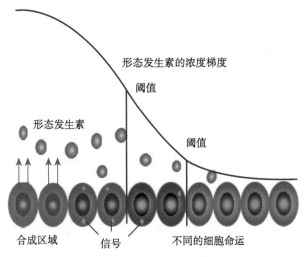

图 7.2　形态发生素的浓度梯度

目前已经发现的形态发生素包括很多种类，这些形态发生素根据作用的影响范围不同，可以具有很不一样的生物化学性质，它们在细胞间输运和与受体结合发生作用的机制也不一样。在这里，将以影响果蝇翅膀发育的过程中与翅脉形成有关的形态发生素 Decapentaplegic (Dpp) 为例子介绍相关的建模和分析方法。

7.2.2　Decapentaplegic 与果蝇翅膀的发育

Decapentaplegic (Dpp) 属于 TGF-β 生长因子超家族，是果蝇翅膀器官芽的发育过程中非常重要的形态发生素。果蝇因为其生命周期短、染色体简单等，一直是从事分子发育生物学研究的常用模式生物之一。而果蝇翅膀的发育因为和其他器官的发育过程相对独立，也是分子发育生物学家在研究胚胎发育时经常采用的研究对象。果蝇翅膀的发育过程属于胚胎发育中的器官发生阶段。在这一阶段的初始时刻，果蝇胚胎里已经形成了翅膀成虫盘 (wing imaginal disc)，使得翅膀在后阶段的发育是一个相对独立的过程，便于研究分子间的调控关系。

Dpp 在果蝇翅膀成虫盘的前后轴 (anteroposterior axis，A-P 轴) 附近产生。其合成过程还受到另外一种短程形态发生素 Hedgehog (Hh) 的调控。Dpp 在 A-P 轴附近产生后，以某种扩散机制到达远离 Dpp 源的位置，形成长程的距离 (可以到达 100μm 的距离，相当于几十个细胞的范围)。这样，沿垂直于 A-P 轴的方向，离 A-P 轴越近的细胞所能感受到的 Dpp 的浓度越高，而离 A-P 轴越远的细胞所能感受到的 Dpp 的浓度就越低。细胞表面的蛋白 Thickveins (Tkv) 是 Dpp 的受体蛋白，可以和 Dpp 结合形成复合体。该复合体被胞吞到细胞内部，作为信号控制介导细胞内的蛋白 Mothers against Dpp (Mad) 的磷酸化[96,97]。磷酸化的 Mad (pMad) 和 co-Smad Medea 结合，进入细胞核中，抑制阻抑物蛋白 Brinker 的表达[98-101]，从而激活目标蛋白 Spalt (Sal) 和 Potomotorblind (Omb) 的表达。蛋白 Sal 和 Omb 在器官芽中表达的范围决定了果蝇翅膀的翅脉 L2 和 L3 的位置 (图 7.3)[102,103]。关于 Dpp 的作用的更详细介绍可以参考综述性文章[104]。

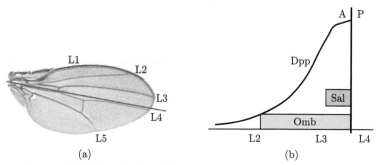

图 7.3　影响果蝇器官芽发育的形态发生素 (彩图请扫封底二维码)

(a) 成虫果蝇的翅膀和翅脉 L1~L5 的位置，红色实线表示 A-P 轴的位置；(b) 根据 Dpp 的浓度梯度决定 Sal 和 Omb 的表达范围和翅脉 L2~L4 的位置的机制，这里只画出前端隔室的 Dpp 浓度梯度，后端隔室的浓度梯度也是类似的

7.3　形态发生素的扩散与数学模型的建立

形态发生素在局域产生后，通过某种机制以扩散的方式输运到远端，而且分子的运动是没有方向性的。学者对此已经形成共识。然而，人们对具体的扩散形式还存在争论[105]。例如，对于 Dpp 的扩散形式，至少存在以下几种不同的假说，即 "bucket brigade" 模型[106]，连续的胞吞胞吐过程[107-109]，细胞外自由扩散模型[110,111]。直观看来，这些模型都可以形成长程的形态发生素的浓度梯度 (morphogen gradient)，指导不同位置的细胞按照不同的方式进行发育生长。然而，当细胞出现异常，例如，某些基因发生突变时，不同机制的响应是不一样的。下面以几种模型来分别建立 Dpp 在果蝇翅膀器官芽中扩散过程的数学模型，来探讨这些模型之间的区别。

在这里主要考虑形态发生素在器官芽中的输运过程，暂时忽略 Dpp 和受体 Tkv 结合后介导细胞内信号转导通路调控目标蛋白 Omb 和 Sal 表达的过程。事实上，对于信号转导通路的数学建模可以参考前面所介绍的关于基因调控网络的数学建模过程。为简单起见，首先把器官芽简化为二维的矩形区域，如图 7.4 所示。实验发现 Dpp 的浓度梯度关于前后轴是对称的，所以这种简化是有道理的。形态发生素在前后轴附近合成，然后沿垂直于前后轴的方向扩散。在这里的讨论中，根据浓度梯度的对称性，进一步简化，假设浓度只依赖于细胞与形态发生素合成区域的边缘的距离 X。这样所考虑的模型主要包括 Dpp (即下面所称的配体，以 [L] 表示其浓度) 和受体 (以 [R] 表示其浓度)，以及它们的复合物 (以 [LR] 表示其浓度)，都是依赖于距离 X 和时间 T 的函数。

在这里主要介绍三种模型，包括模型 A：配体的自由扩散和与受体的结合；模型 B：配体的自由扩散、与受体结合、信号分子的降解；模型 C：配体与受体的结合和解离，通过复合体的扩散。

下面分别讨论这三种模型的数学建模和分析。

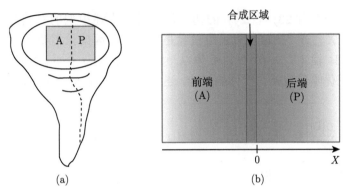

图 7.4　果蝇翅膀器官芽中 Dpp 的浓度分布

(a) 果蝇翅膀器官芽的示意图；(b) 模型考虑的简化果蝇翅膀器官芽中 Dpp 分布的主要区域的模型。(a) 中的方框表示 Dpp 分布的主要区域，虚线表示 A-P 轴

7.3.1　模型 A：配体的自由扩散和与受体的结合

首先考虑自由扩散模型，如图 7.5 所示。在这个模型中，配体在细胞外自由扩散，并且可以和受体结合以介导下游信号转导通路。但是受体只存在于细胞膜中，受体和配体的复合物 (信号分子) 没有进入细胞内进行水解。

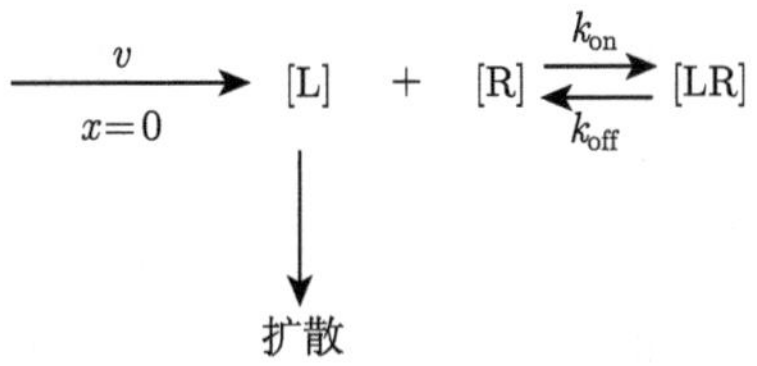

图 7.5　Dpp 扩散模型 A：配体的自由扩散和与受体的结合

在这里只考虑 Dpp 在果蝇翅膀成虫盘的后端隔室 (posterior compartment) 的分布，把该隔室简化成一维模型 $0 \leqslant X \leqslant X_{\max}$，如图 7.4 所示，其中 $X = 0$ 对应于形态发生素合成区域的边缘，$X = X_{\max}$ 对应于后端隔室的边缘。对于果蝇翅膀的成虫盘，可以取 $X_{\max} = 100\mu m$ (每个细胞的直径约为 $2.5\mu m$，则大约 40 个细胞的宽度)[107]。这样，配体的自由扩散由扩散方程

$$\frac{\partial[\mathrm{L}]}{\partial T} = D\frac{\partial^2[\mathrm{L}]}{\partial X^2} \tag{7.22}$$

描述。这里 D 为扩散系数。在给定位置引起配体的浓度变化的原因除了扩散，还包括配体与受体的结合和配体-受体复合体的分解。考虑到配体与受体的反应，得到下面关于配体和信号分子的浓度变化的反应扩散方程

$$\frac{\partial[\mathrm{L}]}{\partial T} = D\frac{\partial^2[\mathrm{L}]}{\partial X^2} - k_{\mathrm{on}}[\mathrm{L}](R_{\mathrm{tot}} - [\mathrm{LR}]) + k_{\mathrm{off}}[\mathrm{LR}], \tag{7.23}$$

$$\frac{\partial[\mathrm{LR}]}{\partial T} = k_{\mathrm{on}}[\mathrm{L}](R_{\mathrm{tot}} - [\mathrm{LR}]) - k_{\mathrm{off}}[\mathrm{LR}]. \tag{7.24}$$

这里 k_{on} 和 k_{off} 分别表示受体和配体的结合率和信号分子的解离率。假设受体的数量是恒定不变的，即 $R_{\mathrm{tot}} = [\mathrm{R}] + [\mathrm{LR}]$ 为常数，因此自由的受体的浓度由 $(R_{\mathrm{tot}} - [\mathrm{LR}])$ 表示。

下面来定义方程 (7.23)~(7.24) 的初边值条件。上述模型的有效范围是整个成虫盘 ($-X_{\max} \leqslant X \leqslant X_{\max}$)。在这里假设成虫盘是对称的，因此只需要考虑 $0 \leqslant X \leqslant X_{\max}$ 就可以了。在 A-P 轴 ($X = 0$) 处，配体以一定的产生率 v 合成。因此，在边界 $X = 0$ 处，配体的浓度变化除了包括与受体的反应，还包括配体蛋白的合成，即有下面的罗宾边值条件

$$\frac{\partial [\mathrm{L}]}{\partial T} = -k_{\mathrm{on}}[\mathrm{L}](R_{\mathrm{tot}} - [\mathrm{LR}]) + k_{\mathrm{off}}[\mathrm{LR}] + v \quad (X = 0) \tag{7.25}$$

这里 $v > 0$ 表示配体的产生速率。

在器官芽的边界 $X = X_{\max}$ 处，多余的 Dpp 会被其他分子分解。因此可以假设下面的狄利克雷边值条件

$$[\mathrm{L}]|_{X=X_{\max}} \equiv 0. \tag{7.26}$$

在初始时刻，配体还没有开始扩散，因此定义初始条件为

$$[\mathrm{L}]|_{T=0} = 0 \quad [\mathrm{LR}]|_{T=0} = 0 \qquad (0 \leqslant X \leqslant X_{\max}). \tag{7.27}$$

这样得到了由方程 (7.23)~(7.27) 所给出的初边值问题所描述的模型。在以下的模型中，如不特殊说明，均采用相同的初边值条件。

根据文献 [106] 和 [110]，选取参数 $D = 10\mu\mathrm{m}^2\mathrm{s}^{-1}$，$k_{\mathrm{on}}R_{\mathrm{tot}} = 1.32\mathrm{s}^{-1}$，$k_{\mathrm{off}} = 10^{-6}\mathrm{s}^{-1}$ 和 $v/R_{\mathrm{tot}} = 5 \times 10^{-4}\mathrm{s}^{-1}$，通过 7.1.5 节介绍的反应扩散方程的数值解方法和 XPPAUT 软件求解上面的方程，得到配体的相对浓度 $[\mathrm{L}]/R_{\mathrm{tot}}$ 和信号分子的相对浓度 $[\mathrm{LR}]/R_{\mathrm{tot}}$ 随时间的演化过程，如图 7.6 所示。求解方程的 XPPAUT 代码如下面所给出：

```
dA0/dt=-kon*A0*(1-B0)+koff*B0 + v
dA[1..99]/dt=D*(A[j+1]-2*A[j]+A[j-1])-kon*A[j]*(1-B[j])+koff*B[j]
dA100/dt=0
dB[0..100]/dt=kon*A[j]*(1-B[j])-koff*B[j]
par D=10, kon=1.32, koff=1e-6, v=5e-4
@ total=3600, dt=0.01
@ noutput=3600
@ maxstor=500000
@ xhi=100, yhi=5
done
```

从数值模拟的结果可以看到，配体很快到达远端形成长程的浓度梯度。另外，信号分子的浓度梯度随时间的演化呈现出很陡的半波形式，从在开始阶段大部分受体为游离的状态很快演化成大部分受体与配体结合形成信号分子的形式。最终在所考虑的范围内，所有受体都与配体结合，表现出相同浓度的信号分子，而无法形成具有生物学意义的可以区分不同位置细胞的命运的信号分子浓度梯度。上述结果与模型的参数无关。选取不同的参数对系统进行模拟，可以看到根据不同的模型参数，信号分子的浓度梯度趋向于平衡态 (所有受体都与配体结合) 的速率是不一样的，并且在中间过程的信号分子的浓度梯度也表现

出不同的空间分布模态，但是最终所有受体都会与配体结合，形成信号分子[110]。这一计算结果表明由模型 A 给出的简单扩散机制不可能产生具有生物学意义的形态发生素信号浓度梯度。正是基于这样的简单计算，凯尔斯贝格 (M. Kerszberg) 和沃尔珀特否定了产生形态发生素浓度梯度的自由扩散机制[106]。

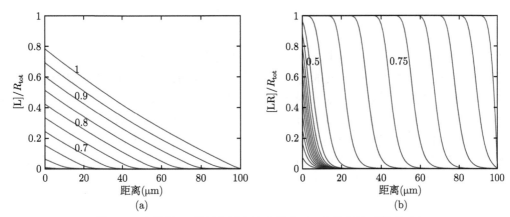

图 7.6　由模型 A 得到的配体浓度梯度 (a) 和信号浓度梯度 (b)

这里的参数为 $D = 10\mu m^2 s^{-1}$，$k_{on}R_{tot} = 1.32s^{-1}$，$k_{off} = 10^{-6}s^{-1}$ 和 $v/R_{tot} = 5 \times 10^{-4}s^{-1}$。时间在图中标出，单位为 h

7.3.2　模型 B：配体的自由扩散、与受体结合、信号分子的降解

模型 A 只考虑到了配体的产生和扩散，没有考虑到其降解过程。这样，配体在体内产生后不会被分解，只能积累起来，最后使所有受体都与配体结合，达到饱和。这样的模型显然不能表现真正的生物学过程。凯尔斯贝格和沃尔珀特根据这样一个带有明显缺陷的模型否定自由扩散机制，这样的结论是令人质疑的。2002 年，阿瑟·兰德 (Arthur Lander) 等对自由扩散模型重新考虑，对模型 A 进行修正，考虑到受体和配体结合后，进入细胞内部，在细胞内介导下游的信号通路，同时被细胞内的蛋白剪切酶降解[110]。这样，就得到下面的模型 B，如图 7.7 所示。

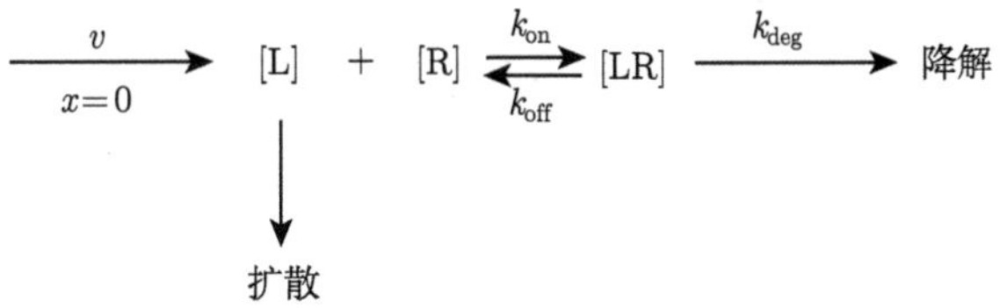

$$\xrightarrow[x=0]{v} \quad [L] \quad + \quad [R] \; \underset{k_{off}}{\overset{k_{on}}{\rightleftharpoons}} \; [LR] \; \xrightarrow{k_{deg}} \; 降解$$

$$\downarrow$$

$$扩散$$

图 7.7　Dpp 扩散模型 B：配体的自由扩散、与受体结合、信号分子的降解

7.3.2.1　模型的建立

模型 B 在模型 A 的基础上，考虑到了受体和配体结合后，可以进入细胞内，被细胞内蛋白剪切酶降解这一过程。相应地，可以把上面模型 A 的方程修正为

$$\frac{\partial[L]}{\partial T} = D\frac{\partial^2[L]}{\partial X^2} - k_{on}[L](R_{tot} - [LR]) + k_{off}[LR], \tag{7.28}$$

$$\frac{\partial[\text{LR}]}{\partial T} = k_{\text{on}}[\text{L}](R_{\text{tot}} - [\text{LR}]) - k_{\text{off}}[\text{LR}] - k_{\text{deg}}[\text{LR}]. \tag{7.29}$$

这里添加了表示降解的项 $-k_{\text{deg}}[\text{LR}]$。实验表明，果蝇翅膀成虫盘中细胞外的 Dpp 在 3h 内几乎完全降解。假设 3h 后 Dpp 的浓度降低到原来的 5%，则有

$$e^{-k_{\text{deg}} \times 3} \approx 0.05.$$

由此可以推算出 $k_{\text{deg}} \approx 2.77 \times 10^{-4}\text{s}^{-1}$。一般地认为 $k_{\text{deg}} > 10^{-4}\text{s}^{-1}$。

由方程 (7.25)～(7.27) 所定义的初边值条件，并且选取一定的合适参数求解模型方程 (7.28)～(7.29)，可以得到 Dpp 的信号分子的浓度梯度随时间的演化过程，如图 7.8 所示。图 7.8 给出了当 Dpp 的产生率分别较小 ($v/R_{\text{tot}} = 5 \times 10^{-5}\text{s}^{-1}$) 和较大 ($v/R_{\text{tot}} = 5 \times 10^{-4}\text{s}^{-1}$) 时，对应的信号分子浓度梯度随时间的演化。由数值模拟的结果可以看到，信号分子的浓度梯度与参数的选取有关。当 Dpp 的产生率较小时，可以得到随着与 Dpp 的产生区域的距离呈指数衰减的信号分子浓度梯度，与实验结果相符合[102,112]。但是当 Dpp 的产生率较大时，与模型 A 一样，几乎所有的受体都达到饱和，不能形成有生物学意义的浓度梯度。这样，通过引入信号分子的降解过程，在一定条件下自由扩散模型是有可能产生具有生物学意义的形态发生素浓度梯度的。

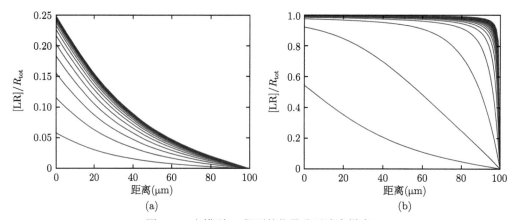

图 7.8　由模型 B 得到的信号分子浓度梯度

这里模型参数为 $D = 10\mu\text{m}^2\text{s}^{-1}$, $k_{\text{on}}R_{\text{tot}} = 0.01\text{s}^{-1}$, $k_{\text{off}} = 10^{-6}\text{s}^{-1}$, $k_{\text{deg}} = 2 \times 10^{-4}\text{s}^{-1}$, 并且图 (a) 对应于 $v/R_{\text{tot}} = 5 \times 10^{-5}\text{s}^{-1}$ ($\psi = 10$, $\beta = 0.25$); 图 (b) 对应于 $v/R_{\text{tot}} = 5 \times 10^{-4}\text{s}^{-1}$ ($\psi = 10$, $\beta = 2.5$)

7.3.2.2　平衡态的浓度梯度

在实际问题中，主要关心的是平衡态时信号分子的浓度梯度。为了描述平衡态时的浓度梯度，在方程 (7.28)～(7.29) 中令浓度关于时间 T 的导数为零，得到下面的二阶常微分方程边值问题

$$\begin{aligned} &D\frac{\partial^2[\text{L}]}{\partial X^2} - k_{\text{deg}}[\text{LR}] = 0, \\ &[\text{LR}] = R_{\text{tot}}\frac{[\text{L}]}{[\text{L}] + k_m}, \\ &[\text{LR}]|_{X=0} = v/k_{\text{deg}}, \quad [\text{L}]|_{X=X_{\max}} = 0, \end{aligned} \tag{7.30}$$

其中

$$k_m = \frac{k_{\mathrm{off}} + k_{\mathrm{deg}}}{k_{\mathrm{on}}}.$$

为了进一步分析平衡态的浓度梯度对参数的依赖关系，把方程 (7.30) 无量纲化。令

$$a = \frac{[\mathrm{L}]}{k_m}, \quad b = \frac{[\mathrm{LR}]}{R_{\mathrm{tot}}}, \quad x = \frac{X}{X_{\mathrm{max}}},$$

$$\psi = \frac{k_{\mathrm{deg}} X_{\mathrm{max}}^2}{D} \frac{R_{\mathrm{tot}}}{k_m}, \quad \beta = \frac{v}{R_{\mathrm{tot}} k_{\mathrm{deg}}},$$

可以得到下面无量纲化的边值问题

$$\begin{aligned} &\frac{\partial^2 a}{\partial x^2} - \psi \frac{a}{1+a} = 0, \\ &a(0) = \frac{\beta}{1-\beta}, \quad a(1) = 0. \end{aligned} \tag{7.31}$$

在这里 a 和 b 分别是无量纲的配体和信号的浓度，在平衡态时满足关系

$$b = \frac{a}{1+a}.$$

因此有关系 $b(0) = \beta < 1$。也就是说，为了得到稳定的平衡态，系统的参数必须满足条件

$$\beta = v/(R_{\mathrm{tot}} k_{\mathrm{deg}}) < 1,$$

即配体的产生率小于通过与受体的结合然后被降解的最大速率。这是可以理解的，如果产生率大于最大降解率，则配体会在体内积累，配体浓度就会趋向于无穷大。由 (7.31) 可以看到，根据模型 B，形态发生素的浓度梯度的空间模式由两个无量纲化参数 β 和 ψ 完全确定。这两个关系主要反映的是配体的产生率、降解率与扩散系数之间的关系。

可以证明，方程 (7.31) 的解是存在唯一的，并且对 $0 < x < 1$ 满足 $a(x) > 0$, $a'(x) < 0$ (这是很好的数学练习，存在性的证明可以参考附录 A 介绍的上下解方法)。在这里我们介绍求解边值问题 (7.31) 的能量积分方法。

简单起见，下面记 $a_0 = \beta/(1-\beta)$。把方程 (7.31) 的两边乘以 $a'(x)$，然后对方程两边对 x 从 0 到 x 积分，可以得到

$$\frac{1}{2} a'(x)^2 - \frac{1}{2} a'(0)^2 - \psi(F(a(x)) - F(a_0)) = 0,$$

其中 $F(a)$ 是能量函数，定义为

$$F(a) = a - \ln(1+a).$$

这里 $a'(0)$ 是参数，将在下面根据边值条件确定。这样可以得到 $a(x)$ 满足的一阶常微分方程 (注意到 $a'(x) < 0$)

$$a'(x) = -\sqrt{a'(0)^2 + 2\psi(F(a) - F(a_0))}, \quad a(1) = 0.$$

由此可以得到边值问题的解

$$x = \int_{a(x)}^{a_0} \frac{\mathrm{d}a}{\sqrt{a'(0)^2 + 2\psi(F(a) - F(a_0))}}. \tag{7.32}$$

这里常数 $a'(0)$ 由边值条件 $a(1) = 0$ 确定，即通过求解下面的隐函数确定

$$1 = \int_0^{a_0} \frac{\mathrm{d}a}{\sqrt{a'(0)^2 + 2\psi(F(a) - F(a_0))}}. \tag{7.33}$$

隐函数 (7.32) 形式地给出了边值问题 (7.31) 的解。一般地，由 (7.32) 不能写出方程的解 $a(x)$ 对 x 的显式依赖关系，因此还不能直接通过 (7.32) 了解信号的浓度梯度与参数的依赖关系。下面应用渐进分析的基本思路，分别在配体产生率很高和很低两种极端条件下得到信号浓度梯度的近似表达式，以此来分析参数 ψ 和 β 对信号浓度梯度的影响。

首先假如配体的产生率很高，即 v 很大，相应地假定 $\beta \approx 1$。这时，对 $0 < x < 1$ 内的大部分的区域内有 $a \gg 1$。因此方程 (7.31) 可以近似为

$$a''(x) - \psi = 0, \quad a(0) = \frac{\beta}{1-\beta}, \quad a(1) = 0. \tag{7.34}$$

容易得到上面方程的解

$$a(x) = \frac{\beta}{1-\beta}(1-x) - \frac{1}{2}\psi x(1-x). \tag{7.35}$$

由此可以得到无量纲化的信号浓度的近似表达式

$$b(x) = \frac{\dfrac{\beta}{1-\beta}(1-x) - \dfrac{1}{2}\psi x(1-x)}{1 + \dfrac{\beta}{1-\beta}(1-x) - \dfrac{1}{2}\psi x(1-x)}. \tag{7.36}$$

当 $\beta \approx 1$ 时，近似有

$$b(x) \approx \frac{\beta(1-x)}{1-\beta x} = 1 - \frac{1-\beta}{1-\beta x}. \tag{7.37}$$

由式 (7.37) 可以看到除了在 $x = 1$ 的边界处附近，都有 $b(x) \approx 1$，也就是说受体是充分饱和的。例如，若 $\beta = 0.99$，则在 $0 < X < 0.9X_{\max}$ 的范围内都有 $[LR] > 0.9R_{\mathrm{tot}}$。这种情况下不可能产生有生物学意义的浓度梯度。这样，通过简单的分析可以得出结论：为了得到有生物学意义的信号浓度梯度，配体的产生率不能太高。

下面来分析另外一种极端的情况，即配体的产生率很低 ($\beta \ll 1$)。在这种情况下配体的浓度也很低，即有 $a(x) < a(0) \ll 1$。这样，可以把方程 (7.31) 近似为

$$a''(x) - \psi a = 0, \quad a(0) = \beta, \quad a(1) = 0. \tag{7.38}$$

方程 (7.38) 的解为

$$a(x) = \frac{\beta \sinh(\sqrt{\psi}(1-x))}{\sinh(\sqrt{\psi})}.$$ (7.39)

而无量纲化信号的浓度梯度为

$$b(x) = \frac{\dfrac{\beta \sinh(\sqrt{\psi}(1-x))}{\sinh(\sqrt{\psi})}}{1 + \dfrac{\beta \sinh(\sqrt{\psi}(1-x))}{\sinh(\sqrt{\psi})}}.$$ (7.40)

当 $\beta \ll 1$ 时，近似有

$$b(x) = \frac{\beta \sinh(\sqrt{\psi}(1-x))}{\sinh(\sqrt{\psi})}.$$ (7.41)

特别地，

$$b(x)/b(0) = \sinh(\sqrt{\psi}(1-x))/\sinh(\sqrt{\psi}),$$

即信号的相对浓度梯度呈指数分布。这与实验结果是相符合的[102]。

　　根据上面的分析，当 $\beta \ll 1$ 时，即配体的产生率足够低时，根据模型 B 可以产生呈指数衰减的信号浓度梯度。此时浓度分布的特征衰减长度由 $\sqrt{\psi}$ 刻画。这个参数是和形态发生素的降解率联系起来的。有实验表明，果蝇翅膀成虫盘中的 Dpp 浓度的衰减长度大约为 $20\mu m$，即 $X_{\max}/5$，相应地 $\sqrt{\psi} \approx 5$，即 $\psi \approx 25$。这样通过简单的分析并结合实验结果，可以估计无量纲化参数 ψ 的取值。

　　上面分别对于配体的产生率很高或者很低的情况做了一些估计。而对于一般的情况，目前还没有简单的处理方法可以得到信号浓度梯度 $b(x)$ 的近似表达式，但是可以给出一些估计。

　　考虑到关系

$$0 < \frac{a}{1+a} < a,$$

分别取上界和下界，可以得到下面两个边值问题

$$\bar{a}''(x) = 0, \quad \bar{a}(0) = \frac{\beta}{1-\beta}, \quad \bar{a}(1) = 0$$ (7.42)

和

$$\underline{a}''(x) - \psi \underline{a} = 0, \quad \underline{a}(0) = \frac{\beta}{1-\beta}, \quad \underline{a}(1) = 0.$$ (7.43)

对应的解分别为

$$\bar{a}(x) = \frac{\beta}{1-\beta}(1-x)$$

和

$$\underline{a}(x) = \frac{\beta}{1-\beta} \frac{\sinh(\sqrt{\psi}(1-x))}{\sinh(\sqrt{\psi})}.$$

由关于二阶常微分方程边值问题的比较定理 (参考附录 A)，可以证明方程 (7.31) 的解 $a(x)$ 满足关系

$$\underline{a}(x) \leqslant a(x) \leqslant \bar{a}(x).$$

由此可以得到 $a(x)$ 的估计。特别地，得到了信号分子浓度梯度的估计式

$$\frac{\underline{a}(x)}{1+\underline{a}(x)} \leqslant b(x) \leqslant \frac{\bar{a}(x)}{1+\bar{a}(x)}. \tag{7.44}$$

图 7.9 给出了根据式 (7.44) 得到的信号分子相对浓度 (归一化到 Dpp 源处的信号浓度) 的下界与参数 β 和 ψ 的依赖关系。可以看到，β 越大或者 ψ 越小，信号分子的浓度梯度越平缓。

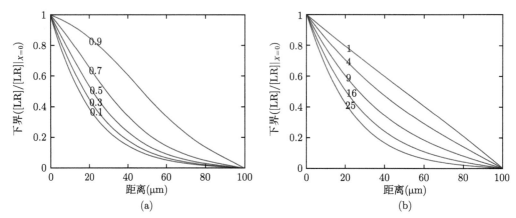

图 7.9　信号分子相对浓度 (归一化到 Dpp 源处的信号浓度) 的下界与参数 β 和 ψ 的依赖关系
(a) $\psi = 25$，β 的值如图中所给出；(b) $\beta = 0.2$，ψ 的值如图中所给出

7.3.2.3　关于实验结果的讨论

实验发现，如果在果蝇胚胎翅膀器官芽中将一部分细胞的基因进行突变干预，使这些细胞中受体胞吞的能力下降，则在进行了突变干预的区域，没有看到 Dpp 信号分子浓度明显下降的现象，但是在该区域的后面，看到了信号分子的浓度突然降低，即存在所谓的阴影区[107]。根据这一实验结果，文献 [107] 的作者断言自由扩散机制无法解释阴影区的存在。理由是根据自由扩散的机制，Dpp 在胚胎中的分布是通过自由扩散形成的，胞吞能力在一定区域的降低不会影响在这一突变区域后面的信号浓度的分布情况。为了解释阴影区的存在，作者提出配体经胞吞作用进入细胞内部，与受体结合形成信号分子，并且在细胞内扩散的机制解释 Dpp 的扩散 (即后面讨论的模型 C)。根据该模型，Dpp 无法输运到胞吞作用降低的区域后面，因此 Dpp 分子的浓度降低，有可能出现阴影区。这里通过数值计算来模拟说明自由扩散机制也可以解释阴影区的存在。

在模拟实验中影响胞吞的基因的突变时，注意到在模型 B 中，胞吞能力的下降直接影响了信号分子在细胞内的降解。因此，可以在模型中令 k_{deg} 在突变区域降低到原野生型的降解率的 10% (并保持其他参数不变) 来模拟实验过程。也就是把方程 (7.29) 中的 k_{deg} 改写为 $f(X)k_{\text{deg}}$，其中 $f(X)$ 在突变区域为 0.1，在其他区域为 1.0。通过数值模拟可以看到

信号分子浓度在突变区域后面有明显的降低，即存在阴影区，如图 7.10 所示。这是因为在模型中假设受体的总浓度不变，所以突变区域信号分子的降解率降低，则受体通过信号分子降解的损失减少，而自由受体的浓度则相应升高。结果导致在突变区域信号分子的浓度不降反升，就如在实验中没有看到突变区域信号分子浓度的降低。结果是在突变区域后面的信号分子的浓度表示出突然减少，即出现阴影区。这个数值模拟的结果表明不能简单地根据由实验中阴影区的存在否定自由扩散机制。

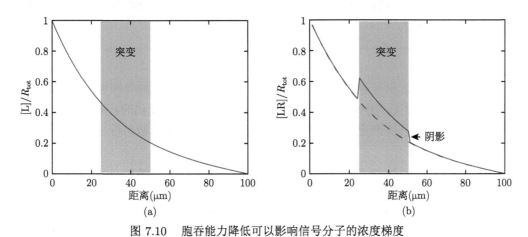

图 7.10　胞吞能力降低可以影响信号分子的浓度梯度

(a) Dpp 的浓度梯度；(b) 信号分子的浓度梯度，虚线表示没有进行基因突变处理的情况下的信号浓度梯度，箭头指出了阴影部分的位置。时间为 1h 后

7.3.2.4　信号浓度梯度的鲁棒性

模型 B 也有缺陷。根据模型 B 得到的具有生物学意义的信号分子浓度梯度敏感依赖于配体的产生率，不具备好的鲁棒性。有实验表明提高 Dpp 的产生率并不会明显影响果蝇翅膀的发育，也就是说果蝇翅膀的发育相对于 Dpp 的产生率的改变是有很好的鲁棒性的[113]。根据前面的讨论可以看到，当 $\beta \ll 1$ 时，模型 B 可以产生具有生物学意义的信号分子浓度梯度，与空间位置的关系由 (7.41) 给出。在固定的位置，信号分子的浓度与 β 成正比，即与配体的产生率 v 成正比。这就意味着如果因为基因的突变导致配体 (Dpp) 的表达率升高 1 倍，则信号分子的浓度也升高 1 倍，所以会引起胚胎发育过程中相同命运的细胞的位置有比较大的改变。这样的敏感依赖性是胚胎发育所不能忍受的，与实验结果矛盾。这里，介绍关于信号浓度梯度鲁棒性 (robustness) 的基本数学定义和针对模型 B 的鲁棒性分析方法。

鲁棒性的概念来源于控制学科，通常表示一个控制系统在一定 (结构、大小) 的参数扰动下维持某些性能的特性。在生物系统中，通常表示系统的某些特性针对外界条件干扰时的稳健性。一般来说，难以给出关于鲁棒性的一般定义。因此，在研究时，通常需要针对具体的系统和所关心的功能与扰动变量提出特定的定义。

对于由反应扩散方程所定义形态发生素的信号浓度梯度的鲁棒性的定义，通常表示为信号的浓度对参数变化的相对稳健性。为此，假定对于给定的系统在稳态情况下的信号浓度所对应的边值问题的解是唯一的，信号浓度表示为 $\mathrm{Sig}(X; p)$，其中 Sig 表示所关心的信号，X 表示距离形态发生素源的距离，p 为所关心的参数。则当参数 p 变化时，信号变化

的相对敏感性定义为

$$S_{\mathrm{Sig},p}(X) = \left| \frac{\partial \ln \mathrm{Sig}}{\partial \ln p} \right| = \left| \frac{p}{\mathrm{Sig}} \frac{\partial \mathrm{Sig}(X;p)}{\partial p} \right|. \tag{7.45}$$

这一关于参数敏感性的定义被应用于很多关于鲁棒性的研究中, 如文献 [114-117].

在实验中, 对模态表型的描述通常是通过给定细胞类型的位置 X 来表示的, 也就是说给定信号 Sig 的函数 X 的依赖关系。由此, 根据上面的一般定义和文献 [118] 的讨论, 把相应的敏感系数定义为

$$S_{X,p}(\mathrm{Sig}) = \left| \frac{p}{X} \frac{\partial X(\mathrm{Sig},p)}{\partial p} \right|. \tag{7.46}$$

如果细胞的类型是通过信号强度的阈值来定义的, 那么模态表型的鲁棒性可以通过相应阈值的敏感性 $S_{X,p}$ 来定义。另外, 如果模态的变化是随信号连续变化的, 则可以通过对整个信号区域敏感性的平均值来定义整个模态关于参数 p 变化的参数敏感性, 即

$$R_p = \frac{1}{\mathrm{Sig}_1 - \mathrm{Sig}_0} \int_{\mathrm{Sig}_0}^{\mathrm{Sig}_1} \left| \frac{p}{X} \frac{\partial X(\mathrm{Sig},p)}{\partial p} \right| \mathrm{d}\,\mathrm{Sig}. \tag{7.47}$$

当参数的变化比较小的时候, 由式 (7.47)定义的参数敏感性可以很好地表示模型变化对参数局部变化的敏感依赖性。但是, 在很多生物系统中, 对应参数的变化不是局部变化, 而是由基因突变等引起的大范围变化。为了描述这种参数大范围变化所引起的模态表型响应的鲁棒性, 采用细胞位置变化的均方平均来定义鲁棒性是合适的[119], 数学表达式为

$$R_{p \to p'} = \frac{1}{|X(\mathrm{Sig}_1,p) - X(\mathrm{Sig}_0,p)|} \sqrt{\frac{1}{\mathrm{Sig}_1 - \mathrm{Sig}_0} \int_{\mathrm{Sig}_0}^{\mathrm{Sig}_1} (\Delta X)^2 \mathrm{d}\,\mathrm{Sig}}, \tag{7.48}$$

其中 $\Delta X = X(\mathrm{Sig},p') - X(\mathrm{Sig},p)$ 表示当参数从 p 变为 p' 时相同信号 Sig 对应的细胞位置 X 的变化。

对于模型 B, 这里稍作变化, 假设果蝇的翅膀器官芽如图 7.4(b) 所示, 在中间有一个很小的形态发生素产生区域。形态发生素在这里产生以后往两边扩散。则在模型中, 配体的产生就不仅仅是在边界 $X = 0$ 处, 而是在一个很小的区域 $0 \leqslant X \leqslant X_{\min}$ 处 (这里假设 $X = 0$ 表示器官芽的中线), 即有配体产生率函数

$$V(X) = \begin{cases} \dfrac{v_0}{X_{\min}}, & 0 \leqslant X \leqslant X_{\min}, \\[2mm] 0, & X > X_{\min}, \end{cases}$$

此时的模型 B 方程变为

$$\begin{aligned} \frac{\partial [\mathrm{L}]}{\partial T} &= D \frac{\partial^2 [\mathrm{L}]}{\partial X^2} - k_{\mathrm{on}}[\mathrm{L}](R_{\mathrm{tot}} - [\mathrm{LR}]) + k_{\mathrm{off}}[\mathrm{LR}] + V(X), \\ \frac{\partial [\mathrm{LR}]}{\partial T} &= k_{\mathrm{on}}[\mathrm{L}](R_{\mathrm{tot}} - [\mathrm{LR}]) - k_{\mathrm{off}}[\mathrm{LR}] - k_{\mathrm{deg}}[\mathrm{LR}], \end{aligned} \tag{7.49}$$

$$[\mathrm{L}]'|_{X=0} = 0, \quad [\mathrm{L}]|_{X=X_{\max}} = 0, \quad [\mathrm{L}]|_{T=0} = [\mathrm{LR}]|_{T=0} = 0 \ (0 \leqslant X \leqslant X_{\max}).$$

注意，因为引进了新的配体产生率函数，这里在 $X = 0$ 处的边界条件已经相应改变了。

相应地，通过类似于前面介绍的无量纲变化，引进无量纲化以后的配体生成函数

$$v(x) = \begin{cases} \dfrac{v}{d}, & 0 \leqslant x \leqslant d, \\ 0, & x > d, \end{cases} \qquad d = \frac{X_{\min}}{X_{\max}}, \quad v = \frac{v_0 X_{\max}}{D k_m}.$$

则在稳态情况下，信号分子的浓度梯度是由下面边值问题

$$\begin{cases} a''(x) - \psi \dfrac{a}{1+a} + v(x) = 0, & a'(0) = 0, \quad a(1) = 0 \\ b(x) = \dfrac{a(x)}{1 + a(x)} \end{cases} \tag{7.50}$$

的解确定的。可以证明，边值问题 (7.50) 的解是唯一的，并且依赖于参数 ψ、v 和 d。在实际问题中，参数 d 通常是不变的。例如，对于果蝇翅膀器官芽来说，配体合成区域集中在宽度大约为 12μm 的区域，相对于大约 200μm 的器官芽区域，约有 $d = 0.06$。因此，可以认为信号分子的浓度梯度仅依赖于参数 ψ 和 v。

下面来考虑当配体产生率增加 1 倍，即由 v 变为 $2v$ 时对应的信号分子浓度梯度变化的鲁棒性 R_v。参照鲁棒性的定义 (7.48)，鲁棒性 R_v 定义为在信号区域内细胞位置偏移量的均方平均[119]

$$R_v = \frac{1}{x(b_{1/5}) - d} \sqrt{\frac{1}{b_{4/5} - b_{1/5}} \int_{b_{1/5}}^{b_{4/5}} (\Delta x)^2 \mathrm{d}b}, \tag{7.51}$$

其中 $b_s = sb(d)$, $x(b_{1/5})$ 表示满足 $b(x) = b_{1/5}$ 的位置 x，并且

$$\Delta x = x(b; 2v) - x(b; v)$$

表示当配体产生率由 v 变为 $2v$ 时相对于相同信号分子浓度 b 的细胞位置的偏移量，如图 7.11 所示。通常，偏移量 Δx 依赖于在两种不同条件下的无量纲化信号分子浓度梯度，而这些浓度梯度还依赖于参数 ψ，所以鲁棒性 R_v 是依赖于参数 ψ 的。

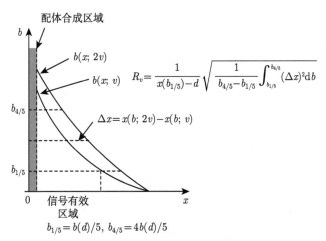

图 7.11　相对于配体产生率增加 1 倍的信号分子浓度梯度鲁棒性
根据文献 [120] 重绘

在前面的讨论已经看到, 对于模型 B, 只有当配体的产生率比较小时, 才能得到与实验相符合的类似于指数衰减的信号分子浓度梯度。在这种情况下, 可以近似地认为 $a(x) \ll 1$, 并且 $b(x) \approx a(x)$。此时, 配体的浓度 $a(x; v)$ (这里显式地写出分子浓度对 v 的依赖性) 由以下方程近似给出

$$a''(x;v) - \psi a(x;v) + v(x) = 0, \quad a'(0) = a(1) = 0,$$

也即

$$a(x;v) = vK(x;\psi), \quad K(x;\psi) = \frac{\sinh(\sqrt{\psi}d)\sinh(\psi(1-x))}{\psi\cosh(\sqrt{\psi})} \quad (d \leqslant x \leqslant 1).$$

因此, $a(x; v)$ 与 v 成正比, 并且 $a(x; 2v) = 2a(x; v)$。更进一步地,

$$x_v(a) - d = \int_a^{a_d} \frac{\mathrm{d}u}{\sqrt{s_1(v)^2 + \psi u^2}}$$

$$= \frac{1}{\sqrt{\psi}} \ln\left(\frac{\sqrt{\psi}a_d(v) + \sqrt{s_1(v)^2 + \psi a_d(v)^2}}{\sqrt{\psi}a + \sqrt{s_1(v)^2 + \psi a^2}}\right),$$

其中 $s_1(v) = a'(1)$。对于生物上有意义的浓度梯度, 通常配体信号浓度梯度在远端边界处的变化很小, 即可以假设在信号区域 $s_1(v)/a \ll 1$。因此, 近似地, 令 $s_1(v) \approx 0$, 有

$$x_v(a) - d \approx \frac{1}{\sqrt{\psi}} \ln \frac{a_d(v)}{a}.$$

由此, 并注意到 $a_d(2v) = 2a_d(v)$, 有

$$\Delta x = x_{2v}(a) - x_v(a)$$
$$= (x_{2v}(a) - d) - (x_v(a) - d)$$
$$= \frac{1}{\sqrt{\psi}} \ln \frac{a_d(2v)}{a} - \frac{1}{\sqrt{\psi}} \ln \frac{a_d(v)}{a}$$
$$= \frac{1}{\sqrt{\psi}} \ln \frac{a_d(2v)}{a_d(v)}$$
$$= \frac{\ln 2}{\sqrt{\psi}}.$$

由 $b(x) \approx a(x)$ 和式 (7.51), 可以得到鲁棒性

$$R_v \approx \frac{\Delta x}{x_v(a_{1/5}) - d} = \frac{\ln 2}{\ln r},$$

其中

$$r = \frac{\sqrt{\psi}a_d(v) + \sqrt{s_1(v)^2 + \psi a_d(v)^2}}{\sqrt{\psi}a_{1/5}(v) + \sqrt{s_1(v)^2 + \psi a^2}} \leqslant \frac{a_d(v)}{a_{1/5}(v)} = 5.$$

由此, 可以得到鲁棒性 $R_v \geqslant \dfrac{\ln 2}{\ln 5} = 0.430\,67\cdots$。根据生物实验的结果, 通常认为好的鲁棒性需要 $R < 0.2$。由上面的简单分析可以看到, 根据模型 B, 当配体产生率很小时, 虽然可以得到有生物学意义的信号分子浓度梯度, 但是所产生的浓度梯度对于配体产生率变化的鲁棒性比较差。

在更一般的配体产生率情况下, 鲁棒性的分析过程比较复杂, 这里省略, 感兴趣的读者可以参考思考题 7.1 和文献 [119]。

上面的分析表明由模型 B 描述的扩散过程还不足以解释 Dpp 信号分布的产生机制, 肯定还有其他机制保证了果蝇翅膀发育的鲁棒性。研究表明 Dpp 的扩散需要一类细胞膜的跨膜蛋白 Dally 或 Dally-like (Dly) 的帮助[111]。这些蛋白在 Dpp 的信号浓度梯度的形成过程中所起的作用引起许多国际学者的关注[121], 相应地提出新的修正模型对形态发生素信号浓度梯度的鲁棒性进行讨论。在这里不再详细讨论, 感兴趣的读者请参考文献 [114, 115, 120-122]。

7.3.3　模型 C: 配体与受体的结合和解离, 通过复合体的扩散

除了配体的自由扩散模型, 有一些学者提出胞吞胞吐输运机制, 也就是说配体与受体结合后进入细胞内部, 然后通过细胞的反复胞吞和胞吐作用把形态发生素输运到远离配体产生源的位置[107-109]。在这个模型中, 配体本身没有自由扩散, 而是与受体结合后以复合体的形式在细胞内通过扩散的形式进行输运, 因此可以通过复合体的扩散模型来简单地描述这一机制, 如图 7.12 所示。下面来定量分析一下这个机制是否有可能形成具有生物学意义的信号浓度梯度。

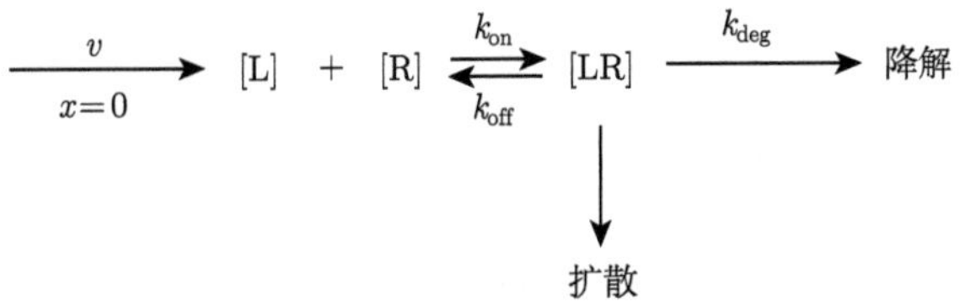

图 7.12　Dpp 扩散模型 C: 配体与受体的结合和解离, 通过复合体的扩散

类似于前面所建立的数学模型, 通过关于 [LR] 的扩散项来描述模型 C, 得到下面的反应扩散方程

$$\frac{\partial [\mathrm{L}]}{\partial T} = -k_{\mathrm{on}}[\mathrm{L}](R_{\mathrm{tot}} - [\mathrm{LR}]) + k_{\mathrm{off}}[\mathrm{LR}], \tag{7.52}$$

$$\frac{\partial [\mathrm{LR}]}{\partial T} = D\frac{\partial^2 [\mathrm{LR}]}{\partial X^2} + k_{\mathrm{on}}[\mathrm{L}](R_{\mathrm{tot}} - [\mathrm{LR}]) - k_{\mathrm{off}}[\mathrm{LR}] - k_{\mathrm{deg}}[\mathrm{LR}]. \tag{7.53}$$

上述方程的适用范围是 $0 < X < X_{\max}$。在 $X = 0$ 处, 配体产生以后和受体结合, 因此边界条件如下面所定义:

$$\begin{cases} \dfrac{\partial [\mathrm{L}]}{\partial T} = -k_{\mathrm{on}}[\mathrm{L}](R_{\mathrm{tot}} - [\mathrm{LR}]) + k_{\mathrm{off}}[\mathrm{LR}] + v, \\[2mm] \dfrac{\partial [\mathrm{LR}]}{\partial T} = k_{\mathrm{on}}[\mathrm{L}](R_{\mathrm{tot}} - [\mathrm{LR}]) - k_{\mathrm{off}}[\mathrm{LR}] - k_{\mathrm{deg}}[\mathrm{LR}], \end{cases} \quad (X = 0). \tag{7.54}$$

在 $X = X_{\max}$ 处采用边界条件

$$[\mathrm{LR}] = 0 \quad (X = X_{\max}). \tag{7.55}$$

选取适当的参数求解上面的初边值问题，结果表明模型 C 可以给出指数衰减的信号分子浓度梯度，并且衰减长度随扩散系数的增加而增加，如图 7.13 所示。

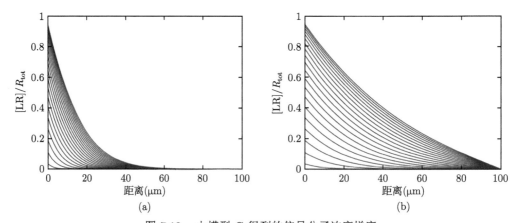

(a)   (b)

图 7.13　由模型 C 得到的信号分子浓度梯度

参数为 $k_{\mathrm{on}}R_{\mathrm{tot}} = 0.01\mathrm{s}^{-1}$，$k_{\mathrm{off}} = 10^{-6}\mathrm{s}^{-1}$，$k_{\mathrm{deg}} = 2 \times 10^{-4}\mathrm{s}^{-1}$，$v/R_{\mathrm{tot}} = 5 \times 10^{-4}\mathrm{s}^{-1}$。(a) 对应于扩散系数 $D = 0.1\mathrm{\mu m}^2\mathrm{s}^{-1}$；(b) 对应于扩散系数 $D = 1.0\mathrm{\mu m}^2\mathrm{s}^{-1}$

同前面的讨论一样，这里主要关心平衡态条件下的信号分子的浓度梯度。容易得到平衡态的形态发生素浓度梯度满足方程

$$D\frac{\partial^2[\mathrm{LR}]}{\partial X^2} - k_{\mathrm{deg}}[\mathrm{LR}] = 0 \quad (0 < X < X_{\max}) \tag{7.56}$$

和边界条件

$$[\mathrm{LR}]|_{X=0} = v/k_{\mathrm{deg}}, \quad [\mathrm{LR}]|_{X=X_{\max}} = 0. \tag{7.57}$$

容易求出上述方程的解

$$[\mathrm{LR}] = \frac{v}{k_{\mathrm{deg}}} \frac{\sinh(\sqrt{k_{\mathrm{deg}}/D}(X_{\max} - X))}{\sinh(\sqrt{k_{\mathrm{deg}}/D}X_{\max})}. \tag{7.58}$$

由式 (7.58) 可以看到，对任何参数模型 C 都可以产生呈指数衰减的信号浓度梯度。这与实验结果是符合的[102]。而这里的信号浓度衰减的特征长度由 $\sqrt{k_{\mathrm{deg}}/D}$ 确定，即衰减长度为 $1/\sqrt{k_{\mathrm{deg}}/D}$。由实验得到的衰减长度为 $20\mathrm{\mu m}$，也即 $D \approx 400k_{\mathrm{deg}}$。由前面得到的结果 $k_{\mathrm{deg}} \approx 10^{-4}\mathrm{s}^{-1}$，可以得到 $D \approx 0.04\mathrm{\mu m}^2\mathrm{s}^{-1}$。这个扩散系数太小了，不足以在很短时间内形成作用范围足够长的信号浓度梯度。

为了使由模型 C 所给出的机制在合理的时间内形成具有生物学意义的信号浓度梯度，反应速率常数 k_{on}、k_{off}、k_{deg} 都必须至少比上面的估计大两个数量级，即受体和配体很快结合,然后很快进入细胞内降解和扩散。但是这样的速度超出了细胞的合理反应速度范围[110],是不合理的。这样,通过简单的分析可以看到,模型 C 也不太可能是 Dpp 在果蝇翅膀器官芽中输运的合理机制。

7.4　本 章 小 结

本章介绍了描述分子在细胞间通过扩散机制进行输运的模型建立方法和相关数学基础。对形态发生素的浓度梯度形成过程的几种可能的扩散输运机制进行建模。通过简单的分析和数值计算,可以看到简单的输运机制是有可能产生具有生物学意义的信号浓度梯度以介导下游蛋白的表达和影响细胞的发育生长的。但是,这种简单的扩散机制通常不足以保证信号浓度梯度的鲁棒性。因此,在生命体内,一定还有其他的机制来保证信号的鲁棒性。对形态发生素的浓度梯度的形成机制和鲁棒性的研究是发育生物学领域的热点问题之一,有很多有争议的观点。

本章主要是介绍相关数学模型的建立和分析的方法,对形态发生素的形成机制的讨论还远远不完善,这一点还需提醒读者注意。例如,形态发生素输运的过程中,可以跟一些细胞膜表面受体分子结合形成复合体,这些复合体不对细胞命运的信号发生作用,但是会影响形态发生素的扩散过程。这些细胞表面受体分子也称为非信号受体。另外,在胚胎发育过程中,除形态发生素的扩散形成信号影响下游细胞的命运决定外,胚胎本身的生长过程也会影响信号分子浓度的分布,进而影响细胞命运的决定。对这些过程的数学建模需要考虑更多的因素,包括非受体蛋白的作用、信号分子浓度梯度的尺度不变性等。更多关于形态发生素信号分子浓度变化的数学模型的建立和分析等内容请参考相关的文献,如 [120, 123-125]。

补充阅读材料

(1) Lander A D, Nie Q, Wan F Y M. Do morphogen gradients arise by diffusion? Dev Cell, 2002, 2: 785–796.

(2) Lander A D, Nie Q, Wan F Y M. Membrane-associated non-receptors and morphogen gradients. Bull Math Biol, 2007, 69: 33-54.

(3) Kerszberg M, Wolpert L. Mechanisms for positional signalling by morphogen transport: a theoretical study. J Theor Biol, 1998, 191: 103-114.

(4) Bollenbach T, Kruse K, Pantazis P, Gonzàlev-Gaitàn M, Jülicher F. Robust formation of morphogen gradients. Phys Rev Lett, 2005, 94: 018103.

(5) Bollenbach T, Pantazis P, Kicheva A, Bökel C, Gonzàlez-Gaitàn M, Jülicher F. Precision of the Dpp gradient. Development, 2008, 135: 1137-1146.

(6) Lei J, Song Y. Mathematical model of the formation of morphogen gradients through membrane-associated non-receptors. Bull Math Biol, 2010, 72: 805-829.

(7) Lei J, Wan F Y M, Lander A, Nie Q. Robustness of signaling gradient in *Drosophila* wing imaginal disc. Discrete Contin Dyn Syst B, 2011, 16: 835-866.

(8) Lei J, Wang D, Song Y, Nie Q, Wan F Y M. Robustness of morphogen gradients with "bucket brigade" transport through membrane-associated non-receptors. Discrete Contin Dyn Syst B, 2012, 18: 721-739.

(9) Lei J, Lo W C, Nie Q. Mathematical models of morphogen dynamics and growth control. Annals Math Sci Appl, 2016, 1: 427-471.

思 考 题

7.1 在模型 B 中，为产生具有指数分布的信号浓度梯度，配体的产生率不能太高。而由此所得到的信号浓度也不能太高，在实际调控中不足以影响细胞的生长发育。在实际情况下，受体是在细胞内产生的，被转移到细胞膜上与细胞外配体结合。而信号的浓度梯度主要由细胞内的配体-受体复合体的浓度确定。这样的模型可以用图 7.14 表示。

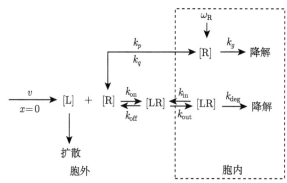

图 7.14   形态发生素浓度梯度形成的模型 (模型 D)

配体合成、扩散、与细胞外受体结合，结合后的复合体进入细胞内作为信号分子控制下游蛋白的表达，受体在细胞内产生，并且被输运到细胞外

(a) 仿照模型 B，列出上述模型所对应的数学方程。

(b) 选取合适的参数对上面所列出的方程进行无量纲化处理，得到下面在静态情况下信号浓度梯度所满足的方程

$$\begin{cases} \dfrac{\mathrm{d}^2 a}{\mathrm{d}x^2} - \lambda^2 \dfrac{a}{1+a} = 0, & 0 < x < 1, \quad a(0) = \beta, \quad a(1) = 0, \\ b(x) = \dfrac{a(x)}{1+a(x)}, \end{cases} \tag{7.59}$$

其中 $a(x)$ 和 $b(x)$ 分别为无量纲化的配体和信号浓度。试列出方程 (7.59) 中的无量纲化参数与模型的原参数之间的关系。

(c) 试证明边值问题 (7.59) 存在唯一的正解 $a(x)$ (提示：可以用上下解方法证明存在性)，并且这个解是单调的。

(d) 定义 $F(u) = u - \ln(u)$，试证明方程 (7.59) 的解由

$$x = \int_a^\beta \frac{\mathrm{d}u}{\sqrt{2\lambda^2 F(u) + (a_1')^2}} \quad (0 < a < a_0) \tag{7.60}$$

给出，其中 $a_1' = a'(1)$ 满足关系

$$1 = \int_0^\beta \frac{\mathrm{d}u}{\sqrt{2\lambda^2 F(u) + (a_1')^2}}.$$

(e) 在实际情况中，形态发生素的浓度在边缘处很低，相应地，其一阶导数 a_1' 也很小。在方程 (7.60) 的积分中，假设 $a_1' \approx 0$，可以得到近似的浓度梯度

$$x = \int_a^\beta \frac{\mathrm{d}u}{\sqrt{2\lambda^2 F(u)}}. \tag{7.61}$$

形态发生素的浓度梯度的鲁棒性是指当系统出现基因突变 (引起参数的改变) 时，信号浓度梯度的相对变化。当控制配体产生的基因发生突变时，可以导致配体的过度表达 (如 β 变为 2β)。在此情况下，定义相应的鲁棒性 (通常依赖于系统参数 β 和 λ) 为

$$R(\lambda, \beta) = \frac{1}{x(b_{1/5}; \beta)} \sqrt{\frac{1}{b_{4/5} - b_{1/5}} \int_{b_{1/5}}^{b_{4/5}} (x(b; \beta) - x(b; 2\beta))^2 \mathrm{d}b}, \tag{7.62}$$

其中 $b_{1/5} = b(0)/5$，$b_{4/5} = 4b(0)/5$，$x(b; \beta)$ 表示对应方程 (7.59) 中的边值条件取 $a(0) = \beta$ 所对应的信号浓度梯度函数 (把位置 x 表示为信号浓度 b 的函数)。试根据近似解 (7.61) 证明

$$R(\lambda, \beta) = \frac{\displaystyle\int_\beta^{2\beta} \frac{\mathrm{d}u}{\sqrt{F(u)}}}{\displaystyle\int_{\frac{\beta}{5+4\beta}}^\beta \frac{\mathrm{d}u}{\sqrt{F(u)}}}, \tag{7.63}$$

即鲁棒性 $R(\lambda, \beta)$ 与 λ 无关。

(f) 根据式 (7.63) 讨论鲁棒性与参数 β 的关系，并阐述你所得到的结果。

第 8 章　干细胞增殖与造血系统动力学

成体干细胞 (adult stem cell) 是一类存在于机体各种组织器官中的未分化细胞，这种细胞能够自我更新并且特化形成组成该组织的细胞。成体干细胞主要有造血干细胞、骨髓间充质干细胞、神经干细胞、肝干细胞、肌卫星细胞、皮肤表皮干细胞、肠上皮细胞、视网膜干细胞、胰腺干细胞等。成体干细胞的受控增殖分化对于维持组织器官的生长发育、组织的损伤修复、行使正常的生理功能等都非常重要。干细胞的异常增殖分化与很多重大疾病密切相关，包括器官衰竭、增生、恶性肿瘤等。此外，受控的干细胞增殖过程对于细胞治疗、组织损伤修复等临床应用至关重要。这一章将介绍描述干细胞增殖的数学模型的建立和分析。特别地，以一类表现出明显细胞数量变化的疾病——动态血液病——为例，介绍造血系统动力学的数学模型，并通过所建立的数学模型讨论一类动态血液病的致病机制。

8.1　干细胞增殖的数学模型

8.1.1　细胞周期

成体干细胞通过细胞分裂进行自我更新，每个细胞从一次分裂完成开始到下一次分裂结束所经历的全过程构成一个细胞周期 (cell cycle)。在这个过程中，细胞的遗传物质复制并均等地分配给两个子细胞。生命通过细胞周期从一代向下一代连续传递，是一个不断更新、不断从头开始的过程。通过细胞周期的过程，母细胞分裂成为两个子细胞，细胞的数量增加。同时伴随在此过程中可能发生的细胞死亡和分化、衰老等现象，使得组织内的细胞数量动态变化。

细胞的状态可以区分为细胞周期和休眠期 (G_0 期)。其中细胞周期是指细胞从前一次分裂结束到下一次分裂结束为止的活动过程。细胞周期分为间期和分裂期两个阶段。间期包含三个阶段，即 DNA 合成前期 (G_1 期)、DNA 合成期 (S 期) 与 DNA 合成后期 (G_2 期)。在 G_1 期，从有丝分裂结束到 DNA 复制前的一段时期，称为合成前期，主要合成 RNA 和核糖体，为下一阶段 S 期的 DNA 复制做好物质和能量的准备。这个阶段的特点是物质代谢活跃，迅速合成 RNA 和蛋白质，细胞体积显著增大。S 期是细胞周期的关键时刻，DNA经过复制成为四倍体，每条染色质丝都转变为由着丝点相连接的两条染色丝。与此同时，还合成组蛋白和进行中心粒的复制等。DNA 合成以后进入 G_2 期，为有丝分裂做准备，开始大量合成 RNA 及蛋白质，包括微管蛋白和促成熟因子等。细胞分裂 (mitosis) 期，也即 M期，细胞经历染色质丝的结构变化、细胞核仁与核膜的消失、纺锤体微管运动等一系列的连续变化，由一个母细胞分裂成为两个子细胞。当母细胞通过有丝分裂产生两个新生的子细胞以后，新生的子细胞会暂时离开细胞周期，进入休眠期。休眠期的干细胞暂时停止分裂，部分细胞会分化为特异的下游细胞，另外有一部分细胞收到开始分裂的信号后，又重新进入细胞周期开始细胞分裂的过程。在细胞分裂的过程中，由于细胞衰老和 DNA 复制错误等，部分细胞会自动通过程序性死亡被清除，以保证组织细胞的质量。

图 8.1 给出了根据上面细胞周期过程的干细胞增殖分化简化模型。该模型包括细胞周期的关键阶段，描述了细胞通过自我更新和分化、凋亡等维持细胞数量稳定的基本事件，是本章介绍干细胞增殖数学模型的基础。

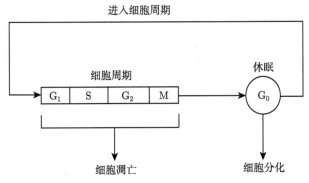

图 8.1　干细胞的增殖和分化的简化模型

8.1.2　年龄结构模型

根据上面对干细胞增殖过程的描述，下面来建立描述细胞数量变化的数学模型。首先忽略细胞之间的差异性，假设所有细胞的增殖率、凋亡率、分化率都是一样的，只考虑细胞数量的变化。

把干细胞按照其状态简单地区分为两个阶段，分别是休眠期 (G_0) 和细胞周期 (G_1-S-G_2-M)，如图 8.1 所示。令 $Q(t)$ 表示在 t 时刻处于 G_0 期的干细胞的总数，$s(t, a)$ 表示在 t 时刻处于细胞分裂周期中从开始分裂到当前时刻的时间为 a 的细胞个数。这里的 a 表示细胞从进入细胞周期 (G_1 期) 开始的时间，即细胞属于细胞周期过程的"年龄"。而处于细胞分裂过程中的细胞总数为

$$S(t) = \int_0^\tau s(t, a) \mathrm{d}a,$$

其中 τ 表示一个细胞周期的时间，即细胞从进入 G_1 期到离开 M 期的时间。由上式可以看到

$$\frac{s(t, a)}{S(t)}$$

表示处于分裂期细胞随"年龄"的分布。下面来建立 $Q(t)$ 和 $S(t)$ 所满足的微分方程。

首先，根据前面所介绍的守恒律方程 (7.6) 来建立细胞数量 $s(t, a)$ 所满足的方程，并且注意到在这里流的产生是因为时间流逝所引起的自然生长，所以流 $J = s$。由图 8.1，假设在细胞周期过程中的细胞死亡率为 γ，则 $s(t, a)$ 满足下面的一阶偏微分方程

$$\frac{\partial s(t, a)}{\partial t} + \frac{\partial s(t, a)}{\partial a} = -\gamma s(t, a). \tag{8.1}$$

为了确定该方程的边值条件，在 t 时刻年龄为 $a = 0$ 的细胞的数量就是刚从 G_0 期转变为分裂状态的细胞个数。G_0 期的细胞是否要进入细胞分裂周期，取决于细胞所受到的细胞周

期信号刺激的程度，而这个信号本身受到其他休眠期细胞和微环境的共同调控，形成一种反馈调控作用。令 $\beta(Q)$ 表示 G_0 期细胞进入细胞分裂周期的速率，即增殖率，则从 G_0 期进入细胞分裂周期的细胞数量的变化率为 $\beta(Q)Q$，即

$$s(t,0) = \beta(Q)Q. \tag{8.2}$$

方程的初值条件由当 $t = 0$ 时，处于细胞分裂期的细胞个数 $s(0,a)$ 随年龄 a 的分布给出，设为函数 $g(a)$。

处于 G_0 期的细胞个数的变化率等于下面三项的代数和：离开 G_0 期进入细胞分裂过程的细胞数变化率 $-\beta(Q)Q$，分化成其他下游细胞的细胞个数变化率 (包括因为死亡或者衰老而永远离开细胞周期的细胞) $-\kappa Q$，以及由细胞分裂而新产生的 G_0 期细胞的个数 $2s(t,\tau)$，这里 κ 表示干细胞的分化率。因此 $Q(t)$ 满足方程

$$\frac{dQ}{dt} = 2s(t,\tau) - (\beta(Q) + \kappa)Q. \tag{8.3}$$

这样，综合上面的讨论得到 $s(t,a)$ 和 $Q(t)$ 满足的年龄结构方程[126,127]

$$\begin{cases} \dfrac{\partial s(t,a)}{\partial t} + \dfrac{\partial s(t,a)}{\partial a} = -\gamma s(t,a) & (t>0, 0 \leqslant a \leqslant \tau), \\ \dfrac{dQ}{dt} = 2s(t,\tau) - (\beta(Q) + \kappa)Q & (t>0), \\ Q(0) = Q_0, \\ s(t,0) = \beta(Q)Q & (t>0), \\ s(0,a) = g(a) & (0 \leqslant a \leqslant \tau). \end{cases} \tag{8.4}$$

这里需要注意的是，为了保证解的连续性，由 (8.2) 定义的边界条件需要满足连续性条件

$$s(0,0) = \beta(Q(0))Q(0),$$

即 $g(0) = \beta(Q(0))Q_0$。

8.1.3 时滞微分方程模型

下面根据年龄结构模型 (8.4) 推导 $S(t)$ 和 $Q(t)$ 满足的方程。对方程 (8.1) 从 $a=0$ 到 $a=\tau$ 积分，并注意

$$S(t) = \int_0^\tau s(t,a)da,$$

则有

$$\frac{dS(t)}{dt} + s(t,\tau) - s(t,0) = -\gamma S(t). \tag{8.5}$$

代入边界条件 (8.2)，可以得到

$$\frac{dS(t)}{dt} = \beta(Q)Q - \gamma S(t) - s(t,\tau). \tag{8.6}$$

方程 (8.6) 右端三项的含义是清楚的, 分别表示新进入细胞分裂状态的细胞个数 $\beta(Q)Q$, 是因为凋亡减少的细胞个数 $-\gamma S(t)$ 和分裂完毕退出分裂状态而进入 G_0 状态的细胞个数 $-s(t, \tau)$ 的代数和。为了得到封闭的方程, 还需要知道 $s(t, \tau)$ 与其他项的关系。

为了得到 $s(t, \tau)$, 通过特征线法来求解 (8.1)。为此, 引入新的变量 (x, y) 和函数 $u(x, y)$ 使

$$x = t - a, \quad y = a, \quad s(t, a) = u(x, y),$$

其中函数 u 定义为

$$u(x, y) = s(x + y, y),$$

则方程 (8.1) 等价于

$$\frac{\partial u}{\partial y} = -\gamma u(x, y). \tag{8.7}$$

对任意给定的 x, 容易求出这个方程的通解

$$u(x, y) = u(x, 0)e^{-\gamma y}. \tag{8.8}$$

注意到函数 u 的定义, 有 $u(x, y) = s(t, a)$, 而 $u(x, 0) = s(x, 0) = s(t - a, 0)$, 上面通解用原来的变量也表示为

$$s(t, a) = s(t - a, 0)e^{-\gamma a}. \tag{8.9}$$

式 (8.9) 给出了当 $t > a$ 时, 由 $s(t - a, 0)$ 表示 $s(t, a)$ 的关系。

当 $t < a$ 时, $s(t - a, 0)$ 是没有定义的, 需要另外推导出来。在式 (8.9) 两边令 $t = 0$, 并由式 (8.4) 的初始条件有

$$g(a) = s(0, a) = s(-a, 0)e^{-\gamma a},$$

即

$$s(-a, 0) = g(a)e^{\gamma a}.$$

把 a 替换为 $a - t$, 则得到上式即当 $t < a$ 时 $s(t - a, 0)$ 的表达式

$$s(t - a) = g(a - t)e^{\gamma(a - t)}. \tag{8.10}$$

由式 (8.9) 和式 (8.10), 并令 $a = \tau$, 有

$$s(t, \tau) = \begin{cases} g(\tau - t)e^{-\gamma t} & (0 < t \leqslant \tau), \\ s(t - \tau, 0)e^{-\gamma \tau} = \beta(Q_\tau)Q_\tau e^{-\gamma \tau} & (t > \tau). \end{cases} \tag{8.11}$$

这里简单记 $Q(t - \tau)$ 为 Q_τ。

把式 (8.11) 代入式 (8.6) 和式 (8.4), 就得到描述干细胞数量变化的时滞微分方程组: 当 $0 < t \leqslant \tau$ 时,

$$\begin{cases} \dfrac{\mathrm{d}S}{\mathrm{d}t} = -\gamma S + \beta(Q)Q - g(\tau - t)e^{-\gamma t}, \\ \dfrac{\mathrm{d}Q}{\mathrm{d}t} = -(\beta(Q) + \kappa)Q + 2g(\tau - t)e^{-\gamma t}. \end{cases} \tag{8.12}$$

当 $t > \tau$ 时，

$$\begin{cases} \dfrac{\mathrm{d}S}{\mathrm{d}t} = -\gamma S + \beta(Q)Q - e^{-\gamma\tau}\beta(Q_\tau)Q_\tau, \\ \dfrac{\mathrm{d}Q}{\mathrm{d}t} = -(\beta(Q) + \kappa)Q + 2e^{-\gamma\tau}\beta(Q_\tau)Q_\tau. \end{cases} \tag{8.13}$$

给定初始条件 $g(a) \geqslant 0$，并且令

$$S(0) = \int_0^\tau g(a)\mathrm{d}a, \quad Q(0) = Q_0,$$

方程 (8.12)~(8.13) 给出了干细胞数量随时间变化的演变方程。

8.1.4　细胞增殖率

在上面的演化方程中，增殖率 $\beta(Q)$ 表示每个细胞从休眠期进入细胞分裂周期的速率，通常会受到微环境中各种细胞因子的调控。下面来推导 $\beta(Q)$ 的表达式。

细胞从休眠期进入不可逆的细胞分裂期的启动点受到微环境和细胞内复杂信号通路的调控，其分子调控机制是复杂的生物学问题。细胞的增殖分裂受到微环境条件和细胞内信号通路的共同调控，各种细胞因子对细胞继续生长或者进入细胞分裂周期的命运决定起重要作用，最终调控细胞做出合适的命运选择以维持组织的生理功能。在这个过程中，通常会表现出高度的细胞异质性和一定的随机性。在这里并不打算讨论这个细节的调控过程。然而，虽然调控细胞增殖的信号通路非常复杂，但是如果忽略信号通路的所有细节，而是从统计平均的角度去看细胞因子对细胞增殖过程促进或者抑制作用的宏观效果，可以通过简单的数学模型推导出增殖率函数 $\beta(Q)$ 的唯象表达式[128]。

以骨髓中的造血干细胞为例，每个干细胞是否进入下一轮的细胞周期取决于控制细胞分裂过程的启动基因的表达是否被激活。因此，函数 $\beta(Q)$ 也可以看作平均每个细胞上启动细胞分裂周期的信号分子的表达水平。而这些信号分子蛋白的表达由体内产生的信号分子 [如粒性细胞克隆刺激因子 (granulocyte colony stimulating factor，G-CSF)] 所激活。假设这些信号分子 (配体) 类似于形态发生素，由微环境中的其他细胞产生，然后在骨髓中扩散分布。而这些配体与干细胞的细胞膜上的受体结合后激活下游的信号通路从而调控细胞分裂命运的决定。细胞的个数越多，每个细胞可以结合的配体就越少，所以进入细胞分裂的可能性就越小。因此，函数 $\beta(Q)$ 通常是 Q 的减函数，与平均每个细胞上与配体结合的受体的个数成正比。也就是说

$$\beta(Q) \propto \frac{\text{与配体结合的受体数}}{\text{总受体数}}.$$

下面根据这一假设来推导 $\beta(Q)$ 的函数形式。

令 [L] 表示微环境中配体的数量，[R] 表示所有干细胞的细胞膜上自由受体蛋白的数量。假设每个受体可以结合 n 个配体而被激活，即有下面的反应 (这里忽略中间过程)

$$\mathrm{R} + n\mathrm{L} \underset{k_{-1}}{\overset{k_1}{\rightleftharpoons}} \mathrm{L}_n\mathrm{R},$$

则在平衡状态时，有关系

$$[R][L]^n = K[L_nR],\tag{8.14}$$

其中 $K = k_{-1}/k_1$ 为平衡常数，$[L_nR]$ 表示所有干细胞的细胞膜上与配体结合的受体蛋白的数量。令 m 表示每个细胞所包含的平均受体的个数，则 Q 个细胞上所有受体的总和为

$$[R] + [L_nR] = mQ.\tag{8.15}$$

联立方程 (8.14) 和 (8.15) 可以得到

$$[L_nR] = \frac{mQ[L]^n}{K + [L]^n}.$$

因此，平均每个细胞上与配体结合的受体个数为

$$\frac{[L_nR]}{Q} = \frac{m[L]^n}{K + [L]^n}.$$

因此

$$\beta = \frac{\beta_0}{m}\frac{[L_nR]}{Q} = \beta_0\frac{[L]^n}{K + [L]^n},\tag{8.16}$$

其中 β_0 为比例常数。

配体在微环境中合成，其合成速率与干细胞的个数无关。但是配体在生成以后主要通过干细胞清除，因此清除速率与干细胞的个数 Q 成正比。故配体的数量满足方程

$$\frac{d[L]}{dt} = \lambda - \sigma Q[L],$$

其中 λ 为产生率，σ 为降解率。在平衡态时满足关系

$$[L] = \lambda/(\sigma Q).$$

代入式 (8.16)，得到函数

$$\beta(Q) = \beta_0\frac{\theta^n}{Q^n + \theta^n},\tag{8.17}$$

其中 $\theta = \lambda/(\sigma\sqrt[n]{K})$。函数 $\beta(Q)$ 具有希尔函数的形式。

根据上面的分析可以看到，如果假设微环境中分泌信号分子促进细胞增殖，而这些信号分子通过干细胞分解，则细胞增殖率可以表示为依赖于干细胞数量 Q 的形式为希尔函数的减函数。同样地，如果假设干细胞合成信号分子抑制细胞的增殖过程，这些分子被合成以后分泌到微环境中作用于所有干细胞抑制细胞增殖过程，也能够推导出相同的希尔函数的增殖率函数。推导过程这里从略。从生物学上，细胞的生长与增殖过程的调控通常受到这两类信号的共同作用。而从数学模型来看，这两种作用指向了相同的数学形式。因此，后面都统一用希尔函数 (8.17) 表示干细胞增殖率。

从上面的唯象公式 (8.17) 的推导过程可以看到，有时在生物过程的定量建模过程中并不需要太多的分子尺度信息。由此所得到的模型虽然不能与分子调控过程的细节作用建立直接的关联，但是所得到的关系具有一定的广泛性，能够代表一大类分子调控机制的宏观效果。这样的唯象模型与分子生物学中细致的调控通路形成不同尺度的互补的关系，对于人们理解复杂生物学过程都是非常重要的。

8.1.5 参数估计

参数估计是对生命系统建立数学模型的非常关键而困难的一步。这是因为生命系统非常复杂，系统的参数很多，而且受条件限制，很多参数不能直接测量。即使有些参数可以测量，误差也会很大，而且受不同的实验对象和实验室条件的影响非常大。由于生命系统的这种特殊性，对于参数估计问题无法像对物理系统那样追求绝对准确的参数值，而是要确定参数所表示生物学过程或者效应的合理取值范围。生物系统通常具有很好的鲁棒性，很多时候所能观察到的现象并不敏感依赖于参数值，因此确定参数的范围是很重要的。

这一节根据上面的干细胞数量变化的数学模型，以造血干细胞为例并结合相关实验来估计在正常状态下模型的参数。这一节的内容主要参考文献 [129]。

正常状态 (平衡态) 下处于 G_0 期的干细胞数目 Q^* 可以从几个不同的实验结果得到。小鼠的每 10^5 个有核骨髓细胞中大概有 $1 \sim 50$ 个干细胞[130,131]。小鼠每千克体重大概有 1.4×10^{10} 个有核骨髓细胞。由此可以得到小鼠中每千克体重包含 $1.4 \times 10^5 \sim 7 \times 10^6$ 个造血干细胞。猫的每 10^5 个有核骨髓细胞中有 8 个干细胞[132]，类似地可以得到猫每千克体重包含大约 1.1×10^6 个干细胞。可以近似采用后一个数据，即 $Q^* = 1.1 \times 10^6$ 个细胞每千克体重。

为了估计系统参数 β、κ、γ 在正常态时的值，采用以下实验方案。把处于 DNA 合成阶段的干细胞 (S 期) 进行染色标记，这些标记将会传到以后的子代细胞。被标记的干细胞占所有干细胞的比例 $f_L(t)$ 是可以测量的。另外，处于分裂过程的细胞占总细胞个数的比例 $f_S(t)$ 也是可以测量的。下面根据这些测量结果估计系统的参数。

令 $S(t)$ 表示处于细胞分裂过程中的细胞个数，$Q(t)$ 表示处于 G_0 期的细胞个数。根据定义，被标记的细胞所占的比例为

$$f_L(t) = \frac{S_L(t) + Q_L(t)}{S(t) + Q(t)},$$

处于分裂过程中的细胞所占比例为

$$f_S(t) = \frac{S(t)}{S(t) + Q(t)},$$

处于 G_0 期的细胞所占比例为

$$f_Q(t) = 1 - f_S(t) = \frac{Q(t)}{S(t) + Q(t)}.$$

由方程 (8.13) 可以求解出在平衡态时满足关系

$$\kappa = \beta(2e^{-\gamma\tau} - 1) \tag{8.18}$$

和

$$S^* = Q^* \frac{\beta}{\gamma}(1 - e^{-\gamma\tau}), \tag{8.19}$$

这里 $\beta = \beta(Q^*)$ 表示在平衡态时的增殖率。因此，在达到平衡态时处于细胞分裂周期的细胞所占比例为

$$f_S = \frac{S^*}{S^* + Q^*} = \frac{(\beta/\gamma)(1 - e^{-\gamma\tau})}{(\beta/\gamma)(1 - e^{-\gamma\tau}) + 1}. \tag{8.20}$$

首先在实验中对处于 S 期的细胞进行一次标记，则在标记实验的最开始阶段，所有被标记的细胞都处于 S 期，因此

$$f_L \equiv \frac{S_L^*}{S^* + Q^*} = \frac{(\beta/\gamma)(1 - e^{-\gamma t_S})}{(\beta/\gamma)(1 - e^{-\gamma\tau}) + 1}, \tag{8.21}$$

其中 t_S 为 S 期的时间，S_L^* 表示实验最开始阶段的被标记的细胞数量，均处于 S 期。因为 $t_S < \tau$，容易看到 $f_L < f_S$。

在这里，f_S、f_L 和 $f_Q = 1 - f_S$ 都是可测量的。因此，由式 (8.20) 和式 (8.21)，可以通过可观测量求解出 τ 和 β 分别为

$$\tau = -\frac{1}{\gamma} \ln\left(1 - \frac{f_S}{f_L}(1 - e^{-\gamma t_S})\right) \tag{8.22}$$

和

$$\beta = \frac{f_L}{f_Q}\left(\frac{\gamma}{1 - e^{-\gamma t_S}}\right). \tag{8.23}$$

然后在实验中对处于 S 期的细胞进行持续标记。经过一段时间后 $(t > \tau - t_S)$，处于分裂过程中的细胞都是被标记的，而没有被标记的细胞都处于 G_0 期，并且其数目是指数衰减的。记录这些没有标记的细胞的个数随时间的变化，就可以得到 G_0 期细胞个数的衰减率，记测量值为 b。另外，根据上面的模型，这个衰减率为 $\beta + \kappa$。由式 (8.18)~(8.23)，有在平衡态时

$$\begin{aligned} \beta + \kappa &= \beta + \beta(2e^{-\gamma\tau} - 1) \\ &= \frac{2f_L}{f_Q}\left(\frac{\gamma}{1 - e^{-\gamma t_S}}\right)\left(1 - \frac{f_S}{f_L}(1 - e^{-\gamma t_S})\right). \end{aligned} \tag{8.24}$$

因此有关系

$$b = \frac{2f_L}{f_Q}\left(\frac{\gamma}{1 - e^{-\gamma t_S}}\right)\left(1 - \frac{f_S}{f_L}(1 - e^{-\gamma t_S})\right). \tag{8.25}$$

这样，根据实验测量的数据 f_S、f_L、f_Q 和 b，并且分别利用方程 (8.25)、(8.23)、(8.22)、(8.18)，就可以求解出由 t_S 表示的模型参数 γ、β、τ、κ。

现在就剩下估计 t_S，即细胞处于 S 期所需要的时间。这个时间一般不容易准确测量，但是可以估计其范围。

首先来估计 γ 的范围。显然有 $\gamma \geqslant 0$。另外，γ 的上界可以按下面过程估计。由式 (8.18) 和 $\kappa > 0$，容易得到 $2e^{-\gamma\tau} - 1 > 0$，也即 $\gamma\tau < \ln 2$。代入式 (8.22) 则有

$$-\ln\left(1 - 2\frac{f_S}{f_L}(1 - e^{-\gamma t_S})\right) < \ln 2,$$

即得到

$$e^{-\gamma t_S} > 1 - \frac{1}{4}\frac{f_L}{f_S}.$$

因为 $f_L/f_S < 1$，所以有 γ 的上界

$$\gamma < \gamma_c = -\frac{1}{t_S}\ln\left(1 - \frac{1}{4}\frac{f_L}{f_S}\right).$$

注意到 $bt_S = (\beta + \kappa)t_S$，因此

$$t_S = (\beta + \kappa)t_S/b.$$

在 $\beta + \kappa$ 的表达式 (8.24) 中，因为 $f_S/f_L > 1$，所以

$$\begin{aligned}
\frac{\partial(\beta + \kappa)}{\partial\gamma} &= \frac{2f_L}{f_Q}\left(\frac{1 - (1 + \gamma t_S)e^{-\gamma t_S}}{(1 - e^{-\gamma t_S})^2} - 2\frac{f_S}{f_L}\right) \\
&< \frac{2f_L}{f_Q}\left(\frac{1 - (1 + \gamma t_S)e^{-\gamma t_S}}{(1 - e^{-\gamma t_S})^2} - 2\right) \\
&= \frac{2f_L}{f_Q}\left(\frac{e^{-\gamma t_S}}{(1 - e^{-\gamma t_S})^2}(1 - \gamma t_S - e^{-\gamma t_S}) - 1\right) \\
&< 0,
\end{aligned}$$

也即 $\beta + \kappa$ 关于 γ 是单调减的。由此 t_S 关于 γ 也是单调减的 (这里 b 为实验得到的常数)。因此，可以得到关系

$$(t_S/b)(\beta + \kappa)|_{\gamma=\gamma_c} < t_S < (t_S/b)(\beta + \kappa)|_{\gamma=0}. \tag{8.26}$$

这样，根据 $(t_S/b)(\beta + \kappa)$ 在 $\gamma = \gamma_c$ 和 $\gamma = 0$ 处的值，就可以给出 t_S 的取值范围。

由式 (8.24) 可以得到当 $\gamma = 0$ 时

$$(\beta + \kappa)|_{\gamma=0} = \frac{2f_L}{t_S f_Q} \tag{8.27}$$

和当 $\gamma = \gamma_c$ 时

$$(\beta + \kappa)|_{\gamma=\gamma_c} = -\frac{4f_S}{t_S f_Q}\ln\left(1 - \frac{f_L}{4f_S}\right). \tag{8.28}$$

把式 (8.27) 和式 (8.28) 代入式 (8.26) 可以得到 t_S 的范围

$$-4\frac{f_S}{bf_Q}\ln\left(1 - \frac{f_L}{4f_S}\right) = t_{S,\min} \leqslant t_S \leqslant t_{S,\max} = \frac{2f_L}{bf_Q} \tag{8.29}$$

和中间值

$$t_{S,av} = (t_{S,min} + t_{S,max})/2. \tag{8.30}$$

根据上面的方法, 可以估计出小鼠的造血干细胞凋亡率为 $0.069 < \gamma < 0.228(\text{day}^{-1})$, 而正常状态下的造血干细胞增殖率为 $0.020 < \beta(N_*) < 0.053(\text{day}^{-1})$, 细胞分裂时间 $1.41 < \tau < 4.25(\text{day})$, 而分化成各种其他细胞的分化率为 $0.010 < \kappa < 0.024(\text{day}^{-1})$, 如表 8.1 所示[129]。

表 8.1　实验数据与参数估计

参数	小鼠[133]	小鼠[134]
f_L	0.01	0.05
f_Q	0.93	0.94
f_S	0.07	0.06
$b(\text{day}^{-1})$	0.0305	0.0768
$t_S(\text{day}^{-1})$	0.54 ± 0.7	1.14 ± 0.24
$\gamma(\text{day}^{-1})$	0.069(0, 0.200)	0.228(0, 0.599)
$\beta(\text{day}^{-1})$	0.020(0.015, 0.031)	0.053(0.038, 0.077)
$\kappa(\text{day}^{-1})$	0.010(0, 0.015)	0.024(0, 0.038)
$\tau(\text{day})$	4.25(3.40, 9.86)	1.41(1.15, 1.67)
参数	小鼠[135]	猫[136]
$\gamma(\text{day}^{-1})$	0.07(0, 0.071)	0.03(0, 0.034)
$\beta(\text{day}^{-1})$	0.057(0.022, 0.08)	0.018(0.005, 0.047)
$\kappa(\text{day}^{-1})$	0.042(0.011, 0.075)	0.011(0.002, 0.043)

8.2　干细胞增殖模型的动力学分析

在正常情况下, 组织成体干细胞的数量应该要稳定维持在一个正常的范围内。例如, 对于造血干细胞的情况, 单位体积血液中血细胞的个数需要保持在正常值附近。而有些患动态血液病的患者体内的血细胞的个数可以在很大的范围内周期波动。这些异常的周期振荡现象出现的机制并不清楚。通过对造血系统的动力学模型进行研究, 探索细胞个数的动力学行为与系统参数的关系, 可以帮助人们了解这些周期振荡出现的可能机制。不同的动态血液病的动力学特性是不一样的, 有的病只有单一的某种细胞的个数是周期变化的, 而有些患者所有血细胞的个数呈现周期变化, 此时很有可能造血干细胞的个数也呈现周期变化 (造血干细胞主要在骨髓中, 其数量是不可以直接测量的)。

针对上面所建立的干细胞增殖动力学模型, 分析平衡解的存在性和稳定性条件对于理解正常状态的维持机制是很重要的。这里先考虑最简单的情况, 根据上面所建立的方程, 研究干细胞模型的动力学行为, 探索因为干细胞的调控异常引起细胞数目周期变化的机制。

8.2.1　无量纲化方程

首先回顾在上一节中所介绍的描述干细胞数量变化的时滞微分方程模型

$$\frac{dS}{dt} = -\gamma S + \beta(Q)Q - e^{-\gamma\tau}\beta(Q_\tau)Q_\tau, \tag{8.31}$$

$$\frac{dQ}{dt} = -(\beta(Q) + \kappa)Q + 2e^{-\gamma\tau}\beta(Q_\tau)Q_\tau, \tag{8.32}$$

其中

$$\beta(Q) = \beta_0 \frac{\theta^n}{Q^n + \theta^n}.$$

这里只关心 $t > \tau$ 的情况。因为关于 Q 的方程是独立的，所以只需要研究方程 (8.32) 即可。

首先对方程进行无量纲化处理。以反馈函数 $\beta(Q)$ 的 EC_{50} 作为细胞个数的度量，以细胞分裂的时间 τ 作为时间的度量，定义无量纲化变量

$$q = \frac{Q}{\theta}, \quad t = \frac{t}{\tau}$$

和无量纲参数

$$b_1 = \tau\beta_0, \quad \mu_1 = 2e^{-\gamma\tau}, \quad \delta = \tau\kappa.$$

则可以把方程 (8.32) 改写为

$$\frac{\mathrm{d}q}{\mathrm{d}t} = -\frac{b_1}{1 + q^n}q + \mu_1\frac{b_1}{1 + q_1^n}q_1 - \delta q. \tag{8.33}$$

这里 $q_1(t) = q(t-1)$，并且还以 t 记无量纲化的时间。

8.2.2 平衡态分析

为了研究方程 (8.33) 存在平衡态的条件，首先来分析方程平衡态的稳定性。设常数解 $q(t) \equiv q^*$，并令方程 (8.33) 右边等于零，则 q^* 满足方程

$$\delta q^* = \frac{b_1(\mu_1 - 1)q^*}{1 + q^{*n}}.$$

上面方程显然有零解 $q^* = 0$。但是我们这里只关心有意义的解，即正常数解。容易证明当

$$\delta < b_1(\mu_1 - 1) \tag{8.34}$$

时，也就是说干细胞的分化率 (κ)、再生率 (β_0) 和凋亡率 (γ) 满足关系

$$\kappa < \beta_0(2e^{-\gamma\tau} - 1) \tag{8.35}$$

时，该方程存在唯一的正解

$$q^* = \left(\frac{b_1(\mu_1 - 1)}{\delta} - 1\right)^{1/n}.$$

因为细胞数量总是正的，而且可以近似认为是平衡的，所以条件 (8.35) 也是这里所讨论的干细胞增殖模型有效性的必要条件。

下面利用在第 3 章所介绍的时滞微分方程平衡解的稳定性的方法来分析这个平衡解的稳定性。为此，把方程在平衡解附近线性化可以得到线性方程

$$\frac{\mathrm{d}x}{\mathrm{d}t} = ax + bx_1, \tag{8.36}$$

其中 $x = q - q^*$，并且

$$
\begin{aligned}
a &= \frac{\partial}{\partial q}\left[-\frac{b_1}{1+q^n}q + \mu_1\frac{b_1}{1+q_1^n}q_1 - \delta q\right]\Bigg|_{q=q^*,q_1=q^*} \\
&= \frac{b_1((n-1)q^{*n}-1)}{(1+q^{*2})} - \delta,
\end{aligned}
\tag{8.37}
$$

$$
\begin{aligned}
b &= \frac{\partial}{\partial q_1}\left[-\frac{b_1}{1+q^n}q + \mu_1\frac{b_1}{1+q_1^n}q_1 - \delta q\right]\Bigg|_{q=q^*,q_1=q^*} \\
&= -\frac{b_1\mu_1((n-1)q^{*n}-1)}{(1+q^{*2})}.
\end{aligned}
\tag{8.38}
$$

根据时滞微分方程的稳定性理论，方程 (8.36) 的零解是稳定的当且仅当特征方程

$$
a + be^{-\lambda} - \lambda = 0
\tag{8.39}
$$

的所有特征值都具有负实部。这里只有 a, b 两个参数。因此可以在 a-b 平面内确定方程 (8.36) 的零解稳定 (或者不稳定) 所对应的参数区域。为此，只需要求解临界分界曲线，即方程 (8.39) 存在零实部的根的情况。

令 $\lambda = \mathrm{i}\omega$ 为方程 (8.39) 的纯虚根，分离实部和虚部以后可以得到关系

$$
a + b\cos\omega = 0, \quad \omega + b\sin\omega = 0.
$$

当 ω 在 $(0, +\infty)$ 上变化时，上述关系定义了 a-b 平面上的曲线，把 a-b 平面分割成两部分，分别对应于方程 (8.36) 的零解是稳定和不稳定的。下面来求解当平衡解稳定时参数 (a, b) 的取值范围。令 $S \subset \mathbb{R}^2$ 表示 a-b 平面内使上述平衡解是稳定的区域 [即方程 (8.39) 的所有根都具有负实部]，则

$$
S = \{(a,b) \in \mathbb{R}^2 \mid -a\sec\omega < b < -a, \text{其中 } \omega = a\tan\omega, a < 1, \omega \in (0,\pi)\}.
\tag{8.40}
$$

图 8.2 给出了区域 S，由此可以判定对应平衡解的稳定性。

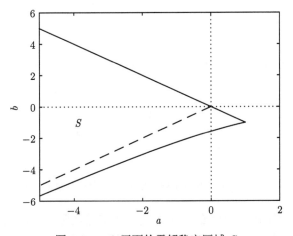

图 8.2　a-b 平面的零解稳定区域 S

特别地，当 $q^* = 0$ 时，$a = -(b_1 + \delta) < 0$，$b = b_1\mu_1 > 0$。所以零解是稳定的当且仅当 $b_1\mu_1 < b_1 + \delta$，即 $\delta > b_1(\mu_1 - 1)$。比较正平衡点存在的条件 (8.34)，可以得到以下结论：干细胞增殖模型 (8.32) 的零平衡解是稳定的当且仅当不存在正平衡态。

8.2.3 不受控增殖的发生条件

由方程 (8.32) 可以得到平衡态时的休眠期干细胞数量 Q^*，由方程

$$\beta(Q^*) = \frac{\kappa}{2e^{-\gamma\tau} - 1}$$

的解给出。根据上面关于增殖率函数的推导，$\beta(Q)$ 是单调减函数，并且当 Q 趋向于无穷大时趋向于零。因此，如果 $\beta(0) > \dfrac{\kappa}{2e^{-\gamma\tau} - 1}$，则有唯一的正平衡解。

而在异常情况下，例如，恶性肿瘤细胞可以产生自我促进增殖的信号，或者逃避细胞增殖抑制信号，使得当细胞数量很大时仍然具备非零的细胞增殖率，数学上表示为

$$\lim_{Q \to \infty} \beta(Q) = \beta_1 > 0,$$

即增殖率函数 (8.17) 可以修正为形式

$$\beta(Q) = \beta_0 \frac{\theta^n}{Q^n + \theta^n} + \beta_1. \tag{8.41}$$

此时，当

$$\beta_1 > \frac{\kappa}{2e^{-\gamma\tau} - 1} \tag{8.42}$$

时，方程不存在有限平衡解。并且，根据前面的推导，此时方程 (8.32) 的平凡平衡解 $Q^* \equiv 0$ 是不稳定的。此时，方程 (8.32) 的初始细胞数量大于零的解都趋向于无穷大，即细胞数量不受控增长。因此，式 (8.42) 给出了干细胞增殖模型发生恶性增殖的条件。生物学上，这一条件包括细胞自身的持续增殖信号、逃避细胞增殖抑制信号和细胞分化或凋亡的失调，与癌症的标志是相吻合的[137]。同时，干细胞增殖系统的稳态行为由细胞的增殖率、分化率、凋亡率等动力学参数所确定，如图 8.3 所示。

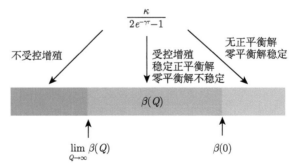

图 8.3　干细胞增殖模型的稳态行为与参数的关系

最后还需说明，形如式 (8.41) 的增殖率函数在描述实际问题时仍有一定的局限性。因为在实际情况下，当恶性肿瘤体积很大时，细胞的增殖还会受到周围组织的物理作用等影

响而无法不受限制地增长。此外，还会表现出异常增殖细胞的转移等情况。这时，需要考虑更加复杂的调控关系。这些问题的讨论超出了本书的范围，在这里从略。

8.3　异质性干细胞增殖的数学模型

在上面的干细胞增殖模型中，假设干细胞之间是没有差异的，只关心细胞数量的变化。然而，组织器官中的干细胞是具有高度异质性的，不同的细胞具有不同的增殖、分化潜能。这样的干细胞异质性也对维持组织器官正常的生理功能和应对突发变化或者随机干扰具有重要的作用。这样的细胞异质性通常表现为细胞间表观遗传形态的差异性，包括转录差异、DNA 甲基化和组蛋白修饰的变化和染色体结构的变化等。在细胞分裂过程中，每个母细胞都会复制其 DNA 序列信息并传递给子细胞。DNA 序列信息的传递通常是准确的。然而在细胞分裂过程中表观遗传信息的传递却伴随着许多随机因素，使得子细胞的状态无法完全克隆母细胞的表观遗传状态，表现出显著的随机过程特性[138,139]。表观遗传状态在细胞分裂过程中的状态继承随机性导致子细胞与母细胞状态的偏差，这样的偏差随着干细胞分裂过程的积累，会导致逐渐放大的细胞异质性[140-142]。这一节介绍考虑细胞异质性的干细胞增殖过程的一般数学模型框架。

为了建立异质性干细胞增殖模型，引进状态空间 Ω 表示细胞的表观遗传状态的集合，令 $x \in \Omega$ 表示细胞的表观遗传状态 (简称状态)。这里，表观遗传状态通常是指在基因的核苷酸序列不发生改变的情况下，基因表达的可遗传变化。表观遗传的现象很多，包括 DNA 甲基化、组蛋白修饰、染色质结构等。表观遗传的变化在细胞分裂过程中具有一定程度的可继承性，同时会引起基因表达水平的变化。在这里，为了方便起见，也把非基因突变因素引起的基因表达水平的变化归类为表观遗传变化，因此 x 也可以表示基因表达水平。从数学模型的角度来看，核苷酸的变化 (基因突变) 通常指不可逆的随机变化，而表观遗传的变化通常是可逆的受控变化。在数学上，对每个细胞引进变量 x 可以在单细胞水平描述细胞状态的变化，在实验上，近年来快速发展的单细胞测序技术也使得人们能够更好地在单细胞水平上观察细胞的异质性，这些技术包括单细胞 RNA 测序[143]、单细胞染色质免疫共沉淀 (ChIP) 测序[144]、单细胞全基因组亚硫酸盐测序[145]。尽管在实验上可以测量单个细胞的全基因组数据，在数学模型中，通常不会考虑全基因组的状态。相反，通常以向量 x 表示与具体问题相关的关于细胞状态的低维特征，例如，特殊的基因表达水平、通路的活性、全基因组数据的低维特征等，这些量通常与细胞的增殖、分化、凋亡率等与细胞周期的动力学过程相关。

8.3.1　异质性干细胞增殖的时滞微分积分方程模型

这里所讨论的异质性干细胞增殖模型如图 8.4 所示。令 $Q(t, x)$ 表示在时刻 t 表观遗传状态为 x 的休眠期细胞数量。则休眠期细胞的总数量为

$$Q(t) = \int_\Omega Q(t, x) \mathrm{d}x. \tag{8.43}$$

这里为了方便，假设表观遗传的空间是连续的。如果是离散的空间，把积分号改为相应的对所有 $x \in \Omega$ 求和即可。这一节下面的内容也可类似处理，将不再重复。

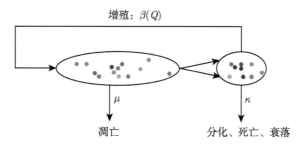

增殖：$\beta(Q)$

凋亡

分化、死亡、衰落

图 8.4   异质性干细胞增殖模型示意图 (彩图请扫封底二维码)

干细胞增殖过程中，休眠期的细胞以速率 β 进入细胞分裂期，以速率 κ 通过分化、衰老或者死亡从休眠期舱室中移除。细胞分裂期的细胞以凋亡率 μ 从细胞分裂期中被移除，剩下的细胞在细胞分裂期结束时通过有丝分裂产生两个子细胞。每个细胞的表观遗传状态不同，通过图中不同颜色的点表示。每个细胞经过有丝分裂产生两个子细胞以后，子细胞的表观遗传状态与母细胞的状态不同，按照一定的条件概率关系发生改变

休眠期的细胞以速率 β 进入细胞分裂周期，而每个细胞的增殖率 β 除了依赖于其表观遗传状态 $\boldsymbol{x}$，还通过微环境中的细胞因子依赖于其他干细胞的状态和分泌细胞因子的能力。因此，可以把增殖率表示为 $\beta(c,\boldsymbol{x})$，其中 c 表示微环境中调控细胞生长和分裂的细胞因子的有效浓度，表示为

$$c(t) = \int_{\Omega} Q(t,\boldsymbol{x})\zeta(\boldsymbol{x})\mathrm{d}\boldsymbol{x}, \tag{8.44}$$

其中 $\zeta(\boldsymbol{x})$ 表示表观遗传状态为 $\boldsymbol{x}$ 的细胞的细胞因子分泌速率。细胞凋亡率 μ 和分化率 κ 都依赖于细胞的表观遗传状态 $\boldsymbol{x}$，因此分别记为 $\mu(\boldsymbol{x})$ 和 $\kappa(\boldsymbol{x})$。每个细胞的细胞周期时间 τ 也是依赖于表观遗传状态 $\boldsymbol{x}$ 的。最后，在细胞分裂的过程中，细胞的表观遗传状态会发生变化，这些变化包括伴随 DNA 复制过程的染色质组蛋白修饰和 DNA 甲基化的变化[138,139]，以及有丝分裂过程中的非对称分裂等。这个过程是复杂的，具体的分子调控细节还不清楚。这里并不打算模拟细胞分裂的细致分子过程，而是采用唯象的模型方法，即引进细胞状态继承概率 $p(\boldsymbol{x},\boldsymbol{y})$，表示给定母细胞的状态为 $\boldsymbol{y}$ 的条件下，通过细胞分裂产生一个状态为 $\boldsymbol{x}$ 的子细胞的概率，也即条件概率

$$p(\boldsymbol{x},\boldsymbol{y}) = P(\text{子细胞状态} = \boldsymbol{x} \mid \text{母细胞状态} = \boldsymbol{y}). \tag{8.45}$$

由于每个细胞在细胞周期过程中也会发生变化，这里统一取有丝分裂结束时的新生细胞状态为细胞的表观遗传状态。容易看到有下面的归一化条件

$$\int_{\Omega} p(\boldsymbol{x},\boldsymbol{y})\mathrm{d}\boldsymbol{x} = 1, \qquad \forall \boldsymbol{y} \in \Omega. \tag{8.46}$$

函数 $p(\boldsymbol{x},\boldsymbol{y})$ 描述了伴随细胞分裂过程的细胞可塑性。

考虑一个微小时间区间 $[t, t+\Delta t]$，每个在休眠期状态为 $\boldsymbol{x}$ 的细胞或者以概率 $\beta(c,\boldsymbol{x})\Delta t$ 进入细胞分裂周期，或者以概率 $\kappa(\boldsymbol{x})\Delta t$ 被移除，或者维持在休眠期的状态。当一个状态为 $\boldsymbol{x}$ 的细胞在时刻 $t-\tau(\boldsymbol{x})$ 进入细胞分裂周期以后，需要经过时间 $\tau(\boldsymbol{x})$ 才能完成分裂过程，在此过程中它或者以概率 $1-e^{-\mu(\boldsymbol{x})\tau(\boldsymbol{x})}$ 凋亡，或者以概率 $e^{-\mu(\boldsymbol{x})\tau(\boldsymbol{x})}$ 存活并通过有丝分裂在 t 时刻产生两个子细胞。每个新产生的子细胞的状态依赖于母细胞的状态 $\boldsymbol{y}$ 并根据

继承概率 $p(\boldsymbol{x},\boldsymbol{y})$ 来确定状态 $\boldsymbol{x}$。根据这一过程可以得到下面的递推关系 (参考文献 [146] 和 [147])

$$Q(t+\Delta t,\boldsymbol{x})=Q(t,\boldsymbol{x})-Q(t,\boldsymbol{x})(\beta(c,\boldsymbol{x})+\kappa(\boldsymbol{x}))\Delta t$$

$$+2\int_\Omega \beta(c_{\tau(\boldsymbol{y})},\boldsymbol{y})Q(t-\tau(\boldsymbol{y}),\boldsymbol{y})e^{-\mu(\boldsymbol{y})\tau(\boldsymbol{y})}p(\boldsymbol{x},\boldsymbol{y})\mathrm{d}\boldsymbol{y}\Delta t,$$

这里，$c_\tau=c(t-\tau)$，并且因子 2 表示每个母细胞可以通过细胞分裂产生两个子细胞。由此可以得到下面的时滞微分积分方程

$$\begin{cases}\dfrac{\partial Q(t,\boldsymbol{x})}{\partial t}=-Q(t,\boldsymbol{x})(\beta(c,\boldsymbol{x})+\kappa(\boldsymbol{x}))\\[2mm]\qquad\quad +2\int_\Omega \beta(c_{\tau(\boldsymbol{y})},\boldsymbol{y})Q(t-\tau(\boldsymbol{y}),\boldsymbol{y})e^{-\mu(\boldsymbol{y})\tau(\boldsymbol{y})}p(\boldsymbol{x},\boldsymbol{y})\mathrm{d}\boldsymbol{y},\\[2mm]c(t)=\int_\Omega Q(t,\boldsymbol{x})\zeta(\boldsymbol{x})\mathrm{d}\boldsymbol{x}.\end{cases}\tag{8.47}$$

方程 (8.47) 给出了包含细胞异质性和可塑性的干细胞增殖动力学的一般数学模型框架。

上面方程也可以通过类似于方程 (8.4) 的年龄结构模型推导出来。相应地，推广的年龄结构模型为

$$\nabla s(t,a,\boldsymbol{x})=-\mu(\boldsymbol{x})s(t,a,\boldsymbol{x})\quad(t>0,0<a<\tau(\boldsymbol{x})),\tag{8.48}$$

$$\frac{\partial Q(t,\boldsymbol{x})}{\partial t}=2\int_\Omega s(t,\tau(\boldsymbol{y}),\boldsymbol{y})p(\boldsymbol{x},\boldsymbol{y})\mathrm{d}\boldsymbol{y}$$

$$-(\beta(c(t),\boldsymbol{x})+\kappa(\boldsymbol{x}))Q(t,\boldsymbol{x})\quad(t>0),\tag{8.49}$$

边值条件为

$$s(t,0,\boldsymbol{x})=\beta(c(t),\boldsymbol{x})Q(t,\boldsymbol{x}).$$

这里，$\nabla=\partial/\partial t+\partial/\partial a$。类似于前面的处理，可以通过特征线法求解方程 (8.48)，由此可以得到

$$s(t,\tau(\boldsymbol{x}),\boldsymbol{x})=\beta(c_{\tau(\boldsymbol{x})},\boldsymbol{x})Q(t-\tau(\boldsymbol{x}),\boldsymbol{x})e^{-\mu(\boldsymbol{x})\tau(\boldsymbol{x})}.$$

因此，把 $s(t,\tau(\boldsymbol{x}),\boldsymbol{x})$ 代入方程 (8.49)，可以得到上面的微分积分方程 (8.47)。

在方程 (8.47) 中，函数 $\beta(c,\boldsymbol{x})$，$\kappa(\boldsymbol{x})$ 和 $\mu(\boldsymbol{x})$ 分别表示细胞的增殖率、分化率和凋亡率，细胞状态继承概率 $p(\boldsymbol{x},\boldsymbol{y})$ 表示当细胞发生分裂时，从母细胞状态到子细胞状态变化的条件概率。因此，这些函数有以下性质：

$$\beta(c,\boldsymbol{x}),\kappa(\boldsymbol{x}),\mu(\boldsymbol{x}),\tau(\boldsymbol{x}),\zeta(\boldsymbol{x})\geqslant 0,\quad p(\boldsymbol{x},\boldsymbol{y})\geqslant 0.\tag{8.50}$$

此外，函数 $\beta(c,\boldsymbol{x})$ 关于 c 是连续的。在生物学意义上，方程 (8.47) 建立了宏观的干细胞增殖动力学与单细胞的表观遗传状态 ($\boldsymbol{x}$)、细胞增殖动力学性质 [$\beta(c,\boldsymbol{x})$、$\kappa(\boldsymbol{x})$ 和 $\mu(\boldsymbol{x})$]、细胞周期 ($\tau(\boldsymbol{x})$) 和细胞可塑性 ($p(\boldsymbol{x},\boldsymbol{y})$) 的关系。

在方程 (8.47) 中, 以变量 x 表示细胞的异质性, 以细胞状态继承概率 $p(x, y)$ 表示细胞的可塑性, 而以表示细胞增殖、分化和死亡潜能的动力学性质函数表示细胞内信号通路对细胞增殖过程的影响。这个方程是关于异质性细胞增殖过程的多尺度模型, 将不同尺度的相互作用整合起来 (图 8.5)。通过这个模型及其不同的变化形式可以应用于不同的生物学问题, 包括发育、衰老、肿瘤演变动力学的模拟等。在这个方程中, 由式 (8.50) 所定义依赖于细胞微观状态的动力学变量构成了细胞的增殖动力学的基本描述, 而且可以随着细胞分裂过程和表观遗传状态的变化而变化。类似于细胞的基因型、表观遗传型、表现型, 也可以把这些参数定义为细胞的动力学型 (kinetotype), 作为细胞的特征用于描述细胞在不同微环境下的表现。更多的讨论和相关问题, 请参考综述文献 [148,149]。

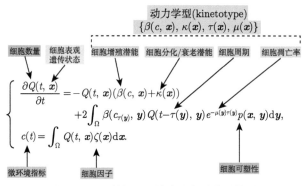

图 8.5   异质性细胞增殖动力学数学模型

8.3.2   细胞状态继承概率

方程 (8.47) 中的细胞状态继承概率 $p(x, y)$ (下面简称继承函数) 表示给定母细胞状态为 y 条件下分裂产生子细胞状态为 x 的条件概率。这个函数的形式通常难以通过实验数据直接得到。而细胞周期的过程涉及非常复杂的生物学过程, 也不太可能通过计算模型来得到这个概率函数的表达式。这里, 介绍通过一个简化的关于细胞分裂过程中表观遗传状态变化的简化模型计算所得到的继承概率的唯象形式[150]。

首先, 如果 $x = (x_1, x_2, \cdots, x_n)$ 表示 n 个独立的变量, 每个变量表示一种表观遗传特征, 则

$$p(x, y) = \prod_{i=1}^{n} p_i(x_i, y), \tag{8.51}$$

其中 $p_i(x_i, y)$ 表示每个变量的继承概率。

对于每个变量, 子细胞的状态是依赖于母细胞状态的随机数。在文献 [150] 中, 通过对染色体片段中若干个核小体中组蛋白修饰的生物化学反应过程及其在细胞分裂过程中组蛋白修饰的重构过程进行随机模拟, 根据随机模拟的结果发现可以用贝塔 (beta) 分布的随机数来表示染色体片段中某种修饰所占的比例 (取值于区间 [0,1])。这一结果说明, 如果可以把表观遗传状态的变量 x_i 的取值归一化为 [0,1], 可以通过贝塔分布的概率密度函数来表

示继承概率 $p_i(x_i, \boldsymbol{y})$, 即

$$p_i(x_i, \boldsymbol{y}) = \frac{x_i^{a_i(\boldsymbol{y})-1}(1-x_i)^{b_i(\boldsymbol{y})-1}}{B(a_i(\boldsymbol{y}), b_i(\boldsymbol{y}))}, \quad B(a, b) = \frac{\Gamma(a)\Gamma(b)}{\Gamma(a+b)}, \tag{8.52}$$

其中 a_i 和 b_i 为依赖于母细胞状态的形状参数。

虽然这里的贝塔分布是通过特殊的例子计算所得到的, 但是在这里采用贝塔分布也具有一般性。贝塔分布是定义在有限区间内的随机数的常用分布, 并且可以通过两个形状参数的不同取值来表示不同形状的概率密度函数。例如, 通过取不同的形状参数, 贝塔分布可以表示严格递减 ($a \leqslant 1$, $b > 1$)、严格递增 ($a > 1$, $b \leqslant 1$)、U 型 ($a < 1$, $b < 1$) 或单峰 ($a > 1$, $b > 1$) 分布。因此, 贝塔分布对于描述有限区间的随机数的分布是具有一般性的。

为了确定贝塔分布的形状参数 a 和 b, 注意到对于参数为 a 和 b 的贝塔分布的随机数 X 的均值和方差分别为

$$E[X] = \frac{a}{a+b}, \quad \text{var}[X] = \frac{ab}{(a+b)^2(a+b-1)}.$$

因此, 如果假设存在函数 $\phi_i(\boldsymbol{y})$ 和 $\eta_i(\boldsymbol{y})$ 使得在给定母细胞状态 $\boldsymbol{y}$ 的条件下变量 x_i 的条件期望和方差分别为

$$E(x_i|\boldsymbol{y}) = \phi_i(\boldsymbol{y}), \quad \text{var}(x_i|\boldsymbol{y}) = \frac{1}{1+\eta_i(\boldsymbol{y})}\phi_i(\boldsymbol{y})(1-\phi_i(\boldsymbol{y})),$$

则形状参数通过函数 $\phi_i(\boldsymbol{y})$ 和 $\eta_i(\boldsymbol{y})$ 可以表示为

$$a_i(\boldsymbol{y}) = \eta_i(\boldsymbol{y})\phi_i(\boldsymbol{y}), \quad b_i(\boldsymbol{y}) = \eta_i(\boldsymbol{y})(1-\phi_i(\boldsymbol{y})). \tag{8.53}$$

这里, 函数 $\phi_i(\boldsymbol{y})$ 和 $\eta_i(\boldsymbol{y})$ 总是满足

$$0 < \phi_i(\boldsymbol{y}) < 1, \quad \eta_i(\boldsymbol{y}) > 0. \tag{8.54}$$

因此, 继承概率可以通过预先设定好的满足条件 (8.54) 的函数 $\phi_i(\boldsymbol{y})$ 和 $\eta_i(\boldsymbol{y})$ 给定。而这两个函数通常可以根据实验数据或者基于知识假设的条件期望和方差所确定。

给定满足条件 (8.54) 的函数 $\phi_i(\boldsymbol{y})$ 和 $\eta_i(\boldsymbol{y})$, 并由此根据式 (8.53) 确定形状参数, 则继承概率 $p(\boldsymbol{x}, \boldsymbol{y})$ 可以表示为

$$p(\boldsymbol{x}, \boldsymbol{y}) = \prod_{i=1}^{n} \frac{x_i^{a_i(\boldsymbol{y})-1}(1-x_i)^{b_i(\boldsymbol{y})-1}}{B(a_i(\boldsymbol{y}), b_i(\boldsymbol{y}))}. \tag{8.55}$$

这一函数给出了继承概率的一般形式。

这里需要注意的是, 在具体应用方程 (8.47) 时, 还可以根据具体的情况选取不同的分布形式。例如, 如果表观遗传状态取为无上限的基因表达水平, 也可以把继承概率取为伽马 (gamma) 分布[15,151] 或者负二项分布[152,153]。

8.3.3 模型讨论

在模型 (8.47) 中，当时滞 τ 可以忽略时，方程 (8.47) 可以改写为以下的微分-积分方程的形式

$$\frac{\partial Q(t,\boldsymbol{x})}{\partial t} = -Q(t,\boldsymbol{x})(\beta(c,\boldsymbol{x})+\kappa(\boldsymbol{x})) + 2\int_{\Omega}\beta(c,\boldsymbol{y})Q(t,\boldsymbol{y})e^{-\mu(\boldsymbol{y})}p(\boldsymbol{x},\boldsymbol{y})\mathrm{d}\boldsymbol{y}. \tag{8.56}$$

这里需要注意的是，虽然忽略了时滞，但是并没有简单地在方程 (8.47) 中取 $\mu=0$，而是仅仅忽略 $Q(t-\tau(\boldsymbol{y}),\boldsymbol{y})$ 和 $c_{\tau(\boldsymbol{y})}$ 中的时滞，同时以 $e^{-\mu(\boldsymbol{y})}$ 代替 $e^{-\mu(\boldsymbol{y})\tau(\boldsymbol{y})}$，表示状态为 $\boldsymbol{y}$ 的细胞在细胞分裂周期中的存活概率，这里 $\mu(\boldsymbol{y})$ 表示细胞在细胞分裂周期内的凋亡率。

对方程 (8.47) 关于所有 $\boldsymbol{x}\in\Omega$ 积分，可以得到关于所有细胞数量 $Q(t)=\int_{\Omega}Q(t,\boldsymbol{x})\mathrm{d}\boldsymbol{x}$ 的方程

$$\frac{\mathrm{d}Q}{\mathrm{d}t} = -\int_{\Omega}Q(t,\boldsymbol{x})(\beta(c,\boldsymbol{x})+\kappa(\boldsymbol{x}))\mathrm{d}\boldsymbol{x} + 2\int_{\Omega}\beta(c_{\tau(\boldsymbol{x})},\boldsymbol{x})Q(t-\tau(\boldsymbol{x}),\boldsymbol{x})e^{-\mu(\boldsymbol{x})\tau(\boldsymbol{x})}\mathrm{d}\boldsymbol{x}. \tag{8.57}$$

此外，如果忽略细胞的异质性，所有速率函数都与状态 $\boldsymbol{x}$ 无关，并且 $c(t)=Q(t)$，则可以得到时滞微分方程

$$\frac{\mathrm{d}Q}{\mathrm{d}t} = -(\beta(Q)+\kappa)Q + 2e^{-\mu\tau}\beta(Q_\tau)Q_\tau. \tag{8.58}$$

这样又得到了前面关于干细胞数量变化的时滞微分方程模型 (8.32)。

考虑不同表观遗传状态细胞的相对数量

$$f(t,\boldsymbol{x}) = \frac{Q(t,\boldsymbol{x})}{Q(t)},$$

则由方程 (8.47) 可以得到 $f(t,\boldsymbol{x})$ 所满足的方程

$$\begin{aligned}\frac{\partial f(t,\boldsymbol{x})}{\partial t} =& -f(t,\boldsymbol{x})\int_{\Omega}f(t,\boldsymbol{y})[(\beta(c,\boldsymbol{x})+\kappa(\boldsymbol{x}))-(\beta(c,\boldsymbol{y})+\kappa(\boldsymbol{y}))]\mathrm{d}\boldsymbol{y}\\ &+\frac{2}{Q(t)}\int_{\Omega}\beta(c_{\tau(\boldsymbol{y})},\boldsymbol{y})Q(t-\tau(\boldsymbol{y}),\boldsymbol{y})\\ &\times e^{-\mu(\boldsymbol{y})\tau(\boldsymbol{y})}(p(\boldsymbol{x},\boldsymbol{y})-f(t,\boldsymbol{x}))\mathrm{d}\boldsymbol{y}.\end{aligned} \tag{8.59}$$

方程 (8.57) 和方程 (8.59) 一起给出了相对细胞数量的演变动力学。在实验上，相对细胞数量可以通过单细胞的分子水平检测来得到，例如，流式细胞实验所得到的关于细胞表面蛋白的分布。

在平稳态时，相对细胞数量定义为

$$f(\boldsymbol{x}) = \lim_{t\to+\infty}f(t,\boldsymbol{x}),$$

并且满足以下的积分方程

$$\begin{cases} -f(\boldsymbol{x}) \int_{\Omega} f(\boldsymbol{y}) \Big((\beta(c,\boldsymbol{x}) + \kappa(\boldsymbol{x})) - (\beta(c,\boldsymbol{y}) + \kappa(\boldsymbol{y})) \Big) \mathrm{d}\boldsymbol{y} \\ \quad + 2 \int_{\Omega} \beta(c,\boldsymbol{y}) f(\boldsymbol{y}) e^{-\mu(\boldsymbol{y})\tau(\boldsymbol{y})} (p(\boldsymbol{x},\boldsymbol{y}) - f(\boldsymbol{x})) \mathrm{d}\boldsymbol{y} = 0, \\ \int_{\Omega} Q(\boldsymbol{x}) \left(2\beta(c,\boldsymbol{x}) e^{-\mu(\boldsymbol{x})\tau(\boldsymbol{x})} - (\beta(c,\boldsymbol{x}) + \kappa(\boldsymbol{x})) \right) \mathrm{d}\boldsymbol{x} = 0, \\ c - \int_{\Omega} Q(\boldsymbol{x}) \zeta(\boldsymbol{x}) \mathrm{d}\boldsymbol{x} = 0. \end{cases}$$

这里的函数 $f(\boldsymbol{x})$ 给出了平稳条件下不同表观遗传状态的细胞的概率密度, 而概率密度可以直接跟单细胞实验的数据相关, 这一方程建立了理论模型与实验数据之间的桥梁。

如果采用一维变量 x 表示细胞的表观遗传状态, 例如, x 表示细胞的干性指标, 则相应的异质性干细胞增殖模型可以表示为

$$\begin{aligned} \frac{\partial Q(t,x)}{\partial t} = & -Q(t,x)(\beta(c,x) + \kappa(x)) \\ & + 2 \int_{\Omega} \beta(c_{\tau(y)}, y) Q(t - \tau(y), y) e^{-\mu(y)\tau(y)} p(x,y) \mathrm{d}y, \end{aligned} \tag{8.60}$$

$$c(t) = \int_{\Omega} Q(t,x) \zeta(x) \mathrm{d}x.$$

这里, $x \in \Omega \subset \mathbb{R}^+$, $c_\tau = c(t - \tau)$, 并且总假设

$$\beta(x) \geqslant 0, \quad \kappa(x) \geqslant 0, \quad \mu(x) \geqslant 0, \quad \zeta(x) \geqslant 0, \quad \tau(x) \geqslant 0, \quad p(x,y) \geqslant 0 \tag{8.61}$$

和

$$\int_{\Omega} p(x,y) \mathrm{d}x = 1, \quad \forall y \in \Omega. \tag{8.62}$$

在这个方程中, 不同细胞的动力学特征通过它们增殖率、凋亡率、分化率、细胞周期等动力学参数进行描述。

8.4　造血系统动力学

前面介绍了关于一般的组织干细胞增殖系统的动力学模型。在这一节中, 将针对造血干细胞的增殖动力学, 围绕动态血液病的动力学特征和致病机制介绍对造血系统动力学的数学建模和分析方法。造血系统的重要性不容置疑, 而造血系统的失调可以导致人类很多相关血液病, 包括贫血、白细胞减少症、恶性血液肿瘤等。而造血系统的调控机制非常复杂, 到目前还不能完全认识, 因此也不可能建立详细的数学模型来描述造血系统的动力学行为。但是, 还是有可能根据现有的知识, 在尽量简化的前提下建立相关的近似模型, 通过对这些模型的分析是有可能帮助人们揭开某些血液病的致病机制的。近 40 年来, 加拿大麦

吉尔大学的麦基 (M. C. Mackey) 一直致力于相关的研究工作，对包括周期性中性粒细胞减少症 (cyclical neutropenia，CN)、周期慢性骨髓型白血病 (periodic chronic myelogenous leukemia，PCML)、周期性血小板减少症 (cyclical thrombocytopenia) 和周期溶血性贫血 (periodic hemolytic anemia) 等在内的动态血液病做了大量的研究。这里所介绍的内容主要参考了他们的研究成果，更详细的内容可参考相关综述文献 [154-157]。

　　人体造血系统包含非常复杂的调节机制，以保证正常人的各种血细胞在血液中的浓度维持在正常值的范围内。然而，有些患者由于造血系统的调节功能缺陷，血细胞表现出长期明显地超出正常范围的周期性波动。自从发现这些病例以来，造成这些异常动力学行为的原因一直是血液病专家所关心的问题。然而，由于造血系统的复杂性，至今还不能对这些病的致病机制有充分了解，因此还未能找到有效的治疗方法。通过传统的实验和临床检查等手段，尽管可以得到患者的各种表现特征，但是对于了解这些动力学特征背后的机制却是无能为力的。然而通过建立适当的数学模型，可以帮助人们了解这些动力学行为产生的原因，并指导人们发展消除这些异常动力学过程的治疗方法。

8.4.1 一些数据

　　在介绍数学模型之前，先回顾一下和造血系统有关的一些数据。成人的白细胞的产生率是 $1.5 \times 10^9 \text{cells}/(\text{kg} \cdot \text{day})$[158]。因此，对于正常体重为 70kg、寿命为 70 岁的人，白细胞的产生率 (granulocyte production rate，GPR) 大约为

$$\text{GPR} = 1.5 \times 10^9 \frac{\text{cells}}{\text{kg} \cdot \text{day}} \times 70\text{kg} \times \frac{70 \times 365 \text{ days}}{\text{lifetime}} \approx 2.7 \times 10^{15} \frac{\text{cells}}{\text{lifetime}}.$$

血液中红细胞的密度为 $5 \times 10^6 \text{cells}/\text{mm}^3$，平均寿命为 120days[159]。按人体中血液的体积大约为 71ml/kg[158]，对于 70kg 的成年人，红细胞的产生率 (erythrocyte production rate，EPR) 为

$$\text{EPR} = 5 \times 10^6 \frac{\text{cells}}{\text{mm}^3} \times \frac{71 \times 10^3 \text{mm}^3}{\text{kg}} \times \frac{1}{120 \text{days}}$$

$$\approx 3.0 \times 10^9 \frac{\text{cells}}{\text{kg} \cdot \text{day}} \approx 5.4 \times 10^{15} \frac{\text{cells}}{\text{lifetime}}.$$

最后，血液中血小板的密度是 $3 \times 10^6 \text{cells}/\text{mm}^3$，寿命大约为 10days[159]。由此可以得到血小板的产生率 (platelet production rate，PPR) 为

$$\text{PPR} \approx 2.1 \times 10^9 \frac{\text{cells}}{\text{kg} \cdot \text{day}} \approx 3.8 \times 10^{15} \frac{\text{cells}}{\text{lifetime}}.$$

　　由上面的数据可以得到血细胞的产生率 (haematopoietic production rate，HPR＝GPR＋EPR + PPR) 为

$$\text{HPR} \approx 1.2 \times 10^{16} \frac{\text{cells}}{\text{lifetime}}.$$

单个红细胞的体积为 92fl $= 92 \times 10^{-12} \mathrm{cm}^3$。假定红细胞的密度与水相当 (这是比较好的近似), 则每个红细胞的质量为 $92 \times 10^{-12} \mathrm{g}$。因此, 人一生中所产生的红细胞的总质量为

$$\mathrm{EPR} \approx 5.4 \times 10^{15} \frac{\mathrm{cells}}{\mathrm{lifetime}} \times 92 \times 10^{-12} \frac{\mathrm{g}}{\mathrm{cell}} = 497 \frac{\mathrm{kg}}{\mathrm{lifetime}}.$$

血小板的体积为 8fl, 类似的计算可以得到

$$\mathrm{PPR} = 2.1 \times 10^9 \frac{\mathrm{cells}}{\mathrm{kg} \cdot \mathrm{day}} \approx 30 \frac{\mathrm{kg}}{\mathrm{lifetime}}.$$

最后, 白细胞的体积为 60fl, 因此有 $\mathrm{GPR} \approx 162 \mathrm{kg/lifetime}$。这样得到 $\mathrm{HPR} = 689 \mathrm{kg/lifetime}$, 即一个 70kg 的成人在 70 年内可以产生 689kg 的血, 其中红细胞的总质量大约有 500kg, 血小板的总质量大约 30kg, 白细胞的总质量大约 170kg。

8.4.2　造血干细胞数量变化的数学模型

成人的造血干细胞主要分布在骨髓中。在骨髓中的造血干细胞微环境中, 干细胞通过细胞有丝分裂进行自我复制, 同时可以分化成各类成熟血细胞和免疫细胞。造血系统具有很强的造血能力, 大约每 10 年就可以产生和自身体重相当的血细胞。造血干细胞的增殖与分化是有效调控且维持血细胞数量稳定的重要基础。

8.1 节所介绍的干细胞增殖模型也适用于对造血干细胞数量变化的动力学过程的描述。把干细胞的状态分为细胞周期和休眠期, 并令 $Q(t)$ 表示在 t 时刻休眠期的细胞数量, 则 $Q(t)$ 满足时滞微分方程

$$\frac{\mathrm{d}Q}{\mathrm{d}t} = -(\beta(Q) + \kappa)Q + 2e^{-\gamma\tau}\beta(Q_\tau)Q_\tau, \tag{8.63}$$

其中 $\beta(Q)$ 为增殖率, 通过希尔函数表示为

$$\beta(Q) = \beta_0 \frac{\theta^n}{Q^n + \theta^n}.$$

令

$$q = \frac{Q}{\theta}, \quad t = \frac{t}{\tau}, \quad b_1 = \tau\beta_0, \quad \mu_1 = 2e^{-\gamma\tau}, \quad \delta = \tau\kappa,$$

得到无量纲化的方程

$$\frac{\mathrm{d}q}{\mathrm{d}t} = -\frac{b_1}{1 + q^n}q + \mu_1 \frac{b_1}{1 + q_1^n}q_1 - \delta q \quad (q_1 = q(t-1)). \tag{8.64}$$

当条件

$$\kappa < \beta_0(2e^{-\gamma\tau} - 1)$$

满足时, 有唯一的正平衡解

$$q^* = \left(\frac{b_1(\mu_1 - 1)}{\delta} - 1 \right)^{1/n}.$$

对于正常状态，根据表 8.1 所给出的参数估计，这里的无量纲化参数的值大约为 $b = 22.4$ 和 $\mu = 1.64$[160]。这里 n 没有可以参考的测量值，一般认为 $1 \leqslant n \leqslant 4$。

为了研究正平衡解 $q = q^*$ 的稳定性，由前面的讨论，首先计算方程 (8.64) 在平衡点 $q = q^*$ 的线性化的系数 a 和 b,

$$a = \frac{b_1((n-1)q^{*n} - 1)}{(1 + q^{*2})} - \delta = \frac{\delta(b_1(n - \mu_1)(\mu_1 - 1) - n\delta)}{b_1(\mu_1 - 1)^2}, \tag{8.65}$$

$$b = -\frac{b_1\mu_1((n-1)q^{*n} - 1)}{(1 + q^{*2})} = -\frac{\delta\mu_1(b_1(n-1)(\mu_1 - 1) - n\delta)}{b_1(\mu_1 - 1)^2}. \tag{8.66}$$

对于这里所关心的造血干细胞系统，感兴趣的参数范围为

$$0.06 < \delta < 0.26, \quad 20 < b_1 < 30, \quad 1 < \mu_1 < 2.$$

根据上面的分析，可以通过关系 (8.65)、(8.66) 和 (8.40) 研究系统参数的改变对平衡点稳定性的影响。特别地，可以看到下面的结论，如图 8.6 所示。

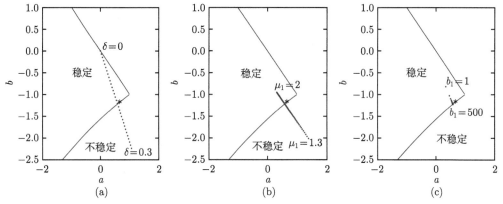

图 8.6　分岔图，a-b 平面内对应于平衡点稳定的参数区域

(a) 当 $0 < \delta < 0.3$ 时 (a, b) 的取值；(b) 当 $1.3 < \mu_1 < 2.0$ 时 (a, b) 的取值；(c) 当 $1 < b_1 < 500$ 时 (a, b) 的取值。"*" 对应于临界点 $b = 22.4$，$\mu = 1.64$，$\delta = 0.16$。其他参数不变。这里取 $n = 4$

(1) 当 $\delta = 0$ 时，$(a, b) = (0, 0)$，正好处于临界值的地方。随着 δ 的增加 (保持其他参数不变)，系数 (a, b) 首先在稳定区域 S 内取值，即系统的平衡点是稳定的。当 δ 继续增大到临界值 δ_c 时，(a, b) 再次与临界曲线相交。当 $\delta > \delta_c$ 时，(a, b) 取值在区域 S 外，系统的平衡解变为不稳定的，如图 8.6 所示，此时出现周期振荡解。可以看到，当 δ 增加 (干细胞的分化率增加) 时，系统可以出现大振幅的周期解。因此，分化率太大会导致系统平衡点的不稳定，出现振荡解。

(2) 由数值的计算可以看到，当 μ_1 较大 ($\mu_1 \approx 2$) 时，系数 (a, b) 取值于区域 S 内，即平衡解是稳定的。随着 μ_1 的减小 (即凋亡率 γ 增加)(保持其他参数不变)，系数 (a, b) 的取

值先由区域 S 内移到区域外，然后回到区域 S 内。由此可以看到对于干细胞的凋亡率 γ，存在临界值 $\gamma_1 < \gamma_2$，使得当 $\gamma_1 < \gamma < \gamma_2$ 时系统的平衡解是不稳定的，出现振荡解。因此，对干细胞凋亡的控制对避免正常态的不稳定是很重要的。事实上，现在有证据显示，一些动态血液病正是造血干细胞的过度凋亡引起的[161]。

(3) 参数 (a, b) 对 b_1 的变化不敏感。对 $1 < b_1 < 500$ (其他参数不变)，参数 (a, b) 都取值在 S 内，因此平衡解也是稳定的。因此，可以预见动态血液病不大可能是因为造血干细胞对进入细胞周期的启动信号的调控异常引起的。

这样，通过上面的分析可以看到动态血液病中出现的周期振荡有可能是干细胞的异常凋亡或者是分化过程异常引起的，而不太可能是因为干细胞自我更新的反馈调控的异常引起的。最后，对模型系数的随机干扰也可能改变系统的稳定性。相关的内容涉及随机时滞微分方程的稳定性的分析，在这里不做介绍，感兴趣的读者可以参考文献 [162]。

8.4.3 周期性中性粒细胞减少症

周期性中性粒细胞减少症是一种罕见的家族遗传病。患者表现为中性粒细胞个数周期性减少，从而导致患者周期性感染和发烧。一般地，患者的中性粒细胞出现明显的以 21 天为周期的振荡，其中有 $3 \sim 5$ 天中性粒细胞水平非常低，大约是正常水平的 1/10，如图 8.7 所示。这类患者的病情通常会随着年龄的增加而有所好转。至今，人们对这类疾病的病理还不是很清楚，因此也没有根治的办法。现在，医学家发现这类患者有共同的基因缺陷，这个缺陷可以导致中性粒细胞的前体细胞过度凋亡[161]。目前普遍的治疗方法是采用粒性细胞克隆刺激因子 (G-CSF)。这种治疗方法主要带来两种效果，即降低中性粒细胞的前体细胞的凋亡率，从而可以间接提高干细胞到中性粒细胞的分化率。但是，这种方法只能提高中性粒细胞的水平，包括波动的振幅和最小值，并且缩短振荡周期，但是不能从根本上治疗这类疾病。这一节介绍描述造血干细胞和中性粒细胞的数量变化的数学模型，希望从这个模型的分析可以理解周期性中性粒细胞减少症的病理，并为治疗提出可行的方案。详细讨论请参考文献 [128]。

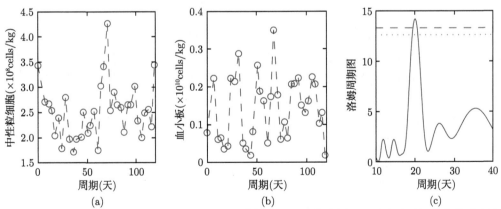

图 8.7　一个周期性中性粒细胞减少症患者的中性粒细胞 (a) 和血小板 (b) 浓度随时间的变化及中性粒细胞数据的洛姆周期图 (c)

虚线和点线分别对应于周期谱的 0.005 和 0.01 显著水平

8.4.3.1 模型介绍

这一节介绍的模型如图 8.8 所示。该模型主要包含两个单元，即造血干细胞 (用 Q 表示) 和成熟的中性粒细胞 (用 N 表示)。造血干细胞既可以通过细胞分裂自我增生，又可以分化成不同的血细胞。并且，分化率依赖于下游成熟血细胞的浓度，存在负反馈调控。这里主要讨论中性粒细胞，而忽略其他的血细胞。当造血干细胞分化成中性粒细胞的前体细胞后，这些前体细胞在成为成熟的中性粒细胞前，经过多次分裂，使新生的中性粒细胞的数量在这一过程中快速增加。中性粒细胞成熟后，从骨髓进入循环系统，参与血液循环。在模型中有两个反馈回路，一个是成熟的中性粒细胞对分化率的负调控，影响造血干细胞分化成中性粒细胞的分化率 $(\kappa_N(N))$；另一个是造血干细胞的数量对其自身增殖率的负调控 $(\beta(Q))$。

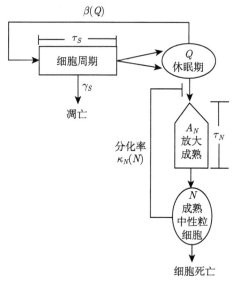

图 8.8   中性粒细胞产生的模型
根据文献 [128] 重绘

令 $Q(t)$ 和 $N(t)$ 分别表示造血干细胞和成熟中性粒细胞在时刻 t 的数量。因为中性粒细胞的成熟需要时间 τ_N，所以在时刻 t 的新生中性粒细胞是在时刻 $t-\tau_N$ 从干细胞分化出来并且经过分裂而引起数量增生的。令 A_N 表示细胞数量的放大因子，则在时刻 t，新生的中性粒细胞的数量为 $A_N\kappa_N(N_{\tau_N})Q_{\tau_N}$，这里 $N_{\tau_N}=N(t-\tau_N)$。这样，参考前面的造血干细胞模型，得到下面的用于描述造血干细胞和中性粒细胞数量的长时间行为的时滞微分方程模型

$$\frac{\mathrm{d}N}{\mathrm{d}t}=-\alpha N+A_N\kappa_N(N_{\tau_N})Q_{\tau_N}, \tag{8.67}$$

$$\frac{\mathrm{d}Q}{\mathrm{d}t}=-\kappa_N(N)Q-\beta(Q)Q+2e^{-\gamma_S\tau_S}\beta(Q_{\tau_S})Q_{\tau_S}, \tag{8.68}$$

这里 τ_S 表示干细胞周期所需的时间，γ_S 表示在细胞周期的干细胞的凋亡率，α 表示成熟中性粒细胞的凋亡率。如前面关于增殖率的讨论，这里的反馈函数 $\kappa_N(N)$ 和 $\beta(Q)$ 都采用

希尔函数的形式

$$\kappa_N(N) = f_0 \frac{\theta_1^{s_1}}{\theta_1^{s_1} + N^{s_1}}, \quad \beta(Q) = k_0 \frac{\theta_2^{s_2}}{\theta_2^{s_2} + Q^{s_2}}. \tag{8.69}$$

和前面对造血干细胞模型的讨论一样，方程 (8.67)~(8.68) 的适用范围是 $t > \max\{\tau_S, \tau_N\}$.

8.4.3.2　参数估计

参数的估计对于建模是很重要的。在这里列出一些数据，详细的讨论可以参考文献 [128] 和其他参考文献。前面已经讨论了对干细胞模型参数的估计。特别地，在正常条件下，每千克体重的造血干细胞数量大约为 $Q^* = 1.1 \times 10^6 \text{cells/kg}$。前面已经估计了在平衡态条件下，造血干细胞的凋亡率为 $\gamma_S = 0.07 \text{day}^{-1}$ [129]，细胞周期约为 $\tau_S = 2.8 \text{days}$ [129,134,135]。因此可以得到

$$\kappa_N^* = \frac{\beta^*}{2e^{-\gamma_S \tau_S} - 1} = 0.04 \text{day}^{-1}.$$

根据对小鼠的实验，小鼠的造血干细胞的增殖率 β 为每年分裂 20 ~ 25 次 [135]，或者是每 19 天一次 [133]。由此可以得到 $\beta^* = 0.06 \text{day}^{-1}$。

已知在人和狗中，循环系统中的中性粒细胞的衰减率为 $\alpha = 2.4 \text{day}^{-1}$ [163,164]。并且，狗每天每千克体重产生的中性粒细胞的数量大约为 $1.65 \times 10^9 \text{cells/(kg·day)}$ [163]。因此，每千克体重循环系统中的中性粒细胞的数量大约为 $N^* = 1.65 \times 10^9 / 2.4 = 6.9 \times 10^8 (\text{cells/kg})$。中性粒细胞个数从中性粒细胞前体细胞到成熟的中性粒细胞之间的放大因子为

$$A_N = \frac{\alpha N^*}{\kappa_N^* Q^*} = 2^{15.2}.$$

即从前体细胞到细胞的成熟之间大约需要 15 次有效分裂。考虑到细胞的凋亡等原因，需要增加 3 ~ 4 次分裂以达到足够的分裂次数。因此，估计所需的分裂次数为 18 次，即分裂放大因子为 $A_N = 2^{18} = 2.6 \times 10^5$。

在反馈函数 $\beta(Q)$ 和 $\kappa_N(N)$ 中的参数是最不容易估计的。进入干细胞增殖状态的最大比率 k_0 可以通过实验得到初步的估计。实验表明有 $k_0 \geqslant 2.5 \text{day}^{-1}$。而取 $k_0 = 8.0 \text{day}^{-1}$ 可以比较好地拟合实验数据。参数 s_2 控制反馈函数变化趋势，也和控制细胞分裂的信号转导通路中的激活通路所需的配体个数有关。具体的数据并不清楚，但是有实验表明至少应该有 $s_2 \geqslant 2$ [165]。在这里取 $s_2 = 2$。由 β^*、k_0、s_2 可以计算出 $\theta_2 = 0.095 \times 10^6 \text{cells/kg}$。有实验表明 f_0 可以取值 $f_0 = 0.8 \text{day}^{-1}$ [166-168]。而简单取 $s_1 = 1$，这样由 κ_N^*、f_0、s_1 可以计算出 $\theta_1 = 0.36 \times 10^8 \text{cells/kg}$。

综合上面的分析，可以得到模型的参数如表 8.2 所给出。

上面的参数估计是很粗糙的。这是由系统本身的复杂性和数据的不完整性导致的。例如，在估计参数的时候采用了人、狗和猫等不同对象的实验数据。这也是对生命科学进行数学建模时的无奈之举。因为有时无法在同一个物种上得到所有数据，特别是对人体的实验有很多限制。所以经常只能采用一些相近物种的数据。有些参数的取值是很随意的，如上面的希尔系数 s_1 和 s_2。

表 8.2   模型的参数估计 [128]

参数	单位	范围	数值
A_N	100	$0 \sim 1000$	380
f_0	day^{-1}	$0.4 \sim 1.5$	0.8
θ_1	10^8cells/kg	$0.1 \sim 2.0$	0.36
k_0	day^{-1}	$2.0 \sim 10.0$	8.0
θ_2	10^6cells/kg	$0.0001 \sim 0.10$	0.095
s_1	—	$1 \sim 4$	1
s_2	—	$2 \sim 3$	2
τ_N	day	$3.0 \sim 10.0$	3.5
τ_S	day	$1.4 \sim 4.2$	2.8
γ_S	day^{-1}	$0.01 \sim 0.20$	0.07
α	day^{-1}	$2.2 \sim 2.5$	2.4
Q^*	10^6cells/kg	$0.001 \sim 1.1$	1.1
N^*	10^8cells/kg	$5.0 \sim 10$	6.9
κ_N*	day^{-1}	$0.01 \sim 0.04$	0.04
β^*	day^{-1}	$0.02 \sim 0.06$	0.06

注：—表示无单位

8.4.3.3 平衡点的存在性

现在来分析平衡解的存在性。在这里简单地证明当

$$f_0 < k_0(2e^{-\gamma_S \tau_S} - 1), \tag{8.70}$$

方程 (8.67) $\sim$ (8.68) 存在正平衡点。这个平衡解 (N^*, Q^*) 对应于如表 8.2 所给出的正常情况的血细胞浓度。因此条件 (8.70) 也是模型参数必须满足的必要条件。

容易看到式 (8.67) 和式 (8.68) 的正平衡解由代数方程

$$\begin{cases} -\alpha N + A_N \kappa_N(N)Q = 0, \\ -\kappa_N(N)Q - \beta(Q)Q + 2e^{-\gamma_S \tau_S}\beta(Q)Q = 0 \end{cases} \tag{8.71}$$

的解给出。由式 (8.71) 可以得到方程

$$Q = \frac{\alpha N}{A_N \kappa_N(N)} \tag{8.72}$$

和

$$N = r\beta(Q)Q, \tag{8.73}$$

其中

$$r = \frac{A_N}{\alpha}(2e^{-\gamma_S \tau_S} - 1).$$

因此，平衡点为 N-Q 平面内方程 (8.72) 和方程 (8.73) 确定的两条曲线的交点。

容易看到，两条曲线交于 $(0,0)$。因为函数 $N/\kappa_N(N)$ 关于 N 是单调增的，所以沿曲线 (8.72) N 关于 Q 是单调增的。当 $Q \to \infty$ 时，$r\beta(Q)Q \to 0$，因此沿曲线 (8.73)，N 关于 Q 从 $(0,0)$ 开始先单调增，最后会单调减趋向零，如图 8.9 所示。因此，为存在正平衡

点，只需要 N-Q 平面内由 (8.72) 定义的曲线在原点 $(0,0)$ 处的斜率比由 (8.73) 定义的曲线在 $(0,0)$ 处的斜率小，也就是说

$$\left[\frac{\partial}{\partial N}\left(\frac{\alpha N}{A_N \kappa_N(N)}\right)\right]^{-1}\bigg|_{N=0} < \frac{\partial}{\partial Q}(r\beta(Q)Q)\bigg|_{Q=0}. \tag{8.74}$$

通过简单的计算可以验证条件 (8.74) 即 (8.70)。

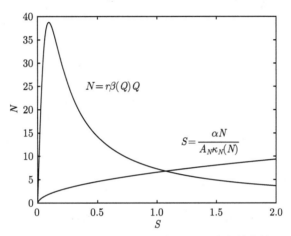

图 8.9 由方程 (8.72) 和方程 (8.73) 定义的曲线

容易看到，条件 (8.70) 与前面通过干细胞模型得到的正平衡解存在的条件 (8.35) 是等价的。这也说明有时候简单的模型已经足够说明一些基本事实。

8.4.3.4 平衡点稳定性与分岔分析

为了研究上面讨论的造血系统可能产生振荡解的机制，先分析其平衡点的稳定性，然后通过平衡点的稳定性确定在什么条件下可能会产生振荡解 (此时平衡点是不稳定的)。令 (N^*, Q^*) 为平衡点，并设 $x = N - N^*, y = Q - Q^*$，则得到一阶近似 $x(t)$，$y(t)$ 满足的线性化方程

$$\begin{cases} \dfrac{dx}{dt} = A_1 x + A_2 x_{\tau_N} + A_3 y_{\tau_N}, \\ \dfrac{dy}{dt} = B_1 x + B_2 y + B_3 y_{\tau_S}, \end{cases} \tag{8.75}$$

其中

$$A_1 = -\alpha, \quad A_2 = A_N \kappa_N'(N^*)Q^*, \quad A_3 = A_N \kappa_N(N^*),$$

$$B_1 = -\kappa_N'(N^*)Q^*, \quad B_2 = -(\kappa_N(N^*) + \beta'(Q^*)Q^* + \beta(Q^*)),$$

$$B_3 = 2e^{-\gamma_S \tau_S}(\kappa_N'(Q^*)Q^* + \beta(Q^*)).$$

令

$$\begin{pmatrix} x(t) \\ y(t) \end{pmatrix} = \begin{pmatrix} c_1 \\ c_2 \end{pmatrix} e^{\lambda t},$$

代入上述方程，可以得到 (c_1, c_2) 满足的线性方程

$$(\boldsymbol{A} - \lambda \boldsymbol{I}) \begin{pmatrix} c_1 \\ c_2 \end{pmatrix} = 0,$$

其中

$$\boldsymbol{A} = \begin{pmatrix} A_1 + A_2 e^{-\lambda \tau_N} & A_3 e^{-\lambda \tau_N} \\ B_1 & B_2 + B_3 e^{-\lambda \tau_S} \end{pmatrix}.$$

因此，特征方程由

$$\det(\boldsymbol{A} - \lambda \boldsymbol{I}) = 0$$

给出，即

$$(A_1 + A_2 e^{-\lambda \tau_N} - \lambda)(B_2 + B_3 e^{-\lambda \tau_S} - \lambda) - A_3 B_1 e^{-\lambda \tau_N} = 0. \qquad (8.76)$$

对特征方程 (8.76) 的分析比较复杂，这里不进行详细的分岔分析，只分析 $A_N = 0$ 这一极端条件下的情况。

当 $A_N = 0$ 时，有 $A_2 = A_3 = 0$，因此特征方程为

$$(A_1 - \lambda)(B_2 + B_3 e^{-\lambda \tau_S} - \lambda) = 0. \qquad (8.77)$$

也就是说 $\lambda = A_1$ 或者满足方程

$$B_2 + B_3 e^{-\lambda \tau_S} - \lambda = 0. \qquad (8.78)$$

考察方程 (8.78)。令

$$\tilde{\lambda} = \lambda \tau_S, \quad \tilde{a} = B_2 \tau_S, \quad \tilde{b} = B_3 \tau_S,$$

则可以把方程 (8.78) 改写为关于 $\tilde{\lambda}$ 的方程

$$\tilde{a} + \tilde{b} e^{-\tilde{\lambda}} - \tilde{\lambda} = 0. \qquad (8.79)$$

比较方程 (8.79) 和前面关于干细胞模型的特征方程 (8.39)，可以看到两个方程是相同的，并且方程系数的生物含义也是一样的。因此，根据前面的讨论，存在干细胞凋亡率的临界值 $\gamma_{S,1}$ 和 $\gamma_{S,2}$，使得当 $\gamma_{S,1} < \gamma_S < \gamma_{S,2}$ 时，方程 (8.79) 有正实部的根，即对应的平衡解是不稳定的。

这样，上面的分析表明当 $A_N = 0$ 并且 γ_S 在一定范围内时，平衡解不稳定，可能产生振荡解。根据特征值对参数的连续依赖性，可以把这一结论外推到 $A_N > 0$ 的情况，即当放大因子 A_N 和 (或者) 干细胞的凋亡率 γ_S 在一定范围内时，有可能使平衡解失去稳定性，导致振荡行为。

通过简单的分析，得到了两个可能的发生振荡解的机制，分别是中性粒细胞的前体细胞的过度凋亡，即放大因子 A_N 减小；造血干细胞的过度凋亡，即参数 γ_S 增加。图 8.10 给出因为参数变化引起的中性粒细胞和造血干细胞数量周期振荡的动力学过程。

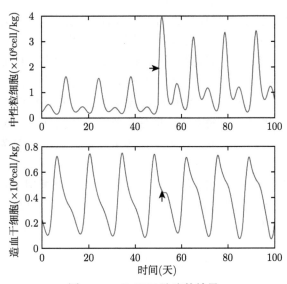

图 8.10 G-CSF 治疗的效果

从第 50 天 (箭头指示处) 开始实施 G-CSF 治疗。这里治疗通过改变 5 个参数的值来模拟：A_N 从 10 增加到 20，θ_1 从 $0.26 \times 10^8 \text{cell/kg}$ 增加到 $0.80 \times 10^8 \text{cell/kg}$，$\gamma_S$ 从 0.07day^{-1} 降低到 0.05day^{-1}，τ_S 从 2.8 天延长到 3.6 天，τ_N 从 3.5 天减少到 3.0 天。其他参数如表 8.2 所给出，根据文献 [128] 重绘

在这里可以看到，尽管对原特征方程 (8.76) 的分析比较复杂，不容易得到特征值与参数的关系。但是通过对极端情况下简化系统的分析加上简单的外推，并辅以数值模拟的验证，就可以得到关于系统的平衡解失去稳定性，也就是产生周期振荡的机制。这种外推方法在对很多复杂系统行为的分析中是十分有效的。

8.4.3.5 粒细胞集落刺激因子治疗

目前在临床上还不能有效地治疗周期性中性粒细胞减少症，即不能从根本上消除这种振荡。但是从上面的分析可以看到，中性粒细胞的前体细胞的过度凋亡很有可能是致病的原因。因此，在临床上经常通过注射粒细胞集落刺激因子 (G-CSF) 的方法来降低中性粒细胞的前体细胞的凋亡率。这种 G-CSF 治疗的方法对不同的患者效果差别很大。对大部分患者，持续使用 G-CSF 以后会增加体内中性粒细胞的数量，但是中性粒细胞数量的振荡不仅没有消除，反而振幅会更大。而在对狗的实验中，在个别情况下确实可以看到振荡消除的效果。并且，还发现治疗效果与开始 G-CSF 治疗的时间有关。目前对于 G-CSF 治疗的效果和患者之间的关系还不是很清楚，还需要从不同的方向进行研究。下面介绍如何通过数学模型来模拟 G-CSF 治疗的效果。

根据临床经验，G-CSF 治疗可以导致参数的下面变化：

(1) 降低中性粒细胞的前体细胞的凋亡率，从而增加 A_N；

(2) 通过增加 θ_1 增加干细胞的分化率 κ_N，这里参数 θ_1 正比于 G-CSF 的剂量；

(3) 降低干细胞的凋亡率 γ_S；

(4) 缩短干细胞分裂所需的时间 τ_S；

(5) 缩短中性粒细胞的成熟时间 τ_N。

因此，在数值模拟中，首先调整参数以模拟患者的体征情况，然后通过改变参数来模

拟 G-CSF 治疗的情况。针对上面列举的 G-CSF 治疗导致的直接变化，可以增加 A_N、θ_1，并同时减小 γ_S、τ_S、τ_N 来模拟 G-CSF 治疗。图 8.10 给出了模拟的结果，可以看到，经过 G-CSF 治疗后，患者表现出中性粒细胞数量的增加，主要是中性粒细胞的数量的振幅和最小值的增加，并且周期缩短。这些定性结果与临床表现是相符合的。

在图 8.10 所展示结果的计算中，仅仅通过改变参数值来模拟 G-CSF 治疗的情况。这样简单的处理可以看到一些最关键的变化，但是也忽略了药代动力学对治疗效果的影响。为了更加灵活地模拟不同给药情况下治疗效果，还可以把造血动力学模型和药代动力学模型进行整合。

首先介绍 G-CSF 给药过程的动力学模型。图 8.11 用来模拟 G-CSF 给药的两隔室模型[154,169]。令 X 表示组织中 G-CSF 水平，G 表示血浆中的 G-CSF 浓度，$I(t)$ 表示从体外注射 G-CSF 的速率，则 G-CSF 给药的动力学模型可以表示为

$$
\begin{aligned}
\frac{\mathrm{d}X}{\mathrm{d}t} &= I(t) + k_T V_B G - k_B X, \\
\frac{\mathrm{d}G}{\mathrm{d}t} &= G_{\text{prod}} + \frac{k_B X}{V_B} - k_T G - (\gamma_G + \sigma N F(G))G.
\end{aligned}
\tag{8.80}
$$

这里 k_T 和 k_B 分别表示 G-CSF 在组织和血液中交换的速率常数，V_B 是血液组织体积比，G_{prod} 表示体内的 G-CSF 产生率，G-CSF 的清除率由两部分组成，分别通过肾器官清除 (速率为 γ_G) 和在循环系统中经由渗透清除 [速率为 $\sigma N F(G)$]，这里 $F(G) = G^2/(G^2 + G_0^2)$。

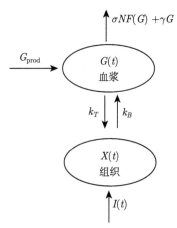

图 8.11　G-CSF 给药的两隔室模型

G-CSF 给药对造血系统的主要影响是改变了参数 A_N、γ_S 和 τ_N，其中 A_N 通过关系 $A_N = e^{\eta_N \tau_N}$ 依赖于中性粒细胞前体细胞的增殖率 η_N。由此，G-CSF 对造血系统的影响可以由血液中 G-CSF 的浓度 $G(t)$ 和以下形式的米氏函数表示为

$$
\gamma_S^{\text{gcsf}}(t) = (\gamma_S(t) - \gamma_S^{\min}) \frac{b_s}{G(t) + b_s} + \gamma_S^{\min},
\tag{8.81}
$$

$$
\eta_N^{\text{gcsf}}(t) = (\eta_N^{\max} - \eta_N(t)) \frac{G(t)}{G(t) + b_n} + \eta_N(t),
\tag{8.82}
$$

$$\tau_N^{\text{gcsf}}(t) = \frac{\tau_N(t)}{V_n(t)}, \quad V_n(t) = 1 + (V_{\max} - 1)\frac{G(t)}{G(t) + b_v}. \tag{8.83}$$

这里，$\gamma_S(t)$、$\eta_N(t)$、$\tau_N(t)$ 分别表示没有 G-CSF 给药时的参数值 (可以是时间依赖的)，$\gamma_S^{\min}$ 和 $\eta_N^{\max}$ 分别是当 G-CSF 剂量足够大的情况下的造血干细胞的最小死亡率和中性粒细胞前体细胞的最大增殖率，而中性粒细胞前体细胞的最小增殖成熟时间由 $\tau_N/V_{\max}$ 给出，其余参数为与 G-CSF 药物效果相关的参数，需要通过实验数据取得。根据这一模型，可以用于研究 G-CSF 不同的给药策略对周期性中性粒细胞减少症的治疗效果，计算结果表明给药的时间和策略都会极大地影响最终的效果。这里不展开讨论，详细内容可参考文献 [169-171]。

8.4.4　造血系统动力学模型

前面主要介绍了简单的干细胞增殖模型和两舱室造血干细胞和白细胞 (中性粒细胞) 数量变化的动力学模型。为了更加完整地研究造血系统动力学，还需要考虑红细胞、血小板的数量变化。包含白细胞、红细胞、血小板的造血系统模型的示意图如图 8.12 所示。按细胞类型分，造血系统包含 4 个部分，分别是造血干细胞和 3 种主要的血细胞：白细胞、红细胞和血小板。按照这些细胞在体内的分布，可以区分为骨髓 (造血干细胞微环境) 和身体其他部分，其中造血干细胞只分布在骨髓中。而血细胞又区分为两个阶段，其中刚从造血干细胞分化而来的血细胞，也称为血细胞前体细胞，主要分布于骨髓中，在那里经过细胞的快速增殖和成熟阶段。成熟以后的血细胞进入循环系统，流经整个身体。成熟以后的细胞不再分裂，但是发生细胞死亡或者被主动清除。

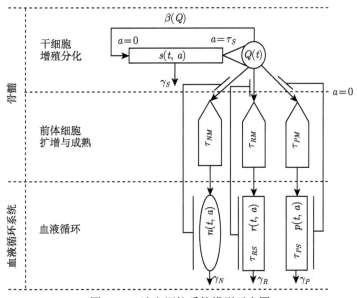

图 8.12　造血调控系统模型示意图

记号和详细解释见正文，根据文献 [172] 重绘

关于造血干细胞的动力学过程在前面已经介绍，以 $Q(t)$ (单位：cell/kg) 表示休眠期干细胞的数量，$s(t,a)$ [单位：cell/(kg·day)] 表示分裂期的干细胞数量，这里不再重复。休眠期的干细胞可以分化成为血细胞：白细胞 [以 $n(t,a)$ 表示其浓度，单位：cell/(kg·day)]、红

细胞 [以 $r(t,a)$ 表示其浓度，单位：cell/(kg·day)] 和血小板 [以 $p(t,a)$ 表示其浓度，单位：cell/ (kg·day)]，分化率分别为 κ_N、κ_R 和 κ_P。这里以年龄结构的变量表示血细胞的数量，其中"年龄" $a = 0$ 表示从干细胞开始分化为血细胞的时刻。

干细胞分化为血细胞的分化率都依赖于血液循环系统中相应成熟细胞的总数量，即分化率分别表示为 $\kappa_N(N)$、$\kappa_R(R)$、$\kappa_P(P)$，其中 $N(t)$、$R(t)$、$P(t)$ 分别表示血液循环系统中白细胞、红细胞和血小板的浓度。因此，干细胞的分化包含反馈调控[160,173]。每种血细胞从干细胞分化后都经过两个阶段，分别是快速扩增成熟和进入血液循环。扩增成熟阶段主要发生在骨髓中。在这一阶段这些血细胞的前体细胞经过多次分裂 (当然还伴随随机的死亡) 使细胞数量迅速增加。这些血细胞在扩增成熟阶段所需要的时间分别记为 τ_{NM}、τ_{RM} 和 τ_{PM}。成熟后的血细胞进入循环系统，流经全身。在血液循环过程中，这些血细胞以一定的死亡率被清除，分别记相应的死亡率为 γ_N、γ_R、γ_P。此外，循环系统中的红细胞和血小板在进入血液循环后最多只能存活一定时间，分别记为 τ_{RS} 和 τ_{PS}，达到最大存活时间后被主动清除[174,175]。

根据上面的定义，令

$$N(t) = \int_{\tau_{NM}}^{+\infty} n(t,a)\mathrm{d}a,$$
$$R(t) = \int_{\tau_{RM}}^{\tau_{\mathrm{Rsum}}} r(t,a)\mathrm{d}a, \tag{8.84}$$
$$P(t) = \int_{\tau_{PM}}^{\tau_{\mathrm{Psum}}} p(t,a)\mathrm{d}a$$

分别表示血液循环系统中白细胞、红细胞和血小板的浓度，其中 $\tau_{\mathrm{Rsum}} = \tau_{RM} + \tau_{RS}$ 表示红细胞的最大总寿命 (从造血干细胞分化开始)，$\tau_{\mathrm{Psum}} = \tau_{PM} + \tau_{PS}$ 表示血小板的最大总寿命。另外，记

$$\kappa(t) = \kappa_N(N(t)) + \kappa_R(R(t)) + \kappa_P(P(t))$$

表示干细胞分化为其他血细胞的总分化率。

通过上面的记号，并参考前面关于干细胞增殖模型的年龄结构模型，可以得到以下用于描述各种血细胞数量变化的偏微分方程组

$$\frac{\mathrm{d}Q}{\mathrm{d}t} = 2s(t,\tau_S) - (\beta(Q) + \kappa(t))Q \quad (t > 0),$$

$$\nabla s(t,a) = -\gamma_S s(t,a), \quad (t > 0, 0 \leqslant a \leqslant \tau_S),$$

$$\nabla n(t,a) = \begin{cases} \eta_N n(t,a) & (t > 0, 0 \leqslant a \leqslant \tau_{NM}), \\ -\gamma_N n(t,a) & (t > 0, a \geqslant \tau_{NM}), \end{cases}$$

$$\nabla r(t,a) = \begin{cases} \eta_R r(t,a) & (t > 0, 0 \leqslant a \leqslant \tau_{RM}), \\ -\gamma_R r(t,a) & (t > 0, \tau_{RM} \leqslant a \leqslant \tau_{\mathrm{Rsum}}), \end{cases} \tag{8.85}$$

$$\nabla p(t,a) = \begin{cases} \eta_P p(t,a) & (t > 0, 0 \leqslant a \leqslant \tau_{PM}), \\ -\gamma_P p(t,a) & (t > 0, \tau_{PM} \leqslant a \leqslant \tau_{\mathrm{Psum}}), \end{cases}$$

其中算子 $\nabla = \partial/\partial t + \partial/\partial a$ 表示具有年龄结构的变量因为时间和年龄变化的微分算子。在这里假设死亡率 γ_S 和血细胞前体细胞的平均增生率 η_N、η_R、η_P 为常数。对于这些变化率是随时间变化的情况也可以类似列出，这里从略。在上面的方程中，休眠期干细胞的数量变化包括因为细胞分裂的增加 $[2s(t, \tau_S)]$ 和因为进入细胞周期和分化的减少 $[-(\beta + \kappa)Q]$。分裂期干细胞的数量变化主要是因为细胞凋亡引起的细胞数量减少 $(-\gamma_S s)$。血细胞数量的变化分为两部分，分别是在扩增/成熟阶段的数量增加和在血液循环阶段因为细胞死亡引起的数量减少。表示休眠期干细胞分化和增殖率的反馈函数通过希尔函数表示如下

$$\kappa_N(N) = f_0 \frac{\theta_1^{s_1}}{\theta_1^{s_1} + N^{s_1}}, \quad \beta(Q) = k_0 \frac{\theta_2^{s_2}}{\theta_2^{s_2} + Q^{s_2}}, \tag{8.86}$$

$$\kappa_R(R) = \frac{\bar{\kappa}_R}{1 + K_R R^{s_3}}, \quad \kappa_P = \frac{\bar{\kappa}_P}{1 + K_P R^{s_4}}. \tag{8.87}$$

根据对干细胞增殖和分化的反馈控制，在 $a = 0$ 处的边值条件为

$$\begin{aligned} s(t, 0) &= \beta(Q(t))Q(t), \\ n(t, 0) &= \kappa_N(N(t))Q(t), \\ r(t, 0) &= \kappa_R(R(t))Q(t), \\ p(t, 0) &= \kappa_P(P(t))Q(t) \end{aligned} \quad (t \geqslant 0). \tag{8.88}$$

方程 (8.85) ~ (8.88) 定义了描述造血系统动力学的年龄结构模型。当 $t > \tau_{\max} = \max\{\tau_S, \tau_{NM}, \tau_{\mathrm{Rsum}}, \tau_{\mathrm{Psum}}\}$ 时，可以使用特征线法对方程 (8.85) 中的年龄结构模型进行积分，得到下面的时滞微分方程模型

$$\begin{aligned} \frac{\mathrm{d}Q}{\mathrm{d}t} &= -(\beta(Q) + \kappa_N(N) + \kappa_R(R) + \kappa_P(P))Q + 2e^{-\gamma_S \tau_S}\beta(Q_{\tau_S})Q_{\tau_S}, \\ \frac{\mathrm{d}N}{\mathrm{d}t} &= -\gamma_N N + A_N \kappa_N(N_{\tau_{NM}})Q_{\tau_{NM}}, \\ \frac{\mathrm{d}R}{\mathrm{d}t} &= -\gamma_R R + A_R \left(\kappa_R(R_{\tau_{RM}})Q_{\tau_{RM}} - e^{-\gamma_R \tau_{RS}}\kappa_R(R_{\tau_{\mathrm{Rsum}}})Q_{\tau_{\mathrm{Rsum}}} \right), \\ \frac{\mathrm{d}P}{\mathrm{d}t} &= -\gamma_P P + A_{\mathrm{P}} \left(\kappa_P(P_{\tau_{PM}})Q_{\tau_{PM}} - e^{-\gamma_P \tau_{PS}}\kappa_P(P_{\tau_{\mathrm{Psum}}})Q_{\tau_{\mathrm{Psum}}} \right), \end{aligned} \tag{8.89}$$

其中

$$A_N = e^{\eta_N \tau_{NM}}, \quad A_R = e^{\eta_R \tau_{RM}}, \quad A_P = e^{\eta_P \tau_{PM}}.$$

时滞微分方程组 (8.89) 给出了描述造血系统动力学长时间行为的数学模型。有很多工作对模型中的参数进行估计，表 8.3 给出了正常生理条件下的参数值[172]。这一模型被应用于研究各种动态血液病的致病机制和治疗方案，还有很多工作在不同的假设下进行模型修正，这里不打算详细介绍相关工作，感兴趣的读者可以查阅相关文献 [160,172,173,176,177]。

表 8.3　　造血系统模型正常态情况下的参数值

参数	数值	单位	来源
造血干细胞			
Q^*	1.1	$\times 10^6 \text{cells/kg}$	[128]
γ_S	0.07	day^{-1}	[128]
τ_S	2.8	day	[128], [132]
k_0	8.0	day^{-1}	[128]
θ_2	0.3	$\times 10^6 \text{cells/kg}$	[128]
s	4	(none)	[128]
白细胞			
N^*	6.9	$\times 10^8 \text{cells/kg}$	[132], [159]
γ_N	2.4	day^{-1}	[128], [163], [164]
τ_{NM}	3.5	day	[128]
η_N	3.208	day^{-1}	[128], [159]
f_0	0.40	day^{-1}	(计算)
θ_1	0.36	$\times 10^8 \text{cells/kg}$	[128]
n	1	(none)	[128]
红细胞			
R^*	3.5	$\times 10^{11} \text{cells/kg}$	[175]
γ_R	0.001	day^{-1}	[175]
τ_{RM}	6	day	[175]
τ_{RS}	120	day	[175]
η_R	2.2	day^{-1}	[159], [178]
$\bar{\kappa}_R$	1.17	day^{-1}	(计算)
K_R	0.0382	$(\times 10^{11} \text{cells/kg})^{-s_3}$	[175]
s_3	6.96	(none)	[175]
血小板			
P^*	2.94	$\times 10^{10} \text{cells/kg}$	[179]
γ_P	0.15	day^{-1}	[179]
τ_{PM}	7	day	[179]
τ_{PS}	9.5	day	[179]
η_P	1.79	day^{-1}	[159]
$\bar{\kappa}_p$	0.24	day^{-1}	(计算)
K_p	11.66	$(\times 10^{10} \text{cells/kg})^{-s_4}$	[179]
s_4	1.29	(空)	[179]

8.5　本章小结

本章介绍了对干细胞增殖的动力学过程建立数学模型和模型分析的方法。首先介绍了描述成体干细胞数量变化的数学模型，此模型把干细胞的休眠期和细胞分裂周期分开，通过时滞微分方程描述干细胞数量的变化。结合数学模型的分析和染色体标记实验，介绍了干细胞模型参数估计的方法。从这一参数估计的过程可以看到，对很多的生物学问题，因为实验手段的限制，对其动力学参数的估计并不容易实现，通常需要设计精妙的实验过程并且结合数学的逻辑推导才有可能得到参数的估计。因此，建立合适的数学模型对于这些参数的估计是很重要的。

组织中的成体干细胞通常具有高度的异质性和可塑性。为了描述干细胞的异质性和可塑性对细胞增殖过程的影响，这里介绍了基于细胞表观遗传状态变化的异质性干细胞增殖过程的数学模型框架。该框架将干细胞增殖动力学中不同尺度的相互作用关系整合到一个微分积分方程中，对于更好地理解不同尺度相互作用调控细胞增殖过程提供了很好的理论框架。根据该模型，提出了用于描述细胞增殖动力学的细胞动力学型 (kinetotype) 的新概念。细胞动力学型的概念将单个细胞的分子信息与相应的动力学性质联系起来，将会成为连接数据与模型的纽带。

本章还以周期性中性粒细胞减少症的机制为例，介绍了通过建立造血系统中中性粒细胞数量变化的数学模型，以及简单的分析过程，帮助了解疾病的致病机制。在很多时候，对这些复杂系统的分析是很困难的。但是，在极端 (数学意义下) 情况下，往往可以简化模型，可以得到相关的分析结果。然后通过所得到的结论的外推，可以帮助我们了解疾病的致病机制。

通过类似的方法，还介绍了包括红细胞和血小板数量在内的整体造血系统的数学模型。该数学模型由包含 4 个非线性时滞微分方程的方程组描述。对这一模型的理论和应用研究还面临许多困难，特别是多个非线性反馈和时滞相互作用的情况下可以发生很复杂的动力学行为。在这里不打算详细介绍相关的工作，感兴趣的读者可以参考相关的参考文献 [155-157, 160, 172, 173]。

补充阅读材料

(1) Bernard S, Bèlair J, Mackey M C. Oscillations in cyclical neutropenia: new evidence based on mathematical modeling. J Theor Biol, 2003, 223: 283-298.

(2) Colijn C, Mackey M C. A mathematical model of hematopoiesis–I. Periodic chronic myelogenous leukemia. J Theor Biol, 2005, 237: 117-132.

(3) Colijn C, Mackey M C. A mathematical model of hematopoiesis–II. Cyclical neutropenia. J Theor Biol, 2005, 237: 133-146.

(4) Colijn C, Foley C, Mackey M C. G-CSF treatment of canine cyclical neutropeina: a comprehensive mathematical model. Exp Hematol, 2007, 37: 898-907.

(5) Lei J, Mackey M C. Multistability in an age-structured model of hematopoiesis: cyclical neutropenia. J Theor Biol, 2011, 270: 143-153.

(6) Lei J, Mackey M C. Understanding and treating cytopenia through mathematical modeling. In: Corey S J, Kimmel M, Leonard J N. A Systems Biology Approach to Blood. New York: Springer, 2013.

(7) Lei J. A general mathematical framework for understanding the behavior of heterogeneous stem cell regeneration. J Theor Biol, 2020, 492: 110196.

思 考 题

8.1 考虑这一章介绍的关于白细胞数量变化的数学模型

$$\begin{cases} \dfrac{\mathrm{d}N}{\mathrm{d}t} = -\alpha N + A\kappa_N(N_{\tau_N})Q_{\tau_N}, \\ \dfrac{\mathrm{d}Q}{\mathrm{d}t} = -\kappa_N(N)Q - \beta(Q)Q + 2e^{-\gamma_S\tau_S}\beta(Q_{\tau_S})Q_{\tau_S}, \end{cases} \tag{8.90}$$

其中函数 $\kappa_N(N)$、$\beta(S)$ 和参数的定义见式 (8.69) 和表 8.2。

(a) 在 8.4.3.4 节的分析中，如果 $A = 0$，则系统平衡态的稳定性由方程

$$B_2 + B_3 e^{-\lambda \tau_S} - \lambda = 0 \tag{8.91}$$

的特征值确定。根据 8.4.3.4 节给出的关系，假设 N^*、Q^* 为常数，试给出 $(\tau_S、\gamma_S)$ 平面内保证平衡点稳定的区域 (这里 τ_S、γ_S 都是大于零的实数)。

(b) 根据表 8.2 所给出的参数，随机取初始条件 $N(t)$、$Q(t)(t < 0)$，求解方程 (8.90) 到足够长时间，得到相应的上极限和下极限

$$\bar{N} = \limsup_{t \to +\infty} N(t), \quad \underline{N} = \liminf_{t \to +\infty} N(t).$$

试选择不同的初始条件，探讨上极限和下极限 $\bar{N}$、$\underline{N}$ 的可能取值。如果 $\bar{N} = \underline{N}$ 表示解趋向于稳定平衡点。否则一定有 $\bar{N} > \underline{N}$，表示相应的解趋向稳定的周期振荡解。

(c) 假设 $0 < A < 50$，其他参数如表 8.2 所给出。对不同的 A，重复 (b) 的过程，探讨上极限和下极限 $\bar{N}$、$\underline{N}$ 的可能取值，把相应结果画在 (A, N) 平面上。根据计算结果，回答当 A 满足什么条件时有稳定的周期振荡解，在什么条件下可以有双稳态 (其中一个稳态为周期振荡)。

(d) 对 (c) 所得到的周期振荡解的情况，分析振荡周期和参数 A 的关系。

8.2 根据方程 (8.89) 所给出的包括造血干细胞、红细胞、白细胞和血小板的数量变化的整体造血系统的数学模型和表 8.3 所给出参数值，试参考思考题 8.1 的方法，对上述模型通过数值计算进行探讨，分析该方程的动力学行为与参数和初始条件的关系，并叙述所得到的结果。

第 9 章　复杂生物过程的关键节点检测

众多的证据表明，许多复杂生物过程存在一种普遍的临界转变 (critical transition) 现象，即由一个相对稳定状态，经过一个临界点后在很短的时间内快速地进入另一个稳定状态。许多复杂疾病的恶性转化就是这样的一种普遍现象，即病情在很短的时间内从正常状态 (包括健康状态、相对稳定状态或疾病的缓慢变化状态)，经过一个临界点或关键节点快速进入疾病状态 (包括疾病恶化状态)。为了探测这种突变现象及其关键因子，这里介绍动态网络标志物 (dynamical network biomarker, DNB) 理论，即利用高通量生物数据的动态性质来预测复杂疾病或复杂生物过程临界突变现象及其关键因子的概念和理论。

不同于传统的、主要用于检测疾病状态的分子生物标志物，DNB 是一种全新的、用于探测疾病突变前临界信号的生物标志物，即检测前疾病状态而不是疾病状态或疾病早期状态。DNB 具有诸多的优点：第一，不需要建立任何定量模型，是一种无模型 (model-free) 的方法；第二，DNB 可以在小样本条件下获得疾病突变前的预警信号；第三，DNB 表示突破稳定状态首先进入疾病状态的主导分子群或生物分子的子网络，即疾病的主导分子群或关键网络而不是疾病所影响的分子群，因此具有非常重要的生物学意义。这一章中首先介绍 DNB 理论，然后通过实例介绍这一理论在肺损伤及癌症的前疾病状态和关键因子群的检测中的应用。

9.1　复杂生物过程和复杂疾病的临界现象

现代社会随着环境污染、人口增加及生活节奏的不断加快，人们的压力日渐增大，许多人在压力下形成了不良的饮食生活习惯。在这种情况下，患上各种复杂疾病 (癌症、糖尿病、心脑血管疾病等) 的人数增多，例如，患肝部恶性肿瘤和患糖尿病等疾病的人数不断上升。在这些复杂疾病中，有一部分疾病的病情发展相对平缓，如慢性炎症，这类疾病通常可以通过药物干涉和保健手段得到一定的控制；但很多疾病却具有突然恶化的现象，如肝癌，其病情恶化很快，发病之前一般没有什么不适，而一旦出现了症状去医院就诊，往往患者已属于中晚期，发病后生存时间也已不多。这一类具有病情突然恶化现象的疾病都有一个很相似的特点，即在病程变化中存在一个临界点 (critical point) 或关键节点，在该临界点到来之前，病情不是特别明显，这往往使得患者忽视了病情，耽误了治疗的最佳时机；而在临界点之后，病情就不是平缓地发展，而是在很短的时间内从稳定期突然恶化而成为重病期。正是由于这个原因，对这类疾病的确诊常常不及时，使得在重病期的治疗难度大、疗效差，发病后生存时间短，因此具有很大的危害性。如何及时地在早期诊断这类复杂疾病，关键在于找到疾病突然恶化前的预警特征或信号，预测临界点和突然恶化现象发生的条件，这已经成为生物理论和临床医学研究上的一个热点问题。

疾病演变的临界点如图 9.1 所示。一般来说，前疾病状态是疾病恶化的临界点到达之前一个临界状态。在该阶段适当的治疗可以使疾病重新恢复到正常状态，故称为可逆阶段。但疾病的进展一旦越过临界点迅速到达疾病状态时，治疗的难度便非常大，很难再使病情回到相对正常状态，故称为非可逆阶段。因此，前疾病状态的期间是关键时间节点，驱动前疾病状态的分子是关键因子，它们的调控网络也是导致疾病快速恶化的关键网络。显然，在疾病发生发展中，前疾病状态的早期预测和诊断尤为重要，这是很多疾病患者病情得到有效控制的最后机会。然而，与疾病状态不同，正常状态与前疾病状态并无明显不同，所以，对很多复杂疾病来说，早期预测或诊断前疾病状态是一个非常困难的问题，现在还没有有效的方法。但日趋成熟的高通量生物大数据为全面了解生物过程及其异常机制提供了一个宝贵的契机。通过这些高通量数据可以更广泛地开展对复杂疾病的病理过程的研究，特别是通过开发基于生物大数据的新理论和新方法，识别复杂疾病病变过程的预警信号 (即关键时间节点或前疾病状态)，确定表征疾病发展的关键因子，提取关键的分子网络。这不仅可以阐明复杂疾病发生发展的分子机制，还将有助于抗击复杂疾病，并为预防、诊断、治疗复杂疾病提供新方法和潜在药物靶标。

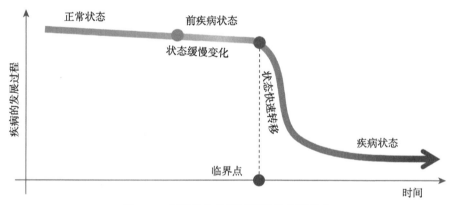

图 9.1　疾病发生发展过程及前疾病状态

事实上，不仅仅是复杂疾病过程，有各种证据表明[180-184]，在许多生物过程中，如细胞分化、细胞增殖和疾病的进展等过程都涉及跳跃式的状态转化，即系统状态的急剧改变或定性变化。脂肪细胞分化就是这样一个过程。一个多能干细胞在成为前脂肪细胞以前都保持着分化为多种细胞的潜力，一旦成为前脂肪细胞后就进行急剧的克隆扩增及随后的终端分化，从而产生成熟的脂肪细胞。疾病进展过程也是如此，系统逐渐从一个正常状态转化到前疾病状态，然后病情进一步恶化，急剧发展为疾病早期状态或疾病状态[185,186]。一般来说，这种急剧的变化从数学的观点来看可以被描述为分叉现象。因此，如何由小样本检测到关键节点及其关键因子在生物和医学领域具有非常重要的科学意义。

9.2　复杂疾病发展过程中的三个状态

现代医学和生物学的研究表明，在生物体的各个器官内，各个功能模块或生物分子的动态协同作用共同决定了器官的功能和状态。因此，可以把复杂疾病的发展和恶性转化过程看作一个复杂动力系统的时间演化动态过程，把影响疾病的外在因素视为动力系统中的参数，把参与疾病演变的分子浓度当作系统中的状态变量。于是，疾病的突然恶化现象就对应于系统的突变现象。病程中的关键节点对应于动力系统中参数的临界点，特别是疾病恶性转化的前期可看作动力系统的临界状态。要获得恶性转化的早期预警信号就成为如何界定临界点、如何探测和识别恶性转化的早期生物信号、如何确定复杂动态动力系统是否处于临界状态的问题。疾病的发展可划分为以下 3 个状态。

(1) 正常状态。该状态描述正常阶段或病情较疾病期轻微的缓慢变化阶段，包括疾病的潜伏阶段、癌变前的慢性炎症阶段或病情得到有效控制而处于相对健康的阶段，这是一个较为稳定的状态 [图 9.1，图 9.2(a)、(b)]。

(2) 前疾病状态。当系统处于正常状态时，如果持续受到外界刺激或内部某些因素的驱动，那么系统就进入前疾病状态，该状态是疾病恶化的临界点到达之前的一个临界阶段 (实际上是正常状态的一个极限)。处于该阶段的系统对外界的扰动非常敏感，适当的治疗可以使疾病重新回到相对正常期，但如果没有及时的治疗，疾病就很容易越过临界点到达疾病阶段 [图 9.1，图 9.2(c)]。

(3) 疾病状态。该状态代表病情已经恶化成为重病期，或慢性炎症已经恶性转化成为癌症。系统再次处于一个稳定状态。一般来说，当疾病到达这一阶段时，治疗的难度非常大，很难再使病情回到相对正常状态 [图 9.1，图 9.2(d)]。

前疾病状态的早期预测和诊断尤为重要，这是很多患者病情得到有效控制的重要机会。然而，对前疾病状态的预测有很多困难。第一，前疾病状态对应着系统参数接近而未到达临界点的状态，这个时候，系统并没有发生相变，因此与正常状态相比，系统的状态并没有明显的改变。所以，要准确预测恶性转化的前期是一个很困难的非线性问题。第二，很多复杂疾病都是基因水平、转录本水平、蛋白质水平等众多因素综合作用的结果。所以，尽管人们对这些复杂疾病的研究已经取得了一些进展，但是至今还没有对复杂疾病构建起准确可靠的动态模型来刻画和研究恶性转化的现象。第三，数据的采集困难。对生态系统、金融系统等的研究可以长时间、高密度地采样，但是这种数据采集方式对研究复杂疾病过程是做不到的，因为人们不会在身体感到真正不适之前频繁地去医院检查。

正是基于这几方面的问题，对复杂疾病恶性转化的早期预测或前疾病状态的诊断是一个只能基于小样本数据来实现的复杂非线性问题。这样的问题十分难以解决，因此以往的绝大部分理论和实验工作都集中在针对疾病状态或疾病早期状态的研究上。对疾病状态的诊断主要是基于分子生物标志物，例如，基因、蛋白质和代谢分子等能够标志疾病表型的因子，并可以通过观测其基因表达或蛋白质表达等将正常状态和疾病状态区分开。然而，基于分子生物标志物的预测和诊断方法在处理疾病恶化早期或前疾病状态时无能为力，这是由于前疾病状态仅仅是相对正常状态的一个极限阶段，在表达量等水平上无法区分出前疾病状态和正常状态。

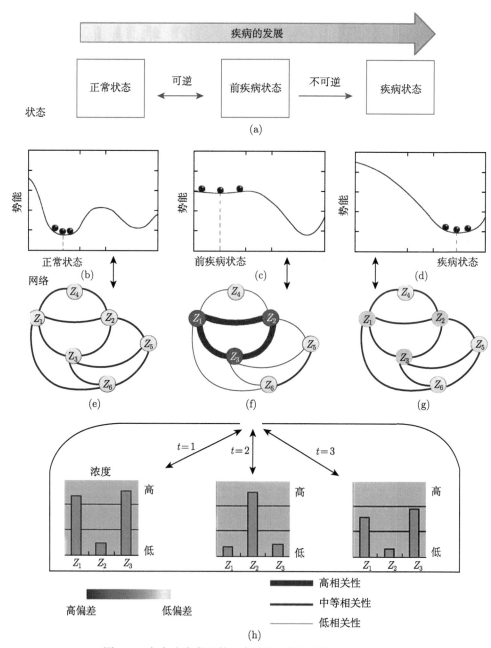

图 9.2　复杂疾病发展的三个阶段 (彩图请扫封底二维码)

(a) 复杂疾病发展的三个阶段分别经历了正常状态、前疾病状态和疾病状态；(b) 正常状态是系统处于一个势能局部最低的状态，在此期间，系统是在一个稳定的状态，并逐渐或平稳地改变，处于该状态的系统有较强抵抗外界干扰的能力；(c) 前疾病状态是一个临界状态，是相对正常状态的极限，是临近即将到来的激烈转变之前的一个状态。此状态仍是可逆的，在适当的系统参数扰动下可以转回正常状态。该状态下的系统具有较高的势能，因此系统处于该状态时对外界干扰很敏感，外界扰动可以驱使系统越过临界点进入疾病状态；(d) 疾病状态是另一个稳定状态，系统处于疾病状态时具有较低的势能；(e) 正常状态时的网络，其中节点的颜色代表基因表达偏离均值的程度，边代表两个基因之间的相关性；(f) 前疾病状态下的网络，该状态下的网络中有一组基因 (Z_1，Z_2，Z_3) 的表达偏离均值很大，并且这组基因之间有很强的相关性，同时与其他基因的相关性变得很弱；(g) 疾病状态下的网络，处于这个状态时，基因表达偏离均值程度又回落为较小，基因两两之间的相关性也变得和正常状态差不多；(h) 在前疾病状态，Z_1、Z_2、Z_3 表达振动很剧烈，但是相关性非常高。图片源自文献 [185]

9.3　传统的生物标志物

9.3.1　分子生物标志物

基因、RNA、蛋白质和代谢分子都是生物分子，它们是基本的实体，通过在细胞中互相影响来实现不同的生物功能。随着高通量技术在分子水平的迅速发展，产生了大量的基因组学、蛋白质组学、代谢组学数据，被用于解决生物医药科学中有挑战性的问题，并为疾病的研究提供了新的方法，通过系统生物学的方式找出表型特性，以达到做出先期诊断及发展针对性药物等目的。

分子生物标志物 (molecular biomarker, 简称分子标志物) 是对生物稳态进行量化的分子度量，用来将疾病状态 (代表严重疾病状态) 与正常状态 (代表相对健康状态、潜伏阶段及慢性炎症状态) 区分开来，如图 9.3 所示。例如，前列腺特异抗原 (PSA)、激肽释放酶-3(kallikrein-3) 可以作为有效的分子标志物来区分前列腺炎和癌症。另一个关于分子标志物的例子是 ERBB2，是一种转化细胞生长因子。研究者发现 ERBB2 的表达量与乳腺癌的侵袭性恶性表型有很强的联系，因此被用作检测乳腺癌的分子标志物。基于疾病状态与正常状态明显不同的分子特征，分子标志物通常用来指出一种特殊疾病状态或表型，这也是通过分子标志物对疾病状态进行诊断的基础。通常来说，发现新的分子标志物是基于其共同性质，即分子标志物的表达要显示出疾病状态与正常状态间明显的区别，这使得研究正常状态和疾病状态分子表达的分类方法与比较方法成为寻找新的分子标志物的一种重要手段。通过这样的手段获得的分子标志物，其表达应当清楚地反映出某种复杂疾病在疾病状态的表型或病情的严重程度，即分子标志物在疾病状态下的表达应当显著高于或低于其在正常状态下的表达。另外，根据临床应用的观点，针对某种特殊疾病的分子标志物的数量应该尽可能少，以方便观测和应用。另一种重要特征是分子标志物具有高度的针对性，对每种复杂疾病有特定的反映其疾病状态的不同分子标志物，因为在疾病样本的筛选过程中保持高度特异性或低假阳性率是首要的目标。

由于生物标志物是疾病的特异性诊断和可靠预测的关键指标，它们在临床上帮助疗程的安排和病情的监控。针对生物标志物，每年都有大量的文章发表，这些工作的目的是在实验和计算方面识别新的生物标志物、讨论生物标志物的可靠性和有效性等。识别分子标志物的主要任务是找到若干可观测分子，其表达能清楚地区分疾病样本和正常样本，或者能够准确判断疾病样本和正常样本的界限。在此列出几种寻找新的分子标志物的常用分类方法。

(1) 多元逻辑斯谛回归分析法是一种识别重要候选分子标志物的经典方法，该方法是通过逻辑斯谛回归去判定边界。但是，其判断结果高度依赖样本的分布，即样本分布应当服从多维正态分布，这限制了其进一步的临床应用。

(2) 分类和回归树 (CART) 方法同样适用于检测分子标志物。CART 是一种由已知数据通过训练得到样本的分类的方法，该方法不需要为判定边界假定任何特殊形式，这是一种区分疾病样本和正常样本的强有力的非线性分类方法。这种方法受限于构建回归树时计算的复杂性，尤其是当树型结构中有大量的节点时计算复杂度较高。另外，由于 CART 主要基于局部性的算法, 如贪婪算法, 在每一节点做一次局部最优决策, 这不能保证得到全局最优决策树与最好的分类。

(3) 投票板块法使用起来非常简单, 通过分别对检测样本和对照样本的每一组临床数值取截断值, 它能直接得到确定性或非确定性的结果。该方法由单独的分子通过混合逻辑运算 "与" 和 "或" 结合在一起来直截了当地给出样本的分类。但是, 如果频繁地使用投票方案, 例如, 当抽样比例较大时, 这样的分类是不准确的。

(4) 作为非线性建模工具, 人工神经网络 (ANN) 同样吸引了从临床诊断到理论研究的科学家的注意力。它们由简单的信息加工元素——人造神经元组成, 按照特殊的连接模式组合而成。这种方法提供了按照分子重要性排序的手段, 并以此辨别与疾病相关的分子。通过恰当地使用, ANN 能够用来处理庞大的数据集。但是分类过程不是很直接并且计算的稳定性高度依赖于适当选择的数据学习方法。

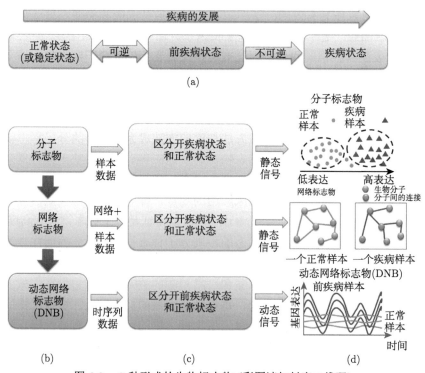

图 9.3   3 种形式的生物标志物 (彩图请扫封底二维码)

(a) 复杂疾病发展的 3 个阶段分别经历了正常状态、前疾病状态和疾病状态; (b) 基于分子表达的分子标志物, 基于网络的网络标志物和基于网络的动态特性的动态网络标志物 (DNB) 是本章主要介绍的 3 种生物标志物; (c) 分子标志物和网络标志物能够探测静态信号, 该信号主要用于确定疾病状态。DNB 探测动态信号, 该信号可以确定疾病突变前的临界状态 (前疾病状态); (d) 三种生物标志物各自的特征。图片源自文献 [187]

(5) 机器学习方法, 例如, 支持向量机 (SVM) 被广泛地应用于工程领域。这是一种最近在生物医学应用中被广泛用来寻找分子标志物的方法, 通过在高维空间中用一些选定的非线性方程将疾病样本从正常样本中分离出来。SVM 的最大的瓶颈是参数调整, 这在训练过程中是至关重要的。

(6) 遗传算法 (GA) 集合使用了随机搜索算法、优化算法等,这也是一种寻找新的分子标志物的强有力的工具。

9.3.2　网络标志物

虽然分子是细胞结构的基本组成部分,但是一种复杂疾病不是由单个生物分子的异常或者机能障碍引起的,而是由一组相关的生物分子或分子网络的相互作用引起的。所以一种复杂疾病不是单分子或单因素造成的疾病,而是一个多分子或多因素的系统 (或网络) 造成的疾病。事实上,大量研究表明,基于传统生物学概念的单分子标志物对复杂疾病,如肿瘤的检测、治疗并不适合。美国癌症基因组图谱 (The Cancer Genome Atlas,TCGA) 数据库对约 1000 例乳腺癌的多组学数据分析表明,在单分子级别,只有 3 个基因的突变能在大于 5% 的患者中检测到。因此,开发全新概念的标志物,对复杂疾病进行有效早期检测和个性化的分型治疗是亟待解决的问题。

疾病是细胞或组织对它们生存的微环境反应的结果,这样的反应通常不受单个生物分子的影响,而是受到许多信号通路和生物分子网络的复杂相互作用的影响。在过去的几年中,技术的迅速发展使人们可以获得在全基因组规模内的基因 (或蛋白质) 表达和其他多层次的高维数据。也就是说,在每个样本中,有超过数千个的观测量,包括单核苷酸多态性 (single nucleotide polymorphism,SNP)(基因组)、基因表达 (转录组)、质谱 (蛋白质组) 和在不同水平的小分子 (代谢组) 数据。这种高通量数据的获得已经带动了很多综合性的研究,包括通过描述复杂的现象来研究基本设计原则,通过研究单个组件来理解生物分子系统的功能模块或网络,如细胞、组织、器官甚至是整个机体。因此,为了更好地对某种疾病状况进行诊断,研究人员提出了对相互作用的分子的组合进行研究,或者对参与某个生物通路的分子群体进行研究,以深入了解多个分子之间复杂的相互作用和信号转导途径。从网络的角度来看,一组相互作用的分子具有相似的行为,即网络标志物 (network biomarker) 或模块生物标志物为研究者提供了一种定量并且较稳定的形式来表示和刻画生物表型或疾病的严重程度,这与个体分子标志物形成对比。网络标志物启发了在网络层次系统药物的新思路。

网络标志物的概念在 2008 年首次被提出来,它拥有比单一生物标志物更灵敏、更稳定的疾病识别效果。类似的概念如“子网络标志物”在 2007 年甚至更早的时候就被提出来了。网络标志物的概念是随着基因组高通量技术的发展和对分子表达谱的系统化和多维化的研究而建立起来的。具体而言,如 DNA 微阵列 (DNA microarray) 和质谱分析 (mass spectrometry,MS) 这些技术,可以同时筛选整个人类基因组的 RNA 转录物或蛋白质。在高通量数据迅速积累的基础上,研究人员已经为很多疾病建立了蛋白质相互作用网络 (protein-protein interaction,PPI)。这样的调控网络在对疾病的双向调节方面和信号通路方面的研究发挥了核心作用,从而在包括生物知识和拓扑结构的知识体系中,提供了一种新的视角对疾病的样本进行准确和可靠的分类。因此,网络标志物的发展主要基于可用的分子网络及其信号通路。例如,通过把相关的蛋白质网络应用到心血管疾病中,研究者确定了一些分子,它们通过一组置信度高的相互作用的蛋白质组成了一个网络[188]。与之前不考虑生物单分子组成的网络分子间的相互作用相比,这组蛋白质可以更准确地对两组患者进行划分。事实上,正是这个蛋白质相互作用子网络中的某些分子，在特定条件下会被激活，从而可以指明相应的疾病导致的功能失调的过程。因此，有一些关键的子网络，它们跟某些疾病相关的蛋白质的相互作用引起的功能失调的途径有关，这种子网络也被称为网络标志物，它能够以一种更准确的方式来区分疾病状态。

9.3.2.1　基于表达数据的网络标志物

寻找可靠的网络标志物的任务依赖于高质量的分子相互运动的信息，同时特殊疾病及控制样本也依赖于可用的表达数据。2008 年，Ideker 和 Sharan 提出活性模块的概念[189]，它们表示 PPI 中由彼此连接的生物分子构成的子网络，并且在特定的实验条件下，mRNA 表达 (或其他表达) 中的基因表现出显著的相关性变化，整个模块出现 "活性化"，因而可以被用作生物标志物。这样，整个网络分解为不同的活性模块，不仅降低了网络的复杂性，也有助于发现信号通路。基于一个开源软件 Cytoscape[190]，这一概念被开发成许多工具并广泛应用于研究蛋白质-蛋白质、蛋白质-DNA 和基因之间的相互作用中，这对研究人类和模式生物的相互作用网络越来越有帮助。根据这些工具，研究者提出了一些有效的方法来检测分子相互作用网络的活性模块。与高通量采样的优势相结合，许多研究工作表明网络标志物是复杂疾病临床试验和临床检测的非常有潜在应用价值的候选标志物。事实上，许多有效的网络标志物可以被用来检测复杂疾病，如乳腺癌[191,192]和胃癌[193]。

不同于传统的对生物分子表达聚类或分类的方法，以网络为基础的分析可以识别没有差异表达的生物分子。具体地说，如果某些分子的表达较低，通过传统的分子显著表达比较方法不会注意到该分子。然而，如果这些分子参与的一个重要模块或子网络在疾病或异常的阶段显示出独特的表型 (如活性化或结构高度异化等)，那么对这个子网络整体来说，为了保持模块功能的完整性，加入这些低表达分子是重要而且必要的。在这个意义上，发现低表达但是参与重要模块的生物分子对致病基因的发现是非常重要的，因为疾病表型的改变不是被几个显著表达的分子所驱动的，而更可能是由整个组成功能模块或子网络的分子群体共同调节而导致的，这是组成网络标志物的分子集体行为的体现。

最近，基于网络研究疾病的标志物受到越来越多的关注，研究者发展了很多方法来研究信号通路、功能模块、调控网络及它们在诊断疾病状态时的作用。例如，基于激活子网络的识别就是一种通过现有的 PPI 网络寻找网络标志物的方法[189]。这种活化的子网络，是整个网络中某个彼此间密切联系的部分，在疾病状态下，该部分会显示出显著的功能和结构上的变化，并指示疾病的发生。这样以系统的方式对疾病样本进行分类更加稳定，从而可以帮助研究者实现准确诊断疾病状态的目的。

9.3.2.2　基于序列数据的网络标志物

最近对基因组测序的研究及全基因组关联分析 (genome-wide association study，GWAS) 已经大大扩充了对基因组序列和疾病之间关系的认知，这使我们能够整合基因序列数据，以发现新的网络标志或与疾病发生、发展相关的功能模块。一个例子是研究单核苷酸多态性 (single nucleotide polymorphism，SNP) 与疾病的关联。这种研究趋势得到了迅速的发展，受到了很多的关注，这是因为它们开展了相关测试、建立信号通路和全基因组关联的基因导向分析这些方面的研究。在多个 SNP 位点的水平下分析 GWAS，使在一个信号通路中对许多突变点的累积效应进行检测成为可能，这种方式将进一步确定疾病的易感性检测和生物标志物的筛选。通过在多个 SNP 位点下的基因型进行相关性测试，便于对其他 GWAS 扫描的结果进行比较分析，让研究者可以准确地评价由一组基因联合起来的网络标志物。基于信号通路中的关联方式，一些研究者确定了最显著的基因组和与疾病有关的信号通路，这是在 GWAS 研究中提出使用通路信息的首批研究之一[194]。这种基于通路的关联方式不仅拓宽了 GWAS 研究在复杂疾病中的应用，也提供了一种新的方式来寻找分子生物网络和可以标志疾病状态的细胞通路。使用大规模基因组测序数据，这种基于通路的分析也可以产生多种途径和算法来识别复杂疾病的网络标志物。此外，研究者提出了许多种高效的算法识别癌症的突变信号通路，以帮助检测出全基因组规模的调控网络中的突变区。这种以信号通路为基础的深入分析能够有效地从高通量数据中找出与疾病相关的生物分子网络和功能模块。

9.4 动态网络标志物

分子标志物和网络标志物是用于诊断疾病状态，而不是用于检测疾病前的临界状态。目前绝大多数方法所找到的生物标志物主要是用来检测和诊断某一疾病是否发生及疾病发展的程度，而这些生物标志物都不能在疾病发生的前期预测疾病的即将发生，即检测前疾病状态 (pre-disease state)。

实现对某一种复杂疾病的早期诊断，探测疾病突然恶化发生前的预警信号，并进而开展有针对性的治疗方案以预防疾病进一步的恶化，这对很多复杂疾病具有至关重要的意义。然而，正如前面所述，分子生物标志物和网络标志物等传统生物标志做不到在疾病真正恶化前提供早期预警信号。这是因为跟疾病状态的检测相比，辨别疾病发生前的临界状态是一个更困难的任务，机体的状态在转折点或疾病的突然恶化发生前几乎没有显著的变化。换句话说，由于前疾病状态是一个正常状态，因此一个完全正常的状态和一个疾病前的临界状态之间在状态上并无明显区别，这也正是基于分子生物标志物或静态网络标志物的方法无法做到早期预测的原因。因此需要开发新的理论和方法。

通常，一个生物系统或一种复杂的疾病往往被建模为一个非线性动力系统，或动态网络。这样，复杂疾病的发展过程可看作这个复杂动力系统沿时间轴演化的过程，把影响疾病的外在因素视为动力系统中的参数，把参与疾病演变的分子浓度当作系统中的状态变量。然而，尽管有数量众多的研究工作试图建立复杂疾病的模型，但由于复杂疾病牵涉的生物分子数量巨大，至今还没有对哪一种复杂疾病建立起一个完整的、准确的动力系统模型。所幸的是，从最近的动力系统理论研究中发现，即使对一个很复杂的动力系统，当系统接近其临界点时，存在着一些能够反映临界状态的普适性质。这就为疾病恶性转化的早期预测提供了理论依据和希望。另外，高通量技术的发展使得一次性观测大量生物分子 (大数据)成为现实，这使得即使在疾病早期对患者的采样次数不多，也能保证每个采样点都提供分子水平高维的高通量数据。基于这些有利条件，为了克服没有准确疾病模型这个困难，最近的研究提出了基于无模型、小样本和高通量数据的疾病预测理论和方法，即动态网络标志物 (dynamical network biomarker，DNB)[185]。根据这一方法，对于每个采样期即使只有少量的样品，也只需要每个样品有高通量数据或高维数据，DNB 就可以帮助探测疾病恶性突变前的预警信号，并因此可以识别疾病发生前的临界状态。图 9.4显示出了 DNB 的动力学特征，并比较了 DNB 与传统的生物标志物的主要区别。

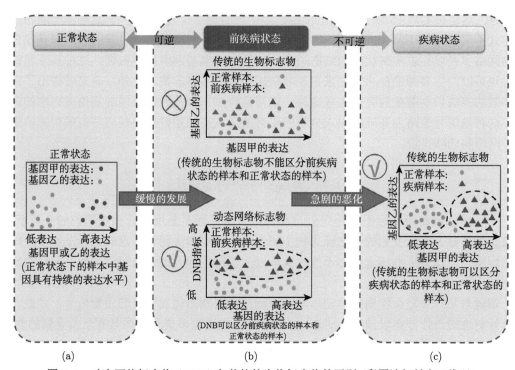

图 9.4　动态网络标志物 (DNB) 与传统的生物标志物的区别 (彩图请扫封底二维码)

(a) 在正常状态，生物分子的表达比较稳定；(b) 在前疾病状态，由于样本振动很剧烈，某些分子样本偏离均值程度很大，无法通过传统的生物标志物分开，但是 DNB 能够分开前疾病状态的样本；(c) 疾病状态下，可以通过传统的生物标志物区分开疾病状态的样本。图片源自文献 [187]

　　值得注意的是，由于个体差异的广泛存在，即使是对同一种疾病，每个患者可能不会有完全相同的主导网络或动态网络标志物。因此，与分子生物标志物及网络标志物不同，DNB 的成员并不一定总是固定的一组。与传统的分子标志物和网络标志物相比，DNB 具有明显的优势。第一，DNB 可用于检测疾病突变发生前的临界状态 (前疾病状态)，而不是疾病状态或疾病早期状态，从而能够提供疾病恶化的早期预警信号。第二，由于 DNB 方法是基于无模型方法的理论，即对于有快速状态转换现象的复杂疾病，即使其模型不清楚，DNB 方法都可以适用，因此潜在应用价值很大。第三，由于临床应用的限制，在患者真正进入疾病状态前，我们所能得到的仅仅是小样本，这造成很多系统建模方法都无法使用，但是 DNB 的应用是建立在小样本上的，符合临床应用的限制。此外，虽然 DNB 现在主要用于检测复杂疾病突变发生前的临界状态，但在理论上，它可以应用于任何生物过程来检测关键的临界期。例如，细胞的分化过程、衰老过程和细胞周期的变化或生物系统昼夜节律的开关行为。基于 DNB 理论的方法也开辟了新的途径以分析、探索生物大数据信息，了解复杂的生物学行为及机制。

9.4.1　临界状态的普适性质

基于动态性、网络性、小样本和高通量数据等条件，DNB 作为一般性的预警标志物被提出，这是一种新的概念和方法。作为可观测的分子生物标记的动态子网络，DNB 只出现在疾病恶化发生前的临界阶段。特别是，可以从理论上证明 (见本章思考题)，当系统是在临界点附近，存在一个动态网络标志物或 DNB，它是一组满足以下 3 个条件 (或性质) 的分子组。

(1) DNB 中每一对成员之间的相关性都很强,如生物分子表达的皮尔逊相关系数 (pearson correlation coefficient，PCC) 的绝对值迅速增长。

(2) DNB 某个成员和非 DNB 的其他分子之间的相关系数变得很弱，如皮尔逊相关系数的绝对值迅速下降。

(3) DNB 的每个成员表达的波动都急剧升高，如标准差 (standard deviation，SD) 急剧增加。

用数学的语言来表示，把一个动态变化的生物系统表示为以下形式的高维差分方程格式

$$\boldsymbol{Z}(k+1) = \boldsymbol{f}(\boldsymbol{Z}(k); P), \tag{9.1}$$

其中 $\boldsymbol{Z}(k) = (z_1(k), z_2(k), \cdots, z_n(k))$ 是一个 n 维向量，P 是参数，$\boldsymbol{f} : \mathbb{R}^n \times \mathbb{R}^1 \to \mathbb{R}^n$ 是光滑的非线性函数。对于给定的参数 P，系统的平稳状态可以表示为差分方程 (9.1) 的不动点，即 $\boldsymbol{Z} = \bar{\boldsymbol{Z}}$，满足 $\bar{\boldsymbol{Z}} = \boldsymbol{f}(\bar{\boldsymbol{Z}}; P)$。在平稳态的附近，可以近似地把系统的状态 $\boldsymbol{Z}(k)$ 看作在不动点 $\bar{\boldsymbol{Z}}$ 附近随机波动。特别地，当参数 P 连续变化，使得系统的不动点从稳定变为不稳定时，对应的参数值 $P = P_c$ 就给出了系统的临界点，也就是生物系统发生状态变化的关键节点。用数学的语言来表示，DNB 的上面 3 个条件是指当参数 P 逐步变化到达接近 P_c 时，存在一个指标集 $I \subset \{1, 2, \cdots, n\}$，满足以下条件：当 $i, j \in I$ 时，$\text{PCC}(z_i, z_j)$ 很大；当 $i \in I$，$j \notin I$ 时，$\text{PCC}(z_i, z_j)$ 很小；当 $i \in I$ 时，方程的 $\text{SD}(z_i)$ 急剧增加。这个指标 I 所对应的节点就构成 DNB。在本章的思考题中给出了这个结果的理论证明的一般过程。

事实上，DNB 是疾病系统或疾病网络中的一个可观测子网络或分子群，该子网络由一些特殊的生物分子组成。根据第一个条件，当系统处于疾病即将发生的状态时，它们的变化都是强相关的。第二个条件意味着，DNB 中分子的行为几乎不受其他非 DNB 分子的影响，尽管它们是在相同的系统或网络中。换句话说，当系统处于临界状态时，DNB 实际上是一个孤立的子网络或功能模块，其所有成员在疾病发生前的临界期以一种动态的、群体的方式产生显著的预警信号。第三个条件意味着，当系统逐渐接近临界点时，这些 DNB 分子的表达会强烈地波动。这个动力学性质也是导致在临界状态时无法用传统的生物标志物或静态网络的生物标志物把 "前疾病样本" 区分出来的原因，因为 DNB 分子表达的剧烈波动使得我们无法指出哪些分子属于高表达，故传统生物标志物无法在早期阶段探测到疾病发生前的信号。理论研究表明，即使存在疾病表型上的不同和个人差异，这 3 个条件都是 DNB 的普适判断准则，可以作为探测各种疾病恶性突变前的预警信号。此外，这些性质在许多复杂的疾病，以及许多具有突变现象的生物过程中也是普遍存在的。

　　为了在疾病发生前的临界状态检测到可靠的和明确的信号，通过组合以上 3 个条件，得到如下的一个复合指标

$$I = \frac{\mathrm{SD}_d \cdot \mathrm{PCC}_d}{\mathrm{PCC}_o},\tag{9.2}$$

其中，PCC_d 表示 DNB 成员的平均皮尔逊相关系数的绝对值；PCC_o 表示一个 DNB 分子与其他非 DNB 分子的平均皮尔逊相关系数的绝对值；SD_d 表示 DNB 分子的平均标准偏差。在疾病发生前的任何采样区间中，尽管每个生物分子的表达会随机波动，但当生物系统接近疾病发生前的临界状态或临界点时，基于上述 3 个 DNB 普适性质的综合指数 I 能够提供一种可靠的、显著的预警信号。

　　由式 (9.2) 给出的指标描述了一个网络系统在噪声下的回复性 (resilience)，其中分式的分子部分 $(\mathrm{SD}_d \cdot \mathrm{PCC}_d)$ 描述了网络中出现了一个节点的集合 (即 DNB 集合) 的性质，当系统接近临界点时，该 DNB 集合中节点波动性大幅度增加，节点间的相关性大幅度上升；分式的分母部分 PCC_o 描述了当系统接近临界点时，DNB 集合中节点与集合外的节点相关性急剧下降。因此，当生物系统接近疾病发生前的临界状态或临界点时，对于选定的 DNB 集合，由式 (9.2) 所给出的指标值急剧增加。

　　根据 DNB 所满足的 3 个条件，可以通过下述简要步骤得到 DNB 指标：

　　(1) 在每一个时间点，对变量进行采用皮尔逊相关系数作为距离函数进行层次聚类；

　　(2) 计算所有聚类组的平均方差，即对每一个聚类组内的变量计算其方差，再计算整个组中方差的平均值；

　　(3) 对一个聚类组，计算其中变量与组外变量皮尔逊相关系数的平均值；

　　(4) 基于相同的聚类组，与上一个时间点的上述 3 个指标相比较，满足条件 (组内平均方差增加、组内皮尔逊相关系数增加、组间皮尔逊相关系数减少) 的聚类组即为候选的 DNB，并由式 (9.2) 计算相应的指标值。

　　对于由差分方程 (9.1) 描述的生物系统，可以按照下面流程确定当参数 P 逐步变化接近 P_c 时的 DNB。首先确定候选的 DNB 网络节点，然后根据 (9.2) 计算该候选节点所对应的复合指标 I 随参数 P 的变化。通过改变候选 DNB 网络节点的集合重复上述计算过程，直到可以找到满足 DNB 的候选网络节点，则可以确定系统的 DNB。

9.4.2　主导网络和关键因子

　　DNB 不仅是探测复杂疾病信号的普适性指标，也是整个生物系统在疾病发展、恶化临界阶段的主导或驱动网络。实际上，正是 DNB 分子组成的主导网络首先突破正常状态的极限，先行进入到疾病状态，并进而影响其他分子、功能模块和信号通路并导致了整个系统的状态转移 (如由正常状态到疾病状态)[186]。从这个层面说，正是这个主导网络动态行为的首先剧变驱动了整个系统从疾病前的临界状态越过突变点进入到疾病状态。也就是说，主导网络可以看作使原网络系统转入到疾病状态的驱动因素，并且可以很自然地猜想主导网络可能与很多致病分子和模块的突变具有紧密因果关系。因此，确定复杂疾病恶性突变的主导网络，不仅可以探测系统在突变前的前疾病状态，使早期预警成为可能，也将有助于从网络和动态的层面为进一步揭示疾病的潜在机制、寻找复杂疾病的突变原因。

　　然而在一般情况下，如何通过高通量的数据，准确地从复杂疾病所涉及的大量生物分子中找到主导网络并探测疾病发生前的临界时期是一个非常困难的问题。第一，在采样数据中广泛存在着噪声影响；第二，由于临床应用的限制，通常仅仅可以获得小样本数据；第三，在高通量数据处理中，为了找到同时满足 3 个条件的 DNB，也是计算量很大的工作。因此，开发有效、可靠、快速的计算方法找到复杂疾病的主导网络，从而在疾病发生前给出预警，并进一步阐明疾病突然恶化的机制，这仍然是一个悬而未决的问题。

　　图 9.5 显示出了在疾病的进展过程中静态和动态信号变化的示意图，这也显示了传统的生物标志物和 DNB 之间的差异。图 9.5(a) 显示的曲线表示在病情发展中一个生物分子表达的平均值 (如基因或蛋白质的表达)，这被认为是一个静态信号，即生物分子在正常状态和疾病状态中表达应该是分别稳定在一个值附近 (持续低表达或持续高表达)，这样的信号能够被用来区分正常和疾病状态。因此，它在传统的分子标志物或网络标志物中能够被探测和使用。但静态信号不能清楚地告诉我们疾病发生前的临界状态和正常状态之间的差异，所以无法帮助我们对疾病的恶化做早期诊断。图 9.5(b) 显示出复杂疾病进展过程中一个生物分子的动力学行为。在临界点附近，表达水平越来越振荡的分子产生出一个动态信号并可以被 DNB 探测到。这个信号可以帮助我们清楚地区分正常状态和疾病发生前的临界状态 (前疾病状态)，从而可以用于对疾病的恶化做出早期诊断。图 9.5(a) 中的静态信号实际上是在每一个阶段的动态信号的平均化 [图 9.5(b)]。

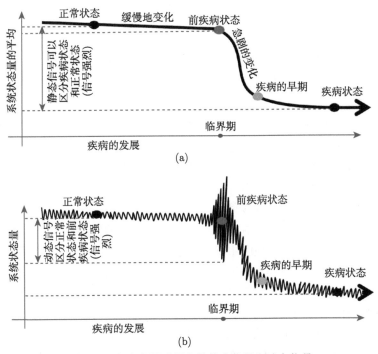

图 9.5　疾病发展过程中的静态信号和动态信号

(a) 生物分子 (基因或蛋白质) 的平均表达在疾病发展过程中被看作静态的信号，这种信号可以被传统的分子标志物或网络标志物探测到。静态的信号可以用来区分开疾病发展中的正常状态和疾病状态，但却不能有效地区分开前疾病状态 (临界状态) 和正常状态；(b) 生物分子在疾病发展过程中的动态行为中存在着一些普适性质，可以用来探测疾病是否发展到临界状态。DNB 探测的就是前疾病状态下基于系统普适性质的动态信号，该信号可以有效地指示出临界状态的到来。这里应该注意到 (a) 中的静态信号实际上是 (b) 中的动态表达在各个采样区间的一个平均。图片源自文献 [187]

综上所述，对 DNB 及其优势总结如下。生物标志物在生物学领域描述生物学特征和在医学领域诊断疾病都十分有用。然而，传统的生物标志物，包括分子标志物和网络标志物的主要目的是用来区分两个 (多个) 不同的状态，而非确定状态迁移的临界点或临界点前的"前过渡状态" (医学中就是前疾病状态)。与此相反，DNB 是一个在系统状态迁移以前被用来检测前过渡状态的全新的概念和方法，并且即使在很少的样本情况下也适用。因此，DNB 在用于具有突然改变现象的复杂生物过程或疾病分析时具有明显的优势。它也开辟了分析高通量生物数据的新途径。DNB 的主要优势归纳如下[195]。

(1) 从方法层面来说，DNB 是一个不需要建立模型的方法，在状态迁移前通过高通量数据 (小样本) 来确定早期预警信号，拥有非线性动力学的理论背景 (分岔与中心流形理论、网络熵函数理论等)。

(2) 从网络层面来说，DNB 是引导整个网络系统状态急剧变化的主导网络，因此是与"启动"系统状态迁移的驱动网络 (causal network 或 driver network) 密切相关的。此特征及其理论依据可以被用来寻找复杂、动态的生物事件中的因果关系。

(3) 从动态角度来说，DNB 是以一种动力学的形式来检测疾病发展的前疾病状态，这与静态的传统分子或网络标志物相对应。

(4) 从适用面角度来说，由于 DNB 的普适性，DNB 可以监控和预警个人健康的变化 (如遗传或表观遗传等因素改变造成的疾病)，DNB 理论和方法为个性化医学开辟了新的研究途径。

9.5   DNB 在生物学及医学中的应用

9.5.1   肺部急性损伤

图 9.6显示了 DNB 成功应用于一个特定疾病的早期检测中，即光气吸入性急性肺损伤 (高通量实验数据 GSE2565)[185,196]。通过应用 3 个动态条件 (标准) 及基于 DNB 的样本分类，从可观察生物分子中筛选出一组，它们在系统的突然恶化发生前形成了一个强相关子网络，并且该网络与系统的其他部分相关性快速降低，这个动态信号预示了系统即将到来的突变，从而提供了可靠的早期预警信号。

具体而言，使用小鼠吸入光气造成的肺部急性损伤时的序列基因表达数据 (0~72h) 进行分析得到 DNB。显然，对在图 9.6中除 8h 之外的所有采样点与其他基因相比，DNB 基因和行为没有太大的差异。只是在 8h 处出现了一个强烈的、由 DNB 引发的信号，如图 9.6(d) 所示。这表明机体即将出现严重的肺部损伤 (或疾病发生前的状态)。但是根据实验的记录，这时候 (8h 及之前的时间点) 小鼠还没有出现明显的肺部损伤。在原实验中证实，肺表型的改变 (出现严重损伤) 发生在下一个时间点 (12h)，如图 9.6(e) 所示。这验证了疾病发生前的 DNB 的早期诊断是有效而且及时的。然而，有趣的是，当系统越过临界点，即系统处在疾病状态中 (如在 72h)，如图 9.6(f) 所示，DNB 网络的行为又跟其他基因相似，显著差异消失。由此可以看出，DNB 不是从正常状态中区分出疾病状态，而是从正常状态中区分出疾病发生前的状态 (前疾病状态或临界状态)。图 9.6(g) 显示了 DNB 的综合指标在 8h 的采样点处给出的强烈信号，与实验观察到的结果是吻合的[185,196]。

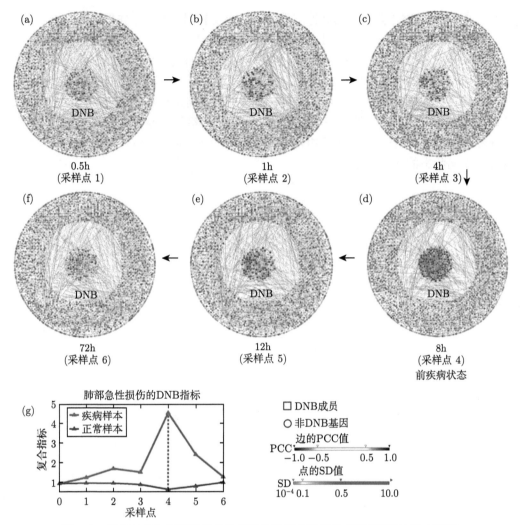

图 9.6　基于 DNB 探测肺部急性损伤的早期预警信号 (彩图请扫封底二维码)

(a)~(f) 因为吸入光气而受到肺部急性损伤的小鼠基因网络 (3452 个基因和 9238 条边, DNB 有 220 个基因) 的动态发展 (从 0.5h 到 72h), 其中的 DNB 显示在网络的中部。在动态网络中, 边的粗细代表两个基因之间 PCC 值 (绝对值), 点的颜色代表基因表达 SD 的大小。DNB 的信号 (或系统的前疾病状态) 在 8h 被探测到, 如分图 (d) 所示。这也预示着将有恶性突变在 8h 之后。(g) DNB 的复合指标, 其中红色曲线对应着吸入光气小鼠组, 蓝色曲线对应正常小鼠组, 紫色虚线指示出了前疾病状态, 即 8h。这与试验观察到的结果是吻合的[185,196]。图片源自文献 [185,187,196]

9.5.2　肝癌

图 9.7 展示成功利用 DNB 理论和动态网络熵算法 (state-transition-based local network entropy, SNE) 得到的丙型肝炎病毒 (HCV) 导致的肝癌数据进行早期检测的结果[186]。数据来源参考文献 [197], 该数据有 6 个采样区间, 按照采样先后排序, 即轻度异型增生 (low-grade dysplastic stage)、重度异型增生 (high-grade dysplastic stage)、极早期肝癌 (very early HCC stage)、早期肝癌 (early HCC stage)、晚期肝癌 (advanced HCC stage) 和极晚期肝癌 (very advanced HCC stage)。在图 9.7(c) 中可以看到系统的网络在采样期的极早期肝癌显示了明显的信号, 即 DNB (左下角子网络) 中的节点动态网络熵明显较前

两个采样期 (正常状态) 降低，而其他节点的动态熵没有明显变化；在采样期的极早期肝癌之后，DNB 中节点的动态网络熵上升，重新恢复到较高的水平。在文献 [197] 中，对这个现象有信息论上的解释，即动态网络熵对应着网络系统的鲁棒性 (robustness)，即在外界扰动下保持原有状态的能力。所以，当系统处于极早期肝癌时，其系统的鲁棒性最低，一个小的扰动就可以使系统越过临界点进入疾病状态。这个结果与临床的观测一致，即极早期肝癌时还没有观察到肝癌，但是在其后的早期肝癌就观察到了癌[197]。

在参考文献 [185, 186, 198, 199] 中可以找到更多的例子展示 DNB 如何在疾病发展过程中探测前疾病状态的预警信号。

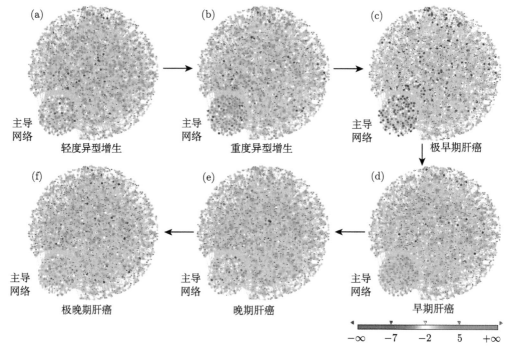

图 9.7　基于 DNB 探测丙型肝炎病毒 (HCV) 导致的肝癌的早期预警信号 (彩图请扫封底二维码)
(a)~(f) 因为 HCV 感染导致的肝癌的过程中人类基因调控网络 (2291 个基因，DNB 有 167 个基因) 的动态发展 (从轻度异型增生时期到极晚期肝癌时期)，其中的 DNB 显示在网络的中部。在动态网络中，边代表蛋白质相互作用网络中节点的连接，点的颜色代表以该基因为中心的局部子网络的动态网络熵的大小。DNB 的信号 (或系统的前疾病状态) 在极早期肝癌时期被探测到，如分图 (d) 所示。这也预示着将有恶性突变在极早期肝癌之后。这个结果与实验观察到的结果是吻合的[186,197]。
原图见文献 [186]

9.6　本章小结

近几十年的深入研究已经发现了各种复杂疾病的分子标志物，这对复杂疾病的诊断、分类和治疗的快速发展起到重要的推动作用。与单个分子相比，网络是刻画系统状态的更稳定形态[200-207]，所以在网络层面上考虑系统的生物标志物，也就是网络标志物，可以更稳定、更准确地诊断出疾病状态。进一步地，如果考虑生物分子网络在疾病突然恶化的临界点附近的动态行为，那么生物标志物将以一种动态的方式呈现，也就是 DNB。通过识别与复杂疾病相关的动态网络标志物的行为，将大大加深在分子和网络层次对复杂疾病突变过程的认识，从而不仅实现准确地探测疾病恶化的早期预警信号，也帮助深入理解复杂疾病恶化的发生和发展阶段的临床病理特性。DNB 理论的正确性和有效性已经被其在真实生物数据上的成功应用所证明，其中值得注意的是，疾病网络的 DNB 中包含了一些已经报道过的重要致病分子，其他未报道的分子有可能是引起疾病的候选者[195]。从这个角度来看，DNB 网络还为寻找新的疾病驱动因素提供了线索，这也是未来可研究的方向。

补充阅读材料

(1) Chen L, Liu R, Liu Z P, Li M, Aihara K. Detecting early-warning signals for sudden deterioration of complex diseases by dynamical network biomarkers. Sci Rep, 2012, 2: 342.

(2) Liu R，Li M Y，Liu Z P, Wu J, Chen L, Aihara K. Identifying critical transitions and their leading biomolecular networks in complex diseases. Sci Rep, 2012, 2: 813.

(3) Liu R, Wang X, Aihara K, Chen L. Early diagnosis of complex diseases by molecular biomarkers, network biomarkers, and dynamical network biomarkers. Med Res Rev, 2014, 34(3): 455-478.

(4) Liu R, Aihara K, Chen L. Dynamical network biomarkers for identifying critical transitions and their driving networks of biologic processes. Quantitative Biology, 2013, 1(2): 105-114.

思　考　题

9.1 对下述线性差分方程格式的高维生物系统

$$\boldsymbol{Y}(k+1) = \boldsymbol{\Lambda}(P)\boldsymbol{Y}(k) + \boldsymbol{\xi}(k), \tag{9.3}$$

其中 $\boldsymbol{Y}(k) = (y_1(k), y_2(k), \cdots, y_n(k))$ 是一个 n 维向量，P 是参数，$\boldsymbol{\Lambda}(P) = \mathrm{diag}(\lambda_1(P), \lambda_2(P), \cdots, \lambda_n(P))$ 是对角矩阵，对角线上元素 $\lambda_i(P)$ 是 P 的连续函数，$\lambda_i(P)$ 均为实数且满足 $\lambda_1(P) > \lambda_2(P) > \cdots > \lambda_n(P)$，$\boldsymbol{\xi}(k) = (\xi_1(k), \xi_2(k), \cdots, \xi_n(k))$ 是满足均值为 0 的独立同分布的高斯白噪声，并且记 $\kappa_{ij} = \mathrm{cov}(\xi_i, \xi_j)$ 为噪声之间的协方差。如果存在一个参数值 $P = P_c$，满足如下条件：

(1) 当 $P < P_c$ 时，$\lambda_i(P) < 1$ 对 $i = 1, 2, \cdots, n$ 都成立；

(2) 当 $P = P_c$ 时，$\lambda_1(P) = 1$。

请证明当系统 $\boldsymbol{Y}(k)$ 达到统计稳态时，有如下性质：

(a) 方差 $\mathrm{var}(y_i) = \dfrac{\kappa_{ii}}{1 - \lambda_i^2}$，协方差 $\mathrm{cov}(y_i, y_j) = \dfrac{\kappa_{ij}}{1 - \lambda_i \lambda_j}$。

(b) 当 $P \to P_c$ 时，性质

$$\mathrm{var}(y_1) \to +\infty$$

成立。

9.2 如果思考题 9.1 中的对角矩阵满足 $\lambda_1(P) = \lambda_2(P) > \cdots > \lambda_n(P)$。试推导方差 $\mathrm{var}(y_1)$ 和协方差 $\mathrm{cov}(y_1, y_2)$ 的表达式。当 $P \to P_c$ 时，是否仍然有 $\mathrm{var}(y_1) \to +\infty$ 成立？

9.3 如果思考题 9.1 中的对角矩阵 $\boldsymbol{\Lambda}(P)$ 的对角线上元素 $|\lambda_1(P)| = |\lambda_2(P)| > \lambda_3(P) > \cdots > \lambda_n(P)$，其中 $\lambda_1(P) = a(P) + \mathrm{i}b(P)$ 和 $\lambda_2(P) = a(P) - \mathrm{i}b(P)$ 是一对共轭复数，并满足

(a) 当 $P < P_c$ 时，$|\lambda_i(P)| < 1$ 对 $i = 1, 2, \cdots, n$ 都成立，其中 $|\cdot|$ 是复数的模；

(b) 当 $P = P_c$ 时，$|\lambda_1(P)| = 1$。

试推导方差 $\mathrm{var}(y_1)$ 的表达式。当 $P \to P_c$ 时，是否仍然有 $\mathrm{var}(y_1) \to +\infty$ 或 $\mathrm{var}(y_2) \to +\infty$ 成立？

9.4 对下述差分方程格式的高维生物系统

$$\boldsymbol{Z}(k+1) = \boldsymbol{f}(\boldsymbol{Z}(k); P), \tag{9.4}$$

其中 $\boldsymbol{Z}(k) = (z_1(k), z_2(k), \cdots, z_n(k))$ 是一个 n 维向量，P 是参数，$\boldsymbol{f}: \mathbb{R}^n \times \mathbb{R}^1 \to \mathbb{R}^n$ 是光滑的非线性函数。设 $\boldsymbol{Z} = \bar{\boldsymbol{Z}}$ 是系统 (9.4) 的不动点，即 $\bar{\boldsymbol{Z}} = \boldsymbol{f}(\bar{\boldsymbol{Z}}; P)$。如果存在一个参数值 $P = P_c$，满足如下条件：

(a) 当 $P < P_c$ 时，雅可比矩阵 $\left. \dfrac{\partial \boldsymbol{f}(\boldsymbol{Z}; P_c)}{\partial \boldsymbol{Z}} \right|_{\boldsymbol{Z}=\bar{\boldsymbol{z}}}$ 的特征值的模都小于 1。

(b) 当 $P = P_c$ 时，雅可比矩阵 $\left. \dfrac{\partial \boldsymbol{f}(\boldsymbol{Z}; P_c)}{\partial \boldsymbol{Z}} \right|_{\boldsymbol{Z}=\bar{\boldsymbol{z}}}$ 的某些特征值的模等于 1。

(c) 如果存在满秩矩阵 $\boldsymbol{S}$ 和变量 $\boldsymbol{Y}(k) = \boldsymbol{S}^{-1}(\boldsymbol{Z}(t) - \bar{\boldsymbol{Z}})$，使得系统 (9.4) 变成如思考题 9.1 中的近似线性系统 (9.3)。

试解决以下问题：

(1) 推导方差 $\mathrm{var}(z_i)$ 和协方差 $\mathrm{cov}(z_i, z_j)$ 的表达式。

(2) 如果矩阵 $\boldsymbol{S}$ 中的元素 $s_{i1} \neq 0$，讨论当 $P \to P_c$ 时，$\mathrm{var}(z_i)$ 有什么样的性质。

(3) 试推导皮尔逊相关系数 $\mathrm{PCC}(z_i, z_j)$ 的表达式。

(4) 在 $s_{i1} \neq 0$ 且 $s_{j1} \neq 0$ 的情况下，讨论当 $P \to P_c$ 时，$\mathrm{PCC}(z_i, z_j)$ 有什么样的性质。

(5) 在 $s_{i1} \neq 0$ 且 $s_{j1} = 0$ 的情况下，讨论当 $P \to P_c$ 时，$\mathrm{PCC}(z_i, z_j)$ 有什么样的性质。

第 10 章   霍奇金–赫胥黎方程

霍奇金–赫胥黎方程的建立是在生命科学领域实验与数学方法相结合的最成功典范之一。霍奇金–赫胥黎方程是霍奇金 (A. Hodgkin) 和赫胥黎 (A. Huxley) 于 1952 年建立的，用于定量描述细胞膜上的电压和离子电导随时间的变化。该方程的建立揭开了细胞兴奋性的神秘面纱，并从此开创了电生理学这一学科。因为他们的开创性工作，霍奇金和赫胥黎获得了 1963 年的诺贝尔生理学或医学奖。这一章将回顾霍奇金和赫胥黎的部分工作，沿着这两位大师揭开细胞兴奋性之谜的道路，从实验与理论相结合的视角介绍建立霍奇金–赫胥黎方程的过程。

神经细胞受到刺激可以产生动作电位，并以电信号的形式编码和传递信息这一事实很早就为人所知。1939 年，科尔 (K. S. Cole) 和柯蒂斯 (H. J. Curtis) 提出动作电位的产生可能与细胞膜的离子通透性增大有关。霍奇金和赫胥黎借乌贼的巨大轴突标本，通过电压钳实验首先得到了细胞内动作电位的记录，发现细胞膜的通透性是有选择性的。通过对实验所得到的离子电流的定量分析，并结合细胞膜的等效电路模型和对离子通道的通透性的唯象假设，他们提出了刻画电位变化的霍奇金–赫胥黎方程。这里首先介绍离子通道和能斯特方程的建立，然后是细胞膜的等效电路模型。最后介绍霍奇金–赫胥黎的电压钳实验和在他们实验结果的基础上建立定量微分方程模型的过程。这里的介绍力求简要而不失完整。更加详细的介绍请参考霍奇金和赫胥黎的原始文献[208] 或者神经科学方面的专著[209,210]。

10.1   离子通道与能斯特方程

细胞是通过质膜 (plasma membrane) 的结构与外部环境隔离开的。而细胞膜的结构是很复杂的，主要由脂类物质组成，以脂双层分子结构为基础，并且镶嵌有各种蛋白质，其中包括很多跨膜的离子通道。需要指出的是，细胞膜并不是固定不变的封闭的膜，而是具有丰富运动性的对细胞液和包括离子在内的各种分子具有高度选择性的半透膜。这些运动性包括脂双层的流动性、蛋白质分子在膜中的运动和完整膜或者膜片段的膜流等。而离子通道在细胞膜中的运动和结构变化是产生跨膜离子电流和动作电位的重要前提。在这一节中，首先介绍离子通道的基本知识和用于描述平衡状态时膜电位的能斯特方程 (Nernst equation) 的推导过程。

在生命体内，细胞内外环境中包含有各种离子，如钠离子、钾离子、钙离子和氯离子等。这些离子形成细胞内外的电位差。离子通过电势力与渗透压达到平衡状态。下面通过图 10.1 所示的模型介绍细胞通过离子通道与细胞外环境达到电平衡的原理。

为简单起见，考虑溶液中只有两种离子的情况，即正离子 K+ 和另外一种负离子 A−。如果容器被分隔为不相通的两部分，则在每一部分都是电中性的，正离子和负离子的浓度相同，但一侧的离子浓度比另一侧的高。此时，没有离子可以在两边转移。在这种情况下，因为两边都是电中性的，没有电压差 [图 10.1(a)]。在图 10.1(b) 中，左右两边通过一个没有选择性的通道连接起来。此时，两种离子可以经由通道的自由扩散达到新的平衡。在平衡状态下，两边的正离子和负离子的浓度都分别相同，而且在分隔面两边也不存在电压差。在图 10.1(c) 中，在容器两边的分隔面处放置一个具有选择性的通道。这个通道只允许 K$^+$ 通过，而不允许 A$^-$ 通过。此时，当通道打开后右侧的 K$^+$ 可以通过通道扩散到左侧，但是 A$^-$ 不可以扩散到左侧。这样，在两侧正离子和负离子的浓度都不再相等。左侧带正电，而右侧带负电。这个电压差会阻止 K$^+$ 从右到左的运动。当两边由于电压差对 K$^+$ 的电势力与由于浓度差对 K$^+$ 的渗透压所产生的力达到平衡后，K$^+$ 的浓度不再改变，系统达到平衡。从这个例子可以看到，有选择性的离子通道可以形成两侧的电位差。这就是细胞膜上有选择通透性的离子通道可以产生电位差的原理，这个电位差也称为是平衡电位。

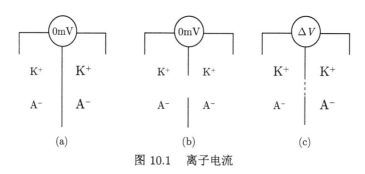

图 10.1   离子电流

在上面的例子中，平衡电位可以由能斯特方程给出。能斯特方程的基本依据是由统计力学中的热力学第二定律推广而得到的原理[211,212]：

> **热力学第二定律：**   当一个小系统与一个平衡温度为 T 的大系
> 统接触时，小系统将处于一个新的平衡状态，使得系统的吉布
> 斯自由能达到最小。

也就是说在平衡态时，系统的微观状态的改变所引起的自由能的改变为零。在上面的例子中，当 1mol 离子从一侧转移到另外一侧时系统的吉布斯 (Gibbs) 自由能的变化为

$$\Delta G = RT \ln \frac{[\text{ion}]_{\text{in}}}{[\text{ion}]_{\text{out}}} + \Delta V F z, \tag{10.1}$$

其中 $R = 8.315\text{J}/(\text{mol} \cdot \text{K})$ 为气体常数，T 为温度，$F = 9.648 \times 10^4\text{C/mol}$ 为法拉第常数，ΔV 为电位差 (膜外电压 − 膜内电压)，z 为相应离子的价，$[\text{ion}]_{\text{in}}$ 和 $[\text{ion}]_{\text{out}}$ 分别为内侧和外侧的离子浓度。在平衡态时，有 $\Delta G = 0$，由此可以得到平衡电压

$$V_m = \Delta V = \frac{RT}{zF} \ln \frac{[\text{ion}]_{\text{out}}}{[\text{ion}]_{\text{in}}}, \tag{10.2}$$

这个就是能斯特方程。在 37℃ ($T = 310\text{K}$) 时，可以得到平衡电压

$$V_m = \frac{61.5}{z} \log_{10} \frac{[\text{ion}]_\text{out}}{[\text{ion}]_\text{in}} \ (\text{mV}). \tag{10.3}$$

能斯特方程通过离子的浓度在膜两侧的差给出相应的平衡电位。在细胞中，常见离子包括 Na^+、K^+、Cl^- 和 Ca^{2+}。它们在细胞内外的浓度和相应的平衡电位如表 10.1 所给出。

表 10.1　常见离子在细胞内外的浓度

(a)

离子	细胞内 (mmol/L)	细胞外 (mmol/L)	平衡电位 (mV)
Na^+	50	440	$+55$
K^+	400	20	-76
Cl^-	40	560	-66
Ca^{2+}	0.4μmol/L	10	$+145$

(b)

离子	细胞内 (mmol/L)	细胞外 (mmol/L)	平衡电位 (mV)
Na^+	18	145	$+56$
K^+	140	3	-102
Cl^-	7	120	-76
Ca^{2+}	100μmol/L	1.2	$+125$

注：(a) 枪乌贼巨轴突；(b) 哺乳动物神经细胞。"$+$" 表示细胞内电位比细胞外高

如果只有一种离子，可以通过能斯特方程计算相应的平衡电位。但是，在细胞中有多种离子和相应的离子通道。这些离子通道都有很强的选择通透性，只能通过一种离子。此时可以通过戈德曼–霍奇金–卡茨 (Goldman-Hodgkin-Katz, GHK) 方程计算有多种离子的情况下的平衡电位。GHK 方程根据不同的离子通道的通透性的加权平均来计算平衡电位：

$$V_m = \frac{RT}{F} \ln \frac{P_\text{K}[\text{K}^+]_\text{out} + P_\text{Na}[\text{Na}^+]_\text{out} + P_\text{Cl}[\text{Cl}^-]_\text{out}}{P_\text{K}[\text{K}^+]_\text{in} + P_\text{Na}[\text{Na}^+]_\text{in} + P_\text{Cl}[\text{Cl}^-]_\text{in}}. \tag{10.4}$$

这里 P_i 为各种离子的相对渗透率。注意到在这里钙离子并没有包含在内，这是因为细胞内的钙离子浓度可以通过钙库进行调节，是比较特殊的。例如，对于枪乌贼的巨轴突，有

$$P_\text{K} : P_\text{Na} : P_\text{Cl} = 1.00 : 0.04 : 0.45.$$

由上面的方程可以得到常温 (20℃) 时枪乌贼的平衡电位为 -62mV。这个电位也就是在正常情况下，当细胞的离子进出细胞的过程达到平衡时细胞内外的电压差。这里平衡电位是负的，表示细胞内的电压比细胞外的要低。

10.2　细胞膜模型

离子通过细胞膜离子通道的运动可以产生跨膜电流。在这里可以通过等效电路建立细胞膜电流的模型。建立细胞膜的等效电路模型的想法最初来源于科尔。细胞膜具有很复杂的结构。一方面细胞膜本身具有脂双层的结构，这个脂双层具有类似于电容的结构和放电性质。另一方面，细胞膜上有很多离子通道，它们的电导率各不相同，而且与细胞内外环

境的电压差有关。科尔模型的基本要素包括：具有双层结构的细胞膜起电容的作用，可以积累电量，并在电压突然变化的时候释放电流；各种离子通道，其中每个通道的电导与细胞内外的电压差有关，可以用可变电阻来模拟；电化学驱动力可以迫使离子的运动，产生电流，在模型中用外加电压来表示。图 10.2 给出了这个模型的示意图。

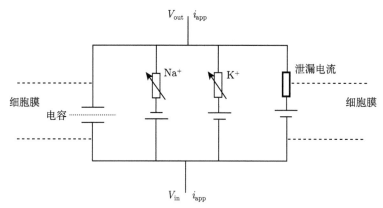

图 10.2　细胞膜的等效电路模型

电容表示细胞膜的脂双层结构。3 个离子通道分别对应于 Na$^+$、K$^+$ 和无选择性的泄漏电流，用电阻表示。这里关于 Na$^+$ 和 K$^+$ 的离子通道的电导依赖于外加电压。离子的外加驱动力通过电压 $V = V_{in} - V_{out}$ 和平衡电位的差表示

欧姆定律是建立电路方程的基础。根据欧姆定律，电流与电压差成正比，比例系数为电导，即电阻的倒数。因此有关系

$$I = \frac{V}{R} = gV. \tag{10.5}$$

根据欧姆定律和上面的细胞膜电路等价模型，可以推导出动力学方程，用来描述当系统偏离平衡态后膜电流的变化。为此，需要分别对各种电流建立数学公式。

首先，根据欧姆定律，离子 i 的跨膜电流为

$$I_i = g_i(V - V_i). \tag{10.6}$$

这里 $i = $ K (钾离子) 或者 $i = $ Na (钠离子)，g_i 为相应的离子通道的电导，V_i 为对应离子的平衡电位，可以通过能斯特方程给出。发生离子电流后，细胞内外的离子浓度发生改变，平衡电位会相应改变。在这里假设离子流所导致的浓度变化很小，不明显改变平衡电位，因此在模型中将假定平衡电位 V_i 保持为常数。上述假设只在一定条件下才成立，当离子电流很大，并明显影响到平衡电位时，就需要考虑离子浓度差对平衡电位的影响。

根据上面的讨论，总离子电流等于所有离子的运动所产生电流的总和，为

$$I_{ion} = \sum I_i = \sum g_i(V - V_i) = g_K(V - V_K) + g_{Na}(V - V_{Na}) + \cdots. \tag{10.7}$$

电容的电流可以根据基尔霍夫定律 (Kirchhoff law) 给出，即通过电容的电流与电压的变化率成正比，比例系数为电容

$$I_{cap} = C\frac{dV}{dt}, \tag{10.8}$$

这里 C 是细胞膜的电容，V 是跨膜电压。

这样，细胞膜的总电流等于离子电流、电容电流和泄漏电流的总和

$$I_m = I_{ion} + I_{cap} + I_{leak}, \tag{10.9}$$

这里 I_{leak} 表示泄漏电流。由方程 (10.7)~(10.9) 可以得到下面的微分方程

$$C\frac{dV}{dt} = -\sum_i g_i(V - V_i) + I_m - I_{leak}. \tag{10.10}$$

如果所有的电导 g_i、总电流 I_m 和泄漏电流 I_{leak} 都是已知的，上面的方程描述了给定电流的条件下电压的变化过程。一般地，总电流 I_m 是可以直接测量的，泄漏电流 I_{leak} 一般比较小，可以忽略。但是离子通道的电导一般是依赖于电压的，而且是动态的变化过程。正确给出离子通道的电导与电压的关系是建立霍奇金–赫胥黎方程的关键。这一点将在下一节详细讨论。

10.3　离子通道的门控机制

10.3.1　门控机制的数学描述

离子通道由细胞中的特殊蛋白质构成，它们聚集并镶嵌在细胞膜上，中间形成由水分子占据的孔隙，作为水溶性物质快速进出细胞的通道。离子通道的结构异常复杂，通常包括几个跨膜结构域。其中某些结构域包含内源性的电压感受器，受到电压刺激后可以产生移动，从而控制通道的开闭。这样，离子通道中的每个电压感受器相当于一个电压门控。这就是离子通道的门控机制。下面对单个门控的开放和关闭的状态切换过程建立数学模型。

为简单起见，假设每个通道只有一个门，并且该门控有开启和关闭两种状态。则细胞膜上的离子通道对相应离子的通透性与处于开启状态的通道 (或门) 的个数成正比。在一定的条件下，每个门可以在开和关两种状态中相互转变

$$C \underset{k^-}{\overset{k^+}{\rightleftharpoons}} O. \tag{10.11}$$

则细胞膜上处于开启状态的门的个数 N_O 满足方程

$$\frac{dN_O}{dt} = k^+ N_C - k^- N_O.$$

假设细胞膜上同一种门的总数为常数 $N_0 = N_O + N_C$，并令 $f_O = N_O/N_0$ 表示处于打开状态的门的个数所占的比例 (或者理解为一个门打开的概率)，则有

$$\frac{df_O}{dt} = -\frac{f_O - f_\infty}{\tau}, \tag{10.12}$$

这里

$$f_\infty = \frac{k^+}{k^+ - k^-}, \quad \tau = \frac{1}{k^+ + k^-}. \tag{10.13}$$

在这里, 反应速率常数 k^+ 和 k^- 通常是依赖于电压 V 的。这是因为门的打开和关闭过程是蛋白质结构域的运动和结构变化的结果, 这些结构域的移动与电压有关, 电压通常会改变蛋白质结构变化所需的活化能。假设在一定电压条件下, 发生结构变化的概率服从玻尔兹曼分布, 则这些反应常数与电压 (或者活化能) 之间的关系可以通过方程

$$k^+(V) = k_o^+ \exp(-\alpha V), \quad k^-(V) = k_o^- \exp(-\beta V) \tag{10.14}$$

表示, 这里 k_o^+ 和 k_o^- 是与 V 无关的常数。代入关系 (10.13) 可以得到

$$f_\infty(V) = \frac{1}{1 + k_o^-/k_o^+ \exp((\alpha - \beta)V)}, \tag{10.15}$$

$$\tau(V) = \frac{1}{k_o^+ \exp(-\alpha V)} \times \frac{1}{1 + k_o^-/k_o^+ \exp((\alpha - \beta)V)}. \tag{10.16}$$

定义

$$S_o = \frac{1}{\beta - \alpha}, \quad V_o = \frac{\ln(k_o^-/k_o^+)}{\beta - \alpha},$$

可以得到关系

$$f_\infty(V) = 0.5(1 + \tanh((V - V_o)/2S_o)), \tag{10.17}$$

$$\tau(V) = \frac{\exp(V(\alpha + \beta)/2)}{2\sqrt{k_o^+ k_o^-} \cosh((V - V_o)/2S_o)}. \tag{10.18}$$

这里 $f_\infty(V)$ 表示给定电压 V 在平衡态时处于开启状态的离子通道所占的比例。对给定的电压 V, 当系统经过特征时间 $\tau(V)$ 后, 处于开启状态的通道所占的比例趋向于 $f_\infty(V)$。

不同性质的门受到电刺激后的反应由函数 $f_\infty(V)$ 和 $\tau(V)$ 所描述, 而这两个函数的主要性质由参数 S_o 和 V_o 确定, 分别代表通道的性质和被失活 (或者激活) 所需的电压。对于不同的门, 对应的参数 V_o 和 S_o 的值不一样, 相应的门的性质也不同, 可以区分为失活的和激活的两种。特别地, $S_o < 0$ 表示失活门, 即当电压增加时, 门由激活态变为失活态; $S_o > 0$ 表示激活门, 即当电压增加时, 门由失活态变为激活态, 如图 10.3 所示。例如, 如果 $V_o = -50\text{mV}$, $S_o < 0$, 则在平衡状态 (对应的平衡电位是 -60mV) 时, $f_\infty(V) > 0.5$, 即门是打开的。当电压逐渐增加时, $f_\infty(V)$ 趋向于零, 即门逐渐被关闭。这样的门随电压的增加而关闭, 因此是失活门。

由方程 (10.12) 可以得到通透性随时间的变化

$$f_O(t) = f_O(0)e^{-t/\tau} + f_\infty(V)(1 - e^{-t/\tau}). \tag{10.19}$$

特别地，对于激活门，如果 $f_O(0) = 0$，则

$$f_O(t) = f_\infty(V)(1 - e^{-t/\tau}).\tag{10.20}$$

对于失活门，有 $f_O(0) = 1$，则

$$f_O(t) = e^{-t/\tau} + f_\infty(V)(1 - e^{-t/\tau}).\tag{10.21}$$

如果对于失活门有 $f_\infty(V) \approx 0$，则可以近似有 $f_O(t) = e^{-t/\tau}$.

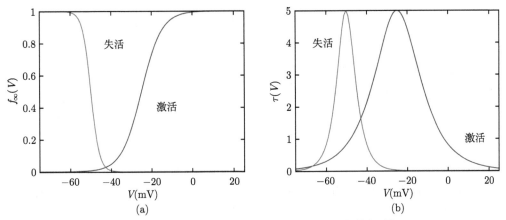

图 10.3 平衡态的开启状态的门所占的比例 f_∞(a) 和特征时间 τ (b)

图中分别给出失活门 ($V = -50\text{mV}$, $S_o = -2\text{mV}$) 和激活门 ($V = -25\text{mV}$, $S_o = 5\text{mV}$) 的结果。这里 $\alpha + \beta = 0$, $2\sqrt{k_o^+ k_o^-} = 0.2\text{ms}^{-1}$

在上面的讨论中，$f_O(t)$ 为一个门打开的概率。如果一个离子通道有 P 个独立的相同的门，则这些门同时打开的概率为

$$f_O(t)^P = (f_O(0)e^{-t/\tau} + f_\infty(V)(1 - e^{-t/\tau}))^P.$$

如果独立的门的个数 $P > 1$，可以看到当电压增加时通道的延迟开放，如图 10.4 所示。

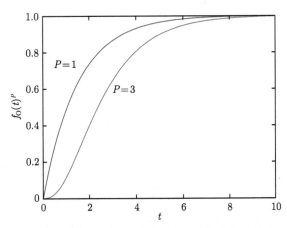

图 10.4 通透性随时间的关系与独立门个数的关系

如果离子通道有 P 个独立的门，则该通道的电导与相应的门处于开启状态的百分比与 f_O^P 成正比，因此有

$$g = \bar{g} f_O^P. \tag{10.22}$$

根据方程 (10.10)，如果只考虑有一个离子通道的情况，并且忽略泄漏电流，则可以得到下面的方程

$$C\frac{dV}{dt} = -\bar{g} f_O^P (V - V_{rev}) + I_m, \tag{10.23}$$

$$\frac{df_O}{dt} = -\frac{f_O - f_\infty(V)}{\tau(V)}, \tag{10.24}$$

这里 V_{rev} 表示平衡电位。方程 (10.23)~(10.24) 是霍奇金–赫胥黎方程的基础。

10.3.2 莫里斯–莱卡尔模型

在介绍霍奇金–赫胥黎方程的建立过程之前，先介绍一个简单的例子 (参考文献 [27] 第 2 章)。实验发现，在肌纤维中注入一定的电流可以产生电流振荡。经过研究发现，这些振荡电流包括 K^+ 和 Ca^{2+} 电流，而 K^+ 电流可以被 Ca^{2+} 所激活，因此也称为 K_{Ca}^+ 电流。

为了解释实验所看到的肌纤维的电流情况，莫里斯 (C. Morris) 和莱卡尔 (H. Lecar) 建立了下面的莫里斯–莱卡尔模型。这个模型包括一个快速激活的 Ca^{2+} 电流、一个缓变的诱导电流 K^+ 和一个泄漏电流。根据细胞膜的等效电路，可以用下面的常微分方程模型来描述膜电压的变化

$$\begin{cases} C\frac{dV}{dt} = -g_{Ca}m_\infty(V - V_{Ca}) - g_K w(V - V_K) - g_{leak}(V - V_{leak}) + I_m, \\ \frac{dw}{dt} = \frac{\phi(w_\infty - w)}{\tau}, \end{cases} \tag{10.25}$$

这里 w 表示 K^+ 通道的通透性。因为 K^+ 通道的打开是被 Ca^{2+} 所激活的，是慢过程，所以 w 是依赖于时间 t 的。和前面的讨论一样，Ca^{2+} 通道的电导 m_∞ 依赖于 V，表示 Ca^{2+} 通道的通透性。因为 Ca^{2+} 通道是快速激活的，这里假设 m_∞ 不显式依赖于时间。参数 g_{leak}、g_{Ca}、g_K 分别对应于泄漏电流、Ca^{2+} 电流和 K^+ 电流的电导系数。函数 $m_\infty(V)$、$w_\infty(V)$、$\tau(V)$ 分别由下面函数给出。

$$m_\infty(V) = 0.5(1 + \tanh((V - v_1)/v_2)),$$
$$w_\infty(V) = 0.5(1 + \tanh((V - v_3)/v_4)),$$
$$\tau(V) = 1/\cosh((V - v_3)/(2v_4)).$$

在方程 (10.25) 中，参数 I_m 表示细胞膜的总电流。可以通过调节 I_m 模拟在实验中注入不同强度的电流的情况，并与实验结果比较。通过数值模拟可以看到，当 I_m 比较小时，系统不能产生振荡电流，而当 I_m 不断增加，超过临界值时，可以产生振荡电流，如图 10.5 所示。

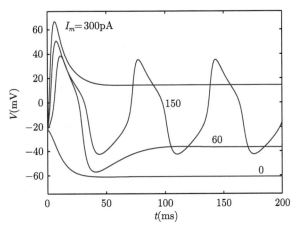

图 10.5　莫里斯–莱卡尔模型的数值模拟结果

图中参数取值为：$C = 20\mu F/cm^2$, $V_K = -84mV$, $g_K = 8ms/cm^2$, $V_{Ca} = 120mV$, $g_{Ca} = 4.4ms/cm^2$, $V_{leak} = -60mV$, $v_1 = -1.2mV$, $v_2 = 18mV$, $v_3 = 2mV$, $v_4 = 30mV$, $\phi = 0.04ms^{-1}$, I_m 的取值如图所示。当 $I_m = 150pA$ 时，系统出现振荡电流 (文献 [27] 的第 2 章)

10.4　霍奇金–赫胥黎方程的建立

霍奇金–赫胥黎方程是电生理学领域的经典模型，用于描述枪乌贼巨轴突的离子电流。这个模型是经验性的，它的提出主要建立在许多实验数据的基础上。霍奇金和赫胥黎希望建立一个数学模型用于解释他们所得到的实验数据。而通过他们的模型，人们也可以了解离子通道的作用机制。在霍奇金和赫胥黎建立他们的模型的时候，对离子通道的分子机制的了解并不多，但是他们通过一些简单的假设，就建立起了和实验结果吻合得很好的数学模型。一直到 30 年后，人们才开始逐渐了解这些离子通道的分子结构和作用机制。

10.4.1　实验结果

早在 1939 年，科尔和科蒂斯就提出了动作电位的产生可能与细胞膜的离子通透性增大有关。为了得到细胞膜上的电压和离子电导变化的定量描述，霍奇金和赫胥黎采用并发展了由科尔和马尔蒙 (G. Marmont) 创立的电压钳技术，使用枪乌贼的巨大轴突为标本，使用电压钳技术对细胞膜上的电流进行测量。电压钳技术的一个特点是可以调控细胞膜内外的电压差，通过测量不同电压差的条件下跨膜电流随时间的变化来推断电导和电压之间的关系。采用电压钳技术的另外一个目的是可以将电容电流和离子电流分离，从而可以在不受电容性电流的干扰下研究离子电流 (图 10.6)。

霍奇金和赫胥黎在实验中发现，当膜电位从平衡电位突然变化到某一个去极化水平时，可以观察到一个短暂的内向电流，随后出现一个持续的外向电流。这两个电流的时程和幅度都与膜电位的去极化水平有关。通过测量尾电流 (尾电流所对应的电导率与电压无关) 的方法，霍奇金和赫胥黎进一步证明在膜的通透性不变的情况下，离子电流与膜电压的变化呈线性关系，即服从欧姆定律。他们还通过改变细胞外液离子成分的方法，区分不同的离子电流。特别地，他们发现所观察到的离子电流主要包括钠电流和钾电流。根据欧姆定律，

电导随时间变化与膜电压的关系可以表示为

$$g_{\mathrm{Na}}(V,t) = \frac{I_{\mathrm{Na}}(V,t)}{V - V_{\mathrm{Na}}}, \quad g_{\mathrm{K}}(V,t) = \frac{I_{\mathrm{K}}(V,t)}{V - V_{\mathrm{K}}}. \tag{10.26}$$

这样,通过改变膜电压,可以得到一系列电导随时间变化的关系。霍奇金和赫胥黎经过详细的实验研究,发现离子电导的变化有以下几个特征,如图 10.7 所示。去极化电压越大,电导的变化幅度越大,并且电导上升的斜率越大;电导的变化不是瞬间发生的,而是要经历一个过程;钠离子通道的电导的变化是短暂的,而钾离子通道的电导的变化是持续的。

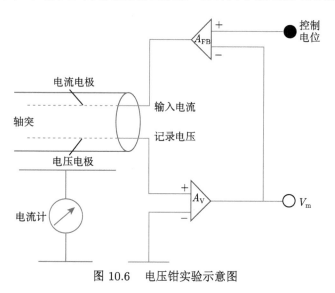

图 10.6　电压钳实验示意图

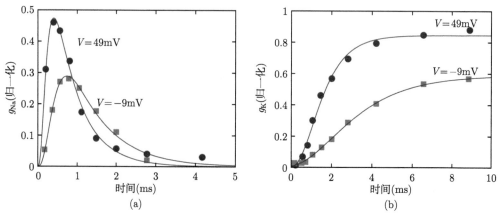

图 10.7　根据电压钳实验得到的钠电导 (a) 和钾电导 (b) 随时间的变化

实线分别由函数(10.27)和(10.28)拟合所得。膜电压如图所示。根据文献 [209] 中的图 7.5 重绘

10.4.2　离子通道的门控假设

根据上面所给出的电压钳实验的结果,可以看到钠离子通道在受到膜电压刺激后,先打开,到达最大电导后关闭。根据这一结果,霍奇金和赫胥黎推断钠离子通道存在激活门

和失活门两种门控结构域, 分别记相应的门打开的概率为 m 和 h。

根据前面对于门控机制的讨论, 可以得到

$$m(t) = m(0)e^{-t/\tau_m(V)} + m_\infty(V)(1 - e^{-t/\tau_m(V)})$$

和

$$h(t) = h(0)e^{-t/\tau_h(V)} + h_\infty(V)(1 - e^{-t/\tau_h(V)}).$$

对于钠离子通道, 当膜电压较大时, 在平衡状态下通道的电导与最大电导相比是很小的, 故可以忽略 $m(0)$。因此, 当膜电压 V 大于 $-30\mathrm{mV}$ 时, 可以忽略 $m(0)$。而当膜电压大于 $-30\mathrm{mV}$ 时, 实验表明失活门可以完全失活, 因此可以忽略 $h_\infty(V)$。这样, 假设钠离子通道有 p 个激活门和 q 个失活门, 可以近似地把电导表示为

$$g_{\mathrm{Na}} = g'_{\mathrm{Na}}(1 - e^{-t/\tau_m})^p (e^{-t/\tau_h})^q, \tag{10.27}$$

其中 $g'_{\mathrm{Na}} = \bar{g}_{\mathrm{Na}} m_\infty(V)^p h(0)^q$ 表示最大电导。通过与实验数据的拟合, 霍奇金和赫胥黎发现当 $p = 3$, $q = 1$ 时可以与实验数据拟合得比较好, 如图 10.7 所示。

对于钾离子通道, 从实验数据可以看到只有激活门, 记对应的打开概率为 $n(t)$, 则类似前面的讨论, 可以用下面的函数表示钾离子通道的电导

$$g_{\mathrm{K}} = \bar{g}_{\mathrm{K}} \left(n_\infty(V) - (n_\infty(V) - n(0))e^{-t/\tau_n(V)} \right)^q, \tag{10.28}$$

其中 $\bar{g}_{\mathrm{K}}$ 表示钾离子通道的最大电导。通过与实验数据的拟合, 霍奇金和赫胥黎发现令 $q = 4$ 可以得到很好的拟合结果, 因此可以认为钾离子通道包含有 4 个激活门。

10.4.3　方程的建立

根据上面的讨论, 钠离子通道和钾离子通道的电导可以通过下面关系给出

$$g_{\mathrm{Na}} = \bar{g}_{\mathrm{Na}} m^3 h, \tag{10.29}$$

$$g_{\mathrm{K}} = \bar{g}_{\mathrm{K}} n^4. \tag{10.30}$$

这里 $m(t)$、$h(t)$ 和 $n(t)$ 满足下面方程:

$$\frac{\mathrm{d}m}{\mathrm{d}t} = -(m - m_\infty(V))/\tau_m(V), \tag{10.31}$$

$$\frac{\mathrm{d}h}{\mathrm{d}t} = -(h - h_\infty(V))/\tau_h(V), \tag{10.32}$$

$$\frac{\mathrm{d}n}{\mathrm{d}t} = -(n - n_\infty(V))/\tau_n(V). \tag{10.33}$$

这里的参数 $\bar{g}_{\mathrm{Na}}$、$\bar{g}_{\mathrm{K}}$ 分别表示两种离子通道的最大电导, 可以通过实验得到。函数 $m_\infty(V)$、$n_\infty(V)$、$h_\infty(V)$ 和 $\tau_m(V)$、$\tau_n(V)$、$\tau_h(V)$ 的形式如式 (10.17)~(10.18) 所给出, 这些函数中的参数可以通过在电压钳实验中改变膜电压以测量相应的电导, 然后拟合实验数据得到。

霍奇金和赫胥黎根据实验数据得到下面的函数：

$$m_\infty(V) = \frac{\alpha_m(V)}{\alpha_m(V) + \beta_m(V)}, \tag{10.34}$$

$$\tau_m(V) = \frac{1}{\alpha_m(V) + \beta_m(V)}, \tag{10.35}$$

$$h_\infty(V) = \frac{\alpha_h(V)}{\alpha_h(V) + \beta_h(V)}, \tag{10.36}$$

$$\tau_h(V) = \frac{1}{\alpha_h(V) + \beta_h(V)}, \tag{10.37}$$

$$n_\infty(V) = \frac{\alpha_n(V)}{\alpha_n(V) + \beta_n(V)}, \tag{10.38}$$

$$\tau_n(V) = \frac{1}{\alpha_n(V) + \beta_n(V)}. \tag{10.39}$$

这里时间常数 $\tau_m(V)$、$\tau_h(V)$、$\tau_n(V)$ 和平衡态的值 $m_\infty(V)$、$h_\infty(V)$、$n_\infty(V)$ 可以通过把方程组 (10.31)~(10.33) 的解和关系式 (10.29) 和 (10.30) 与数据的拟合得到。而相应的系数 $\alpha_y(V)$ 和 $\beta_y(V)$ $(y = m, h, n)$ 可以通过关系

$$\alpha_y(V) = \frac{y_\infty(V)}{\tau_y(V)}, \quad \beta_y(V) = \frac{1 - y_\infty(V)}{\tau_y(V)} \tag{10.40}$$

得到。霍奇金和赫胥黎通过实验数据所得到的关系如下[208]：

$$\alpha_m(V) = \frac{0.1(V + 35)}{1 - \exp\left(-\dfrac{V + 35}{10}\right)}, \tag{10.41}$$

$$\beta_m(V) = 4 \exp(-(V + 60)/18), \tag{10.42}$$

$$\alpha_h(V) = 0.07 \exp(-(V + 60)/20), \tag{10.43}$$

$$\beta_h(V) = \frac{1}{\exp\left(-\dfrac{V + 30}{10}\right) + 1}, \tag{10.44}$$

$$\alpha_n(V) = \frac{0.01(V + 50)}{1 - \exp\left(-\dfrac{V + 50}{10}\right)}, \tag{10.45}$$

$$\beta_n(V) = 0.125 \exp(-(V + 60)/80). \tag{10.46}$$

特别要提醒读者的是，在这里所给出的函数形式与霍奇金和赫胥黎原始文献是不一样的。这一方面是因为按照现在的规定，在平衡状态下细胞内的电压是负的，而细胞外的电压为正 $(V_{\text{resting}} = -60\text{mV})$。另一方面，上面的电压是真实的细胞膜电位 $(V = V_{\text{in}} - V_{\text{out}})$，而不是霍奇金和赫胥黎所采用的根据平衡电位得到的电压的偏离。

最后，综合上面的方程，得到了下面的霍奇金–赫胥黎方程：

$$C\frac{\mathrm{d}V}{\mathrm{d}t} = -\bar{g}_{\mathrm{Na}}m^3h(V - V_{\mathrm{Na}}) - \bar{g}_{\mathrm{K}}n^4(V - V_{\mathrm{K}})$$
$$- \bar{g}_{\mathrm{leak}}(V - V_{\mathrm{leak}}) + I_m, \tag{10.47}$$

$$\frac{\mathrm{d}m}{\mathrm{d}t} = -\Phi(T)(m - m_{\infty}(V))/\tau_m(V), \tag{10.48}$$

$$\frac{\mathrm{d}h}{\mathrm{d}t} = -\Phi(T)(h - h_{\infty}(V))/\tau_h(V), \tag{10.49}$$

$$\frac{\mathrm{d}n}{\mathrm{d}t} = -\Phi(T)(n - n_{\infty}(V))/\tau_n(V). \tag{10.50}$$

这里 $\Phi(T)$ 表示温度对门控变量的影响。其中门控变量与电压的关系由下面关系给出

$$m_{\infty}(V) = \frac{\alpha_m(V)}{\alpha_m(V) + \beta_m(V)}, \tag{10.51}$$

$$\tau_m(V) = \frac{1}{\alpha_m(V) + \beta_m(V)}, \tag{10.52}$$

$$h_{\infty}(V) = \frac{\alpha_h(V)}{\alpha_h(V) + \beta_h(V)}, \tag{10.53}$$

$$\tau_h(V) = \frac{1}{\alpha_h(V) + \beta_h(V)}, \tag{10.54}$$

$$n_{\infty}(V) = \frac{\alpha_n(V)}{\alpha_n(V) + \beta_n(V)}, \tag{10.55}$$

$$\tau_n(V) = \frac{1}{\alpha_n(V) + \beta_n(V)}. \tag{10.56}$$

霍奇金–赫胥黎方程是一个四阶常微分方程组，包含一些辅助参数，分别是离子通道的平衡电位 (V_{Na}, V_{K}, V_{leak}) 和最大电导 ($\bar{g}_{\mathrm{Na}}$, $\bar{g}_{\mathrm{K}}$, $\bar{g}_{\mathrm{leak}}$)，温度系数 $\Phi(T)$ 和细胞膜的电容。这些参数的值与实验对象和条件有关，可以通过实验得到。例如，在霍奇金和赫胥黎的实验中 (枪乌贼巨轴突，温度为 6.3℃)，他们取下面的参数：

$$\begin{aligned}
&V_{\mathrm{Na}} = 55\mathrm{mV}, &&\bar{g}_{\mathrm{Na}} = 120\mathrm{mS/cm}^2, \\
&V_{\mathrm{K}} = -72\mathrm{mV}, &&\bar{g}_{\mathrm{K}} = 36\mathrm{mS/cm}^2, \\
&V_{\mathrm{leak}} = -49.387\mathrm{mV}, &&\bar{g}_{\mathrm{leak}} = 0.3\mathrm{mS/cm}^2, \\
&\Phi(T) = 3^{(T-6.3)/10}, &&C = 1\mu\mathrm{F/cm}^2,
\end{aligned}$$

这里 T 是温度 (单位为 ℃)。门控的开启和关闭的速率常数 α_i 和 β_i 可以通过与实验数据的拟合得到。霍奇金和赫胥黎用下面关系描述 6.3℃ 时枪乌贼巨轴突的钠离子和钾离子的情况：

$$\alpha_m(V) = \frac{0.1(V + 35)}{1 - \exp\left(-\dfrac{V + 35}{10}\right)}, \tag{10.57}$$

$$\beta_m(V) = 4\exp(-(V+60)/18), \tag{10.58}$$

$$\alpha_h(V) = 0.07\exp(-(V+60)/20), \tag{10.59}$$

$$\beta_h(V) = \frac{1}{\exp\left(-\dfrac{V+30}{10}\right)+1}, \tag{10.60}$$

$$\alpha_n(V) = \frac{0.01(V+50)}{1-\exp\left(-\dfrac{V+50}{10}\right)}, \tag{10.61}$$

$$\beta_n(V) = 0.125\exp(-(V+60)/80). \tag{10.62}$$

对给定的外加电流刺激 I_m, 求解霍奇金–赫胥黎方程就可以得到细胞膜上电压和电导的变化关系。对于不同的初始电压和外加电流, 霍奇金–赫胥黎方程可以表示出非常丰富的动力学行为。目前, 对该方程组的动力学研究有非常丰富的结果, 感兴趣的读者可以参考相关的文献, 在这里从略。

10.5 电缆方程和神经网络动力学方程

上面所介绍的霍奇金–赫胥黎方程模型是局部模型, 是用来描述局域的离子电流的。这里介绍使用霍奇金–赫胥黎方程研究离子通道 (或者神经元) 的非局域动力学行为时的两种推广——电缆方程和神经网络动力学方程。

10.5.1 电缆方程

考虑电流在神经细胞的长轴突中传播的情况。可以把神经细胞的长轴突近似为很长的管 (电缆), 通过细胞膜分隔为内部和外部两个区域。这样, 在每个局部区域, 除了由上面的霍奇金–赫胥黎方程描述的跨膜电流, 还有内部的沿细胞轴突的电流。假设每单位面积的跨膜电流为 I_m (正电流表示向外的电流), 则由电荷守恒定律, 有

$$I(x_a,t) - I(x_b,t) = \int_{x_a}^{x_b} SI_m \mathrm{d}x, \tag{10.63}$$

这里 S 表示轴突的周长。该守恒定律的积分形式为

$$-\int_{x_a}^{x_b} \frac{\partial I}{\partial x}\mathrm{d}x = \int_{x_a}^{x_b} SI_m \mathrm{d}x. \tag{10.64}$$

因为上面的关系对任意积分区域都成立, 我们有

$$-\frac{\partial I}{\partial x} = SI_m. \tag{10.65}$$

根据前面的结果, 跨膜的总电流可以表示为电容电流、离子电流和泄漏电流的和, 因此有关系

$$-\frac{\partial I}{\partial x} = S\left(C\frac{\partial V}{\partial t} + I_{\mathrm{ion}} + I_{\mathrm{leak}}\right), \tag{10.66}$$

这里 V 是膜电位。随后，电流和电压的关系可以通过欧姆定律给出来

$$I = -\frac{A}{R_c}\frac{\partial \phi_i}{\partial x}, \tag{10.67}$$

这里 A 为细胞的横截面积，R_c 表示细胞内部 (细胞质) 的电阻，ϕ_i 是细胞内的电压 (与 x 有关)。这样，得到了下面方程

$$\frac{\partial}{\partial x}\left(\frac{A}{R_c}\frac{\partial \phi_i}{\partial x}\right) = S\left(C\frac{\partial V}{\partial t} + I_{\text{ion}} + I_{\text{leak}}\right). \tag{10.68}$$

最后，如果细胞处于具有良好导电性的环境中，细胞外电压保持为常数。此时，因为 $V = \phi_i - \phi_e$，可以把上面方程改写为

$$\frac{\partial}{\partial x}\left(\frac{A}{R_c}\frac{\partial V}{\partial x}\right) = S\left(C\frac{\partial V}{\partial t} + I_{\text{ion}} + I_{\text{leak}}\right). \tag{10.69}$$

如果细胞近似为圆柱形长管，则 $A/S = d/4$，其中 d 为直径。则还可以把上面方程改写为

$$C\frac{\partial V}{\partial t} = \frac{d}{4}\frac{\partial}{\partial x}\left(\frac{1}{R_c}\frac{\partial V}{\partial x}\right) - I_{\text{ion}} - I_{\text{leak}}. \tag{10.70}$$

这个方程就是电缆方程 (cable equation)，可以用来研究神经脉冲在神经细胞轴突中的传播情况。

结合上面的霍奇金–赫胥黎方程，可以得到下面的用来描述沿轴突的电压变化的方程

$$C\frac{dV}{dt} = \frac{d}{4}\frac{\partial}{\partial x}\left(\frac{1}{R_c}\frac{\partial V}{\partial x}\right) - \bar{g}_{\text{Na}}m^3 h(V - V_{\text{Na}}) \tag{10.71}$$
$$- \bar{g}_{\text{K}}n^4(V - V_{\text{K}}) - \bar{g}_{\text{leak}}(V - V_{\text{leak}}) + I_m,$$

$$\frac{dm}{dt} = -(m - m_\infty(V))/\tau_m(V), \tag{10.72}$$

$$\frac{dh}{dt} = -(h - h_\infty(V))/\tau_h(V), \tag{10.73}$$

$$\frac{dn}{dt} = -(n - n_\infty(V))/\tau_n(V). \tag{10.74}$$

上面的方程给出了动作电位信号沿轴突传播的情况。而对于沿树突传播的情况则要复杂得多，因为树突信号作为输入端最后整合到胞体中。关于树突信号的整合和相关的数学模型，可以参考相关的文献，如文献 [213]。

10.5.2　神经网络动力学方程

神经系统是由很多神经元相互耦合的复杂网络，可以表现出非常复杂的动力学行为。在研究复杂神经元网络的动力学行为时，经常使用霍奇金–赫胥黎方程描述单个神经元的放电行为，而分别描述单个神经元的方程之间的关联来研究神经元之间的耦合。神经元之

间的耦合可以是非常复杂的，包括电耦合和化学耦合等，相应的数学表达方式也有很多种形式。在这里只介绍一种用于研究神经元电耦合的数学模型：

$$C\frac{\mathrm{d}V_i}{\mathrm{d}t} = -\bar{g}_{\mathrm{Na}}m_i^3 h_i(V_i - V_{\mathrm{Na}}) - \bar{g}_{\mathrm{K}}n^4(V_i - V_{\mathrm{K}}) \tag{10.75}$$
$$- \bar{g}_{\mathrm{leak}}(V_i - V_{\mathrm{leak}}) + I_m + D\sum_j \epsilon_{i,j}(V_j - V_i),$$

$$\frac{\mathrm{d}m_i}{\mathrm{d}t} = -(m_i - m_{\infty,i}(V_i))/\tau_{m,i}(V_i), \tag{10.76}$$

$$\frac{\mathrm{d}h_i}{\mathrm{d}t} = -(h_i - h_{\infty,i}(V_i))/\tau_{h,i}(V_i), \tag{10.77}$$

$$\frac{\mathrm{d}n_i}{\mathrm{d}t} = -(n_i - n_{\infty,i}(V_i))/\tau_{n,i}(V_i), \tag{10.78}$$

这里 V_i 表示第 i 个神经元的膜电压，m_i、h_i 和 n_i 为相应的门控变量。两个神经元之间的关联系数是通过 $\epsilon_{i,j} = 0$ 或 1 表示的，取 0 表示没有关联，取 1 表示存在关联。系数 D 表示关联强度。

根据这里所给出的神经网络动力学方程，可以研究在不同的参数和神经元之间的关联关系下，网络系统的动力学行为。相关的研究内容已经超出本书的范围，在这里从略。

10.6　本章小结

本章回顾了霍奇金–赫胥黎方程的建立过程。霍奇金–赫胥黎方程的建立是生命科学领域实验和数学方法相结合的最成功典范之一，对于生命科学领域数学模型的建立有非常重要的参考意义。霍奇金和赫胥黎在 1952 年连续发表的一系列论文发展了首先由科尔和马尔蒙创立的电压钳技术，借助枪乌贼的巨轴突，成功测量到巨轴突在不同的膜电压刺激下的钠离子电流和钾离子电流。他们把数学方法应用于解释实验数据，得到钠离子和钾离子通道的电导与膜电压的关系，并且结合细胞膜的等效电路模型，提出霍奇金–赫胥黎方程，开创了电生理学这一学科。在这一工作中，霍奇金和赫胥黎包揽了几乎所有的工作，从实验的设计、操作，细胞膜等效电路模型的建立和提出离子通道的门控假设，对参数的估计，最后是求解方程并与实验数据的比较。考虑到当时对离子通道结构的知识几乎是空白，甚至离子通道是否存在还不是很清楚，霍奇金和赫胥黎能够根据实验数据提出的一系列的假设正是体现了他们对于物理事实的深刻理解和对数学工具的灵活运用。

另外也应该看到，尽管霍奇金–赫胥黎方程可以很好地应用于枪乌贼的巨轴突，但是这个方程并不是根据基本原理推导出来的原理性方程，而是建立在实验现象的基础上的唯象方程，因此这个方程对于某些神经细胞的电生理现象的描述不一定正确。在应用霍奇金–赫胥黎方程的时候一定要根据具体的问题分析相关的假设是否成立。例如，霍奇金–赫胥黎方程中假设钠离子通道和钾离子通道是独立的，而在一些神经细胞中，这些通道是相互耦合的，并不完全独立。这里的欧姆定律的假设也只是近似成立，在一些特殊的情况下，已经发现有非欧姆定律的关系。

霍奇金--赫胥黎方程的成功并不仅仅是提出了一个描述细胞兴奋性的定量方程, 更重要的是开创了研究同类问题的思路, 使得人们可以对相关的类似问题进行研究。而该方程本身也会随着实验手段的不断改进和更加丰富的实验结果而不断得到完善。正如赫胥黎在 1964 年所说 (文献 [209] 的 177 页):"*我不希望让人们觉得我们在 1952 年所提出的方程是确定的 …… 霍奇金和我感觉到这些方程仅仅是近似, 而应该在很多方面被改进和推广, 以寻找分子在细胞间通透性改变的机制。*"

补充阅读材料

(1) Hodgkin A L, Huxley A F. Currents carried by sodium and potassium ions through the membrane of the giant axon of *Loligo*. J Physiol, 1952, 116: 449-472.

(2) Hodgkin A L, Huxley A F. The components of membrane conductance in the giant axon of *Loligo*. J Physiol, 1952, 116: 473-496.

(3) Hodgkin A L, Huxley A F. The dual effect of membrane potential on sodium conductance in the giant axon of *Loligo*. J Physiol, 1952, 116: 497-506.

(4) Hodgkin A L, Huxley A F. A quantitative description of membrane current and its application to conduction and excitation in nerve. J Physiol, 1952, 117: 500-544.

(5) Hodgkin A L, Huxley A F. A quantitative description of membrane current and its application to conduction and excitation in nerve: 1952. Bull Math Biol, 1990, 52: 25-71.

(6) Hodgkin A L, Huxley A F, Katz B. Measurements of current-voltage relations in the membrane of the giant axon of *Loligo*. J Physiol, 1952, 116: 424-448.

思　考　题

10.1 在霍奇金--赫胥黎方程中, 只有一个可变参数 I_m, 因此参数 I_m 和系统的初值确定了细胞的兴奋性。试按下面过程探索这些数值的变化对细胞的兴奋性的影响 (下面都令 $T = 6.3$)。

  (a) 令 $I_m = 0$, 求霍奇金--赫胥黎方程的平衡解。记相应的平衡解为 (V_0, m_0, h_0, n_0)。取 $m(t)$、$h(t)$、$n(t)$ 的初值分别为 $m(0) = m_0$、$h(0) = h_0$、$n(0) = n_0$, 并按不同的初值 $-100\text{mV} < V(0) < 100\text{mV}$ 采用数值方法求解霍奇金--赫胥黎方程。

  (b) 令初值 $V(0) = V_0$、$m(0) = m_0$、$h(0) = h_0$、$n(0) = n_0$, 试改变 I_m 的值 ($0\text{pA} < I_m < 300\text{pA}$) 求解霍奇金--赫胥黎方程。

  (c) 取恒定的膜电位 $V(t) \equiv V_m$, 对给定的初始条件 $m(0) = m_0$, $h(0) = h_0$, $n(0) = n_0$ 求解霍奇金--赫胥黎方程得到电导关于时间的变化, 并根据

$$I_m = C\frac{\mathrm{d}V}{\mathrm{d}t} + \bar{g}_{\text{Na}}m^3 h(V - V_{\text{Na}}) - \bar{g}_{\text{K}}n^4(V - V_{\text{K}}) + \bar{g}_{\text{leak}}(V - V_{\text{leak}}),$$

求出膜电流随时间的变化。

  (d) 根据你的计算结果, 叙述你所得到的结论。

第 11 章 能量函数与生物大分子识别

生物大分子识别或结构预测问题是计算生物学、生物信息学中的重要问题,与生物数据分析和挖掘密切相关。在生物大分子的构象搜索和结构选取等任务中,能量函数是预测生物大分子结构的关键。在很多情况下,生物大分子在统计平衡态下的分子结构通常可以对应于适当定义的能量函数极小值所对应的结构。因此,能量函数是大分子结构识别中算法设计的关键,如果能根据相关原理找到普适的能量函数,则基于能量函数自动优化的设计方法就能被广泛应用于不同结构生物大分子的结构识别或预测。从这一研究思路被提出至今,通过优化能量函数进行自动设计逐渐成为大分子结构计算设计的主流策略,而相应的能量函数和优化算法等也得到了持续发展[214]。从广义上讲,能量函数是指一切定义在分子构象空间的用于指导构象搜索、结构预测、结构优劣评估等任务的实值函数。

能量函数可根据是否依赖于已知的 (实验测定的) 大分子结构数据集,粗略地划分为两大类:基于物理的势能函数和基于知识的势能函数[215]。这一章将对这两类能量函数进行简要介绍,然后重点介绍基于知识的能量函数及其在蛋白质天然态结构识别和 microRNA 识别中的应用。

11.1 能 量 函 数

下面以蛋白质天然态结构预测问题为例对基于物理的势能函数和基于知识的势能函数这两类能量函数进行介绍。蛋白质是一切生命的物质基础,是细胞和生物体的重要组成成分。所有构成新陈代谢的化学反应,几乎都是在蛋白酶的催化作用下进行的,生命的运动及生命活动所需物质的运输等也都需要蛋白质来完成。而蛋白质的功能又与其结构紧密相关,所以对于蛋白质结构与功能的研究有着极其重要的生物学意义。

11.1.1 基于物理的势能函数

蛋白质是由许多氨基酸以脱水缩合的方式组成的多肽链状分子。在生物体内的蛋白质需要经过盘曲折叠形成一定的三维结构以后才能具有相应的生物学功能,这个过程也称为蛋白质折叠。蛋白质折叠是蛋白质分子和溶液中原子、分子相互作用的结果,其动力学过程服从基本物理规律。因此,基于物理基本原理的势能函数或物理力场函数理应可以作为描述蛋白质折叠过程中真实存在的能量函数。然而,由于蛋白质即溶液分子中的各项相互作用过于复杂,目前还无法精确地写出能够描述蛋白质折叠过程的能量函数。并且,即使可以写出这个能量函数,以目前的计算能力也无法进行有效计算。因此,有很多研究试图从不同的角度写出用于表征蛋白质折叠粗粒化的唯象的能量函数。

目前已经开发出各种适合不同体系蛋白质的力场函数,它们主要根据经典力学规律,分析粒子之间相互作用的基本原理,然后得到经验公式。相应的力场函数通常包含各种不同的能量项的加和，能够反映客观存在于蛋白质分子之间的物理相互作用，例如下式：

$$
\begin{aligned}
E_{\text{total}} &= E_{\text{bond}} + E_{\text{angle}} + E_{\text{torsion}} + E_{\text{electr}} + E_{\text{vdV}} \\
&= \sum_i \frac{k_{\text{bond}}}{2} \left(\boldsymbol{r}_i - \boldsymbol{r}_{i,0} \right)^2 + \sum_i \frac{k_{\text{angle}}}{2} \left(a_i - a_{i,0} \right)^2 \\
&\quad + \sum_i \sum_n \frac{E_n}{2} \left[1 + \cos \left(n\theta_i - \theta_{i,0} \right) \right] + \sum_i \sum_j \frac{q_i q_j}{4\pi\varepsilon_0 r_{i,j}} \\
&\quad + \sum_i \sum_j 4\varepsilon \left[\left(\frac{r_{i,j,0}}{r_{i,j}} \right)^{12} - \left(\frac{r_{i,j,0}}{r_{i,j}} \right)^6 \right],
\end{aligned}
\tag{11.1}
$$

这里第一项 E_{bond} 是键伸缩能，表示成键原子间的相互作用，符合胡克弹簧定律，其中 k_{bond} 为键伸展常量；第二项 E_{angle} 是键角扭曲能，表示分子中所有键角的贡献，采用谐振子模型；第三项 E_{torsion} 是二面角扭转能，表示化学键旋转时的能量变化；第四项 E_{electr} 表示静电相互作用，在这里原子间的静电相互作用主要考虑原子对间的库仑势能；第五项 E_{vdV} 是范德瓦耳斯相互作用，包括原子间排斥项和吸引项，在简单的力场中通常采用兰纳-琼斯 (Lennard-Jones) 势能形式。公式中 $\boldsymbol{r}_i$ 表示链接原子的化学键向量，a_i 表示键角，θ_i 表示二面角，q_i 表示原子电阶，$r_{i,j}$ 表示原子间距离，其他量为常数。

　　基于物理的势能函数被广泛地应用于分子动力学模拟。虽然它能够描述蛋白质分子的原子之间的物理性质，但是计算量大、计算耗时，而且其在鉴别天然态结构和近天然态结构时表现欠佳。更重要的是，基于物理的能量函数较少考虑蛋白质的熵效应和溶剂效应，而这两者在蛋白质折叠和自由能计算等研究中是一个不可忽视的影响因素。

　　研究表明，在一定溶液条件下，蛋白质的一级序列结构 (氨基酸序列) 可以确定蛋白质的三级立体结构，所以天然状态下的蛋白质具有在一定生理条件下确定的三级结构。那么通过对天然态蛋白质数据的各个方面的特征进行提取与研究，有可能构建出包含天然蛋白质物理化学性质的能量函数来预测蛋白质结构，采用这种方式建立的函数就称为基于知识的能量函数。基于知识的能量函数计算成本相对较低，其性能很大程度上取决于作为学习样本的已知蛋白质结构的数量和质量。下一节将着重介绍基于知识的能量函数中应用最广的一类——蛋白质统计势函数。

11.1.2　蛋白质统计势函数

　　蛋白质统计势函数是一种通过统计方法提取蛋白质结构数据库中实验结构的特征信息构建起来的势能函数。统计势函数被广泛应用于蛋白质结构预测的各个环节中。相对于基于物理的能量函数，它在天然结构识别、结构筛选、结构模型评估等很多场景中的性能表现都更胜一筹，很多综合的蛋白质能量函数 (力场) 都吸纳了统计势能项作为其重要的组成部分。

　　统计势函数可以根据以下三个标准进行分类：根据蛋白质表示形式可分为氨基酸残基层次、全原子 (非氢原子) 层次，以及简化原子层次 (如主链原子、虚拟原子等)；根据统计特征来分，有原子距离依赖型、溶剂可及性依赖型、原子接触依赖型及方位角依赖型等；根据参考态的不同设计，也可以得到不同的统计势能，例如，基于有限理想气体参考态 [216]、基于球域无相互作用参考态 [217]、基于随机行走链参考态 [218] 等。

统计势函数通常基于以下两个方面的假设：① 蛋白质天然构象拥有最低的势能值；② 依据玻尔兹曼分布，构象对应的能量与其出现的概率 (频率) 的负对数呈反比关系，即

$$E = -RT \ln P, \tag{11.2}$$

这里，E 为蛋白质构象的总能量，R 和 T 分别为理想气体常数和绝对温度，P 是该构象出现的概率。

设一个蛋白质分子含有 n 个原子，以 $\boldsymbol{x}_i$ 表示各原子的位置，则式 (11.2) 可以写成

$$E = -RT \ln P\left(\boldsymbol{x}_1, \boldsymbol{x}_2, \cdots, \boldsymbol{x}_n\right),$$

其中 $P(\boldsymbol{x}_1, \boldsymbol{x}_2, \cdots, \boldsymbol{x}_n)$ 为蛋白质中各原子处于该坐标位置下的概率。这是一个维度非常大的函数，即使是利用蛋白质结构数据库中的所有结构，也不足以获得有效的统计结果。如果假设蛋白质中各原子的状态是相互独立的，即不考虑多体效应，这样上面的方程就可以写成

$$E = -RT \ln \left[\prod_{1 \leqslant i < j \leqslant n} P\left(\boldsymbol{x}_i, \boldsymbol{x}_j\right) \right],$$

其中 $(\boldsymbol{x}_i, \boldsymbol{x}_j)$ 表示作用原子对的特征。该式可以进一步转化成

$$E = -RT \sum_{1 \leqslant i < j \leqslant n} \ln P\left(\boldsymbol{x}_i, \boldsymbol{x}_j\right).$$

将 $-RT$ 移入求和以内，上式可进一步写为

$$E = \sum_{1 \leqslant i < j \leqslant n} \left(-RT \ln P\left(\boldsymbol{x}_i, \boldsymbol{x}_j\right)\right). \tag{11.3}$$

定义两个原子 $\boldsymbol{x}_i$ 和 $\boldsymbol{x}_j$ 之间的相互作用势为

$$E_{ij} = -RT \ln P\left(\boldsymbol{x}_i, \boldsymbol{x}_j\right),$$

则式 (11.3) 可以写为

$$E = \sum_{1 \leqslant i < j \leqslant n} E_{ij}. \tag{11.4}$$

为了抵消那些非特异性的结构特征，通常可以在上式的基础上加入参考态，这样一来，E_{ij} 可以表示成

$$E_{ij} = -RT \ln \left[\frac{P_{\text{obs}}}{P_{\text{exp}}} \right]. \tag{11.5}$$

这里 P_{obs} 是基于蛋白质结构数据库中的实验结构统计得到的概率，也称为观测概率，P_{exp} 是基于特定的参考态假设计算出来 (或统计蛋白质假构象数据集) 的概率，即预期概率。一

般而言，不同的统计势对于 P_{obs} 的计算不会有太大差异。因此，对于基于相同结构特征的统计势函数，它们之间主要的区别就体现在参考态的设计上。另外，在原子距离的统计过程中，为了减小计算复杂度，通常会选择一个距离截断值 r_0，并假设超出该截断距离的所有"原子对"均可以忽略。由此，式 (11.5) 可以进一步写为

$$E_{ij} = -RT \ln \left[\frac{P_{\text{obs}}(r_{ij})/P_{\text{obs}}(r_0)}{P_{\text{exp}}(r_{ij})/P_{\text{exp}}(r_0)} \right], \tag{11.6}$$

式中，r_{ij} 为原子 i 和原子 j 之间的相互距离。也就是说，距离的观测概率和预期概率均用截断值 r_0 处的概率进行了归一化，从而使得两原子在距离 r_0 时的能量恰好为 0，这样就避免了能量函数的不连续。根据式 (11.4) 与式 (11.6)，蛋白质某构象的总能量可由下式计算而得

$$E = \ln \sum_{\substack{1 \leqslant i < j \leqslant n \\ r_{ij} \leqslant r_0}} \left[-RT \ln \frac{P_{\text{obs}}(r_{ij})/P_{\text{obs}}(r_0)}{P_{\text{exp}}(r_{ij})/P_{\text{exp}}(r_0)} \right]. \tag{11.7}$$

理论上来说，蛋白质天然构象中任何区别于非天然构象的结构特征均可以被用于构建基于知识的能量函数，其中最常见的一种就是基于蛋白质结构中任意两个原子之间的距离分布特征的统计势函数。此外，还有很多基于原子之间方位角分布的统计势函数，它计算起来要比距离统计势复杂一些，而且需要更大结构样本数据的支持。不同于"原子对"距离信息，方位角的定义和计算方式更加多元化，因此具有更多的设计空间和发展潜力。设计优良的方位角相比原子距离更能抓住蛋白质结构的关键特征。

11.2　蛋白质结构预测中的能量函数

11.2.1　蛋白质结构及其预测简介

蛋白质分子是由一条或者多条多肽链按各自特殊的方式组合而成的具有完整生物活性的分子，其中多肽链是由氨基酸经脱水缩合形成肽键连接而成的。氨基酸是构成蛋白质分子的基本结构单元，具有类似的结构，如图 11.1 所示。氨基酸的结构通式包含连接在 α-碳原子 (—C_α) 上一个羧基 (—COOH)、一个氨基 (—NH_2) 和一个侧链基团 (—R)，所以氨基酸也称 α-氨基酸。不同的氨基酸的主要区别是侧链基团 R 不同。自然界中组成蛋白质的基本氨基酸只有 20 种，如表 11.1 所示。

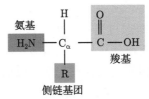

图 11.1　氨基酸的结构通式

图片源自文献 [219]

表 11.1   生命体中 20 种氨基酸的中文名和英文缩写、简写

中文名	英文缩写	简写	中文名	英文缩写	简写
甘氨酸	Gly	G	半胱氨酸	Cys	C
丙氨酸	Ala	A	蛋氨酸	Met	M
缬氨酸	Val	V	天冬酰胺	Asn	N
亮氨酸	Leu	L	谷氨酰胺	Gln	Q
异亮氨酸	Ile	I	苏氨酸	Thr	T
苯丙氨酸	Phe	F	天冬氨酸	Asp	D
脯氨酸	Pro	P	谷氨酸	Glu	E
色氨酸	Trp	W	赖氨酸	Lys	K
丝氨酸	Ser	S	精氨酸	Arg	R
酪氨酸	Tyr	Y	组氨酸	His	H

蛋白质分子的多肽链并不是线性的，而是按照一定的方式折叠盘绕成特有的空间结构，这种空间结构通常称为构象。蛋白质空间结构包括一级结构 (primary structure)、二级结构 (secondary structure)、三级结构 (tertiary structure) 和四级结构 (quaternary structure)。蛋白质一级结构即组成蛋白质的氨基酸序列，是蛋白质高级构象和特异生物学功能的基础，对研究蛋白质结构、作用机制与其同源蛋白质生理功能有重大的意义，如图 11.2 为蛋白质的结构层次。

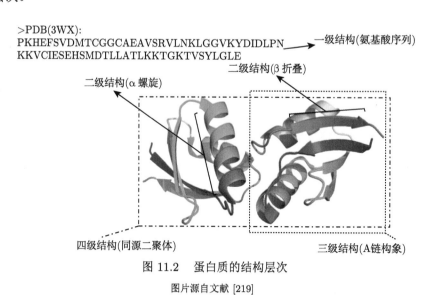

图 11.2   蛋白质的结构层次

图片源自文献 [219]

蛋白质结构的从头开始预测即通过蛋白质的一级序列结构直接预测其三级立体结构。通过蛋白质结构预测，其目的是能在计算机上模拟蛋白质分子折叠的过程，由此进一步了解蛋白质折叠的原理。根据分子和原子的物理化学性质进行蛋白质的折叠模拟，其基本理论依据是：安芬森 (C. Anfinsen) 提出的蛋白质天然结构是处于能量最低的状态的热力学假设[220]。如图 11.3 所示，蛋白质从一级结构折叠成具有特异功能的三级结构，在预测的过程中主要包括以下步骤：构象初始化、构象搜索、结构筛选、全原子结构重建和结构优化等。

对于任意一条蛋白质序列,折叠的过程中都会有无穷多个构象,但是其天然构象通常只有一个或极少数的几个。但是,也有一些蛋白质在天然状态下不存在固定的结构,而是会出现天然状态下结构大范围动态变化的情况,这类结构也称为非折叠蛋白质结构 (unfolded protein structure),并不在这里所考虑的范围内。此外,大部分跨膜蛋白的折叠需要细胞膜环境的作用,也不包含在这里所考虑的范围内。

由于蛋白质结构的可能构象数目巨大,在目前的计算条件下,通过一维的序列去随机搜索天然构象将是浩大的计算量。进行构象初始化,可以有效地降低构象空间的数目,这将会减少计算量的需求和减轻对高精度力场的依赖。接下来是构象搜索,在通常的计算中,目标序列构象空间中能量最低的构象被认为是其天然态构象,这个时候就可以把蛋白质结构预测问题简化成在构象空间中寻找能量最低的构象,如图 11.4 所示。由于在构象初始化、构象搜索和结构筛选的过程中主要采用的是简化蛋白质模型,很多结构预测算法在构象初始化的时候就简化了模型,只考虑主链重原子或将侧链基团简化成一个虚拟原子,这样可以加速构象的初始化。之后需要对简化模型进行全原子结构的重建,需要将简化结构模型的其他原子,包括侧链基团原子,重新安装上得到全原子的结构。在获取了全原子结构之后还需要进行结构的优化[221],而结构的优化也有专门的方法,如 ModRefiner[222]、FG-MD[223] 等。

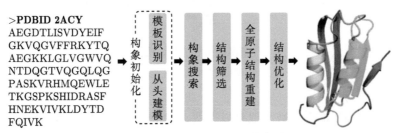

图 11.3　蛋白质结构预测的步骤

图片源自文献 [219]

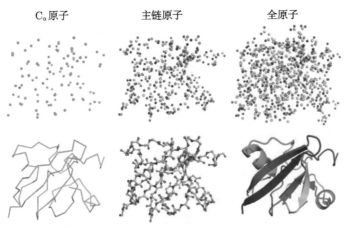

图 11.4　蛋白质结构的表示

图片源自文献 [219]

在蛋白质结构预测的过程中构建一个能够精确计算蛋白质构象能量的势能函数是最关键的问题[224]。不管是哪一种结构预测的方法都需要通过不断迭代优化初始构象来缩小构象搜索的空间，然后再从构象空间中挑选出能量最低的构象，而能量最低的构象即最接近天然结构的构象。由于在实际预测时并没有天然态构象作为参考，因此通过一个精确的能量函数指导正确地识别近天然态构象显得尤为重要。在理论情况下，通常假设蛋白质的势能表面应该呈一个漏斗状，称为能量景观 (energy landscape)。任意一个结构都对应着上面的一个点，离天然态构象越近，其能量也越低[225]，如图 11.5 所示。

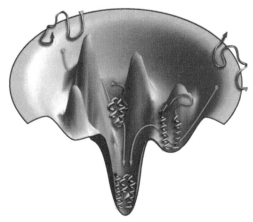

图 11.5   能量函数引导的蛋白质折叠示意图

图片源自文献 [225]

一个有效的蛋白质能量函数一般有以下两点特征：第一，能从蛋白质构象集 (构象集中包含某蛋白质的实验结构和该蛋白质的一系列结构模型) 中筛选识别出天然结构 (实验结构)，也就是给天然结构的能量打分应该是最低的；第二，能量分值越低的结构应与天然结构越接近，也就是能量函数能较好地区分不同的结构模型[226]。

前面阐述了统计势基本概念和蛋白质结构预测的具体流程，接下来将介绍基于原子对距离及方位角的统计势 ANDIS (atomic angle- and distance-dependent statistical potential)，同时包括蛋白质结构中非冗余数据集的筛选构建过程、势能函数测试用的蛋白质构象集的搜集整理过程，以及势能函数评估时用到的评估指标。

11.2.2   蛋白质统计势 ANDIS 的设计

统计势 ANDIS 由两个能量项组合构成，一个是基于原子对方位角信息的角度能量项，它是 ANDIS 的核心能量项；另一个是基于原子对距离分布信息的距离能量项，它是一个基于随机行走链参考态的原子距离统计势。两个能量项都是基于蛋白质中任意两个原子相对位置和方位信息。与其他很多势能函数一样，这里将构成蛋白质的 20 种氨基酸中所有的重原子 (非氢原子)，标记为 167 种原子的统计信息，如表 11.2 所示。ANDIS 的统计和计算主要基于蛋白质结构非冗余数据集中每个结构里属于这 167 种原子的任意两个原子的距离及方位角信息。只有距离小于某一固定值 (距离截断值) 的原子对才参与统计。

表 11.2　20 种氨基酸中 167 种参与统计的原子 (源自文献 [219])

序号	原子名	残基名	序号	原子名	残基名	序号	原子名	残基名	序号	原子名	残基名
1	N	Gly	43	C	Phe	85	CA	Pro	127	CD	Lys
2	CA		44	O		86	C		128	CE	
3	C		45	CB		87	O		129	NZ	
4	O		46	CG		88	CB		130	N	His
5	N	Ala	47	CD1		89	CG		131	CA	
6	CA		48	CD2		90	CD		132	C	
7	C		49	CE1		91	N	Thr	133	O	
8	O		50	CE2		92	CA		134	CB	
9	CB		51	CZ		93	C		135	CG	
10	N	Val	52	N	Tyr	94	O		136	ND1	
11	CA		53	CA		95	CB		137	CD2	
12	C		54	C		96	OG1		138	CE1	
13	O		55	O		97	CG2		139	NE2	
14	CB		56	CB		98	N	Cys	140	N	Arg
15	CG1		57	CG		99	CA		141	CA	
16	CG2		58	CD1		100	C		142	C	
17	N	Leu	59	CD2		101	O		143	O	
18	CA		60	CE1		102	CB		144	CB	
19	C		61	CE2		103	SG		145	CG	
20	O		62	CZ		104	N	Asn	146	CD	
21	CB		63	OH		105	CA		147	NE	
22	CG		64	N	Trp	106	C		148	CZ	
23	CD1		65	CA		107	O		149	NH1	
24	CD2		66	C		108	CB		150	NH2	
25	N	Ile	67	O		109	CG		151	N	Asp
26	CA		68	CB		110	OD1		152	CA	
27	C		69	CG		111	ND2		153	C	
28	O		70	CD1		112	N	Gln	154	O	
29	CB		71	CD2		113	CA		155	CB	
30	CG1		72	NE1		114	C		156	CG	
31	CG2		73	CE2		115	O		157	OD1	
32	CD1		74	CE3		116	CB		158	OD2	
33	N	Met	75	CZ2		117	CG		159	N	Glu
34	CA		76	CZ3		118	CD		160	CA	
35	C		77	CH2		119	OE1		161	C	
36	O		78	N	Ser	120	NE2		162	O	
37	CB		79	CA		121	N	Lys	163	*CB*	
38	CG		80	C		122	CA		164	CG	
39	SD		81	O		123	C		165	CD	
40	CE		82	CB		124	O		166	OE1	
41	N	Phe	83	OG		125	CB		167	OF2	
42	CA		84	N	Pro	126	CG				

定义 5 个角度来描述原子对的相对方位信息，并且只有当两个原子的距离小于距离截断值时才进行方位角信息的计算和统计。不仅如此，这里还设计引入原子对有效相互作用的概念，即根据两原子之间是否被其他原子遮挡，遮挡到什么程度。只有属于有效相互作用的原子对的方位角信息才会被 ANDIS 统计。在统计势 ANDIS 中，对蛋白质结构非冗余数据集中所有残基间隔 ⩾ 7.0Å、距离 < 15.0Å 的原子对进行统计计算。原子对的距离被划分为 29 个区间，其中第一个区间是 0 ~ 2.2Å，从 2.2Å 到 7.0Å 设置区间宽度为 0.4Å，

从 7.0Å 到 15.0Å 设置区间宽度为 0.5Å。ANDIS 试图捕捉到蕴藏在原子对距离及方位角中的关键结构特征。接下来对统计势 ANDIS 设计开发中涉及的相关定义、具体计算公式及参数设置进行详细介绍。

11.2.3　蛋白质结构中原子对方位角的定义

蛋白质结构中的原子对如图 11.6 所示。基于蛋白质的任意原子及其键接的两个相邻原子 (若只键接了一个原子,则与键接原子键接的下一个原子将被考虑进来),可以为每个原子建立一个局域坐标系。为描述两个原子在局域坐标系的相对方位,定义 5 个距离依赖的角度,包括 4 个极角 θ_a、θ_b、φ_a 和 φ_b 以描述 $\boldsymbol{r}_{ba}$ 和 $\boldsymbol{r}_{ab}$ 的相对方位,以及 1 个二面角 χ 以表示平面 $\boldsymbol{r}_{ab} \times \boldsymbol{V}_z(a)$ 和平面 $\boldsymbol{V}_z(b) \times \boldsymbol{r}_{ba}$ 间的二面角。角度 θ_a、θ_b、φ_a、φ_b 和 χ 的值被划分为 12 个区间。因此整个角度能量项统计矩阵的尺寸为 $5 \times 167 \times 167 \times 29 \times 12$。在统计的过程中,如果某原子对在某个距离区间的角度统计频率小于 20,则将予以忽略。

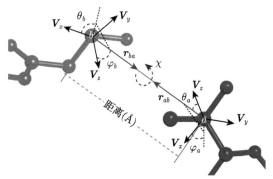

图 11.6　"原子对"方位角定义示意图

图片源自文献 [219]

根据上面的角度定义,ANDIS 的角度能量项表示为

$$
\begin{aligned}
&E^{AG}\left(\theta_a, \theta_b, \varphi_a, \varphi_b, \chi \mid r_{a,b}\right) \\
&= -RT \ln\left[\frac{p^{\text{OBS}}\left(\theta_a, \theta_b, \varphi_a, \varphi_b, \chi \mid r_{a,b}\right)}{p^{\text{REF}}\left(\theta_a, \theta_b, \varphi_a, \varphi_b, \chi \mid r_{a,b}\right)}\right] \\
&\approx -RT \sum_i \ln\left\{\frac{p^{\text{OBS}}\left(\text{angle}_i(s) \mid r_{a,b}(d)\right)}{p^{\text{REF}}\left(\text{angle}_i(s) \mid r_{a,b}(d)\right)}\right\},
\end{aligned}
\tag{11.8}
$$

其中 R 和 T 分别是玻尔兹曼常量和绝对温度,$r_{a,b}$ 是类型为 a 和类型为 b 的原子之间的距离,angle_i 代表角度 θ_a、θ_b、φ_a、φ_b 或 χ。在这里 $p^{\text{OBS}}\left(\text{angle}_i(s) \mid r_{a,b}(d)\right)$ 表示在蛋白质结构非冗余数据集中观测到的给定距离区间 d 下角度 angle_i 落入角度区间 s 的概率,而 $p^{\text{REF}}\left(\text{angle}_i(s) \mid r_{a,b}(d)\right)$ 表示参考态中的对应概率。每个角度区间的统计势频数都被初始化为 0.1,以避免出现 0 频数带来的计算问题。以 12 个角度区间的平均值作为参考态,也就是

$$
p^{\text{REF}}\left(\text{angle}_i(s) \mid r_{a,b}(d)\right) = \frac{1}{12} \sum_{s=1}^{12} p^{\text{OBS}}\left(\text{angle}_i(s) \mid r_{a,b}(d)\right).
$$

这里关于概率的计算都是基于整个非冗余数据集得到的。

11.2.4　有效相互作用的定义

为了确保捕捉到的原子对相互作用尽可能在物理上是有效的, 在 ANDIS 设计中引入了原子对有效相互作用的概念。如图 11.7 所示。通过计算与原子 a 和 b 的距离 $< 7.0\text{Å}$ 的每个原子对应的角度 α_i (即 $\angle a x_i b$) 来评估原子 a 和原子 b 的相对暴露程度。当角度 α_i 偏大时, 意味着原子 a 和 b 在一定程度上被原子 x_i 所遮挡。在这里, 当且仅当所有的角度 α_i 都等于或小于 60° 时, 才认为原子 a 和原子 b 之间的相互作用是有效的 (统计权重被置为 1.0)。对于 α_i 大于 60° 的情形 (同时要求 x_i 和 a, b 之间的残基间距大于 2, 且至少其中一个要大于 7), 将该原子对的统计权重置为 $\prod_i \frac{180.0 - \alpha_i}{180.0}$。有效相互作用的引入, 有助于去掉统计过程中冗余的或无效的相互作用信息。

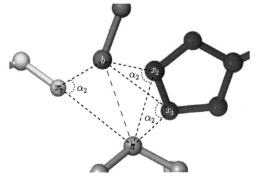

图 11.7　有效相互作用定义示意图

图片源自文献 [219]

11.2.5　统计势 ANDIS 的计算

由于最佳的原子对距离截断值与所用的评估指标及应用环境存在较强的关联性, AN-DIS 中的截断距离被设置为一个从 7.0Å 到 15.0Å 的可调参数。研究显示, 较短的距离截断值有助于提升统计势对天然结构的识别能力, 而较长的距离截断值则有助于区分不同质量的结构模型。当 $r_{\text{cut}} \leqslant 9.0\text{Å}$ 时, 引入原子对有效相互作用, 以增加 ANDIS 的天然结构识别能力。而距离截断值 $> 10\text{Å}$ 时, 引入了基于随机行走链参考态的原子距离统计势 (矩阵尺寸为 $167 \times 167 \times 29$), 以提升 ANDIS 的结构模型质量区分能力。

对于一个序列为 S_q、构象为 C_p 的蛋白质, 其 ANDIS 势能分值可由以下公式计算得到

$$E\left(S_q, C_p\right) = \begin{cases} \sum_{m=1}^{N-1} \sum_{n=m+1}^{N} w^{m,n} E^{AG}\left(\theta_a^m, \theta_b^n, \varphi_a^m, \varphi_b^n, \chi \mid r_{a,b}^{m,n}\right), \\ \qquad\qquad\qquad\qquad \text{如果 } r_{\text{cut}} \leqslant 9.5\text{Å}, \\ \sum_{m=1}^{N-1} \sum_{n=m+1}^{N} \Big(0.5 \times E^{AG}\left(\theta_a^m, \theta_b^n, \varphi_a^m, \varphi_b^n, \chi \mid r_{a,b}^{m,n}\right) \\ \qquad\qquad + E^{RW}\left(r_{a,b}^{m,n}\right)\Big), \\ \qquad\qquad\qquad\qquad \text{如果 } 10\text{Å} \leqslant r_{\text{cut}} \leqslant 15\text{Å}. \end{cases} \qquad (11.9)$$

这里 N 是蛋白质链 S_q 中总的重原子数目, $r_{a,b}^{m,n}$ 是在构象中观测到的原子对 m 和 n (相应的原子类型分别为 a 和 b) 的距离, $r_{\rm cut}$ 为 $r_{a,b}^{m,n}$ 对应的截断距离, 它是 ANDIS 中一个可调参数 (默认值为 15.0Å, 若用于天然结构筛选, 建议设置一个较小的值, 如 7.0Å), $w^{m,n}$ 是原子对 m 和 n 对应的势能打分的权重 (当 $r_{\rm cut} = 9.5$Å 时, $w^{m,n} = 1.0$), 它由原子对有效相互作用的定义计算得到. 能量函数 (11.9) 中的 $E^{RW}(r_{a,b}^{m,n})$ 是以随机行走链 (random walk) 为参考态的原子距离统计势, 它的计算公式如下:

$$E^{RW}(r_{a,b}) = -k_{\rm B}T \ln \frac{N^{\rm OBS}(r_{a,b})}{\sum_p^{N_{\rm tot}} \left(\frac{r_{a,b}}{r_{\rm cut}}\right)^2 \frac{\sum_{n=1}^{L_p} \exp\left(-3r_{a,b}^2/2nl^2\right)/n^{3/2}}{\sum_{n=1}^{L_p} \exp\left(-3r_{\rm cut}^2/2nl^2\right)/n^{3/2}} N_{a,b}^{{\rm OBS},p}(r_{\rm cut})}, \quad (11.10)$$

其中 $N^{\rm OBS}(r_{a,b})$ 是结构数据集中观测到的原子对 (a,b) 落入距离区间 $[r, r+\Delta r]$ 中的频数, $N_{a,b}^{{\rm OBS},p}(r_{\rm cut})$ 则是在蛋白质结构 p 中观测到的原子对 (a,b) 落入 $r_{\rm cut}$ 所在距离区间的频数, l 是科恩 (Kohn) 长度, $N_{\rm tot}$ 是蛋白质结构数据集中的结构总数目. 在这里仅考虑残基间距 $\geqslant 7.0$Å 的原子对.

11.2.6 训练集和测试集数据的选取

本节所介绍的结构数据集统计样本均来自蛋白质数据库 (protein data bank, PDB). 由于在 PDB 中存在大量冗余且精度不一的蛋白质结构, 通常需要选取同源性较低、精度较高、结构比较完整的蛋白质结构作为非冗余结构数据集.

本研究中的蛋白质统计样本可以通过在线数据库挑选出来. 为了测试不同数据集对参考态的影响, 在同源百分比小于 25%, 结构分辨率优于 3.0Å, R 值小于 1.0 的范围内选取 12 个非冗余结构数据集进行对比测试. R 值是衡量从晶体衍射到数据解析出的结构模型质量的一个指标, R 值越小表示模型质量越好. 首先对这 12 个非冗余的结构数据进行预处理, 删除其中肽链长度小于 30 或者大于 1000 的肽链, 同时检查每个肽链的完整性, 剔除掉肽链中间缺失一个或多个残基的肽链. 根据上述条件, 最终选取 12 个非冗余结构数据集, 如表 11.3 所示.

表 11.3　12 个非冗余结构数据集

结构数据集	同源百分比 (%)	结构分辨率 (Å)	R 值	结构数量
pc20_res1.6_r0.25	< 20	< 1.6	< 0.25	2022
pc25_res1.6_r0.25	< 25	< 1.6	< 0.25	2470
pc20_res1.8_r0.25	< 20	< 1.8	< 0.25	2762
pc20_res2.0_r0.25	< 20	< 2.0	< 0.25	3519
pc25_res1.8_r0.25	< 25	< 1.8	< 0.25	3704
pc20_res2.2_r1.0	< 20	< 2.2	< 1.0	3943
pc20_res2.5_r1.0	< 20	< 2.5	< 1.0	4368
pc20_res3.0_r1.0	< 20	< 3.0	< 1.0	4654
pc25_res2.0_r0.25	< 25	< 2.0	< 0.25	4780
pc25_res2.2_r1.0	< 25	< 2.2	< 1.0	5397
pc25_res2.5_r1.0	< 25	< 2.5	< 1.0	5996
pc25_res3.0_r1.0	< 25	< 3.0	< 1.0	6457

数据来源: http://dunbrack.fccc.edu/pisces/

统计势能函数除了在实际结构预测中测试，通常根据其在蛋白质构象集中的表现来评估其效果。其中蛋白质构象集又被称为伪结构集，是指目标蛋白质的大量不同结构的集合，通常也包括目标蛋白质的天然结构。用来测试能量函数的伪结构集目前并没有一定的准则，存在各种不同类型的伪结构集被应用于测试不同类型的势能函数。目前，绝大部分基于理论的伪结构集通常是用较粗粒的方法产生的，存在着结构冗余和自身结构拓扑缺陷，导致伪结构集中模型结构与正常蛋白质结构之间的差异较大。当前大部分主流的统计势能都能准确地挑选出天然构象，因此需要选择更加接近于真实情况的理论模型伪结构集。下面是根据 ANDIS 的性质在不同类型的伪结构集所选取的测试集：CASP5-8、CASP10-13、Rosetta、I-TASSER 和 3DRobot。

蛋白质结构预测 (critical assessment of protein structure prediction，CASP) 大赛中产生的天然结构与模型结构的构象集可以作为测试集，例如，CASP5-8 的测试集由 Rykunov 和 Fiser 收集并统计，可直接在网上下载，其中包括 143 个蛋白质共计 2759 个结构①。CASP10-13 大赛中的所有蛋白质结构数据可以从网上下载并进行优化处理②。在这里，优化处理的步骤如下：删除没有实验结构的数据集；删除实验结构残基序列不连续的数据集；删除实验结构分辨率较低的数据集；删除序列不连续和序列短于实验结构的预测模型结构；将预测模型结构与实验结构进行序列比较，并删去多余的序列使预测模型结构的序列与实验结构的序列相匹配。通过这些处理以后，最终可以得到 175 个蛋白质，包括 13 474 个结构。CASP10-13 测试集可以在 ANDIS 网站下载③。还可以通过结构模拟预测程序产生的伪结构集来作为测试集。这些伪结构解能够反映势能函数真实的应用场景，基于这些方法产生的伪结构集的区分能力也比较强。Rosetta 数据集是由 Rosetta ab initio 结构软件生成的 200 个蛋白质，共 60 200 个结构④。I-TASSER 数据集包括 56 个蛋白质，共计 24 707 个结构，其伪结构集都是由蒙特卡罗模拟生成，并由 GROMACS4.0 模拟完善结构产生的⑤。构象集 3DRobot 是一个高质量的理论模型构象集[227]，其相对于 4state_reduced、fisa、4fisa 等其他构象集而言，具有更接近天然结构的假结构，构象的 RMSD/TM-score 分布均匀，可以更好地反映出统计势的真实性能。3DRobot 含有 200 个蛋白质，可以从网上进行下载⑥。

11.2.7 统计势函数性能评估的相关指标

利用各种伪结构集对统计势函数性能进行评估时，最简单的办法就是将对构象的打分 (能量) 与构象相对天然构象的均方根误差 (RMSD)(或 TM_score、GTD_TS 等) 进行对比。在这里需要注意的是，当我们在比较两个大分子的三维结构时，因为对分子的平移和旋转变换不影响分子的结构，所以在比较两个分子的结构时通常需要对一个原子的结果进行平移和旋转变换以获得结构的最优叠合 (superposition) 的变换方式。

---

① http://predictioncenter.org/download_area/

② http://predictioncenter.org/download_area/

③ http://github.com/haiyoudeng/ANDIS

④ http://fons.bakerlab.org/decoyset.tar.gz/

⑤ https://zhanglab.ccmb.med.umich.edu/I-TASSER/

⑥ https://zhanglab.ccmb.med.umich.edu/3DRobot/

均方根偏差表示结果构象和目标构象的偏差统计, 其公式如下:

$$\text{RMSD} = \sqrt{\frac{1}{N}\sum_{i=1}^{N}\delta_i^2},\tag{11.11}$$

其中 δ_i 表示该构象和目标构象在最优叠合下各自氨基酸 i 对应的两个 C_α 原子之间的距离偏差, N 是残基数目 (或序列长度)。RMSD 的值通常与蛋白质的大小 (序列长度) 存在关联, 同样的 RMSD 值对于不同大小的蛋白质来说意味着不同程度的相似性。为了消除此类影响, 提高评估的准确性, 这里主要采用 TM_score 作为相似性评估标准。与 RMSD 类似, TM_score 也是基于构象叠合的相似性评价指标, 但 TM_score 的值与蛋白质的大小无关。其定义如下:

$$\text{TM\_score} = \max\left\{\frac{1}{L_N}\sum_{i=1}^{L_T}\frac{1}{1+(d_i/d_0)^2}\right\},\tag{11.12}$$

其中

$$d_0 = \begin{cases} 1.24\sqrt[3]{L_N-15}-1.8 & (L_N \geqslant 15), \\ 0.5 & (L_N < 15), \end{cases}$$

这里 L_N 为目标构象的氨基酸链长度, L_T 为结构比对中匹配的残基数目, d_i 为叠合匹配的 "残基对" 之间的距离 (通常以 C_α 原子的位置为准)。这里的 max 是指在所有结构叠合中取最大值。当 TM_score 大于 0.5 时, 表明两个结构具有相似的骨架构象。

对于统计势函数, 利用 Z_score 来评估统计势对于蛋白质天然构象的筛选或识别能力, 其定义为

$$Z\_\text{score} = \frac{\langle E\rangle - E_\text{native}}{\sigma} = \frac{\langle E\rangle - E_\text{native}}{\sqrt{\langle E^2\rangle - \langle E\rangle^2}}.\tag{11.13}$$

式中, E_native 表示天然构象的统计势打分值, $\langle E\rangle$ 表示整个伪结构集统计势打分值的平均值。

对于一个伪结构集, 把 TM_score 排名前 $n\%$ 的构象定义为精确模型, 而若统计势函数打分值最优的前 $n\%$ 的结构中精确模型的百分比为 $m\%$, 那么将 $m\%$ 与 $n\%$ 的比值定义为 $n\%$ 富集度 ($n\%$ enrichment), 即

$$n\%富集度 = \frac{m\%}{n\%}.\tag{11.14}$$

根据这一定义, 在最优情况下 $m = 100$, 意味着统计打分最优的前 $n\%$ 的结构与 TM_score 排名前 $n\%$ 的结构完全一致。此时的 10% 富集度的值为 10。

此外, 还可以利用皮尔逊相关系数来评估统计势函数的构象排序能力。TM_score 越大的构象应获得越优的打分, 反之亦然。所以, 可以计算伪结构集中的构象势能函数打分值与其 TM_score 的皮尔逊相关系数:

$$\mathrm{PCC} = \frac{\mathrm{cov}(X, Y)}{\sigma_X \sigma_Y} = \frac{\sum_{i=1}^n (X_i - \langle X \rangle)(Y_i - \langle Y \rangle)}{\sqrt{\sum_{i=1}^n (X_i - \langle X \rangle)^2} \sqrt{\sum_{i=1}^n (Y_i - \langle Y \rangle)^2}}. \tag{11.15}$$

PCC 的取值范围为 $-1 \sim 1$。相关系数的绝对值越大，相关性越强。需要说明的是，在这里 TM_score 和打分值呈负相关性，所以 PCC 的取值越接近 -1，构象的势能函数打分值与其 TM_score 的相关性越好。

蛋白质"原子对"截断距离 (距离超过该值的"原子对"相互作用不予考虑) 是距离依赖型统计势最重要的参数之一。在 ANDIS 的设计中，通过测试从 5.8 到 16.0 一系列的截断距离，得到基于不同截断距离的 ANDIS 统计势。

图 11.8 展示了上面所定义的统计势在所有 632 个伪结构中的平均性能表现。明显可以看出，在截断距离等于 7.0Å 的时候统计势 ANDIS 获得最高的天然结构平均 Z_score，也就是天然结构会显著地区别于其他的伪结构。随着截断距离的增加，平均 Z_score 的值不断下降，而平均 PCC 的值 (所有结构的打分值和其 TM_score 之间的平均皮尔逊相关系数) 却在不断地提高，表明统计势对伪结构的质量有较好的区分能力。这些结果表明，在具有相同的截断距离下，并不能将天然结构的识别和假结构质量的区分同时做到最好。从图 11.8 中还可以看出，考虑有效相互原子作用的条件下 (截断距离 < 9.5Å 时对应的黑色曲线) 比不引入有效相互原子作用 (截断距离 < 9.5Å 时对应的灰色曲线) 在对天然结构的识别方面有大幅度的提升，而在对于伪结构质量的区分中，原子相互作用并未显示出积极作用。此外，图 11.8 还显示了 RW 统计势 E^{RW} 的加入 (截断距离 > 9.5Å 时对应的黑色曲线) 对统计势天然结构识别能力的消极影响及对结构模型质量区分能力的提升作用。

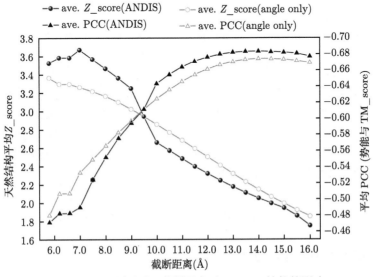

图 11.8　"原子对"截断距离对 ANDIS 性能的影响

取 632 个构象集平均的结果，图片源自文献 [219]

理论上, 天然结构应该是整个构象空间中能量最低的构象, 其能量值比其他任何模型结构的能量值都低, 在能量景观中处于势能最低点 (图 11.5)。因此, 在对于天然结构的评估中, 根据势能函数能否给出天然结构最低能量来评估其优劣性。参与识别的伪结构集都是目前测试统计势性能常用的集合, 包括来自 CASP5-8、CASP10-13、I-TASSER、Rosetta 及 3DRobot 的共计 632 个伪结构集。每个势能函数在各伪结构集中识别出的天然结构数目如表 11.4 所示 (括号外面的数字)。在所有的 5 个伪结构集中, ANDIS 在其中 3 个, 包括 CASP5-8、CASP10-13 和 3DRobot 中都表现出较好的识别性能。在另外一个测试集 Rosetta 中, ANDIS 的表现仅次于 ITDA, 仍然能从 58 个伪结构中识别出 50 个。而在测试集 I-TASSER 中, 虽然没有超过一些其他的势能函数, 但是排名依然靠前。值得一提的是, ANDIS 在总共 632 个伪结构中识别出 564 个天然结构, 在总数上排名第一。

表 11.4　ANDIS 和其他势能函数的天然结构识别性能对比

构象集名称	CASP5-8	CASP10-13	I-TASSER	3DRobot	Rosetta	总数量 [d]
构象数目 [a]	143(2 759)	175(13 474)	56(24 707)	200(60 200)	58(5 858)	632(106 998)
Dfireb	64(0.61)[b]	56(0.72)	43(2.80)	1(0.83)	22(1.55)	186(0.99)
RW	65(1.01)	36(0.86)	53(4.42)	0(−0.30)	20(1.48)	174(0.90)
GOAP	106(1.67)	89(1.62)	45(4.98)	94(1.85)	45(3.38)	379(2.16)
DOOP	135(1.96)	121(1.99)	52(6.18)	197(3.53)	50(3.91)	555(3.02)
ITDA	71(1.15)	117(1.67)	52(4.98)	196(3.83)	53(3.52)	489(2.70)
VoroMQA	132(2.00)	111(1.77)	48(5.11)	114(1.89)	43(3.09)	448(2.28)
SBROD	88(1.62)	119(2.32)	33(3.25)	49(1.76)	42(3.02)	331(2.13)
AngularQA	59(1.26)	24(1.11)	29(1.82)	9(0.99)	2(0.12)	123(1.08)
ANDIS[c]	138(2.16)	129(2.32)	47(6.45)	200(4.99)	50(4.27)	564(3.67)

a　括号外给出了天然结构的总数, 括号内给出了构象集总的结构数
b　括号外表示的是 R1_num, 被统计势识别出来的天然结构的数目; 括号内表示每一个构象集中天然结构的平均 Z_score
c　在截断距离为 7.0Å 下 ANDIS 统计计算的 R1_num 和 Z_score
d　括号外表示在 632 个测试构象中识别出天然结构的总数, 括号内表示 632 个测试构象中天然结构的平均 Z_score

除了对天然结构识别数的统计来表示统计势的性能, Z_score 也常被用来评估天然结构与其他模型结构之间的显著性差别。如式 (11.13), 假设伪结构集中所有构象的能量值服从高斯分布, 那么天然构象的蛋白质具有最低的能量值, Z_score 的绝对值越大表示天然构象与模型结构之间的能量差越明显, 说明函数对于天然结构的识别能力也越强。Z_score 在表 11.4 中所示 (括号里面的数字), 在所有的 5 个伪结构集中都有最大的 Z_score, 说明 ANDIS 的天然结构识别能力是最好的。

11.3　microRNA 预测的能量特征

11.3.1　microRNA 及其预测方法

微小 RNA (microRNA, miRNA) 是一类内源性的长度为 20~24 个核苷酸的单链非编码小 RNA, 其作用机制是与信使 RNA(mRNA) 互补, 使 mRNA 沉默或者降解, 并参与

基因表达的转录后调控。pre-miRNA 具有明显的发夹二级结构 (茎环结构)，分为单发夹和多发夹。一般在预测 pre-miRNA 时，发夹结构会被作为一个重要的显著特征。通常情况下，植物细胞的 pre-miRNA 的茎环结构比动物细胞的 pre-miRNA 的结构更复杂。成熟的 microRNA 的 3′ 端为一个羟基，5′ 端为一个磷酸基团。这一特点使 microRNA 与其他大部分寡核苷酸和功能 RNA 的降解片段区别开来。

　　研究表明，microRNA 具有高度进化保守性和表达特异性。许多 microRNA 基因家族在各种动植物中具有不同程度的保守性，相较于非保守的 microRNA，这些保守的 microRNA 在生物发育过程中起着非常重要的调控作用，具有更高效的表达及更广泛的功能。迄今为止，科学家已经在动物、植物、病毒及真菌等生物体中检测到了数以万计的 microRNA，但是仍然有大量未知的 microRNA 等待着人们的发现。因此，更多新的 microRNA 的发现与识别，将有利于人们对它的功能，以及它在复杂生物过程中的调控作用展开更深层更全面的研究与分析。

　　迄今为止，科学家已经开发了许多方法用来检测与识别 microRNA，这些方法主要分为两大类：一类是基于生物实验的方法；另一类是基于计算预测的方法。前者虽然更为直接准确，但是其实验周期长，成本高，而且很难克隆特定组织、特定时期表达的 microRNA。研究表明，基于计算的预测方法可以弥补实验方法的不足，使其不被 microRNA 的表达时间、组织特异性或者表达水平等影响，还能够为后续生物实验提供一定可靠性的样本。

　　根据计算预测方法的本质思想，可以将其归纳为以下几类：基于同源性比较的预测方法、基于机器学习的预测方法，以及基于高通量测序的方法。基于同源性比较的预测方法本质上是根据 microRNA 的高度进化保守性，在进化关系相近的物种之间搜索相似的同源片段，该方法只能预测两个或多个物种的基因组保守序列中的 microRNA，而对于那些保守性较低或非保守的 microRNA 则很难预测。基于机器学习的预测方法不需要利用序列和结构的保守性，也不需要比较序列分析，而是需要根据已知的真实 microRNA 样本与已知的"非" microRNA 样本，通过建立阳性和阴性数据集，提取关键的特征集来构建一个分类器，然后根据训练好的分类器来对未知序列进行预测，预测过程大致有以下几个环节：数据集选取、特征集选取、分类器设计、特征子集选择、类不平衡问题解决和评价标准等，大体流程如图 11.9所示。基于高通量测序数据来预测 microRNA 的不同方法的大致流程均比较相似，先利用序列比对工具将测序片段比对到已知的基因组上，然后根据基因组注释数据筛选候选的区域，候选的区域如果进一步满足序列和结构相关特征则会被标记为 microRNA 前体。

　　尽管已经存在许多计算预测 microRNA 的方法，但是多数方法只能预测与已知 microRNA 同源的或在多物种间高度保守的 microRNA。近年来，随着生物信息学和机器学习不断地融合发展，各种基于机器学习的预测方法被开发出来，这将会成为研究 microRNA 的科学且有效的工具。接下来将以真菌为例，结合 k-mer 方案和距离相关统计势/势能函数，构建一个基于随机森林算法的分类模型 (milRNApredictor) 来预测真菌 milRNA。这里 milRNA(microRNA-like RNA) 是指与 microRNA 结构类似的小分子 RNA 的集合，是一种特别的 microRNA。

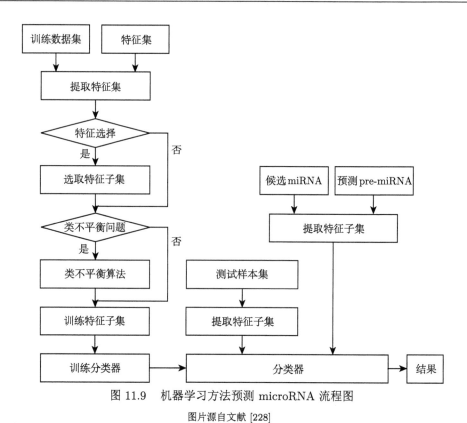

图 11.9   机器学习方法预测 microRNA 流程图

图片源自文献 [228]

11.3.2   真菌 microRNA 的能量特征提取

目前, 许多真菌物种都没有完整的参考基因组。真菌中的 milRNA 几乎只能基于深度测序技术进行鉴定, 而且需要分析从基因组序列中获得的 milRNA 前体发夹序列的结构特征。这里介绍一种基于序列特征的新方法 milRNApredictor, 用于在没有参考基因组的真菌中从头预测 milRNA。基于序列特征的 milRNA 的预测具有以下优点: 不需要基因组信息, 不依赖于深度测序数据, 可以进行快速计算, 并且由于所需依赖项较少, 在使用上具有用户友好性。

在提取序列能量特征之前, 需要构建数据集, 将 milRNA 序列数据作为阳性数据集, 其他已知 RNA (包括 rRNA、tRNA、sRNA、snRNA 和核酶) 的序列数据作为阴性 "伪" milRNA 数据集, 用于构建一个分类器。

成熟的 milRNA 的长度非常短, 为 21 ∼ 22nt, 并且没有明显的序列和结构特征可用于 milRNA 预测。在这种情况下, 构建适当的特征集来实现 milRNA 的高精度预测非常具有挑战性。

在生物信息学研究中, k-mer 方法已经被广泛用于识别重要的生物学信号, 如翻译起始位点、启动子和剪接位点等, 通常是鉴定无明显结构的短序列的首选方法。k-mer 模式是指具有 k 个核苷酸的特定字符串, 每个核苷酸必须为 A、U、C、G(或 A、T、C、G)。例如, 对于输入序列 "AUGCUAUCGAGUGC" 来说, 定义 k-mer 的长度为 3, 则从第一个碱基开始, 采用滑动窗口的形式 (步长为 1 个核苷酸) 依次提取 3bp 的序列, 则获得所有可能的 3-mer 为 "AUG UGC GCU CUA UAU AUC UCG CGA GAG AGU GUG UGC"。

在上一节已经看到,距离相关的原子对势能函数 (distance-dependent atom-pair potential) 在蛋白质结构预测研究中,被广泛应用于区分天然或近天然结构与非天然结构[229-231]。在这里所介绍的方法中,为了获得良好的预测性能,将 k-mer 方案与距离相关的势能结合,构造基于知识的能量特征 (简称能量特征),具体过程如图 11.10 所示。

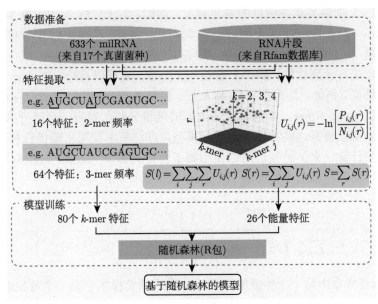

图 11.10　milRNApredictor 的流程图

图片源自文献 [228]

首先,将 k-mer 方案和与距离相关的原子对势能结合在一起,得到与距离相关的 k-mer 对势能 (distance-dependent k-mer pair potential)。对每一个序列按照 2-mer 和 3-mer 进行 k-mer 划分,则可以得到任意两个 k-mer 对沿序列的距离。所有 k-mer 对的距离的取值集合可以按照 $\Delta r = 2$ 划分为 N_{bin} 个小区间。对任意序列,一共有 $4^2 = 16$ 种 2-mer 和 $4^3 = 64$ 种 3-mer,统计正样本和负样本在沿序列的每个距离小区间 r 至 $r + \Delta r$ 中的每个 k-mer 对 (i, j) 的数量,分别表示为 $P_{i,j}(r)$ 和 $N_{i,j}(r)$。

然后,对于一共有 80 种 k-mer 对,根据公式 (11.16) 计算每对 k-mer 对 (i, j) 的距离相关势能

$$U_{i,j}(r) = -\ln\left[\frac{P_{i,j}(r)}{N_{i,j}(r)}\right] \quad (P_{i,j}(r) > 0, N_{i,j}(r) > 0). \tag{11.16}$$

最后,对给定的样本 q,根据以下公式计算与之对应的一组能量分数:

$$S_1(l) = \sum_{i,j;l_{ij}=l} \sum_r U_{i,j}(r) \quad (2k_{\min} \leqslant l \leqslant 2k_{\max}, k_{\min} \neq k_{\max}), \tag{11.17}$$

$$S_2(r) = \sum_i \sum_j U_{i,j}(r) \quad (0 \leqslant r < N_{\text{bin}}), \tag{11.18}$$

$$S = \sum_{r=0}^{N_{\text{bin}}} S_2(r). \tag{11.19}$$

这里，r 表示遍历所有距离小区间 $(0 \leqslant r < N_{\text{bin}})$，而 i 和 j 遍历从给定样本 q 导出的所有符合条件的 k-mer，$l_{i,j}$ 代表 k-mer i 和 k-mer j 的总长度，$k_{\min}$ 和 $k_{\max}$ 分别表示所有 k-mer 的最小和最大长度。另外，由 S、$S_1(l)$ 和 $S_2(r)$ 的能量分数可以用来表示正样本和负样本中 milRNA 的距离相关偏好的差异程度。例如，对于只取 2-mer 和 3-mer 进行计算的情况，有 $\Delta r = 2$，l 可以取 3 个值 $(l = 4, 5, 6)$，一共有 $(N_{\text{bin}} + 4)$ 个值可以作为样本的预测特征。这里 N_{bin} 的取值与 milRNA 序列的长度有关。

为了进一步提高预测性能，除了上面的能量分数，还可以将给定样本 q 中的 k-mer 数量也作为预测特征。例如，如果取 k 的值为 $k = 2$ 和 3，则一共有 80 个 k-mer 模式，包含 16 个 2-mer 和 64 个 3-mer。最终，连同上面的能量分数，对每一个链一共有 $(N_{\text{bin}} + 4)$ 个特征。然后就可以根据这些特征构造预测模型，在这里主要采用随机森林预测模型。

根据上面所计算出来的特征，可以使用如下面定义的 F_scores 对所有特征进行排序，来寻找高识别性特征。第 i 个特征的 F_score 按下式计算：

$$F(i) = \frac{\left(\bar{x}_i^{(+)} - \bar{x}\right)^2 + \left(\bar{x}_i^{(-)} - \bar{x}\right)^2}{\frac{1}{n_+ - 1}\sum_{k=1}^{n_+}\left(x_{k,i}^{(+)} - \bar{x}_i^{(+)}\right)^2 + \frac{1}{n_- - 1}\sum_{k=1}^{n_-}\left(x_{k,i}^{(-)} - \bar{x}_i^{(-)}\right)^2}, \tag{11.20}$$

其中 $x_i^{(+)}$ 表示正样本中第 i 个特征的分数，$x_i^{(-)}$ 表示负样本中第 i 个特征的分数，n_+ 和 n_- 分别为对应的样本数，$\bar{x}$ 表示对应样本值 x_i 的平均值。

11.3.3　随机森林算法与性能评估

随机森林 (random forest，RF) 算法是由布赖曼 (L. Breiman) 在 2001 年提出的利用多棵树对样本进行训练并预测的一种分类器[232]。该方法通过自助法 (bootstrap) 重采样技术，从原始训练样本集 N 中有放回地重复随机抽取 k 个样本生成新的训练样本集合，然后根据自助样本集生成 k 个分类树组成随机森林，最终的分类结果按分类树的投票分数而定。其实质是对决策树算法的一种改进，将多个决策树合并在一起，每棵树的建立依赖于一个独立抽取的样品，森林中的每棵树都具有相同的分布，分类误差取决于每一棵树的分类能力和它们之间的相关性。作为高稳定性、高灵敏度的一种机器学习算法，随机森林方法拥有广泛的应用，它主要可以用来处理一些分类和回归问题。这里只是简单介绍随机森林算法在这里的应用，详细的计算过程请参考机器学习方面的专著，例如 [233, 234]。

决策树是对实例进行分类的一种树形结构，由节点和有向边构成。决策树是一种基本的分类器，一般是将特征分为两类，构建好的决策树呈树形结构，可以认为是 if-then 规则的集合。在决策树中的节点主要分为内部节点和叶节点，其中内部节点代表一个属性或特征，每个叶子节点代表一个类别。常用的决策树算法有 C4.5[235]、ID3[236] 和 CART[237]。

在决策树方法中，通常采用熵和信息增益的概念进行特征选取。在信息论中，熵代表着随机变量的不确定性。假定随机变量 X 的概率分布为

$$P(X = x_i) = p_i, \quad i = 1, 2, \cdots, n, \tag{11.21}$$

则随机变量 X 的信息熵定义为

$$H(X) = -\sum_{i=1}^{n} p_i \log_2 p_i. \tag{11.22}$$

熵的本质就是用来刻画事件的不确定性, 熵越大, 随机变量的不确定性就会越大。信息增益在决策树中主要是用来进行选择特征的。如果信息增益越大, 则代表这个特征分类能力越强。

随机森林算法的实现过程和引导聚集算法 (又称装袋算法)(bootstrap aggregating,bagging) 相似, 都采用了自助法进行数据采样, 进而产生多个训练集。唯一不同的是, 随机森林算法在生成决策树的时候会对特征集进行分割, 这样可以使得决策树之间存在一定的差异。随机森林算法的步骤主要有以下 6 步:

(1) 设数据集的特征个数为 M 个, 取整数 $m < M$ 作为每棵决策树选取特征的个数;

(2) 利用自助法进行数据采样, 生成 N 个训练数据集合 $\{Q_1, Q_2, \cdots, Q_N\}$;

(3) 对每个训练数据集进行模型训练, 得到 N 个相应的决策树 $C_1, C_2, \cdots, C_N$;

(4) 保证每个决策树完整地生长, 不对它进行剪枝处理;

(5) 把测试样本数据 x 代入所有 N 个决策树中, 获得 N 个相应的分类结果 $C_1(x)$, $C_2(x), \cdots, C_N(x)$;

(6) 利用投票方法将 N 个决策树中结果最多的类别作为该测试样本 x 的类别。

对于随机森林方法, 可以通过以下三个方面对算法进行性能评估。

(1) 敏感性、特异性、精确率、召回率、准确性和马修斯相关系数。在二元分类问题中, 正样本中正确预测的样本称为真阳性 (true positive, TP), 而负样本中错误预测为正样本称为假阳性 (false positive, FP), 负样本中正确预测的样本称为真阴性 (true negative, TN), 而正样本中错误预测为负样本称为假阴性 (false negative, FN)。一般常用灵敏度 (sensitivity, Se)、特异度 (specificity, Sp)、精确率 (precision, Pr)、召回率 (recall, Re)、准确性 (accuracy, Ac) 和马修斯相关系数 (Matthews correlation coefficient, MCC) 等来衡量模型的分类性能。它们的定义如下:

$$Se = \frac{TP}{TP + FN},$$

$$Sp = \frac{TN}{TN + FP},$$

$$Pr = \frac{TP}{TP + FP},$$

$$Re = \frac{TP}{TP + FN},$$

$$Ac = \frac{TP + TN}{TP + FP + TN + FN},$$

$$MCC = \frac{(TP \times TN) - (FN \times FP)}{\sqrt{(TP + FN)(TN + FP)(TP + FP)(TN + FN)}}.$$

这里以 TP、FN、TN、FP 记相应的样本数。

(2) 受试者工作特性曲线。受试者工作特性曲线 (receiver operating characteristic curve, 简称 ROC 曲线) 是一种可视化分类性能的有效方法。它是根据一系列不同的二分类方式 (分界值或决定阈)，以真阳性率 (灵敏度) 为纵坐标，假阳性率 (1− 特异度) 为横坐标绘制 的曲线，反映了成本 (假阳性) 和收益 (真阳性) 之间的折中。ROC 曲线下的面积 (AUC) 是对分类算法质量的度量，AUC 值越高，表明分类器效果越好。

(3) k-折交叉验证 (k-fold cross validation)。在机器学习中，将数据集 A 分为训练集 B 和测试集 C，在样本量不充足的情况下，为了充分利用数据集对算法效果进行测试，将 数据集 A 随机分为 k 个包，每次将其中一个包作为测试集，剩下的 $k-1$ 个包作为训练集 进行训练。一般情况下将 k-折交叉验证用于模型调优，找到使得模型泛化性能最优的超参 数值。找到最优的超参数以后，在全部训练集上重新训练模型，并使用独立测试集对模型 性能做出最终评价。

11.3.4 数据集的选取

数据集的选取对于预测算法的训练效果是非常关键的。下面介绍阳性数据集和阴性数 据集的构造。

11.3.4.1 阳性数据集的构建

阳性数据集的构建可以通过人工办法进行收集。例如，在文献 [228] 中，从已有文献研 究中手动收集 633 个 milRNA 序列数据，将其作为阳性数据集。这些 milRNA 序列数据 来自 17 种真菌，包括粗糙麦孢菌、核盘菌、小麦酵母菌、绿僵菌、禾谷镰刀菌、黄曲霉菌、 产黄青霉菌、里氏木霉菌、尖孢镰刀菌、牛樟芝、新型隐球菌、弯月孢霉菌、灵芝、罗氏 变形杆菌、灰粉菌、冬虫夏草菌、虫草菌。

11.3.4.2 阴性数据集的构建

从 RNA 家族数据库 (the RNA families database，Rfam)[①]中下载其他已知 RNA (包 括 rRNA、tRNA、sRNA、snRNA 和核酶) 的序列数据，构建阴性的"伪"milRNA 数据集。 构建方法如下：首先将这些 RNA 的所有序列片段连接在一起形成一个长序列，再将该长序 列片段分割成非重叠片段。然后使用默认参数下的 RNA 二级结构预测程序 RNAfold[②]来 预测这些片段和真实 milRNA 的二级结构。若这些片段具有与 milRNA 相似的发夹结构， 则把这些片段视作"伪"milRNA。为了确保"伪"milRNA 与真实 milRNA 相似，"伪" milRNA 的长度和 GC 含量分布需要与真实 milRNA 相同。最后，随机选取 633 个片段作 为阴性数据集，与阳性数据集一起形成平衡的训练数据集。

11.3.5 milRNApredictor 的构建

为了构建真菌 milRNA 的预测模型，从 17 种真菌中手动收集 633 个 milRNA 作为阳 性训练数据集，同时构建一个阴性训练数据集，其中包含 633 个"伪"milRNA。milRNA 的长度非常短，为 21～22nt，如图 11.11(a) 所示。此外，milRNA 的 GC 含量分布是无偏的，

---

① https://rfam.org/。这里采用版本 14.1

② http://rna.tbi.univie.ac.at/cgibin/RNAWebSuite/RNAfold.cgi

并且没有明显的特征, 如图 11.11(b) 所示。但是, milRNA 在两末端均表现出较弱的位置特异性偏好, 如图 11.12 所示, 尤其是在 5′ 端第一个核苷酸处的尿嘧啶 (U)[图 11.12(a)]。为了捕获核苷酸基团相对弱的位置偏好, 基于 k-mer 方案和距离相关的原子对电位, 设计一个距离相关的 k-mer 对电位, 然后计算能量得分作为能量特征。最后, 这些能量特征与 k-mer 特征一起用于训练基于随机森林的预测模型。这个预测算法构成 milRNApredictor 的重要流程[228]。milRNApredictor 中使用的 106 个特征 ($N_{bin} = 22$) 可分为两类: k-mer 特征组和能量特征组, 其中 k-mer 特征组包括 16 个 2-mer 和 64 个 3-mer 特征, 能量特征组包括 26 个能量特征。

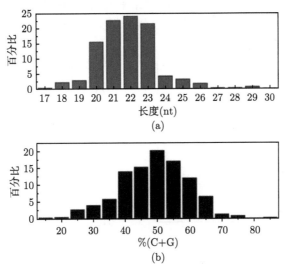

图 11.11   milRNA 的长度分布 (a) 和 milRNA 的 GC 含量分布 (b)

图片源自文献 [228]

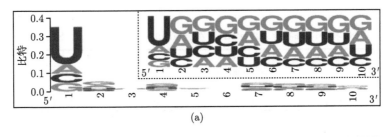

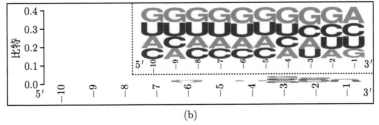

图 11.12   milRNA 的位置特异性核苷酸偏好

图片源自文献 [228]

基于训练数据集，分别进行了 4-、6-、8- 和 10- 折交叉验证来评估 milRNApredictor 的性能，评估结果如图 11.13 所示。4-、6-、8- 和 10- 折交叉验证的 ROC 曲线 [图 11.13(a)] 和 Precision-Recall (P-R) 曲线 [图 11.13(b)] 都非常接近，这表明 milRNApredictor 的鲁棒性很好。采用 4-、6-、8- 和 10- 折交叉验证的 AUC 值分别为 0.8324、0.8324、0.8335 和 0.8362，如图 11.13(a) 所示。表 11.5 显示，对于低临界值，milRNApredictor 的 Pr 为 75.34%，Ac 为 74.96%，Se 为 74.21%，Sp 为 75.72%，MCC 为 0.50；对于中等临界值，milRNApredictor 的 Pr 为 80.36%，Ac 为 72.85%，Se 为 60.48%，Sp 为 85.22%，MCC 为 0.47；对于高临界值，milRNApredictor 的 Pr、Ac、Se、Sp 和 MCC 值分别为 88.44%、67.04%、39.22%、94.87% 和 0.41。以上所有结果表明，milRNApredictor 是从头预测真菌 milRNA 的有效工具。程序代码和数据可以从 milRNApredictor 网站下载①。

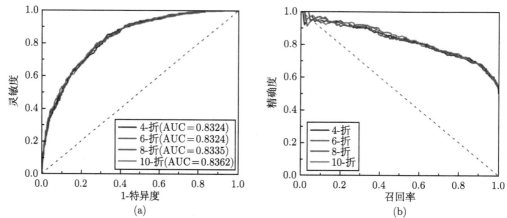

图 11.13　milRNApredictor 预测性能 ROC 曲线 (a) 和 milRNApredictor 预测性能 P-R 曲线 (b)(彩图请扫封底二维码)

图片源自文献 [228]

表 11.5　在 3 种不同临界值下，milRNApredictor 的 Pr、Ac、Se、Sp 和 MCC

临界值	Pr(%)	Ac(%)	Se(%)	Sp(%)	MCC
低 (0.5)	75.34	74.96	74.21	75.72	0.50
中 (0.7)	80.36	72.85	60.48	85.22	0.47
高 (0.9)	88.44	67.04	39.22	94.87	0.41

11.4　本 章 小 结

本章介绍了已知生物大分子序列信息条件下如何利用能量函数预测和识别生物大分子的结构，包括使用统计势函数预测蛋白质结构，以及基于随机森林算法提取能量特征预测真菌的 microRNA，两种方法在生物大分子序列的预测中都取得了很好的成效。

能量函数的设计开发始终是蛋白质结构预测最核心的挑战之一。本章基于对蛋白质结构中原子对距离及方位角特征的提取，介绍了设计构建一种高性能的统计势函数 (ANDIS)

① https://github.com/yygen89/milRNApredictor

的方法，用于评估蛋白质全原子结构模型质量。该函数定义了 5 个角度来描述蛋白质结构中任意两个原子的相对方位，利用统计势常用的公式将方位角统计信息转化为角度能量项。同时设计定义了原子对的有效相互作用，角度能量项构建时只对符合有效相互作用定义的原子对进行统计。再结合基于随机行走链参考态的原子对距离能量项，经过大量的测试，确定了结构数据集选用、结构特征定义和统计、能量项设计等各方面的最佳设置。

在真菌 milRNA 预测中，结合了 k-mer 方案和距离依赖的 k-mer 对电势，提出一组新的能量特征用于构建基于随机森林算法的预测模型 milRNApredictor。该模型在不需要参考基因组和 milRNA 前体序列的前提下，依然具有良好的预测性能。与广泛使用的 k-mer 特征相比，这里提出的能量特征可以解决维数困难。此外，新的能量特征和 milRNApredictor 可以应用于其他序列分类问题，尤其是对于没有参考基因组的生物短序列。另外，将 milRNApredictor 与其他方法结合使用可以有效降低假阳性率，有利于发现那些低表达水平的 milRNA。

最后，大分子结构的识别和预测问题仍然是生物信息学的重要挑战之一。这里所介绍的势能函数方法通过正样本数据构建唯象的能量函数，是作为分子结构预测的一类常用方法。这里通过两个例子说明此类方法的构造过程。对于不同的问题可以发展这一思路构造相应的能量函数并进行分子结构识别和预测。

补充阅读材料

(1) Fan D, Yao Y, Yi M. PlantMirP2: an accurate, fast and easy-to-use program for plant pre-miRNA and miRNA prediction. Genes(Basel), 2021, 12(8): 1280.

(2) Zhang H, Wang H, Yao Y, Yi M. PlantMirP-Rice: an efficient program for rice pre-miRNA prediction. Genes(Basel), 2020, 11(6): 662.

(3) Yu Z W, Yao Y, Deng H, Yi M. ANDIS: an atomic angle- and distance-dependent statistical potential for protein structure quality assessment. BMC Bioinf, 2019, 20(1): 299.

(4) Yao Y, Zhang H, Deng H. milRNApredictor: genome-free prediction of fungi milRNAs by incorporating k-mer scheme and distance-dependent pair potential. Genomics, 2019, 112(3): 2233-2240.

思 考 题

11.1 水稻中的 microRNA 对水稻的生长发育起着非常重要的调控作用。miR164a 作为负调节剂，通过靶向 *OsNAC60* 参与水稻对稻瘟病菌的免疫调控；miR396b 通过直接诱导 *OsGRF6* 基因来抑制 miR396b 的表达，提高水稻的产量。另外，水稻中的 miR396c-OsGRF4-OsGIF1 调节模块会影响水稻颗粒的大小和产量。例如，转基因 microRNA-14 水稻已经显示出对水稻虫害的高抗性。

目前关于植物 microRNA 的预测方法大部分集中在植物种类上，只有极少的研究集中在特定的植物种类上。鉴于 microRNA 的表达具有特异性，开发植物特异性和物种特异性的预测方法是有必要的。请读者仔细阅读本章内容，完成下面关于能量特征函数应用的水稻 microRNA 预测实践。

数据来源：使用 miRBase 数据库下载水稻的 pre-miRNA 序列作为阳性数据集；从 PlantGDB

数据库下载水稻的蛋白质编码序列 (CDS)，构建和阳性样本具有足够相似度的阴性数据集[①]，并以 7:3 的比例随机地将数据集划分为训练集和测试集。

(a) 利用能量特征公式构建合适的特征 (可与其他比较好的特征进行结合) 并进行特征提取。能量公式可以定义为

$$E = -Q \ln \left[\frac{P(r)}{N(r)} \right].$$

(b) 选择合适的算法进行模型训练并进行交叉验证以获得较优的参数和模型 (请确保测试集中的数据不参与模型的训练)。

(c) 使用模型对测试集进行预测，并使用准确性、敏感度、特异度、马修斯相关系数指标对预测结果进行评价。

(d) 思考回答以下 3 个问题：能量特征的实质含义是什么？可以与什么特征进行结合？还可以在哪些场景下进行应用？

---

① 数据集下载链接为 https://github.com/yygen89/riceMirP/tree/master/data

附录 A 常微分方程介绍

A.1 常微分方程模型

常微分方程 (ordinary differential equation) 主要用于描述一个变量随时间连续变化的过程。在这里仅仅给出关于常微分方程的简单介绍，更详细的知识请参考相关专著，如 [33, 238]。为了介绍常微分方程，首先介绍一点微积分的基础知识。

A.1.1 导数

对于随时间变化的量 $x(t)$ (表示量 x 是时间 t 的函数)，为了描述其变化，最重要的一点是需要知道其变化率，也就是速度。在数学上，为了描述函数 $x(t)$ 在时刻 t 的变化率，一般采用当 t 增加到 $t+\Delta t$ 时，以函数值从 $x(t)$ 到 $x(t+\Delta t)$ 的增量对时间间隔 Δt 的比值表示从 t 到 $t+\Delta t$ 这个时间区间 [数学上表示为 $(t, t+\Delta t)$] 的平均变化率。这个平均变化率在数学上表示为

$$\text{平均变化率} = \frac{x(t+\Delta t) - x(t)}{\Delta t}.$$

为了描述 $x(t)$ 在 t 时刻的瞬时变化率，令时间间隔 Δt 趋向于零，然后将上面的平均变化率在 Δt 趋向于零的极限 [如果 $x(t)$ 是光滑的函数，那么这个极限一定存在] 定义为 $x(t)$ 在 t 时刻的变化率，记为 $x'(t)$ 或者 $\dfrac{\mathrm{d}x}{\mathrm{d}t}$，如图 A.1。也就是说

$$x'(t) = \lim_{\Delta t \to 0} \frac{x(t+\Delta t) - x(t)}{\Delta t}. \tag{A.1}$$

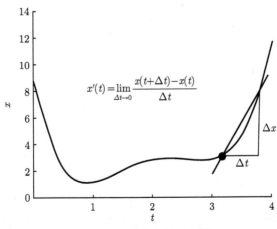

图 A.1　导数定义的示意图

当时间 t 变化时，由上面所定义的 $x'(t)$ 也是一个时间 t 的函数，称为函数 $x(t)$ 的导数，反之，$x(t)$ 称为 $x'(t)$ 的原函数。

对一个函数 $x(t)$ 的导数 $x'(t)$ 还可以继续计算其导数，也就是 $x''(t)$ 或者 $\dfrac{\mathrm{d}x}{\mathrm{d}t} = \dfrac{\mathrm{d}}{\mathrm{d}t}\left(\dfrac{\mathrm{d}x}{\mathrm{d}t}\right)$，称为原函数的二阶导数。类似地，还可以计算更高阶的导数。一般地，n 阶导数记为 $x^{(n)}$，即 $x^{(n)} = \dfrac{\mathrm{d}^n x}{\mathrm{d}t^n} = \dfrac{\mathrm{d}}{\mathrm{d}t}\left(\dfrac{\mathrm{d}^{n-1} x}{\mathrm{d}t^{n-1}}\right)$。

A.1.2 细胞增殖模型

有了导数的概念，就可以介绍一个最简单的常微分方程模型了。这里以生物学中简单的细胞增殖过程的动力学来介绍。令 $N(t)$ 表示细胞数量随时间的变化，那么细胞数量的变化由细胞数量的增长 (增殖) 和减少 (死亡) 组成，也就是说

$$\text{细胞数量的变化} = \text{细胞数量增加} - \text{细胞数量减少}.$$

假设平均每个细胞在单位时间内可以增殖产生 β 个细胞，并以概率 γ 死亡。那么在 Δt 时间内，细胞数量的增加值为 $\beta N(t)\Delta t$，而细胞数量的减少值为 $\gamma N(t)\Delta t$，那么从 t 到 $t+\Delta t$ 细胞数量的变化

$$N(t+\Delta t) - N(t) = \beta N(t)\Delta t - \gamma N(t)\Delta t.$$

这个方程两边除以 Δt，并令 Δt 趋向于零，那么根据上面导数的定义，得到

$$\frac{\mathrm{d}N}{\mathrm{d}t} = \alpha N(t), \tag{A.2}$$

其中 $\alpha = \beta - \gamma$。注意到在这里用 $\dfrac{\mathrm{d}N}{\mathrm{d}t}$ 表示导数 $N'(t)$，而 $\alpha = \beta - \gamma$ 表示细胞数量的净增长率。方程 (A.2) 就是一个简单地描述细胞数量变化的常微分方程模型。

当净增长率 α 是常数时，如果给定初始细胞数量 $N(0) = N_0$，这个方程完全可以求解出来，解的形式为

$$N(t) = N_0 e^{\alpha t}. \tag{A.3}$$

特别地，当 $\alpha > 0$ 时 (增殖率大于死亡率)，细胞的数量是指数增长的；当 $\alpha < 0$ 时，细胞的数量是指数衰减的。方程 (A.2) 也称为指数增长模型。对方程 (A.3) 两边取对数，则

$$\ln N(t) = \ln N_0 + \alpha t. \tag{A.4}$$

这一公式给出了通过实验数据估计净增长率的方法：通过对细胞数量随时间变化的数据取对数，则斜率就是净增长率。

方程 (A.2) 所给出的指数增长曲线可以很好地描述细菌培养早期、胚胎发育、肿瘤发生早期的细胞数量变化的动力学过程，但是对晚期的描述并不合理。这是因为当 $\alpha > 0$ 时，这个方程的解趋向于无穷大，这个结论在生物上是不合理的。为了描述在细菌培养过程中当细胞数量趋向于饱和时的动力学过程，考虑到营养 (或者资源) 的限制，培养液中能够容

纳的细胞数量有一定的上限。因此，当细胞数量增加时，净增长率是细胞数量的减函数。为此，假设营养供给所能支持的细胞数量的上限是 $N_{\max}$，则把净增长率表示为细胞数量的减函数

$$\alpha = \alpha_0 \left(1 - \frac{N}{N_{\max}}\right),$$

上面的方程 (A.2) 可以改写为

$$\frac{\mathrm{d}N}{\mathrm{d}t} = \alpha_0 \left(1 - \frac{N}{N_{\max}}\right) N. \tag{A.5}$$

方程 (A.5) 也称为逻辑斯谛 (Logistic) 方程，在生物数学领域广泛应用于种群动力学模型。对给定的初值 $N(0) = N_0$，方程 (A.5) 的解为

$$N(t) = N_{\max} \frac{(N_0/N_{\max})e^{\alpha_0 t}}{1 + (N_0/N_{\max})(e^{\beta t} - 1)}. \tag{A.6}$$

因此，当 $\alpha_0 > 0$ 时，细胞数量 $N(t)$ 当时间 t 趋向于无穷时趋向于最大细胞数量 $N_{\max}$。

逻辑斯谛模型广泛应用于种群动力学模型，也能够很成功地解释种群生物学中的很多现象，但是把这个模型应用于描述细胞生长的肿瘤模型并不合适。这是因为在这个模型中需要假设一个最大的细胞数量，而这个最大细胞数量受限于细胞生长环境中的资源 (营养)。因为有这个最大细胞数量的限制，通常不能模拟肿瘤的恶性暴发和不可控生长的情况。所以，为了描述肿瘤生长模型，还需要对上面的逻辑斯谛模型做进一步的修正。

在细胞增殖过程中，干细胞的分裂受到促进和抑制信号的双重调控。在正常情况下，为了避免细胞数量的不可控增长，每个干细胞都会分泌抑制细胞增殖的信号分子，这些信号分子在干细胞微环境中扩散，并结合到细胞的生长抑制信号受体中抑制细胞进入细胞分裂期，同时进入细胞内被降解。根据这样的假设，可以从数学上推导出细胞的增殖率 (参考 8.1.4 节)

$$\beta = \beta_0 \frac{\theta^n}{\theta^n + N^n}.$$

这里参数 $\theta > 0$，$n > 0$，$\beta_0 > 0$ 表示最大增殖率。由此，指数增长模型 (A.2) 可以改写为以下的希尔模型 (这里 β 对细胞数量 N 的依赖关系为希尔函数)

$$\frac{\mathrm{d}N}{\mathrm{d}t} = \beta_0 \frac{\theta^n}{\theta^n + N^n} N - \gamma N. \tag{A.7}$$

注意到在这里把增殖率和死亡率分开写，这是因为这里的信号分子只影响细胞增殖，不影响细胞凋亡。希尔模型广泛应用于研究造血干细胞增殖动力学，应用于血液肿瘤的发生、治疗、动态血液病等问题的研究中。

对于给定的初始条件 $N(t) = N_0$，这里的希尔模型 (A.7) 不能解析地精确求解，只能通过数值模拟进行求解。

A.1.3 常微分方程基本理论

上面列出了几个细胞生长模型的例子. 对于更一般的常微分方程模型, 可以写为形式

$$\begin{cases} \dfrac{\mathrm{d}x_1}{\mathrm{d}t} = f_1(x_1, x_2, \cdots, x_n, t), \\[2mm] \dfrac{\mathrm{d}x_2}{\mathrm{d}t} = f_2(x_1, x_2, \cdots, x_n, t), \\[2mm] \qquad\qquad \vdots \\[2mm] \dfrac{\mathrm{d}x_n}{\mathrm{d}t} = f_n(x_1, x_2, \cdots, x_n, t). \end{cases} \tag{A.8}$$

这里, 用 n 维向量 $\boldsymbol{x} = (x_1, x_2, \cdots, x_n)$ 表示所要包含在模型中的变量, $f_i(x_1, x_2, \cdots, x_n, t)$ 表示变量 x_i 在时刻 t 的变化率. 通常系统中的函数 f_i 是连续函数, 这一点不再特别指出. 特别地, 如果所有变化率都与时间 t 无关, 则称所得到的方程是自治系统, 否则称所得到的系统为非自治系统. 下面主要考虑自治系统的情况.

在微分方程的模型中, 通常假设系统的状态是随时间连续变化的, 并且取连续的值. 如果描述系统状态的量的取值是离散的, 通常不能以微分方程来描述. 对于生物系统, 通常以生物分子的含量 (一般为浓度) 表示系统的状态. 在这种情况下, 一般对应的状态量应该是大于零, 并且是有界的, 即对应的生物系统的解应该满足有界性条件

$$0 \leqslant x_i(t) < \infty, \quad \forall t \geqslant 0, 1 \leqslant i \leqslant n. \tag{A.9}$$

有界性条件 (A.9) 通常也是检验模型方程正确性的基本条件之一. 下面也称满足有界性条件 (A.9) 的系统为有界系统. 容易证明, 如果 $f_i(\boldsymbol{x})$ 满足下面条件:

(1) 对任意 i, 当 $\boldsymbol{x} \geqslant \boldsymbol{0}$ 并且 $x_i = 0$ 时, 有 $f_i(\boldsymbol{x}) > 0$;

(2) 存在 $M_i > 0$ ($i = 1, 2 \cdots, n$), 使得对任意 i, 当 $\boldsymbol{x} \geqslant \boldsymbol{0}$ 并且 $x_i > M_i$ 时, 有 $f_i(\boldsymbol{x}) < 0$, 则由微分方程 (A.8) 描述的系统的初值为 $\boldsymbol{x}(0) = \boldsymbol{x}_0 > \boldsymbol{0}$ 的解满足有界性条件 (A.9).

对于有界系统, 可以证明方程 (A.8) 至少有一个正平衡点 $\boldsymbol{x} = \boldsymbol{x}^*$, 即满足方程

$$f_i(\boldsymbol{x}^*) = 0 \quad (i = 1, 2, \cdots, n)$$

的解. 稳定的平衡点通常对应于生物系统中的具有生物意义的状态. 为了研究平衡点的稳定性, 可以在平衡点附近对系统进行线性化. 令

$$\boldsymbol{y} = \boldsymbol{x} - \boldsymbol{x}^*,$$

则 $\boldsymbol{y}$ 满足方程

$$\frac{\mathrm{d}\boldsymbol{y}}{\mathrm{d}t} = \boldsymbol{f}(\boldsymbol{x}^* + \boldsymbol{y}) = A\boldsymbol{y} + o(\|\boldsymbol{y}\|),$$

其中 $o(\|\boldsymbol{y}\|)$ 表示 $\boldsymbol{y}$ 的高阶无穷小量, $\boldsymbol{A} = \left. \dfrac{\partial \boldsymbol{f}}{\partial \boldsymbol{x}} \right|_{\boldsymbol{x} = \boldsymbol{x}^*}$ 为对应的线性化系统的系数矩阵.

对于关于 $\boldsymbol{y}$ 的一阶线性近似方程组

$$\frac{\mathrm{d}\boldsymbol{y}}{\mathrm{d}t} = \boldsymbol{A}\boldsymbol{y}, \quad \boldsymbol{y}(0) = \boldsymbol{y}_0, \tag{A.10}$$

如果系数矩阵是不依赖于时间 t 的, 即常系数齐次线性方程组, 目前已经有很完善的微分方程理论。特别地, 方程 (A.10) 的解可以表示为

$$\boldsymbol{y}(t) = e^{\boldsymbol{A}t}\boldsymbol{y}_0,$$

这里 $e^{\boldsymbol{A}t}$ 表示矩阵的指数函数, 即

$$e^{\boldsymbol{A}t} = \sum_{k=0}^{\infty} \frac{1}{k!}(\boldsymbol{A}t)^k.$$

如果矩阵 $\boldsymbol{A}$ 有 n 个不同的特征值 $\lambda_1, \lambda_2, \cdots, \lambda_n$, 对应的特征向量为 $\boldsymbol{u}_1, \boldsymbol{u}_2, \cdots, \boldsymbol{u}_n$, 则可以把初始向量 $\boldsymbol{y}_0$ 表示为特征向量的线性组合, 即

$$\boldsymbol{y}_0 = c_1\boldsymbol{u}_1 + c_2\boldsymbol{u}_2 + \cdots + c_n\boldsymbol{u}_n.$$

此时, 方程 (A.10) 的解表示为

$$\boldsymbol{y}(t) = c_1 e^{\lambda_1 t}\boldsymbol{u}_1 + c_2 e^{\lambda_2}\boldsymbol{u}_2 + \cdots + c_n e^{\lambda_n t}\boldsymbol{u}_n.$$

由这一表达式可以看到, 如果矩阵 $\boldsymbol{A}$ 的所有特征值都具有负实部, 则对应的平衡点是稳定的。反之, 如果矩阵 $\boldsymbol{A}$ 存在一个具有正实部的特征值, 则对应的平衡点是不稳定的。如果矩阵 $\boldsymbol{A}$ 存在零实部的特征值, 而其余的特征值都具有负实部, 则对应于临界的情况。在这种情况下, 由平衡点附近的线性近似无法判定原方程平衡点的稳定性, 需要更高阶的近似。然而, 在生物系统中, 由于系统行为对参数变化的鲁棒性, 通常不会出现临界状态, 因此不用担心这种情况。

如果 $\boldsymbol{A} = \boldsymbol{A}(t)$ 是依赖于时间 t 的, 则方程 (A.10) 的精确解一般是不能显式表示出来的。如果已知方程组 (A.10) 的 n 个线性无关的解 $\boldsymbol{y}_i(t)$ $(i = 1, 2, \cdots, n)$, 则该方程组的通解可以表示为这 n 个解 (也称为基础解系) 的线性组合

$$\boldsymbol{y}(t) = c_1\boldsymbol{y}_1(t) + c_2\boldsymbol{y}_2(t) + \cdots + c_n\boldsymbol{y}_n(t),$$

其中 c_i $(i = 1, 2, \cdots, n)$ 为常数。

如果研究的生物系统 (A.8) 存在周期解, 沿周期解展开系统, 并且近似到一阶近似, 则得到系数矩阵为周期矩阵 $\boldsymbol{A} = \boldsymbol{A}(t)$ 的线性方程组, 即 $\boldsymbol{A}(t + T) = \boldsymbol{A}(t)$。此时, 对于具有周期系数矩阵的线性方程组及其基础解系 $\boldsymbol{Y}(t) = (\boldsymbol{y}_1(t), \boldsymbol{y}_2(t), \cdots, \boldsymbol{y}_n(t))$, $\boldsymbol{Y}(t + T)$ 也是该方程组的一组基础解系。因此, 存在常数矩阵 $\boldsymbol{C}$, 使得

$$\boldsymbol{Y}(t + T) = \boldsymbol{Y}(t)\boldsymbol{C}.$$

如果 $\boldsymbol{C}$ 的特征值都具有负实部, 容易证明 $\boldsymbol{Y}(t) \to \boldsymbol{0}$ $(t \to \infty)$。因此, 如果 $\boldsymbol{C}$ 的特征值都具有负实部, 则原系统 (A.8) 的周期解是稳定的。

引入矩阵 $\boldsymbol{R}$，使得 $\boldsymbol{C} = e^{T\boldsymbol{R}}$，即 $\boldsymbol{R} = T^{-1}\ln \boldsymbol{C}$。再取 $\boldsymbol{P}(t) = \boldsymbol{Y}(t)e^{-t\boldsymbol{R}}$，则

$$\boldsymbol{P}(t+T) = \boldsymbol{Y}(t+T)e^{-(t+T)\boldsymbol{R}} = \boldsymbol{Y}(t)\boldsymbol{C}e^{-t\boldsymbol{R}}e^{-T\boldsymbol{R}} = \boldsymbol{P}(t),$$

即 $\boldsymbol{P}(t)$ 是周期的。令 $\boldsymbol{y} = \boldsymbol{P}(t)\boldsymbol{z}$，则 $\boldsymbol{z}$ 满足方程

$$\boldsymbol{z}' = \boldsymbol{P}^{-1}(t)(\boldsymbol{A}(t)\boldsymbol{P}(t) - \boldsymbol{P}'(t))\boldsymbol{z}.$$

这里 $'$ 表示 $\dfrac{\mathrm{d}}{\mathrm{d}t}$。由 $\boldsymbol{P}$ 的定义容易有 $\boldsymbol{P}' = \boldsymbol{AP} - \boldsymbol{PR}$。因此 $\boldsymbol{z}$ 满足常系数线性方程

$$\boldsymbol{z}' = \boldsymbol{Rz}. \tag{A.11}$$

这样可以把周期系数的线性方程组变换为常系数线性方程组，这就是常微分方程的弗洛凯理论 (Floquet theory)。但是，这种变换需要预先知道一组基础解矩阵，而这一般是做不到的，除非可以把方程解出来。

A.2　二阶微分方程

在很多情况下，可以把系统简化成二阶微分方程组

$$\frac{\mathrm{d}x_1}{\mathrm{d}t} = X_1(x_1, x_2), \quad \frac{\mathrm{d}x_2}{\mathrm{d}t} = X_2(x_1, x_2). \tag{A.12}$$

对于二阶微分方程，经常可以利用微分方程定性理论的方法研究该系统的定性行为，而不需要求解该方程组。例如，在平面上画出方程 (A.12) 的向量场，就可以了解该方程的解的长时间行为。在这里，由方程 (A.12) 定义的 (x_1, x_2)-平面的向量场可以按以下步骤给出：对平面上的任一点 (x_1, x_2)，以该点为起点，画出向量 $\boldsymbol{v} = (X_1(x_1, x_2), X_2(x_1, x_2))$，则对平面上所有的点及其向量都构成一个向量场 (参考 A.4 节介绍的相平面分析)。对于方程 (A.12)，如果能画出相应的向量场，就可以直观地看出方程的解曲线的走向。

下面的庞加莱环域定理是常用的判定方程非平凡周期解存在性的工具，在这里忽略这个定理的证明，但是通过方程的向量场很容易理解其正确性。

庞加莱环域定理　设 G 是由内外边界曲线 $\varGamma_1$ 和 $\varGamma_2$ 围成的环形区域，当 t 增加时，平面系统

$$\frac{\mathrm{d}x_1}{\mathrm{d}t} = X_1(x_1, x_2), \quad \frac{\mathrm{d}x_2}{\mathrm{d}t} = X_2(x_1, x_2) \tag{A.13}$$

的轨线在 $\varGamma_1$ 和 $\varGamma_2$ 上都是由外向内 (或由内向外) 的,且在 G 内没有奇点 [指满足 $X_1(x_1, x_2) = X_2(x_1, x_2) = 0$ 的点]，则在 G 内至少存在一个外侧稳定 (或不稳定) 极限环和一个内侧稳定 (或不稳定) 极限环。如果系统中的函数 X_1 和 X_2 是解析的，则至少存在一个稳定 (或不稳定) 极限环。

特别地，对于所研究的生物系统，一般地都满足有界性条件，并且对应的方程的解是非负的。对于充分大的正常数 M_1、M_2，向量场沿曲线

$$\varGamma_2: (0,0) \to (M_1, 0) \to (M_1, M_2) \to (0, M_2) \to (0,0)$$

总是向内的。根据常微分方程的指标定理，该向量场在 Γ_2 一定存在至少一个平衡点。如果可以证明系统 (A.13) 只有一个平衡点 (是非退化的)，而且该平衡点是不稳定的，则指标定理保证了该平衡点一定是焦点或结点，即在平衡点附近，向量场是向外的。此时，把该平衡点的小邻域的边界定义为 Γ_1，则向量场沿 Γ_1 总是向外的。这样，庞加莱环域定理就保证了非平凡周期的存在性。这个方法经常用于分析生物振荡的存在性。

为了分析平衡点的稳定性，和前面一般方程的情况类似，可以在平衡点附近对方程进行展开，通过分析对应的线性化矩阵的特征值来得到该平衡点的稳定性。记对应的线性化矩阵为

$$\boldsymbol{A} = \begin{bmatrix} a & b \\ c & d \end{bmatrix}.$$

则对应的特征值为

$$\lambda_{1,2} = \frac{-p \pm \sqrt{p^2 - 4q}}{2},$$

其中

$$p = -\mathrm{tr}(\boldsymbol{A}) = -(a+d), \quad q = \det(\boldsymbol{A}) = ad - bc.$$

在下面的讨论中，总是假定 $q \neq 0$，即对应的平衡点是非退化的。在生物系统中，因为系统参数的高度不确定性，一般不会出现退化的特殊情况，所以只需要考虑非退化的情况。基于同样的道理，也不准备讨论 $p = 0$ 的情况。

从上面的特征值可以看到，当 $p, q > 0$ 时，对应的平衡点是稳定的。特别地，当 $p^2 > 4q$ 时，对应的平衡点是稳定的节点。当系统状态偏离定态时，指数趋向于平衡态。当 $p^2 < 4q$ 时，对应的平衡点是稳定的焦点。当系统的状态偏离定态时，振荡趋向于平衡态，振荡的频率为 $\omega = \sqrt{4q - p^2}$。如果 $q < 0$，则特征值是一对符号相反的实数，对应的平衡点是鞍点，是不稳定的。当 $p < 0, q > 0$ 时，对应的平衡点是不稳定的，可以是不稳定的节点 ($p^2 < 4q$) 或者不稳定的焦点 ($p^2 > 4q$)。这样，给出了二阶系统非退化平衡点的分类 (图 A.2)。

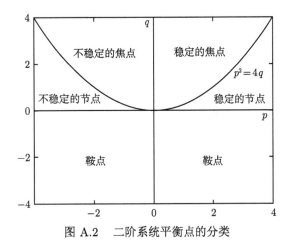

图 A.2 二阶系统平衡点的分类

对于二阶有界系统，当平衡点不稳定时，通常也蕴含有趣的生物现象。如果该不稳定的平衡点是不稳定的焦点或者节点，则根据常微分方程的庞加莱环域定理，该方程一定存在至少一个稳定的非平凡周期解。如果该不稳定的平衡点是鞍点，则根据常微分方程向量场的指标理论，一定还存在至少两个 (假定所有的平衡点都是非退化的) 非鞍点的平衡点。特别地，如果这些平衡点都是稳定的，则系统存在双稳态。这类系统是在很多具有双稳态的基因调控网络中共同具有的特点。

A.3　二阶常微分方程边值问题的数学基础

在建立关于生物体斑图模式形成的数学模型时，经常需要通过反应扩散方程描述分子的空间浓度梯度的演化过程。为了研究静态条件下的浓度梯度，需要考虑相应的边值问题的解的存在性、唯一性，并讨论相应的解的性质。这一节简单介绍处理边值问题的解存在性的常用方法——上下解方法。其他相关的数学基础和更详细的内容可以参考专著 [239]。

A.3.1　上下解方法与解的存在性

考虑下面的二阶边值问题

$$\begin{cases} u'' - f(u,x) = 0 & (0 < x < 1), \\ (au + bu')|_{x=0} = h_0, \\ (cu + du')|_{x=1} = h_1. \end{cases} \tag{A.14}$$

上下解的方法是证明上面问题解的存在性并且估计解的范围的有效方法。但是，在使用上下解方法的时候，对上解和下解的定义经常会因为边值条件提法的不一样而有所区别，很容易造成混乱。笔者所看到的资料大多都是单独介绍对应于某种特殊的边界条件的定义，难以形成统一的认识。在这里，首先在统一的框架下定义上解和下解，然后分别介绍在各种边界条件下的应用。在这里只介绍一维的情况，读者很容易把相应的结果推广应用到高维的情况。

首先给出一个比较抽象的结果。令 $H_p{}^k = C^p([0,1], \mathbb{R}^k)$ 表示所有定义在区间 $[0,1]$ 上取值于 $\mathbb{R}^k$ 的 p 阶可微函数的集合。并且分别令 $L: H_2 \to H_0^k$ 和 $f: H_2 \to H_0^k$ 为从 H_2 映到 H_0^k $(k \geqslant 1)$ 的线性和非线性算子。考虑下面定义在 H_2 上的方程

$$Lu + f(u) = 0. \tag{A.15}$$

下面来建立方程 (A.15) 在 H_2 内存在解的条件。

首先定义 (A.15) 的上解和下解。如果函数 $u_0 \in H_2$ 满足

$$Lu_0 + f(u_0) \leqslant 0, \tag{A.16}$$

则称 u_0 为问题 (A.15) 的上解。如果函数 $v_0 \in H_2$ 满足

$$Lv_0 + f(v_0) \geqslant 0, \tag{A.17}$$

则称 v_0 为问题 (A.15) 的下解。这里对 $a, b \in H_0^k$，$a \leqslant b$ 的含义是指对任意 $x \in [0, 1]$，关系 $a(x) \leqslant b(x)$ 对所有的分量均满足。

对于算子 $T : H_0^k \to H_0$，如果对任意 $\alpha \in H_0^k$，满足 $\alpha \geqslant 0$，都有 $T\alpha \leqslant 0$，则称 T 为负算子。

定理 1 考虑方程 (A.15)，如果满足下面条件：

(1) 方程 (A.15) 存在上解 u_0 和下解 v_0，并且满足条件 $u_0 > v_0$；

(2) 存在常数 $\lambda_i > 0$ $(i = 1, 2, \cdots, k)$ 使得对任意满足

$$u_0 \geqslant \varphi_1 \geqslant \varphi_2 \leqslant v_0$$

的函数 $\varphi_1, \varphi_2 \in H_2$，

$$f_i(\varphi_1) - f_i(\varphi_2) > -\lambda_i(\varphi_1 - \varphi_2),$$

(3) 定义算子 $\Lambda : H_2 \mapsto H_2^k$ 为 $\Lambda u = (\lambda_1 u, \lambda_2 u, \cdots, \lambda_k u)$，则逆算子 $(L - \Lambda)^{-1}$ 是负算子，

则方程 (A.15) 至少有一个解 $u(x) \in H_2$，并且 $v_0 \leqslant u \leqslant u_0$。

证明 由定理条件所定义的算子 Λ，首先把方程 (A.15) 改写为

$$(L - \Lambda)u + g(u) = 0,$$

其中

$$g(u) = f(u) + \Lambda u.$$

容易看到 g 是单调的，即对任意 $u_0 \geqslant \varphi_1 \geqslant \varphi_2 \geqslant v_0$ 都有 $g(\varphi_1) > g(\varphi_2)$。这是因为

$$g(\varphi_1) - g(\varphi_2) = f(\varphi_1) + \Lambda \varphi_1 - f(\varphi_2) - \Lambda \varphi_2$$
$$> -\Lambda(\varphi_1 - \varphi_2) + \Lambda(\varphi_1 - \varphi_2) = 0.$$

定义映 H_0 到 H_2 的算子 $T : H_0 \to H_2$，对任意 $\alpha \in H_0$，$\beta = T\alpha$ 满足方程

$$(L - \Lambda)\beta + g(\alpha) = 0.$$

事实上，容易有 $T\alpha = -(L - \Lambda)^{-1}g(\alpha)$。

下面来证明 T 满足以下单调性条件。首先，T 是单调的，即如果 $v_0 \leqslant \alpha_1 \leqslant \alpha_2 \leqslant u_0$，则 $T\alpha_1 \leqslant T\alpha_2$。事实上有

$$T\alpha_1 - T\alpha_2 = -(L - \Lambda)^{-1}g(\alpha_1) + (L - \Lambda)^{-1}g(\alpha_2)$$
$$= (L - \Lambda)^{-1}(g(\alpha_2) - g(\alpha_1))$$
$$\leqslant 0.$$

其次，如果 α 是上解，则 $\alpha > T\alpha$。令 $\beta = T\alpha$，则

$$(L - \Lambda)(\beta - \alpha) \geqslant 0,$$

因为 $(L - \Lambda)^{-1}$ 是负算子，可以得到 $\beta - \alpha \leqslant 0$，即 $\alpha > T\alpha$。

类似地，如果 α 是下解，则 $\alpha < T\alpha$。

现在，定义 H_2 中的函数序列 $\{u_n\}$ 和 $\{v_n\}$，使得 $(u_n, v_n) = (Tu_{n-1}, Tv_{n-1})$ $(n \geqslant 1)$。根据上面的讨论，这些函数满足下面关系

$$u_0 \geqslant u_1 \geqslant \cdots \geqslant u_n \geqslant \cdots \geqslant v_m \geqslant \cdots \geqslant v_1 \geqslant v_0.$$

因此，函数列 $\{u_n\}$ 和 $\{v_n\}$ 都是单调有界的序列，极限

$$\tilde{u} = \lim_n u_n$$

在每一点 $x \in [0,1]$ 处均存在，并且 $\tilde{u} \in H_2$，满足 $u_0 \geqslant \tilde{u} \geqslant v_0$。这个极限 $\tilde{u}$ 就是方程 (A.15) 的解。证毕。

为了把上面的定理应用到边值问题 (A.14)，定义线性算子 $L : H_2 \to H_0^3$ 为 $L = (L_1, L_2, L_3)$，其中

$$L_1 u = \frac{\mathrm{d}^2}{\mathrm{d}x^2} u,$$

$$L_2 u = \pm \left(a + b \frac{\mathrm{d}}{\mathrm{d}x} \right) u \bigg|_{x=0},$$

$$L_3 u = \pm \left(c + d \frac{\mathrm{d}}{\mathrm{d}x} \right) u \bigg|_{x=1},$$

并且定义泛函 $f : H_2 \to H_0^3$ 为

$$f(u) = (-f(u(x), x), \pm h_0, \pm h_1), \quad \forall u \in H_2.$$

这里 L_2 和 L_3 中的符号根据边界条件来确定，使得定理的条件是满足的。在应用上面的定理时，条件 (1) 和 (2) 都比较好满足，关键是定义合适的算子 L (取合适的正负号)，使得条件 (3) 是满足的。下面把上面定理应用于几种特殊的边界条件。

(1) 对于问题

$$u'' - f(u, x) = 0, \quad u(0) = h_0, \quad u'(1) = h_1, \tag{A.18}$$

定义 L 为

$$Lu = \left(\frac{\mathrm{d}^2}{\mathrm{d}x^2}, -u(0), -u'(1) \right).$$

则对任意

$$\Lambda = \mathrm{diag}(\lambda, 0, 0),$$

算子 $T = (L - \Lambda)^{-1}$ 映 α 为满足方程

$$(L - \Lambda)\beta = \alpha \tag{A.19}$$

的解 $\beta = T\alpha$。

下面来验证上面所定义的算子 T 是负算子。事实上，方程 (A.19) 即

$$\beta'' - \lambda\beta = \alpha_1(x), \quad -\beta(0) = \alpha_2, \quad -\beta'(1) = \alpha_3.$$

只需要证明如果 $\alpha_i \geqslant 0 (i = 1, 2, 3)$，则上面方程的解满足 $\beta(x) \leqslant 0$，$\forall x \in [0, 1]$。简单的证明如下：首先容易有 $\beta(0) \leqslant 0$，$\beta'(1) \leqslant 0$。如果在某 $0 < x_1 < 1$ 处 $\beta(x_1) = 0$，则有 $\beta'(x_1) > 0$。已经有 $\beta'(1) \leqslant 0$。因此一定存在一点 $x_1 < x_2 < 1$，使得 $\beta(x)$ 在 $x = x_2$ 处取得最大值，即 $\beta(x_2) > 0$，$\beta'(x_2) = 0$，$\beta''(x_2) < 0$。但是，这与 $\beta''(x_2) = \alpha(x_2) + \lambda\beta(x_2) > 0$ 矛盾。因此，对任意 $0 \leqslant x \leqslant 1$，都有 $\beta(x) \leqslant 0$。

(2) 对于问题

$$u'' - f(u, x) = 0, \quad u'(0) = h_0, \quad u'(1) = h_1, \tag{A.20}$$

定义 L 为

$$Lu = \left(\frac{\mathrm{d}^2}{\mathrm{d}x^2}, u'(0), -u'(1) \right).$$

则对任意

$$\Lambda = \mathrm{diag}(\lambda, 0, 0),$$

算子 $T = (L - \Lambda)^{-1}$ 映 α 为满足方程

$$(L - \Lambda)\beta = \alpha \tag{A.21}$$

的解。

下面来验证上面所定义的算子 T 是负算子。方程 (A.21) 即

$$\beta'' - \lambda\beta = \alpha_1(x), \quad \beta'(0) = \alpha_2, \quad \beta'(1) = -\alpha_3.$$

只需证明如果 $\alpha_i \geqslant 0 \, (i = 1, 2, 3)$，则上面方程的解满足 $\beta(x) \leqslant 0$，$\forall x \in [0, 1]$。事实上，容易有 $\beta'(0) > 0$ 和 $\beta'(1) < 0$。因此，$\beta(x)$ 在 $(0, 1)$ 处有最大值。设 β 在 $0 < x_1 < 1$ 处取得最大值，则 $\beta''(x_1) \leqslant 0$。但是 $\beta''(x_1) = \lambda\beta(x_1) + \alpha_1(x_1)$，因此，必须有 $\beta(x_1) < 0$。这样，就证明了对所有的 $0 \leqslant x \leqslant 1$，都有关系 $\beta(x) \leqslant 0$。

(3) 对于问题

$$u'' - f(u, x) = 0, \quad u'(0) = h_0, \quad u(1) = h_1, \tag{A.22}$$

定义 L 为

$$Lu = \left(\frac{\mathrm{d}^2}{\mathrm{d}x^2}, u'(0), -u(1) \right).$$

则对任意

$$\Lambda = \mathrm{diag}(\lambda, 0, 0),$$

算子 $T = (L - \Lambda)^{-1}$ 映 α 为满足方程

$$(L - \Lambda)\beta = \alpha \tag{A.23}$$

的解。

下面来验证上面所定义的算子 T 是负算子。方程(A.23)即

$$\beta'' - \lambda\beta = \alpha_1(x), \quad \beta'(0) = \alpha_2, \quad \beta(1) = -\alpha_3.$$

只需证明如果 $\alpha_i \geqslant 0\,(i = 1, 2, 3)$，则上面方程的解满足 $\beta(x) \leqslant 0$，$\forall x \in [0, 1]$。首先，有 $\beta(1) < 0$。存在 $0 \leqslant x_1 \leqslant 1$，使得 $\beta(x_1) = 0$。取 x_1 为最小的满足这一条件的值。因为 $\beta'(0) > 0$，所以有 $\beta'(x_1) > 0$。因为 $\beta(1) < 0$，所以 $\beta(x)$ 在 $(x_1, 1)$ 处有极大值。设 β 在 $x_1 \leqslant x_2 < 1$ 处取得极大值，则 $\beta''(x_2) \leqslant 0$ 并且 $\beta(x_2) \geqslant 0$。但是这与 $\beta''(x_2) = \lambda\beta(x_2) + \alpha_1(x_2)$ 矛盾。这样，就证明了对所有的 $0 \leqslant x \leqslant 1$，都有关系 $\beta(x) \leqslant 0$。

(4) 对于问题

$$u'' - f(u, x) = 0, \quad u(0) = h_0, \quad u(1) = h_1, \tag{A.24}$$

定义 L 为

$$Lu = \left(\frac{\mathrm{d}^2}{\mathrm{d}x^2}, -u(0), -u(1)\right).$$

则对任意

$$\Lambda = \mathrm{diag}(\lambda, 0, 0),$$

算子 $T = (L - \Lambda)^{-1}$ 映 α 为满足方程

$$(L - \Lambda)\beta = \alpha \tag{A.25}$$

的解。

下面来验证上面所定义的算子 T 是负算子。事实上，方程 (A.25) 即

$$\beta'' - \lambda\beta = \alpha_1(x), \quad \beta(0) = -\alpha_2, \quad \beta(1) = -\alpha_3.$$

只需证明如果 $\alpha_i \geqslant 0(i = 1, 2, 3)$，则上面方程的解满足 $\beta(x) \leqslant 0$，$\forall x \in [0, 1]$。证明的过程和上面 (3) 的方法类似，不再重复。

A.3.2　比较定理和解的唯一性

下面考虑解的唯一性。为此，先把非齐次边界条件变换为齐次边界条件。考虑方程 (A.14)，令 $w = u - (k_1 + k_2 x)$，其中 k_1、k_2 为满足方程

$$ak_1 + bk_2 = h_0, \quad c(k_1 + k_2) + dk_2 = h_1$$

的常数。则边值问题 (A.14) 可以变换为关于未知函数 $w = w(x)$ 的具有齐次边界条件的边值问题。下面为了符号的简单起见，还用 u 表示未知函数。

定理 2　考虑边值问题

$$u'' - f(u, x) = 0, \quad u(0) = u(1) = 0. \tag{A.26}$$

如果函数 f 关于 u 是单调的，则方程 (A.26) 至多有一个解。

证明 否则，假设有两个解 u_1 和 u_2 ($u_1(x) \not\equiv u_2(x)$)。令 $\varphi(x) = u_1(x) - u_2(x)$，则 $\varphi(x)$ 满足

$$\varphi'' - q(x)\varphi = 0, \quad \varphi(0) = \varphi(1) = 0,$$

其中

$$q(x) = \frac{f(u_1(x), x) - f(u_2(x), x)}{u_1(x) - u_2(x)} \geqslant 0.$$

由此可以得到

$$\int_0^1 \varphi\varphi'' \mathrm{d}x - \int_0^1 q(x)\varphi^2(x)\mathrm{d}x = 0.$$

通过分部积分和上面的边界条件，可以得到

$$0 = -\int_0^1 q(x)\varphi^2(x)\mathrm{d}x - \int_0^1 \varphi'^2(x)\mathrm{d}x,$$

这样，总有 $\varphi(x) \equiv 0$，与假设矛盾。证毕。

从上面定理的证明过程可以看到唯一性结果对于下面的边界条件也成立：$u(0) = u'(1) = 0$ 或 $u'(0) = u(1) = 0$ 或 $u'(0) = u'(1) = 0$。

由上下解方法和定理 2 可以证明下面的比较定理。

定理 3 考虑边值问题

$$u'' - q(u, x) + f(x) = 0, \quad u'(0) = u(1) = 0. \tag{A.27}$$

如果 $q(u, x)$ 关于 x 和 u 连续，并且对任意 $x \in [0, 1]$ 和 $u \geqslant 0$ 满足

$$f(x) \geqslant 0, \quad q(u, x) \geqslant 0, \quad \frac{\partial q(u, x)}{\partial u} \geqslant 0,$$

则方程 (A.27) 存在唯一的解，并且解 $u(x)$ 满足不等式

$$0 \leqslant u(x) \leqslant \int_x^1 \int_0^s f(s)\mathrm{d}t\mathrm{d}s, \quad 0 \leqslant x \leqslant 1. \tag{A.28}$$

证明 令

$$\bar{u}(x) = 0, \quad \underline{u}(x) = \int_x^1 \int_0^s f(t)\mathrm{d}t\mathrm{d}s.$$

容易看到 $\bar{u}(x)$ 和 $\underline{u}(x)$ 分别是方程 (A.27) 的上解和下解。因此由上下解方法可以得到解的存在性。唯一性由定理 2 可以得到，因此不等式 (A.28) 自然成立。证毕。

下面来证明一个常用的比较定理。

定理 4 考虑两个边值问题

$$u_1'' - q_1(x)u_1(x) + f(x) = 0, \quad u_1'(0) = u_1(1) = 0 \tag{A.29}$$

和

$$u_2'' - q_2(x)u_2(x) + f(x) = 0, \quad u_2'(0) = u_2(1) = 0. \tag{A.30}$$

如果 $q_1(x) > q_2(x)$，并且 $u_1(x) > 0$ 是方程 (A.29) 的解，$u_2(x)$ 是 (A.30) 的解，则对任意 $x \in [0, 1]$，有 $u_1(x) < u_2(x)$。

证明　令 $w(x) = u_2(x) - u_1(x)$，则 $w(x)$ 满足边值问题

$$w'' - q_2(x)w + (q_1(x) - q_2(x))u_1(x) = 0, \quad w'(0) = w(1) = 0,$$

根据最大值原理 (文献 [240] 的定理 4.1)，上述方程只有正解，因此 $w(x) > 0$，也就是说 $u_1(x) < u_2(x)$。证毕。

这里介绍的理论结果通常应用于研究包括分子扩散的反应-扩散方程的平衡态分子浓度梯度的存在性、唯一性和浓度估计问题。这里只介绍基本的数学结果，在实际应用中对于比较复杂的问题还应该参考更专业的文献资料。

附录 B 随机微分方程

B.1 随机微分方程与随机积分

作为常微分方程的补充，随机微分方程通常可以用来描述具有随机行为的动态演化过程。

定义维纳过程 W_t 为满足下面条件的随机过程：

(1) W_t 关于 t 是连续的；

(2) W_t 是独立增量过程，如果 $t_1 < t_2 < t_3 < t_4$，则

$$\langle (W_{t_2} - W_{t_1})(W_{t_4} - W_{t_3}) \rangle = 0;$$

(3) 对任意 $t, \tau \geqslant 0$，$W_{t+\tau} - W_t$ 是均值为零的高斯分布，且满足 $\langle (W_{t+\tau} - W_t)^2 \rangle = \tau$，则通过维纳过程，一维随机微分方程通常表示为

$$\mathrm{d}x = f(x,t)\mathrm{d}t + g(x,t)\mathrm{d}W_t, \tag{B.1}$$

这里 $\mathrm{d}W_t = W_{t+\mathrm{d}t} - W_t$。根据维纳过程的性质，$\mathrm{d}W_t$ 是均值为零的高斯分布，关于时间 t 是独立的，并且其方差满足

$$\langle (\mathrm{d}W_t)^2 \rangle = \mathrm{d}t.$$

因此，可以近似认为 $\mathrm{d}W_t$ 是微元 $\mathrm{d}t$ 的 1/2 阶小量。

在很多文献中，经常把随机微分方程表示为形如

$$\frac{\mathrm{d}x}{\mathrm{d}t} = f(x,t) + g(x,t)\xi(t) \tag{B.2}$$

的形式，其中 $\xi(t)$ 为高斯白噪声。严格说来，关于随机微分方程的形如 (B.2) 的表达方式是不正确的，因为随机微分方程的解一般是随机过程，对时间 t 不可微分，所以方程右端的 $\mathrm{d}x/\mathrm{d}t$ 没有意义。当在文献中看到形如 (B.2) 的随机微分方程时，应该按照形式 (B.1) 去理解。

方程 (B.1) 的解是指满足下面关系的随机过程 $x(t)$：

$$x(t) = x(0) + \int_0^t f(x(s),s)\mathrm{d}s + \int_0^t g(x(s),s)\mathrm{d}W_s. \tag{B.3}$$

需要注意的是，方程 (B.1) 的解 $x(t)$ 是依赖于时间 t 和维纳过程的样本点 ω 的二元函数，因此应该表示为 $x(t;\omega)$。通常为简单起见，略去解对维纳过程 ω 的依赖性而简记为 $x(t)$。

积分形式的解 (B.3) 可以表示为差分的形式

$$x(t) = x(0) + \lim_{\Delta t \to 0} \sum_{0 < t_i < t} f(x(t_i'), t_i') \Delta t_i + \lim_{\Delta s \to 0} \sum_{0 < s_i < t} g(x(s_i'), s_i') \Delta W_{s_i},$$

其中 $\Delta t_i = t_{i+1} - t_i$, $\Delta W_{s_i} = W_{s_{i+1}} - W_{s_i}$。这里 $\{t_i\}$ 和 $\{s_i\}$ 都是区间 $[0, t]$ 的一个剖分, 并且 $t_i \leqslant t_i' \leqslant t_{i+1}$, $s_i \leqslant s_i' \leqslant s_{i+1}$。当 $\Delta t_i \to 0$ 时, 第一个求和项收敛到黎曼积分 $\int_0^t f(x(s), s) \mathrm{d}s$, 而与 $t_i' \in [t_i, t_{i+1}]$ 的选取无关。但是, 第二个求和项的取值与 $s_i' \in [s_i, s_{i+1}]$ 的具体选取有关。为了更好地理解这一点, 下面以一个例子来说明 s_i' 的选取的重要性。

例如, 计算下面的积分

$$\int_0^t W_s \mathrm{d}W_s.$$

如果在求和的过程中, 选取 s_i' 为左端点 s_i, 则有下面的结果:

$$\begin{aligned}
\left\langle \int_0^t W_s \mathrm{d}W_s \right\rangle &= \left\langle \lim_{\Delta s \to 0} \sum_{i=0}^n W_{s_i}(W_{s_{i+1}} - W_{s_i}) \right\rangle \\
&= \left\langle \lim_{\Delta s \to 0} \sum_{i=0}^n \left(\frac{1}{2}(W_{s_{i+1}} + W_{s_i}) - \frac{1}{2}(W_{s_{i+1}} - W_{s_i}) \right) (W_{s_{i+1}} - W_{s_i}) \right\rangle \\
&= \frac{1}{2} \left\langle \lim_{\Delta s \to 0} \sum_{i=0}^n (W_{i+1}^2 - W_i^2) \right\rangle - \frac{1}{2} \left\langle \lim_{\Delta s \to 0} \sum_{i=0}^n (W_{i+1} - W_i)^2 \right\rangle \\
&= \frac{1}{2}(\langle W_t^2 \rangle - \langle W_0^2 \rangle) - \frac{1}{2}t.
\end{aligned}$$

如果选取 s_i', 使得 $W_{s_i'} = (W_{s_{i+1}} + W_{s_i})/2$, 则有下面的结果:

$$\begin{aligned}
\left\langle \int_0^t W_s \mathrm{d}W_s \right\rangle &= \left\langle \lim_{\Delta s \to 0} \sum_{i=0}^n \frac{1}{2}(W_{s_{i+1}} + W_{s_i})(W_{s_{i+1}} - W_{s_i}) \right\rangle \\
&= \frac{1}{2} \left\langle \lim_{\Delta s \to 0} \sum_{i=0}^n (W_{s_{i+1}}^2 - W_{s_i}^2) \right\rangle \\
&= \frac{1}{2}(\langle W_t^2 \rangle - \langle W_0^2 \rangle).
\end{aligned}$$

可以看到, 两种方法得到了不同的结果。

根据上面的讨论, 按照不同的方式定义 (B.3) 的随机积分, 可以得到不同意义下的解。在处理实际问题的时候, 一定要按照实际问题来选取合适的随机积分的定义。目前常用的随机积分的定义有两种, 分别是伊藤 (Itô) 积分和斯特拉托诺维奇 (Stratonovich) 积分。其中伊藤积分取 s_i' 为左端点 s_i, 而斯特拉托诺维奇积分选取 s_i' 使得

$$g(x(s_i'), s_i') = \frac{1}{2} \left(g(x(s_i), s_i) + g(x(s_{i+1}), s_{i+1}) \right).$$

在数学上，这两种积分可以通过变换联系起来。例如，如果方程 (B.3) 中的积分是斯特拉托诺维奇积分，则相应的解与下面随机微分方程的解等价：

$$\mathrm{d}x = \left(f(x,t) + \frac{1}{2} g_x'(x,t)g(x,t) \right) \mathrm{d}t + g(x,t)\mathrm{d}W_t, \tag{B.4}$$

其中的随机积分理解为伊藤积分。因此，在数学上为方便起见，一般如果不明确说明，都是指伊藤意义下的随机微分方程。这一点在阅读数学参考资料时需要注意。而对于具体的问题，使用哪种积分更加合理是值得注意的。这个问题到目前还没有统一的答案。一般情况下，对于由热涨落引起的系统内部噪声使用伊藤积分，而对于外部因素引起的随机涨落通常使用斯特拉托诺维奇积分。

类似于一阶随机微分方程，一般的高阶随机微分方程具有形式

$$\mathrm{d}X_t^j = a^j(\boldsymbol{X}_t,t)\mathrm{d}t + \sum_{k=1}^m b_k^j(\boldsymbol{X}_t,t)\mathrm{d}W_t^k \quad (j = 1,2,\cdots,n), \tag{B.5}$$

其中 $\boldsymbol{X}_t = (X_t^1, X_t^2, \cdots, X_t^n)$，$W_t^k$ 表示第 k 个维纳过程在时刻 t 的值。这里的维纳过程是相互独立的。

同样地，对方程 (B.5) 的解的理解也有伊藤积分和斯特拉托诺维奇积分之分。如果在方程 (B.5) 中采用斯特拉托诺维奇积分，则其方程的解等价于以下采用伊藤积分的随机微分方程：

$$\mathrm{d}X_t^j = \left(a^j(\boldsymbol{X}_t,t) + \frac{1}{2} \sum_{k=1}^m \sum_{l=1}^n \frac{\partial b_k^j(\boldsymbol{X}_t,t)}{\partial X_t^l} b_k^l(\boldsymbol{X}_t,t) \right) \mathrm{d}t + \sum_{k=1}^m b_k^j(\boldsymbol{X}_t,t)\mathrm{d}W_t^k$$

$$(j = 1,2,\cdots,n). \tag{B.6}$$

在建立数学模型时，对一些随机项采用什么样的随机积分的解释是很重要的。但是目前没有统一的规定。相关的讨论请参考冯·肯普 (van Kampen) 的专著 [6]。

B.2　伊 藤 公 式

伊藤公式是研究随机微分方程的重要工具。如果随机过程 $x(t)$ 满足随机微分方程 (B.1)，则由 $V(x,t)$ 定义的随机过程满足下面的伊藤公式：

$$\mathrm{d}V = \left(\frac{\partial V}{\partial t} + \frac{\partial V}{\partial x}f(x,t) + \frac{1}{2}\frac{\partial^2 V}{\partial x^2}g(x,t)^2 \right) \mathrm{d}t + \frac{\partial V}{\partial x}g(x,t)\mathrm{d}W_t. \tag{B.7}$$

下面简单验证伊藤公式的正确性。这里随机过程 $x(t)$ 除了依赖于时间 t，还依赖于过程 W_t，因此，可以把 $x(t)$ 记为 $x(t,W_t)$。这样，把函数 $V(x,t)$ 按泰勒展开式展开，有

$$\mathrm{d}V(x,t) = V(x(t+\mathrm{d}t),t+\mathrm{d}t) - V(x(t),t)$$

$$= \frac{\partial V}{\partial t}\mathrm{d}t + \frac{\partial V}{\partial x}\mathrm{d}x + \frac{1}{2}\frac{\partial^2 V}{\partial x^2}(\mathrm{d}x)^2 + o(\mathrm{d}t)$$

$$= \frac{\partial V}{\partial t}\mathrm{d}t + \frac{\partial V}{\partial x}(f(x,t)\mathrm{d}t + g(x,t)\mathrm{d}W_t)$$
$$+ \frac{1}{2}\frac{\partial^2 V}{\partial x^2}(f(x,t)\mathrm{d}t + g(x,t)\mathrm{d}W_t)^2 + o(\mathrm{d}t)$$
$$= \frac{\partial V}{\partial t}\mathrm{d}t + \frac{\partial V}{\partial x}(f(x,t)\mathrm{d}t + g(x,t)\mathrm{d}W_t) + \frac{1}{2}\frac{\partial^2 V}{\partial x^2}g(x,t)(\mathrm{d}W_t)^2 + o(\mathrm{d}t)$$
$$= \left(\frac{\partial V}{\partial t} + \frac{\partial V}{\partial x}f(x,t) + \frac{1}{2}\frac{\partial^2 V}{\partial x^2}g(x,t)^2\right)\mathrm{d}t + \frac{\partial V}{\partial x}g(x,t)\mathrm{d}W_t + o(\mathrm{d}t).$$

最后一步是关键的, 用到关系 $\langle(\mathrm{d}W_t)^2\rangle = \mathrm{d}t$。

类似地, 可以推导出高阶随机微分方程的伊藤公式如下。令 $\boldsymbol{X}_t$ 为满足 (B.5) 的解, 则

$$\mathrm{d}V(\boldsymbol{X}_t,t) = \left[\frac{\partial V(\boldsymbol{X}_t,t)}{\partial t} + \sum_{j=1}^{n}\frac{\partial V(\boldsymbol{X}_t,t)}{\partial X_t^l}a^j(\boldsymbol{X}_t,t)\right.$$
$$\left. + \frac{1}{2}\sum_{k=1}^{m}\left(\sum_{i,j=1}^{n}b_k^i(\boldsymbol{X}_t,t)\frac{\partial^2 V(\boldsymbol{X}_t,t)}{\partial X_t^i \partial X_t^j}b_k^j(\boldsymbol{X}_t,t)\right)\right]\mathrm{d}t$$
$$+ \sum_{k=1}^{m}b_k^j(\boldsymbol{X}_t,t)\mathrm{d}W_t^k. \tag{B.8}$$

作为伊藤公式的简单应用, 下面来求解线性随机微分方程

$$\mathrm{d}x = a(t)x\mathrm{d}t + b(t)x\mathrm{d}W_t. \tag{B.9}$$

令 $V(x) = \ln x$。由伊藤公式, $V(x)$ 满足

$$\mathrm{d}V = \left(\frac{1}{x}a(t)x - \frac{1}{2}\frac{1}{x^2}(b(t)x)^2\right)\mathrm{d}t + \frac{1}{x}b(t)x\mathrm{d}W_t$$
$$= \left(a(t) - \frac{1}{2}b^2(t)\right)\mathrm{d}t + b(t)\mathrm{d}W_t.$$

因此, $V(t) = V(x(t))$ 由积分

$$V = V(0) + \int_0^t \left(a(s) - \frac{1}{2}b^2(s)\right)\mathrm{d}s + \int_0^t b(s)\mathrm{d}W_s$$

给出。这样得到方程 (B.9) 的解

$$x(t) = x(0)\exp\left(\int_0^t\left(a(s) - \frac{1}{2}b^2(s)\right)\mathrm{d}s + \int_0^t b(s)\mathrm{d}W_s\right).$$

B.3 福克尔–普朗克方程

考虑下面的 n 阶随机微分方程

$$\mathrm{d}\boldsymbol{X} = \boldsymbol{f}(\boldsymbol{X})\mathrm{d}t + \boldsymbol{B}(\boldsymbol{X})\mathrm{d}\boldsymbol{W}_t, \tag{B.10}$$

其中

$$\boldsymbol{X} \in \mathbb{R}^n, \quad \boldsymbol{f} \in C(\mathbb{R}^n, \mathbb{R}^n), \quad \boldsymbol{B} \in C(\mathbb{R}^n, \; \mathbb{R}^{n \times m}), \quad \boldsymbol{W}_t = (W_{1,t}, W_{2,t}, \cdots, W_{m,t})^{\mathrm{T}}.$$

令 $P(\boldsymbol{x}, t)$ 记为概率密度函数，使得

$P(\boldsymbol{x}, t)\mathrm{d}\boldsymbol{x}\mathrm{d}t =$ 在时间区间 $(t, t+\mathrm{d}t)$ 内，系统的状态满足 $\boldsymbol{x} < \boldsymbol{X} < \boldsymbol{x} + \mathrm{d}\boldsymbol{x}$ 的概率.

关于 $P(\boldsymbol{x}, t)$ 的演化方程就是福克尔–普朗克方程。下面来推导这个演化方程的表达形式。在这里需要注意，我们通常以大写字母 X 表示随机变量，而以小写字母 x 表示确定的值。

令 $W(\Delta\boldsymbol{x}, \mathrm{d}t; \boldsymbol{x}, t)$ 表示如果系统在 t 时刻的状态是 $\boldsymbol{X}(t) = \boldsymbol{x}$，在 $t + \mathrm{d}t$ 时刻时系统的状态为 $\boldsymbol{X}(t + \mathrm{d}t) = \boldsymbol{x} + \Delta\boldsymbol{x}$ 的转移概率，则有关系

$$P(\boldsymbol{x}, t+\mathrm{d}t) - P(\boldsymbol{x}, t) = \int_{\Delta\boldsymbol{x} \in \mathbb{R}^n} P(\boldsymbol{x} - \Delta\boldsymbol{x}, t) W(\Delta\boldsymbol{x}, \mathrm{d}t; \boldsymbol{x} - \Delta\boldsymbol{x}, t)\mathrm{d}\Delta\boldsymbol{x}$$
$$- \int_{\Delta\boldsymbol{x} \in \mathbb{R}^n} P(\boldsymbol{x}, t) W(\Delta\boldsymbol{x}, \mathrm{d}t; \boldsymbol{x}, t)\mathrm{d}\Delta\boldsymbol{x}.$$

对被积函数关于 $\Delta\boldsymbol{x}$ 作泰勒展开，有

$$P(\boldsymbol{x} - \Delta\boldsymbol{x}, t) W(\Delta\boldsymbol{x}, \mathrm{d}t; \boldsymbol{x} - \Delta\boldsymbol{x}, t)$$
$$= P(\boldsymbol{x}, t) W(\Delta\boldsymbol{x}, \mathrm{d}t; \boldsymbol{x}, t)$$
$$- \sum_{i=1}^{n} \frac{\partial}{\partial x_i}(P(\boldsymbol{x}, t) W(\Delta\boldsymbol{x}, \mathrm{d}t; \boldsymbol{x}, t))\Delta x_i$$
$$+ \frac{1}{2} \sum_{1 \leqslant i,j \leqslant n} \frac{\partial^2}{\partial x_i \partial x_j}(P(\boldsymbol{x}, t) W(\Delta\boldsymbol{x}, \mathrm{d}t; \boldsymbol{x}, t))\Delta x_i \Delta x_j + \cdots.$$

由此，有关系

$$P(\boldsymbol{x}, t+\mathrm{d}t) - P(\boldsymbol{x}, t)$$
$$= - \int_{\Delta\boldsymbol{x} \in \mathbb{R}^n} \left(\sum_{i=1}^{n} \frac{\partial}{\partial x_i}(P(\boldsymbol{x}, t) W(\Delta\boldsymbol{x}, \mathrm{d}t; \boldsymbol{x}, t))\Delta x_i \right) \mathrm{d}\Delta\boldsymbol{x}$$
$$+ \frac{1}{2} \int_{\Delta\boldsymbol{x} \in \mathbb{R}^n} \left(\sum_{1 \leqslant i,j \leqslant n} \frac{\partial^2}{\partial x_i \partial x_j}(P(\boldsymbol{x}, t) W(\Delta\boldsymbol{x}, \mathrm{d}t; \boldsymbol{x}, t))\Delta x_i \Delta x_j \right) \mathrm{d}\Delta\boldsymbol{x} + \cdots. \tag{B.11}$$

通过数值差分近似, 可以把方程 (B.10) 改写为下面的随机过程

$$X_i(t + \mathrm{d}t) = x_i + f_i(\boldsymbol{x})\mathrm{d}t + \sum_{k=1}^{m} B_{ik}(\boldsymbol{x})\Delta W_t^k$$

$$(i = 1, 2, \cdots, n, \ \Delta W_t^k = W_{t+\mathrm{d}t}^k - W_t^k).$$

这里 $\boldsymbol{x} = \boldsymbol{X}(t)$, f_i 和 B_{ik} 分别是向量 $\boldsymbol{f}$ 和矩阵 $\boldsymbol{B}$ 的分量。令

$$\Delta x_i = X_i(t + \mathrm{d}t) - x_i = f_i(\boldsymbol{x})\mathrm{d}t + \sum_{k=1}^{m} B_{ik}(\boldsymbol{x})\Delta W_t^k.$$

根据伊藤积分的含义, 容易求得

$$\langle \Delta x_i \rangle|_{(\boldsymbol{x},t)} = \left\langle f_i(\boldsymbol{x})\mathrm{d}t + \sum_{k=1}^{m} B_{ik}(\boldsymbol{x})\Delta W_t^k \right\rangle = f_i(\boldsymbol{x})\mathrm{d}t$$

和

$$\begin{aligned}
\langle \Delta x_i \Delta x_j \rangle|_{(\boldsymbol{x},t)} &= \left\langle \left(f_i(\boldsymbol{x})\mathrm{d}t + \sum_{k=1}^{m} B_{ik}(\boldsymbol{x})\Delta W_t^k \right) \left(f_j(\boldsymbol{x})\mathrm{d}t + \sum_{k=1}^{m} B_{jk}(\boldsymbol{x})\Delta W_t^k \right) \right\rangle \\
&= \sum_{k=1}^{m} \sum_{l=1}^{m} B_{ik}(\boldsymbol{x}) B_{jl}(\boldsymbol{x}) \langle \Delta W_t^k \Delta W_t^l \rangle \\
&= \sum_{k=1}^{m} B_{ik}(\boldsymbol{x}) B_{jk}(\boldsymbol{x})\mathrm{d}t.
\end{aligned}$$

在这里已经忽略了关于 $\mathrm{d}t$ 的高阶无穷小量。因此有

$$\int_{\Delta\boldsymbol{x}\in\mathbb{R}^n} \left(\sum_{i=1}^{n} \frac{\partial}{\partial x_i} (P(\boldsymbol{x},t)W(\Delta\boldsymbol{x},\mathrm{d}t;\boldsymbol{x},t))\Delta x_i \right) \mathrm{d}\Delta\boldsymbol{x}$$

$$= \sum_{i=1}^{n} \frac{\partial}{\partial x_i} \left[P(\boldsymbol{x},t) \int_{\Delta\boldsymbol{x}\in\mathbb{R}^n} \Delta x_i W(\Delta\boldsymbol{x},\mathrm{d}t;\boldsymbol{x},t)\mathrm{d}\Delta\boldsymbol{x} \right]$$

$$= \sum_{i=1}^{n} \frac{\partial}{\partial x_i} (P(\boldsymbol{x},t)\langle \Delta x_i \rangle|_{(\boldsymbol{x},t)})$$

$$= \sum_{i=1}^{n} \frac{\partial}{\partial x_i} (P(\boldsymbol{x},t)f_i(\boldsymbol{x})\mathrm{d}t)$$

和

$$\frac{1}{2} \int_{\Delta\boldsymbol{x}\in\mathbb{R}^n} \left(\sum_{1\leqslant i,j\leqslant n} \frac{\partial^2}{\partial x_i \partial x_j} (P(\boldsymbol{x},t)W(\Delta\boldsymbol{x},\mathrm{d}t;\boldsymbol{x},t))\Delta x_i \Delta x_j \right) \mathrm{d}\Delta\boldsymbol{x}$$

$$= \frac{1}{2} \int_{\Delta \boldsymbol{x} \in \mathbb{R}^n} \left(\sum_{1 \leqslant i,j \leqslant n} \frac{\partial^2}{\partial x_i \partial x_j} (P(\boldsymbol{x},t) W(\Delta \boldsymbol{x}, \mathrm{d}t; \boldsymbol{x}, t)) \Delta x_i \Delta x_j \right) \mathrm{d}\Delta \boldsymbol{x}$$

$$= \frac{1}{2} \sum_{1 \leqslant i,j \leqslant n} \frac{\partial^2}{\partial x_i \partial x_j} \left[P(\boldsymbol{x},t) \int_{\Delta \boldsymbol{x} \in \mathbb{R}^n} \Delta x_i \Delta x_j W(\Delta \boldsymbol{x}, \mathrm{d}t; \boldsymbol{x}, t) \mathrm{d}\Delta \boldsymbol{x} \right]$$

$$= \frac{1}{2} \sum_{1 \leqslant i,j \leqslant n} \frac{\partial^2}{\partial x_i \partial x_j} \left[P(\boldsymbol{x},t) \langle \Delta x_i \Delta x_j \rangle |_{(\boldsymbol{x},t)} \right]$$

$$= \frac{1}{2} \sum_{1 \leqslant i,j \leqslant n} \frac{\partial^2}{\partial x_i \partial x_j} \left(P(\boldsymbol{x},t) \sum_{k=1}^{m} B_{ik}(\boldsymbol{x}) B_{jk}(\boldsymbol{x}) \mathrm{d}t \right).$$

代入前面得到的关系 (B.11)，得到高维福克尔–普朗克方程

$$\frac{\partial}{\partial t} P(\boldsymbol{x},t) + \sum_{i=1}^{n} \frac{\partial}{\partial x_i} J_i(\boldsymbol{x},t) = 0, \tag{B.12}$$

其中 $J_i(\boldsymbol{x},t)$ 为概率流，定义为

$$J_i(\boldsymbol{x},t) = f_i(\boldsymbol{x}) P(\boldsymbol{x},t) - \frac{1}{2} \sum_{j=1}^{n} \frac{\partial}{\partial x_j} (G_{ij}(\boldsymbol{x}) P(\boldsymbol{x},t)),$$

这里

$$G_{ij}(\boldsymbol{x}) = \sum_{k=1}^{m} B_{ik}(\boldsymbol{x}) B_{jk}(\boldsymbol{x}).$$

在求解福克尔–普朗克方程 (B.12) 时，只关心具有物理意义的解，即 $P(\boldsymbol{x},t)$ 是非负的，并且满足归一化条件

$$\int_{\boldsymbol{x} \in \mathbb{R}^n} P(\boldsymbol{x},t) \mathrm{d}\boldsymbol{x} = 1. \tag{B.13}$$

静态分布 $P_{\mathrm{ss}}(\boldsymbol{x})$ 由下面方程的解给出：

$$\sum_{i=1}^{n} \frac{\partial}{\partial x_i} J_i(\boldsymbol{x},t) = 0, \tag{B.14}$$

其中 $P_{\mathrm{ss}}(\boldsymbol{x})$ 满足下面条件：

$$\int_{\boldsymbol{x} \in \mathbb{R}^n} P_{\mathrm{ss}}(\boldsymbol{x}) \mathrm{d}\boldsymbol{x} = 1, \quad P_{\mathrm{ss}}(\boldsymbol{x}) \geqslant 0, \quad \forall \boldsymbol{x} \in \mathbb{R}^n.$$

比较方程 (B.10) 和第 1 章介绍的描述生物化学系统的朗之万方程，可以看到由化学朗之万方程得到的福克尔–普朗克方程与在 1.5 节中由化学主方程得到的福克尔–普朗克方程 (1.49) 是一致的。

在推导福克尔–普朗克方程的时候，对概率密度函数近似到泰勒展开的第二项，也可以包含更高阶项的近似。特别地，如果包含所有项，就得到克拉默斯–莫亚尔 (Kramers-Moyal) 展开。对于一阶方程的情况，克拉默斯-莫亚尔展开具有形式[6]

$$\frac{\partial P(x,t)}{\partial t} = \sum_{\nu=1}^{\infty} \frac{(-1)^{\nu}}{\nu!} \left(\frac{\partial}{\partial x}\right)^{\nu} (a_{\nu}(x)P), \tag{B.15}$$

其中

$$a_{\nu}(x) = \langle (\Delta x)^{\nu} \rangle := \lim_{dt \to 0} \left(\int_{\Delta x \in \mathbb{R}} (\Delta x)^{\nu} W(\Delta x, dt; x, t) d\Delta x \right) \Big/ dt.$$

B.4　随机微分方程数值方法

B.4.1　1.0 阶差分格式

随机微分方程的数值计算方法和常微分方程的计算方法类似，可以使用差分法。但是因为 dW_t 只相当于 $(dt)^{1/2}$ 量阶的小量，要得到同样的精度，对随机部分需要更高阶的处理。下面给出随机微分方程数值解的一阶格式。

考虑以下 n 阶随机微分方程组

$$dX_t^j = a^j(\boldsymbol{X}_t, t)dt + \sum_{k=1}^{m} b_k^j(\boldsymbol{X}_t, t)dW_t^k \quad (j=1,2,\cdots,n), \tag{B.16}$$

其中 $\boldsymbol{X}_t = (X_t^1, X_t^2, \cdots, X_t^n)$，$W_t^k$ 表示第 k 个维纳过程在时刻 t 的值。为从 $\boldsymbol{X}_t$ 求解 $\boldsymbol{X}_{t+\Delta t}$，在 t 附近作泰勒展开。注意到，为了得到关于 Δt 的一阶近似，需要展开到随机项的二阶项，即

$$X_{t+\Delta t}^j = X_t^j + \frac{\partial X_t^j}{\partial t}\Delta t + \sum_{k=1}^{m} \frac{\partial X_t^j}{\partial W_t^k}\Delta W_t^k + \frac{1}{2}\sum_{k,l=1}^{m} \frac{\partial^2 X_t^j}{\partial W_t^k \partial W_t^l}\Delta W_t^k \Delta W_t^l + o(\Delta t).$$

因为 ΔW_t^k 和 ΔW_t^l 是独立的，有 $\Delta W_t^k \Delta W_t^l = \delta_{k,l}(\Delta W_t^k)^2 + o(\Delta t)$，所以近似到一阶近似，有

$$X_{t+\Delta t}^j = X_t^j + \frac{\partial X_t^j}{\partial t}\Delta t + \sum_{k=1}^{m} \frac{\partial X_t^j}{\partial W_t^k}\Delta W_t^k + \frac{1}{2}\sum_{k=1}^{m} \frac{\partial^2 X_t^j}{\partial W_t^{k2}}(\Delta W_t^k)^2. \tag{B.17}$$

为了得到 $\partial X_t^j/\partial t$ 和 $\partial X_t^j/\partial W_t^k$，考虑微分展开式

$$X_{t+dt}^j = X_t^j + \frac{\partial X_t^j}{\partial t}dt + \sum_{k=1}^{m} \frac{\partial X_t^j}{\partial W_t^k}dW_t^k + \frac{1}{2}\sum_{k,l=1}^{m} \frac{\partial^2 X_t^j}{\partial W_t^k \partial W_t^l}dW_t^k dW_t^l.$$

因为微分 $dW_t^k dW_t^l$ 等价于 $\delta_{k,l}dt$，有关系

$$dX_t^j = X_{t+dt}^j - X_t^j = \left[\frac{\partial X_t^j}{\partial t} + \frac{1}{2}\sum_{k=1}^{m} \frac{\partial^2 X_t^j}{\partial W_t^{k2}}\right]dt + \sum_{k=1}^{m} \frac{\partial X_t^j}{\partial W_t^k}dW_t^k.$$

比较上面方程和式 (B.16)，可以看到

$$\frac{\partial X_t^j}{\partial t} = a^j(\boldsymbol{X}_t, t) - \frac{1}{2}\sum_{k=1}^{m}\frac{\partial^2 X_t^j}{\partial W_t^{k^2}}, \quad \frac{\partial X_t^j}{\partial W_t^k} = b_k^j(\boldsymbol{X}_t, t).$$

并且

$$\frac{\partial^2 X_t^j}{\partial W_t^{k^2}} = \frac{\partial b_k^j(\boldsymbol{X}_t, t)}{\partial W_t^k} = \sum_{l=1}^{n}\frac{\partial b_k^j(\boldsymbol{X}_t, t)}{\partial X_t^l}\frac{\partial X_t^l}{\partial W_t^k} = \sum_{l=1}^{n}\frac{\partial b_k^j(\boldsymbol{X}_t, t)}{\partial X_t^l}b_k^l(\boldsymbol{X}_t, t).$$

代入式 (B.17)，可以得到下面的一阶差分格式 [241]

$$X_{t_{i+1}}^j = X_{t_i}^j + a^j(\boldsymbol{X}_{t_i}, t_i)\Delta t + \sum_{k=1}^{m}b_k^j(\boldsymbol{X}_{t_i}, t_i)\Delta W_{t_i}^k$$

$$+ \frac{1}{2}\sum_{k=1}^{m}\sum_{l=1}^{n}b_k^l(\boldsymbol{X}_{t_i}, t_i)\frac{\partial b_k^j(\boldsymbol{X}_{t_i}, t_i)}{\partial X_t^l}((\Delta W_{t_i}^k)^2 - \Delta t), \tag{B.18}$$

这里 $\Delta t = t_{i+1} - t_i$，$\Delta W_{t_i}^k = W_{t_{i+1}}^k - W_{t_i}^k$。

还可以使用差分代替一阶偏导数 $\partial b_k^j/\partial X_t^l$。定义 $\boldsymbol{Y}_{t,k} = (Y_{t,k}^1, Y_{t,k}^2, \cdots, Y_{t,k}^n)$ 使

$$Y_{t_i,k}^l = X_{t_i}^l + b_k^l(\boldsymbol{X}_{t_i}, t_i)((\Delta W_{t_i}^k)^2 - \Delta t),$$

则近似到一阶，有

$$b_k^j(\boldsymbol{Y}_{t_i,k}, t_i) - b_k^j(\boldsymbol{X}_{t_i}, t_i) = \sum_{l=1}^{n}\frac{\partial b_k^j(\boldsymbol{X}_{t_i}, t_i)}{\partial X_t^l}b_k^l(\boldsymbol{X}_{t_i}, t_i)((\Delta W_{t_i}^k)^2 - \Delta t).$$

因此，可以得到下面的算法：

$$Y_{t_i,k}^l = X_{t_i}^l + b_k^l(\boldsymbol{X}_{t_i}, t_i)((\Delta W_{t_i}^k)^2 - \Delta t), \tag{B.19}$$

$$X_{t_{i+1}}^j = X_{t_i}^j + a^j(\boldsymbol{X}_{t_i}, t_i)\Delta t + \sum_{k=1}^{m}b_k^j(\boldsymbol{X}_{t_i}, t_i)\Delta W_{t_i}^k$$

$$+ \frac{1}{2}\sum_{k=1}^{m}\left(b_k^j(\boldsymbol{Y}_{t_i,k}, t_i) - b_k^j(\boldsymbol{X}_{t_i}, t_i)\right). \tag{B.20}$$

B.4.2　马尔萨利亚随机数发生器

在上面的算法中，需要在每一步产生随机数 $\Delta W_{t_i}^k = W_{t_{i+1}}^k - W_{t_i}^k$。因此，由上面的算法所得到的过程是随机过程。在产生随机数 $\Delta W_{t_i}^k$ 的过程中，不需要首先产生维纳过程 $W_{t_i}^k$，然后求该过程的差分，而是可以按照下面过程直接通过随机数发生器产生随机过程 ΔW_{t_i}（这里我们省略上标 k）。注意到 ΔW_{t_i} 是满足分布 $\mathcal{N}(0, \sqrt{\Delta t})$ 的正态分布。在每一时刻 t，令 f_1、f_2 分别表示 $(0,1)$ 区间上独立均匀分布的随机数，则

$$s = \sqrt{-2\log(f_1)}\cos(2\pi f_2)$$

满足标准正态分布 $\mathcal{N}(0,1)$。因此，只需令

$$\Delta W_{t_i} = \sqrt{\Delta t} \times s = \sqrt{\Delta t}\sqrt{-2\log(f_1)}\cos(2\pi f_2).$$

产生 $(0,1)$ 区间的均匀分布的方法有很多。这里介绍马尔萨利亚 (Marsaglia) 随机数发生器[242](或者参考文献 [243] 的 408 页)。

马尔萨利亚随机数发生器是两个随机数发生器的组合，具有周期 2^{144}。首先，定义 $[0,1]$ 区间内实数的二元运算

$$x \cdot y = \begin{cases} x - y, & x > y, \\ x - y + 1, & x < y, \end{cases}$$

第一个随机数发生器产生数列 $\{x_n\}$，其中

$$x_n = x_{n-r} \cdot x_{n-s},$$

这里 r 和 s 为给定的正整数。通过调整 r 和 s 的值，可以调整上述序列的周期。在马尔萨利亚的算法中，选取 $r = 97$，$s = 33$。因此，在产生上述序列的算法中，需要保存 97 个数值作为随机数的种子。这样，对给定的初值 $x_i(i = -96, -95, \cdots, 0)$，就可以产生一个随机序列。

然后，定义另一个二元运算如下

$$c \circ d = \begin{cases} c - d, & c \geqslant d, \\ c - d + 16777213/16777216, & c < d, \end{cases}$$

通过下面递推关系

$$c_n = c_{n-1} \circ (7654321/16777216)$$

可以产生第二个序列 $\{c_n\}$。

产生两个序列后，由

$$U_n = x_n \circ c_n,$$

把两个随机序列组合起来，产生新的随机数列 $\{U_n\}$。序列 $\{U_n\}$ 就是所要的满足均匀分布的随机数。这个算法需要 98 个随机数作为种子。这些随机数可以通过普通的 (伪) 随机数发生器来产生。这样，得到了下面的算法：

(1) 由 `rand()` 产生随机数 $x_i(i = -96, -95, \cdots, 0)$ 和 c_0，令 $n = 1$；

(2) 令 $x_n = x_{n-97} \cdot x_{n-33}$ 和 $c_n = c_{n-1} \circ (7654321/16777216)$；

(3) 令 $U_n = x_n \circ c_n$，并输出 U_n；

(4) 令 $x_i = x_{i+1}(i = -96, -95, \cdots, 0)$ 和 $c_0 = c_1$，令 $n = n + 1$，转到第 (2) 步。

上面的算法所得到的序列 $\{U_n\}$ 就是区间 $[0,1]$ 内满足均匀分布的随机数。

附录 C XPPAUT 软件和 Oscill8 使用介绍

本书的部分数值模拟结果是通过 XPPAUT 软件进行的。XPPAUT 是一个免费的跨平台 (Windows, Linux, Mac OS) 动力系统数值模拟和分岔分析软件。这个软件实际上包括两部分，即微分方程的数值求解部分 (XPP) 和分岔分析部分 (AUTO)。可以从 XPPAUT 的官方网站

http://www.math.pitt.edu/~bard/xpp/xpp.html

获得 XPPAUT 软件的源代码和相关文档。通过网站

http://www.math.pitt.edu/~bard/bardware/binary/

可以获得各个发行版本的安装包。使用 Mac OS 或者 Windows 的用户需要另外安装 X-Server 或者 X11 Server。如果用户使用 Debian Linux 或者 Ubuntu Linux，直接通过命令

sudo apt-get install xppaut

就可以安装。因为 XPPAUT 软件是在 Linux 操作系统下开发的，建议使用 Linux (或者 Mac OS) 版本。如果用户使用 Windows 系列操作系统，建议安装 Cygwin (请参考 http://www.cygwin.com/)。这里的介绍以 Linux (或者 Mac OS) 版本为主。对 Windows 操作系统，安装 Cygwin 后，单击 Cygwin 图标运行 Cygwin，出现终端窗口，然后在终端下运行命令 xterm 进入 X-Server 的终端。后面的操作和 Linux 系统的操作类似。

XPPAUT 软件的功能非常强大，已经成为系统生物学研究的不可缺少的软件之一。这里只是简单地介绍最基本的用法，更多的内容请读者自己参考相关文档或者参考书[244]。

Oscill8 是一种类似于 XPPAUT 的动力系统分析工具，可应用于 Windows 操作系统，该工具可以对高维常微分方程系统进行动力学分析。

C.1 建立 ODE 文件

XPPAUT 的基本功能是数值求解常微分方程 (ODE)。ODE 文件是 XPPAUT 的主要输入文件，用于定义所要求解的微分方程和参数，以及一些控制变量。例如，求解下面的微分方程

$$\begin{cases} \dfrac{\mathrm{d}x}{\mathrm{d}t} = x(\mu - x), \\ \dfrac{\mathrm{d}y}{\mathrm{d}t} = -y + \gamma x^2. \end{cases} \tag{C.1}$$

参数值为 $\mu = -1$，$\gamma = 3$，初值为 $x(0) = 1$，$y(0) = 0$。如果要从 $t = 0$ 到 $t = 100$ 求解方程，则对应的 ODE 文件 eq1.ode 为

```
# eq1.ode
#
# equation
dx/dt=x*(mu-y)
dy/dt=-y+gamma*x^2
#
# parameters
par mu=-1 gamma=3
#
# initial conditions
init x=1, y=0
#
# control
@ total=100, bound=100, dt=0.001, noutput=100
#we are done
done
```

这里的 ODE 输入文件包括 4 部分, 即方程、参数、初始值和控制部分。以 # 开头的为注释, 是为方便阅读。方程的输入格式很容易读, 采用标准程序设计语言的表达格式, 这里就不详细介绍, 详细解释可以参见使用手册。参数的定义 (每一行) 以 **par** 开头, 每个参数的定义以 "参数名 = 数值" 的格式定义。也可以不给出数值, 直接写 "参数名", 而在主程序窗口中从 Param 定义参数的数值。不同参数的定义之间以空格或者逗号分开。需要注意的是, 参数名和数值与等号之间不能有空格。例如 a=1 是正确的, 而 a = 1 是不正确的。以 init 开头的一行定义初值条件, 也可以简单地以 x(0)=1, y(0)=0 定义。控制部分以 @ 表示, 给出数值模拟的步长, 显示和输入等控制参数。例如, 在这里表示求解方程 (C.1) 到total=100, 步长为 dt=0.001, 每 noutput=100 步输出一次结果。这里还设置了溢出控制 bound=100, 即如果在计算过程中遇到大于 100 的输出则自动终止。控制项还有很多变量。程序本身都设置了缺省的值, 如果在计算的过程中发现问题, 需要修改这些缺省值。最后一句 done 是文件的结束语句, 一般情况下并不是必要的。

还可以在 ODE 文件中定义函数, 时滞微分方程和随机微分方程。例如, 为求解时滞微分方程

$$\frac{\mathrm{d}x}{\mathrm{d}t} = \frac{1}{1+ax(t-\tau)^2} - bx, \quad x(s)=0 \quad (-\tau < s < 0), \tag{C.2}$$

可以建立如下 ODE 文件 eq2.ode:

```
# eq2.ode
dx/dt=f(delay(x,tau)) - b*x
f(x)=1/(1+a*x^2)
par a=1 b=2 tau=2
x(0)=0
```

```
@ total=100, bound=100, delay=100, maxstor=50000,
@ dt=0.001, noutput=100
done
```

这里定义了函数 f(x)。事实上，delay(x,tau) 也是函数。在控制部分，还需要指定最大时滞 delay=100 和需要保存在中间结果的最大容量 maxstor=50000。需要注意的是，这里的初值条件 x(0)=0 表示条件 $x(s) = 0 \ (s < 0)$。

下面考虑随机微分方程

$$\mathrm{d}x = x(1 - x)\mathrm{d}t + \sigma\mathrm{d}W_t, \quad x(0) = 1. \tag{C.3}$$

可以建立如下 ODE 文件

```
dx/dt=x*(1-x)+sigma*w
wiener w
par sigma=0.1
x(0)=1.0
@ total=100, bound=100, dt=0.001, noutput=100
done
```

这里通过表示维纳过程的随机变量 w 来引入随机项。

XPPAUT 不能直接求解偏微分方程。然而，对于很多反应扩散方程，可以把空间变量离散化，得到一组常微分方程，然后通过 XPPAUT 求解所得到的常微分方程。例如，考虑偏微分方程

$$\begin{aligned}
&\frac{\partial c}{\partial t} = D\frac{\partial^2 c}{\partial x^2} - \lambda c \quad (0 < x < 1, t > 0), \\
&c(x, 0) = 0, \\
&\frac{\partial c}{\partial t}(0, t) = \lambda c(0, t) + v, \quad c(1, t) = 0,
\end{aligned} \tag{C.4}$$

按空间离散后，可以得到下面的常微分方程组

$$\begin{cases}
\dfrac{\mathrm{d}c_0}{\mathrm{d}t} = -\lambda c_0 + v, \\
\dfrac{\mathrm{d}c_i}{\mathrm{d}t} = \dfrac{D}{h^2}(c_{i+1} - 2c_i + c_{i-1}) - \lambda c_i \quad (1 \leqslant i \leqslant n - 1), \\
c_n = 0, \\
c_i(0) = 0 \quad (1 \leqslant i \leqslant n - 1).
\end{cases} \tag{C.5}$$

这里 $h = 1/n$ 为空间离散化的步长。可以建立下面的 ODE 文件求解上面的方程：

```
dc0/dt=-lambda*c0+v
dc[1..99]/dt=(D/h^2)*(c[i+1]-2*c[i]+c[i-1])-lambda*c[i]
init c[1..99]=0
```

```
par lambda=2.0, v=1.0, D=0.01, h=0.01, c100=0
@ total=100, dt=0.001, maxstor=5000000, noutput=1000
done
```

C.2 运行和退出程序

建立了上面的 ODE 文件 eq1.ode 后, 在当前目录下的命令行中输入

```
> xppaut eq1.ode
```

就可以进入主程序界面 [图 C.1(a)]。在主程序界面的上方有菜单栏 ICs , BCs , Delay , Param , Eqns , Data , 分别可以设置初值、边值、时滞方程的初值、参数、查看方程和查看计算结果。界面左边栏也有菜单项, 用来设置模拟的控制参数等。右边栏是结果显示区域。单击左边栏的菜单项 Initialconds (G)o 以给定的初始条件求解方程。

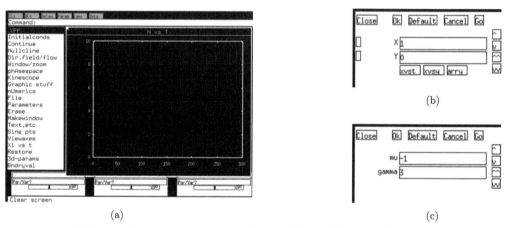

图 C.1 XPPAUT 的主程序界面 (a)、ICs 窗口 (b) 和 BCs 窗口 (c)

还可以通过以下命令采用后台运行的方式进行计算模拟:

```
> xppaut -silent eq1.ode
```

计算机会调用 XPPAUT 按照 ODE 文件所给定的参数和初始条件求解上面的方程, 并把结果保存在文件 output.dat 中。

很奇怪的是 Linux 版本的 XPPAUT 在主程序窗口上没有退出菜单。为退出程序, 需要选择 File Quit 退出程序, 或者使用 kill 命令终止程序。

C.3 保 存 结 果

我们可以选择保存数值结果或者图形。要保存数值结果, 只需单击 Data Write , 然后在弹出的对话框中输入文件名, 单击 OK 即可。这里需要注意的是, 如果以后台方式运行程序, 则程序默认把结果保持在名为 output.dat 的文件中。如果想要改变保存文件的名字, 需要在程序运行结束以后自行改变 (如在 Linux 下可以通过脚本进行批量修改)。还

可以把主显示窗口的图形保存为 Postscript 文件格式，只需单击左边栏的 Graphic Stuff Postscript，然后回答弹出的对话框中的问题 (一般不用修改，取缺省值即可)，单击 OK，然后在下一个对话框输入文件名，单击 OK 即可。

C.4　相平面分析

XPPAUT 提供了很方便的工具，可以对二阶常微分方程进行相平面分析。例如，考虑如下 FitzHugh-Nagumo 方程

$$
\begin{cases}
\dfrac{\mathrm{d}v}{\mathrm{d}t} = Bv(v-\beta)(\delta-v) - Cw + I_m, \\[2mm]
\dfrac{\mathrm{d}w}{\mathrm{d}t} = \varepsilon(v-\gamma w).
\end{cases}
\tag{C.6}
$$

建立以下 ODE 文件 fhn.ode

```
# FitzHugh-Nagumo equations (fhn.ode)
dv/dt=B*v*(v-beta)*(delta-v)-C*w+Im
dw/dt=epsilon*(v-gamma*w)
par Im=0, B=1, C=1, beta=0.1, delta=1, gamma=0.25, epsilon=0.1
@ xp=v, yp=w, xlo=-0.25, xhi=1.25, ylo=-0.5, yhi=1, total=100
@ maxstor=10000
done
```

首先通过运行命令 xppaut fhn.ode 打开主程序窗口。为了显示系统的向量场，首先选择主显示窗口的显示坐标轴。为此，单击 Viewaxes，在弹出的窗口中设置横坐标和纵坐标分别为 V 和 W，并且设定坐标的范围和显示名称 (图 C.2)。然后单击 Dir.field/flow (D)irect Field，此时在 Command 后显示格点的大小为 10。直接单击 Enter 确定，在主显示窗口就显示出向量场，如图 C.3 所示。

图 C.2　设定坐标的范围和显示名称

还可以在相平面中画出显示不同初始条件所对应的解曲线。为此，单击 Initialconds m(I)ce 进入初始条件模拟模式，然后用鼠标在主窗口中单击初始位置，相应的解曲线就

显示在主窗口。选择不同的初始位置，就可以得到一组解曲线 (图 C.3)。按 Esc键退出初始条件模拟模式。单击 $\boxed{\text{Nullcline}}$ $\boxed{\text{New}}$，主窗口上显示两条曲线，分别对应两条零斜线 (nullclic)，即分别由 $\mathrm{d}v/\mathrm{d}t = 0$ 和 $\mathrm{d}w/\mathrm{d}t = 0$ 定义的曲线 (图 C.3)。

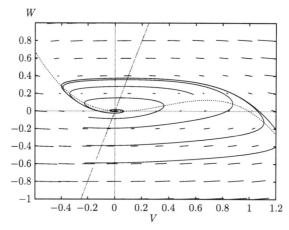

图 C.3   FitzHugh-Nagumo 方程的相平面分析

还可以通过 XPPAUT 得到平衡点的位置和稳定性。首先，单击 $\boxed{\text{Sign pts}}$。然后在相平面的平衡点附近单击，XPPAUT 就会弹出窗口，显示平衡点的坐标和稳定性。

C.5   分 岔 分 析

下面对 FitzHugh-Nagumo 方程进行分岔分析。通过上面的分析可以看出，当 $I_m = 0$ 时，方程有唯一的平衡点，而没有稳定非平凡周期解。当选择 $I_m = 1.5$ 并求解方程，可以发现此时方程存在周期解。下面通过 XPPAUT 分析当参数 I_m 改变时系统动力学行为的分岔。

从上面建立的 ODE 文件 fhn.ode 开始，运行 xppaut fhn.ode 打开主程序界面。XP-PAUT 的分岔分析从稳定的平衡点开始。为了得到稳定的平衡点，可以通过上面介绍的平衡点稳定性的工具得到稳定的平衡点位置的近似值。通过 $\boxed{\text{ICs}}$ 输入初始值，单击 $\boxed{\text{Initialconds}}$ $\boxed{\text{(G)o}}$ 求解方程，然后重复单击 $\boxed{\text{Initialconds}}$ $\boxed{\text{(L)ast}}$ 几次。这个命令的意思是以上次计算的最后结果作为初值继续求解。这样，就可以使初始值趋向于稳定的平衡点。然后，单击 $\boxed{\text{File}}$ $\boxed{\text{Auto}}$ 打开 AUTO 分析窗口。

通过以下步骤，分析当参数 I_m 变化时，系统动力学行为的分岔情况。

(1) 在 AUTO 的 $\boxed{\text{Parameter}}$ 窗口，在 Par1 后面填上 Im。

(2) 单击 $\boxed{\text{Axes}}$ $\boxed{\text{hI-lo}}$，设置坐标的显示范围。这里设定 Y-axis 为 V，并且设置 Xmin: -0.5, Ymin: -3, Xmax: 4, Ymax: 3。

(3) 单击 $\boxed{\text{Numerics}}$，设置参数的范围。这里有很多参数可以设置，最重要的是设置要分析的参数 I_m 的范围。设置 Par Min: 0 和 Par Max: 3.5.

(4) 进一步分析系统的平衡态与参数的依赖关系。单击 $\boxed{\text{Run}}$ $\boxed{\text{Steady state}}$，可以在主窗口看到平衡点与参数 I_m 的依赖关系。还可以看到 4 个特殊标注的点，分别对应开始、结束和两个霍普夫分岔所对应的平衡点。

(5) 单击 Grab ，可以通过箭头键 → 和 ← 在上面得到的分岔图上选择平衡点作为新的计算初始值。在主窗口的图示下方显示当前所选定点的信息，这些信息如下面所给出：

```
Br  Pt  Ty  Lab   Im      B   norm     V        period
1   -6  HB   2    0.2505   1  0.2559   0.06207   19.93
```

其中Lab 表示在图中的标号，0 表示没有标示。Ty 表示类型，其中 EP 表示端点，HP 表示霍普夫分岔点。Im 和 V 分别表示对应的数值。

(6) 移动鼠标到第二个点 (霍普夫分岔) 处，单击 Enter 键作为初始值进行分岔分析。

(7) 单击 Run ，在弹出的菜单中看到有 Periodic 这一项。单击后就开始进行周期解的分岔分析。在主窗口显示周期解所对应的最大值和最小值 (图 C.4)。

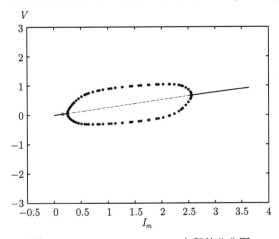

图 C.4   FitzHugh-Nagumo 方程的分岔图

完成上面的操作以后，可以通过 AUTO 窗口的 File Postscript 保存上面所得到的结果。需要注意的是在分岔分析的过程中，初始值和参数值均随时间改变。因此如果希望重新开始进行分析，需要从主窗口的 ICs 和 Param 窗口选定 Default 重置所有参数值，然后重复上面步骤。

C.6   通过脚本语言运行 XPPAUT

上面介绍了通过主程序界面运行 XPPAUT。这种方法的优点是可以很快看到计算结果，但缺点是当需要考虑参数改变时解的状态的改变，以及对这些解的后续分析并不方便，因为必须逐次改变参数的值然后保存计算结果。通过脚本语言可以很容易自动完成这些过程。例如，在上面的 FitzHugh-Nagumo 方程的分析中，如果要把对应于不同 I_m 的值的情况下系统的解保存下来。可以按下面过程进行。

首先建立如下 ODE 文件 fhn2.ode

```
# FitzHugh-Nagumo equations (fhn2.ode)
dv/dt=B*v*(v-beta)*(delta-v)-C*w+Im
dw/dt=epsilon*(v-gamma*w)
```

```
par B=1, C=1, beta=0.1, delta=1, gamma=0.25, epsilon=0.1
par Im=xxx
@ xp=v, yp=w, xlo=-0.25, xhi=1.25, ylo=-0.5, yhi=1, total=100
@ maxstor=10000
done
```

然后建立一个文件 Im_to_use,保存拟使用的参数 I_m 的值。例如,如果考虑 $0 \leqslant I_m \leqslant$ 3.5,步长为 0.1 的情况,该文件有格式

```
0
0.1
0.2
...
3.5
```

使用 MATLAB 或者免费软件 Octave 很容易产生这样的文件。

建立脚本文件 run.csh 如下:

```
#! /bin/bash -f
pars=`cat Im_to_use`
((count=1))
if [[ -f Im.dat ]]
then
rm -f Im.dat
fi
touch Im.dat
for par in $pars
do
echo "$count $par" >> Im.dat
sed "s/Im=xxx/Im=$par/g" fhn2.ode > eq_temp.ode
xppaut -silent eq_temp.ode
mv output.dat output/output-$count.dat
((count++))
done
rm eq_temp.ode
```

运行命令

> chmod a+x run.csh 把 run.csh 的属性设为可执行的。用命令

> mkdir output 建立 output 目录,然后运行

> ./run.csh 就可以开始运行脚本程序了。

该脚本程序先从文件 Im_to_use 读入参数值,然后逐一采用这些参数运行程序求解方程,结果保存在 output 目录中。output 目录中有很多文件,命名为 output-1.dat, output

-2.dat 等。这里的数字 1, 2 表示编号。每个编号对应的参数 I_m 的数值保存在文件 Im.dat 中。这里只是给出了脚本需要控制 XPPAUT 的一个例子。熟悉脚本语言的读者还可以根据需要建立更加复杂的控制流程。

C.7　使用 Oscill8 进行分岔分析

Oscill8 的操作与 XPPAUT 类似，同时也采用格式相同的 ODE 文件作为方程和参数的输入。下面以钙振荡模型为例介绍采用 Oscill8 进行分岔分析的方法。

首先，Oscill8 软件可以通过开发者的项目主页

http://oscill8.sourceforge.net/

进行下载。在该主页上还可以看到相关的使用文档。

C.7.1　ODE 文件的编写

为了使用 Oscill8，首先要编写对应常微分方程的 ODE 文件，文件格式与 XPPAUT 的 ODE 文件相同。文件可通过任何文本编辑器 (例如，记事本或者写字板) 进行创建，所建立的文件的扩展名改为.ode。文件必须包含参数、变量初值和微分方程三部分。以双钙库模型为例 (图 5.4)，下面给出相应的方程文件，并在编写好后将其命名为 Two-pool model.ode。

```
# Parameters
param v0=1.0, v1=7.3, VM2=65.0, VM3=500.0
param k=10.0, kf=1.0, K2=1.0, KR=2.0, KA=0.9
param B=0


# Initial values
init z=0.1
init y=1.0


# ODEs
v2=VM2*z*z/(K2*K2+z*z)
v3=VM3*(y*y/(KR*KR+y*y))*(z*z*z*z/(KA*KA*KA*KA+z*z*z*z))

dz/dt=v0+v1*B-v2+v3+kf*y-k*z
dy/dt=v2-v3-kf*y
```

C.7.2　分岔图绘制

下面是根据上面所建立的 ODE 文件绘制分岔图的具体步骤。

(1) **打开文件**。打开 Oscill8 软件，选择File—New, 出现 **Create New Workspace** 界面，选择 **Model File** 后的 **Browse**，找到文件 Two-pool model.ode 所在的文件夹，选择该文件，单击打开 (图 C.5)。**Create New Workspace** 界面中的 **Model Equations** 显示该 ODE 文件的内容 (说明操作无误)，单击 **OK**。

图 C.5　ODE 文件的打开

(2) **平衡点的计算**。下面希望对参数 B 进行分岔分析。选择 Run-1 Parameter，出现 Run Config 界面，在 Parameters 列表中找到 B，将其勾选作为分岔参数。单击 Set Model Data，修改 B 的取值范围，将其最大值改为 1，单击 OK。单击 Run Config 界面左下角的 Run(图 C.6)，即可出现平衡点的运行结果。

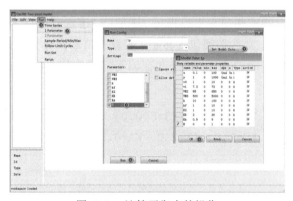

图 C.6　计算平衡点的操作

在这里，默认显示第一个变量，即 z 的平衡点 (图 C.7)。其中，粗线表示稳定的平衡点，细线表示不稳定的平衡点；HB 表示霍普夫分支点。移动鼠标可显示每一个点的横纵坐标值。如果要在图中显示其他变量 (如变量 y)，需先单击变量中的 z 将其隐藏，再单击 y，单击键盘上的 R 键可看到平衡点所对应的变量 y 的全貌。

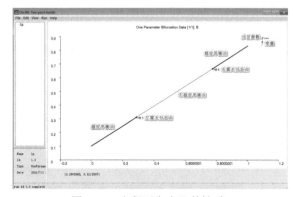

图 C.7　方程平衡点及其性质

(3) **振荡周期及最大值和最小值的计算**。为了进一步进行霍普夫分岔分析，将鼠标移到左霍普夫分支点处，右击 Follow Limit Cycles。出现 Run Config 界面后，在此界面中点击左下角的 Run(图 C.8)，即可出现振荡周期的结果 (图 C.9)。需要注意的是，如果没有出现这个结果或出现不正常的曲线，可以右击左上角的 cp，单击 rerun，重复几次，直到得到光滑曲线。若多次重复仍得不到正确结果，建议关闭软件重新操作，或修改 setting—continuation 中的参数。

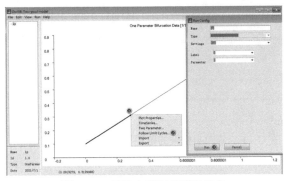

图 C.8　寻找方程振荡解的操作

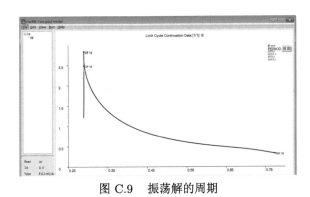

图 C.9　振荡解的周期

为了得到振荡解的最大值和最小值，单击 PERIOD 将其隐藏，再分别单击 MIN z 和 MAX z 显示变量 z 的最小值和最大值 (图 C.10)。

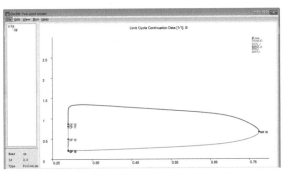

图 C.10　振荡解的最大值和最小值

(4) **合并平衡点与振荡解的最大值和最小值**。为了把上面的分析结果合并画图，单击 1p，返回平衡点界面。在右边窗口空白处右击 Plot Properties，修改 X、Y 的坐标轴范围使最大值和最小值能够完全显示，改完后单击 OK。选中 cp 拖入右边窗口 [图 C.11(a)]，则可以得到完整的图像 [图 C.11(b)]。

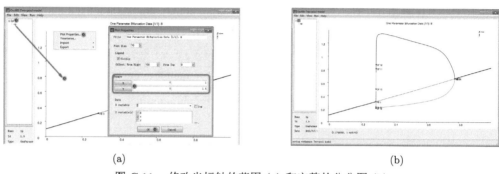

(a)   (b)

图 C.11   修改坐标轴的范围 (a) 和完整的分岔图 (b)

C.7.3   数据导出

上面给出了分岔分析和画图的过程。如果需要导出草图，可在画布处右击选择 Export 和 Image。但在实际情况中往往需要将数据导出重新作图。在数据导出操作时要注意一次只能导出一类数据，如对于 z 的平衡点、z 的最大值和 z 的最小值，则这三类数据需要分三次导出，而且在导出某一类数据时需将其他类数据隐藏。以导出 z 的最大值为例 (图 C.12)，在画布处右击，然后选择 Export 和 XY Data，选择好存储路径并输入文件名，单击 Save 即可。

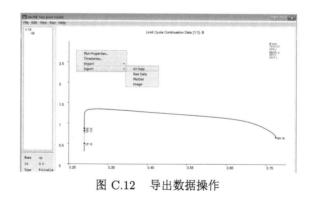

图 C.12   导出数据操作

上面的流程给出了对方程进行分岔分析并保存结果和数据的方法。更详细的使用介绍请参考软件使用帮助。

参 考 文 献

[1] Moran U, Phillips R, Milo R. SnapShot: key numbers in biology. Cell, 2010, 141(7): 1262.

[2] Anderson D H. Compartmental Modeling and Tracer Kinetics. New York: Springer, 1983.

[3] Luenberger D G. Introduction to Dynamic Systems. Hovoken: Wiley, 1979.

[4] Hearon J Z. The kinetics of linear systems with special reference to periodic reactions. Bull Math Biophys, 1953, 15(2): 121-141.

[5] Gillespie D T. Exact stochastic simulation of coupled chemical-reactions. J Phys Chem, 1977, 81: 2340-2361.

[6] van Kampen N. Stochastic Process in Physics and Chemistry. Elsevier: North-Holland, 1992.

[7] Gillespie D T. The chemical Langevin equation. J Chem Phys, 2000, 113: 297-306.

[8] Lei J. Stochasticity in single gene expression with both intrinsic noise and fluctuation in kinetic parameters. J Theor Biol, 2009, 256(4): 485-492.

[9] Cao Y, Gillespie D T, Petzold L R. Avoiding negative populations in explicit Poisson tau-leaping. J Chem Phys, 2005, 123: 054104.

[10] Gillespie D T. Stochastic simulation of chemical kinetics. Annu Rev Phys Chem, 2007, 58: 35-55.

[11] Øksendal B. Stochastic Differential Equations. New York: Springer-Verlag, 2005.

[12] Stratonovich R L. A new representation for stochastic integrals and equations. J SIAM Control, 1966, 4: 362-371.

[13] Shahrezaei V, Ollivier J, Swain P. Colored extrinsic fluctuations and stochastic gene expression. Mol Syst Biol, 2008, 4: 1-9.

[14] 王耀来, 刘锋. 转录机器: 绳上舞者. 物理学报, 2020, 69(24): 7-18.

[15] Shahrezaei V, Swain P. Analytical distributions for stochastic gene expression. Proc Natl Acad Sci USA, 2008, 105: 17256-17261.

[16] Golding I, Paulsson J, Zawilski S M, Cox E C. Real-time kinetics of gene activity in individual bacteria. Cell, 2005, 123: 1025-1036.

[17] Delgado M. Classroom note: the Lagrange-Charpit method. SIAM Rev, 1997, 39: 298-304.

[18] Ozbudak E M, Thattai M, Kurtser I, Grossman A D, van Oudenaarden A. Regulation of noise in the expression of a single gene. Nat Genet, 2002, 31: 69-73.

[19] Blake W J, Kærn M, Cantor C R, Collins J J. Noise in eukaryotic gene expression. Nature, 2003, 422: 633-637.

[20] Zhang J, Chen L, Zhou T. Analytical distribution and tunability of noise in a model of promoter progress. Biophys J, 2012, 102: 1247-1257.

[21] Zhou T, Zhang J. Analytical results for a multistate gene model. SIAM J Appl Math, 2012, 72: 789-818.

[22] 周天寿. 基因表达调控系统的定量分析. 北京: 科学出版社, 2019.

[23] Pardee A, Jacob F, Monod J. The genetic control and cytoplasmic expression of "Inducibility" in the synthesis of β-galactosidase by E.coli. J Mol Biol, 1959, 1(2): 165-178.

[24] Jacob F, Monod J. Genetic regulatory mechanisms in the synthesis of proteins. J Mol Biol, 1961, 3(3): 318-356.

[25] 沃森 J D, 贝克 T A, 贝尔 S P, 甘恩 A, 莱文 M, 洛斯克 R M. 基因的分子生物学. 杨焕明, 等译. 北京: 科学出版社, 2005.

[26] Shamir M, Bar-On Y, Phillips R, Milo R. SnapShot: timescales in cell biology. Cell, 2016, 164(6): 1302.

[27] Fall C, Marland E, Wagner J, Tyson J. Computational Cell Biology. New York: Springer, 2005.

[28] Alon U. An Introduction to Systems Biology: Design Principles of Biological Circuits. 2nd ed. Boca Raton: Chapman and Hall/CRC. 2019.

[29] Johnson K A, Goody R S. The original Michaelis constant: translation of the 1913 Michaelis-Menten paper. Biochemistry, 2011, 50: 8264-8269.

[30] Lomb N R. Least-squares frequency analysis of unequally spaced data. Astrophys Space Sci, 1976, 39: 447-462.

[31] Scargle J D. Studies in astronomical time series analysis. II - Statistical aspects of spectral analysis of unevenly spaced data. Astrophys J, 1982, 263: 835.

[32] Ozbudak E M, Thattai M, Lim H N, Shraiman B I, van Oudenaarden A. Multistability in the lactose utilization network of *Escherichia coli*. Nature, 2004, 427: 737-740.

[33] 马知恩, 周义仓, 李承治. 常微分方程定性与稳定性方法. 2 版. 北京: 科学出版社, 2015.

[34] 张琪昌, 王洪礼, 竺致文, 沈菲, 任爱娣, 刘海英. 分岔与混沌理论及应用. 天津: 天津大学出版社, 2005.

[35] Lei J, He G, Liu H, Nie Q. A delay model for noise-induced bi-directional switching. Nonlinearity, 2009, 22: 2845-2859.

[36] Hasty J, Pradines J, Dolnik M, Collins J J. Noise-based switches and amplifiers for gene expression. Proc Natl Acad Sci USA, 2000, 97: 2075-2080.

[37] Lipshtat A, Loinger A, Balaban N Q, Biham O. Genetic toggle switch without cooperative binding. Phy Rev Lett, 2006, 96: 188101.

[38] Atkinson M R, Savageau M A, Myers J T, Ninfa A J. Development of genetic circuitry exhibiting toggle switch or oscillatory behavior in *Escherichia coli*. Cell, 2003, 113: 597-607.

[39] Vilar J M G, Kueh H Y, Barkai N, Leibler S. Mechanisms of noise-resistance in genetic oscillators. Proc Natl Acad Sci USA, 2002, 99: 5988-5992.

[40] Hale J K. Theory of Functional Differential Equations. Berlin: Springer-Verlag, 1977.

[41] Forger D B, Peskin C S. A detailed predictive model of the mammalian circadian clock. Proc Natl Acad Sci USA, 2003, 100: 14806-14811.

[42] Forger D B, Peskin C S. Stochastic simulation of the mammalian circadian clock. Proc Natl Acad Sci USA, 2005, 102: 321-324.

[43] Okamura H. Clock genes in cell clocks: roles, actions, and mysteries. J Biol Rhy, 2004, 19: 388-399.

[44] Dunlap J C. Proteins in the neurospora circadian clockworks. J Biol Chem, 2006, 281(39): 28489-28493.

[45] Dubowy C, Sehgal A. Circadian rhythms and sleep in *Drosophila* melanogaster. Genetics, 2017, 205(4): 1373-1397.

[46] Reppert S M, Weaver D R. Molecular analysis of mammalian circadian rhythms. Annu Rev Physiol, 2001, 63(1): 647-676.

[47] Rust M J, Markson J S, Lane W S, Fisher D S, O'Shea E K. Ordered phosphorylation governs oscillation of a three-protein circadian clock. Science, 2007, 318(5851): 809-812.

[48] Edgar R S, Green E W, Zhao Y, van Ooijen G, Olmedo M, Qin X, Xu Y, Pan M, Valekunja U K, Feeney K A, Maywood E S, Hastings M H, Baliga N S, Merrow M, Millar A J, Johnson C H, Kyriacou C P, O'Neill J S, Reddy A B. Peroxiredoxins are conserved markers of circadian rhythms. Nature, 2012, 485(7399): 459-464.

[49] Ch R, Rey G, Ray S, Jha P K, Driscoll P C, Dos Santos M S, Malik D M, Lach R, Weljie A M, MacRae J I, Valekunja U K, Reddy A B. Rhythmic glucose metabolism regulates the redox circadian clockwork in human red blood cells. Nat Commun, 2021, 12(1): 377.

[50] Ma W, Trusina A, El-Samad H, Lim W A, Tang C. Defining network topologies that can achieve biochemical adaptation. Cell, 2009, 138(4): 760-773.

[51] Goodwin B C. Oscillatory behavior in enzymatic control processes. Adv Enzyme Regul, 1965, 3: 425-437.

[52] Scheper T O, Klinkenberg D, Pennartz C, van Pelt J. A mathematical model for the intracellular circadian rhythm generator. J Neurosci, 1999, 19: 40-47.

[53] Goldbeter A. A model for circadian oscillations in the *Drosophila* period protein (PER). Proc Biol Sci, 1995, 261(1362): 319-324.

[54] Peterson E L. A limit cycle interpretation of a mosquito circadian oscillator. J Theor Biol, 1980, 84(2): 281-310.

[55] Tyson J J, Hong C I, Thron C D, Novak B. A simple model of circadian rhythms based on dimerization and proteolysis of PER and TIM. Biophys J, 1999, 77: 2411-2417.

[56] Ueda H R, Hayashi S, Chen W, Sano M, Machida M, Shigeyoshi Y, Iino M, Hashimoto S. System-level identification of transcriptional circuits underlying mammalian circadian clocks. Nat Genet, 2005, 37(2): 187-192.

[57] Yan J, Shi G, Zhang Z, Wu X, Liu Z, Xing L, Qu Z, Dong Z, Yang L, Xu Y. An intensity ratio of interlocking loops determines circadian period length. Nucleic Acids Res, 2014, 42(16): 10278-10287.

[58] Johnson C H. Forty years of PRCs–what have we learned? Chronobiol Int, 1999, 16(6): 711-743.

[59] Fernandez F, Lu D, Ha P, Costacurta P, Chavez R, Heller H C, Ruby N F. Dysrhythmia in the suprachiasmatic nucleus inhibits memory processing. Science, 2014, 346(6211): 854-857.

[60] Huang G, Wang L, Liu Y. Molecular mechanism of suppression of circadian rhythms by a critical stimulus. TEMBO J, 2006, 25(22): 5349-5357.

[61] Ukai H, Kobayashi T J, Nagano M, Masumoto K H, Sujino M, Kondo T, Yagita K, Shigeyoshi Y, Ueda H R. Melanopsin-dependent photo-perturbation reveals desynchronization underlying the singularity of mammalian circadian clocks. Nat Cell Biol, 2007, 9(11): 1327-1334.

[62] Sun M, Wang Y, Xu X, Yang L. Dynamical mechanism of circadian singularity behavior in *Neurospora*. Physica A, 2016, 457: 101-108.

[63] Carafoli E. The calcium-signalling saga: tap water and protein crystals. Nat Rev Mol Cell Biol, 2003, 4: 326-332.

[64] Berridge M J, Bootman M D, Lipp P. Calcium-a life and death signal. Nature, 1998, 395: 645-648.

[65] Orrenius S, Zhivotovsky B, Nicotera P. Regulation of cell death: the calcium-apoptosis link. Nat Rev Mol Cell Biol, 2003, 4: 552-565.

[66] Suzuki J, Kanemaru K, Iino M. Genetically encoded fluorescent indicators for organellar calcium imaging. Biophys J, 2016, 111: 1119-1131.

[67] Giorgi C, Danese A, Missiroli S, Patergnani S, Pinton P. Calcium dynamics as a machine for decoding signals. Trends Cell Biol, 2018, 28(4): 258-273.

[68] 李翔, 祁宏, 黄艳东, 帅建伟. 钙离子信号及细胞调控信号网络动力学. 中国科学: 物理学、力学、天文学, 2021, 51: 103-115.

[69] Foskett J K, White C, Cheung K H, Mak D O. Inositol trisphosphate receptor Ca^{2+} release channels. Physiol Rev, 2007, 87(2): 593-658.

[70] Toyoshima C, Iwasawa S, Ogawa H, Hirata A, Tsueda J, Inesi G. Crystal structures of the calcium pump and sarcolipin in the Mg^{2+}-bound E1 state. Nature, 2013, 495(7440): 260-264.

[71] Chang Y, Bruni R, Kloss B, Assur Z, Kloppmann E, Rost B, Hendrickson W A, Liu Q. Structural basis for a pH-sensitive calcium leak across membranes. Science, 2014, 344: 1131-1135.

[72] Li Y X, Rinzel J. Equations for $InsP_3$ receptor-mediated $[Ca^{2+}]_i$ oscillations derived from a detailed kinetic model: a Hodgkin-Huxley like formalism. J Theor Biol, 1994, 166(4): 461-473.

[73] Meyer T, Stryer L. Molecular model for receptor-stimulated calcium spiking. Proc Natl Acad Sci USA, 1988, 85(14): 5051-5055.

[74] Goldbeter A, Dupont G, Berridge M J. Minimal model for signal-induced Ca^{2+} oscillations and for their frequency encoding through protein phosphorylation. Proc Natl Acad Sci USA, 1990, 87(4): 1461-1465.

[75] De Young G W, Keizer J. A single-pool inositol 1,4,5-trisphosphate-receptor-based model for agonist-stimulated oscillations in Ca^{2+} concentration. Proc Natl Acad Sci USA, 1992, 89(20): 9895-9899.

[76] Sneyd J, Tsaneva-Atanasova K, Yule D I, Thompson J L, Shuttleworth T J. Control of calcium oscillations by membrane fluxes. Proc Natl Acad Sci USA, 2004, 101(5): 1392-1396.

[77] Sneyd J, Han J M, Wang L, Chen J, Yang X, Tanimura A, Sanderson M J, Kirk V, Yule D I. On the dynamical structure of calcium oscillations. Proc Natl Acad Sci USA, 2017, 114: 1456-1461.

[78] Qi H, Li L, Shuai J. Optimal microdomain crosstalk between endoplasmic reticulum and mitochondria for Ca^{2+} oscillations. Sci Rep, 2015, 5: 7984.

[79] Sneyd J, Dufour J F. A dynamic model of the type-2 inositol trisphosphate receptor. Proc Natl Acad Sci USA, 2002, 99(4): 2398-2403.

[80] Giacomello M, Pellegrini L. The coming of age of the mitochondria-ER contact: a matter of thickness. Cell Death Differ, 2016, 23(9): 1417-1427.

[81] 庞兴慧, 祁宏. 改进的 De Young-Keizer 钙振荡模型. 江西师范大学学报 (自然科学版), 2019, 43(6): 613-619.

[82] Doncic A, Falleur-Fettig M, Skotheim J M. Distinct interactions select and maintain a specific cell fate. Mol Cell, 2011, 43(4): 528-539.

[83] Thalhauser C J, Komarova N L. Signal response sensitivity in the yeast mitogen-activated protein kinase cascade. PLoS One, 2010, 5(7): e11568.

[84] Li Y, Yi M, Zou X. Identification of the molecular mechanisms for cell-fate selection in budding yeast through mathematical modeling. Biophys J, 2013, 104(10): 2282-2294.

[85] Liu X, Wang X, Yang X, Liu S, Jiang L, Qu Y, Hu L, Ouyang Q, Tang C. Reliable cell cycle commitment in budding yeast is ensured by signal integration. eLife, 2015, 4: e03977.

[86] Shen J, Liu F, Tu Y, Tang C. Finding gene network topologies for given biological function with recurrent neural network. Nat Commun, 2021, 12(1): 3125.

[87] Sun J, Yi M, Yang L, Wei W, Ding Y, Jia Y. Enhancement of tunability of MAPK cascade due to coexistence of processive and distributive phosphorylation mechanisms. Biophys J, 2014, 106(5): 1215-1226.

[88] Li Y, Yi M, Zou X. The linear interplay of intrinsic and extrinsic noises ensures a high accuracy of cell fate selection in budding yeast. Sci Rep, 2014, 4: 5764.

[89] Banerji C R, Miranda-Saavedra D, Severini S, Widschwendter M, Enver T, Zhou J X, Teschendorff A E. Cellular network entropy as the energy potential in Waddington's differentiation landscape. Sci Rep, 2013, 3: 3039.

[90] Li W, Yi M, Zou X. Mathematical modeling reveals the mechanisms of feedforward regulation in cell fate decisions in budding yeast. Quant Biol, 2015, 3(2): 55-68.

[91] Di Talia S, Wang H, Skotheim J M, Rosebrock A P, Futcher B, Cross F R. Daughter-specific transcription factors regulate cell size control in budding yeast. PLoS Biol, 2009, 7(10): e1000221.

[92] Wolpert L. Position al information and the spatial pattern of cellular differentiation. J Theor Biol, 1969, 25: 1-47.

[93] Wolpert L. Positional information and patterning revisited. J Theor Biol, 2011, 269: 359-365.

[94] Gurdon J B, Bourillot P Y. Morphogen gradient interpretation. Nature, 2001, 413(6858): 797-803.

[95] Dyson S, Gurdon J B. The interpretation of position in a morphogen gradient as revealed by occupancy of activin receptors. Cell, 1998, 93(4): 557-568.

[96] Kim J, Johnson K, Chen H J, Carroll S, Laughon A. *Drosophila* Mad binds to DNA and directly mediates activation of vestigial by Decapentaplegic. Nature, 1997, 388(6639): 304-308.

[97] Newfeld S J, Mehra A, Singer M A, Wrana J L, Attisano L, Gelbart W M. Mothers against dpp participates in a DDP/TGF-β responsive serine-threonine kinase signal transduction cascade. Development, 1997, 124(16): 3167-3176.

[98] Campbell G, Tomlinson A. Transducing the Dpp morphogen gradient in the wing of *Drosophila*: Regulation of Dpp targets by brinker. Cell, 1999, 96(4): 553-562.

[99] Jaźwińska A, Kirov N, Wieschaus E, Roth S, Rushlow C. The *Drosophila* gene brinker reveals a novel mechanism of Dpp target gene regulation. Cell, 1999, 96(4): 563-573.

[100] Moser M, Campbell G. Generating and interpreting the Brinker gradient in the *Drosophila* wing. Dev Biol, 2005, 286(2): 647-658.

[101] Müller B, Hartmann B, Pyrowolakis G, Affolter M, Basler K. Conversion of an extracellular Dpp/BMP morphogen gradient into an inverse transcriptional gradient. Cell, 2003, 113(2): 221-233.

[102] Bollenbach T, Pantazis P, Kicheva A, Bökel C, González-Gaitán M, Jülicher F. Precision of the Dpp gradient. Development, 2008, 135(6): 1137-1146.

[103] Crozatier M, Glise B, Vincent A. Patterns in evolution: veins of the *Drosophila* wing. Trends Genet, 2004, 20(10): 498-505.

[104] Affolter M, Basler K. The Decapentaplegic morphogen gradient: from pattern formation to growth regulation. Nat Rev Genet, 2007, 8(9): 663-674.

[105] Lander A D. Morpheus unbound: reimagining the morphogen gradient. Cell, 2007, 128(2): 245-256.

[106] Kerszberg M, Wolpert L. Mechanisms for positional signalling by morphogen transport: a theoretical study. J Theor Biol, 1998, 191(1): 103-114.

[107] Entchev E V, Schwabedissen A, González-Gaitán M. Gradient formation of the TGF-β homolog Dpp. Cell, 2000, 103(6): 981-991.

[108] Pfeiffer S, Vincent J P. Signalling at a distance: transport of wingless in the embryonic epidermis of *Drosophila*. Semin Cell Dev Biol, 1999, 10(3): 303-309.

[109] Bollenbach T, Kruse K, Pantazis P, González-Gaitán M, Jülicher F. Robust formation of morphogen gradients. Phys Rev Lett, 2005, 94(1): 018103.

[110] Lander A D, Nie Q, Wan F Y. Do morphogen gradients arise by diffusion? Dev Cell, 2002, 2(6): 785-796.

[111] Belenkaya T Y, Han C, Yan D, Opoka R J, Khodoun M, Liu H, Lin X. *Drosophila* Dpp morphogen movement is independent of dynamin-mediated endocytosis but regulated by the glypican members of heparan sulfate proteoglycans. Cell, 2004, 119(2): 231-244.

[112] Kicheva A, Pantazis P, Bollenbach T, Kalaidzidis Y, Bittig T, Jülicher F, González-Gaitán M. Kinetics of morphogen gradient formation. Science, 2007, 315(5811): 521-525.

[113] Morimura S, Maves L, Chen Y, Hoffmann F M. Decapentaplegic overexpression affects *Drosophila* wing and leg imaginal disc development and wingless expression. Dev Biol, 1996, 177(1): 136-151.

[114] Lei J, Song Y. Mathematical model of the formation of morphogen gradients through membrane-associated non-receptors. Bull Math Biol, 2009, 72(4): 805-829.

[115] Lei J, Wang D, Song Y, Nie Q, Wan F Y. Robustness of morphogen gradients with "bucket brigade" transport through membrane-associated non-receptor. Discrete Continuous Dyn Syst Ser B, 2013, 18(3): 721-739.

[116] Eldar A, Rosin D, Shilo B Z, Barkai N. Self-enhanced ligand degradation underlies robustness of morphogen gradients. Dev Cell, 2003, 5(4): 635-646.

[117] Bollenbach T, Kruse K, Pantazis P, González-Gaitán M, Jülicher F. Morphogen transport in epithelia. Phys Rev E, 2007, 75: 011901.

[118] Lo W C, Zhou S, Wan F Y, Lander A D, Nie Q. Robust and precise morphogen-mediated patterning: trade-offs, constraints and mechanisms. J R Soc Interface, 2015, 12(102): 20141041.

[119] Lei J, Wan F Y, Lander A D, Nie Q. Robustness of signaling gradient in *Drosophila* wing imaginal disc. Discrete Continous Dyn Syst Ser B, 2011, 16(3): 835-866.

[120] Lei J, Lo W C, Nie Q. Mathematical models of morphogen dynamics and growth control. Annals Math Sci Appl, 2016, 1(2): 427-471.

[121] Lander A D, Nie Q, Wan F Y. Membrane-associated non-receptors and morphogen gradients. Bull Math Biol, 2007, 69(1): 33-54.

[122] 雷锦志. 果蝇翅膀器官芽中 Dpp 浓度梯度形成的数学模型. 科学通报, 2010, 55(11): 984-991.

[123] Lander A D. Pattern, growth, and control. Cell, 2011, 144: 955-969.

[124] Shvartsman S Y, Baker R E. Mathematical models of morphogen gradients and their effects on gene expression. Wiley Interdiscip Rev Dev Biol, 2012, 1(5): 715-730.

[125] Buttitta L, Edgar B. How size is controlled: from Hippos to Yorkies. Nat Cell Biol, 2007, 9: 1225-1227.

[126] Burns F J, Tannock I F. On the existence of a G0-phase in the cell cycle. Cell Prolif, 1970: 321-334.

[127] Mackey M C. Unified hypothesis for the origin of aplastic anemia and periodic hematopoiesis. Blood, 1978, 51(5): 941-956.

[128] Bernard S, Bélair J, Mackey M C. Oscillations in cyclical neutropenia: new evidence based on mathematical modeling. J Theor Biol, 2003, 223(3): 283-298.

[129] Mackey M C. Cell kinetic status of haematopoietic stem cells. Cell Prolif, 2001, 34(2): 71-83.

[130] Boggs D R, Boggs S S, Saxe D F, Gress L A, Canfield D R. Hematopoietic stem cells with high proliferative potential. Assay of their concentration in marrow by the frequency and duration of cure of W/Wv mice. J Clin Invest, 1982, 70(2): 242-253.

[131] Micklem H S, Lennon J E, Ansell J D, Gray R A. Numbers and dispersion of repopulating hematopoietic cell clones in radiation chimeras as functions of injected cell dose. Exp Hematol, 1987, 15(3): 251-257.

[132] Abkowitz J L, Holly R D, Hammond W P. Cyclic hematopoiesis in dogs: studies of erythroid burst-forming cells confirm an early stem cell defect. Exp Hematol, 1988, 16(11): 941-945.

[133] Bradford G B, Williams B, Rossi R, Bertoncello I. Quiescence, cycling, and turnover in the primitive hematopoietic stem cell compartment. Exp Hematol, 1997, 25(5): 445-453.

[134] Cheshier S H, Morrison S J, Liao X, Weissman I L. *In vivo* proliferation and cell cycle kinetics of long-term self-renewing hematopoietic stem cells. Proc Natl Acad Sci USA, 1999, 96(6): 3120-3125.

[135] Abkowitz J L, Golinelli D, Harrison D E, Guttorp P. *In vivo* kinetics of murine hemopoietic stem cells. Blood, 2000, 96(10): 3399-3405.

[136] Abkowitz J L, Catlin S N, Guttorp P. Evidence that hematopoiesis may be a stochastic process *in vivo*. Nat Med, 1996, 2(2): 190-197.

[137] Hanahan D, Weinberg R A. The hallmarks of cancer. Cell, 2000, 100(1): 57-70.

[138] Probst A V, Dunleavy E, Almouzni G. Epigenetic inheritance during the cell cycle. Nat Rev Mol Cell Biol, 2009, 10(3): 192-206.

[139] Wu H, Zhang Y. Reversing DNA methylation: mechanisms, genomics, and biological functions. Cell, 2014, 156(1-2): 45-68.

[140] Scheper T, Klinkenberg D, Pennartz C, van Pelt J. A mathematical model for the intracellular circadian rhythm generator. J Neurosci, 1999, 19(1): 40-47.

[141] Singer Z S, Yong J, Tischler J, Hackett J A, Altinok A, Surani M A, Cai L, Elowitz M B. Dynamic heterogeneity and DNA methylation in embryonic stem cells. Mol Cell, 2014, 55(2): 319-331.

[142] Takaoka K, Hamada H. Origin of cellular asymmetries in the preimplantation mouse embryo: a hypothesis. Philos Trans R Soc Lond B Biol Sci, 2014, 369(1657): 20130536.

[143] Tang F, Barbacioru C, Wang Y, Nordman E, Lee C, Xu N, Wang X, Bodeau J, Tuch B B, Siddiqui A, Lao K, Surani M A. mRNA-seq whole-transcriptome analysis of a single cell. Nat Methods, 2009, 6: 377-382.

[144] Rotem A, Ram O, Shoresh N, Sperling R A, Goren A, Weitz D A, Bernstein B E. Single-cell ChIP-seq reveals cell subpopulations defined by chromatin state. Nat Biotechnol, 2015, 33: 1165-1172.

[145] Smallwood S A, Lee H L, Angermueller C, Krueger F, Saadeh H, Peat J, Andrews S R, Stegle O, Reik W, Kelsey G. Single-cell genome-wide bisulfite sequencing for assessing epigenetic heterogeneity. Nat Methods, 2014, 11: 817-820.

[146] Lei J, Levin S A, Nie Q. Mathematical model of adult stem cell regeneration with cross-talk between genetic and epigenetic regulation. Proc Natl Acad Sci USA, 2014, 111: E880-E887.

[147] Situ Q, Lei J. A mathematical model of stem cell regeneration with epigenetic state transitions. MBE, 2017, 14: 1379-1397.

[148] Lei J. Evolutionary dynamics of cancer: from epigenetic regulation to cell population dynamics–mathematical model framework, applications, and open problems. Sci China Math, 2020, 63: 411-424.

[149] Lei J. A general mathematical framework for understanding the behavior of heterogeneous stem cell regeneration. J Theor Biol, 2020, 492: 110196.

[150] Huang R, Lei J. Cell-type switches induced by stochastic histone modificaiton inheritance. Discrete Continous Dyn Systser B, 2019, 24: 5601-5619.

[151] Friedman N, Cai L, Xie X S. Linking stochastic dynamics to population distribution: an analytical framework of gene expression. Phys Rev Lett, 2006, 97: 168302.

[152] Paulsson J, Ehrenberg M. Random signal fluctuations can reduce random fluctuations in regulated components of chemical regulatory networks. Phys Rev Lett, 2000, 84(23): 5447-5450.

[153] Anders S, Huber W. Differential expression analysis for sequence count data. Genome Biol, 11: R106.

[154] Foley C, Mackey M C. Dynamic hematological disease: a review. J Math Biol, 2009, 58: 285-322.

[155] Dale D C, Mackey M C. Understanding, treating and avoiding hematological disease: better medicine through mathematics? Bull Math Biol, 2015, 77: 739-757.

[156] Lei J, Mackey M C. Understanding and treating cytopenia through mathematical modeling. Adv Exp Med Biol, 2014, 844: 279-302.

[157] Mackey M C. Periodic hematological disorders: quintessential examples of dynamical diseases. Chaos, 2020, 30: 063123.

[158] Dancey J T, Deubelbeiss K A, Harker L A, Finch C A. Neutrophil kinetics in man. J Clin Invest, 1976, 58: 705-715.

[159] Beutler E, Lichtman M A, Coller B S, Kipps T J. Williams Hematology. New York: McGraw-Hill, 1995.

[160] Colijn C, Mackey M C. A mathematical model of hematopoiesis–I. Periodic chronic myelogenous leukemia. J Theor Biol, 2005, 237: 117-132.

[161] Horwitz M, Benson K F, Person R E, Aprikyan A G, Dale D C. Mutations in ELA2, encoding neutrophil elastase, define a 21-day biological clock in cyclic haematopoiesis. Nat Genet, 1999, 23: 433-436.

[162] Lei J, Mackey M. Stochastic differential delay equation, moment stability, and application to hematopoietic stem cell regulation system. SIAM J Appl Math, 2007, 67: 387-407.

[163] Deubelbeiss K A, Dancey J T, Harker L A, Finch C A. Neutrophil kinetics in the dog. J Clin Invest, 1975, 55: 833-839.

[164] Haurie C, Dale D C, Rudnicki R, Mackey M C. Modeling complex neutrophil dynamics in the grey collie. J Theor Biol, 2000, 204: 505-519.

[165] Mckinstry W J, Li C L, Rasko J E, Nicola N A, Johnson G R, Metcalf D. Cytokine receptor expression on hematopoietic stem and progenitor cells. Blood, 1997, 89: 65-71.

[166] Lotem J, Sachs L. *In vivo* control of differentiation of myeloid leukemic cells by recombinant granulocyte-macrophage colony-stimulating factor and interleukin 3. Blood, 1988, 71: 375-382.

[167] Ward A C, van Aesch Y M, Gits J, Schelen A M, De Koning J P, van Leeuwen D, Freedman M H, Touw I P. Novel point mutation in the extracellular domain of the granulocyte colony-stimulating factor (G-CSF) receptor in a case of severe congenital neutropenia hyporesponsive to G-CSF treatment. J Exp Med, 1999, 190: 497-508.

[168] Akbarzadeh S, Ward A C, McPhee D O M, alexander W S, Lieschke G J, Layton J E. Tyrosine residues of the granulocyte colony-stimulating factor receptor transmit proliferation and differentiation signals in murine bone marrow cells. Blood, 2002, 99: 879-887.

[169] Foley C, Mackey M C. Mathematical model for G-CSF administration after chemotherapy. J Theor Biol, 2009, 257: 27-44.

[170] Foley C, Bernard S, Mackey M C. Cost-effective G-CSF therapy strategies for cyclical neutropenia: mathematical modelling based hypotheses. J Theor Biol, 2006, 238: 754-763.

[171] Brooks G, Frovencher G, Lei J, Mackey M C. Neutrophil dynamics after chemotherapy and G-CSF: the role of pharmacokinetics in shaping the response. J Theor Biol, 2012, 315: 97-109.

[172] Lei J, Mackey M C. Multistability in an age-structured model of hematopoiesis: cyclical neutropenia. J Theor Biol, 2011, 270: 143-153.

[173] Colijn C, Mackey M C. A mathematical model of hematopoiesis–II. Cyclical neutropenia. J Theor Biol, 2005, 237: 133-146.

[174] Bélair J, Mackey M C. A model for the regulation of mammalian platelet production. Ann N Y Acad Sci, 1987, 504: 280-282.

[175] Mahaffy J M, Bélair J, Mackey M C. Hematopoietic model with moving boundary condition and state dependent delay: applications in erythropoiesis. J Theor Biol, 1998, 190: 135-146.

[176] Colijn C, Foley C, Mackey M C. G-CSF treatment of canine cyclical neutropenia: a comprehensive mathematical model. Exp Hematol, 2007, 37: 898-907.

[177] Zhuge C, Mackey M C, Lei J. Origins of oscillation patterns in cyclical thrombocytopenia. J Theor Biol, 2018, 462: 432-445.

[178] Novak J P, Necas E. Proliferation differentiation pathways of murine haematopoiesis: correlation of lineage fluxes. Cell Prolif, 1994, 27: 597-633.

[179] Santillan M, Mahaffy J, Bélair J, Mackey M C. Regulation of platelet production: the normal response to perturbation and cyclical platelet disease. J Theor Biol, 2000, 206: 585-603.

[180] Liu J K, Nwagwu C, Pikus H J, Couldwell W T. Laparoscopic anterior lumbar interbody fusion precipitating pituitary apoplexy. Acta Neurochir (Wien), 2001, 143(3): 303-306.

[181] McSharry P E, Smith L A, Tarassenko L. Prediction of epileptic seizures: are nonlinear methods relevant? Nat Med, 2003, 9(3): 241-242.

[182] Pastor-Barriuso R, Guallar E, Coresh J. Transition models for change-point estimation in logistic regression. Stat Med, 2003, 22(7): 1141-1162.

[183] Paek S H, Chung H T, Jeong S S, Park C K, Kim C Y, Kim J E, Kim D J, Jung H W. Hearing preservation after gamma knife stereotactic radiosurgery of vestibular schwannoma. Cancer, 2005, 104(3): 580-590.

[184] Venegas J G, Winkler T, Musch G, Vidal Melo M F, Layfield D, Tgavalekos N, Fischman A J, Callahan R J, Bellani G, Scott H R. Self-organized patchiness in asthma as a prelude to catastrophic shifts. Nature, 2005, 434(7034): 777-782.

[185] Chen L, Liu R, Liu Z P, Li M, Aihara K. Detecting early-warning signals for sudden deterioration of complex diseases by dynamical network biomarkers. Sci Rep, 2012, 2: 342.

[186] Liu R, Li M Y, Liu Z P, Wu J, Chen L, Aihara K. Identifying critical transitions and their leading biomolecular networks in complex diseases. Sci Rep, 2012, 2: 813.

[187] Liu R, Wang X, Aihara K, Chen L. Early diagnosis of complex diseases by molecular biomarkers, network biomarkers, and dynamical network biomarkers. Med Res Rev, 2014, 34(3): 455-478.

[188] Jin G X, Zhou X B, Wang H H, Zhao H, Cui K M, Zhang X S, Chen, L N, Hazen S L, Li K, Wong S T C. The knowledge-integrated network biomarkers discovery for major adverse cardiac events. J Proteome Res, 2008, 7(9): 4013-4021.

[189] Ideker T, Sharan R. Protein networks in disease. Genome Res, 2008, 18(4): 644-652.

[190] Shannon P, Markiel A, Ozier O, Baliga N S, Wang J T, Ramage D, Amin N, Schwikowski B, Ideker T. Cytoscape: a software environment for integrated models of biomolecular interaction networks. Genome Res, 2003, 13: 2498-2504.

[191] Chuang H Y, Lee E, Liu Y T, Lee D, Ideker T. Network-based classification of breast cancer metastasis. Mol Syst Biol, 2007, 3: 140.

[192] Dao P, Wang K, Collins C, Ester M, Lapuk A, Sahinalp S C. Optimally discriminative subnetwork markers predict response to chemotherapy. Bioinformatics, 2011, 27(13): i205-i213.

[193] Liu X P, Liu R, Zhao X M, Chen L. Identifying disease genes and module biomarkers by differential interactions. J Am Med Inform Assoc, 2012, 19(2): 241-248.

[194] Wang K, Li M, Bucan M. Pathway-based approaches for analysis of genomewide association studies. Am J Hum Genet, 2007, 81(6): 1278-1283.

[195] Liu R, Aihara K, Chen L. Dynamical network biomarkers for identifying critical transitions and their driving networks of biologic processes. Quant Biol, 2013, 1(2): 105-114.

[196] Sciuto A M, Phillips C S, Orzolek L D, Hege A I, Moran T S, Dillman J F. Genomic analysis of murine pulmonary tissue following carbonyl chloride inhalation. Chem Res Toxicol, 2005, 18(11): 1654-1660.

[197] Wurmbach E, Chen Y B, Khitrov G, Zhang W, Roayaie S, Schwartz M, Fiel I, Thung S, Mazzaferro V, Bruix J, Bottinger E, Friedman S, Waxman S, Llovet J M. Genome-wide molecular profiles of HCV-induced dysplasia and hepatocellular carcinoma. Hepatology, 2007, 45(4): 938-947.

[198] Li M, Zeng T, Liu R, Chen L. Detecting tissue-specific early warning signals for complex diseases based on dynamical network biomarkers: study of type 2 diabetes by cross-tissue analysis. Brief Bioinform, 2013, 15(2): 229-243.

[199] Liu X P, Liu R, Zhao X M, Chen L. Detecting early-warning signals of type 1 diabetes and its leading biomolecular networks by dynamical network biomarkers. BMC Medical Genomics, 2013, 6(Suppl 2): S8.

[200] Wang J, Huang Q, Liu Z P, Wang Y, Wu L Y, Chen L, Zhang X S. NOA: a novel Network Ontology Analysis method. Nucleic Acids Res, 2011, 39(13): e87.

[201] He D, Liu Z P, Honda M, Kaneko S, Chen L. Coexpression network analysis in chronic hepatitis B and C hepatic lesions reveals distinct patterns of disease progression to hepatocellular carcinoma. J Mol Cell Biol, 2012, 4(3): 140-152.

[202] Liu X, Wang J, Chen L. Whole-exome sequencing reveals recurrent somatic mutation networks in cancer. Cancer Lett, 2012, 340(2): 270-276.

[203] Song W, Wang J, Yang Y, Jing N, Zhang X, Chen L, Wu J. Rewiring drug-activated p53-regulatory network from suppressing to promoting tumorigenesis. J Mol Cell Biol, 2012, 4(4): 197-206.

[204] Zhu H, Rao R S, Zeng T, Chen L. Reconstructing dynamic gene regulatory networks from sample-based transcriptional data. Nucleic Acids Res, 2012, 40(21): 10657-10667.

[205] Ren X, Wang Y, Chen L, Zhang X S, Jin Q. ellipsoidFN: a tool for identifying a heterogeneous set of cancer biomarkers based on gene expressions. Nucleic Acids Res, 2013, 41(4): e53.

[206] Wang J, Sun Y, Zheng S, Zhang X S, Zhou H, Chen L. APG: an Active Protein-Gene network model to quantify regulatory signals in complex biological systems. Sci Rep, 2013, 3: 1097.

[207] Wen Z, Liu Z P, Liu Z, Zhang Y, Chen L. An integrated approach to identify causal network modules of complex diseases with application to colorectal cancer. J Am Med Inform Assoc, 2013, 20(4): 659-667.

[208] Hodgkin A L, Huxley A F. A quantitative description of membrane current and its application to conduction and excitation in nerve. J Physiol, 1952, 117(4): 500-544.

[209] Byrne J H, Heidelberger R, Waxham M N. From Molecules to Networks : an Introduction to Cellular and Molecular Neuroscience. 北京: 科学出版社, 2014.

[210] 巴德·艾门特劳德 G, 大卫·H. 特曼. 神经科学的数学基础. 吴莹, 刘深泉译. 北京: 高等教育出版社, 2018.

[211] Huang K. Statistical Mechanics. New York: John Wiley & Sons, 1963.

[212] 菲利普·纳尔逊. 生物物理学: 能量, 信息, 生命. 黎明, 戴陆如译. 上海: 上海科学技术出版社, 2016.

[213] Li S, Liu N, Zhang X H, Zhou D, Cai D. Bilinearity in spatiotemporal integration of synaptic inputs. PLoS Comput Biol, 2014, 10(12): e1004014.

[214] 操帆, 陈耀晞, 缪阳洋, 张璐, 刘海燕. 蛋白质计算设计: 方法和应用展望. 合成生物学, 2021, 2(1): 15-32.

[215] Lesyng B, McCammon J A. Molecular modeling methods. Basic techniques and challenging problems. Pharmacol Ther, 1993, 60(2): 149-167.

[216] Gniewek P, Leelananda S P, Kolinski A, Jernigan R L, Kloczkowski A. Multibody coarse-grained potentials for native structure recognition and quality assessment of protein models. Proteins, 2011, 79(6): 1923-1929.

[217] Shen M Y, Sali A. Statistical potential for assessment and prediction of protein structures. Protein Sci, 2006, 15(11): 2507-2524.

[218] Zhang J, Zhang Y. A novel side-chain orientation dependent potential derived from random-walk reference state for protein fold selection and structure prediction. PLoS One, 2010, 5(10): e15386.

[219] 余忠望. 基于蛋白质原子距离及方位角的统计势及其在结构模型评估中的应用. 华中农业大学硕士学位论文, 2019.

[220] Anfinsen C B. Principles that govern the folding of protein chains. Science, 1973, 181(4096): 223-230.

[221] Xu D, Zhang J, Roy A, Zhang Y. Automated protein structure modeling in CASP9 by I-TASSER pipeline combined with QUARK-based *ab initio* folding and FG-MD-based structure refinement. Proteins, 2011, 79(Suppl 10): 147-160.

[222] Xu D, Zhang Y. Improving the physical realism and structural accuracy of protein models by a two-step atomic-level energy minimization. Biophys J, 2011, 101(10): 2525-2534.

[223] Zhang J, Liang Y, Zhang Y. Atomic-level protein structure refinement using fragment-guided molecular dynamics conformation sampling. Structure, 2011, 19(12): 1784-1795.

[224] Chellapa G D, Rose G D. Reducing the dimensionality of the protein-folding search problem. Protein Sci, 2012, 21(8): 1231-1240.

[225] Dill K A, MacCallum J L. The protein-folding problem, 50 years on. Science, 2012, 338(6110): 1042-1046.

[226] Hardin C, Pogorelov T V, Luthey-Schulten Z. *Ab initio* protein structure prediction. Curr Opin Struct Biol, 2002, 12(2): 176-181.

[227] Deng H, Jia Y, Zhang Y. 3DRobot: automated generation of diverse and well-packed protein structure decoys. Bioinformatics, 2016, 32(3): 378-387.

[228] 张慧宇. 基于随机森林算法预测真菌和水稻 microRNA 的研究. 华中农业大学硕士学位论文, 2020.

[229] Samudrala R, Moult J. An all-atom distance-dependent conditional probability discriminatory function for protein structure prediction. J Mol Biol, 1998, 275(5): 895-916.

[230] Deng H, Jia Y, Wei Y, Zhang Y. What is the best reference state for designing statistical atomic potentials in protein structure prediction? Proteins, 2012, 80(9): 2311-2322.

[231] Yao Y, Gui R, Liu Q, Yi M, Deng H. Diverse effects of distance cutoff and residue interval on the performance of distance-dependent atom-pair potential in protein structure prediction. BMC Bioinf, 2017, 18(1): 542.

[232] Breiman L. Random forests. Mach Learn, 2001, 45: 5-32.

[233] 周志华. 机器学习. 北京: 清华大学出版社, 2016.

[234] 张学工, 汪小我. 模式识别: 模式识别与机器学习. 4 版. 北京: 清华大学出版社, 2021.

[235] Quinlan J R. C4.5: Programs for Machine Learning. San Francisco: Morgan Kaufmann Publisher, 1993.

[236] Quinlan J R. Induction of decision trees. Mach Learn, 1986, 1(1): 81-106.

[237] Breiman L I, Friedman J H, Olshen R A, Stone C J. Classification and Regression Trees. Belmont: Wadswoth International Group, 1984.

[238] 袁荣. 常微分方程. 北京: 高等教育出版社, 2020.

[239] 葛渭高. 非线性常微分方程边值问题. 2 版. 北京: 科学出版社, 2005.

[240] Renardy M, Rogers R C. An Introduction to Partial Differential Equation. Berlin: Springer, 2004.

[241] Kloeden P E, Platen E. The Numerical Solution of Stochastic Differential Equations. New York: Springer-Verlag, 1992.

[242] Marsaglia G, Zaman A, Tsang W W. Toward a universal random number generator. Stat Prob Lett, 1990, 9: 35-39.

[243] Leach A R. Molecular Modelling, Principles and Applications. Harlow, England: Longman, 1996.

[244] Ermentrout B. 动力系统仿真, 分析与动画——XPPAUT 使用指南. 孝鹏程, 段利霞, 苏建忠, 译. 北京: 科学出版社, 2019.

索　引